U0945042

DIANLI XITONG JIWANG XIETIAO
LILUN YU GUANLI

电力系统机网协调
理论与管理

主　　编　王　平

副 主 编　唐茂林　庞晓艳　朱清代　李　昊

编委会成员　梁汉泉　周　剑　李　建　王　伟　杨　可
赵永龙　王民昆　付　重　李兴源　符阳林

编写组组长　庞晓艳

编写组副组长　李　昊　梁汉泉

编写组成员　李兴源　李　建　王渝红　晁　辉　胡　伟
汤明俊　王民昆　陈　皓　付　重　张英驰
丁金涛　李雪民　符阳林　侯正刚　令狐小林
肖　岚　伍晓波　李富祥　丁永宁　杨　可
周　剑　王　伟　刘柏私　袁贵川　赵永龙
杜成锐　郭玉恒　张红兵　张　蓓　张　弛
路　轶

编　　辑　杨　茹　陈苑文

四川大学出版社

责任编辑:毕 潜 廖庆扬
责任校对:段悟吾
封面设计:墨创文化
责任印制:曹 琳

图书在版编目(CIP)数据

电力系统机网协调理论与管理 / 王平主编. —成都:四川大学出版社,2011.1
ISBN 978-7-5614-5147-2

Ⅰ.①电… Ⅱ.①王… Ⅲ.①电力系统:网络系统-系统协调②电力系统:网络系统-系统管理 Ⅳ.①TM7

中国版本图书馆 CIP 数据核字(2011)第 000214 号

书名 电力系统机网协调理论与管理

主 编 王 平
出 版 四川大学出版社
地 址 成都市一环路南一段 24 号 (610065)
发 行 四川大学出版社
书 号 ISBN 978-7-5614-5147-2
印 刷 郫县犀浦印刷厂
成品尺寸 185 mm×260 mm
印 张 30
字 数 762 千字
版 次 2011 年 2 月第 1 版
印 次 2014 年 1 月第 2 次印刷
定 价 80.00 元

◆读者邮购本书,请与本社发行科联系。
电话:(028)85408408/(028)85401670/
(028)85408023 邮政编码:610065
◆本社图书如有印装质量问题,请寄回出版社调换。
◆网址:http://www.scup.cn

前　言

众所周知，电力是一种特殊的商品，电力的生产、输送和使用是瞬间同步完成的。电网既是电力市场的载体，又是关系国计民生、涉及国家安全和社会稳定的基础设施。发电厂和用电设备通过电网连接在一起，构成一个不可分割、协调运行的整体，电网内所有发电机组必须保持同步运行。维护电网安全稳定运行，不仅是电网企业的重要职责，也是所有并网发电企业、电力用户的共同要求和职责。

由于我国一次能源分布与区域经济发展、用电需求的不平衡性，发展大电网，发挥电网优化配置资源的基础性作用是我国电力工业发展的必然趋势。随着大型火电、水电和新能源基地的开发和特高压交直流输变电工程的建设，我国电网已发展为世界上规模最大、技术最先进的电网，各区域电网之间的相互影响和相互作用进一步增强，电网运行呈现一体化特征。新技术、新设备的大量应用使电网运行特性更加复杂，发电厂对电网安全稳定的影响更加显著，大电网安全运行对电力系统统一协调控制，特别是机网协调运行提出了更高的要求。否则一个小事故，可能引发电网稳定破坏和大面积停电的大事故。近几年来，国内外诸多大电网事故和电网不安全事件表明，电力系统中厂网不协调、机网不协调已成为电网安全稳定运行的隐患。

什么是机网协调呢？机网协调包括两个方面内容：一方面是并网电厂一、二次设备性能、主接线方式、无功调节性能及机组励磁系统、一次调频性能及调速系统、继电保护及安全自动装置、通信、自动化系统等应与电网安全稳定运行要求相协调；另一方面是发电企业的涉网安全管理应与电网安全管理相协调，主要包括涉网安全管理的规章、制度和工作流程等。机网协调管理也应是一个全过程管理，涉及设计、建设、调试和生产运行维护等各个环节。任何一个环节中潜在的问题，都可能成为电网安全的隐患。

如何做好机网协调工作呢？首先应制定相应的标准和管理制度，并加强技术培训，建立健全发电企业涉网安全管理的长效机制。由于保障电网安全、优质、经济运行是各级调度机构的职责，各级调度机构应承担起机网协调的管理职责，负责组织制订机网协调的技术标准和管理制度。发电企业应积极参与相关技术标准和规章制度的制订工作，并建立健全企业内部的涉网安全管理制度，确保涉网安全措施落实到位，这样才能达到共同维护发电设备和电网安全运行的目的。

近几年来，由于发电投资主体的多元化，并网电厂的设计、设备选型、生产运行等方面也呈现出多元化特征，出现了并网电厂中涉及电网运行安全的一、二次设备的性能与电网的安全防线不协调现象。为保证电力系统安全稳定运行，电网企业与发电企业密切配合，从机网协调技术标准、管理制度、反事故措施和技术培训等多个方面着手，开展了大量的机网协调工作。在机网协调工作开展过程中，我们发现中小型发电企业的技术力量和安全管理基础较为薄弱，而且技术管理人员和运行人员流动较快，存在发电企业涉网安全管理和安全措施落实不到位的安全隐患。

为全面提高发电企业的涉网安全理论和运行管理水平，提升电网安全保障能力，四川省电力公司组织了中国电力科学研究院、国网电力科学研究院、清华大学、四川大学、成都水利勘察设计研究院、二滩电厂、国电金堂电厂和四川省电力公司的专家和技术人员，编写了《电力系统机网协调理论与管理》一书，全面、系统地阐述了机网协调的理论基础和运行管理要求。本书可作为发电企业技术管理和运行人员的培训教材，也可供从事机网协调技术研究、调试、试验等相关人员、调度机构专业技术人员参考。本书在运行管理方面侧重于四川电力系统的机网协调管理模式，希望本书能够指导发电企业的涉网安全管理，达到夯实电网安全运行基础的目的。

本书分为两篇。第一篇为理论篇，由李旻、李兴源、李建、王渝红、晁辉、胡伟、汤明俊、王民昆、陈皓、付重、张英驰、丁金涛、李雪民、符阳林编写。第二篇为管理篇，由侯正刚、令狐小林、晁辉、肖岚、伍晓波、李富祥、丁永宁、杨可、周剑、李旻、李建、梁汉泉、王伟、刘柏私、袁贵川、杜成锐、郭玉恒、张红兵、路轶、张蓓和张弛编写（作者按教材内容顺序排名）。全书由庞晓艳、李旻、杨茹、梁汉泉、陈苑文统稿。

本书涉及内容广泛，书中不足之处，希望读者指正。

编　者

2010年8月于成都

目　录

第一篇　理论篇

第一章　电力系统稳定性及稳定控制…………（3）
第一节　绪论…………（3）
一、现代电力系统的基本特性…………（3）
二、电力系统稳定性…………（3）
第二节　电力系统的三道安全防线…………（5）
一、电力系统安全稳定的三级标准…………（5）
二、电力系统安全稳定运行的三道防线…………（6）
三、安全稳定三级标准和电力系统三道防线的特点…………（6）
第三节　电力系统小干扰稳定性…………（7）
一、电力系统小干扰稳定性的基本概念和振荡类型…………（7）
二、电力系统小干扰稳定性的分析方法…………（7）
三、小干扰稳定的控制…………（8）
第四节　电力系统暂态稳定性…………（9）
一、电力系统暂态稳定性的基本概念…………（9）
二、单机无穷大电力系统的暂态稳定性分析…………（10）
三、多机电力系统暂态稳定性的数值分析方法…………（12）
四、电力系统暂态稳定控制…………（13）
第五节　电力系统电压稳定性…………（15）
一、静态电压稳定的基本概念…………（15）
二、暂态电压稳定的基本概念…………（18）
三、电力系统电压稳定控制及电压崩溃的预防…………（20）
第六节　电力系统次同步振荡…………（22）
一、电力系统次同步振荡的基本理论…………（22）
二、汽轮发电机轴系与电力系统控制设备间的扭振相互作用…………（26）
三、电力系统次同步振荡的抑制…………（27）
第七节　水电群集中送出系统的稳定特性及控制措施…………（28）
一、概述…………（28）
二、水电群系统孤网的频率问题…………（29）
三、水电群孤网的高压问题…………（33）

四、水电群孤网的频率和电压控制措施……（36）
五、小结……（38）
第二章 发电厂电气设备介绍……（39）
第一节 能源与发电……（39）
第二节 发电厂主要电气设备……（42）
一、概述……（42）
二、变压器……（43）
三、高压断路器……（44）
四、高压隔离开关……（47）
五、高压负荷开关和高压熔断器……（48）
六、互感器……（49）
七、母线……（50）
八、防雷装置……（51）
第三节 发电厂电气主接线……（52）
一、单母线接线……（52）
二、单母线分段接线……（53）
三、单母线带旁路母线接线……（54）
四、单母线分段带旁路母线接线……（54）
五、双母线接线……（55）
六、双母线分段接线……（55）
七、双母线带旁路母线接线……（56）
八、二分之三断路器接线……（56）
九、单元接线……（57）
十、桥形接线……（58）
十一、角形接线……（59）
第三章 发电机组励磁系统……（60）
第一节 概述……（60）
第二节 励磁系统的原理……（61）
一、励磁系统及其分类……（61）
二、励磁控制系统的主要任务……（66）
第三节 电力系统稳定计算用励磁系统数学模型……（66）
一、已有的励磁系统数学模型介绍……（69）
二、新增的励磁系统数学模型介绍……（69）
第四节 励磁系统对电网运行的影响……（77）
一、对提高静态稳定的作用……（77）
二、对提高电力系统暂态稳定的作用……（77）
三、对提高电力系统动态稳定的作用……（78）
四、机网协调方面的作用……（78）
五、对励磁控制系统的稳定性的要求……（79）
第五节 电力系统稳定器的原理与实践……（79）

一、低频振荡原因分析……………………………………………………………………………………（80）
二、电力系统稳定器原理及参数选择…………………………………………………………………（87）
第四章 发电机组调速系统……………………………………………………………………………（89）
第一节 概 述……………………………………………………………………………………………（89）
第二节 调速系统简介……………………………………………………………………………………（89）
一、汽轮机调速系统类型与介绍………………………………………………………………………（89）
二、汽轮机保护系统……………………………………………………………………………………（92）
三、水轮机调速系统类型和介绍………………………………………………………………………（93）
四、水轮机调节系统的模型和基本环节………………………………………………………………（96）
五、水轮机调节系统对电力系统稳定的影响…………………………………………………………（100）
第三节 火电机组一次调频的性能及影响因素…………………………………………………………（101）
一、阀位控制方式下一次调频…………………………………………………………………………（101）
二、DEH 功率控制方式下一次调频 …………………………………………………………………（103）
三、协调方式下一次调频………………………………………………………………………………（104）
第四节 调速系统对电力系统稳定的影响分析…………………………………………………………（105）
第五章 电厂的监控系统………………………………………………………………………………（110）
第一节 火电厂的分散控制系统基础……………………………………………………………………（110）
一、概述…………………………………………………………………………………………………（110）
二、分散控制系统的构成原理…………………………………………………………………………（112）
三、分散控制系统的组态过程…………………………………………………………………………（116）
四、分散控制系统的特点………………………………………………………………………………（117）
五、典型分散控制系统介绍……………………………………………………………………………（118）
第二节 水电厂监控系统…………………………………………………………………………………（124）
一、概述…………………………………………………………………………………………………（124）
二、设计原则……………………………………………………………………………………………（124）
三、类型…………………………………………………………………………………………………（124）
四、系统结构……………………………………………………………………………………………（125）
五、系统组成……………………………………………………………………………………………（127）
六、系统功能……………………………………………………………………………………………（128）
七、监控系统性能指标…………………………………………………………………………………（133）
第三节 水电厂监控系统典型方案………………………………………………………………………（136）
一、雨城电站计算机监控系统…………………………………………………………………………（136）
二、铜头电站计算机监控系统…………………………………………………………………………（138）
三、小关子电站计算机监控系统………………………………………………………………………（138）
四、硗碛电站计算机监控系统…………………………………………………………………………（141）
第六章 涉网继电保护…………………………………………………………………………………（144）
第一节 高压输电线路的纵联保护………………………………………………………………………（144）
一、概述…………………………………………………………………………………………………（144）
二、输电线路纵联保护的基本原理……………………………………………………………………（144）
三、输电线路纵联保护的通信通道……………………………………………………………………（145）

四、高频保护的通道工作方式与信号类型 …… (148)
五、远方跳闸保护 …… (150)
六、闭锁式纵联方向保护 …… (150)
七、闭锁式距离纵联保护基本原理 …… (152)
八、允许式纵联保护 …… (153)
九、光纤纵联电流差动保护 …… (155)
第二节　线路自动重合闸 …… (160)
一、概述 …… (160)
二、输电线路的三相一次重合闸 …… (161)
三、超高压线路的单相自动重合闸 …… (164)
第三节　母线保护 …… (166)
一、概述 …… (166)
二、母线差动保护 …… (167)
三、母线其他保护 …… (174)
第四节　电力变压器保护 …… (177)
一、概述 …… (177)
二、变压器纵差保护 …… (179)
三、变压器分侧纵差保护和零序差动保护 …… (187)
四、变压器相间短路的后备保护 …… (189)
五、变压器接地短路的后备保护 …… (191)
六、变压器的过励磁和过负荷保护 …… (193)
七、变压器非电量保护 …… (195)
第五节　发电机保护 …… (196)
一、概述 …… (196)
二、发电机的定子绕组短路故障的保护 …… (197)
三、发电机定子绕组单相接地保护 …… (203)
四、发电机过负荷保护 …… (205)
五、发电机的低励失磁保护 …… (209)
六、发电机的失步保护 …… (217)
第七章　电网的通信系统 …… (220)
第一节　电力通信系统的发展过程 …… (220)
第二节　电力通信系统的业务内容 …… (220)
第三节　电力通信系统的组成 …… (221)
第四节　电力通信系统对电网安全稳定运行的影响 …… (222)
第五节　电力通信系统的相关规程规范和管理制度 …… (223)
第八章　电网的自动化系统 …… (224)
第一节　概述 …… (224)
第二节　电力系统远动 …… (226)
一、信息采集与处理 …… (226)
二、信息传输 …… (227)

三、电力系统远动通信规约……………………………………………………………………（228）
第三节　电网调度自动化……………………………………………………………………（228）
一、数据采集和监控（SCADA）功能 …………………………………………………（229）
二、自动发电控制（AGC） …………………………………………………………（229）
三、自动电压控制（AVC） …………………………………………………………（229）
四、能量管理系统（EMS） …………………………………………………………（230）
五、调度员模拟培训（DTS）…………………………………………………………（231）
第四节　自动发电控制（AGC） ……………………………………………………（231）
一、孤立系统中的 AGC ……………………………………………………………（231）
二、互联电力系统中的 AGC ………………………………………………………（232）
第五节　自动电压控制（AVC） ……………………………………………………（234）
一、概述………………………………………………………………………………（234）
二、AVC 的构成 ……………………………………………………………………（235）
三、AVC 的关键技术和难点 ………………………………………………………（236）
第六节　电力系统二次安全防护……………………………………………………（236）
一、电力系统二次安全防护的目的…………………………………………………（236）
二、电力系统二次安全防护的总体原则……………………………………………（236）
三、电力二次系统的安全区划分……………………………………………………（237）
第七节　四川省调现有主要调度自动化系统介绍…………………………………（237）
一、能量管理系统（EMS） …………………………………………………………（237）
二、WAMS 系统 ……………………………………………………………………（237）
三、OMS 系统 ………………………………………………………………………（238）
四、AVC 系统 ………………………………………………………………………（238）
五、调度数据专网……………………………………………………………………（238）
六、TMR 系统 ………………………………………………………………………（238）
七、水调自动化系统…………………………………………………………………（239）
八、在线安全稳定预警与控制决策系统……………………………………………（239）
九、调度计划管理系统………………………………………………………………（239）
十、安控集中管理系统………………………………………………………………（239）
十一、四川电网实时运行可视化分析预警系统……………………………………（239）
十二、雷电定位监测系统……………………………………………………………（240）
十三、调度自动化综合监控系统……………………………………………………（240）
第九章　电厂常用的安全自动装置……………………………………………………（241）
第一节　电厂送出稳定控制装置……………………………………………………（241）
一、分类………………………………………………………………………………（241）
二、功能要求…………………………………………………………………………（241）
三、元件投/停运行状态判别 ………………………………………………………（243）
四、故障判据…………………………………………………………………………（243）
五、过载判断…………………………………………………………………………（244）
六、控制措施…………………………………………………………………………（245）

七、电厂稳定控制装置的配置……(245)
八、通道防误处理……(246)
第二节　远方切机装置……(246)
第三节　高频高压切机装置……(246)
第四节　低频低压解列装置……(247)
第五节　失步解列装置……(247)
第六节　低频功率振荡解列装置……(248)
一、装置功率突变量启动判据……(249)
二、功率振荡判据……(249)
第七节　水轮机组低频自启动装置……(250)
第十章　水情自动测报系统……(251)
第一节　概述……(251)
第二节　系统结构……(251)
第三节　工作制式……(252)
第四节　站网布设原则……(253)
第五节　通信系统设计……(253)
第六节　水情自动测报系统的功能……(254)
第十一章　广域测量系统……(257)
第一节　广域测量系统的原理……(257)
一、系统运行的需求及广域测量系统的优点……(257)
二、广域测量系统的基本组成……(257)
第二节　WAMS与电网安全运行的关系……(259)
一、历史事件相关数据查询……(259)
二、对机组调频、调压等辅助服务的考核……(260)
三、WAMS对低频振荡现象的监测、分析与控制……(260)

第二篇　管理篇

第一章　电厂涉网设备的选型……(265)
第一节　电力系统重要一次设备技术要求……(265)
一、前言……(265)
二、规范性引用文件……(265)
三、发电机技术指标……(267)
四、变压器技术指标……(269)
五、GIS及断路器技术指标……(270)
六、互感器及耦合电容器技术要求……(271)
七、外绝缘技术要求……(272)
八、接地装置技术要求……(273)
九、金属氧化锌避雷器技术要求……(274)
十、架空线路技术要求……(275)

第二节　电厂监控系统的选型……（276）
一、火电厂监控系统系统选型……（276）
二、水电厂计算机监控系统选型……（279）
第三节　发电机励磁系统的选型……（286）
一、概述……（286）
二、标准、规程和相关文件……（286）
三、励磁方式的选择……（287）
四、励磁调节器……（287）
五、调节器的通道结构……（288）
六、励磁变压器的选择……（289）
七、起励和灭磁……（289）
八、自并励静止励磁系统……（290）
九、主要励磁设备厂家……（294）
第四节　调速器及其附属设备……（295）
一、概述……（295）
二、标准和规程……（295）
三、对调速器及其附属设备的要求……（296）
第五节　继电保护和安全自动装置……（298）
一、概述……（298）
二、标准、规程和相关文件……（298）
三、继电保护装置的配置……（300）
四、继电保护和安全自动装置的选型……（300）
第六节　通信设备配置、选型……（301）
一、总的配置、选型要求……（301）
二、引用的标准、规程和相关文件……（301）
三、光纤通信设备配置、选型要求……（302）
四、调度交换机配置、选型要求……（302）
五、微波设备配置、选型要求……（303）
六、电力载波设备配置、选型要求……（303）
七、通信电源配置、选型要求……（303）
第七节　电厂自动化设备选型……（304）
一、自动化设备选型的一般要求……（304）
二、引用的标准、规程和相关文件……（304）
三、计算机监控系统的远动通信主机……（306）
四、电能量采集终端……（307）
五、相量测量装置（PMU）……（308）
六、调度数据网设备……（310）
七、二次安防设备……（311）
第二章　涉网设备的调试和试验……（313）
第一节　新、改扩建电厂涉网安全试验的要求……（313）

第二节 励磁系统参数实测和建模及 PSS 试验 …… (314)
一、目的及要求 …… (314)
二、内容和方法 …… (314)
第三节 发电机进相运行试验 …… (319)
一、目的及要求 …… (319)
二、内容及方法 …… (320)
第四节 调速系统参数实测和建模试验 …… (321)
一、试验目的及要求 …… (321)
二、汽轮机测试内容 …… (322)
三、水轮机测试内容 …… (323)
四、调速系统测试需要收集的参数 …… (325)
第五节 发电机组一次调频试验 …… (329)
一、试验目的 …… (329)
二、机组调节系统参数 …… (329)
三、试验测点及仪器 …… (329)
四、机组一次调频试验内容 …… (329)
第六节 AGC 试验 …… (330)
一、调试条件 …… (330)
二、调试参数核查 …… (331)
三、给定值方式测试 …… (331)
第七节 AVC 试验 …… (332)
一、调试条件 …… (332)
二、调试参数核查 …… (332)
三、给定值方式测试 …… (333)
第三章 电厂涉网设备调度运行管理 …… (334)
第一节 电厂调度运行管理相关规定 …… (334)
一、基本原则 …… (334)
二、系统的正常操作与调整 …… (334)
三、异常情况的处理 …… (335)
四、违反调度管理制度的处理原则 …… (336)
第二节 设备检修、新设备投运及异动 …… (336)
一、检修计划安排的原则 …… (336)
二、检修类型的分类 …… (337)
三、检修计划的报送 …… (337)
四、检修申请的办理及执行 …… (338)
五、检修统计与考核 …… (339)
六、新设备投运前期工作 …… (340)
七、新设备启动投运 …… (340)
八、设备异动管理 …… (341)
第三节 并网发电厂的无功电压管理及运行调整 …… (341)

一、无功电压管理的有关规程规定……(341)
二、电压质量标准……(342)
三、发电机组无功电压调整能力的有关要求……(342)
四、四川电网无功电压管理机构和相关职责……(343)
五、并网发电厂的无功电压管理职责……(343)
六、并网发电厂的无功电压运行调整和控制……(344)
七、主网电压合格率统计考核和电压调整的主要手段……(344)
第四节　涉网保护运行管理……(345)
一、继电保护技术监督方面的要求……(345)
二、工程设计、基建阶段的管理要求……(346)
三、运行管理要求……(347)
四、并网电厂继电保护专业工作的考核……(348)
五、直接涉及电网安全运行的发电厂相关保护定值要求……(349)
六、继电保护运行总结格式……(350)
第五节　发电机组励磁系统运行管理……(350)
一、励磁系统前期设计要求……(350)
二、励磁系统招标选型……(351)
三、励磁系统资料报送及管理……(351)
四、励磁系统投产前管理……(351)
五、励磁及 PSS 功能投退管理……(352)
六、励磁及 PSS 参数实测要求……(352)
七、励磁系统电压控制方式要求……(352)
八、励磁系统及 PSS 的运行维护要求……(353)
九、励磁系统及 PSS 的定值要求……(353)
十、励磁系统及 PSS 的其他要求……(353)
第六节　发电机组调速系统及一次调频运行管理……(353)
一、调速系统运行管理的一般性要求……(354)
二、一次调频的指标……(354)
三、一次调频和二次调频（AGC）的配合……(355)
四、一次调频的调度运行管理……(356)
第七节　电网自动发电控制系统（AGC）运行管理……(357)
一、概述……(357)
二、电网 AGC 系统的调节模式……(357)
三、AGC 受控电厂（机组）运行控制方式……(357)
四、职责分工……(358)
五、电网 AGC 系统的运行管理……(359)
六、电网 AGC 系统异常及事故处理……(360)
七、检修管理……(360)
第八节　电网自动电压控制系统（AVC）运行管理……(361)
一、概述……(361)

二、管理职责……(361)
三、AVC主站及电厂AVC子站运行控制方式……(363)
四、电厂AVC子站系统的调度管理要求……(363)
五、电厂AVC子站系统异常及事故处理……(364)
六、电厂AVC子站系统检修管理……(364)
七、电厂AVC子站系统的考核与评价……(365)
第九节 通信设备运行管理要求……(366)
一、概述……(366)
二、通信设备运行管理的一般原则……(366)
三、运行维护和管理职责界面……(367)
四、通信设备检修、维护管理……(368)
五、故障处理……(369)
六、通信运行方式……(369)
七、通信站及设备运行条件……(371)
八、新设备投运……(372)
九、频率管理……(372)
十、电厂并网运行条件……(373)
十一、统计与分析……(373)
第十节 调度自动化系统运行管理……(374)
一、组织体系……(374)
二、调度管辖和运行维护范围划分……(374)
三、运行管理基本规则……(374)
四、一般运行管理……(375)
五、计划检修和非故障临时检修……(376)
六、故障处理……(378)
七、新设备投产……(378)
八、运行统计……(379)
第十一节 水电厂水情、防汛等运行管理……(379)
一、职责及主要工作……(379)
二、水文气象管理……(379)
三、水调自动化系统管理……(380)
四、水情自动测报系统运行管理……(380)
五、水情信息上报……(381)
六、防汛管理……(381)
第四章 电厂安全稳定运行管理机制……(383)
第一节 电厂的安全管理……(383)
一、建立健全安全生产责任制……(383)
二、重视日常安全例行会议工作……(384)
三、加强不安全事件的管理……(385)
四、特种设备及特种作业的管理……(386)

五、外委工程的安全管理……………………………………………………………………(387)
六、应急管理……………………………………………………………………………………(388)
七、安全投入保障管理………………………………………………………………………(391)
八、隐患排查治理管理………………………………………………………………………(391)
九、重大危险源管理…………………………………………………………………………(391)
第二节　电厂的运行管理……………………………………………………………………(392)
一、运行值班管理……………………………………………………………………………(392)
二、交接班制度…………………………………………………………………………………(393)
三、运行操作管理……………………………………………………………………………(394)
四、工作票及操作票管理…………………………………………………………………(395)
五、巡回检查制度……………………………………………………………………………(396)
第三节　电厂的技术管理……………………………………………………………………(398)
一、设备台账管理……………………………………………………………………………(398)
二、设备运行分析管理………………………………………………………………………(398)
三、技术改造管理……………………………………………………………………………(399)
四、安全性评价管理…………………………………………………………………………(400)
五、科学试验管理……………………………………………………………………………(401)
六、技术监督管理……………………………………………………………………………(401)
七、技术规程管理……………………………………………………………………………(403)
八、定值管理……………………………………………………………………………………(405)
九、二次系统安全防护管理………………………………………………………………(405)
第四节　电厂安全稳定运行考核管理……………………………………………………(406)
一、电厂安全稳定运行考核概述…………………………………………………………(406)
二、电厂安全稳定运行考核的方法及流程……………………………………………(406)
第五章　电厂涉网设备运行管理和运行维护……………………………………………(408)
第一节　继电保护装置………………………………………………………………………(408)
一、保护装置的巡视检查……………………………………………………………………(408)
二、运行管理……………………………………………………………………………………(408)
三、运行维护……………………………………………………………………………………(412)
四、保护装置的常见异常现象和故障处理……………………………………………(415)
第二节　调速系统和有功负荷调整…………………………………………………………(416)
一、调速系统的巡视检查……………………………………………………………………(416)
二、运行管理……………………………………………………………………………………(416)
三、运行维护……………………………………………………………………………………(418)
四、频率异常处理……………………………………………………………………………(420)
第三节　励磁系统和无功负荷调整…………………………………………………………(420)
一、励磁系统的巡视检查……………………………………………………………………(420)
二、运行管理……………………………………………………………………………………(421)
三、运行维护……………………………………………………………………………………(422)
四、励磁系统的常见故障及处理原则……………………………………………………(427)

第四节　安全自动装置……………………………………………………………………………(429)
一、安全自动装置的巡视检查……………………………………………………………………(429)
二、运行管理………………………………………………………………………………………(429)
三、运行维护………………………………………………………………………………………(430)
四、常见异常和故障处理…………………………………………………………………………(431)
第五节　并网电厂高压侧或升压站电气设备……………………………………………………(431)
一、各种设备巡视检查的要求……………………………………………………………………(431)
二、运行管理………………………………………………………………………………………(432)
三、运行维护………………………………………………………………………………………(439)
四、典型事故处理…………………………………………………………………………………(440)
第六节　计算机监控系统…………………………………………………………………………(445)
一、计算机监控系统的巡视检查…………………………………………………………………(445)
二、运行管理………………………………………………………………………………………(445)
三、运行维护………………………………………………………………………………………(447)
四、常见异常和故障处理…………………………………………………………………………(447)
第七节　防止机网事故措施………………………………………………………………………(450)
一、防止大型变压器损坏事故……………………………………………………………………(450)
二、防止发电机损坏事故…………………………………………………………………………(453)
三、防止发电机非全相运行和非同期并网措施…………………………………………………(457)
主要参考文献……………………………………………………………………………………(461)

第一篇

理 论 篇

第一章　电力系统稳定性及稳定控制

第一节　绪　论

一、现代电力系统的基本特性

电力系统的稳定性问题是电力工业最基本的核心问题，也是电力运行部门最关心的一个重要问题，一个不能保证稳定性的系统谈不上任何其他品质。电力系统各种分析方法、控制设备、继电保护装置的应用，其最终目的之一就是为了保证系统的稳定运行。长期以来，电力系统安全稳定性理论的发展落后于电力系统自身规模的发展和复杂程度的增加，正因为如此，世界上许多国家都发生过因电力系统稳定性破坏而导致的大停电事故。2003 年 8 月 14 日发生在美国、加拿大东部的大停电事故波及二万四千多平方千米，受影响人口达 5000 多万，仅纽约地区就停电 29 小时，直接经济损失高达 120 亿多美元。这次事故在全世界引起了很大的震动，以至美国总统将电力系统的大停电事故提高到“危及美国国家安全”的高度来认识。

随着“西电东送、南北互供、全国联网”电力发展战略的实施，我国电力系统已进入大机组、超高压、超大规模、远距离、交直流混合输电时代。电网结构和运行方式的日益复杂将使我国电力系统的稳定性问题变得越来越突出，由于系统失稳造成的损失也将越来越大。

保障电力系统的安全稳定是世界性的难题。尽管世界各国政府和相关研究机构一直投入了大量人力和财力进行研究，但至今这个问题还远不能说已经得到解决。如对 1996 年发生在美国的两次大停电事故，迄今尚未真正弄清事故的连锁反应机理。鉴于电力系统在国民经济中所处的重要地位，深入研究电力系统各种稳定性问题的物理本质和产生机理，采取一切必要的措施，确保我国电力系统的安全稳定运行，对保证我国的国家安全和经济发展具有重要的战略意义。

电力系统是由分布在辽阔地域的发电机及其调节控制系统、变压器、输配电线路、用电设备（负荷）等大量电力设备组成的大型互联系统，规模巨大、结构复杂、运行方式多变、非线性因素众多、干扰随机性强是其基本特点；而且，由于电力系统中缺乏大容量的快速储能设备，电能的生产和消费在任何时刻都必须基本保持平衡。这些特点使电力系统的安全、优质、经济运行一直面临着严重的挑战。电力系统运行的根本任务就是安全、优质、高效地向用户提供电能，而保证电力系统持续、安全、稳定运行则是完成这一任务的先决条件。

二、电力系统稳定性

电力系统稳定性是关系到电力系统安全运行的重要问题。早期电力系统规模较小，大多相互独立运行，人们主要关注的是电力系统的暂态稳定性问题。随着电网之间的逐步互联，新型输电技术和控制手段的应用，系统的运行方式变得越来越复杂，运行状态更加接近其极限状态，由此出现了各种不同形式的稳定性问题。这里简要介绍电力系统稳定性的各种定义和分类，以及各种类型稳定性问题所对应的物理现象及其相互之间的本质联系，使读者得到一个关于电力系统稳定性的总体概念。

1. 电力系统稳定性的基本概念

根据电气电子工程师协会和国际大电网工程师协会特别工作小组的定义，电力系统稳定性是指系统在某一给定的初始稳态运行工况下遭受干扰后重新恢复稳态运行的能力，系统中的大多数变量不超出其允许的运行范围，并且保持结构上的整体性。

电力系统是一个高度非线性的系统，系统负荷、发电机输出功率以及主要运行参数等每时每刻都处于变化状态，没有一个绝对的稳态运行平衡点。为了便于评价系统的稳定性，常常假定系统初始运行状态为某一平衡点，电力系统稳定性实际上就指系统在平衡点及其邻域上的稳定性，它由系统的初始平衡点运行状态和干扰的性质共同决定。

电力系统在运行过程中可能遭受各种各样的干扰，通常按照干扰的性质将其分为大干扰和小干扰。比如常常将负荷的经常性随机变化视作小干扰，而将输电线路上发生的短路故障，或者一台大容量发电机组的突然退出运行视为大干扰。在负荷持续性随机变化的情况下，系统应该具有调整自己的运行状态，以适应负荷变化的能力；而在大干扰情况下，系统通常会由于需要隔离故障元件而引起自身结构上的变化。

在给定的平衡点上运行的实际电力系统，可能会在遭受某些大干扰的情况下继续保持稳定运行，而在另外一些干扰情况下则可能会失去稳定。要求系统在所有可能的干扰情况下都能保持系统的稳定运行既不现实也不经济，必须根据干扰发生可能性的大小来确定哪些情况下的系统稳定性是必须考虑的。也就是说，需要确定系统在稳定平衡点周围所具有的一个有限稳定区域，该区域越大，表明系统承受干扰的能力越强。初始运行点变化时，稳定区域也会发生相应的变化。

电力系统遭受干扰后，其中一些设备会产生相应的动作，系统运行状态也会发生相应的改变。比如，一台主设备发生故障后，继电保护装置将会动作以隔离故障设备，相应的系统潮流分布、网络各节点电压以及电机转速等都会发生变化；电压变化会引起发电机和输电系统中电压调节设备的动作；发电机转速的变化又会引起原动机调速系统动作；电压和频率的波动还会引起负荷从电网吸取功率的变化，这种变化与负荷的性质有很大的关系。进一步地，系统运行变量的变化可能还会引起保护装置动作，切除相应的受保护元件，从而弱化系统，甚至导致系统不稳定。

如果在遭受干扰后系统仍然保持稳定运行，系统将重新达到某一新的平衡运行状态，并且保持系统完整性，即系统中所有健全的发电机、负荷等电力元件仍然通过输电网络连接在一起，部分电力元件可能由于故障而被切除或者按计划退出运行以保持系统运行的连续性。大型互联电力系统在故障后，也可能会分裂为多个相互独立的系统运行，以尽可能减少切机和切负荷容量。最终通过自动控制装置或者调度人员操作使系统恢复到正常运行状态。另一方面，如果系统不稳定，发电机转子之间的相对转角会不断增加，或者节点电压会逐渐下降，并且导致连锁性故障，乃至系统大面积停电。

2. 电力系统稳定性的分类

现代电力系统是一个高阶多变量的复杂动力学系统，包含众多响应特性各异的元件，而这些响应特性各异的元件又通过输配电网络相互联系在一起，因此，系统的整体动态特性不仅与这些元件本身的动态响应特性有关，而且还与电网互联带来的特殊问题有关。为了便于理解各种动态特性的物理本质和采用合理的简化方法来分析不同性质的问题，常常需要根据系统动态过程中所关心的物理量、系统承受干扰的大小以及动态过程持续时间的不同，对电力系统的稳定性进行分类。根据 IEEE/CIGRE 推荐的分类方法，首先根据动态过程中所关心的物理量的不同，将电力系统稳定性分为功角稳定、频率稳定和电压稳定三类；进而，根据干扰的性质，又将功角稳定分为小干扰稳定和暂态稳定，同样将电压稳定分为小干扰电压稳定和大干扰电压稳定。另外，从干扰后动态过程的持续时间来看，功角稳定问题所涉及的电力系统元件通常都具有相对较快的动态响应速度，动态过程持续时间一般较短（如 10 秒或更短），属于短期稳定性问题，而频率稳定和电压稳定根据所涉及的设备不同，其动态特性可以分为短期稳定性和长期稳定性。基于这种考虑，2004 年 IEEE/CIGRE 特别工作小组给出了图 1－1－1 所示的电力系统稳定性分类方法。

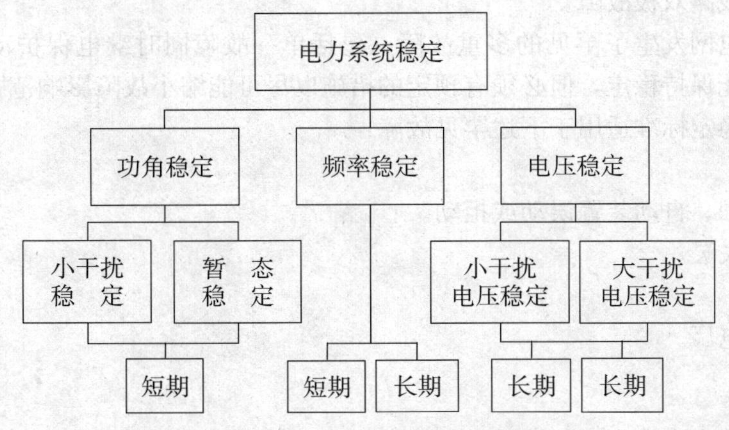

图 1－1－1 电力系统稳定的分类

第二节 电力系统的三道安全防线

一、电力系统安全稳定的三级标准

《电力系统安全稳定导则》根据扰动的严重程度和出现概率以及对电力系统的影响，将安全稳定标准分为三级。

第一级：当电网发生常见的概率高的单一故障时，保护、开关及重合闸正确动作，不采取稳定控制措施，电力系统应当保持稳定运行，同时保持对用户的正常供电，其他元件不超过规定的事故过负荷能力，不发生连锁跳闸。第一级安全稳定标准适用于下述单一元件扰动：

①任何线路单相瞬时接地故障重合成功。

②同级电压的双回或多回线和环网，任一回线单相永久故障重合不成功及无故障三相断开不重合。

③同级电压的双回或多回线和环网，任一回线三相故障断开不重合。

④任一发电机跳闸或失磁。

⑤受端系统任一台变压器故障退出运行。

⑥任一大负荷突然变化。

⑦任一回交流联络线故障或无故障断开不重合。

⑧直流输电线路单极故障。

第二级：当电网发生了性质较严重但概率较低的单一故障时，保护开关及重合闸正确动作，要求电力系统保持稳定运行，但允许采取切机和切负荷等稳定控制措施。第二级安全稳定标准适用于下述较严重的故障扰动：

①单回线单相永久性故障重合不成功及无故障三相断开不重合。

②任一段母线故障。

③同杆并架双回线的异名两相同时发生单相接地故障重合不成功，双回线三相同时跳开。

④直流输电线路双极故障。

第三级：当电网发生了罕见的多重故障（包括单一故障同时继电保护动作不正确等），电力系统可能不能保持稳定，但必须有预定的措施以尽可能缩小故障影响范围和缩短影响时间。第三级安全稳定标准适用于下述罕见故障：

①开关拒动。

②时继电保护、自动装置误动或拒动。

③调节装置失灵。

④故障。

⑤大容量发电厂。

⑥偶然因素。

二、电力系统安全稳定运行的三道防线

为满足三级标准的要求所采取的措施，即是保障电力系统安全稳定运行的三道防线。

第一道防线：由可靠的继电保护装置快速切除故障元件，最直接、最有效地保证电力系统暂态稳定，确保电力系统在发生常见的单一故障时保持稳定运行和正常供电。

第二道防线：采用稳定控制装置及切机、切负荷等紧急控制措施，确保电力系统在发生概率较低的严重故障时能继续保持稳定运行。

第三道防线：当电力系统遇到概率极低的多重严重故障而稳定破坏时，依靠失步解列装置将失步的机组或电网解列，并由频率及电压紧急控制装置保持解列后两部分电网功率的平衡，防止事故扩大，防止大面积停电。

三、安全稳定三级标准和电力系统三道防线的特点

安全稳定三级标准和电力系统三道防线具有如下特点：

①维持系统稳定和保证用户正常供电的重要性。随着电网规模的逐步扩大，大电网稳定破坏造成的社会影响和经济损失已达到难以承受的地步，电力用户对可靠性和电能质量的要求也日益提高，这些都必然要求重视维持系统稳定运行和保证用户正常供电。

②验证三相短路故障下系统稳定作为保障系统安全稳定的基本要求。国外大多数发达国家均以满足三相故障作为基本稳定标准，我国是位居世界第二的电力大国，安全稳定标准理

应达到国际通用水平。

③标准囊括了系统中各种典型故障形态，采取相应的稳定措施，构成了三道防线，是保障电力系统安全稳定运行必须遵循的准则。

第三节　电力系统小干扰稳定性

一、电力系统小干扰稳定性的基本概念和振荡类型

在现代电力系统中，小干扰稳定问题主要表现为振荡失步。这些振荡由于其频率很低，故称为低频振荡（又称为功率振荡、机电振荡）。根据系统中振荡模式的频率范围、引发原因和表现形式的不同，在小干扰稳定分析中主要考虑局部振荡和区间振荡两种振荡模式。

1. *局部振荡模式*

这种振荡只涉及系统中的一小部分，通常表现为厂站内机组间或相近厂站机组间的振荡，主要是由于快速励磁装置引入负阻尼造成的。其典型的振荡频率范围为0.7 Hz～2 Hz。研究这类现象只需对系统的局部进行详细的建模，而对外部系统则可用简化模型表示或采用系统等值的方法进行处理。

2. *区间振荡模式*

发生区间振荡时，系统中全部或大部分同步发电机可分为若干组，这些同步发电机组在地理位置的分布上往往有比较明确的界限，它们相互之间发生振荡。对于现代大型互联电力系统，如果子系统之间联络线较弱，则易于发生区间振荡。这种振荡是由于系统阻尼不足引起的，频率范围一般在0.1 Hz～0.7 Hz。研究这类现象需对系统的很大部分甚至全部进行详细的建模。

二、电力系统小干扰稳定性的分析方法

小干扰稳定分析问题可以表述为对系统在运行点附近线性化模型的稳定性分析问题。因此，任何分析线性动态系统稳定性的方法均可以应用于小干扰稳定性分析。目前，实用的小干扰稳定分析方法主要有电气转矩法、频域法、时域仿真法和特征值分析方法等。

1. *电气转矩法*

电气转矩法是最早用于分析电力系统小干扰稳定性的一种实用方法，一般采用Heffron−Phillips模型对发电机建模。其关键是计算各种控制器在任一同步发电机机电振荡回路中引起的阻尼转矩，从而定量刻画控制器对系统振荡模式阻尼的影响，具有明确的物理意义，可以加深对控制器作用的理解。阻尼转矩系数的概念是用频域法设计电力系统稳定器的基础。电气转矩分析法与特征值分析法相结合，还可用于各种控制器的协调设计。这种方法的缺点是计算复杂，不适合于计算大型电力系统的关键模式。

2. *频域法*

频域法以经典自动控制理论为理论基础，常用于判断传递函数描述的系统的稳定性。在小干扰稳定分析中，频域法主要用于设计各种控制器和确定控制器的最佳安装地点。从频域的观点看，控制器的作用是提供恰当的相位和幅值补偿。对于PSS的设计，可以通过计算

励磁系统输入与同步发电机电气转矩之间的频率响应，确定 PSS 应补偿的相位。频域法设计步骤规范系统，计算简单，控制器只采用本地信号，而且所得到的控制器结构简单，易于工程实现。其主要缺点是在分析大型电力系统稳定性时，频率响应的计算量非常大，影响问题的求解速度，提供的关键模式信息也非常有限。

3. 时域仿真法

时域仿真法以计算机仿真理论为理论基础，能模拟系统受干扰后各个系统变量随时间变化的具体过渡过程，以此反映系统的稳定程度。在小干扰稳定分析中，时域仿真法利用系统非线性微分代数方程组成的数学模型，在系统中的某些关键地点，人为地制造“小干扰”（如一周波的瞬时短路等），并根据由此造成的系统各状态变量的变化来判断系统的稳定性。时域仿真法的优点是能充分考虑电力系统的非线性因素，对建模几乎没有限制，计算结果是仿真曲线，为电力工程师所熟知。其主要缺点是，“小干扰”的选取受人为因素的影响，由于无法保证可以激发系统的全部关键振荡模式，分析结果的可靠性不能从理论上得到保证；对于低频机电振荡研究，仿真时间必须足够长，而且必须同时检测系统的许多变量，所以计算量很大；所能给出的与关键模式有关的定量信息非常有限。因此，时域仿真法通常用于检验用其他分析方法所得结果的有效性。

4. 特征值分析方法

特征值分析方法以线性系统理论和李雅普诺夫第一定理为理论基础。小干扰稳定性特征值分析方法将电力系统线性化模型表示为用状态方程组描述的线性系统，求得其状态矩阵的特征值与特征向量。根据特征值和系统固有振荡模式的对应关系，得到各振荡模式的频率和阻尼。利用特征值和特征向量，通过计算参与因子，还可以定量确定系统中各状态变量对各振荡模式的参与程度，从而得到系统稳定性的定性和定量信息。此外，通过计算特征值对控制器参数的灵敏度，还能确定控制器的最佳安装地点和进行控制器参数的设计。由于特征值分析方法理论体系可靠，提供的定性、定量信息丰富，目前它是研究电力系统小干扰稳定性的最常用，也是公认最有效的一种方法。

三、小干扰稳定的控制

实际电力系统中的小干扰稳定问题常表现为系统的低频振荡，通常是由于系统缺乏足够的阻尼引起的，采取各种措施增大系统的阻尼是提高系统小干扰稳定性的有效方法。

1. 利用 PSS 提高电力系统小干扰稳定性

以 $\Delta\omega_r$ 为输入信号的 PSS 工作原理如图 1－1－2 所示，PSS 由放大环节、信号过滤环节和相位补偿（校正）环节、限幅环节组成。由于只关心小信号性能，图中没有标出 PSS 输出限幅环节，其输出作为励磁附加信号。PSS 的作用是产生阻尼转矩，其传递函数应具有适当的相位补偿能力，以补偿励磁机输入和电气转矩之间的相位滞后。理想的 PSS，其相位补偿特性可完全补偿励磁机和发电机的相位滞后，这时，PSS 将对所有的振荡频率产生纯正阻尼转矩。实际上，这种理想的相位补偿是不可能实现的，因此，PSS 的相位补偿作用只能考虑所关心的振荡频率，由于低频振荡的频率范围一般为 0.1 Hz～2.0 Hz，这个频段也就成为设计 PSS 相位补偿环节时应考虑的频段。

通常使 PSS 处于较小的欠补偿状态，这样可以使 PSS 不仅大大增加阻尼转矩，还可以在一定的程度上增加电机的同步转矩。相位补偿环节一般由 1～3 个超前校正环节组成（$p=$

1，2，3），一个超前环节最多可校正 30°～40°电角度。在某些情况下，也可以采用有复根的二阶环节。

信号过滤环节是一种高通滤波器，其作用是使 PSS 在电力系统稳态时（$t\rightarrow\infty$或 $s\rightarrow 0$）输出为零。增益环节的放大倍数 K_{STAB}决定了 PSS 产生的阻尼的大小，理想情况下 K_{STAB}应设定为对应最大阻尼的增益值，然而这常常受到其他条件的限制。

发电机电磁功率增量 ΔP_e 或机端频率也可用作 PSS 的输入。ΔP_e 具有量测较方便以及由于信号本身相位超前容易实现相位补偿的优点，对于区间振荡模式而言，基于频率信号的 PSS 可以比基于转速信号的 PSS 提供更好的阻尼效果。

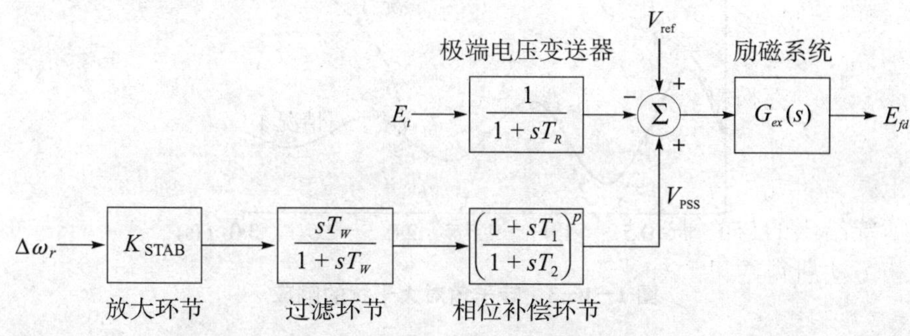

图 1-1-2　PSS 的工作原理

2. 利用 SVC 附加控制增强小干扰稳定性

静止无功补偿器（SVC）可以通过快速控制电压和无功功率以提高电力系统的动态性能，通常，SVC 的基本控制模式是调节电压，有助于改善系统的电压稳定性和暂态稳定性；也可以在 SVC 上增加附加控制，以提高它对系统振荡的阻尼作用。将 SVC 用于增强系统的小干扰稳定性，除需要考虑恰当的相位补偿外，合适的安装地点和所采用的输入信号也是需要考虑的两个问题。

3. 利用高压直流（HVDC）输电系统提高小干扰稳定性

在 HVDC 输电系统整流器上，通过增加附加控制信号的方法，可以控制直流输电网络中的电流，增加交流系统机电振荡的阻尼。其作用原理与 SVC 相同。事实上，在其他具有控制功能的电力装置，如 FACTS 上，都可以采用类似的方法以增加它们提高系统小干扰稳定性的能力。

第四节　电力系统暂态稳定性

一、电力系统暂态稳定性的基本概念

1. 电力系统暂态响应过程

电力系统受到大干扰后的暂态过程可能有两种不同的结果：一种结果是各发电机转子间相对角度呈摇摆状态变化，转子角度增加到最大值后又开始减少，并减幅振荡直到达到稳定状态，如图 1-1-3 的情况 1 所示。在此运行情况下，所有发电机仍然保持同步运行，系统是暂态稳定的。另一种结果是，暂态过程中某些发电机转子之间的相对角度不断增大直到失

去同步，如图 1－1－3 的情况 2 所示，这种失去稳定的形式称为第一次摇摆不稳定或非周期性失去同步。系统失去稳定的另一种形式如图 1－1－3 的情况 3 所示，系统由于增幅振荡最终失去稳定，这种失去稳定的形式为周期性失去同步，一般是由故障后系统阻尼不足造成的，而不是暂态干扰的必然结果。对于情况 2 和情况 3 的结局，都称电力系统是暂态不稳定的，或称电力系统失去暂态稳定。发电机间失去同步后．将在系统中产生功率和电压强烈的振荡，结果使一些发电机组和负荷被迫切除，甚至导致系统解列或瓦解。

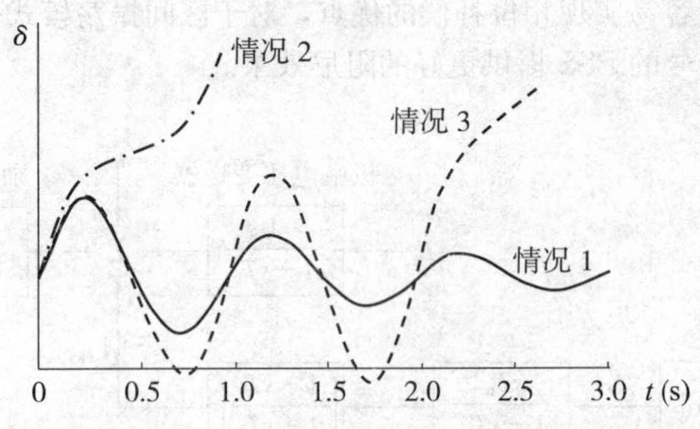

图 1－1－3　转子角对大干扰的响应

2. 电力系统暂态稳定性的分析方法

分析判断遭受大干扰后系统是否稳定，实质上就是根据大干扰后各发电机转子间相对角度的变化规律，即转子间相对角度随时间变化的曲线，即摇摆曲线，来判断系统的稳定性，如图 1－1－3 所示。目前，暂态稳定分析的基本方法可以分为两类：一类是数值解法，即使用数值积分方法求解描述系统暂态过程的非线性微分方程，得出各发电机转子间相对角度变化的摇摆曲线，并根据摇摆曲线来判定系统是否稳定；另一类是基于暂态能量函数的直接法。数值解法是目前广泛应用的一种分析方法，已发展得比较成熟，基本上能够满足电力系统规划、设计和运行对系统暂态稳定性分析的要求。

二、单机无穷大电力系统的暂态稳定性分析

采用简单模型的单机无穷大系统如图 1－1－4(a) 所示。在此，发电机采用暂态电抗及暂态电抗后电势的经典模型，忽略变压器励磁支路和输电线路的对地分布电容，其等值电路为纯电抗支路，如图 1－1－4 (b) 所示。

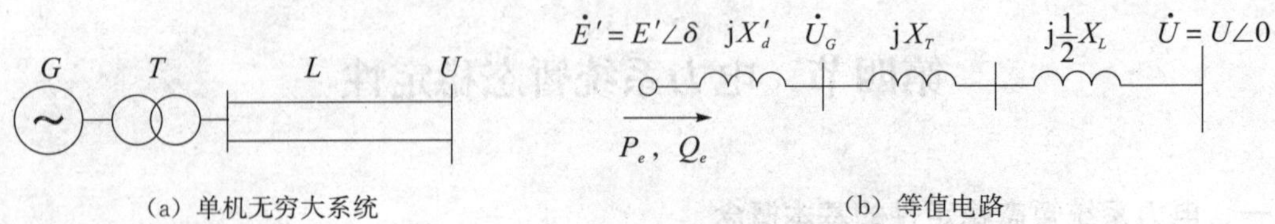

(a) 单机无穷大系统　　(b) 等值电路

1－1－4　单机无穷大系统及其等值电路

1. 电磁功率－功角特性

图 1－1－4 所示单机无穷大系统在正常运行方式时，发电机与无穷大母线之间的等值电抗和发电机输出功率分别为

$$X^{(1)}=X'_d+X_T+\frac{X_L}{2}, \ P_e^{(1)}=\frac{E'U}{X^{(1)}}\sin\delta=P_{em}^{(1)}\sin\delta \qquad (1-1-1)$$

当图 1－1－4（a）中单回输电线路始端发生短路时，发电机与无穷大母线之间的等值电抗和发电机输出功率分别为

$$X^{(2)}=X^{(1)}+\frac{(X'_d+X_T)(\frac{X_L}{2})}{X_\Delta}, \ P_e^{(2)}=\frac{E'U}{X^{(2)}}\sin\delta=P_{em}^{(2)}\sin\delta \qquad (1-1-2)$$

式中，X_Δ 为正序网络故障点接入的附加电抗，其取值与短路类型有关。故障发生后，继电保护装置将迅速断开故障线路，这时发电机与无穷大母线之间的等值电抗和发电机输出功率分别为

$$X^{(3)}=X^{(1)}+\frac{X_L}{2}, \ P_e^{(3)}=\frac{E'U}{X^{(3)}}\sin\delta=P_{em}^{(3)}\sin\delta \qquad (1-1-3)$$

发电机输出功率随功角变化的特性称为电磁功率－功角特性，简称功角特性。一般情况下，上述三式中 $X^{(1)}<X^{(3)}<X^{(2)}$，因此 $P_{em}^{(1)}>P_{em}^{(3)}>P_{em}^{(2)}$。由此可得与上述三种情况对应的功角特性曲线，如图 1－1－5 所示。

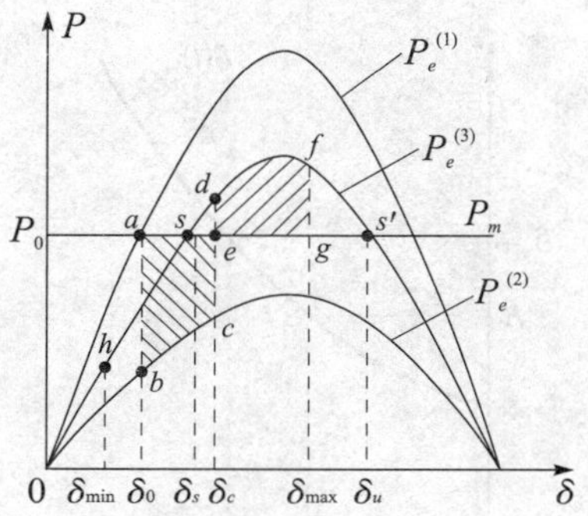

图 1－1－5　功角特性曲线

2. 等面积定则

如图 1－1－5 所示，在功角从 δ_0 变化到故障切除时刻对应角度 δ_c 的过程中，原动机输入的能量大于发电机输出的能量，多余的能量将使发电机转速上升并转化为转子角动能而储存在转子中；而当功角由 δ_c 变到 δ_{max} 时，原动机输入的能量小于发电机输出的能量，不足部分由发电机转速下降而释放的动能转化为势能来弥补。

当转子从 δ_0 到 δ_c 变动时，过剩转矩所做的功为对应图 1－1－5 中阴影面积 f_{abce}。在不计能量损失时，加速期间过剩转矩所做的功，将全部转化为转子动能，等于转子加速过程中获得的动能增量，该面积称为加速面积。当转子由 δ_c 变到 δ_{max} 时，动能增量为负值，这意味着转子储存的动能减小，转速下降，所对应的面积 f_{edfg} 称为减速面积。

当加速面积等于减速面积时，动能增量为零，即短路后加速的发电机转子可重新恢复同步，这就是等面积定则。

在给定条件下，当切除角一定时，有一个最大可能的减速面积，如图 1－1－5 所示的面积 $f_{ds'e}$。如果这块面积比加速面积 f_{abce} 小，发电机将失去同步。因为，当功角增至临界角（不稳定平衡点）δ_u 时，转子在加速过程中所增加的动能未完全耗尽，发电机转速仍高于同步转速，功角继续增大而越过点 s'，发电机将重新加速而失去同步。显然，最大可能的减速

面积大于加速面积，是保持暂态稳定的条件。

3. 极限切除角

由图 1-1-5 可以看出，如果在某一切除角时，最大可能的减速面积与加速面积大小相等，则系统将处于稳定的极限状况，此时对应的切除角称为极限切除角 $\delta_{c.\lim}$。如果系统切除故障时对应的转子角度大于该角度，则系统将失去稳定。

4. 单机无穷大系统稳定性的简单判定法

对单机无穷大系统而言，可方便地利用公式计算出极限切除角，因而可通过比较实际故障切除角与故障极限切除角的大小来判断系统的稳定性。但是，在很多情况下，所知道的是系统故障切除时刻，或对某些实用目的而言，例如在对继电保护和断路器提出切除故障速度的要求时，还必须知道切除故障的极限允许时间（简称极限切除时间 $t_{c.\lim}$）。为此，需要求解表征系统动态特性的微分方程，得到功角随时间变化的摇摆曲线，如图 1-1-6 所示。在该曲线上可找到与切除时间 t_c 对应的切除角 δ_c，或与极限切除角 $\delta_{c.\lim}$ 对应的极限切除时间 $t_{c.\lim}$，从而对继电保护及断路器提出要求，或者通过比较极限切除时间与运行中继电保护及断路器的切除时间，来判断系统的暂态稳定性。

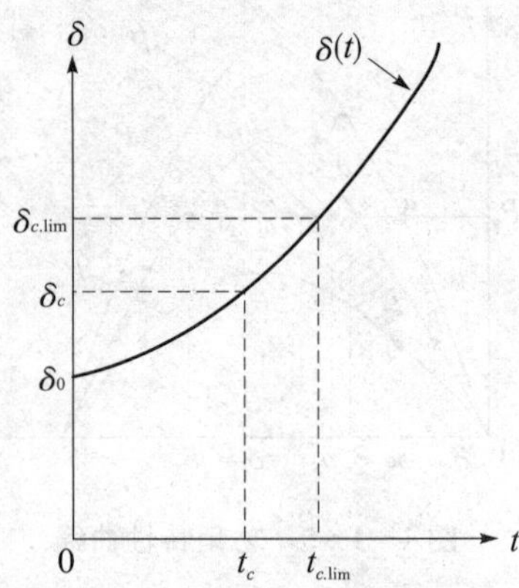

图 1-1-6 简单判定法示意图

三、多机电力系统暂态稳定性的数值分析方法

大型电力系统暂态稳定性的数值分析方法以电力系统的数学模型和微分方程的数值计算为基础，系统的数学模型常用微分方程和代数方程组表示，其求解方法有交替求解法和联立求解法两大类。在各种应用数值解法计算暂态稳定的程序中，除了求解微分方程和代数方程所采用的方法有所不同以外，其他部分基本相同。一般来说，求解过程主要包括：根据稳态潮流计算结果计算各代数变量和状态变量的初值；形成微分方程和代数方程；根据干扰修改微分方程和代数方程；求解微分方程和代数方程；由求得的转子间相对角度的摇摆曲线判断系统是否稳定。

在数值积分的过程中，有以下两点需要说明：

①在发生故障或网络操作时，需要根据故障和操作的实际情况，对模型中的微分方程和代数方程进行修改。

②稳定性判定，目前一般以任意两台发电机转子间的相对角度是否超过 180°作为稳定性的判据。如果超过 180°，则判定失去稳定而停止计算，并输出计算结果；否则，继续进

行下一步长的计算，直至所计算的暂态过程持续时间达到预先给定的时间 t_{max} 为止。t_{max} 的取值由分析的要求所决定，如果只希望判断第一摇摆周期的稳定性，常取 $t_{max}=1$ s～1.5 s；如果希望判断第二、三摇摆周期的稳定性，则取 $t_{max}=3$ s～5 s。

四、电力系统暂态稳定控制

暂态稳定控制主要实现如下目标：尽量减小故障的严重程度和故障的持续时间；增加系统恢复同步的能力；快速控制原动机功率和负荷水平，以减少系统中由于故障产生的功率不平衡。

1. 快速切除故障

发电机在故障时获得的加速动能随故障持续时间的增加而增加，因而，快速切除故障有利于减小故障引起的干扰。目前，两个周波即可动作的断路器及相应的快速继电器和通信装置已广泛用来快速切除故障。现正在研究具有更快响应速度的故障切除装置。

2. 减小输电系统电抗

减小输电网的电抗可以提高网络输送功率的能力，增强系统的稳定性。降低网络电抗的方法有两种：一是采用具有低漏抗值的变压器；二是输电线的串联电容器补偿。可能使临近的汽轮发电机产生次同步谐振和使继电保护复杂化是利用可投切串联电容器要注意的问题。

3. 可调节并联补偿

并联补偿具有维持输电系统电压、增加互联发电机组间传输同步功率、改善系统稳定性的能力。同步调相机和静止无功补偿器都具有这种能力，它们的使用会使电力系统的暂态稳定性得到明显的提高。

4. 动态电气制动

动态电气制动的基本原理是当发生暂态干扰时，快速在发电机端接入一个电气负荷，以吸收发电机输出过剩的电功率，从而减小转子的加速。制动电阻常用于远离负荷中心的水力发电站，这是因为水力机组耐冲击能力强，能承受电阻器投入时的突然冲击。对火电机组，如要采取这种措施，则需仔细校核其对轴系疲劳寿命的影响。必要时，还可能需要视情况采用分步投入电气制动的办法。

目前的制动装置多采用并联型电气制动，也可以采用串联型电气制动，即在发电机升压变压器的中性点上加装一个带有旁路开关的星形连接三相电阻器，以降低电阻器绝缘及满足开关的要求。

另一种形式的电气制动装置仅用于增强不对称接地故障时系统的稳定性，它由一个接于大地与发电机升压变压器 Y 形连接高压绕组中性点之间的电阻器组成。

对于投切式制动电阻，应详细计算其操作时间，防止转子“回摆”的不稳定。

5. 投切电抗器

在正常运行情况下，位于发电机附近的并联电抗器所产生的无功功率使发电机内电势增加，有利于增强系统的稳定性。故障时，将电抗器切除会进一步提高系统的稳定性。

6. 断路器的按相操作

断路器按相操作的好处是在断路器本身故障时，可尽量减小由于断路器本身故障对正确执行继电保护动作信号的影响，因此，可以大大降低三相故障并伴随断路器拒动对系统稳定性的影响。

7. 单相开关操作

单相开关操作可以根据故障的类型，对输电系统进行保护。由于输电线路故障大多属于单相对地故障，故障相的单相断开和重合将使电力系统的暂态稳定性得到大幅度的提高。应用单相开关操作时，需要考虑的问题是：消除二次电弧，校核汽轮发电机轴系和汽轮机叶片的疲劳应力，以及负序电流对附近发电机热效应的影响。

8. 汽轮机阀门的快速操作

在故障时以预定方式快速操作汽轮机的阀门，以减小输电系统严重故障后发电机加速功率的方法适用于火电机组，有助于维持电力系统的暂态稳定性，是一种有效而经济的稳定控制方法。但鉴于快速操作阀门可能会对汽轮机和锅炉/蒸汽发生器产生不利的影响，所以这种方法仅在其他副作用更少的措施无效时才考虑采用。与切除发电机相比较，快速操作阀门具有让机组仍与系统相连的优点，因而，系统总惯量并不减少，且几秒钟内可恢复全部或部分功率输出。此外，由此引起的对原动机的应力也被认为轻得多。

9. 切除发电机

对于严重的系统故障，有选择性地切除部分发电机，减少接近极限输电断面的传输功率，可以有效增强系统的稳定性。由于系统中机组的切除将使机组承受机械负荷和电气负荷的突然变化，从而对发电机、原动机和供能系统产生巨大的冲击，因此，在采用这种控制措施时应特别慎重。在实施切除汽轮发电机措施时，需要考虑以下的问题：由于切机引起的超速，负荷快速变化产生的热应力，以及连续干扰造成的转矩变化对轴系的影响。

10. 受控的系统解列和减负荷

受控的解列用于防止互联系统中某一地区内的大干扰波及系统的其他地区，并造成严重的系统崩溃。如果使用减负荷措施就可以维持系统的暂态稳定，则无需采取系统解列措施。

11. 快速励磁系统

快速励磁系统通过增加发电机励磁电压，以提高发电机内电势，进而增加电机的同步功率，有助于增强系统的暂态稳定性。这种控制措施的有效性取决于励磁系统快速将磁场电压增加到可能最大值的能力，在这方面，具有高顶值电压的高起始响应励磁系统最为有效。然而，顶值电压受发电机转子绝缘的限制，对火电机组而言，顶值电压限制在额定负载励磁电压的 2.5～3.0 倍。另外，高增益快速励磁系统的应用常常会减小系统对低频振荡的阻尼，因此需要考虑使用电力系统稳定器（PSS）。

12. 不连续励磁控制

适当地应用电力系统稳定器对本地区和区域间的振荡模式均可提供阻尼。在大干扰或暂态条件下，稳定器一般能对第一摇摆稳定性起积极的作用。然而，在本地区和区域间的摇摆模式同时存在时，稳定器的作用区间应该是在第一次本地模式摇摆峰值过后，在最高的综合摇摆峰值到达之前。通过将励磁保持在顶值，并使发电机端电压约束在允许范围内，直至摇摆达到最高点为止，这种方法可使系统的暂态稳定性得到额外的提高。

13. 高压直流（HVDC）输电联络线的控制

由于高压直流输电联络线中传输的功率是高度可控的，因此可以利用 HVDC 输电联络线这种独特的优点来增强交流系统的暂态稳定性。在发生暂态干扰时，可快速调整直流系统的功率传输，以减少两侧交流系统发电/负荷的不平衡。在有些情况下，有必要提高直流功率，利用 HVDC 系统的短期过载能力，维持系统的稳定性。从交流系统看，直流功率的快速控制具有与切机/切负荷相同的效果。

第五节　电力系统电压稳定性

一、静态电压稳定的基本概念

简单地说，静态电压稳定研究的是电力系统运行方式的存在性和电源对负荷的输送能力。下面将通过单负荷无穷大系统的例子说明与电压稳定相关的概念，并给出静态电压失稳的机理解释。

1. 简单电力系统的静态电压稳定性分析

由于电力系统的电压稳定性由负荷供给和负荷需求平衡决定，故作为承担功率传输任务的输电系统，其特性对电压稳定性有较大的影响。输电系统在电压稳定性研究中通常描述为潮流方程，其解的特性也就体现了输电系统的特性。考察如图 1−1−7 所示的单负荷无穷大系统。

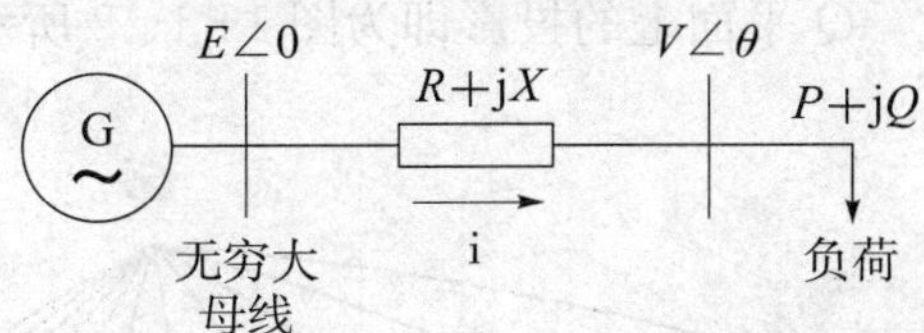

图 1−1−7　单负荷无穷大系统

忽略线路电阻时，系统的潮流方程式为

$$P=-\frac{EV}{X}\sin\theta,Q=\frac{EV}{X}\cos\theta-\frac{V^2}{X} \tag{1-1-4}$$

由上两式中消去变量，得

$$(V^2)^2+(2QX-E^2)V^2+X^2(P^2+Q^2)=0 \tag{1-1-5}$$

上述以 V^2 为变量的二次方程有实数解的条件可写为

$$-P^2-\frac{E^2}{X}Q+\left(\frac{E^2}{2X}\right)^2\geqslant 0 \tag{1-1-6}$$

式（1−1−5）的等式条件描述了 $P-Q$ 平面上的一条抛物线，如图 1−1−8 所示。抛物线内部的点满足不等式条件，潮流方程存在两个实数解；而外部的点不满足式（1−1−5），潮流方程无实数解。抛物线上，潮流方程只有一个实数解，对应于电压稳定临界点的集合。在给定功率因数角 φ 下，正值的 P 表示最大负荷，负值的 P 表示最大发电。由于该抛物线相对于 Q 轴对称，故负荷所能吸收的最大负荷等于在该节点所能注入的最大功率，但这一性质在考虑线路电阻后不再成立。

由式（1−1−6）易知，最大无功负荷为短路容量 E^2/X 的 1/4，而功率因数为 1.0 条件下的有功输电极限负荷为短路容量的 1/2；此外，开口向下的抛物线可行域也表明在负荷侧提供足够无功补偿的条件下，负荷端可吸收或发出任意多的有功功率；这说明了电网输送大量无功功率的困难。然而由于负荷节点电压存在上限约束，故实际上不可能在负荷节点注入无限多的无功功率，从而系统的有功功率传输也是有限的。

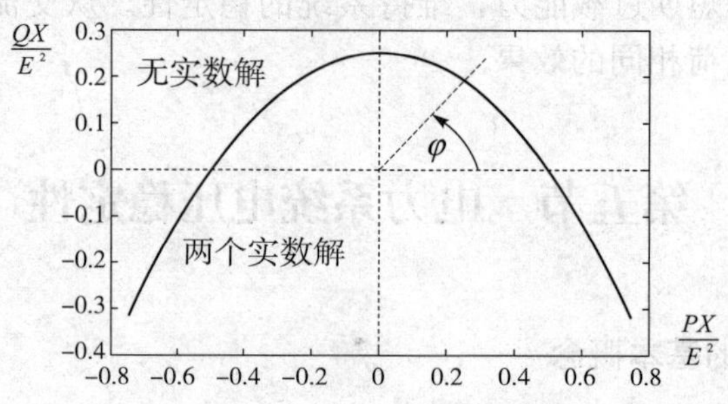

图 1-1-8　潮流方程解的可行域

在满足式（1-1-6）的条件时，由式（1-1-5）可得到两个电压解，即

$$V = \sqrt{\frac{E^2}{2} - QX \pm \sqrt{\frac{E^4}{4} - X^2P^2 - XE^2Q}} \qquad (1-1-7)$$

在 $P-Q-V$ 空间中，式（1-1-7）定义了一个如图 1-1-9 所示的二维曲面。其中，上曲面对应于式（1-1-7）的高电压解，下曲面对应于式（1-1-7）的低电压解。图中也给出了不同功率因数角时，式（1-1-7）所定义的解曲线，这些解曲线拐点的集合构成了最大输电功率曲线，其在 $P-Q$ 平面上的投影即为图 1-1-8 所示抛物线的一部分。

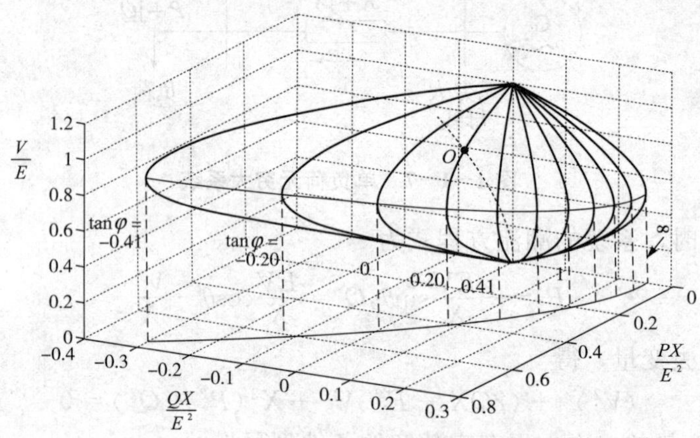

图 1-1-9　电压与负荷有功功率和无功功率的函数关系

将图 1-1-9 中不同功率因数角下式（1-1-7）所定义的解曲线投影至 $P-V$ 平面，即得如图 1-1-10 所示的 $P-V$ 曲线。显然，用投影的方法也可得到 $Q-V$ 曲线、视在功率和电压关系的 $S-V$ 曲线以及某一给定无功功率 Q 下的 $P-V$ 曲线等。

由图 1-1-10 可见，随着负荷补偿无功功率的增加，最大输电功率增大，对应的临界电压也增高，故无功功率补偿较大时，电压水平较高并不代表系统距离最大输电功率水平也较远。

发电机是电力系统电压控制的重要手段。正常运行时，发电机将维持机端节点电压恒定。在系统电压降低时，发电机将增大励磁电流，提供更多的无功功率，但这可能导致发电机励磁电流或定子电流超过长期运行的极限。励磁电流受发电机过励保护的限制，保护动作后，励磁电流将被限制为最大允许电流，此时发电机只能维持同步电抗后的电势恒定，这等效于增加了负荷和恒压电源之间的电抗，恶化了系统电压崩溃的条件。发电机定子电流越限后，由运行人员手动或保护装置自动地降低发电机的无功或有功出力，以消除越限，这通常也对维持系统的电压稳定性不利。发电机励磁或定子电流限制对电压稳定性的影响将在后面作定性介绍。

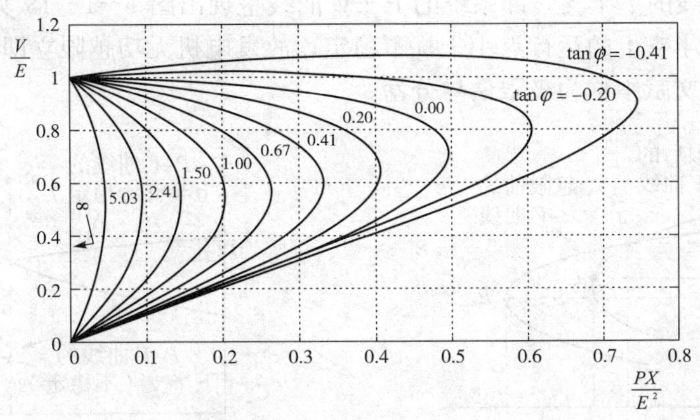

图 1-1-10　不同功率因数下的 $P-V$ 曲线簇

2. 静态电压失稳的机理解释

静态电压失稳的机理解释把系统静态负载能力的极限作为电压稳定的临界状态，即电压崩溃点，所反映的是潮流解的可行性问题。从潮流多解性的角度来看，系统电压失稳前至少存在一对解，即高电压解和低电压解，它们对应于系统的两个平衡点。由小干扰稳定性分析易知，其中一个为稳定的平衡点，另一个为不稳定的平衡点。图 1-1-11 所示的复杂系统 $P-V$ 曲线，稳定运行的电力系统随着负荷的增加，潮流解的对数会逐渐减少，最终只剩一对潮流解。随负荷的进一步增加，这对解所对应的两个平衡点逐渐靠近。在电压崩溃点处，这两个平衡点融合成一个，节点电压对负荷功率的灵敏度为无穷大。这时，负荷的任何微小的增加将导致系统无平衡点，即潮流不可行或系统运行方式不存在。从分岔理论来说，该现象对应于鞍结分岔。在采用恒功率负荷模型并以 P 为参数时，图 1-1-11 所示的 $P-V$ 曲线即为鞍结分岔图。基于鞍结分岔的静态电压失稳机理解释适用于负荷增长或负荷自恢复等连续过程导致的静态电压失稳。

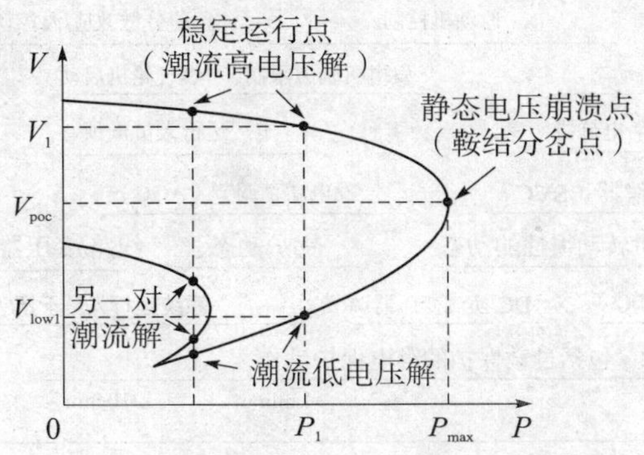

图 1-1-11　静态电压稳定的 $P-V$ 曲线与鞍结分岔示意图

发电机无功越限这一离散事件也可能立即引起静态电压失稳。无功越限前，发电机机端节点电压可控，以 PV 节点描述；无功越限后，机端节点电压不可控，以 PQ 节点描述。这两种不同的描述导致了不同的潮流方程。在大部分情况下，发电机无功越限前后的 $P-V$ 曲线如图 1－1－12 所示，即 A 点处的无功越限导致电压崩溃点由 B 变为 C，即系统的最大输电功率减小，但系统仍保持电压稳定。然而在负载较重时，越限前后的 $P-V$ 曲线可能相交于越限后 $P-V$ 曲线的下半支，即系统的 $P-V$ 曲线呈现出图 1－1－13 实线所示的尖锥状。由于 $P-V$ 曲线下半支上的运行点小干扰不稳定，故发电机无功越限立即导致了静态电压失稳，该现象在一些文献中称为极限诱导分岔。

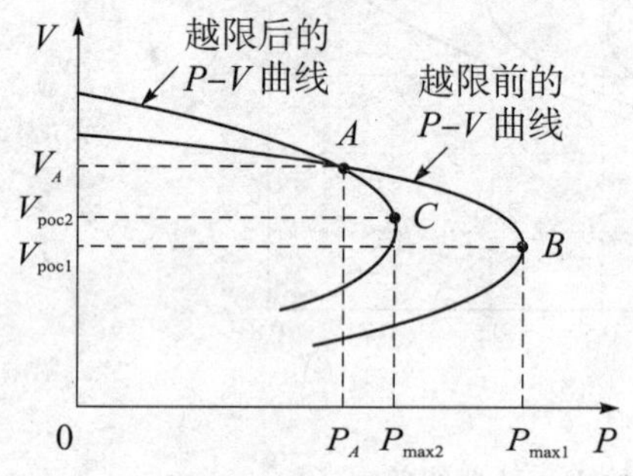

图 1－1－12　发电机越限前后的通常 $P-V$ 曲线

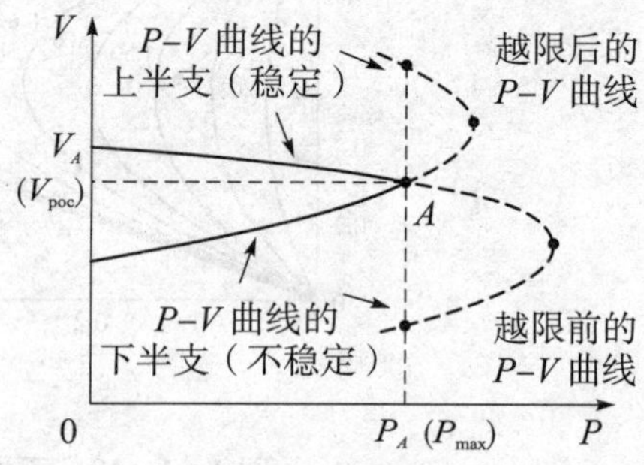

图 1－1－13　发电机无功越限导致的立即失稳

二、暂态电压稳定的基本概念

稳定性是动态系统的基本性质，因此，电压稳定性问题本质上是一个动态问题。下面将介绍暂态电压稳定性和长期电压稳定性的时间框架和机理解释，并说明负荷特性的影响。

1. 暂态电压稳定性和长期电压稳定性的时间框架

CIGRE 工作组 1993 年提出如图 1－1－14 所示的电压稳定性的时间框架，明确了暂态电压稳定性和长期电压稳定性各自相关的现象，方便了数学模型的建立、机理的分析和控制策略的制定。

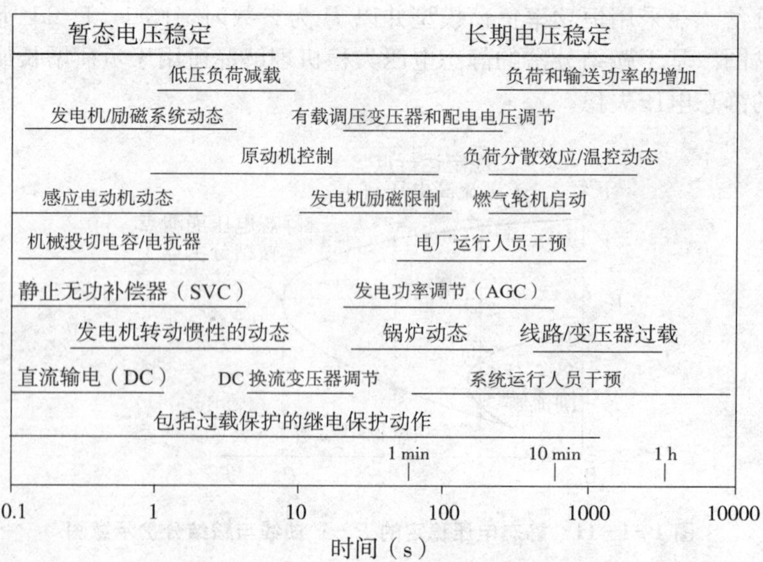

图 1－1－14　电压稳定性的时间框架

暂态电压稳定性的时间框架大约从零秒至十几秒，与暂态功角稳定性的时间框架相同，涉及发电机、负荷、无功补偿、直流输电和继电保护等众多元件及其控制的快动态特性，其中感应电动机和直流换流器这类负载对暂态电压稳定性的影响最大，负荷侧的短路故障需特别重视。

负荷侧电压大幅度下降时，补偿电容器产生的无功功率将减小，而感应电动机的无功需求将增大，从而系统无功负载和输电电压损耗将增大，导致负荷侧电压进一步下降。如果保护或交流接触器不能及时切除电动机，则可能引起电动机连锁堵转，最终形成电压崩溃。

直流输电的逆变端处于小短路容量的负荷区域时，逆变端需要吸收大量无功功率，通常这一无功功率由补偿电容提供，故逆变端电压的大幅下降可能会造成较大的无功功率不平衡，引发暂态电压失稳。此外，常用的恒功率/定熄弧角控制在 1 s 内恢复逆变端的无功功率也可能导致暂态电压不稳定。

影响系统暂态电压稳定性的其他因素还包括故障后的电网结构、静态/动态无功补偿的配置及储备比例、故障后负荷节点与动态无功支撑点间的电气距离等。

从稳定性理论的角度看，暂态电压失稳机理可归纳为 3 种：失去干扰后暂态稳定平衡点、系统未处于干扰后暂态稳定平衡点的吸引域、干扰后暂态电压振荡不稳定。长期电压失稳也可归为类似的 3 种：失去长期稳定平衡点、系统未处于长期稳定平衡点的吸引域中、缓慢增长的电压振荡失稳。此外，长期动态还可能引起暂态稳定平衡点消失或其吸引域收缩、诱发暂态电压振荡，从而导致暂态电压失稳。这些解释较全面地给出了动态电压失稳的数学机理。

2. 负荷特性的影响

负荷特性是影响电压稳定性的关键因素。在电压稳定性分析中，通常将 110 kV 及以下的配电网等值为负荷，其中包含了有载调压变压器、配电电压调节器以及小容量的发电机等，再考虑到负荷本身的多样性和时变性，故实际综合负荷的特性极为复杂。

从负荷特性对电网的影响来看，恒阻抗负荷依附于电网，是被动的，不存在电压稳定性问题；而恒电流负荷不管节点电压的高低，从电网汲取恒定的电流，这对电网来说是一个强制因素，如果电网不能提供这一电流，就将导致电压失稳；从这个角度来说，恒功率负荷对网络的强制性作用更大，系统更容易发生电压失稳。这一概念可解释为何感应电动机、温控负荷、有载调压变压器等因素对电压稳定性的影响最大。当然，堵转的感应电动机对系统电压稳定性的影响比其堵转前所具有的近似恒功率特性影响更大。

以下通过图 1—1—15 说明负荷特性对电压稳定性的影响。干扰前，系统具有稳态负荷功率 P_0，运行点为 A。干扰后，系统稳定运行于点 B，为暂态负荷特性与干扰后 $P-V$ 曲线的交点。随后负荷逐步恢复，调整其等值阻抗 R，运行点沿干扰后的 $P-V$ 曲线变化。由于稳态负荷特性 $A-A'$ 与干扰后 $P-V$ 曲线无交点，故负荷恢复的最终结果是系统长期电压失稳。显然，如果负荷不具有恢复特性，即具有稳态负荷特性，用曲线 AB 表示，则系统可保持长期电压稳定性。

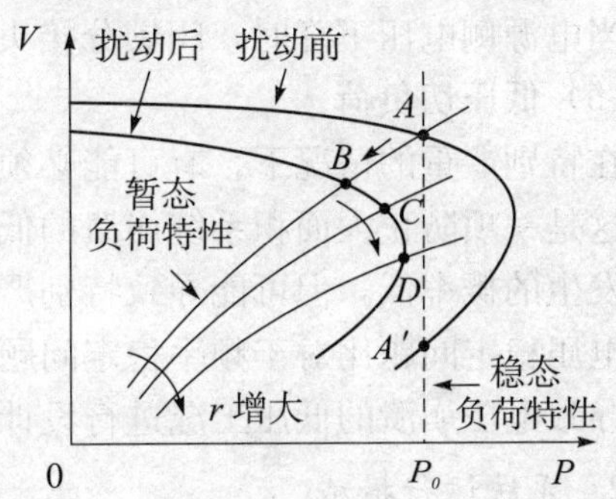

图 1—1—15　负荷特性对电压稳定性的影响

三、电力系统电压稳定控制及电压崩溃的预防

电压稳定控制主要分为故障前的预防控制和故障后的校正控制两类，控制手段较多。控制量的确定可基于电压稳定指标对控制量的灵敏度，也可由基于最优潮流的优化方法直接给出。预防控制不仅需保证正常运行状态的电压稳定裕度要求，通常还需保证多个故障运行状态的电压稳定裕度要求，故其计算较复杂。校正控制只针对特定故障发生后的运行状态，故其计算相对简单。理论上讲，电压稳定预防/校正控制策略需要用动态仿真程序校核。

电压稳定控制的措施包括系统设计和运行控制两个方面。CIGRE 的输电系统协调电压控制工作组按分层协调控制的原则，将电压稳定控制分成一次电压控制、二次电压控制和三次电压控制，这种控制方式已在法国、意大利等国家的电力公司得以实施。

1. 系统设计措施

(1) 应用无功补偿装置

防止电力系统电压静态失稳的最有效措施之一是使系统具有充足的无功储备，因此，应在负荷中心就近配备无功电源。先进动态无功补偿装置可以克服并联电容器/电抗器的无功出力随并联点电压下降而减少的缺点，因此可以有效解决动态过程中的无功快速跟踪补偿问题。这里，最重要的是要确定电压控制区和薄弱输电边界，补偿装置的容量、安装地点和类型的选择必须保证系统在最繁重的工况下能够满意运行。

(2) 控制网络电压和发电机无功输出

某些发电机的励磁调节装置具有负荷补偿功能，其作用是使恒定电压点在电气上向负荷靠近，因此对保持电压稳定非常有利。另外，发电机励磁控制装置的二次外环控制也可用于调节网络侧电压，其响应时间大约为 10 s。

(3) 保护与控制的协调

产生电压崩溃的一个重要原因是缺乏保护/控制设备间的协调，恰当的协调动作应当由动态模拟试验结果决定。跳开设备以防止过负荷应当是保证系统电压稳定的最后手段，只要有可能，就应当采用适当的控制措施（自动或手动）在从系统切除设备以前消除过负荷。

(4) 控制变压器分接头调节器

变压器分接头的调节可以就地或集中控制变压器的变比，提高将系统电压维持在允许范围内的能力，可以降低电压崩溃的风险。在分接头调节对电压稳定不利的情况下，简单的办法是当电源侧电压下降时，闭锁分接头调节；当电压恢复时，再恢复分接头调节。

(5) 低压切负荷

在特别严重的情况下，有可能必须采用类似于低频切负荷的方法，即采用低压切负荷措施。这是一项防止大面积系统崩溃的低成本的控制措施，特别是当导致不稳定的系统工况及事故发生的概率低，但可能导致特别严重后果时非常有用。条件是被切除负荷的特性及地点对于电压稳定问题比对于频率稳定问题更为重要。切负荷的措施应按区分故障、暂态电压降低及导致电压崩溃的低压工况进行设计。

2. 系统运行措施

(1) 留有足够的稳定裕度

系统应该在具有足够电压稳定裕度的情况下运行，为此必须适当地安排无功电源和电压分布。目前还没有被广泛接受的确定保留裕度大小的办法及系统参数指标。它们大都是随系

统而定的，必须根据系统的具体情况进行选择。在无法利用现有的无功电源及电压控制设备满足所需要的裕度时，应该限制电力系统的传输功率并起动其他机组，以提供临界地区的电压支持。

（2）留有足够的旋转备用

使运行的发电机组保持足够的旋转备用容量是非常重要的，如果需要，可投入并联电容器，保留励磁储备，以保证所需要的电压分布。

（3）调度操作

调度员必须具有识别与电压失稳相关的征兆并采取适当补救措施的能力，以便有效对系统的电压及传输功率进行控制。必须建立防止电压崩溃的运行策略，对系统进行在线监视和分析，识别潜在的电压稳定问题，采取可行的补救措施，这些对于防止电压失稳非常重要。

3. 分层协调控制

（1）一次电压控制

一次电压控制是一种快速响应的闭环控制，响应时间从十几毫秒到数百毫秒，通常由安装在发电厂、变电站的就地控制设备完成。属于这类控制的有：同步发电机的励磁控制、静止无功补偿器的控制、快速自动投切电容器和电抗器等。负荷波动、电网切换和事故引起的电压快速下降通常由一次电压控制进行调整。考虑控制装置的动作机理，有载调压变压器的分接头自动切换装置也可以归于就地的一次电压控制设备。不过它的响应和控制速度较慢，通常为几十秒到数分钟，用于在缓慢的大幅度负荷变化情况下维持电压，因此也常被认为是一种电压稳定的二次控制设备。事实上，电压稳定的一次控制是系统中可对系统电压波动立即作出响应的设备，不能完全看成是针对系统的电压稳定性而采取的控制措施，它只使用就地信息。

（2）二次电压控制

电力系统二次电压控制的响应时间为秒到分钟，通常由设置在系统枢纽点的区域控制管理系统实现。二次电压控制系统的任务是协调区域内各一次控制设备的工作，包括：在系统暂态波动过程中，分配一个区域内机组间的无功出力；确定无功电源的分级投切容量或投切方式等。二次电压控制一般是以电压稳定性的局部特征为基础。以法国电网为例，将系统分为不同的“控制区域”，在每个区域中选择一组“控制机组”，通过控制这些“控制机组”吸收或发出的无功功率以控制该区域的电压水平。控制装置测量区域内有代表性的“主导节点”上的电压变化量，根据系统电压稳定的要求，修正“控制机组”电压调节器的整定值，以控制机组的运行状态。其中，“主导节点”通常是指区域内短路电流最大的节点。

（3）三次电压控制

三次电压控制是设置在系统调度中心的全网统一防止系统电压失稳的预防控制策略，三次电压控制通常利用最优潮流程序，每 15 分钟执行一次，或者在事件发生时执行。

第六节 电力系统次同步振荡

一、电力系统次同步振荡的基本理论

1. 电力系统次同步振荡的基本概念及有关定义

早在 20 世纪 30 年代，人们就发现发电机在容性负载下或经串联电容补偿的线路接入系统时，在一定的条件下可能会发生“自激”。此外，在投切空载长输电线路时，由于线路分布电容的存在，在某些运行情况下也可能会引起“自激”。在有些文献中，“自激”又称为“自励磁”。当发生异步自励磁时，同步发电机定子电流中的次同步频率（即定子回路电感和电容的谐振频率）分量是靠同步发电机对此分量发出的异步功率来维持的，这是一种单纯的电气谐振。在此谐振频率下，同步发电机相当于一台异步发电机，它提供了振荡时所需要的能量。这种自激方式通常又称为“异步发电机效应”或“感应发电机效应”。尽管人们早已在实际电力运行中发现了感应发电机效应，并观察到了所伴随的次同步频率自激振荡现象，但由于早期发现的这种振荡造成的危害不大，且问题很快得到了解决，所以这个问题并没有引起人们的特别关注。

1970 年和 1971 年，美国 Mohave 电厂相继发生了由于线路串联电容补偿作用造成两台大型汽轮发电机组转子大轴损坏的严重事故。事故的发生使国际电力工程界意识到，输电线路的不恰当串联电容补偿不仅会引起电力系统“自激”运行状态的发生，同时电力系统中机电耦合作用还可能会诱发一种新的更严重的机电耦合振荡。由于该振荡的频率明显高于人们当时已经熟悉的“低频振荡”频率，又低于系统的同步频率，因此，将这种机电耦合振荡称为“次同步谐振”。

根据 IEEE 次同步谐振特别工作小组的定义，次同步谐振是指在特殊运行状态下，电力系统中的电气系统和汽轮发电机组的机械系统之间以低于系统同步频率的某个或多个振荡频率交换能量，导致汽轮发电机轴系受到损害的动态过程。次同步振荡的概念比次同步谐振的概念范围大一些，它在更广的范围内研究机电耦合系统的相互作用，以及汽轮发电机组和诸如 PSS、HVDC 以及 FACTS 控制器等电气设备之间的相互作用。

2. 次同步振荡产生的机理

次同步振荡产生的机理常用图 1－1－16 所示的简单电力系统进行分析，在图 1－1－16 所示的电力系统中，一台发电机经升压变压器升压后，通过传输线向远方的无穷大电力系统送电。由于输电距离较远，为了增加传输线路的输电能力，在线路中串联了补偿电容，以补偿输电线路的电感。图中，发电机的内电抗用暂态电抗 X'' 表示；无穷大电力系统的电压为 V_0；串联补偿电容的容抗为 X_c；升压变压器的漏电抗和各种损耗一起用 X_T 和 R_T 表示；

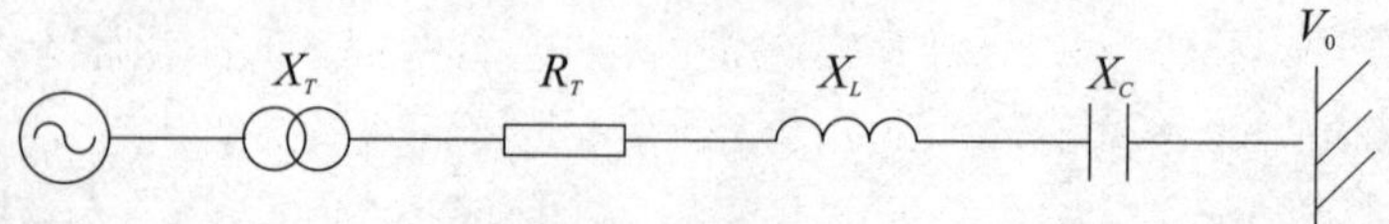

图 1－1－16　一个简单的单机对无穷大电力系统

输电线路的电抗为 X_L，为简单起见，其电阻并入变压器电阻 R_T 一起考虑。以上所有的电抗值皆为在系统同步频率下的值。

这个电路存在一个自然电气振荡频率 ω_n，即

$$\omega_n = \frac{1}{\sqrt{LC}} = \frac{\omega_0}{\sqrt{(\omega_0 L)(\omega_0 C)}} = \omega_0 \sqrt{\frac{X_C}{X_{L\Sigma}}} \quad (\mathrm{rad/s}) \tag{1-1-8}$$

或

$$f_n = f_0 \sqrt{\frac{X_C}{X_{L\Sigma}}} (\mathrm{Hz}) \tag{1-1-9}$$

式中，f_0 为系统的同步频率（Hz），$\omega_0 = 2\pi f_0$，且有 $X_{L\Sigma} = X_T + X_L + X''$。

假设在某一稳态运行情况下，机组轴系上受到一微小干扰，使发电机转子产生绝对角位移增量 $\Delta\theta$，即

$$\Delta\theta = A\sin\omega_m t \tag{1-1-10}$$

式中，ω_m 为轴系某一自然扭振频率的标幺值。相应的角速度增量为

$$\Delta\omega = A\omega_m \cos\omega_m t \tag{1-1-11}$$

转子的这一运动在发电机定子中将产生次同步频率（$1-\omega_m$）和超同步频率（$1+\omega_m$）的电压分量以及相应的电流分量，其中的电流分量会感应滑差频率 $f_0 \pm f_n$ 的转子电流和转矩。当定子回路的电磁振荡频率 ω_n 与轴系的某一自然扭振谐振频率为 ω_m 互补，即当 ω_n 和 ω_m 之和为同步频率时，发电机转子频率为 ω_m 的振荡分量在定子绕组中所引起的次同步频率（$1-\omega_m$）分量将产生负阻尼作用，从而形成机械系统与电气系统间的相互激励。如果这种激励能抵偿或超过机械和电磁振荡中的各种阻尼和电阻的功率消耗，则振荡便得以维持甚至发散。这便是具有串联电容补偿的电力系统中发生次同步谐振的机理。由于定子回路的谐振频率一般不超过同步频率，而且超同步分量电流所形成的转矩将产生正阻尼作用，因此一般不会出现超同步的谐振。

3. 汽轮发电机轴系扭振的模态分析

汽轮发电机的转子是一个大型的机械系统，大容量汽轮发电机组转子总长超过 50 m，重量超过数百吨，根据转子各轴段功能的不同，转子上分别安装有转盘、叶片、绕组和其他许多零件，形成质量块，各段轴系之间通过连轴连接起来。机组运行时，轴系各段承受不同方向和不同大小的转矩，如汽轮机各缸轴段上输入的机械转矩，它们的共同作用是使发电机加速旋转，而发电机轴段上承受由于电枢反应产生的电磁转矩，这个转矩对发电机的旋转起制动作用。在正常运行状态下，如果忽略轴系旋转时所受到的阻尼转矩，轴系的加速转矩和制动转矩相等，转子以同步速旋转。但是，运行时的发电机组不可避免地会受到各种干扰的影响，在轴系上这种影响表现为轴段上转矩的变化。由于转子各质量块所具有的惯性和各质量块之间连轴部分所具有的刚性，这种转矩的变化就会在高速旋转的转子轴系各段之间产生复杂的动态行为，这种动态行为称为轴系扭振。

轴系扭振过程中的动态特性用扭振模态进行描述，包括轴系的扭振模式和振型两方面的内容。其中，轴系扭振模式表示轴系的扭振频率（也称自然频率），而振型则表示系统各状态量对扭振模式的响应程度。用 IEEE 第一标准模型对一台 300 MW 汽轮发电机组的轴系进行扭振模态分析，该汽轮发电机组轴系的惯性常数、刚性常数及阻尼系数由表 1-1-1 给出。

表 1-1-1　300MW 汽轮发电机组轴系的参数

质量块	HP	IP	LPA	LPB	GEN	EX
惯性常数	0.18579	0.31118	1.71734	1.76843	1.73699	0.06843
刚性系数		19.303	34.929	52.038	70.858	2.822
自阻尼系数	0.01	0.01	0.01	0.01	0.01	0.01
互阻尼系数		0.0	0.0	0.0	0.0	0.0

扭振模态可以通过求解轴系运动方程式中矩阵 **A** 的特征值和相应的特征向量得到，该矩阵具有 6 对复特征根（λ_i，λ_i^*），$i=1$，…，6，λ_i^* 为 λ_i 的共轭复数。每一对复特征根（λ_i，λ_i^*）决定了轴系的一个振荡模式，与 1 个自然扭振频率相对应，由矩阵 **A** 特征根的虚部决定，即 Im（λ_i，λ_i^*）$=2\pi f_i$。经计算，得到该轴系的自然扭振频率分别是 1.67 Hz、15.7 Hz、20.21 Hz、25.55 Hz、32.28 Hz、47.76 Hz，依次与扭振模式 0 到模式 5 对应。对于每一种扭振模式（频率），各轴段质量块的相对旋转位移由相应特征根的右特征向量决定，经过归一化处理，即将特征向量的所有元素按比例进行归算，使其中的最大元素为 1，可以得到图 1-1-17 所示轴系扭振的振型图，它表明了轴系各段的相对角位移、扭振模式，以及各轴段对各扭振模式的参与程度。

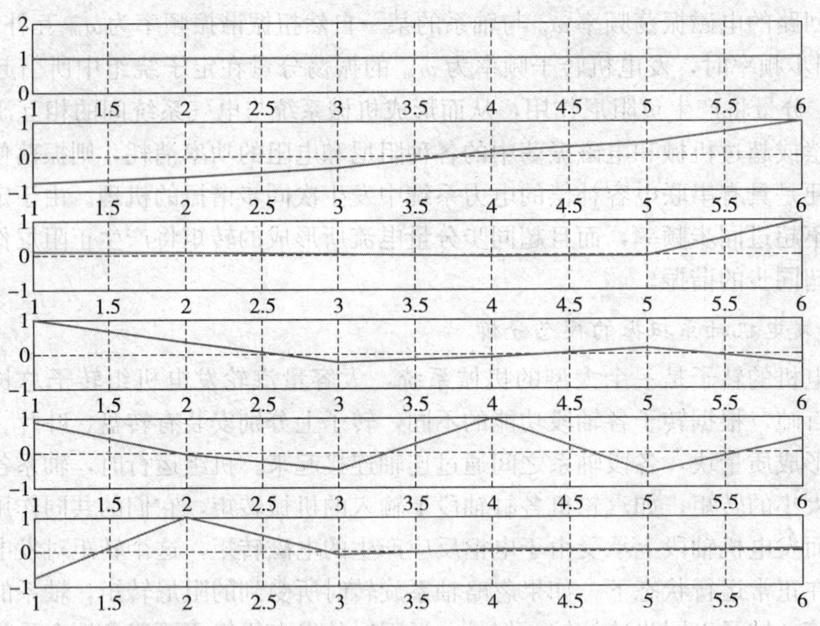

图 1-1-17　6 个质量块汽轮发电机轴系的振型

其中 1.67 Hz 的振荡模式表示轴系作为一个整体对于电力系统的振荡，称为“0”振荡模式。由振型图可以看出，在这个振荡模式下，5 个质量块对该振荡模式的响应表现出几乎相同的参与程度，意味着轴系各质量块之间不表现出扭振特性，因此，可以近似地将整个轴系看作是一个刚体，对同步旋转坐标系进行“0”振荡模式的摆动。这种振荡模式与电力系统的结构和整个轴系的转动惯量有关，与电力系统稳定性中的低频振荡相对应，有的文献将其称为“共模振荡”。其他 5 个振荡模式是轴系扭振模式，15.71 Hz 的轴系扭振称为“1”振荡模式，其他频率的轴系扭振依次称为“2”、“3”、“4”和“5”振荡模式。一般来说，对

于 n 个质量块的轴系具有 $n-1$ 个轴系扭振模式。由振型图可以看出，轴系各段对该频率扭振的参与情况和相互摇摆的方向。

4. 电力系统次同步振荡的主要内容

根据 SSRWG 的研究报告，次同步振荡主要包括以下四个方面的内容：

(1) 感应发电机效应

感应发电机效应源于同步发电机的转子对低于系统同步频率的次同步频率电流所表现出的视在负电阻特性。由于转子的旋转速度高于定子次同步电流分量产生的次同步旋转磁场的转速，所以从定子端来看，转子对次同步电流的等效电阻呈负值。当这一视在负值电阻大于定子和输电系统在电气谐振频率下的等效电阻之和时，就会产生电气自激振荡，这就是感应发电机效应。感应发电机效应属于只考虑电气动态行为的自激现象，与汽轮发电机轴系无关，因此，感应发电机效应不会导致轴系扭振现象的发生。

(2) 扭转振荡

当发电机转子产生频率为轴系固有扭振频率的振荡时，它将在定子中感应出次同步频率（与轴系固有扭振频率互补）的电压分量，当该电压分量的频率与电气谐振频率接近时，它将维持转子上产生的次同步转矩。而当次同步转矩与转子转速增量同相位，且等于或大于转子固有机械阻尼转矩时，它就会加剧轴系的扭振，这就是电气系统和发电机轴系的扭转相互作用。在这种条件下，即使因转子振荡而在电枢中感应出很低的电压，此电压产生的电流会加强系统中因干扰产生的次同步电流，合成的次同步电流也会产生足够的扭矩来维持初始的转子振荡，使振荡呈增幅的趋势发展，形成持续的不稳定振荡过程，即次同步谐振过程。扭转相互作用属于考虑机电耦合作用的自激现象，它强调电力系统的电气谐振频率与汽轮发电机轴系固有扭振频率的互补。

(3) 暂态扭矩放大

暂态扭矩放大是指汽轮发电机轴系在电力系统大干扰（如各种短路、线路开关的频繁操作、发电机的非同期并网）的作用下，由于机电振荡的相互助增，使发电机的轴系在由干扰类型决定的一个或几个自然频率上相互振荡。严重的暂态扭矩放大可能使轴系在第一个扭振周期内就造成严重破坏。

(4) 由电气装置（PSS、FATCS、HVDC 等）引起的次同步振荡

电力系统稳定器（PSS）在电力系统中已获得广泛的应用，在保证电力系统的稳定运行中占有重要的地位。但 PSS 在对系统低频振荡模态（振荡频率为 0.1 Hz～2.0 Hz）提供良好阻尼的同时，可能将一个或多个对应于轴系次同步扭振模态频率的振荡信号注入发电机励磁绕组，从而激发轴系扭振模态的次同步振荡。高压直流输电系统（HVDC）的换流器能够产生很宽频带的电流，如果由于采用了不恰当的控制策略，使 HVDC 系统的控制回路对次同步电流呈正反馈，则有可能会激发汽轮发电机组的轴系扭振。此外，各种 FACTS 控制器的引入也可能会导致 SSO 现象的产生。研究电力系统中这些重要设备对轴系扭振的影响，也是次同步振荡研究的重要内容之一。

水轮发电机组的转子包括水轮机转子和发电机转子，如果机组有同轴驱动的励磁机，则还应附加相应的转子质量，其结果是最多有两个扭转振荡模态。这类发电机组，发电机转子的转动惯量比水轮机转子的转动惯量高 10～40 倍，扭转振荡自然频率在 6 Hz～26 Hz 范围内。截至目前，国内外还没有报道过水轮机组和电网之间出现不利的动态相互作用的问题，其主要原因可以归结如下：

①发电机转子的转动惯量相对于水轮机和励磁机的惯量来说大很多，对发电机的干扰很难激发扭转振荡，这有效地保护了水轮机转子的机械系统。

②水轮机存在粘滞阻尼作用，使水轮发电机组扭转振荡的固有阻尼明显高于汽轮发电机组，因此有效避开了它们之间的不利相互作用。

二、汽轮发电机轴系与电力系统控制设备间的扭振相互作用

这是一类典型的反映汽轮发电机轴系与电力元件相互作用的振荡行为，目前已经在直流输电系统的换流器控制和电力系统稳定器中表现出来，集中反映在直流换流器控制与次同步振荡的相互作用，电力系统稳定器与 SSO 控制的相互作用两个方面。但是从理论上讲，由于电力系统是一个大型的互联系统，系统中的各种元件的动态特性都是相互影响的，最近已经有研究 FACTS 装置，如可控串联补偿（TCSC）、电力系统综合潮流控制器（UPFC）、静止无功补偿器（STATCOM）等与发电机组次同步振荡相互作用研究的报道，而且也有可能在靠近汽轮发电机组的其他电力设备中，发现它们与汽轮发电机轴系扭振的相互作用。以下仅就目前研究较多的直流输电系统换流器控制和电力系统稳定器控制设备与汽轮发电机组轴系扭振相互作用的机理、分析方法和主要结论进行介绍。

1. 直流输电系统的换流器控制与次同步振荡的相互作用

直流输电系统的换流器控制与次同步振荡的相互作用是一种轴系扭振不稳定现象，它与换流器控制的固有反馈控制特性有关，由存在于汽轮发电机组速度电压控制单元与换流器的触发角控制之间的紧密耦合所决定。控制器的这类相互作用的大小，与整流器定电流和定功率控制方式有关。在这种控制中，需要实现与整流器母线电压同步的反馈，反馈信号是发电机组的转速和电压，反馈信号作用于整流器触发控制。

在美国 Square Butte 高压直流换流站的一次试验中，第一次观察到直流系统出现 30.5 Hz的次同步谐振电流分量，继而诱发邻近汽轮发电机组严重的轴系扭振的问题。分析结果表明，它与 HVDC 调控系统的动态特性有关。HVDC 对次同步谐振和轴系扭振影响的研究主要集中在如下几个方面：

①HVDC 系统触发方式对轴系扭振的影响。

②HVDC 系统整流侧调节方式对轴系扭振的影响。

③HVDC 系统整流侧调节器参数对轴系扭振的影响。

④HVDC 系统输送功率对轴系扭振的影响。

⑤HVDC 系统中直流线路参数和整流侧触发角对轴系扭振的影响。

2. 电力系统稳定器与 SSO 控制的相互作用

这是另外一种形式的轴系扭振相互作用。在这种情况下，电力系统稳定器采用某种可以反映系统低频振荡特性的信号作为输入，通过励磁调节器对发电机的励磁电压进行调节，从而改变发电机的输出功率，在发电机转子上产生阻尼电磁转矩。有文献报道将 PSS 应用于大型汽轮发电机组上时，PSS 在向机组的低频振荡模式提供良好阻尼的同时，有可能向轴系的某个或多个次同步扭振模态提供不可忽视的负阻尼，从而激发轴系扭振，使系统变得不稳定。对这一问题的分析，目前基本采用特征根分析法、频率扫描法和复转矩系数法。这方面的研究主要集中在如下几个方面：

①PSS 对轴系扭振所提供的阻尼特性分析。

②具有不同反馈信号的 PSS 对轴系扭振所提供的阻尼特性的比较分析。

③PSS 传递函数对轴系扭振阻尼特性的影响。

三、电力系统次同步振荡的抑制

电力系统次同步振荡的预防和抑制措施很多，大体上可分为三类：第一类是在电力系统中增添附加设备；第二类是对发电机和电力系统进行改造；第三类是进行发电机和电力系统的开关操作。

1. 增添附加设备的控制措施

(1) 静态阻塞滤波器

这类控制器是由串联在发电机升压变压器每相中的 LC 振荡电路组成的装置，参数的配置使其在电气谐振频率下，滤波器内部发生并联谐振并呈现出很大的正电阻，在不对机组造成不利影响的情况下，抑制扭转相互作用和暂态扭矩放大作用。

(2) 旁路阻塞滤波器

这类控制器是由并联的电感电容和串联的阻尼电阻组成的，并联在每相串联电容的两端。选择元件的参数使其在工频时具有很大的阻抗，而在其他的频率下，并联电感电容的组合电抗降低，阻尼电阻就会抵消发电机与次同步电流相应的视在负阻尼，它对抑制感应发电机效应非常有效。

(3) 动态滤波器

这类控制器与发电机串联，测量转子振荡信号，产生一个相位相反、数值很高的电压，克服次同步电压。这种滤波器能有效防止扭转相互作用产生的自激，但它需要一个非常复杂的控制系统和一个独立的电源，因而造价较高。

(4) 动态稳定器

这类控制装置由数个可控硅控制的分流电抗器组成，连接在汽轮发电机的出口母线上，根据测得的发电机转子振荡信号，对可控硅的导通角进行调制，实现对次同步振荡的控制。不过，这种动态稳定器会在电力系统中产生有害的谐波电流。

(5) 附加励磁阻尼控制器

这类控制器在测量到汽轮发电机组的轴系扭振时，通过调整励磁系统的控制信号，对其进行适当的移相和放大以提高对轴系次同步振荡模态的有效阻尼，可以将扭转相互作用所产生的次同步振荡降至较低的水平。

(6) HVDC 附加次同步阻尼控制器（SSDC）

这类控制装置根据测量到的次同步电流信号，通过直流控制系统中的附加控制回路，提供一个稳定控制信号，抑制系统中的次同步电流。

(7) FACTS 控制器

FACTS 由于大量采用电力电子器件，因此具有较高的系统响应速度。在 FACTS 装置上增加辅助控制器可以抑制次同步振荡。目前，文献报道，静止无功补偿器（SVC)、NGH 次同步阻尼控制器、超导磁储能装置（SMES)、静止同步补偿器（STATCOM)、统一潮流控制器（UPFC)、静止同步串联补偿器（SSSC)、可控移相器（TCPS)、可控串联电容补偿器（TCSC）等均具有抑制次同步振荡的能力。

(8) 电枢电流继电器

这类控制器对电枢电流的次同步频率分量非常敏感，当系统持续出现次同步振荡时，将产生次同步振荡的发电机组与系统解列，使其免受感应发电机效应和扭转相互作用的破坏。

(9) 扭振继电器

这类控制器的作用是当检测到汽轮发电机轴系的机械扭转应力过大时，将机组与电力系统解列，主要用来防止扭转相互作用。

(10) 电流变换装置

这类控制器由一个整流变换器和一个串联在直流侧的电抗器组成，通过检测发电机的转速信号，控制电流变换装置电抗器上的能量，以达到减小轴系扭转振荡的目的。

2. 改造电力系统和发电机的预防措施

改造汽轮发电机组。汽轮发电机组轴系的固有扭振频率（或模态）是由轴系各段的惯性和弹性系数所决定的。在机组轴系的设计中避开系统的谐振频率，就可以有效避免次同步谐振和轴系扭振的发生。不过，对电力系统中现有的汽轮发电机组，发电机轴系自然扭振频率的可能变化范围很小。

增大发电机回路电抗。增大发电机和电网之间的串联电抗，可以改变系统的谐振频率，防止次同步谐振的发生。串联电抗器和增大发电机—升压变压器组的电抗都能减弱次同步谐振对汽轮发电机组的影响。

装设极面阻尼绕组。增加发电机极面阻尼绕组的目的是为了减少次同步频率下发电机转子的负电阻，有助于使机电耦合等效静电阻为正，电阻较低的极面阻尼绕组有助于减轻感应发电机效应。实践表明，通过装设极面阻尼绕组能将转子的等效负电阻减小 2/3。

3. 利用电力系统的开关操作抑制 SSR

利用电力系统开关操作抑制次同步谐振的方案很多，如将引起次同步谐振的串联电容和发电机组隔离，将发电机组切换到无补偿的系统中，将有串联补偿电容的线路与发电机断开等。系统开关操作可有效抑制扭转相互作用和暂态转矩放大。

机组跳闸。按照预定的电力系统状态和故障切除发电机，可使其免遭暂态扭矩的损坏。采用这种措施需要事先进行充分的仿真计算，确定所有可能使轴系扭矩过大的电力系统状态和故障装置，根据这些情况布置监测点和逻辑回路，使机组跳闸速度足够快，并将轴系扭矩限制在允许范围内。

第七节　水电群集中送出系统的稳定特性及控制措施

一、概　述

四川是我国水电能源基地，其中中小型水电站众多，且位于偏远地区，当地负荷极少，送出线路走廊紧张。近年低碳经济的要求使水电能源开发迅速，并网装机容量快速增长，已经形成了中小水电群逐级汇集、集中升压、大功率长距离外送的模式。由于这些地区本身的网架结构较为薄弱，又要承担远距离大功率送电的任务，因而稳定水平较低。对于这种长距离弱联系的送端系统，一旦发生大扰动（如重要联络线故障跳闸），系统很可能与大电网解列，形成孤网。2007 年和 2008 年曾发生因联络线跳闸，水电群集中送出系统与主网解列，形成孤网的事故。水电群集中送出系统孤网运行，可能面临一系列由功角问题、频率问题及电压问题等交织在一起的小电网稳定问题，如果处理不当，将可能诱发孤网内出现连锁故障，造成损坏电力设备或引发停电事故。

二、水电群系统孤网的频率问题

作为送电端的水电群集中送出系统成为孤网后，大量的富余功率会使频率快速上升，调速系统的响应将减小输入的机械功率，从而使得孤网的有功功率平衡达到一个新的稳态。实际上发电厂经受了一次甩负荷的过程，此时孤网的频率性能及维持稳定而不失负荷的能力取决于电厂承受甩负荷的能力。

1．高周问题

对于负荷量远小于发电量的水电群集中送出系统的联络线跳闸后，实质上是经历了一个甩大负荷的过程。图 1－1－18 为某地区联络线发生故障断开形成水电群集中送出系统孤网后的频率响应曲线，该地区负荷量只占发电量的 2%左右，孤网后其频率快速升高，高周问题严重。

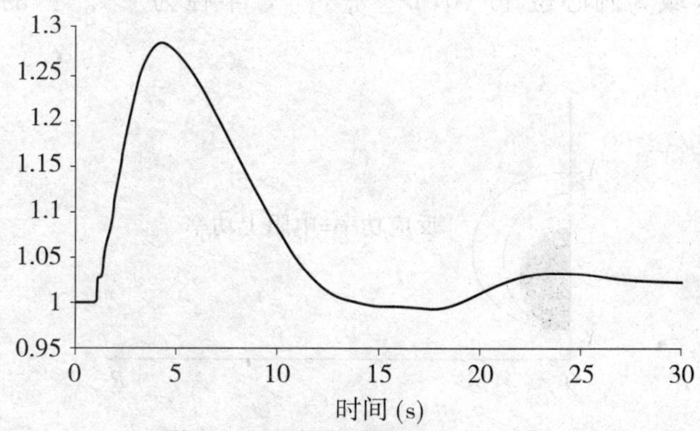

图 1－1－18 某地区孤网后的频率响应 f（p. u.）

频率的升高将引起系统元件参数的变化，可能引发自励磁现象。当发电机带电容性负载时，在某种情况的参数配合下，容性电流产生的助磁作用会使得电压升高，升高的发电机电压又会引起容性电流的增大，这样形成的正反馈会造成发电机电压异常地升高，破坏系统的稳定。下面详细地介绍自励磁的定义、产生条件和研究方法。

（1）自励磁的定义及产生条件

同步电机自励磁是一种非正常的运行方式。同步电机定子回路中接电容时，例如与空载线路相连，或经串联电容与无线大容量母线相连，因电枢反应的助磁作用而产生的电流、电压幅值自发增大的现象称为“自发激磁”，简称自激磁或自励磁。根据同步电机理论可知，当同步电机接容性负载时，电枢反应将产生“增磁”的效果。自励磁时，电机保持同步转速，可设电机转子不摇摆，其电感的周期性变化引起电流、电压的自发振荡，因此自励磁可视作一种参数谐振现象。

自励磁作为一种参数谐振现象，其振荡的频率是由定子回路电感、电容所决定的，谐振频率（定子电流的频率）为

$$f=\frac{1}{2\pi\sqrt{LC}} \qquad (1-1-12)$$

该频率不一定为同步频率，根据其是否与同步频率相等，可以将自励磁分为同步自励磁

和异步自励磁。根据同步发电机转子结构的不同，同步自励磁又分为反应同步自励磁和推斥同步自励磁。

已有文献详细推导了几种不同自励磁产生的条件，并进行了分类说明。

①反应同步自励磁。

反应同步自励磁发生在电机转子上没有闭合绕组，或虽有闭合绕组却没有电流的场合。其功率为

$$P=\frac{U^2}{2}\frac{X_d-X_q}{X_dX_q}\sin2\delta \qquad (1-1-13)$$

当为隐极机时，$X_d=X_q$，$P=0$，故隐极机不可能发生同步反应自励磁。当为凸极机时，$X_d\neq X_q$，若发电机发出功率能补偿线路电阻上消耗的功率，则发生反应同步自励磁。自励磁区域方程为

$$(X_d-X_C)(X_q-X_C)+R_\Sigma^2=0 \qquad (1-1-14)$$

可见，自励磁区域为圆心位于（0，$\frac{X_d+X_q}{2}$），半径为$\frac{X_d-X_q}{2}$的圆，如图1-1-19所示。

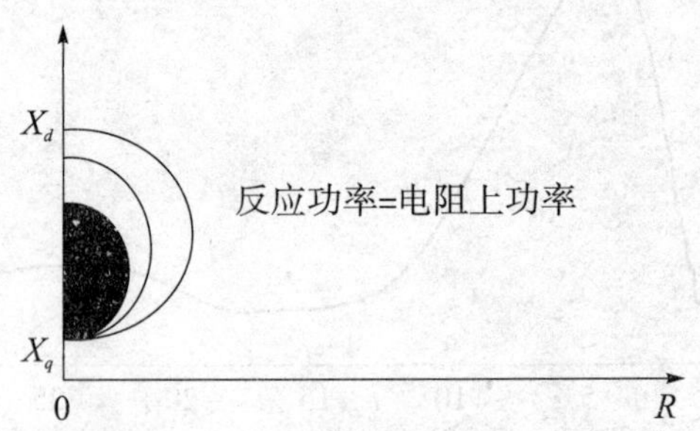

图1-1-19　自励磁区域示意图

反应同步自励磁的发展过程是：当（R_Σ，X_C）值位于自励区内时，电机的电流、电压将增大，电机磁路趋饱和，自励磁区将收缩，这一过程延续到该（R_Σ，X_C）值落于某一收缩后的自励磁区边界上后停止。这时，自励磁进入稳态，电机的电流、电压保持定值而不再增大。

②推斥同步自励磁。

推斥同步自励磁发生在电机转子上的闭合绕组，例如励磁绕组，而不计其电阻。此时，暂态过程中定子电流产生的磁通不穿越绕组，从定子侧观察，转子正轴与定子磁场磁轴重合时，呈现的是暂态电抗X'_d，交轴与定子磁场磁轴重合时，呈现的是同步电抗X_q。因此，以X'_d替代同步电抗X_d。将分析反应同步自励磁的结论用于推斥同步自励磁，其功率为

$$P=\frac{U^2}{2}\frac{X'_d-X_q}{X'_dX_q}\sin2\delta \qquad (1-1-15)$$

电机发出的有功功率系凸极式和隐极式同步电机的"动态"反应功率。

其边界条件为：$(X'_d-X_c)(X_q-X_c)+R_\Sigma^2=0$，自励磁区域为圆心位于（0，$\frac{X'_d+X_q}{2}$），半径为$\frac{X'_d-X_q}{2}$的圆。

③异步自励磁。

电机转子上有闭合绕组，当励磁绕组中有交变电流时，定子磁场转速不是同步转速，即电感、电容的谐振频率异于同步频率，产生的自励磁为异步自励磁。

综上，对凸极式同步电机，只有反应同步自励磁可进入稳态，异步自励磁和推斥同步自励磁因发展迅猛，通常在进入稳态前，已导致绝缘破坏。对隐极式同步电机，不可能发生反应同步自励磁，异步自励磁或推斥同步自励磁转入异步自励磁后，都可进入稳态。但无论是凸极机还是隐极机的推斥同步自励磁都不能进入稳态。

(2) 自励磁的研究方法

①自励磁实用判据。

以下介绍几种自励磁的实用判据，可用于快速判断系统产生自励磁的可能性。

(a) 速算法。水轮发电机对 220 kV 线路（经变压器）充电，采用 $Q>2L$ 判据（汽轮发电机则为 $Q>4L$）。水轮发电机对 500 kV 线路（经变压器）充电，采用 $Q>15L$ 判据（汽轮发电机则为 $Q>30L$）。其中 Q 为充电机组的万千伏安容量，L 为线路的百公里长度。如果以上不等式成立，说明在正常频率（50 Hz）下进行零起升压等充电操作，不致发生电压失控及危险的过电压。

(b) 阻抗比较法。将发电机的感抗（直轴同步电抗 X_d 及横轴同步电抗 X_q）与外部综合容抗 X_C（包括线路容抗和变压器感抗等）进行比较，如果 $X_d>X_C>X_q$，在正常频率（50 Hz）下就能发生同步自励磁过电压。如果发电机转子回路开路，汽轮发电机不发生自励磁，而水轮发电机却仍可能发生。由此可见，水电群孤网的频率异常升高，会导致系统元件参数的变化，导致 X_C 减小、X_d 增加，从而增加自励磁产生的可能性。

(c) 圆图法。根据电机参数，画出自励磁区域。如果外部综合容抗及电阻参数坐标落于圆内，即能在正常频率下发生同步自励磁。

(d) 充电特性法。如图 1-1-20 所示，直线①为空载输电线特性，但需将电容电流折算为相应的助磁电流（可利用表达发电机定子与转子电流换算比的发电机短路特性）。曲线②为在发电机容性电流的助磁作用下使发电机产生的电压，再加上容性电流流过发电机保梯电抗的电压升进行综合后的发电机外部特性曲线（实际应用中可利用发电机的空载特性曲线）。如果直线①与曲线②不相交，则在正常频率下不会发生自励磁；如果相交或相切，则发生同步自励磁；如果不相交、不相切而有转子电流存在，则能形成强制自励磁，电压也会明显升高。

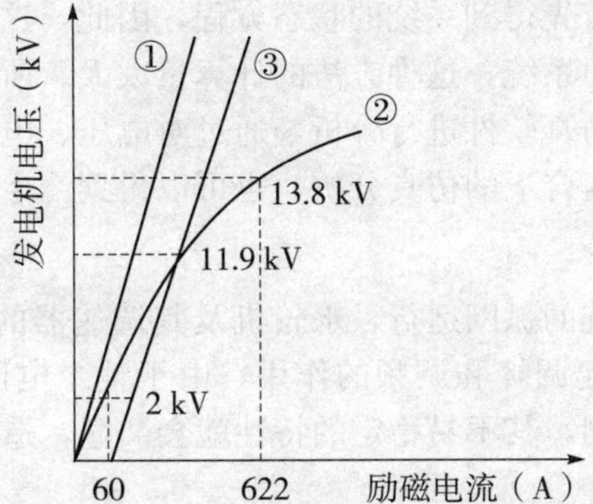

图 1-1-20　发电机带空载长线充电特性曲线

②特征分析法。

同步电机自励磁的计算通常采用特征根分析法。特征根分析是基于计算机基础上的，需建立线性化微分方程组，推导可得增广线性化状态空间方程。利用计算机计算系统特征方程的特征值，根据特征值的性质和个数来划分自励磁区域。根据自励磁的定义和劳斯判据，可得出如下结论：

(a) 如果只有一个正实根，则坐标点（R_{Σ}，X_C）位于反应同步自励磁区。

(b) 如果有两个正实根（一般不相等），则坐标点（R_{Σ}，X_C）位于推斥同步自励磁区。

(c) 如果有一组正实部的共轭复根，则坐标点（R_{Σ}，X_C）位于异步自励磁区。

当特征根的两个正实根转化为一对复根时，推斥同步自励磁就转化为异步自励磁。因而，推斥同步自励磁和异步自励磁很难分开，且前者处于后者的内部。正因为如此，有的文献把自励磁区域作为推斥同步自励磁和异步自励磁的总区域。

③频域分析法。

用频域分析法从某台同步发电机定子绕组求电网等值电阻和电抗随频率变化的频率特性。等值电抗为零时的频率就是同步发电机发生自励磁的串联谐振点。图 1－1－21 是某电网的等值电抗频率特性，由图可见，该电网在 50 Hz 以下有两个次同步谐振点。

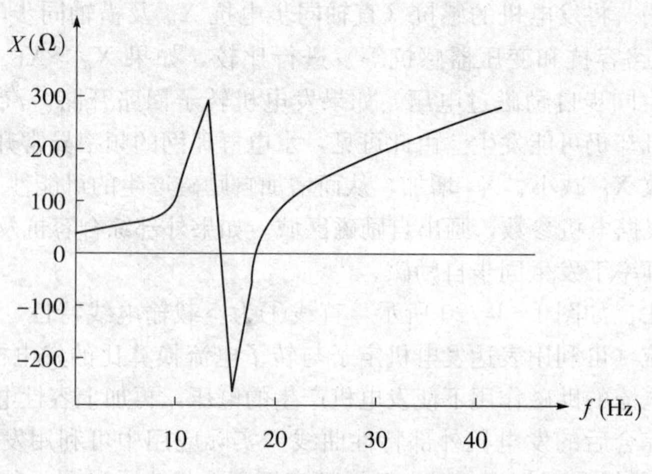

图 1－1－21　某电网等值电抗的频率特性

④仿真分析法。

要采用特征分析，需要首先得到系统的状态方程，因此，这种方法对于单机系统比较实用。对于具有一定规模的电力系统，这种方法的计算量太大。所以，可以利用电磁暂态仿真技术，利用现有的电磁暂态仿真软件进行分析，通过对电压、电流的观察，分析产生自励磁的可能性。通过在不同参数组合下的仿真分析，也可以得到产生自励磁的边界条件。

2. 频率稳定问题

对于水电群集中送出系统的孤网运行，水轮机及其调速器的不稳定性是其重要的特征。在联网运行时水电机组主要起调峰和调频的作用，由于整个电网容量大，所以自平衡能力强；而对于孤立运行的小电网，其不易稳定的特性就会凸显，造成孤网的频率波动，危及电网及机组的安全稳定运行。

图 1－1－22 为某水电集中地区孤网后的频率响应，其负荷量占地区发电量的 60%左右，孤网后频率一直持续大幅度地振荡，频率稳定问题突出。

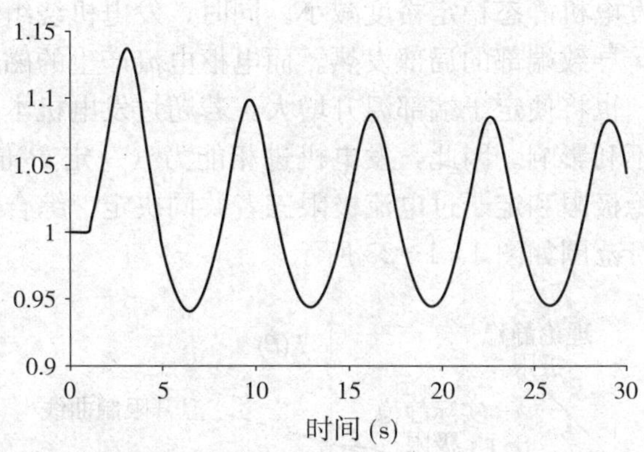

图 1－1－22　孤网的频率 f（p. u.）

孤网频率的稳定性与水轮机的调速器参数关系密切。水轮机调速器一般提供两组参数，即空载参数和并网参数，两组参数可自动切换，一般用发电机断路器的辅助接点控制。由于空载时水流不稳定造成压力脉动、功率摆动等现象，故我国一般将空载作为对稳定最不利的工况。然而，实际上水轮机还存在一种更为恶劣的工况，即单机带负荷或并入小电网的情况。因为无负荷时，机组的机械惯性时间和自调节系统完全取决于机组本身；而当机组带负荷孤网运行，负荷容量较小，又有较大比例的纯电阻性负荷时，负荷的自调节系数较小，引水系统水流惯性时间常数较大，水锤效应影响大，因而调速器调节速度与机组惯性、水流惯性不同步，就会导致系统稳定性很差。需针对孤网的实际情况，整定适合孤网运行的调速器参数，以保证系统的稳定运行。

三、水电群孤网的高压问题

水电群孤网后，可能因系统对地的充电功率偏大、发电机电压调节不当或自励磁而产生孤网电压异常升高的现象。前面已经详细阐述了自励磁产生谐振过电压的机理，这里不再赘述。下面主要从系统无功和电压方面进行分析。

由于输电线路对地电容的存在，外送通道断开后会产生大量充电功率，无功过剩会导致母线电压升高。若不能及时吸收过剩的无功，则可能导致母线电压在较短的时间内升高到异常水平，即孤网高压现象，严重威胁到设备绝缘和系统的安全稳定运行。

平衡系统过剩无功，主要有两种方法：一是加装电抗器，二是利用发电机进相。两者均通过吸收系统过剩无功以控制母线电压的升高。一般而言，孤网运行时间较短，所以装设并联电抗器并不经济。而选择合适的发电机组进相运行，既不额外增加设备，又可简化系统接线，减少运行操作量，实现无功的快速、连续调节。因此，利用发电机进相运行解决水电群孤网高压问题，更为经济有效。

1. 发电机的进相运行和低励限制

发电机进相运行是相对于迟相运行而言的一种运行工况。进相运行时，发电机定子电流的相角超前机端电压，发电机向外容性无功功率。同步发电机无功出力通过励磁电流来控制，减少励磁电流，可使发电机由迟相运行转为进相运行；进一步减少励磁电流，发电机吸收的无功增多。

发电机进相运行时内电势较低，若保持发电机有功出力恒定（即原动机转矩不变），则需增大功角，从而使得发电机静态稳定裕度减小。同时，发电机绕组端部漏磁趋于严重，定子叠片中涡流电流增大，导致端部的局部发热。而电枢电流产生的磁通与磁场电流产生的磁通叠加所产生的热效应，也将使定子端部温升增大。若超过发电机本身的热极限，将对发电机的安全稳定运行产生不利影响。因此，发电机进相能力（一定 P 值下的 Q 值）主要由定子铁芯端部热极限、静稳极限和定子过电流极限三者共同决定。综合各方面的限制条件，凸极式同步发电机安全运行范围如图 1－1－23 所示。

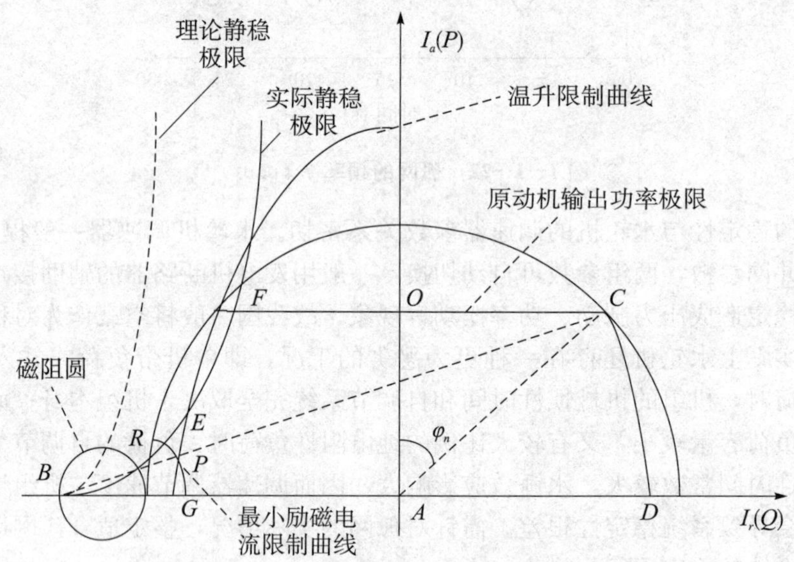

图 1－1－23　凸极式同步发电机安全运行极限

P 轴右边为发电机迟相运行区域，左边为进相运行区域。FC 曲线代表原动机输出功率极限，AC 为半径的圆弧代表定子发热运行极限，CD 弧线代表转子发热运行极限，RP 弧线代表最小励磁电流限制，实际静稳极限是在理论静稳极限基础上考虑一定的静稳裕度所获得的曲线，温升限制曲线则通过实验获得。发电机进相运行的安全区域为弧线 $OFEPGA$ 所包围的区域。

为限制发电机进相功率过大，避免发电机因励磁过小而威胁发电机安全稳定运行，对发电机实行低励限制和低励保护。图 1－1－24 为 GECC 公司的低励限制框图和对应的低励限制曲线。

发电机运行时，当测得的有功功率 P_e 小于曲线上 P_2 时，以 Q_1 为最大允许进相运行的无功功率；否则，依据折线计算出对应的 Q_r，它相当于一个参考值，将该值与实测无功功率 Q_e 进行比较，若 Q_e 小于 Q_r，则将二者差值 ΔQ（Q_r-Q_e 为正数）通过低励限制增益 K_P 以及超前滞后环节转化为电压控制量，送到电压调节器（AVR）中。通过调节器逻辑单元的选择，当 $\Delta Q>0.05$ 时，调节器将会有报警输出；当 $\Delta Q>0.1$ 时，调节器自动将输出给定并叠加到电压调节器（AVR）中，用叠加后的信号去控制发电机励磁电压；当连续一定时间（如 0.5 s）$\Delta Q>0.2$ 时，低励保护动作。

当发电机进相深度超过低励限制时，调压器将低励限制模块的输出叠加到发电机励磁电压控制信号，而控制信号的叠加将使发电机机端电压迅速抬高，使发电机进相减少。若发电机机端电压被抬高到大于线路电压水平，则发电机又开始迟相运行，母线电压不减反增，最终将导致母线高压问题的恶化。此外，若发电机进相运行过大使发电机低励保护动作，该发电机被切除，也将削弱发电机组的进相运行能力，对解决孤网高压问题不利。因此，合理安排发电机的进相运行，避开低励限制或低励保护动作区，对孤网高压问题的控制是十分必要的。

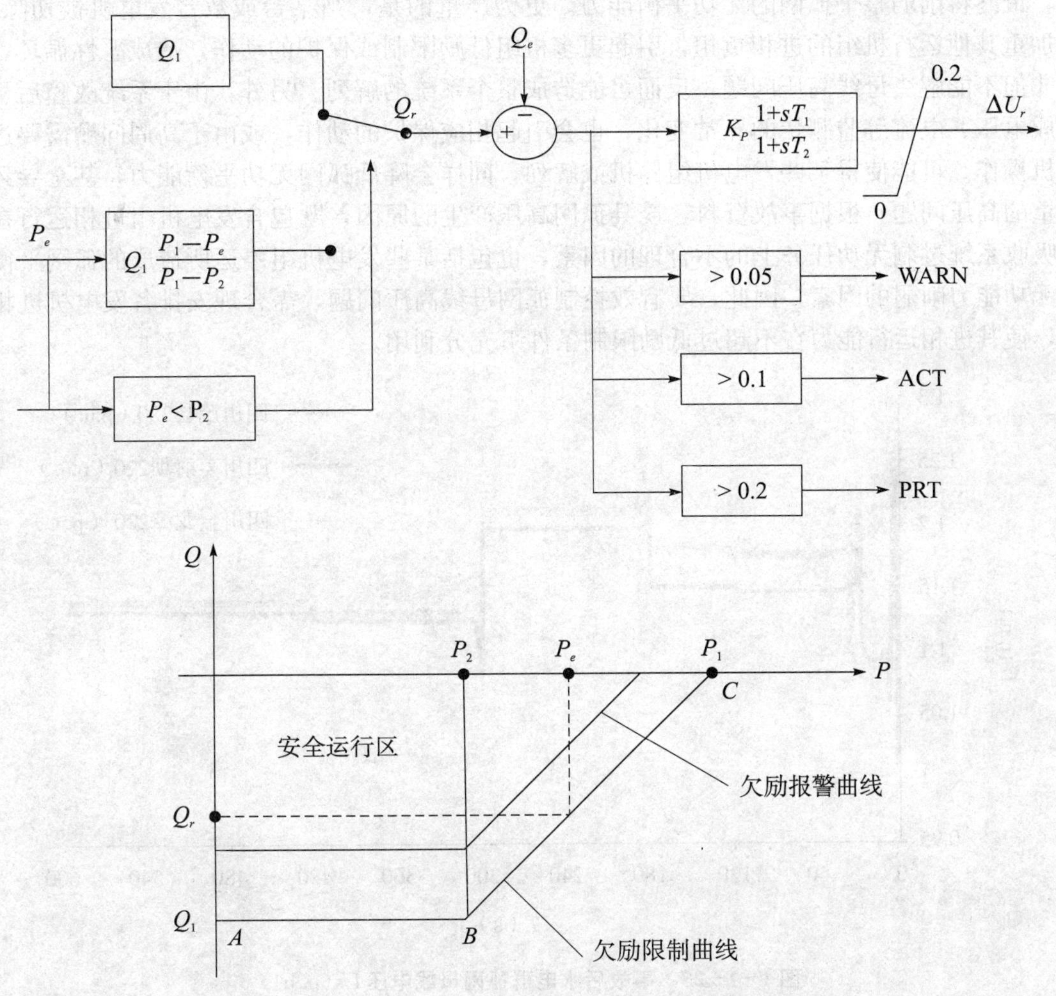

图 1-1-24　GECC 公司的低励限制框图和低励限制曲线

2. 水电群孤网的高压现象分析

利用仿真软件 PSASP 对发生在四川某地的一次事故进行复现，仿真结果如图 1-1-25 所示。

从图 1-1-25 可以看到，故障后 3 min 母线电压达到最高水平，约 270 kV，并维持该电压水平 2 min。之后电压虽有所下降，但并没有回到正常运行水平。长达数分钟的母线高压运行对系统安全稳定性是非常不利的，同时对高压设备绝缘也构成极大威胁。下面将从无功-电压角度，分析水电群事故孤网高压现象的原因。

水电群送电通道因故障被切断，各发电机组由并网转为孤网运行，系统内潮流重新分配，此时线路对地电容所产生的大量充电功率依靠发电机进相运行能力加以吸收，若发电机在不超过低励限制范围的情况下，完成系统内过剩无功的平衡，则母线电压最终将回到正常运行水平。然而，由于受各发电机组励磁调压器类型和运行方式不同的影响，各发电机组分配的无功平衡任务并不十分合理，可能使得部分发电机进相运行能力得不到充分利用，而另一部分发电机却超过了低励限制范围，引起低励限制或低励保护动作。低励限制动作使得发电机机端电压被抬高，发电机进相减少，对控制母线电压不利；低励保护动作将切除发电机，最终将削弱整个孤网的无功平衡能力。更为严重的是，当某台或数台发电机被切除后，将加重其他运行机组的进相负担，引起更多机组低励限制或保护的动作，造成恶性循环，最后非但不能解决母线高压问题，反而可能造成整个系统的解列。另外，由于系统故障后可能造成电压、电流等监测量的异常变化，也会引起相应保护的动作，或由于高周问题需要进行切机操作，可能使得某些发电机组停机或解列，同样会降低孤网无功平衡能力，甚至导致更严重的高压问题。根据事故资料，茂县孤网高压产生的原因，既包含发电机组进相运行在分配吸收系统过剩无功任务上的不合理的因素，也包括某些发电机组停运所造成的孤网平衡过剩无功能力削弱的因素。因此，要有效控制孤网母线高压问题，需合理安排各发电机进相运行，使其进相运行能力在不超过低励限制条件下充分利用。

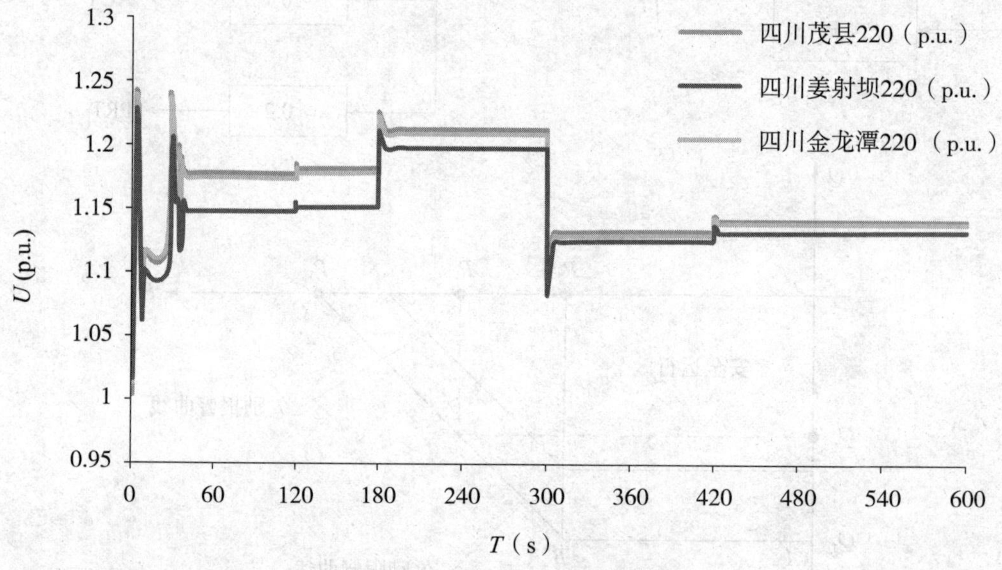

图 1－1－25　事故后水电群孤网母线电压 U（p. u.）

四、水电群孤网的频率和电压控制措施

1. 安全控制措施

孤立运行的电网抵御突发各类故障和外部冲击的能力较联网时有很大程度的降低，即便是正常的倒闸操作，也可能造成极端恶劣的后果。而孤网后各种保护或高周切机的动作，可能会加剧发电机进相能力的不平衡，引起更多机组低励限制动作，导致连锁故障的发生，最终造成整个孤网的崩溃。此时，若在孤网后将集中升压处的并网线路切断，将水电群孤网解列成一片一片的子孤网，可有效地避免某一子孤网的故障扩大，减少其他孤网承受的外部冲击。

2. 抑制自励磁的方法

当线路长度增加时，X_C 减小。若 X_C 减小至小于发电机的不饱和同步电抗 X_d（计及磁

路饱和时），即使励磁电流为零，由于剩磁，电机端电压也会增大而稳定在某一数值，或做周期性的变化（异步自励磁）。由此可见，自励磁的产生与否，以及其产生后电流、电压值的大小，在不计 R 时，归结为比较 X_C 与 X_d。X_C 比 X_d 小得愈多，自励磁电流、电压值就愈大。因此，可得到以下影响自励磁的因素：

①X_d 大的发电机易产生自励磁。

②增加输电线长度或采用分裂导线，使 X_C 减小。

③变压器分接头电压升高，归算至发电机侧 X_d 减小。

④运行频率升高使 X_d 增大，X_C 减小。

相应地，可得到限制自励磁的措施如下：

①采用并联电抗器使等值 X_C 增大。

②用多台发电机合带一条充电容量大的输电线，使等效电路中的 X_d 减小。

③降低运行频率使 X_d 减小，X_C 增大。这可用于输电线路的零起电压。

④变压器并联电抗器运行，减小总的饱和程度，使 X_C 增大。

⑤负荷为等值感性阻抗，它的接入使等值 X、R 增大，对限制自励磁有利。

同时，采用性能良好的励磁调节器，也有利于抑制自励磁。

3. 切机和电压控制的配合

对于水电群孤网的高周问题，通过主动、有选择性地切除一定数量的机组，可快速抑制频率的升高。切机是电力系统常用的紧急控制措施，是保护系统的最后一道防线。切机以助稳定最初是从水电厂开始研究的，由于机组突然切除对水电厂而言几乎没有损坏，又不需增加额外设备，所以，切机是遏止孤网高周和自励磁问题最经济可行的方法。

但是在依靠发电机进相来控制孤网高压的前提下，切除发电机会削弱孤网整体的进相运行能力，甚至可能导致低励限制的连锁故障。所以切机方案应与电压控制配合起来，在满足频率要求的情况下，能充分利用发电机的进相能力，使其既不超过低励限制的运行范围，又能较好地解决孤网后的母线高压问题。

4. 频率稳定控制

孤网带负荷是水轮机调节系统最恶劣的工况，特别是对于水锤效应较大的引水系统。此时为了保证调节系统的稳定性，需要整定稳定性较大的调速器参数。针对这种外送通道故障而形成水电机组带地区负荷的情况，斯坦因和克里夫琴科分别提出了调速器参数的整定方法。

斯坦因认为负荷扰动后的第一个波峰（谷）开始至转速幅值降为 0.1×MAX 的过渡过程时间 $T_{0.1}$内，允许响应曲线有 4～5 个波峰（谷），当取 $T_{0.1}=10\,T_W$ 时，建议 PID 的调速器参数整定值为

$$T_n = 0.5T_W, B_p + B_t = 1.5\frac{T_W}{T_a}, T_d = 3T_W \qquad (1-1-16)$$

另外，斯坦因认为，当水头较高时应考虑弹性水击的作用，为计算调节参数，应先对 T_W 进行修正。一般水头在 200 m 以上的水电站才需要作此修正。

克里夫琴科也是根据水轮机调节系统在阶跃扰动作用下，应用过渡过程的调节时间和最大超调量来判断系统的动态品质的，他建议调速器的参数整定为

$$T_n = T_W, B_t = (2\sim2.5)\frac{T_W}{T_a}, T_d = (1\sim1.5)T_W \qquad (1-1-17)$$

国内专家根据仿真及水电站试验的经验，也给出了孤网参数整定的推荐值，即

$$1.0\frac{T_W}{T_a} \leqslant B_t \leqslant 1.5\frac{T_W}{T_a}, 3T_W \leqslant T_d \leqslant 5T_W, T_n = 0.5T_W \qquad (1-1-18)$$

但是，以上的整定原则都是根据特定的数学模型、特定的水轮机传递函数和特定的品质指标提出的参数整定推荐值，因而具有一定的局限性，只能作为参考，而实际上的运行参数要通过现场试验来确定。

五、小　结

我国能源的不均匀分布决定了大功率集中输电的格局，除了中小水电群外，偏远地区的风电、太阳能等新能源也多采用集中外送的模式，因此，对能源集中送出系统的外送通道发生故障，导致孤网运行的小型系统进行详细研究，是具有理论和实践意义的。

小型孤立电网的特点各不相同，目前针对性的研究尚不够深入。水电群孤网后面临由频率问题和电压问题交织在一起的电网稳定问题。高周问题可能引起自励磁现象，导致谐振过电压的产生；发电机进相能力分配不均匀，导致低励限制动作，从而引起连锁故障，也是孤网高压问题产生的重要因素。对于带一定量负荷的孤网，频率的稳定性是安全运行的重要威胁。制定控制措施时，需综合考虑频率和电压的因素，以保证孤立小电网的安全稳定运行。

第二章　发电厂电气设备介绍

第一节　能源与发电

电能具有便于输送、分配、使用、控制等优点，被广泛应用于现代工农业、交通运输、科学技术、国防建设及人民生活，已成为不可缺少的二次能源。电力工业的发展水平已成为衡量一个国家综合国力和现代化水平的重要标志。

发电厂将各种一次能源转化为电能。一次能源的种类很多，电能生产中应用最广泛的是煤、石油以及天然气等化石燃料燃烧释放的热能和水能。科学技术的发展，使核能在现代电力生产中的比例逐步上升。随着全球煤、石油资源的逐渐减少，世界环境的不断恶化，以及智能电网的建设，可再生的一次能源，如风能、太阳能、地热、潮汐、生物能等的利用逐步加强。

一般来说，发电厂主要包括一次能源与电能转换装置，电能输出设备，测量、控制、保护用仪表器件，以及为此目的设置在特定场所的建筑物、构筑物和附属设施。发电厂根据所利用的能源形式，可分为火力发电厂、水力发电厂、原子能发电厂、风力发电厂、太阳能发电厂、地热发电厂等。

火电厂利用煤、石油、天然气等燃料的化学能生产电能，按燃料的类别，可分为燃煤、燃油和燃气火电厂等；按是否具有供热功能，可分为普通火电厂和热电厂；按服务规模，可分为区域性、地方性以及企业自备火电厂等；按蒸汽压力，可分为低压、中压、高压、超高压、亚临界、超临界以及超超临界压力火电厂等。火电厂在我国发电市场中所占份额最大，300 MW 和 600 MW 容量的火电机组在电力系统中得到广泛应用，目前已出现 1000 MW 容量的火电机组。

火电厂最主要的设备是安装在发电厂主厂房内的锅炉、汽轮机和发电机。主变压器和配电装置一般放在独立建筑物内或户外。其他辅助设备，如给水系统、供水设备、水处理设备、除尘设备、燃料储运设备等，有的安装在主厂房内，有的则安装在辅助建筑中或在露天场地。

火电厂中，燃料通过在锅炉中燃烧释放热量，加热锅炉中的水产生高温高压蒸汽。蒸汽通过汽轮机将热能转化为旋转动能，带动汽轮机转子以及通过联轴器连在一起的发电机转子一起转动。发电机转子旋转时，定子内导线切割磁力线产生电能，并通过变压器、开关站和输电线路等将电能输入电网。火电厂的效率约为 40%左右，即把燃料中 40%的热能转化为电能。图 1-2-1 是一个典型火电厂的生产流程示意图。

水力发电是将水的势能变成机械能，再转换成电能的过程。水电厂/站是水能转换的综合工程设施，包括一系列水电站建筑物及水电站设备。利用这些建筑物集中天然水流的落差形成水头，汇集、调节天然水流的流量，将其输向水轮机，经水轮机与发电机的联合运转，将集中的水能转换为电能，再经变压器、开关站和输电线路等将电能输入电网。有些水电站除发电所需的建筑物外，还常有为防洪、灌溉、航运、漂木、过鱼等综合利用目的服务的其他建筑物。这些建筑物的综合体称为水电站枢纽或水利枢纽。

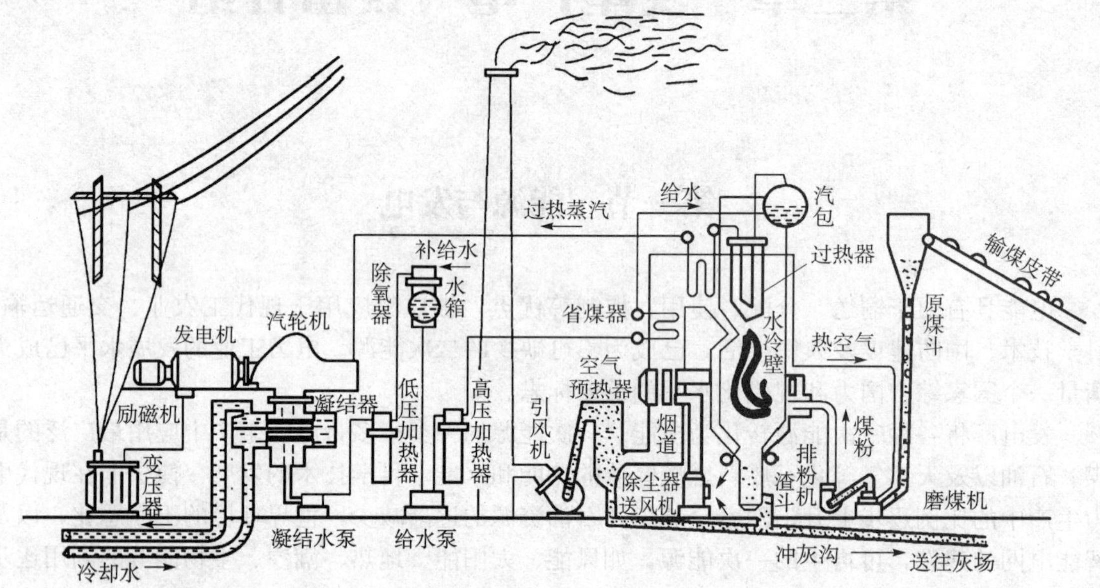

图 1-2-1　凝汽式火电厂生产过程示意图

常规水电站利用天然河流、湖泊等水源发电。按照对天然水流的利用方式和调节能力，可以分为径流式水电站和蓄水式水电站。径流式水电站没有水库或水库库容很小，对天然水量无调节能力或调节能力很小；蓄水式水电站有一定库容的水库，对天然水流具有不同调节能力。抽水蓄能电站有上、下两个水库，利用电网中负荷低谷时多余的电力，将低处下水库的水抽到高处上水库存蓄，待电网负荷高峰时放水发电，尾水至下水库，从而满足电网调峰等电力负荷的需要。

在水电站工程建设中，还常按水电站的开发方式，即按集中水头的手段和水电站的工程布置，分为坝式水电站、引水式水电站和坝-引水混合式水电站三种。按水电站利用水头的大小，可分为高水头、中水头和低水头水电站。按水电站装机容量的大小，可分为大型、中型和小型水电站。

我国具有丰富的水能资源，可开发利用的水能蕴藏量约为 3.78 亿千瓦，居世界首位。到 2008 年年底，全国水电装机达到 1.75 亿千瓦，居世界首位，占全国发电装机容量的 21.6%。巨型水电站三峡电厂（装机 18200 MW）的投产，金沙江溪洛渡、向家坝水电站（装机容量 20260 MW）成功实现截流，标志着中国水电勘测设计、科研、施工、设备制造安装和建设管理的技术水平达到了世界最高水平。图 1-2-2 是一个河床式水电厂的示意图。

核电厂是利用核能发电的电厂。核电机组与普通火力发电机组不同的是以核反应堆和蒸汽发生器替代了锅炉设备，而汽轮机和发电机部分则基本相同。核反应产生的巨大能量为电力生产提供了大量的电能，但由于其生产的特殊性，安全是核电厂运行的重点。一般核电厂在系统中承担基荷。

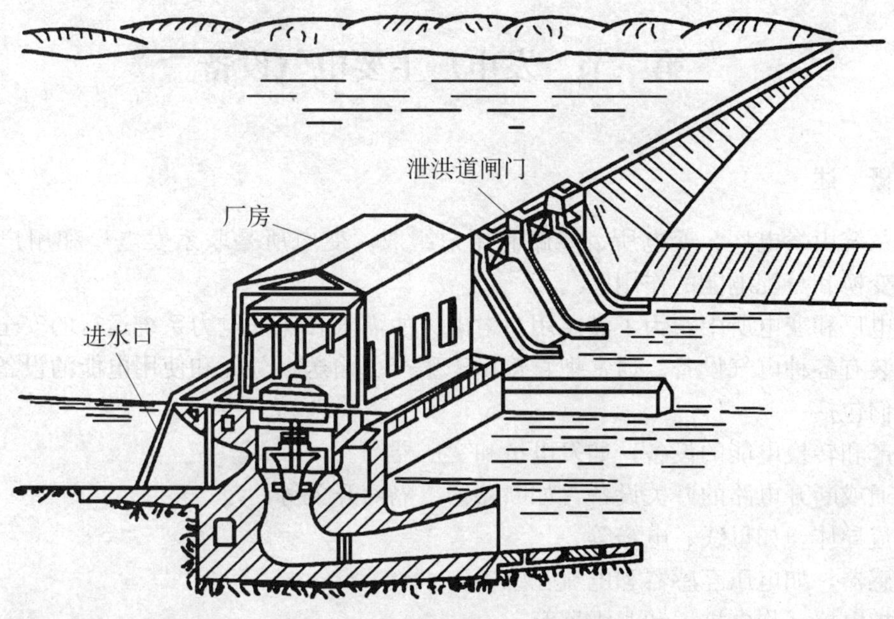

图 1-2-2　河床式水电厂示意图

图 1-2-3 是核电厂发电方式示意图。原子核反应堆是核电厂的核心部分，它是一个可以被控制的核裂变装置，以铀-235 或铀-238（或铀-239）为燃料。

核反应堆又分为压水堆、重水堆、石墨堆等类型。我国已建成多个核电厂，如大亚湾和秦山核电厂。还有大批核电项目正在建设和规划过程中。

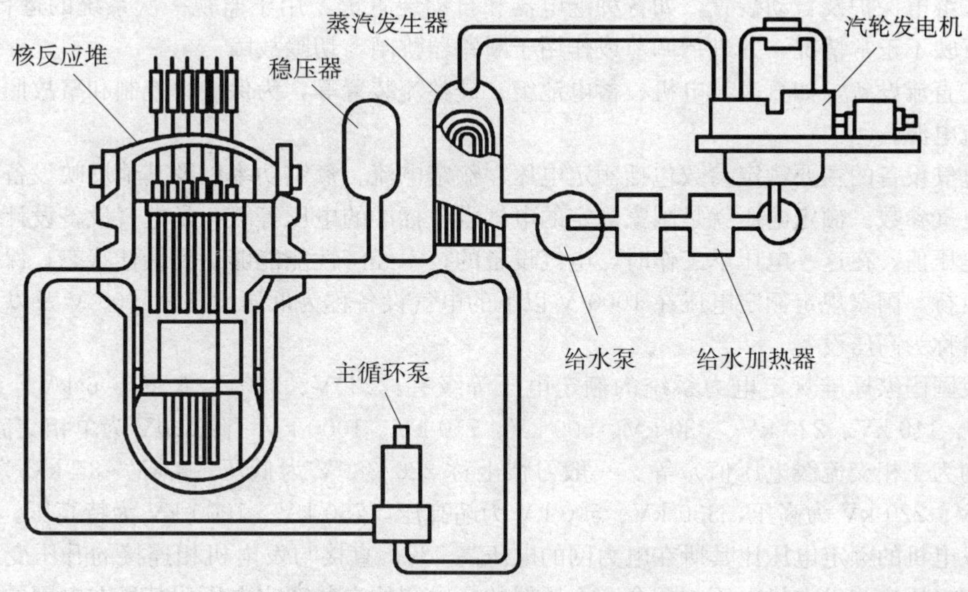

图 1-2-3　核电厂生产过程示意图

我国正在大力发展以风能和太阳能为主的可再生能源，目前风电投产容量已逾千万千瓦，还有一大批大型风电和太阳能项目正在加紧建设和规划。随着智能电网的建设，清洁能源在电力市场上的份额将越来越大。

第二节　发电厂主要电气设备

一、概　述

电力系统由发电厂、变电所、线路和用户组成。变电所是联系发电厂和用户的中间环节，起着变换和分配电能的作用。

在发电厂和变电所中，为了满足用户对电力的需求和保证电力系统运行的安全稳定和经济性，安装有各种电气设备。通常把直接用于生产、输送、分配和使用电能的设备称为一次设备。它们包括：

①生产和转换电能的设备，如发电机和变压器等。

②接通或断开电路的开关设备，如断路器、隔离开关等。

③载流导体，如母线、电缆等。

④互感器，如电压互感器和电流互感器。

⑤保护电器，如电抗器和避雷器等。

⑥接地装置。

为了能对电气一次设备和系统的运行状况进行测量、控制、保护和监察而需要一些专门的设备，通常把这些设备称为电气二次设备。它们包括：

①测量表（计），如电压表、电流表、功率表、电能表、频率表等，用于测量一次电路中的电气参数。

②继电保护及自动装置，如各种继电器和自动装置等，用于监视一次系统的运行状况，迅速反映不正常情况，并进行调节或作用于断路器跳闸，切除故障。

③直流设备，如直流发电机、蓄电池组、硅整流装置等，为保护、控制和事故照明等提供直流电源。

电气设备的主要额定参数包括额定电压、额定电流、额定功率以及其他反映设备物理特性的电气参数。额定电压就是国家规定的电气设备标准的电压等级，是电气设备设计时所依据的电压值。在这一电压下工作时，电气设备的技术经济性能能够达到最佳状态，保证长期可靠运行。国家规定额定电压在1000 V以下的电气设备称为低压设备，1000 V及以上的电气设备称为高压设备。

我国国家标准规定电力系统的额定电压等级有：220V、380V、3 kV、6 kV、10 kV、35 kV、110 kV、220 kV、330 kV、500 kV、750 kV、1000 kV（除220V为单相交流电外，其余均为三相交流线电压值）等。一般习惯上称220/380V为低压，3 kV～35 kV为中压，110 kV、220 kV为高压，330 kV、500 kV为超高压，750 kV、1000 kV为特高压。

发电机的额定电压比其所在电力网的电压高5%，直接与发电机相连接的升压变压器的一次侧电压应与发电机电压相配合。变压器的二次侧的空载额定电压比其所在电网的额定电压高5%～10%。

电气设备的额定电流是指周围介质在额定温度时，其长期发热温度不超过极限值所允许长期通过的最大电流有效值。

发电机、变压器和电动机额定容量的规定条件与额定电流相同。变压器额定容量用视在功率（kVA）表示；发电机一般以有功功率（kW）表示；当其额定容量用视在功率表示时，需表明功率因数；电动机也多用有功功率表示。

二、变压器

变压器是一种在电力系统中应用非常广泛的静止电气设备。通过电磁感应作用，可以完成相同频率电能在不同电压等级间的变换。

变压器按用途，可分为电力变压器和特种变压器；按绕组数目，可分为单绕组（自耦）变压器、双绕组变压器、三绕组变压器和多绕组变压器；按相数，可分为单相变压器、三相变压器和多相变压器；按铁心结构，可分为心式变压器和壳式变压器；按调压方式，可分为无励磁调压变压器和有载调压变压器；按冷却介质和冷却方式，可分为干式变压器、油浸式变压器和充气式变压器。如图 1－2－4 所示。

油浸式变压器在电力系统使用最为广泛，主要由铁心、绕组、绝缘套管、油箱及其他附件组成。绕组是变压器的电路部分，由铜或铝的绝缘导线绕制而成。铁心是变压器的主磁路，电力变压器的铁心主要采用心式结构。为了提高磁路的导磁性能，减小铁心中的磁滞、涡流损耗，铁心一般采用 0.35 mm～0.5 mm 厚的硅钢片叠成。硅钢片的两面均涂以绝缘漆，使叠装在一起的硅钢片相互之间绝缘。

铁心和绕组是变压器的主要部件，放在油箱内部。变压器上部安装有储油柜（俗称油枕），油枕从上部连通有干燥器（俗称呼吸器）。油箱上安装压力释放阀，油箱与储油柜的连接管道中装有保护变压器的瓦斯继电器。冷却器直接装配在变压器油箱壁上。

变压器绕组的引出线从油箱内部引到箱外时必须经过绝缘套管，使引线与油箱绝缘。绝缘套管一般是陶瓷的，其结构取决于电压等级。1 kV 以下采用实心磁套管，10 kV～35 kV 采用空心充气或充油式套管，110 kV 及以上采用电容式套管。

连接组别反映了三相变压器的连接方式及一、二次线电动势（或线电压）的相位关系，可以采用时钟表示法。三相变压器的连接组别不仅与绕组的绕向和首末端标志有关，而且还与三相绕组的连接方式有关。

(a) 35 kV 干式电力变压器

(b) 110 kV 油浸式电力变压器

(c) 500 kV 电力变压器（单相）

图 1－2－4　电力变压器

变压器常用改变绕组匝数的方法来调压。一般从变压器的高压绕组引出若干抽头，即分接头。分接开关可分为无载调压和有载调压两种，前者必须在变压器停电的情况下切换，后者可以在变压器带负载情况下进行切换。

变压器的损耗主要是铁耗和铜耗两种。铁耗与负载大小基本无关，故也称为不变损耗。

可以将几台变压器的一、二次绕组分别接在一、二次侧的公共母线上，共同向负载供电，以提高供电的可靠性和经济性。并联运行的变压器需满足变比相同、连接组别相同、短路阻抗相同等条件，否则并联运行会产生环流，既占用了变压器的容量，又增加了变压器的损耗。

三、高压断路器

开关电器是发电厂、变电所以及各类配电装置中不可缺少的电气设备，它们的作用是：

①正常工作情况下可靠地接通或断开电路。

②在改变运行方式时进行切换操作。

③当系统中发生故障时迅速切除故障部分，以保证非故障部分的正常运行。

④设备检修时隔离带电部分，以保证工作人员的安全。

在通断有负荷的电力开关时，开关的两个触头之间有火花产生，即电弧。电弧实际上也就是开关两个触头之间空气（或其他绝缘介质）局部被击穿，形成的一个气体导电通道。电弧不熄灭，触头就没有真正分开。电弧温度极高，很容易烧坏开关触头；触头附近的绝缘物也会遭受破坏；还会引起短路故障、开关电器爆炸，形成火灾，危害电力系统的安全运行。电弧是一束能导电的气体，它的质量很轻，在电动力、热力作用下能迅速移动、伸长、弯曲和变形，很容易造成飞弧短路和伤人。

现代开关通常采用提高断路器的分闸速度，采用多断口结构等迅速拉长电弧、利用气体或绝缘油吹动拉长冷却电弧、采用真空以减少碰撞游离的可能性，迅速恢复介质绝缘强度、弧隙并联电阻、提高弧隙介质压力来加强正负离子复合等方法熄灭交流电弧。

开关电器按电压等级，可分为高压开关电器和低压开关电器；按安装地点，可分为屋内式和屋外式开关电器；按功能，可分为正常工作情况下开闭工作电流的开关电器（如高压负荷开关），断开故障情况下过负荷电流或短路电流的开关电器（如高压熔断器），能开断正常电流和短路电流的开关电器（如高压断路器），对被检修的电气设备物理隔离、不要求开闭大电流的开关电器（如隔离开关）等。

高压断路器是高压电器中最重要的设备，不仅能接通或断开负荷电流，而且能断开短路电流，是一次电力系统中控制和保护电路的关键设备。高压断路器按安装地点，可分为屋内式和屋外式两种；按所采用的灭弧介质，可分为油断路器（多油断路器和少油断路器）、压缩空气断路器、真空断路器和 SF6 断路器；按结构布置，可分为支柱式（或称瓷柱式）、罐式、SF6 全封闭组合式。

高压断路器的基本结构主要包括电路通断元件、绝缘支撑元件、操动机构及基座等部分。高压断路器的技术参数包括额定电压、最高工作电压、额定电流、额定开断电流、额定断流容量、关合电流、动稳定电流、热稳定电流、全开断（分闸）时间、合闸时间、操作循环等。

多油断路器中的油是作为灭弧介质的，以及作为触头在分闸位置时其间的绝缘，同时油还作为断路器导电部分对地的绝缘。多油断路器结构简单，制造方便，便于在套管上加装电流互感器，配套性强。但耗钢、耗油量大，体积大，重量重，需配备一套油处理装置。多油断路器额定电流不易设计得很大；开断小电流时，燃弧时间较长；开断电路的速度较慢；油量多，有发生爆炸和火灾的危险性。如图 1-2-5 所示。

少油断路器中利用少量的变压器油作为灭弧介质以及触头间的绝缘，油不作为对地绝缘。少油断路器导电部分对地的绝缘主要靠电瓷、环氧玻璃布和环氧树脂件。少油断路器耗用钢材及油量均少，价格较为低廉，电压等级一般为 220 kV 及以下。

(a) DW10 型 10 kV 户外柱上多油断路器

(b) SN10 型 10 kV 户内少油断路器

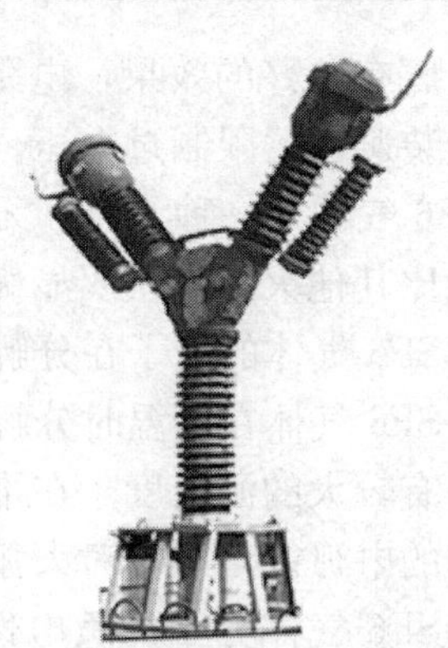

(c) SW6-110 型少油断路器

图 1-2-5　油断路器

压缩空气断路器是一种以压缩空气气体作为灭弧、绝缘和传动介质的断路器（我国一般选用的压力为 20 大气压），曾为高压断路器的主要品种之一。压缩空气断路器的主要缺点是结构较为复杂，加工精度与装配要求都较高，需要附设空气压缩装置，开断性能远不如 SF6 断路器，所以压缩空气断路器已逐渐不被使用。

真空断路器利用真空度约为 10 Pa~4 Pa（在运行过程中不低于 10 Pa~2 Pa）的高真空作为内绝缘和灭弧介质。真空间隙的气体稀薄，分子的自由行程较大，发生碰撞游离的几率很小。真空击穿产生电弧，是由触头蒸发出来的金属蒸气帮助形成的。真空断路器开断能力达 60 kA~80 kA，在 35 kV 及以下电压等级中处于优势地位。真空断路器的特点是动作快、可连续多次操作，开断性能好；灭弧迅速，开断时间短；所需操作能量小；开断时产生的电弧能量小；灭弧室的机械寿命和电气寿命都很高；操作噪音小，无污染，体积小，重量轻，能防火防爆，检修方便。适用于作发电厂、变电站等输配电系统的控制或保护开关，尤其适用于开断重要负荷及频繁操作的场所。但真空断路器灭弧室材料及工艺要求高，开断电流及断口电压不易做得很高，灭弧室的机械强度比较差，不能承受较大的冲击振动。如图 1-2-6 所示。

(a) ZN12B 型 35 kV 户内真空断路器

(b) ZN28A-12 户内高压真空断路器

图 1-2-6　真空断路器

用真空断路器断开电路时，可能会出现操作过电压。可采用低电涌真空灭弧室降低过电压，提高开断能力。可在负载端并联电阻和电容，降低过电压及其上升速度，对抑制多次重燃过电压有较好的效果，电阻一般选 100 Ω～200 Ω，电容选 0.1 μF～0.2 μF，还可串联电感或安装避雷器限制过电压。

SF6 气体是一种无色、无臭、无毒和不可燃的惰性气体，化学性能稳定，绝缘性能和灭弧性能比其他灭弧介质明显优越。SF6 气体灭弧性能特别强的原因主要是：

①SF6 气体的分子在分解时吸收的能量多，对弧柱的冷却作用强。

②SF6 气体在高温时分解出的硫、氟原子和正负离子，与其他灭弧介质相比，在同样的弧温时有较大的游离度。在维持相同游离度时，弧柱温度较低，SF6 气体中电弧电压较低，燃弧时的电弧能量小，对灭弧有利。

③SF6 气体分子的负电性强。所谓负电性，是指 SF6 气体吸附自由电子形成负离子的特性。SF6 气体负电性强，加强了去游离，降低导电率。在电弧电流过零后，弧柱温度将急剧下降，分解物急速复合。SF6 气体弧隙的介质性能恢复速度很高，能耐受很高的恢复电压，电弧在电流过零后难重燃。

在 SF6 断路器中，在水分参与下将产生强腐蚀性的分解产物 HF。这种物质对绝缘材料、金属材料、玻璃、电瓷等含硅材料有很强的腐蚀性。因此，必须严格控制 SF6 气体中的水分。常采用的措施有：加强断路器的密封；组装断路器时，先要对零部件进行彻底烘干；严格控制 SF6 气体中的含水量；严格控制断路器充气前的含水量；在 SF6 断路器内部加装吸附剂。

SF6 断路器结构按照对地绝缘方式不同，可分为落地罐式和瓷柱式两种类型。罐式 SF6 断路器把触头和灭弧室装在充有 SF6 气体并接地的金属罐中，触头与罐壁间绝缘采用环氧支持绝缘子，引出线靠绝缘瓷套管引出。该结构便于安装电流互感器，抗震性能好，但系列性能差。瓷柱式 SF6 断路器灭弧室可布置成“T”形或“Y”形，220 kV 及以上电压等级 SF6 断路器随开断电流增大，制成单断口断路器，布置成单柱式，灭弧室位于高电位，靠支柱绝缘瓷套对地绝缘。如图 1－2－7 所示。

（a）瓷柱式 SF6 断路器

（b）SF6 全封闭组合电器

（c）罐式 SF6 断路器

图 1－2－7　SF6 断路器

SF6 断路器额定电流和开断电流都可以做得很大，适合于各种工况开断。其结构简单，体积小，重量轻，电寿命长，检修间隔时间长（一般 10～20 年免检修），无噪音公害，无火灾危险，用于封闭式组合电器时，可大量节省占地面积。

SF6 断路器灭弧室结构基本上可分为单压式和双压式两种。单压式灭弧室又称压气式灭弧室，只有一个气压系统，即常态时只有单一的 SF6 气体。灭弧室的可动部分带有压气装置，分闸过程中，压气缸与触头同时运动，将压气室内的气体压缩。触头分离后，电弧即受到高速气流纵吹而将电弧熄灭。双压式灭弧室有高压和低压两个气压系统。灭弧时，高压室控制阀打开，高压 SF6 气体经过喷嘴吹向低压系统，再吹向电弧使其熄灭。单压式由于结构简单，可采用大功率液压机构和双向吹弧，逐渐取代双压式，在电力系统中获得广泛应用。

断路器巡视检查项目主要包括：断路器的分、合位置指示应正确（与当时实际的运行工况相符），断路器不过热（如示温蜡片不熔化，变色漆不变色），断路器内部无异常声响（漏气声、振动声、放电声），套管和支持绝缘子洁净、无裂痕，无放电声和电晕放电，引线的连接部位接触良好无过热，引线驰度适中，断路器接地部分完好，断路器环境良好。户外断路器栅栏完好，设备附近无杂草和杂物，防雨帽无鸟窝；户内配电装置室的门窗、通风及照明应良好，油断路器的油位在正常允许的范围之内，油色透明无炭黑悬浮物，无渗、漏油痕迹，放油阀门关闭紧密，SF6 断路器每日定时记录 SF6 气体压力和温度，真空断路器灭弧室无异常。

断路器的正常维护工作主要包括：不带电部分应定期清扫，配合其他设备的停电机会进行转动部位检查，清扫瓷瓶（即绝缘子）积存的污垢及处理缺陷，按设备使用说明书规定对机构添加润滑油，油断路器根据需要补充油或放油，检查合闸电源熔丝是否正常，核对容量是否相符。

高压断路器的操作应注意：断路器经检修恢复运行，操作前应检查在检修中为保证人身安全所设置的措施（如接地线等）是否全部拆除，防误操作闭锁装置是否正常。长期停运的断路器在重新投入运行前，应通过远方控制方式进行 2～3 次操作，操作无异常后方能投入运行。操作前应检查控制回路、辅助回路、控制电源及操动机构是否均正常。操作中应同时监视有关电压、电流、功率等表计的指示及红绿灯的变化，操作把手不应返回太快。

四、高压隔离开关

隔离开关又称隔离刀闸，是一种高压开关电器。因为没有专门的灭弧装置，故不能用来切断负荷电流和短路电流。使用时应与断路器配合，只有在断路器断开时才能进行操作。隔离开关在分闸时，动静触头间形成明显可见的断口，绝缘可靠。

高压隔离开关是将需要检修的电气设备与带电部分相互隔离，保证检修工作的安全。在电路中隔离开关常与断路器串联使用，当电气设备需要停电检修时，先由具有专门灭弧装置的断路器断开电流，然后在无电流的情况下断开隔离开关，从而使需要检修的电气设备与其他带电部分之间有明显可见的断口。

隔离开关也用来进行电路的切换操作以及开断通过微小电流的电路。这时电弧较弱，随着隔离开关触头开距的加大，电弧被拉长后自然冷却熄灭。

当线路或高压配电装置检修时，需要有明显可见的断口，以保证检修人员及设备的安全。故在电气回路中，在断路器可能出现电源的一侧或两侧均应配置隔离开关。若馈线的用户侧没有电源，则断路器通往用户的那一侧可以不装设隔离开关。若电源是发电机，则发电机与出口断路器之间可以不装隔离开关。但有时为了便于对发电机单独进行调整和试验，也可以装设隔离开关或设置可拆卸点。

当电压在 110 kV 及以上时，断路器两侧的隔离开关和线路隔离开关的线路侧均应配置接地开关。对 35 kV 及以上的母线，在每段母线上亦应设置 1～2 组接地开关，以保证电器和母线检修时的安全。

高压隔离开关与断路器配合使用时，两者之间必须有机械或电气的联锁，保证隔离开关在断路器切断电流之后才能分闸；只有在隔离开关合闸之后，断路器才能合闸。严禁在未断开断路器的情况下，拉合隔离开关。为了防止误操作，除严格按照操作规程实行操作外，还应在隔离开关和相应的断路器之间加装电磁闭锁、机械闭锁或电脑钥匙等闭锁装置。

操作隔离开关和断路器的顺序为：送电时先合母线（电源）侧的隔离开关，再合线路（负荷）侧的隔离开关，最后合上断路器；断电时操作顺序相反，先分断路器，再分线路（负荷）侧的隔离开关，最后分母线（电源）侧的隔离开关。

隔离开关拉闸开始时应慢而谨慎，当动触头离开固定触头时应迅速，特别是拉停允切小电流时，拉闸应迅速果断，以便消弧。运行中处于合闸位置的隔离开关，触头处应接触紧密并无发热现象。处于分闸位置的隔离开关，静触头与动触头间的距离应符合安全距离。如果太小，可能发生闪络，使得检修中的装置带电造成事故。若错拉隔离开关，在动触头刚离固定触头便发生电弧时应立即合上，可以熄弧；若隔离开关已拉开，则不许再合上。

隔离开关按装设地点的不同，可分为户内式和户外式，如图 1－2－8 所示。按绝缘支柱数目，可分为柱式、双柱式和三柱式。按动触头运动方式，可分为水平旋转式、垂直旋转式、摆动式和插入式等。按有无接地闸刀，可分为无接地闸刀、一侧有接地闸刀和两侧有接地闸刀。按操作机构的不同，可分为手动式、电动式、气动式和液压式等。按极数，可分为单极、双极和三极。按安装方式，可分为平装式和套管式等。

隔离开关的技术参数包括额定电压、最高工作电压、额定电流、热稳定电流、极限通过电流峰值等。

高压隔离开关巡视检查时，应检查隔离开关本体，三相触头在合闸时应同期到位，无错位或不同期到位现象。检查触头系统，触头应平整光滑，无脏污、锈蚀、变形；动、静触头间应接触良好，无因接触不良而引起过热发红或局部放电现象。检查各支持绝缘子，绝缘子应清洁、完整无破损、无裂纹、无电晕放电现象及闪络痕迹。检查操作机构，操作机构各部件应无变形锈蚀和机械损伤，部件之间应连接牢固和无松动、脱落现象。检查接地隔离开关，接地隔离开关触头接触应良好，接地应牢固可靠，接地体可见部分应完好。检查底座，底座法兰应无裂纹，法兰螺栓紧固应无松动。

（a）户内式 10 kV 隔离开关

（b）户外式 35 kV 隔离开关

（c）户外式 500 kV 隔离开关

图 1－2－8　高压隔离开关

五、高压负荷开关和高压熔断器

负荷开关是一种灭弧能力介于隔离开关和断路器之间的简易开关电器。负荷开关与隔离开关的主要不同是负荷开关装有简单的灭弧装置，可以接通和断开电路中的负荷电流。但负荷开关的灭弧能力远不如断路器，不能切断短路电流。其结构简单，具有灭弧装置和一定的分合闸速度，可用于控制供电线路的负荷电流，也可用来控制空载线路、空载变压器及电容器等。

高压负荷开关在分闸时有明显的断口，可起到隔离开关的作用，与高压熔断器串联使用，前者作为操作电器投切电路的正常负荷电流，而后者作为保护电器开断电路的短路电流及过负荷电流。

高压负荷开关按使用地点，可分为户内型和户外型。按灭弧方式的不同，可分为产气式、压气式、压缩空气式、油浸式、真空式、SF6 式等。按是否带熔断器，可分为带熔断器和不带熔断器。如图 1-2-9 所示。

熔断器是一种串接在电路中的保护电器，当电路发生过负荷或发生短路时，过负荷电流或短路电流流过熔体，熔体被迅速加热熔断，切断故障电流，从而保护了电路中其他电气设备。熔断器结构简单，体积小，布置紧凑，使用方便；动作直接，不需要继电保护和二次回路相配合；价格低。但每次熔断后需停电更换熔件才能再次使用，增加了停电时间；保护特性不稳定，可靠性低；保护选择性不易配合。熔断器按电压等级，可分为高压熔断器和低压熔断器。

熔断器主要由金属熔体（熔件）、支持熔体的载流部分（触头）和外壳（熔管）等组成。有些熔断器内还装有特殊的灭弧介质，如产气纤维管、石英砂等用来熄灭熔件熔断时形成的电弧。

熔断器串联接入被保护电路中，在正常工作情况下，由于通过熔体的电流较小，熔体温度虽然上升，但不会熔化，电路可靠接通；当电路发生过负荷或短路，电流增大时，熔体温度上升超过熔点而熔断，并迅速熄灭电弧，切断电路。

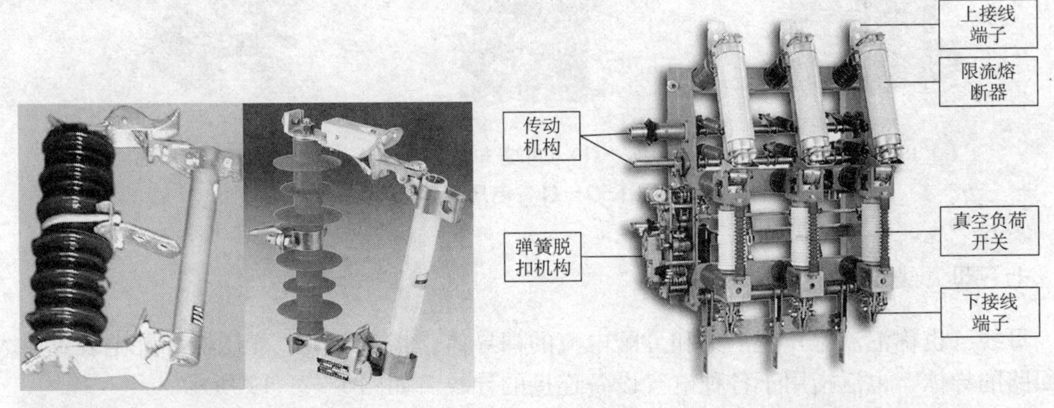

（a）户外高压跌落式熔断器　　（b）高压负荷开关－限流熔断器组合电器

图 1-2-9　高压负荷开关和高压熔断器

六、互感器

互感器是一种特殊变压器，广泛用于配电装置的交流电工测量和继电保护中。互感器分为两大类：一类为电流互感器，也叫仪用变流器，用途是将交流大电流变换为标准的小电流（5 A 或 1 A），供电给测量仪表和保护装置的电流线圈，如图 1-2-10 所示；另一类是电压互感器，也叫仪用变压器，用途是将交流高电压变换为标准的低电压（100 V或100/$\sqrt{3}$ V），如图 1−2−11 所示。电流互感器一次绕组串联接于被测量电路中，二次绕组与测量仪表和保护装置的继电器电流线圈串联；电压互感器一次绕组并联接于被测电路中，二次绕组与测量仪表和保护装置的继电器电压线圈并联。

图 1−2−10　电流互感器

(a) JSJW−10 型

(b) JDJ2−35 型

(c) JSX6−35 型

图 1−2−11　电压互感器

七、母　线

母线（也称汇流排）是汇集和分配电流的裸导体，指发电机、变压器和配电装置等大电流回路的导体，也泛指用于各种电气设备连接的导线。如图 1−2−12 所示。

母线有软、硬之分。软母线一般采用钢芯铝绞线，用悬式绝缘子将其两端拉紧固定。软母线在拉紧时存在适当的弛度，工作时会产生横向摆动，故软母线的线间距离要大，常用于屋外配电装置。硬母线采用矩形、槽形或管形截面的导体，用支柱绝缘子固定，多数只作横向约束，而沿纵向则可以伸缩，主要承受弯曲和剪切应力。硬母线的相间距离小，广泛用于屋内、外配电装置。

母线的材料有铜、铝和钢三种。不同材料制作的母线具有各自不同的特点和适用范围。

铜的电阻率低，机械强度高，防腐蚀性能好，是很好的母线材料。铝的比重只有铜的30%，电阻率约为铜的 1.7~2 倍。在长度和电阻值相同的情况下，铝母线的重量只有铜母线的一半。由于我国铜储量远少于铝储量，金属铜价格较贵，因此除在含有腐蚀性气体（如靠近化工厂、海岸等）或有强烈震动的地区采用铜母线之外，在户内和屋外配电装置中都广泛采用铝母线。

钢的优点是机械强度高，焊接简便，价格便宜。但钢的电阻率很大，为铜的7倍，用于交流电路时会产生很强的趋肤效应，并造成很大的功率损耗。钢母线仅用于高压小容量电路，如电压互感器、避雷器回路的引接线以及接地网的连接线等。

母线的截面形状有圆形、管形、矩形、槽形等。圆形截面母线的曲率半径均匀，无电场集中表现，不易产生电晕，但散热面积小，曲率半径不够大，作为硬母线则抗弯性能差，采用圆形截面的主要是钢芯铝绞线。管形截面母线是空芯导体，集肤效应小，曲率半径大，不易产生电晕，材料导电利用率、散热、抗弯强度和刚度都较圆形截面好。矩形截面母线的优点是散热面积大，集肤效应小，安装和连接方便。但矩形截面母线周围的电场不均匀，容易产生电晕。槽形截面母线的电流分布均匀，比矩形母线载流量大。当工作电流很大，每相需要三条以上的矩形母线才能满足要求时，一般采用槽形母线。

母线的排列应按设计规定，一般来说，垂直布置的母线交流A、B、C相的排列由上向下；直流正、负的排列由上向下。水平布置的母线交流A、B、C相的排列由内向外（面对母线）；直流正、负的排列由内向外。做引下线时交流A、B、C相的排列由左向右（面对母线）；直流正、负的排列由左向右。

（a）发电机出线的封闭母线

（b）户外管型母线

图1-2-12　母线

户内母线安装完毕后，需要刷漆，以便于识别相序、防止腐蚀以及提高母线表面散热系数。实验结果表明：按规定涂刷相色漆的母线可增加载流量12%～15%。母线应按下列规定刷漆着色：三相交流母线A、B、C三相颜色分别为黄、绿、红，由三相交流母线引出的单相母线，应与引出相的颜色相同。直流母线正负极颜色为赭和蓝。交流中性线不接地者刷白色，接地者刷紫色。

户外母线为了减小对太阳辐射热的吸收，不刷漆。三相母线的排列按面对出线或面对配电屏正面：从上到下、从左向右、由远到近为A相、B相、C相及N线。

八、防雷装置

雷云放电可能会波及电力系统，使电力系统电压大幅度升高，造成大气过电压。架空输电线路上的大气过电压有两种：一种是雷直接击于输电线路引起的直击雷过电压；另一种是雷击线路附近地面由电磁感应所引起的感应雷击过电压。

发电厂、变电站的雷害事故包括雷直接击于导线、电气设备引起直击雷过电压，以及雷电波沿线路传入发电厂、变电站引起的入侵雷过电压。

为了防止电气设备和架空输电线路遭受直接雷击，通常采用避雷针和避雷线。避雷针（线）装在被保护设备（输电线路）的上方，并且与大地良好连接，这样可以将雷电吸引到避雷针（线）本身，并将雷电流引入大地，从而保护了设备（线路）免遭雷击。避雷针一般用于保护发电厂和变电站的导线及电气设备，避雷线主要用于保护架空输电线路，也可用于保护发电厂和变电站。防雷装置如图 1-2-13 所示。

避雷器的作用是用来限制作用于设备上的过电压，以保护电气设备。避雷器的类型主要有保护间隙、管型避雷器，阀型避雷器和金属氧化物避雷器等。避雷器与被保护设备并联安装在被保护设备附近，当过电压超过一定值时，避雷器先放电，从而限制了被保护设备的过电压值。

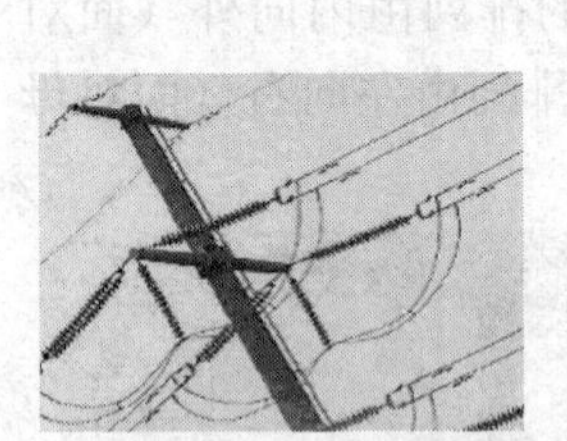

（a）架空线路及避雷线

（b）避雷针

（c）避雷器

图 1-2-13　防雷装置

第三节　发电厂电气主接线

电气主接线是由发电机、变压器、断路器、隔离开关、互感器、母线和输电线等电气设备，按一定要求和顺序连接成的接受和分配电能的电路，也称电气一次接线或电气主系统。用规定的设备文字和图形符号将各电气设备，按连接顺序排列，详细表示电气设备的组成和连接关系的接线图，称为电气主接线图。电气主接线图一般画成单线图。电气主接线对电力系统的安全经济运行，对电力系统的稳定性和调度的灵活性，以及对电气设备的选择，配电装置的布置，继电保护及控制方式的拟定等都有重大的影响。

典型的电气主接线，大致可分为有母线和无母线两大类。有母线类主接线包括单母线、双母线、带旁路母线的接线及二分之三断路器接线等；无母线类主接线包括桥形、多角形和单元接线。有母线接线又有母线分段与不分段之分，具体可分为单母线、单母线分段、单母线分段带旁路母线、双母线、双母线分段、双母线带旁路母线、双母线分段带旁路母线、三分之二断路器接线等。

一、单母线接线

各电源和出线都接在同一条公共母线上，其电源在发电厂是发电机或变压器，在变电所是变压器或高压进线回路。单母线接线如图 1－2－14 所示。

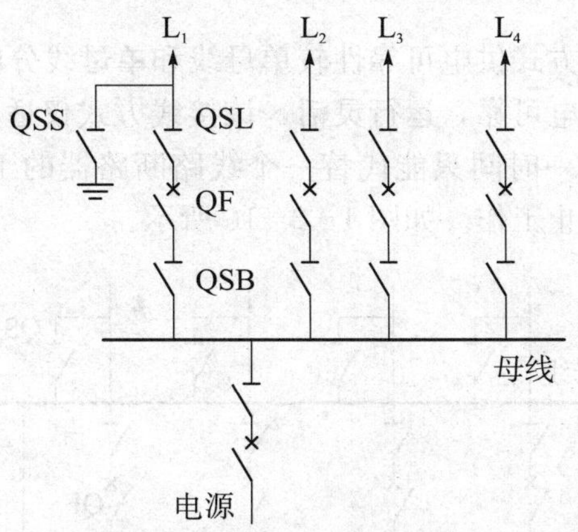

图 1－2－14　单母线接线

单母线接线结构简单清晰、投资小、运行操作方便，有利于扩建和采用成套配电装置。但母线或母线隔离开关检修时，连接在母线上的所有回路都将停止工作。当母线或母线隔离开关上发生短路故障或断路器靠母线侧绝缘套管损坏时，所有断路器都将自动断开，造成全部停电。检修任一电源或出线断路器时，该回路必须停电。为缩小其停电影响范围，采用单母线接线时，10 kV～35 kV 出线不超过 5 回，110 kV 出线不超过 2 回。

二、单母线分段接线

出线回路数增多时，可用断路器或隔离开关将母线分段，成为单母线分段接线。根据电源的数目和功率，母线可分为 2～3 段。如图 1－2－15 所示。

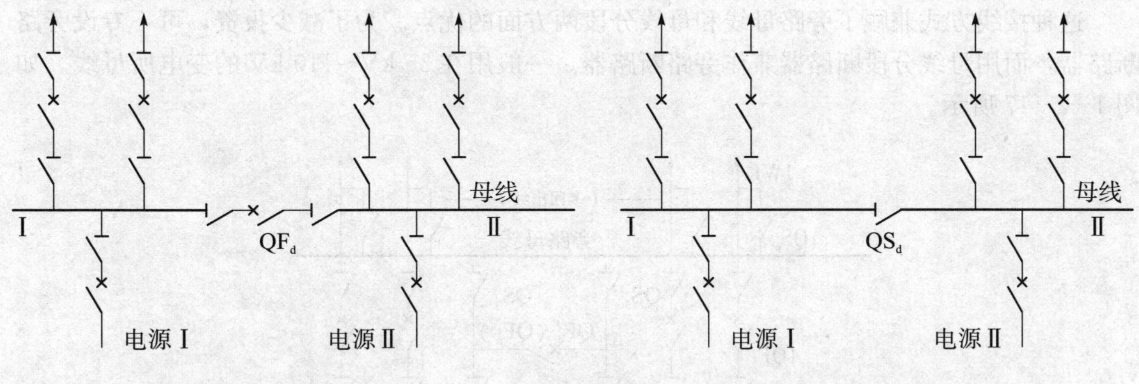

(a) 用断路器分段　　(b) 用隔离开关分段

图 1－2－15　单母线分段接线

单母线分段接线由双电源供电，当一段母线发生故障时，分段断路器或隔离开关将故障切除，保证正常母线不间断供电，不致使重要用户停电，供电的可靠性高于单母线接线。但当一段母线或母线隔离开关故障或检修时，必须断开接在该分段上的全部电源和出线，使该段单回路供电的用户停电；当任一出线断路器检修时，该回路必须停止工作。

三、单母线带旁路母线接线

单母线带旁路母线接线方式供电可靠性较单母线和单母线分段接线高。断路器故障检修时，可不停电进行检修，供电可靠，运行灵活，该接线方式仅适用于 110 kV 及以下电压等级的母线。旁路断路器在同一时间只能代替一个线路断路器的工作。母线出现故障或检修时，仍会造成整个主母线停止工作。如图 1−2−16 所示。

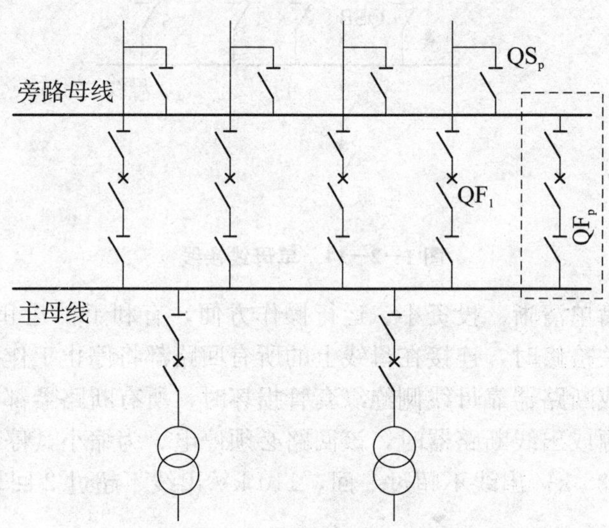

图 1−2−16　单母线带旁路母线接线

四、单母线分段带旁路母线接线

这种接线方式兼顾了旁路母线和母线分段两方面的优点。为了减少投资，可不专设旁路断路器，而用母线分段断路器兼作旁路断路器。一般用在 35 kV～110 kV 的变电所母线。如图 1−2−17 所示。

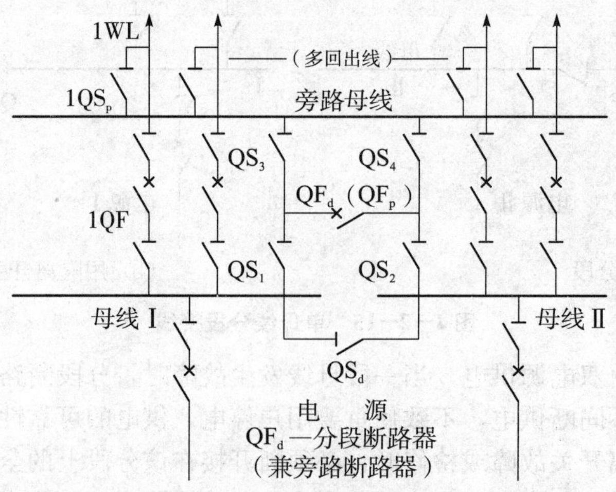

图 1−2−17　单母线分段带旁路母线接线

五、双母线接线

双母线接线有两组母线，一组为工作母线，一组为备用母线。每一电源和每一出线都经一台断路器和两组隔离开关分别与两组母线相连，任一组母线都可以作为工作母线或备用母线。两组母线之间通过母线联络断路器（简称母联断路器）连接。如图 1－2－18 所示。

双母线接线运行方式灵活，便于扩建；检修母线时，电源和出线都可以继续工作；检修任一回路母线隔离开关时，只需断开该回路；工作母线故障时，所有回路能迅速恢复工作；检修任一线路断路器时，可用母联断路器代替其工作。但当母线故障或检修时，需使用隔离开关进行倒闸操作，容易造成误操作；工作母线故障时，将造成短时（切换母线时间）全部进出线停电；当任一线路断路器检修时，该回路仍需停电或短时停电（用母联断路器代替线路断路器之前）；使用的母线隔离开关数量较大，同时也增加了母线的长度，使得配电装置结构复杂，投资和占地面积增大。

这种接线方式适用于供电要求比较高、出线回路较多的变电站，一般 35 kV 出线回路为 8 回，110 kV～220 kV 出线为 4 回及以上的 220 kV 母线。

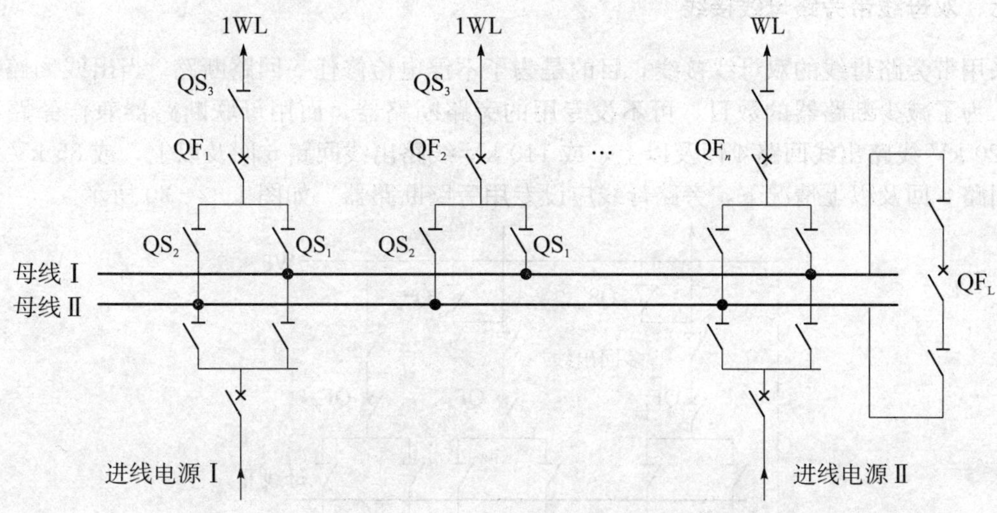

图 1－2－18　双母线接线

六、双母线分段接线

用分段断路器将工作母线Ⅰ分段，每段用母联断路器与备用母线Ⅱ相连，就形成双母线分段接线，如图 1－2－19 所示。这种接线具有单母线分段和双母线接线的特点，有较高的供电可靠性与运行灵活性，但所使用的电气设备较多，使投资增大。当检修某回路出线断路器时会造成该回路停电，或短时停电后再用“跨条”恢复供电。双母线分段接线常用于大中型发电厂的发电机电压配电装置中。

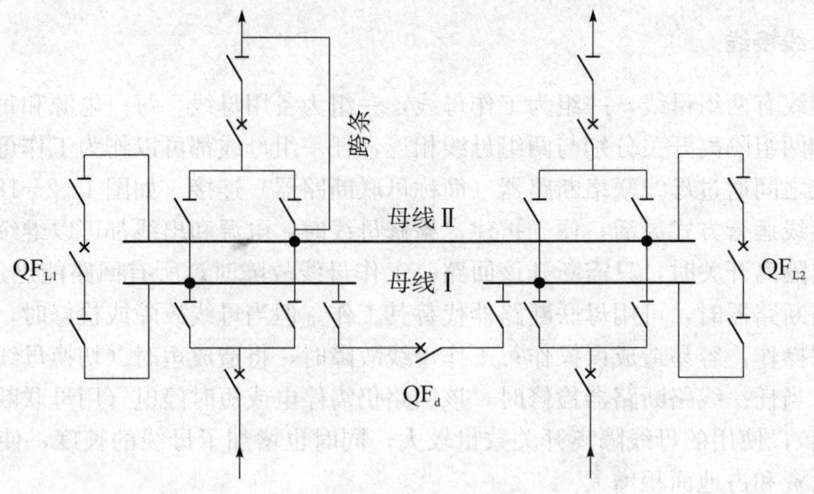

图 1－2－19　双母线分段接线

七、双母线带旁路母线接线

采用带旁路母线的双母线接线，目的是为了不停电检修任一回路断路。当出线回路数较少时，为了减少断路器的数目，可不设专用的旁路断路器，而用母联断路器兼作旁路断路器。220 kV 线路出线回路 4 回及以上，或 110 kV 线路出线回路 6 回及以上，或 35 kV 线路出线回路 8 回及以上情况下，旁路母线应设专用旁路断路器。如图 1－2－20 所示。

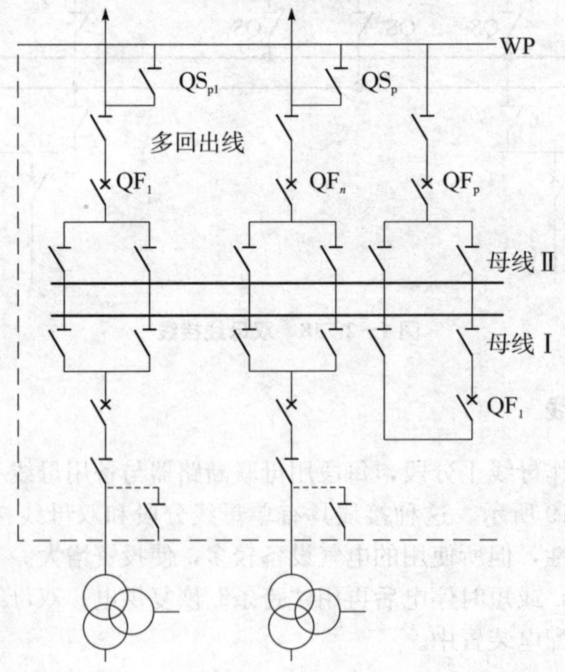

图 1－2－20　双母线带旁路母线接线（设旁路开关）

八、二分之三断路器接线

二分之三断路器接线也称为一个半接线或一台半接线，即每两回进出线共用 3 台断路器的接线方式。具体地说，就是两组母线之间接有若干串断路器，每一串有 3 台断路器，每两台之间接入一条进出线。该接线方式可靠性高、运行灵活、操作检修方便，但投资相对较大，继电保护装置复杂，主要应用于 500 kV 及以上电压等级。在一台半断路器接线中，一般应采用交叉配置的原则，即同名回路宜接在不同串内，电源回路与出线回路配合成串，同名回路宜接在不同侧的母线上。如图 1－2－21 所示。

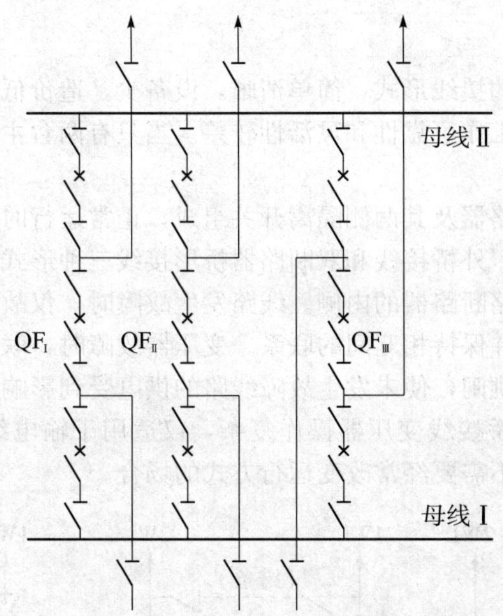

图 1－2－21　二分之三断路器接线

九、单元接线

发电机与变压器直接连接成一个单元，组成发电机－变压器组，称为单元接线或发－变单元接线。除单元接线外，还可以接成发电机－自耦变压器单元接线、发电机－变压器－线路组单元等形式。如图 1－2－22 所示。

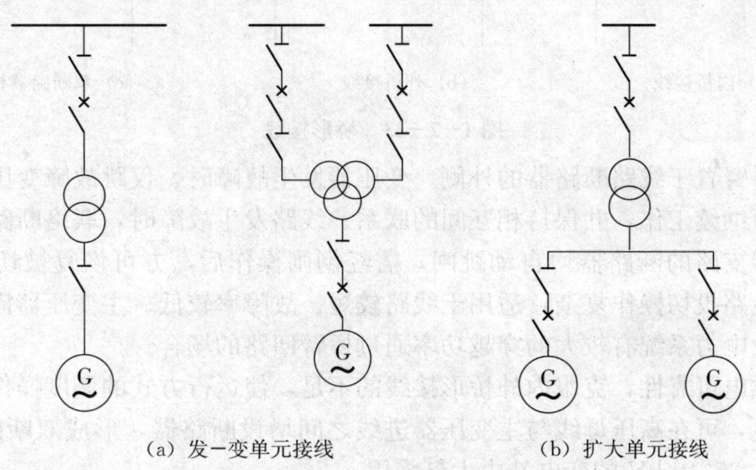

(a) 发－变单元接线　　(b) 扩大单元接线

图 1－2－22　单元接线

单元接线的优点是接线简单清晰，投资小，占地少，操作方便，经济性好，由于不设发电机电压母线，减少了发电机电压侧发生短路故障的几率。

当发电机单机容量不大时，为减少变压器及其高压侧断路器的台数，节约投资与占地面积，可采用扩大单元接线，即几台发电机并联后与一台变压器组成扩大单元接线，但运行灵活性下降。

十、桥形接线

桥形接线属于无母线的接线形式，简单清晰，设备少，造价低，也易于发展过渡为单母线分段或双母线接线，但工作可靠性和灵活性较差。当只有两台主变压器和两条电源进线线路时，可以采用桥式接线。

桥形接线的桥臂由断路器及其两侧隔离开关组成，正常运行时处于接通状态。根据桥臂的位置，可分为内桥接线、外桥接线和双断路器桥形接线三种形式。如图 1-2-23 所示。

内桥接线桥臂置于线路断路器的内侧。线路发生故障时，仅故障线路的断路器跳闸，其余三条支路可继续工作，并保持相互间的联系。变压器故障时，联络断路器及与故障变压器同侧的线路断路器均自动跳闸，使未发生故障线路的供电受到影响，需经倒闸操作后，方可恢复对该线路的供电。内桥接线变压器操作复杂，仅适用于输电线路较长、线路故障率较高、穿越功率小和变压器不需要经常改变运行方式的场合。

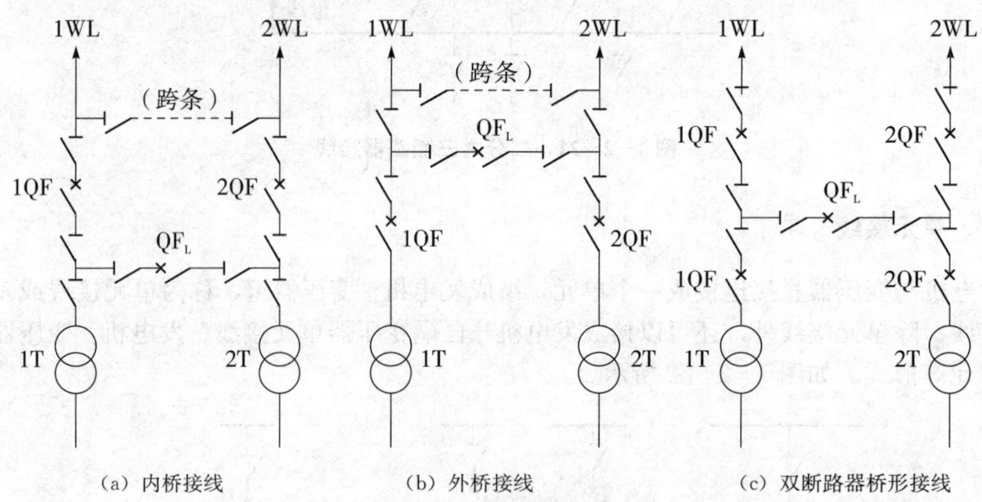

图 1-2-23　桥形接线

外桥接线桥臂置于线路断路器的外侧。变压器发生故障时，仅跳故障变压器支路的断路器，其余支路可继续工作，并保持相互间的联系。线路发生故障时，联络断路器及与故障线路同侧的变压器支路的断路器均自动跳闸，需经倒闸操作后，方可恢复被切除变压器的工作。外桥接线线路投切操作复杂，适用于线路较短、故障率较低、主变压器需按经济运行要求经常投切以及电力系统有较大的穿越功率通过桥臂回路的场合。

为了提高供电可靠性，克服内外桥形接线的不足，使运行方式的调度操作更为方便，确保安全可靠供电，可在高压母线与主变压器进线之间增设断路器，形成双断路器桥形接线。这种接线方式在 35/10 kV 的变电站中大量采用。

十一、角形接线

角形接线又称环形接线，断路器数等于回路数，各回路都与两台断路器相连。角形接线投资少，工作可靠性与灵活性较高，易于实现自动远程操作。但检修任一断路器时，角形接线变成开环运行，可靠性降低。角形接线在开环和闭环两种运行状态时，各支路所通过的电流差别很大，可能使电器设备的选择出现困难，并使继电保护复杂化。配电装置的扩建发展性差。

我国经验表明，在 110 kV 及以上配电装置中，当出线回数不多，且发展比较明确时，可以采用角形接线，一般以采用三角形或四角形为宜，最多不要超过六角形。如图 1－2－24 所示。

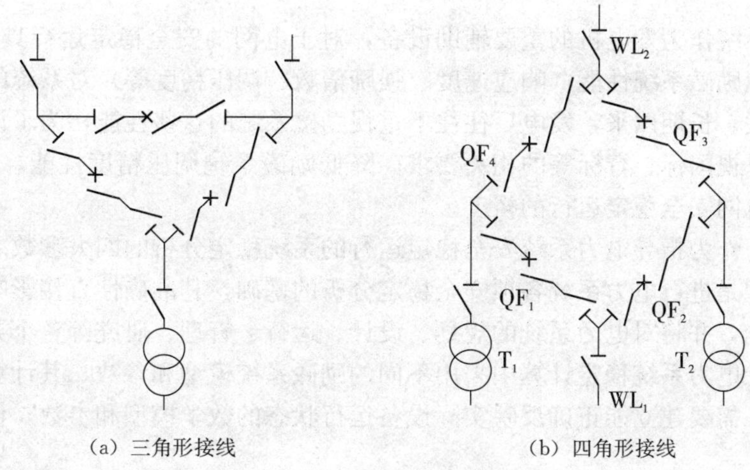

（a）三角形接线　（b）四角形接线

图 1－2－24　角形接线

第三章 发电机组励磁系统

第一节 概 述

励磁调节系统作为发电机的重要辅助设备，对于电网的安全稳定运行具有重大的影响。电网内主力机组励磁系统性能（响应速度、强励倍数、调压精度等）对系统的暂态稳定、静态稳定直接相关。长期以来，发电厂往往不重视励磁系统的这些性能，为了设备的维护、检修方便，常常忽视国标、行标等的相关要求，降低励磁系统调压精度性能，降低强励倍数，这大大降低了电网安全稳定运行的裕度。

另一方面，作为指导电力系统安全稳定运行的系统稳定分析的四大参数之一，建立励磁系统的数学模型是进行电力系统各项安全稳定分析的基础，其准确性直接影响着稳定计算分析的精度和结论，并将对电力系统的规划、设计、运行、管理、研究等各个方面的决策产生深远的影响。在电力系统稳定计算中采用不同的励磁系统模型和参数，其计算结果会有很大的差异，因此，需要建立能正确反映实际设备运行状态的数学模型和参数，使得计算结果真实可靠。

通过对上网的发电机励磁系统模型和参数进行实测，首先监督、规范了电厂按照国标、行标的要求对励磁系统进行相应的调试、改造、优化，为电网稳定运行提供了应有的保障；其次为系统稳定分析及电网日常生产调度提供了准确的计算数据，是保证电网安全稳定运行和提高劳动生产率的有效措施，具有重要的社会意义和经济效益。

励磁系统建模工作在国内始于 20 世纪 80 年代，经过二十多年的发展，取得了较大成绩。至 2008 年，国家电网公司系统内各大区域电网都广泛地开展了该项工作。在这个过程中，测试单位也由最初的中国电力科学研究院等研究单位逐步扩大到各网或省的电科院现场测试，中国电力科学研究院仿真审核；测试机组由开始的少数典型机组推广到每台并网发电的大型机组。随着近几年电源大量集中投产与测试单位的迅速增多，测试报告中发现不少试验项目不全、测试方法不正确、参数计算不正确、参数归并不正确等问题，为电网稳定分析带来不少问题。

针对这些问题，国家电网公司提出建立国家电网数据中心，统一、规范公司系统内部的涉网设备模型参数的管理工作，并希望达到以下目的：

①为国家电网系统稳定分析及电网日常生产调度工作提供方便、准确的计算数据库。

②全面提高测试机组的励磁系统性能指标，加强电网稳定运行能力。

③扎扎实实地提高国家电网励磁系统参数测试和建模专业相关人员的技术水平。

④逐步形成对励磁系统的长期有效管理体系。

第二节　励磁系统的原理

一、励磁系统及其分类

根据我国国家标准 GB/T 7409.1～7409.3—1997“同步电机励磁系统”的规定的定义，同步电机励磁系统是“提供电机磁场电流的装置，包括所有调节与控制元件，还有磁场放电或灭磁装置以及保护装置”。励磁控制系统是包括控制对象的反馈控制系统。励磁控制系统对电力系统的安全、稳定、经济运行都有重要的影响，我国国家标准和行业标准都对励磁控制系统提出了具体的要求。

同步电机励磁系统的分类方法有多种，主要的方法有两种：一是按同步电机励磁电源的提供方式分类，二是按同步电机励磁电压响应速度分类。

按同步电机励磁电源的提供方式不同，同步电机励磁系统可以分为直流励磁机励磁系统、交流励磁机励磁系统和静止励磁机励磁系统。

按同步电机励磁电压响应速度的不同，同步电机励磁系统可以分为常规励磁系统、快速励磁系统和高起始励磁系统。

1. *直流励磁机励磁系统*

由直流发电机（直流励磁机）提供励磁电源的励磁系统称为直流励磁机励磁系统。它主要由直流励磁机和励磁调节器组成。早期的中小容量的同步电机的励磁调节器从发电机的 PT（电压互感器）和 CT（电流互感器）取得电源；较大容量的同步电机励磁调节器的电源有时经励磁变压器取自发电机端，此时，励磁变压器也是主要组成部分。如图 1－3－1 所示。

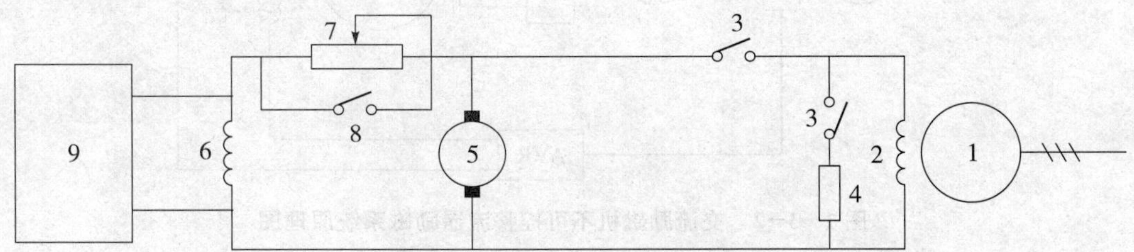

图 1－3－1　直流励磁机励磁系统原理图

1. 发电机定子；2. 发电机励磁绕组；3. 灭磁开关；4. 灭磁电阻；5. 直流励磁机；6. 直流励磁机励磁绕组；7. 手动调节电阻；8. 强励开关；9. 自动励磁调节器

同步电机的励磁电源是直流励磁机的输出，励磁调节器根据发电机运行工况调节直流励磁机的输出，从而调节发电机的励磁，满足电力系统安全、稳定、经济运行的要求。

直流励磁机主要采用由原动机拖动与主发电机同轴的拖动方式，少数（主要是备用励磁机）为由异步电动机非同轴的拖动方式。直流励磁机的励磁方式，主要有它励、自并励和自励加它励三种方式。它励方式的直流励磁机的励磁全部由励磁调节器提供；自并励方式的直流励磁机的励磁全部由直流励磁机本身提供，励磁调节的任务是通过调节与励磁绕组相串联的电阻的大小来实现的；自励加它励方式的直流励磁机的励磁，一部分由励磁调节器提供，一部分由直流励磁机本身提供。励磁调节器提供的励磁安－匝与总励磁安－匝之比称为自励系数。早期的有些直流励磁机用副励磁机作为它励电源，现在已不再采用了。

由于直流励磁机是与主发电机同轴旋转，对于汽轮发电机来说，速度较高，受换向器（整流子）的限制，容量不能做得太大。我国生产的使用直流励磁机励磁系统的汽轮发电机的最大容量为 125 MW。对于水轮发电机来说，速度较低，直流励磁机的容量可以做得大一些，我国生产的使用直流励磁机励磁系统的水轮发电机的最大容量达到 300 MW。随着电力电子技术的发展和在电力工业中的应用，我国新投产的 100 MW 及以上的发电机已不再使用直流励磁机励磁系统。

2. *交流励磁机励磁系统*

由交流发电机（交流励磁机）提供励磁电源的励磁系统称为交流励磁机励磁系统。交流励磁机为 50 Hz～200 Hz 的三相交流发电机，交流励磁机的三相交流电压经三相全波桥式整流装置整流后变为直流电压，向同步发电机提供励磁。

交流励磁机的拖动方式为由原动机拖动与主发电机同轴的拖动方式。交流励磁机的励磁方式绝大部分为它励方式，只有极少数采用复励（有串激绕组）方式。

根据整流装置采用的整流元件的不同，交流励磁机励磁系统可分为交流励磁机不可控整流器励磁系统和交流励磁机可控整流器励磁系统。

交流励磁机不可控整流器励磁系统一般由交流励磁机、不可控整流装置、励磁调节器和交流副励磁机等组成，如图 1－3－2 所示。

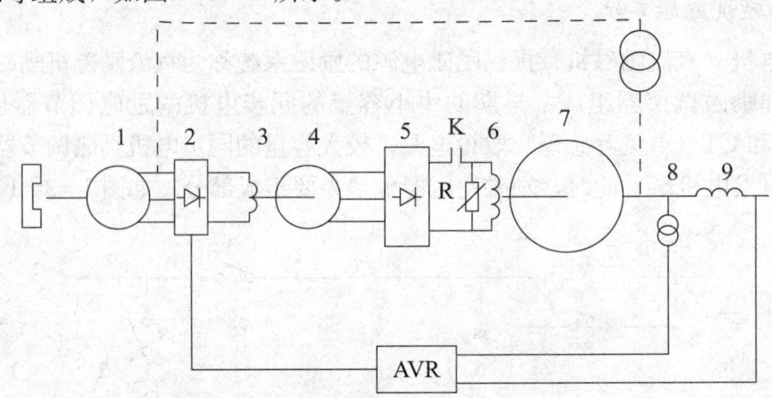

图 1－3－2　交流励磁机不可控整流器励磁系统原理图

1. 副励磁机；2. 调节器功率单元；3. 主励磁机励磁绕组；4. 主励磁机；5. 静止整流器；6. 发电机；7～8. 电压互感器；9. 电流互感器；K 为灭磁开关；R 为灭磁电阻

同步发电机的励磁电源是交流励磁机的输出。不可控整流装置将交流励磁机输出的三相交流电压转换成直流电压，励磁调节器根据发电机运行工况调节交流励磁机的励磁电流和输出电压，从而调节发电机的励磁，满足电力系统安全、稳定、经济运行的要求。励磁调节器从同轴副励磁机取得电源。副励磁机一般为 350 Hz～500 Hz 的中频永磁交流发电机。

有些交流励磁机不可控整流器励磁系统的励磁调节器不是从同轴副励磁机取得电源，而是通过励磁变压器从发电机机端取得电源，此时，励磁变压器也是主要组成部分，如图 1－3－2 虚线所示。

励磁调节器的电源由同轴副励磁机供给时称为三机系统；励磁调节器的电源通过励磁变压器由发电机供给时称为两机系统。两机系统中励磁调节器的最大输出电压与发电机的机端电压的大小成正比。

当不可控整流装置为静止整流装置时，称为交流励磁机不可控静止整流器励磁系统，一般简称交流励磁机静止整流器励磁系统。此时，交流励磁机的励磁绕组在转子上，与发电机转子及副励磁机转子同轴同速旋转。交流励磁机的电枢、不可控整流装置和励磁调节器都是静止的。

交流励磁机静止整流器励磁系统中的交流励磁机和发电机都需要配滑环、炭刷，所以这种励磁系统又称为有刷励磁系统。交流机本身没有换向问题，因此，其容量不受限制。但是，由于旋转部件较多，励磁系统发生故障的可能性也较多。同时，由于轴系长，轴承座较多，容易引起机组振动超标，所以轴系稳定问题应引起注意。

当不可控整流装置采用旋转整流器时，称为交流励磁机不可控旋转整流器励磁系统，一般简称交流励磁机旋转整流器励磁系统。此时，交流励磁机的励磁绕组在定子上，电枢绕组在转子上，交流励磁机的励磁绕组是静止的。交流励磁机的电枢绕组、副励磁机转子、不可控整流装置与发电机转子同轴同速旋转。交流励磁机和发电机都不需要配滑环、炭刷，因此，这种励磁系统又称为无刷励磁系统。

无刷励磁系统的主要特点：交流励磁机和发电机都没有滑环、炭刷，励磁容量可以不受限制；没有滑环、炭刷，运行维护方便；没有滑环、炭刷，不会产生火花，可以使用于有易燃、易爆气体的场合；没有滑环、炭刷，不会产生炭粉和铜末，因而不会导致电机绕组的绝缘被污染而降低绝缘水平。三机系统和两机系统都可以是无刷励磁系统。

交流励磁机不可控整流器励磁系统是目前我国电力系统中使用最多的励磁系统。

交流励磁机可控整流器励磁系统由三相可控整流桥、发电机的励磁调节器、交流励磁机及其自励恒压装置（系统）组成，如图 1-3-3 所示。

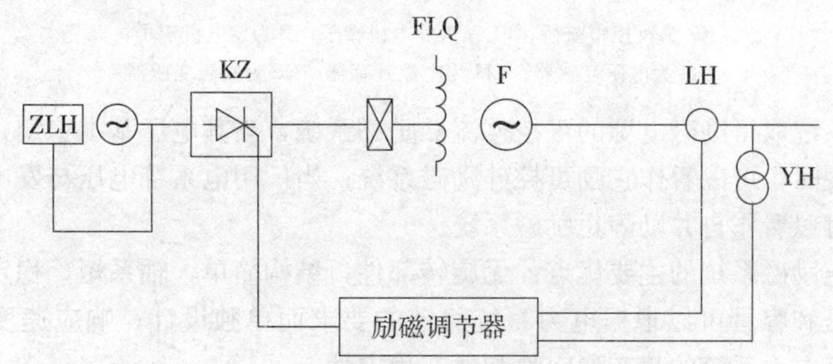

图 1-3-3　交流励磁机可控整流器励磁系统原理图

ZLH 为交流主励磁机自励恒压系统；KZ 为可控整流桥；FLQ 为发电机转子；
F 为发电机定子；YH 为电压互感器；LH 为电流互感器

同步电机的励磁电源是交流励磁机的输出。可控整流装置将交流励磁机输出的三相交流电压转换成直流电压，励磁调节器根据发电机运行工况，调节可控整流器的导通角，调节可控整流装置的输出电压，从而调节发电机的励磁，满足电力系统安全、稳定、经济运行的要求。

这种励磁系统也称为它励可控硅励磁系统。在我国使用的交流励磁机可控整流器励磁系统，绝大部分是随发电机一起从俄罗斯和捷克等国家进口的。发电机容量从 200 MW～1000 MW不等。国内基本上没有正式生产这种励磁系统。

3. *静止励磁机励磁系统*

静止励磁机是指从一个或多个静止电源取得功率，使用静止整流器向发电机提供直流励磁电源的励磁机。由静止励磁机向同步发电机提供励磁的励磁系统称为静止励磁机励磁系统。

静止励磁机励磁系统分为电势源静止励磁机励磁系统和复合源静止励磁机励磁系统。

电势源静止励磁机励磁系统又称为自并励静止励磁系统，有时也简称机端变励磁系统或静止励磁系统。同步电机的励磁电源取自同步电机本身的机端。自并励静止励磁系统主要由励磁变压器、自动励磁调节器、可控整流装置和起励装置组成，如图 1－3－4 所示。励磁变压器从机端取得功率并将电压降低到所要求的数值上；可控整流装置将励磁变压器二次交流电压转变成直流电压；自动励磁调节器根据发电机运行工况调节可控整流器的导通角，调节可控整流装置的输出电压，从而调节发电机的励磁，满足电力系统安全、稳定、经济运行的要求；起励装置给同步电机一定数量（通常为同步电机空载额定励磁电流的 10％～30％）的初始励磁，以建立整个系统正常工作所需的最低机端电压，初始励磁一旦建立起来，起励装置就将自动退出工作。

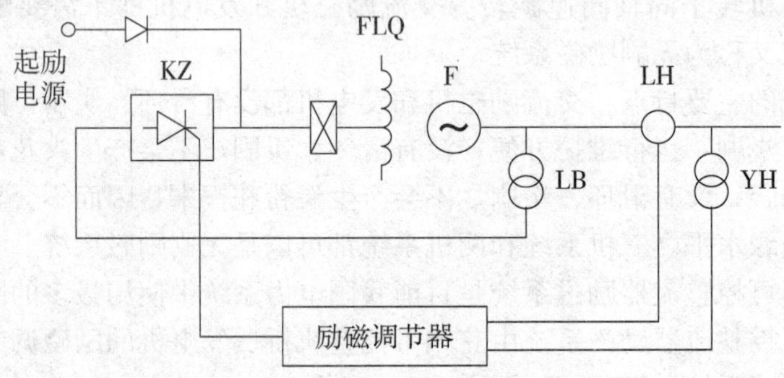

图 1－3－4　自并励静止励磁系统

KZ 为可控整流桥；FLQ 为发电机转子；F 为发电机定子；
YH 为电压互感器；LH 为电流互感器；LB 为励磁变压器

从厂用电系统取得励磁电源的可控整流器励磁系统，当其电压基本稳定，与发电机端电压水平基本无关时，可以看作它励可控硅励磁系统；当厂用电系统电压与发电机端电压水平密切相关时，可以看作自并励静止励磁系统。

自并励静止励磁系统的主要优点：无旋转部件，结构简单，轴系短，稳定性好；励磁变压器的二次电压和容量可以根据电力系统稳定的要求而单独设计；响应速度快，调节性能好，有利于提高电力系统的静态稳定性和暂态稳定性。

自并励静止励磁系统的主要缺点：它的电压调节通道容易产生负阻尼作用，导致电力系统低频振荡的发生，降低了电力系统的动态稳定性。但是，通过引入附加励磁控制（即采用电力系统稳定器），完全可以克服这一缺点。电力系统稳定器的正阻尼作用完全可以超过电压调节通道的负阻尼作用，从而提高电力系统的动态稳定性。这点已经为国内外电力系统的实践所证明。

按同步电机励磁电压响应速度的不同，同步电机励磁系统可以分为常规励磁系统、快速励磁系统和高起始励磁系统。

常规励磁系统是指励磁机时间常数在 0.5 s 左右及大于 0.5 s 的励磁系统。直流励磁机励磁系统、无特殊措施的交流励磁机不可控整流器励磁系统都属于常规励磁系统。

快速励磁系统是指励磁机时间常数小于 0.05 s 的励磁系统。交流励磁机可控整流器励磁系统、静止励磁机励磁系统都属于快速励磁系统。

高起始励磁系统是指发电机机端电压从100%下降到80%时，励磁系统达到顶值电压与额定负载时同步电机磁场电压之差的95%所需时间等于或小于0.1 s的励磁系统。这种励磁系统是指采用了特殊措施的交流励磁机不可控整流器励磁系统，所采用的措施主要为加大副励磁机容量和增加发电机磁场电压（或交流励磁机励磁电流）硬负反馈。直流励磁机励磁系统在采取相应措施后，也可达到或接近高起始励磁系统。

4. 电力系统稳定器（PSS）

电力系统稳定器（PSS）是一个附加励磁控制装置，其作用是提高电力系统对机电振荡模式的阻尼，以抑制自发低频振荡的发生，减小系统中由负荷波动引起的联络线功率波动，加速功率振荡的衰减，因而有效地提高电力系统的稳定性。

电力系统稳定器（PSS）的控制作用也是通过电压调节器的调节作用而实现的。PSS的输入信号可以取自同步电机的电功率、电机的功角、轴速或它们的组合。下面以国内广泛使用的电功率为输入信号的PSS为例说明PSS的原理和参数选择。

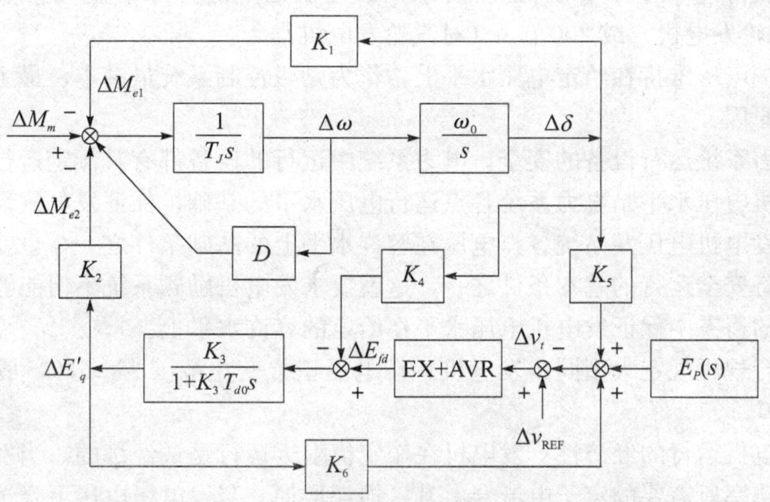

图1-3-5　单机无穷大系统的Phillips－Heffron模型

设PSS的传递函数为$E_P(s)$，根据图1-3-5所示的模型，它产生的电磁力矩为

$$\Delta M_{ep} = \frac{-K_2K_3E_x(s)}{1+K_3K_6E_x(s)+sK_3T'_{d0}}E_P(s)\Delta P_e \qquad (1-3-1)$$

式中，$E_x(s)$为电压调节器的传递函数，“－”表示以电功率负增量进行控制。

试验和分析说明，在低频振荡时，ΔP_e和功角$\Delta\delta$基本同相，在$\Delta\delta-\Delta\omega$平面上可以在$\Delta\delta$轴上面表示，即有$\Delta P_e=K\Delta\delta$。

以$s=j\omega_d$带入式（1-3-1）中，可以求得通过$-\Delta P_e$附加励磁控制即功率型PSS产生的阻尼力矩系数$K_{D.P}=-K_2K_{EX}KK_P\sin(\varphi_{EX}+\varphi_P)\frac{\omega_0}{\omega_d}$，式中$K_P$、$\varphi_P$为$s=j\omega_d$时，$E_P(s)$的模和角。此时，$K_P>0$，$K_{EX}>0$，$K>0$。

$K_2\sin(\varphi_{EX}+\varphi_P)>0$时，PSS将产生负阻尼作用；$K_2\sin(\varphi_{EX}+\varphi_P)<0$时，PSS将产生正阻尼作用。

PSS的基本原理就是通过对附加控制信号的处理（软件或硬件），使输入信号产生一个相位移φ_P，并满足条件

$$|\sin(\varphi_{EX}+\varphi_P)|\approx 1 \tag{1-3-2}$$

$$K_2\sin(\varphi_{EX}+\varphi_P)<0 \tag{1-3-3}$$

同时要提供必要的增益 K_P，以产生足够的正阻尼作用，以达到

$$\mathrm{K}_{D.P}+\mathrm{K}_{D.U}>0 \tag{1-3-4}$$

的要求。

二、励磁控制系统的主要任务

同步发电机尤其是大型同步发电机的励磁控制系统对电力系统的安全稳定运行有重要的影响。励磁控制系统的任务虽然很多，但其主要任务（在可靠性高的前提下）是维持发电机（或其他控制点，例如电厂高压侧母线）的电压在给定值水平上和提高电力系统运行的稳定性。

同步发电机励磁控制系统可以完成许多任务，但其中最基本和最重要的任务是维持发电机端（或指定控制点）电压在给定的水平上。我国国家标准规定，自动电压调节器应保证同步发电机端电压静差率小于1％。这就要求励磁控制系统的开环增益（稳态增益）不小于100 p. u（对水轮发电机）或200 p. u（对汽轮发电机）。

把发电机端电压维持在给定电压水平上，作为励磁控制系统最基本、最主要的任务，有以下三个主要原因：

①保证电力系统运行设备的安全。电力系统中运行的设备都有其额定运行电压和最高运行电压。发电机电压水平是电力系统各点运行电压水平的基础，保证发电机端电压在容许水平上，是保证发电机电压及系统各点电压在容许水平上的基础条件之一，也就是保证发电机及电力系统设备安全运行的基本条件之一，这就要求发电机励磁系统不但能够在静态，而且能在大扰动后的稳态中保证发电机电压水平在给定的容许水平上。

发电机运行规程规定大型同步发电机运行电压正常变化范围为±5％，最高电压不得高于额定值的110％。

②保证发电机运行的经济性。发电机在额定值附近运行是最经济的。当发电机电压下降时，输出同样功率所需要的定子电流会上升，损耗增加。当发电机电压下降过大时，由于定子电流的限制，将使发电机的出力受到限制。因此，发电机运行规程规定，大型发电机运行电压不能低于额定值的90％，当发电机电压低于95％时，发电机应限负荷运行，其他电力设备也有这个问题。

③提高维持发电机电压能力的要求和提高电力系统稳定的要求在许多方面是一致的。从下面分析可以看到，提高励磁控制系统维持发电机电压水平的能力的同时，也提高了电力系统的静态稳定和暂态稳定水平。

第三节　电力系统稳定计算用励磁系统数学模型

励磁控制对电力系统输送功率的能力和电力系统稳定性有重要的影响。人们对励磁控制系统在提高电力系统稳定性作用的认识，是随着生产力的发展、电力系统不断扩大、科学技术和控制理论等不断地进步而逐步加深的。

最早的稳定计算主要是针对暂态稳定问题进行的，是在交流计算台上一步一步计算完成的。没有详细考虑控制系统的响应，发电机是用暂态电抗后的恒定电势来表示的。

从20世纪40年代到50年代，前苏联和北美的学者在研究励磁调节器对系统的影响时，用一阶惯性环节的比例放大器来模拟实际的励磁调节系统。前苏联的研究得出过这样的结论：性能优良的励磁控制系统，可以使输电线路的静稳定极限达到线路功率极限。

到了20世纪50年代末期，数字计算机的出现，使计算速度快得多而且也更经济，许多交流计算台的功能被移植到计算机程序上。第一个数字计算程序仍用暂态电抗后的恒定电势来表示发电机，仅能做和交流计算台相同的工作。

随着电力系统的发展，发电机的控制系统也得到发展（例如快速调速器和励磁系统）。电力生产要求使用更符合实际、更精确的发电机及其控制系统的模型，而不满足于假定一个暂态电抗后的恒定电势的发电机模型。60年代的计算机技术和计算程序得到进一步发展，使生产上的这一要求有可能实现。

美国电气电子工程师学会（IEEE）电力生产委员会励磁系统分委会的一个工作组，进行了大量工作，提出了用于模拟当时存在的各种不同励磁控制系统的计算机模型和通用的专业术语，并于1968年在IEEE的学术刊物上发表。IEEE 1968年的励磁模型适应了系统研究的要求，并使用户和制造厂对需要的产品性能指标有了更好的沟通。IEEE 1968年的励磁模型得到了广泛的应用。直至今日，在进行系统稳定计算时，部分机组上仍在使用这些模型。

20世纪70年代以后对励磁模型研究有了更大的发展。因为随着时代的进步，出现了许多新型的励磁调节器，采用新的控制策略，已有的模型不能满足要求，新的模型不断被开发出来。电网规模的不断扩大使电力系统的动态稳定问题日益突出，励磁调节的附加控制——电力系统稳定器（PSS）也应运而生。人们逐渐认识到，励磁控制对电力系统的稳定性产生了重大的影响，使得传统的电力系统稳定性理论逐步发展成为现代电力系统稳定性及控制理论。反映在电力系统稳定性计算中，就要求精确模拟同步发电机的行为特性，要做到这一点，就必须对发电机的励磁系统进行足够详细的模拟。励磁系统模型必须能反映实际运行设备在大的严重干扰下的运行特性和小干扰下的运行特性。IEEE励磁系统计算机模型工作组于1981年推出了新一版的励磁系统数学模型。和1968年版模型相比，1981年版模型有了很大的进步。1968年版模型推出的4个励磁模型，按励磁功率来源分，代表了直流励磁机励磁系统和机端电源励磁系统两种类型。直流励磁机励磁系统模型也被用来模拟交流励磁机励磁系统。在励磁调节器的模型上，采用了单一的比例加并联校正（发电机励磁电压软负反馈）的调节规律。1981年版模型新推出了交流励磁机模型，并对三种不同类型的励磁模型进行了更详细的模拟。直流励磁机励磁包括DC1～DC3三种模型，交流励磁机励磁包括AC1～AC4四种模型，机端电源励磁包括ST1～ST3三种模型。在励磁调节器的模型上，采用了既有一级串联校正（PID调节），又有并联校正的调节规律。除这10种电压调节主通道的（励磁）模型外，还提出了附加励磁控制即电力系统稳定器（PSS）的数学模型。这些模型可用来模拟当时广泛应用于北美电力系统大型发电机的励磁控制设备。

1992年IEEE的标准委员会，批准了电力工程协会提出的适用于电力系统稳定研究的励磁系统模型准则。这个标准主要是基于1981年版模型，对模型再次进行了更新，提出了附加控制特性的模型，并用标准推荐的准则将这些模型规格化。1992年版模型包括三种直流励磁机模型DC1A～DC3A，六种交流励磁机模型AC1A～AC6A，三种静止励磁模型ST1A～ST3A，两种PSS模型PSS1A～PSS2A，三种附加的断续励磁控制模型DEC1A～DEC3A。1992年版模型不但包括了更多的励磁模型，对模型的表达有了规格化的标准，而且增加了过励磁限制和欠（低）励磁功能。

我们国家在 20 世纪 80 年代以前的电力系统分析计算中，发电机的模型基本采用 E_q' 恒定的模型，没有励磁系统模型。80 年代初，中国电力科学研究院首先在电力系统分析综合程序中开发了两种励磁模型，不但能模拟一般的直流励磁机励磁系统，而且可模拟自并励和它励可控硅励磁系统。由于 IEEE 的模型并不完全适用我国的情况，中国电机工程学会大电机专委会励磁分委员会，在 1989 年成立了励磁系统数学模型专家小组，对当时我国现役的大型发电机励磁系统的数学模型进行了深入、广泛的研究，在 1991 年发表了适用于我国电力系统稳定计算的励磁系统数学模型。该模型包括四个直流励磁机励磁系统模型，四个交流励磁机励磁系统模型，两个静止励磁系统模型。用我国的励磁模型可以模拟当时国内绝大部分现役的大型发电机励磁系统。这些模型已被编进电力系统分析综合程序包 PSASP 中。在中国版 BPA 暂态分析程序中有与 IEEE 1968 年版模型相对应的 9 种励磁系统模型（EA～EG，EJ，EK），与 IEEE 1981 年版模型相对应的 11 种励磁系统模型（FA～FH，FJ～FL）。电力系统分析综合程序包 PSASP 和中国版 BPA 暂态分析程序中的励磁系统模型，都没有过励磁限制和欠（低）励磁功能。

随后，在我们的实际工作中发现，IEEE 1992 年版模型和中国电机工程学会大电机专委会励磁分委员会 1991 年发表的励磁系统数学模型，仍不能满足我国电力系统稳定计算的需要。

IEEE 1992 年版的励磁系统数学模型的主要不足之处在于：

①6 个交流励磁机不可控整流器励磁系统模型（AC1A～AC6A）中，有 5 个（AC1A～AC5A）都是采用不完全 PID 校正（只用一级超前－滞后），不是完全 PID 校正（用两级超前－滞后校正），而我国采用 PID 调节器的励磁系统，几乎全部采用完全 PID 校正。

②6 个交流励磁机不可控整流器励磁系统模型中的 4 个模型（AC1A～AC4A）的并联校正的信号，采用交流励磁机的励磁电流，AC5A 模型的并联校正的信号则采用调节器输出电压，而我国的交流励磁机励磁系统中有不少励磁调节器采用发电机转子电压作为并联校正的输入信号。

③6 个交流励磁机不可控整流器励磁系统模型中的 5 个模型（AC1A～AC5A）都只能用来模拟有副励磁机的交流励磁机不可控整流器励磁系统（三机系统），而不能用来模拟无副励磁机、调节器的功率电源取自发电机端的交流励磁机不可控整流器励磁系统（两机系统）。

④第 6 个交流励磁机不可控整流器励磁系统模型 AC6A 有完全的 PID 校正，但只能用来模拟无副励磁机、调节器的功率电源取自发电机端的交流励磁机不可控整流器励磁系统（两机系统），而不能用来模拟有副励磁机的交流励磁机不可控整流器励磁系统。

⑤全部 6 个交流励磁机不可控整流器励磁系统模型，都不能用来模拟采用纯积分（无差）调节的励磁系统。

⑥三种静止励磁系统模型（ST1A～ST3A）均不能模拟采用纯积分（无差）调节的励磁系统。

中国电机工程学会大电机专委会励磁分委员会 1991 年发表的励磁系统数学模型的主要不足之处在于：

①6 个交流励磁机不可控整流器励磁系统模型都没有调节器输出电流瞬时过流限制功能，而在我国运行的许多高起始励磁系统都有这个功能。

②交流励磁机的饱和没有准确模拟，而是用输出限幅来代替。

③PID 调节（串联校正）和并联校正不能在同一个模型中同时实现，而我国已经运行的大型发电机的励磁系统有这种调节方式（例如 1000 MW 的核电机组）。

④没有过励磁限制和欠（低）励磁限制功能。

IEEE 1992 年版的励磁系统数学模型和中国电机工程学会大电机专委会励磁分委员会 1991 年发表的励磁系统数学模型，都对直流励磁机励磁系统和交流励磁机励磁系统分别建立了模型。其中，IEEE 1992 年版的励磁系统数学模型中，有 3 个直流励磁机励磁系统模型（DC1A～DC3A），而中国电机工程学会大电机专委会励磁分委员会 1991 年发表的励磁系统数学模型中，有 6 个直流励磁机励磁系统模型（电力系统分析综合程序中，定义为 04、05、06、36、07、37 型）。在仔细研究交流励磁机和直流励磁机模型的差别后发现，可以用交流励磁机模型来模拟直流励磁机，只要满足两个条件：一是将反映不可控整流器换相压降的系数 K_c 等于零；二是将反映交流励磁机电枢反应压降的系数 K_D 按直流励磁机的空载特性和负载特性来求得。直流励磁机的空载特性和负载特性重合时，$K_D=0$；空载特性高于负载特性时，$K_D>0$；空载特性低于负载特性时，$K_D<0$。

为此，结合励磁系统的调研和参数测定工作，中国电力科学研究院提出了一组有过励磁限制和欠励磁限制功能、更为通用的新型励磁系统模型。这组新型励磁系统模型吸取了 IEEE 模型的精华，结合我国的实际，在模型表达上采用高阶的传递函数配合可变的类型选择变量，使同一个模型可以模拟更多的励磁系统，形成了自己独特的风格，并增加了过励磁限制、过励磁保护和低励磁限制功能，以适应中长过程计算的需要。这些模型分别编入了中国版 BPA 程序和 PSASP 电力系统分析综合程序，并用此模型完成了我国大量的电力生产、科研攻关和重大工程项目的分析计算。

一、已有的励磁系统数学模型介绍

2006 年前，已编入中国版 BPA 暂态稳定程序以及 PSASP 程序中的新励磁模型共有 10 种，即 BPA 程序中的 FM－FV 型和 PSASP 程序中的 3－12 型。其中，前 8 种（BPA 中的 FM－FT 型和 PSASP 中的 3－10 型）新型励磁系统模型可以用来模拟交流励磁机不可控整流器励磁系统，也可以用来模拟直流励磁机励磁系统；FU 型、11 型模型可以用来模拟交流励磁机可控整流器（它励可控硅）励磁系统；FV 型、12 型模型可以用来模拟自并励静止励磁系统；过励磁限制和欠励磁限制功能也可实现。

二、新增的励磁系统数学模型介绍

自从 1992 年新增了稳定计算用励磁系统模型后，经过一段时间的发展，出现了一些新型的模型，其中有以南瑞公司为代表的并联型 PID 控制模型，以 ELIN 公司为代表的转子电流负反馈的模型，以及 PSS－2A 等 PSS 模型。数据中心在进行了深入细致的研究的基础上，新增了这些新出现的模型，下面分别进行介绍。

1. 并联 PID 交流励磁机不可控整流励磁系统模型

该励磁系统模型如图 1－3－6 所示。

该模型用来模拟由副励磁机向励磁调节器供电的交流励磁机不可控整流器励磁系统；励磁调节器采用并联 PID 校正环节，并联校正环节输出的嵌入点为发电机电压和参考电压的相加点；有励磁机时间常数补偿环节和励磁机励磁电流瞬时过流限制功能；并联校正的输入信号、时间常数补偿环节的输入信号、励磁机励磁电流瞬时过流限制的输入信号均为励磁机的励磁电流。它主要应用于无刷励磁系统，也可用于有刷励磁系统。

图 1－3－6 中各参数的意义如下：

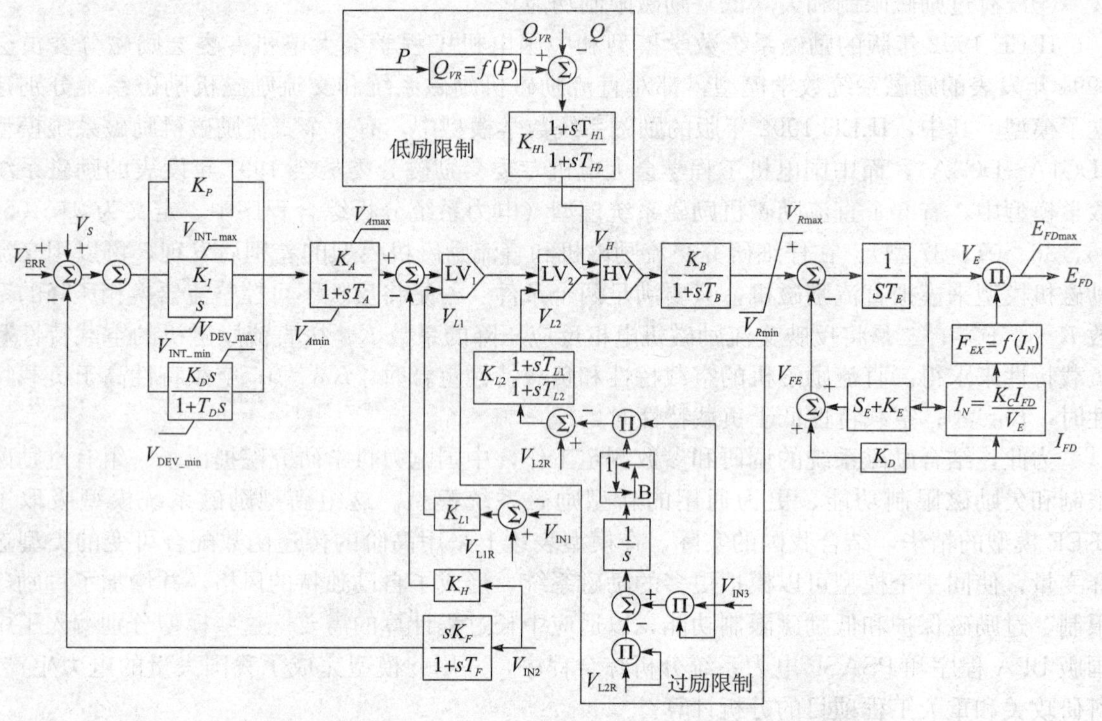

图 1-3-6　并联 PID 交流励磁机不可控整流励磁系统模型

X_C　　调差电抗

T_R　　量测环节时间常数

K_P　　并联 PID 放大倍数

K_I　　并联 PID 积分倍数

K_D　　并联 PID 微分倍数

T_D　　并联 PID 微分校正环节时间常数

V_{INT_max}　　并联 PID 积分环节限幅最大值

V_{INT_min}　　并联 PID 积分环节限幅最小值

V_{DEV_max}　　并联 PID 微分环节限幅最大值

V_{DEV_min}　　并联 PID 微分环节限幅最小值

K_A　　功率放大环节增益

T_A　　功率放大环节时间常数

$V_{A\max}$　　放大环节输出上限

$V_{A\min}$　　放大环节输出下限

K_F　　并联校正环节增益

T_F　　并联校正环节时间常数

K_{H1}　　用来调节时间常数补偿度的比例反馈系数

K_B　　第二级调节器增益

T_B　　第二级调节器时间常数

$V_{R\max}$　　调节器输出上限

$V_{R\min}$　　调节器输出下限

K_E　励磁机自励系数，它励式励磁机为 1.0

T_E　励磁机空载时间常数

V_{Emax}　励磁机电压上限

S_E　励磁机饱和系数

K_C　与换相电抗相关的整流器负荷系数，用交流励磁机模型模拟直流励磁机时，$K_C=0$

K_D　交流励磁机负载电流电枢反应的去磁系数，是交流励磁机电抗的函数。用交流励磁机模型模拟直流励磁机时，根据直流励磁机空载特性和负载特性确定

E_{FDmax}　励磁电压上限

K_{L1}　励磁机励磁电流限制增益（瞬时强励限制）

V_{L1R}　励磁机电流限制（瞬时强励限制）定值

V_{IN1}　励磁机励磁电流瞬时过流限制输入信号，FM 型为励磁机励磁电流，FN 型为发电机转子电压

V_{IN2}　并联校正输入信号、时间常数补偿环节输入信号，FM 型为励磁机励磁电流，FN 型为发电机转子电压

V_{IN3}　过励磁限制输入信号，FM 型为励磁机励磁电流，FN 型为发电机励磁（转子）电流

2. 并联 PID 机端变—交流励磁机不可控整流器型励磁系统模型

该励磁系统模型如图 1—3—7 所示。

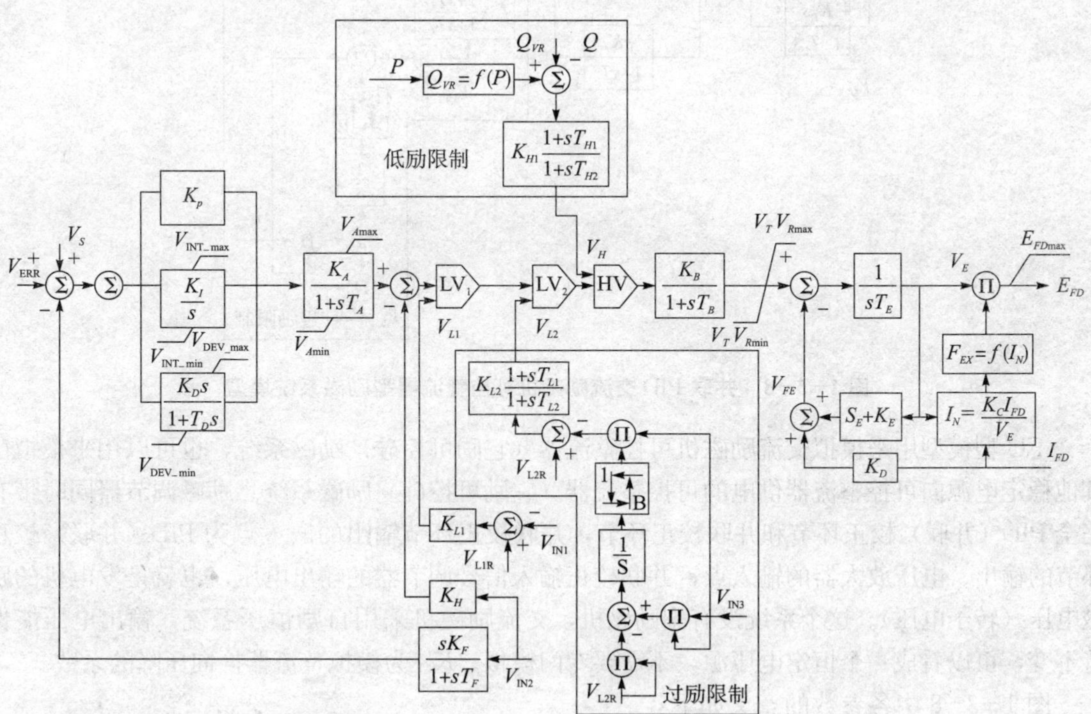

FO/F#型：有刷或无刷系统，V_{IN1}、V_{IN2}、V_{IN3}为 V_{FE}；FP/F#型：有刷系统，V_{IN1}、V_{IN2}为 E_{FD}，V_{IN3}为 I_{FD}

图 1—3—7　并联 PID 机端变—交流励磁机不可控整流器型励磁系统模型

该模型用来模拟由机端变向励磁调节器供电的交流励磁机不可控整流器励磁系统；励磁调节器 PID 并联校正环节，并联校正环节输出的嵌入点为发电机电压和参考电压的相加点；有励磁机时间常数补偿环节和励磁机励磁电流瞬时过流限制功能；并联校正的输入信号、时间常数补偿环节的输入信号、励磁机励磁电流瞬时过流限制的输入信号均为励磁机的励磁电流。它主要应用于无刷励磁系统，也可用于有刷励磁系统。励磁调节器的输出电压限幅值与发电机端电压成正比，为 $V_T \cdot V_{R\max}$ 和 $V_T \cdot V_{R\min}$。$V_{R\max}$ 和 $V_{R\min}$ 分别为发电机端电压为额定值时，励磁调节器的最大输出电压和最小输出电压。

图 1－3－7 中各参数的意义和图 1－3－6 相同。

3. 并联 PID 交流励磁机可控整流器型励磁系统模型

FU/F＃型励磁系统模型如图 1－3－8 所示。

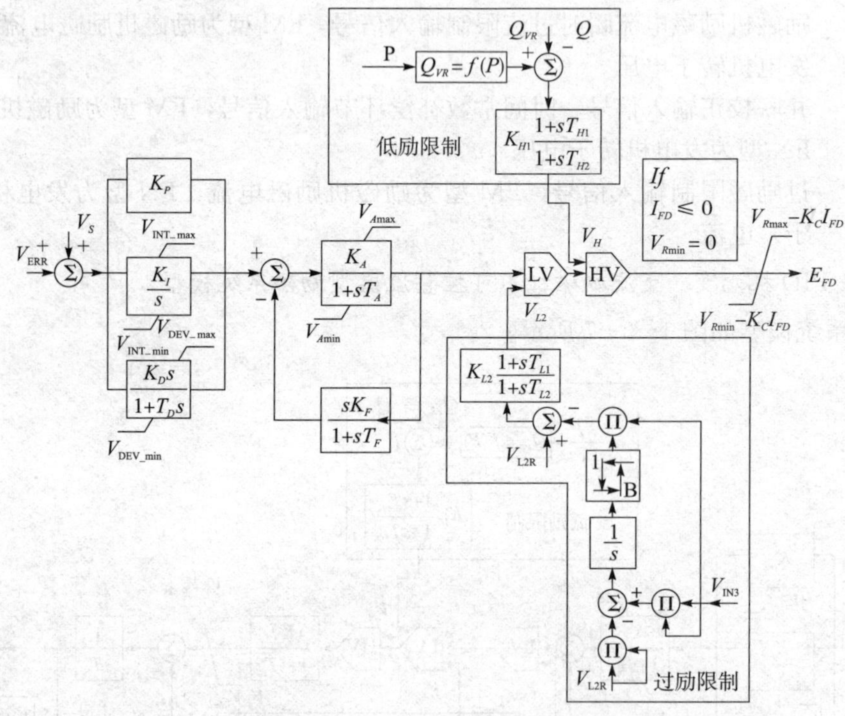

图 1－3－8　并联 PID 交流励磁机可控整流器型励磁系统模型

FU 型模型用来模拟交流励磁机可控整流器（它励可控硅）励磁系统，也可以用来模拟由其他稳定电源向可控整流器供电的可控整流器（它励可控硅）励磁系统。励磁调节器同时带有完全 PID（并联）校正环节和并联校正环节，并联校正环节输出的嵌入点为 PID（并联）校正环节的输出、电压放大器的输入点；并联校正输入信号调节器的输出电压，也就是发电机的励磁电压（转子电压）。这个系统没有副励磁机，交流励磁机采用自励恒压系统，输出电压能保持不变，可以看成一个恒定电压源，不需要专门模拟。K_C 为模拟整流器换向压降的系数。

图 1－3－8 中各参数的意义如下：

X_C　　调差电抗

T_R　　量测环节时间常数

K_P　　并联 PID 放大倍数

K_I　　并联 PID 积分倍数

K_D　　并联 PID 微分倍数

T_D　　并联 PID 微分校正环节时间常数

V_{INT_max}　　并联 PID 积分环节限幅最大值

V_{INT_min}　　并联 PID 积分环节限幅最小值

V_{DEV_max}　　并联 PID 微分环节限幅最大值

V_{DEV_min}　　并联 PID 微分环节限幅最小值

K_A　　功率放大环节增益

T_A　　功率放大环节时间常数

$V_{A\max}$　　放大环节输出上限

$V_{A\min}$　　放大环节输出下限

K_F　　并联校正环节增益

T_F　　并联校正环节时间常数

$V_{R\max}$　　调节器输出（发电机励磁电压）上限

$V_{R\min}$　　调节器输出（发电机励磁电压）下限

K_C　　与换相电抗相关的整流器负荷系数

E_{FD}　　发电机励磁电压（调节器输出电压）

PID 环节～限幅环节 INT MAX 和 INT MIN、Dev MAX 和 Dev MIN，当上、下限值都不填写或为 0 时，取缺省值 9999 和－9999。

4. 并联 PID 自并励励磁系统模型

该励磁系统模型如图 1－3－9 所示。

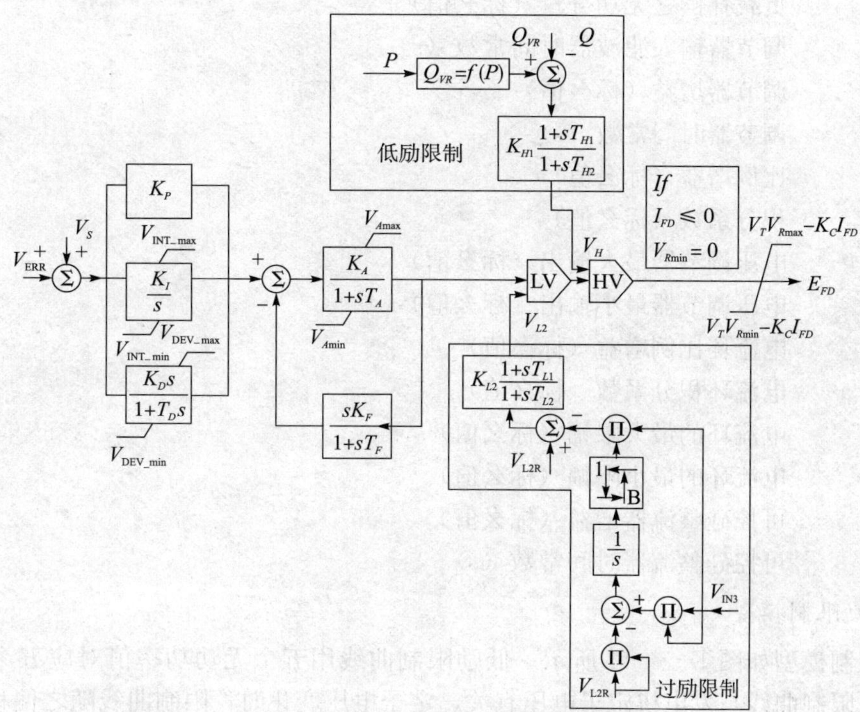

图 1－3－9　并联 PID 自并励励磁系统模型

该模型用来模拟自并励励磁系统，这是通过励磁变压器由发电机机端取得励磁电源的励磁系统。励磁调节器同时带有完全 PID（并联）校正环节和并联校正环节，并联校正环节输出的嵌入点为 PID（并联）校正环节的输出、电压放大器的输入点；并联校正输入信号调节器的输出电压，也就是发电机的励磁电压（转子电压）。这个系统没有副励磁机，交流励磁机采用自励恒压系统，输出电压能保持不变，可以看成一个恒定电压源，不需要专门模拟。K_C 为模拟整流器换向压降的系数。与它励可控硅励磁系统不同的是，调节器的输出电压（即发电机的励磁电压）的限幅值 $V_{R\max}$和 $V_{R\min}$与发电机电压成正比，为 $V_T \cdot V_{R\max}$和 $V_T \cdot V_{R\min}$。$V_{R\max}$和 $V_{R\min}$分别为发电机端电压为额定值时，励磁调节器的最大输出电压和最小输出电压。

图 1－3－9 中，V_T 为发电机端电压，其他参数的意义和图 1－3－6 相同。

5. 转子电流负反馈励磁系统模型

该励磁系统模型如图 1－3－10 所示。

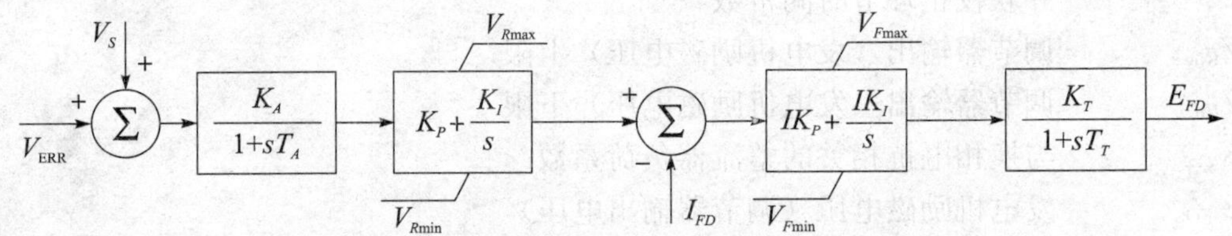

图 1－3－10　转子电流负反馈励磁系统模型

该模型用于描述有转子电流反馈的电压调节器。模型中各参数的含义如下：

R_C^*　负载补偿之有功分量（标幺值）
X_C^*　负载补偿之无功分量（标幺值）
T_R　调节器输入滤波器时间常数（s）
K_A　调节器增益（标幺值）
T_A　调节器时间常数（s）
K_P　比例增益（标幺值）
K_I　积分系数（标幺值）
$V_{R\max}$　电压调节器最大输出（标幺值）
$V_{R\min}$　电压调节器最小输出（标幺值）
IK_P　电流环比例增益（标幺值）
IK_I　电流环积分系数（标幺值）
$V_{F\max}$　电流环的最大限幅（标幺值）
$V_{F\min}$　电流环的最小限幅（标幺值）
K_T　可控硅整流器增益（标幺值）
T_T　可控硅整流器时间常数（s）

6. 低励限制模型

低励限制模型如图 1－3－11 所示。低励限制曲线用五个无功功率值对应五个有功功率值来设定。限制曲线与发电机定子电压有关，定子电压变化时，限制曲线随之偏移，偏移的深度与定子电压标幺值的平方成正比，公式为

$$Q_{\text{lim}} = U^2_{g(\text{标幺值})} \times Q_{\text{lim\_set}} \quad (1-3-5)$$

式中，Q_{lim}是低励限制实际动作值，$Q_{\text{lim_set}}$是低励限制预先设置值。低励限制整定曲线见表1－3－1。

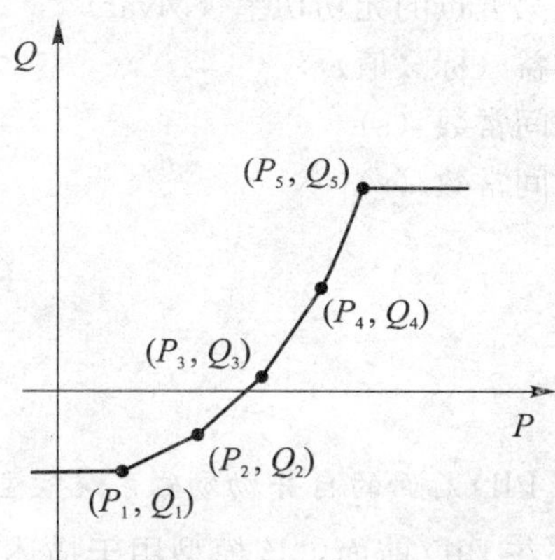

图 1－3－11　低励限制模型

表 1－3－1　低励限制整定曲线（机端电压 100％额定）

P(p. u.)	P_1	P_2	P_3	P_4	P_5
Q_{set}(p. u.)	Q_1	Q_2	Q_3	Q_4	Q_5

注：低励限制整定值采用标幺值，功率基值为发电机视在功率。

各分段函数描述如下：

如果 $P \leqslant P_1$，则有 $Q_{\text{lim\_set}} = Q_1$。

如果 $P_1 \leqslant P \leqslant P_2$，则有 $Q_{\text{lim\_set}} = K \times P + C$，其中，$K = \dfrac{Q_2 - Q_1}{P_2 - P_1}$，$C = Q_1 - \dfrac{Q_2 - Q_1}{P_2 - P_1} P_1$。

如果 $P_2 \leqslant P \leqslant P_3$，则有 $Q_{\text{lim\_set}} = K \times P + C$，其中，$K = \dfrac{Q_3 - Q_2}{P_3 - P_2}$，$C = Q_3 - \dfrac{Q_3 - Q_2}{P_3 - P_2} P_2$。

如果 $P_3 \leqslant P \leqslant P_4$，则有 $Q_{\text{lim\_set}} = K \times P + C$，其中，$K = \dfrac{Q_4 - Q_3}{P_4 - P_3}$，$C = Q_4 - \dfrac{Q_4 - Q_3}{P_4 - P_3} P_3$。

如果 $P_4 \leqslant P \leqslant P_5$，则有 $Q_{\text{lim\_set}} = K \times P + C$，其中，$K = \dfrac{Q_5 - Q_4}{P_5 - P_4}$，$C = Q_5 - \dfrac{Q_5 - Q_4}{P_5 - P_4} P_4$。

如果 $P_5 \leqslant P$，则有 $Q_{\text{lim\_set}} = Q_5$。

公式中的 P 和 Q 分别为发电机的有功功率和无功功率，QVR 为根据给定的 $P-Q$ 曲线确定的最小容许无功。当发电机的无功出路小于由给定的 $P-Q$ 曲线确定的最小容许无功时，低励限制器输出一个增励信号，增加发电机的励磁，以增加发电机的无功。

输入参数符号的意义如下：

P_1　　低励限制曲线上第一点的有功功率（MW）
Q_1　　低励限制曲线上第一点的无功功率（Mvar）
P_2　　低励限制曲线上第二点的有功功率（MW）
Q_2　　低励限制曲线上第二点的无功功率（Mvar）
P_3　　低励限制曲线上第三点的有功功率（MW）
Q_3　　低励限制曲线上第三点的无功功率（Mvar）

P_4　低励限制曲线上第四点的有功功率（MW）
Q_4　低励限制曲线上第四点的无功功率（Mvar）
P_5　低励限制曲线上第五点的有功功率（MW）
Q_5　低励限制曲线上第五点的无功功率（Mvar）
K_{H1}　低励限制回路增益（标幺值）
T_{H1}　低励限制回路时间常数（s）
T_{H2}　低励限制回路时间常数（s）
TYPE　低励限制类型
1=直线型
2=圆周型
3=折线型

7. PSS加入点在AVR的PID后面的自并励励磁系统模型

原有的模型PSS输入点都在PID前面，该模型用于描述PSS加入点在PID之后的情况，模型如图1-3-12所示。

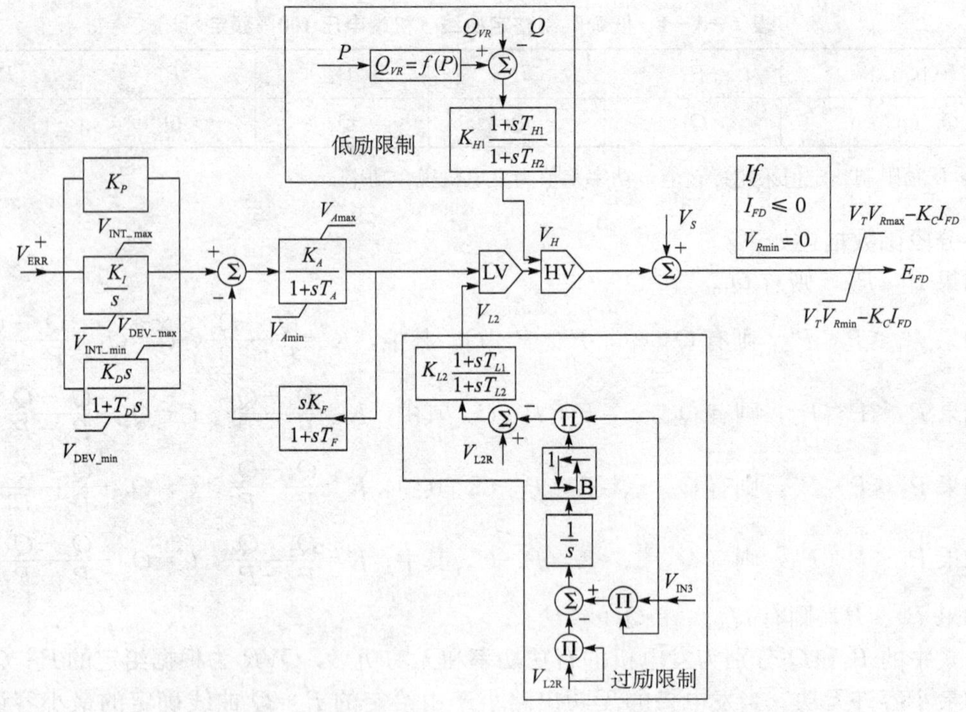

图1-3-12　PSS加入点在AVR的PID之后的自并励励磁系统模型

第四节 励磁系统对电网运行的影响

一、对提高静态稳定的作用

图 1-3-13 为一个单机无限大母线系统，发电机输送功率可以表示为

$$X_d = X_q = 1.5, X_d' = 0.3, X_{T1} = X_{T2} = 0.1, X_L = 0.8$$

$$P_e = \frac{E_q \cdot U_s}{X_{d\Sigma}} \sin\delta_{E_q} \quad (1-3-6)$$

$$P_e = \frac{E' \cdot U_s}{X'_{d\Sigma}} \sin\delta_{E'} \quad (1-3-7)$$

$$P_e = \frac{U_t \cdot U_s}{X_\Sigma} \sin\delta_{U_t} \quad (1-3-8)$$

式中，$\begin{cases} X_{d\Sigma} = X_d + X_{T1} + X_{T2} + X_L \\ X'_{d\Sigma} = X'_d + X_{T1} + X_{T2} + X_L \\ X_e = X_{T1} + X_{T2} + X_L \end{cases}$。

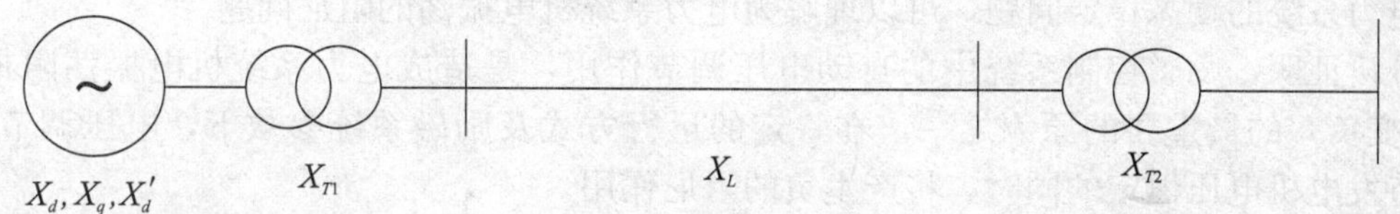

图 1-3-13 单机无限大母线系统

设 $U_t=1.0$，$U_s=1.0$，发电机并网后运行人员不再手动去调整励磁，则无电压调节器时的静稳极限、有能维持 E' 恒定的调压器时的极限、有能维持发电机端电压恒定的调压器时的静稳极限分别为 0.4、0.77 和 1.0。

可见，当自动电压调节器能维持发电机电压恒定时，静态稳定极限达到线路极限，比维持 E' 恒定的调节器，提高静稳极限约 30%。维持发电机电压水平的要求与提高电力系统静态稳定极限的要求是一致的，是兼容的。

当励磁控制系统能够维持发电机电压为恒定值时，不论是快速励磁系统，还是常规励磁系统，静态稳定极限都可以达到线路极限。

二、对提高电力系统暂态稳定的作用

暂态稳定是电力系统受大扰动后的稳定性。励磁控制系统的作用主要由三个因素决定。

1. *励磁系统强励顶值倍数*

提高励磁系统强励顶值倍数可以提高电力系统暂态稳定。提高励磁系统强励顶值倍数的要求，与提高调压精度并没有矛盾，是兼容的。

2. *励磁系统顶值电压响应比*

励磁系统顶值电压响应比越大，励磁系统输出电压达到顶值的时间越短，对提高暂态稳定越有利。顶值电压响应比，主要由励磁系统的形式决定，但是，励磁控制器的控制规律和

参数对电压响应比也有举足轻重的影响。有优良控制规律和参数的励磁控制系统，可以把一个慢速励磁改造成一个接近快速励磁系统的高起始励磁系统；一个规律和参数不合理的励磁控制装置，也可以把一个快速励磁系统改变为一个慢速励磁系统。

在相同的控制规律下，增大励磁控制系统的开环增益可以提高励磁电压响应比，同时，也提高了电压调节精度。

3. *励磁系统强励倍数的利用程度*

充分利用励磁系统强励倍数，是发挥励磁系统改善暂态稳定作用的一个重要因素。如果电力系统发生故障时，励磁系统的输出电压达不到顶值，或者维持顶值的时间很短，在发电机电压还没有恢复到故障前的值时，就不进行强励了，那么，它的强励倍数就没有很好发挥，改善暂态稳定的效果就不好。充分利用励磁系统顶值电压的措施之一，就是提高励磁控制系统开环增益，开环增益越大，强励倍数利用越充分，调压精度越高，也就越有利于改善电力系统暂态稳定。

由此可见，提高励磁控制系统保持端电压水平的能力，与提高电力系统暂态稳定是一致、兼容的。

三、对提高电力系统动态稳定的作用

电力系统的动态稳定问题，可以理解为电力系统机电振荡的阻尼问题。

分析证明，励磁控制系统中的自动电压调节作用，是造成电力系统机电振荡阻尼变弱（甚至变负）的最重要的原因之一。在一定的运行方式及励磁系统参数下，电压调节作用，在维持发电机电压恒定的同时，将产生负的阻尼作用。

许多研究表明，在正常实用的范围内，励磁电压调节器的负阻尼作用会随着开环增益的增大而加强。因此，提高电压调节精度的要求和提高动态稳定的要求是不兼容的。解决这个不兼容性的办法有：

①放弃调压精度要求，减少励磁控制系统的开环增益。这对静态稳定性和暂态稳定性均有不利的影响，是不可取的。

②电压调节通道中，增加一个动态增益衰减环节。这种方法可以达到既保持电压调节精度，又减少电压调压通道的负阻尼作用的两个目的。但是，这个环节使励磁电压响应比减少，不利于暂态稳定，也是不可取的。

③在励磁控制系统中，增加附加励磁控制通道。

解决电压调节精度和动态稳定之间矛盾的有效措施，是在励磁控制系统中，增加其他控制信号。这种控制信号可以提供正的阻尼作用，使整个励磁控制系统提供的阻尼是正的，而使动态稳定极限的水平达到和超过暂态稳定和静态稳定的水平。这种控制信号不影响电压调节通道的电压调节功能和维持发电机端电压水平的能力，不改变其主要控制的地位，因此，又称为附加励磁控制。

电力系统稳定器（PSS）是使用最广、最简单、最有效的附加励磁控制。

四、机网协调方面的作用

电力系统是由发电（发电厂）、输电（电网）和用电（配电、供电和用户）三部分组成的。电力系统的稳定性是由发电的稳定性、输电的稳定性和用电的稳定性来共同实现的，缺一不可。电力系统的稳定性不但与电网的结构、运行方式的合理安排有关，而且与发电机的

控制系统的规律和参数有重要的关系。只有电力系统的稳定性提高了，才能保证每个发电厂有更多的安全、满发的机会。把提高和保证电力系统稳定的任务仅仅看做是电网的事、与电厂无关的想法是片面的、错误的。

五、对励磁控制系统的稳定性的要求

为了发挥励磁控制系统在提高电力系统稳定上的作用，励磁控制系统本身必须是稳定的。励磁控制系统的稳定性包括空载稳定性和负载稳定性。

励磁控制系统的空载稳定性是指发电机不并网、空载条件下的稳定性。由发电机空载条件下的阶跃响应试验来检验。应当注意的是，励磁控制系统的参数应该能满足国家和行业标准各项指标的要求，而不能用降低要求的条件下来达到稳定性的要求。

励磁控制系统的负载稳定性是指发电机并网带空载条件下的稳定性。励磁控制系统应该能在发电机并网后的各种运行工况下（包括进相运行、伏/赫限制动作、低励磁限制动作、过励磁限制动作等）保持稳定性。

第五节　电力系统稳定器的原理与实践

由于电力系统的发展、互联电力系统的出现和扩大、快速自动励磁调节器和快速励磁系统的应用，国内外不少电力系统出现了低频功率振荡，严重影响电力系统的安全稳定运行，成为制约联络线输送功率极限提高的最重要因素之一。

自20世纪50年代末开始，国外就对低频振荡问题和应采取的措施进行了研究，并在实际电力系统中得到了应用。

20世纪50年代，前苏联在建设古比雪夫—莫斯科输电系统时就发现，当线路输电功率达到某一定值后，系统就会在没有任何明显的扰动下也出现增幅振荡。他们称之为“自发振荡”，其实质就是今天所说的低频振荡。他们研制的“强力式励磁调节器”解决了这个问题。“强力式励磁调节器”就是在原有的电压调节器功能（按发电机端电压的偏差进行调节发电机的励磁）的基础上，引入了发电机定子电流的偏差 ΔI，一次微分 I'和二次微分 I''（早期）或机端电压频率的偏差 Δf 和一次微分 f'作为附加控制（反馈）信号，进行发电机的励磁调节，有效地解决了“自发振荡”问题，满足了系统安全、稳定、经济运行的要求。

20世纪60年代，北美电力系统发生了功率振荡，他们称之为低频振荡。其后，在西欧、日本也多次发生输电线功率低频振荡的事例，这引起了各国对低频振荡问题的普遍重视。

1964年在美国西部即WSCC将水电为主的西北部与火电为主的西南部用230 kV联络线连接后，出现了6周/分即0.1 Hz的功率振荡，研究证明该振荡可以用火电机组调速器特殊控制加以消除。

此后，WSCC在1992年12月8日、1993年3月14日、1995年7月11日、1996年7月2日、1996年8月10日先后发生了五次低频振荡。其中1996年8月10日发生的低频振荡最为典型，亦最为严重，现将当时的过程简述如下：当天WSCC处于水电大发，向南输送很重的负荷，由于一条500 kV联络线故障断开，潮流转移使得局部地区电压偏低，此时一个水电厂13台机组由于励磁误动而相继断开，系统出现了0.2 Hz左右的增幅低频振荡，使

系统失去稳定，解列成数个小系统。

为了抑制低频振荡，人们研制了以发电机功率、发电机组的轴速度、发电机机端电压频率为信号的附加励磁控制装置，称之为电力系统稳定器，即 PSS，并在系统中得到广泛的应用。美国第一台抑制低频振荡用的电力系统稳定器于 1966 年投入工业试验。由于电力系统稳定器具有物理概念清楚、参数易于选择、电路简单、调试方便等优点，已为各国电力系统普遍接受和采用。

我国从 20 世纪 80 年代初开始，在多个省级电力系统和互联电力系统中发生过低频振荡。1983 年，湖南电力系统的凤常线、湖北电力系统的葛凤线；1984 年广东—香港互联系统联络线；1994 年南方互联系统的天广线；1998 年川渝电网的二滩电力送出系统；2003 年 2 月 23 日、3 月 6 日和 3 月 7 日的上午 7 时至 8 时间，在南方电网的云南至天生桥（罗马线）、天生桥至广东、广东至香港的联络线上，都曾出现低频振荡。经过分析和研究，这些低频振荡都是励磁系统的负阻尼作用引起的。只要在相应的机组上配置电力系统稳定器，就可以制止这种低频振荡的发生。

在过去的几年里，我国的电力系统经历了由省（区）间联网到大区电网间互联的飞速发展。2001 年实现了东北电网和华北电网的互联，2002 年实现了川渝电网和华中电网的互联，2003 年实现了华中电网和华北电网的互联。华中和华北联网，将形成从四川二滩电站到东北伊敏电站，绵延数千公里，包括川渝、华中、华北、东北 4 个大区的巨大电网。南方互联电网（包括粤、黔、滇三省和广西、香港两区）也绵延两千公里左右。

联网工程的研究表明，随着电网的扩大和送电功率的增加，动态稳定问题（低频振荡问题）已成为影响互联系统安全、稳定、经济运行的最重要的因素之一。研究同时表明，在互联电力系统中一般都存在两种振荡模式，即地区性振荡模式（local model，频率一般在 0.5 Hz～2.0 Hz）和区域间振荡模式（interarea model 或 tieline model，频率一般在 0.1 Hz～2.0 Hz）。研究还表明，解决属于地区性振荡模式的弱阻尼或负阻尼低频振荡问题，可以通过在一个或少数几个电厂配置电力系统稳定器来完成；要解决属于区域间振荡模式的弱阻尼或负阻尼低频振荡问题，仅靠在一个或少数几个发电厂配置 PSS 是不够的，需要在一大批与该振荡模式相关的发电机上配置电力系统稳定器，才能有效地解决区域间振荡模式的弱阻尼或负阻尼低频振荡问题，保证联网系统的安全、稳定、经济运行。

在我国，从 20 世纪 70 年代末开始，对 PSS 进行了理论和实验室的试验研究。1982 年，我国自行设计和制造的带电力系统稳定器的自动励磁调节器在湖南凤滩水电厂投入工业运行。1983 年 10 月，在湖南电力系统进行了 PSS 阻尼电力系统低频振荡的系统试验，并取得了圆满成功。另外，中国电力科学研究院开发了“双输入信号的加速功率型”电力系统稳定器，在三峡电厂 700 MW 发电机试验成功，并投入运行，为解决全国联网后出现的 0.15 Hz 左右的低频振荡的阻尼作出了贡献。

一、低频振荡原因分析

采用考虑发电机暂态电势 E_q' 变化的飞利普斯－海佛容（Phillips－Heffrom）模型来分析电力系统动态稳定、低频振荡原因及电力系统稳定器原理是很方便的。

1. 基本关系式

在暂态电势 E_q' 变化的单机无穷大母线系统（如图 1－3－14 所示）的数学模型如图

1－3－15 所示，其中 $E_x(s)$ 代表同步发电机的电压控制系统（包括励磁机和自动电压调节器 AVR），$E_p(s)$ 代表电力系统稳定器。

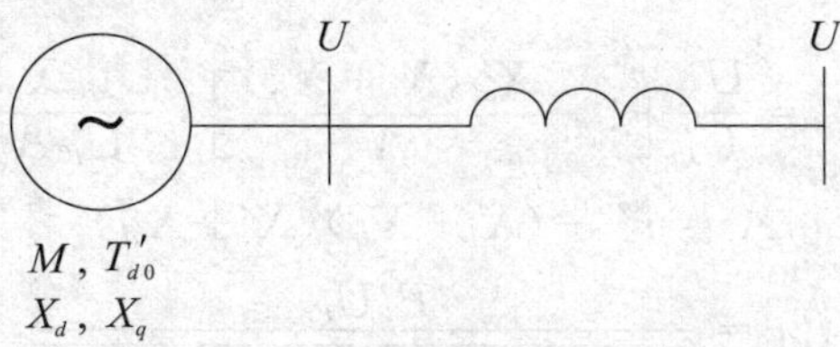

图 1－3－14　单机无穷大母线系统

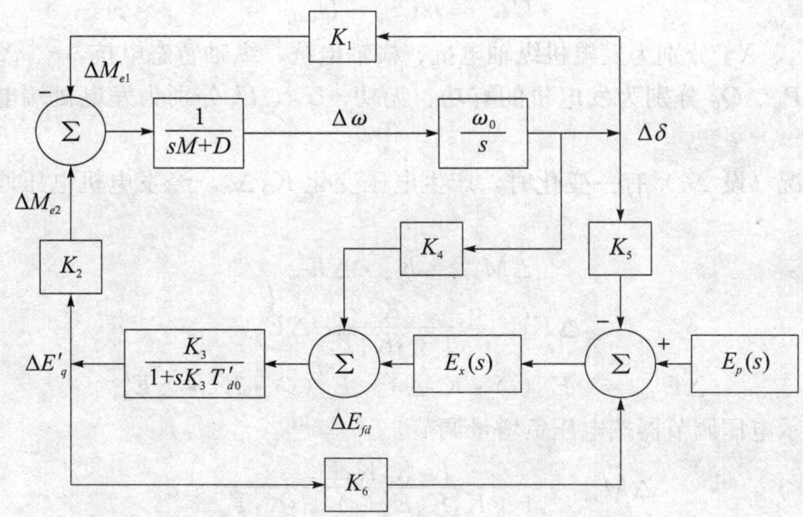

图 1－3－15　单机无穷大母线系统模型

基本关系式如下：

$$\Delta M_e = K_1 \Delta\delta + K_2 \Delta E'_q \tag{1－3－9}$$

$$\Delta E'_q = \frac{-K_3 K_4}{1 + sK_3 T'_{d0}} \Delta\delta + \frac{K_3}{1 + sK_3 T'_{d0}} \Delta E_{fd} \tag{1－3－10}$$

$$\Delta U_t = K_5 \Delta\delta + K_6 \Delta E'_q \tag{1－3－11}$$

$$\Delta\delta = \frac{\omega_0}{s} \cdot \Delta\omega \tag{1－3－12}$$

$$\Delta\omega = \frac{1}{sM + D}(\Delta M_m - \Delta M_e) \tag{1－3－13}$$

$$K_1 = \frac{E_{q0}U}{A}[r\sin\delta_0 + (X + X'_d)\cos\delta_0] + \frac{i_{q0}U}{A}(X_q - X'_d)[(X_q + X)\sin\delta_0 - r\cos\delta_0] \tag{1－3－14}$$

$$K_2 = \frac{rE_{q0}}{A} + i_{q0}\left[1 + \frac{(X + X_q)(X_q - X'_d)}{A}\right] \tag{1－3－15}$$

$$K_3 = \left[1 + \frac{(X_d - X'_d)(X + X_q)(X_d - X'_d)(X + X_q)}{A}\right]^{-1} \tag{1－3－16}$$

$$K_4 = \frac{U(X_d - X'_d)[(X + X_q)\sin\delta_0 - r\cos\delta_0]}{A} \tag{1－3－17}$$

$$K_5=\frac{UU_{td0}X_q}{U_{t0}}\left[\frac{(X+X'_d)\cos\delta_0+r\sin\delta_0}{A}\right]+\frac{UU_{tq0}X'_d}{U_{t0}}\left[\frac{r\cos\delta_0-(X+X_q)\sin\delta_0}{A}\right] \tag{1-3-18}$$

$$K_6=\frac{U_{tq0}}{U_{t0}}\left[1-\frac{X'_d(X+X_q)}{A}\right]+\frac{U_{td0}X_q r}{U_{t0}A} \tag{1-3-19}$$

$$A=r^2+(X+X_q)(X+X'_d) \tag{1-3-20}$$

$$i_{q0}=\frac{P_0U_{t0}}{\sqrt{(P_0X_d)^2+(U_{t0}+Q_0X_q)^2}} \tag{1-3-21}$$

$$U_{td0}=i_{q0}X_q \tag{1-3-22}$$

$$U_{tq0}=\sqrt{U_{tq0}^2-U_{td0}^2} \tag{1-3-23}$$

式中，X_d、X_q、X'_d 分别为发电机纵轴电抗、横轴电抗、纵轴暂态电抗，r、X 分别为线路电阻和电抗，P_0、Q_0 分别为发电机的有功、无功，U_{t0}、U 分别为发电机端电压和无限大母线电压。

发电机工况（设 $\Delta\delta$）有一变化时，产生电压变化 $K_5\Delta\delta$，经发电机电压调节器产生的力矩 ΔM_{eu} 为

$$\Delta M_{eu}=K_2\cdot\Delta E'_{qu} \tag{1-3-24}$$

$$\Delta E'_{q.w}=\frac{K_3}{1+sK_3T'_{d0}}\Delta E_{fd} \tag{1-3-25}$$

$$\Delta E_{fd}=-E_x(s)\cdot K_5\Delta\delta-E_x(s)\cdot K_6\cdot\Delta E'_{qu} \tag{1-3-26}$$

式中，负号表示电压调节器按电压负增量调节。

$$\Delta M_{eu}=\frac{-K_2K_3K_5E_x(s)}{1+K_3K_6E_x(s)+sK_3T'_{d0}}\Delta\delta \tag{1-3-27}$$

2. 阻尼力矩系数和同步力矩系数

在研究低频振荡问题时，发电机之间仍保持同步运行，发电机内各机电量 $\Delta\omega$、$\Delta\delta$、ΔU_t、ΔM_{e2}、ΔE_q、ΔE_{fd} 等可以认为按某一低频频率（一般在 0.2 Hz～2.5 Hz 范围内）作正弦振荡。这样，这些量都可以用正弦向量来表示。它们都可以在 $\Delta\delta-\Delta\omega$ 坐标平面上以向量表示，如图 1-3-16 所示。

在 $\Delta\delta-\Delta\omega$ 坐标平面上，与 $\Delta\delta$ 正方向同相的力矩是正的同步力矩，与 $\Delta\delta$ 正方向反相的力矩是负的同步力矩；与 $\Delta\omega$ 正方向同相的力矩是正的阻尼力矩，与 $\Delta\omega$ 正方向反相的力矩是负的阻尼力矩。一般来说，通过励磁回路产生的电磁力矩 ΔM_{eu} 不会正好在 $\Delta\delta$ 轴或 $\Delta\omega$ 轴上，这时可以将它投影到 $\Delta\delta$ 轴和 $\Delta\omega$ 轴上，ΔM_{eu} 在 $\Delta\delta$ 轴上的分量称为同步力矩分量，在 $\Delta\omega$ 轴的分量称为阻尼力矩分量，如图 1-3-16 所示。

以低频振荡频率 ω_d 代入式（1-3-27），即令 $s=j\omega_d$ 后就可以求得与 $\Delta\delta$ 相应的电磁力矩 ΔM_{eu} 以及其同步力矩分量和阻尼力矩分量。

$$\begin{cases}\Delta M_{eu}=-K_2K_5K_{ex}\cos\varphi_{ex}\Delta\delta-K_2K_5K_{ex}\cdot\dfrac{\omega_0}{\omega_d}\sin\varphi_{ex}\cdot\Delta\omega\\ \Delta M_{eu}=K_{su}\Delta\delta+K_{du}\Delta\omega\\ K_{su}=-K_2K_5K_{ex}\cos\varphi_{ex}\\ K_{du}=-K_2K_5K_{ex}\cdot\dfrac{\omega_0}{\omega_d}\sin\varphi_{ex}\end{cases} \tag{1-3-28}$$

式中，K_{su}、K_{du}分别称为电压调节器产生的同步力矩系数和阻尼力矩系数，$\omega_0=314$，ω_d为振荡角频率，K_{ex}、φ_{ex}分别为$\left.\dfrac{K_3K_x(s)}{1+K_3K_6E_x(s)\ +sK_3T'_{d0}}\right|_{s=\mathrm{j}\omega_d}$的模和角。

$K_{du}<0$时，电压调节器产生的阻尼作用为负阻尼作用；$K_{du}>0$时，则为正阻尼作用。

K_{ex}和φ_{ex}都是利息控制系统参数（增益和时间常数）及系数K_3、K_6的函数，因此，阻尼力矩系数K_{du}既是励磁控制系数的函数，又是同步电机运行工况（K_2、K_5、K_6）的函数。

3. 同步电机不同工况下，模型系数$K_1\sim K_6$的变化

在电力系统运行的同步电机，大多数的工作状态是固定的：一部分是作为同步发电机，主要向电力系统提供有功功率，根据电网要求，可以发出无功，也可吸收无功；一部分是作为同步调相机，主要用来调节电网电压，可以吸收电网无功，也可以向电网输出无功；还有一部分是作为同步电动机，主要从电网中吸收有功。

以图1－3－14的单机无穷大系统为例，计算了隐极转子同步电机和凸极电机两种情况下，同步电机有功从吸收1.0 p.u.到发出1.0 p.u.变化过程中，系数$K_1\sim K_6$的变化情况，计算时系统电压U取0.98 p.u.，系统电抗$X=0.8$。对每种电机又考虑了端电压为1.03 p.u.和0.95 p.u.两种情况。

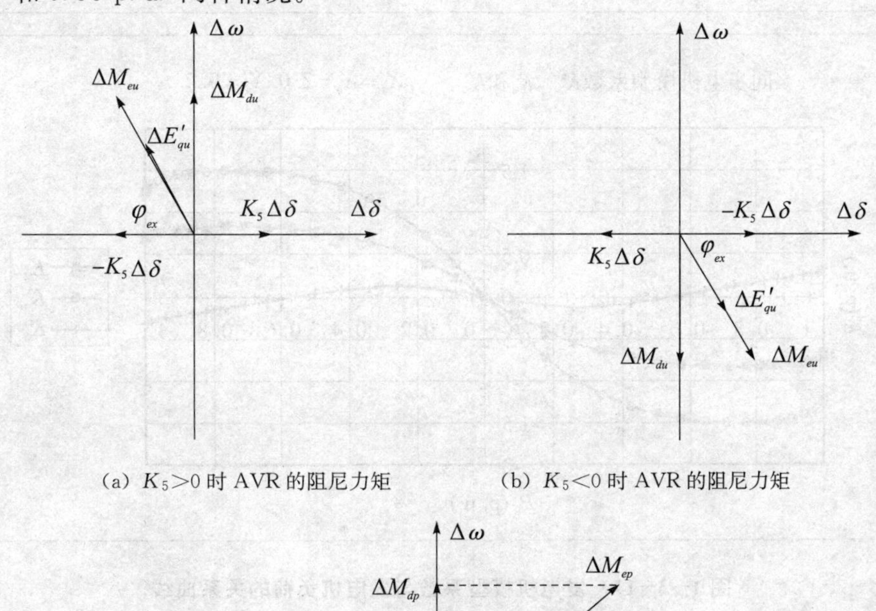

(a) $K_5>0$时AVR的阻尼力矩　　(b) $K_5<0$时AVR的阻尼力矩

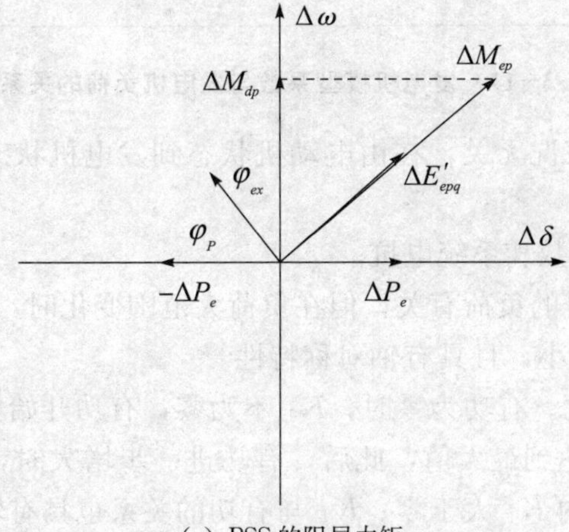

(c) PSS的阻尼力矩

图1－3－16　AVR和PSS的阻尼力矩

图 1－3－17 为隐极式同步电机的计算结果，$X_d = X_q = 2.0$，$X'_d = 0.2$。由图 1－3－17 可以看出：

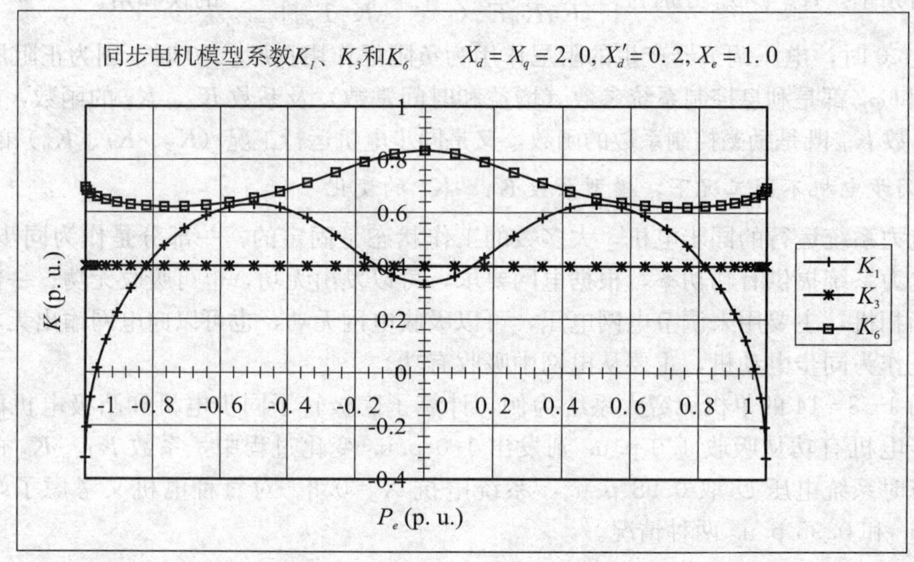

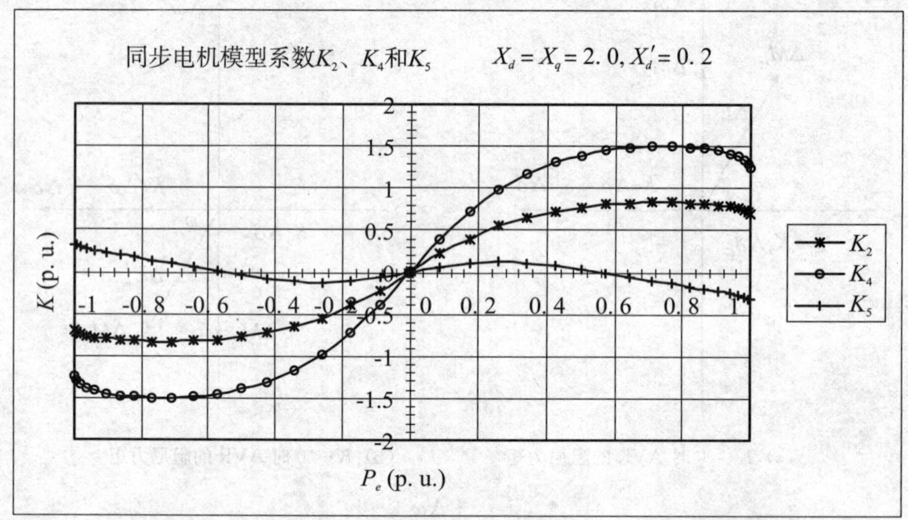

图 1－3－17 发电机模型系数与发电机负荷的关系曲线

①系数 K_3 与电机的工况无关，在由电动机状态到发电机状态的满负荷范围内，K_3 为一常数。

②K_3 仅决定于电机参数和系统电抗。

③系数 K_6 与同步电机的负荷有关，但在负荷大范围变化时，其变化也不大，同步电机有功绝对值增大时，K_6 变小，且具有轴对称特性。

④系数 K_1 有较大变化。有功为零时，K_1 不为零，有功开始增大时，K_1 随着有功的增大而增大，在某一有功下达到最大值，此后，有功进一步增大时，K_1 将随有功的增大而减少。在所计算的有功范围内 K_1 大于零。K_1 与有功的关系也具有轴对称特性。

⑤系数 K_2 和 K_4 在电机有功为零时均为零，同步电机工作于发电机状态时，K_2、K_4 均为正，有功增大，K_2 和 K_4 也增大；当电机工作于电动机状态时，K_2 和 K_4 都为负值，

吸收的有功越大，K_2 和 K_4 的绝对值也越大，具有原点对称性质。显然有乘积 $K_2\times K_4>0$。

⑥系数 K_5 在同步电机空载时也为零。在发电状态下，在输出有功增加时最初一段范围内（图 1－3－17 中的 $P=0\sim0.25$），K_5 也随之增大，符号为正，与有功相同。此后功率进一步增加时，K_5 减少，在到达某一临界值 P_e 时（$U_{io}=1.03$ 时，$P_c=0.48$；$U_{io}=0.95$ 时，$P_c=0.54$），K_5 变为零，功率进一步增加，K_5 变负，与有功反号，且越来越负。在电动机状态下工作时，情况相似，只是 K_5 的符号正好相反。K_5 也具有原点对称性质，在吸收有功的最初一段范围内，K_5 为负并有最小值，与有功同号，以后 K_5 逐渐变为零，吸收功率进一步增加时 K_5 变正，与有功反号，且越来越大。

图 1－3－18 给出了凸极电机时的曲线。$X_d=1.0$，$X_q=0.7$，$X'_d=0.35$，U_{t0}、U、X 与图 1－3－17 相同。

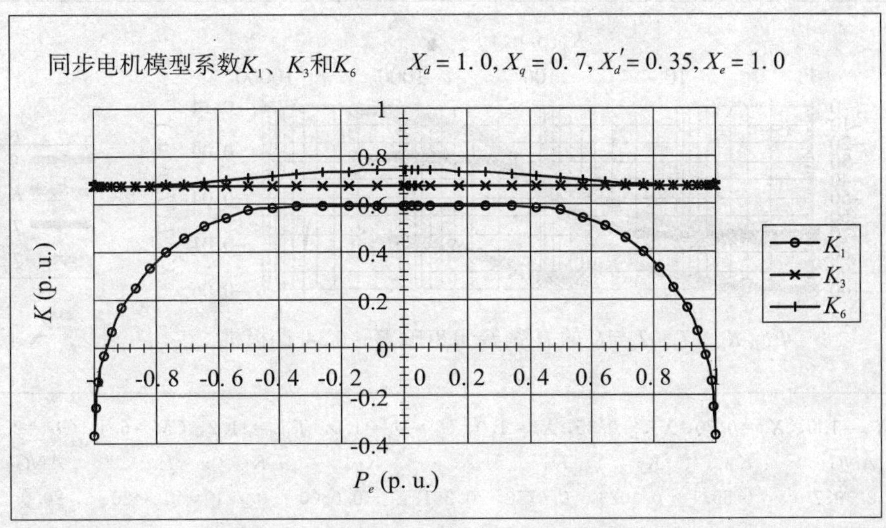

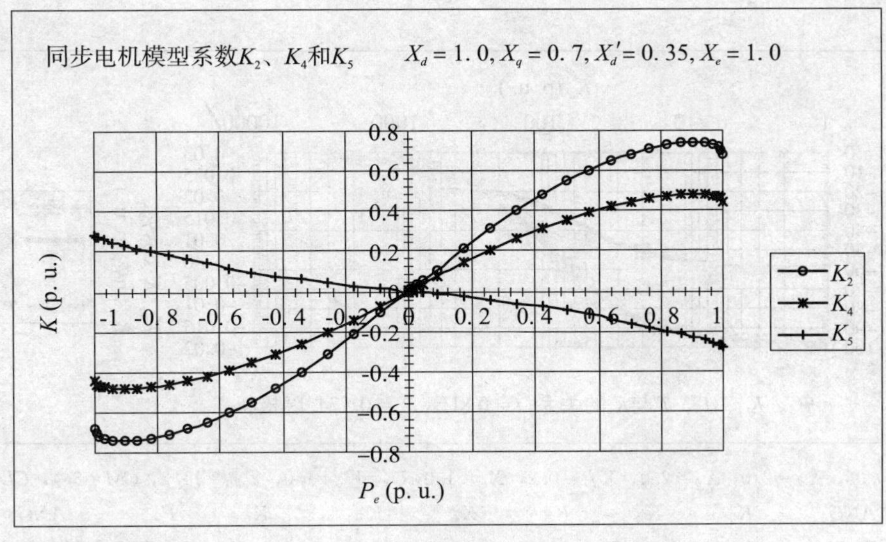

图 1－3－18　发电机模型系数与发电机负荷的关系曲线

从图 1－3－18 可以看出，K_1、K_2、K_3、K_4、K_6 的变化规律和对称性质与图 1－3－17 完全相同，只是具体数值有区别。K_5 的原点对称性也相同，区别在于，在有功从零开始的最初一段变化范围内，未出现 K_5 与有功功率同号的情况，这点与具体参数有关。

4. *励磁控制系统参数对同步电机阻尼的影响*

由式（1－3－28）可知，励磁控制系统参数对阻尼力矩系数 K_{du} 的影响，表现在乘积 $K_{ex}\cdot\sin\varphi_{ex}$ 的大小和符号上。由图 1－3－17、图 1－3－18 已知，系数 K_3 与同步电机的运行工况无关，K_6 则变化不大，因此 K_{ex}、φ_{ex} 主要取决于励磁控制系统参数（电压调节器及电机磁场回路参数），即开环增益和时间常数。

图 1－3－19 为以一快速励磁系统为例（时间常数为 0.05 s）的计算结果。它给出了 K_{ex}、φ_{ex}、$\sin\varphi_{ex}$ 和乘积 $K_{ex}\cdot\sin\varphi_{ex}$ 与励磁控制系统开环增益 K_a 的关系曲线。由图 1－3－19 可知：

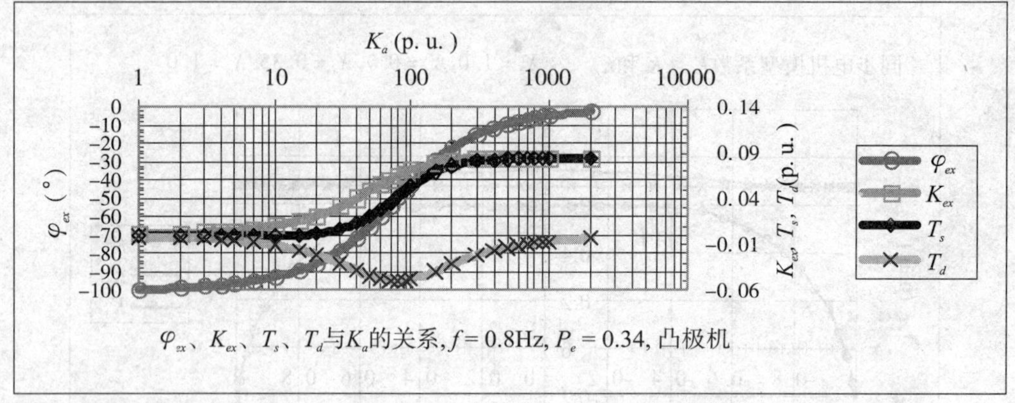

T_a=0.02，X_d=1.0，X_q=0.70，X_{dp}=0.35，X_e=1.0，U_t=U_s=1.0，T_{d0}=11.2，CM=6.4，CD=2.0，f=0.8 Hz

ANG_1	K_1	K_2	K_3	K_4	K_5	K_6	P_e	ANG_2
32.937	0.5931	0.4028	0.6750	0.2618	－0.0600	0.7219	0.3420	20.0

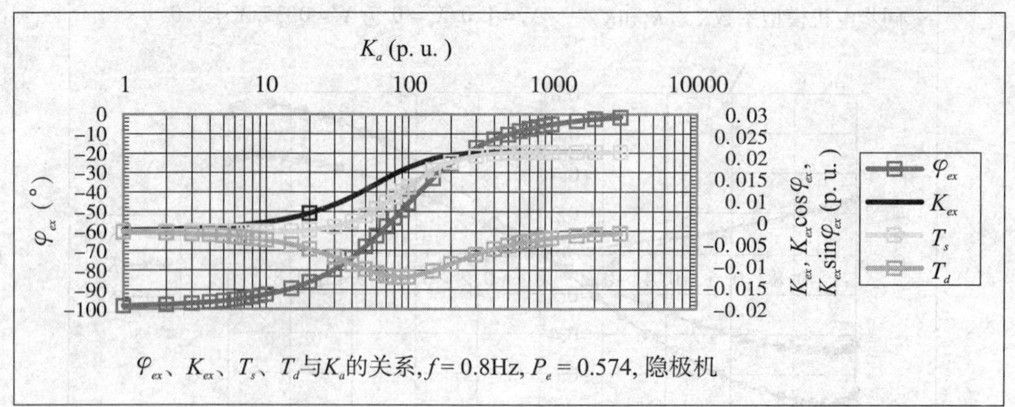

T_a=0.02，X_d=2.0，X_q=2.0，X_{dp}=0.2，X_e=1.0，U_t=U_s=1.0，T_{d0}=11.2，CM=6.4，CD=2.0

ANG_1	K_1	K_2	K_3	K_4	K_5	K_6	P_e	ANG_2
75.112	0.6195	0.8054	0.4000	1.4496	－0.0128	0.6373	0.5736	35.00

图 1－3－19　K_{ex}、φ_{ex}、$\sin\varphi_{ex}$ 与 K_a 的关系

①K_{ex}随着K_a的增大而增大。

②φ_{ex}随着K_a的增大而减少，$K_a=1$时，φ_{ex}为$-99°$；K_a增大时，φ_{ex}逐渐减少；K_a达到200时，φ_{ex}只有$-10°$左右；$K_a \to \infty$时，有$\varphi_{ex} \to 0$。

③$\sin\varphi_{ex}$为负值，当开环增益K_a趋于无限大时，$\sin\varphi_{ex}$趋于零。对于现代大型同步电机，均配有快速电压调节器，因此，在低频振荡的频率范围内，其滞后角φ_{ex}一般均在0～180°之间，因此$\sin\varphi_{ex}$基本上均为负值。

④乘积$K_{ex} \cdot \sin\varphi_{ex}$在$K_a$从零开始增大的一段范围内（图1－3－19中的0～40），K_a增大，乘积$K_{ex} \cdot \sin\varphi_{ex}$的绝对值也增大，阻尼力矩系数的绝对值$|K_{du}|$也增大；$K_a$超过这个范围后增大时，$K_{ex} \cdot \sin\varphi_{ex}$的绝对值反而减少，阻尼力矩系数$|K_{du}|$也减少；$K_a \to \infty$时，$K_{ex} \cdot \sin\varphi_{ex} \to 0$，$K_{du} \to 0$。

由此可见，在K_a变化时，自动电压调节器产生的阻尼作用，先是随着K_a的增大而增大，在某一临界值后，将随着K_a的增大而减少，K_a趋于无限大时，阻尼作用也趋于零。

5. 同步电机运行工况对阻尼力矩系数K_{du}的影响

从式（1－3－28）可知，运行工况对阻尼力矩系数的影响主要通过对系数K_2、K_5的影响表现出来。

当电机工作于发电机状态时，$K_2>0$，在小负荷情况下（$P<P_c$时），$K_5>0$，因此有$K_2 \cdot K_5>0$，又因为$K_{ex} \cdot \sin\varphi_{ex}<0$，因此阻尼力矩系数$K_{du}>0$；在重负荷情况下，$K_5<0$，则有$K_{du}<0$，而且$K_2$和$K_5$的绝对值随着负荷的增大而增大，因此，发电机负荷越重，K_{du}越负。当电压调节器的负阻尼作用大于发电机的正阻尼因数时，合成阻尼为负，就会出现自发的低频功率振荡，这也就是低频振荡发生在重负荷弱联系情况下的原因。由于在发电机工作状态下，K_2总是大于零，因此，电压调节器的阻尼作用可以通过系数K_5的正负极大小来加以判断。$K_5>0$时为正阻尼作用，$K_5<0$时为负阻尼作用，K_5的绝对值增大，其阻尼作用加大。同理，当电机工作于电动机状态时，也是在重负荷下容易发生低频功率振荡。

二、电力系统稳定器原理及参数选择

1. 基本原理

电力系统稳定器是同步电机励磁系统的一个附加控制，它的控制作用也是通过电压调节器的调节作用而实现的。

电力系统稳定器的输入信号可以取同步电机的电功率、电机的功角、轴速度或它们的组合。下面以电功率为信号作为例子说明电力系统稳定器原理及参数选择。

设电力系统稳定器的传递函数为$E_p(s)$，则它产生的电磁力矩为

$$\Delta M_{ep}=\frac{-K_2K_3E_x(s)}{1+K_3K_6E_x(s)+sK_3T'_{d0}}E_p(s) \cdot \Delta P_e \qquad (1-3-29)$$

式（1－3－29）中“－”号表示以电功率负增量进行控制。试验和分析可以说明，在低频振荡时，ΔP_e和功角$\Delta\delta$基本上同相，在$\Delta\delta-\Delta\omega$平面上可以在$\Delta\delta$轴上表示，即有

$$\Delta P_e=K \cdot \Delta\delta$$

以$s=j\omega_d$代入式（1－3－29）中，可求得通过$-\Delta P_e$附加励磁控制即功率型电力系统稳定器产生的阻尼力矩系数K_{dp}为

$$K_{dp}=-K_2 \times K \times K_{ex} \times K_p\sin(\varphi_{ex}+\varphi_p)\omega_0/\omega_d \qquad (1-3-30)$$

式中，K_p、φ_p为$s=j\omega_d$时$E_p(s)$的模和角，$K_p>0$，$K_{ex}>0$，$K>0$。

$K_2\sin(\varphi_{ex}+\varphi_p)>0$ 时，附加励磁控制即电力系统稳定器将产生负阻尼作用；$K_2\sin(\varphi_{ex}+\varphi_p)<0$ 时，稳定器将产生正阻尼作用。

电力系统稳定器的基本原理就是通过对附加控制信号的处理（软件或硬件），使输入信号产生一个相位移 φ_p，并满足条件

$$|\sin(\varphi_{ex}+\varphi_p)|\approx 1$$
$$K_2\sin(\varphi_{ex}+\varphi_p)<0 \tag{1-3-31}$$

同时提供必要的放大倍数 K_p，以产生足够的正阻尼作用，以达到 $K_{dp}+K_{du}>0$ 的要求。

2. 电力系统稳定器参数选择

电力系统稳定器参数选择包括两项任务：一是选择合适的相位补偿角 φ_p，使电力系统稳定器产生的力矩中有尽可能大的阻尼分量，也就是使 K_{dp} 尽量大；二是选择合理的增益，在正确的相位补偿下，尽可能增大稳定器的阻尼作用。

参数确定一般分两步进行：第一步，用电力系统稳定分析程序进行 PSS 参数选择，提供参考值；第二步，现场试验验证其效果后，最后确定参数整定值。

同步电机工作于发电机状态时，$K_2>0$，要求 $\sin(\varphi_{ex}+\varphi_p)<0$，并尽可能接近于 1。则有

$$\varphi_{ex}+\varphi_p=-\frac{\pi}{2}$$
$$\varphi_p=-\frac{\pi}{2}-\varphi_{ex} \tag{1-3-32}$$

即电力系统稳定器应该对输入信号（$-\Delta P$）产生一个相位移，例如，若 $\varphi_{ex}=-\frac{1}{3}\pi$，则稳定器的相位移 $\varphi_p=\frac{\pi}{6}$，即稳定器的输出应滞后输入信号 30°。

在调整稳定器相位移大小的同时也会改变其增益 K_p，为得到合理的 K_p，稳定器中都有一个专供调节增益而不影响相位的增益调节环节，在得到正确的相位补偿后，再调节增益。对以电功率为输入信号的稳定器而言，增益取 0.2 p.u.～0.4 p.u. 即可得到满意的结果。

3. 对电力系统稳定器的基本要求

由于使用信号的不同和使用元件的不同，电力系统稳定器可以有各种不同的电路。但是根据电力系统稳定器的功能——在系统可能发生的振荡频率范围内提供正阻尼力矩，各种不同形式的电力系统稳定器都应该满足下述共同要求：

①有良好的相频特性，以便合理、正确补偿励磁系统的相位滞后。

②电力系统稳定器的投入与提出，均不影响发电机正常稳态电压水平。

③在电力系统稳定器的工作过程中，不要过大地引起发电机电压的波动。

④电力系统稳定器的输出的噪音电平应尽可能低。包括信号检测和随机噪声在内，其电平应不超过正常输出范围的 10%。

⑤有一定保护措施，以保证在各种运行状态下（包括 PSS 故障）不会引起发电机过电压和无功过负荷，也不会引起发电机励磁不足或失去励磁。

⑥对于在原动机功率调整速度较快的机组（例如燃汽轮机、水轮发电机）上使用的电力系统稳定器，还应有防止“反调”的措施。

第四章　发电机组调速系统

第一节　概　　述

调速系统控制发电机组原动机的运行，影响电力系统的有功功率和频率调节过程，是机网协调的一个重要组成部分。传统的调速系统仅指汽轮机或者水轮机调速器及其执行机构，经过不断地发展，现代调速系统已经涉及锅炉控制等领域。

随着大量高参数、大容量机组的投产，以下两个与发电机组调速系统相关的机网协调问题值得关注：

①大量采用直流锅炉的大容量机组一次调频能力差；为了达到更大的单机容量、能源转换效率，目前的大机组普遍采用超临界甚至超超临界技术的直流锅炉；直流锅炉无汽包、蓄热小，使得锅炉一次调频能力差；为了经济性，整个机组被设计为运行在滑压状态，此时汽轮机调门接近全开，汽轮机的一次调频能力也被削弱。

②大容量机组全面采用了电气液压式（DEH）调速系统。相比液调系统，DEH系统速度快、调节精度高、调节死区小的电气液压式调速系统能够对电力系统小干扰作出响应，这使得电力系统安全稳定研究中有必要考虑调速系统的影响。

本章结合这些新背景，点面结合、点面俱到，全面总结调速系统中可能涉及机网协调的方面，并且重点介绍一次调频问题和调速系统对电力系统稳定的影响问题。

第二节　调速系统简介

一、汽轮机调速系统类型与介绍

对不同型号的汽轮机，其调节系统的结构可以说是千差万别。从发展历程上看，汽轮机调节系统主要经历了四个阶段。

1. 机械杠杆式调速器（MCS）

机械杠杆式调速器为最早期的小机组所采用，无液压部件，结构简单，由离心式飞摆调速器通过杠杆机构直接驱动调速气门，因此执行机构的输出功率较小。

2. 机械液压或全液压调节系统（MEH、EHC）

机械液压或全液压调节系统属于第二代调节系统，简称液调，原国产或进口的50 MW、100 MW、125 MW、200 MW以及早期的300 MW甚至500 MW汽轮机，基本上配备的都是这类调节系统。目前，液调系统除100 MW及以下的机组之外，基本上已全部进行了

DEH 改造。相对于机械杠杆式调速器，液调具有如下优点：

①采用油动机作为改变调位的执行机构，显著提高了系统的输出功率。

②通过油路和液压部套对控制信号进行综合，增强了系统的运算能力。

③对供热机组可以实现热、电双变量的联系调节。

对于液压调节系统，以东方 200 MW 液压调节系统为例，结合其工作原理来说明液调的数学模型。东方 D09 的 200 MW 汽轮机，冲动、凝汽式超高压一次中间再热，缸体结构为三缸三排汽，型号为 N200−130/535/535。调节系统采用了三级放大的全液压方式，其原理如图 1−4−1 所示。该系统通过调速泵将转速信号 n 转换为油压信号 P_{m1}（一次脉动油压），然后调速器滑阀将 P_{m1} 和同步器的给定进行综合和放大，控制二次脉动油压 P_{m2}。该二次脉动油压作用于中间滑阀底部，与中间滑阀平衡室中的压力油相平衡。

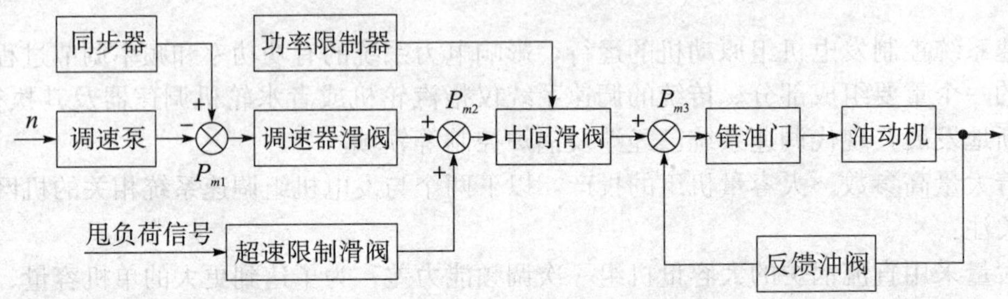

图 1−4−1　东方 D09 调速系统原理图

中间滑阀根据 P_{m2} 的变化，将调速器滑阀套筒上 P_{m2} 泄油口的开度转换为自身的升程，并以此来改变三次脉动油压 P_{m3} 的泄油口开度，实现了控制信号的第二级放大。与此同时，中间滑阀也因为高、中压三次脉动油泄油口的宽度不同，实现了高、中压油动机行程的不同分配。高、中压油动机及其错油门根据 P_{m3} 的波动，将中间滑阀的升程放大为自身的行程。这也是该液压调节系统对控制信号的最后一级放大。超速限制滑阀的作用是在机组甩负荷后，迅速泄去 P_{m2}，无条件地将高、中压油动机快速关闭，防止机组超速。图 1−4−2、图 1−4−3 为东方 200 MW D09 调速系统的数学模型框图。

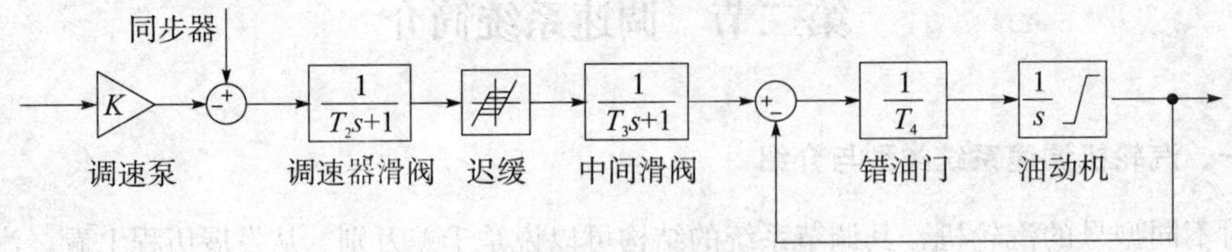

图 1−4−2　东方 D09 调速系统的数学模型框图

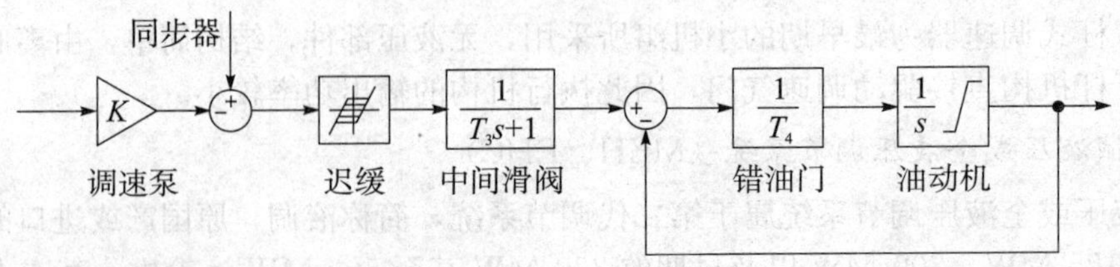

图 1−4−3　东方 D09 调速系统简化后的数学模型框图

3. 模拟式电液调节系统（AEH）

由于计算机和网络技术的飞速发展，模拟式功频电液调节系统刚出现不久，甚至还没形成气候，就已经被新兴的数字电液控制系统所取代，属于液调向数字电调的过渡产品。AEH 系统可以方便校正中间再热汽轮机机组所带来的功率调节滞后，并能准确地跟随电网周波按照一定的调差参与电网的一次调频，因此 AEH 又称为功频电液调节系统。

4. 数字电液控制系统（DEH）

AEH 和 DEH 都通称为电调，相对于模拟电调系统，数字电调的功能更为强大。由于采用了先进的数字处理和网络通讯技术，DEH 系统的抗干扰能力大大增强，控制方式也十分灵活，因此对于数字式电调，把原来“调节系统”改称为“控制系统”更为恰当，而最早的 MCS 又称为调速器。

数字电液控制系统（DEH）的厂家主要有西屋公司、ABB 公司、FoxBoro 公司、MAX－DNA 公司、GE 公司、Alstom 公司以及国内的新华控制公司等。

图 1－4－4 和图 1－4－5 为美国西屋公司 DEH－Ⅲ系统的控制原理图及其简化图，该系统是目前最为典型的汽轮机控制系统之一，可以看出，该系统能实现“转速—负荷—调节级压力”这三个参数的串级调节。根据需要，运行人员可以选择切除负荷自动或调节级压力自动，但是不管采用何种运行模式，机组的一次调频功能均能自动投入。图中转速变换环节中的 K 值为机组一次调频的调差率，等于速度变动率的倒数。

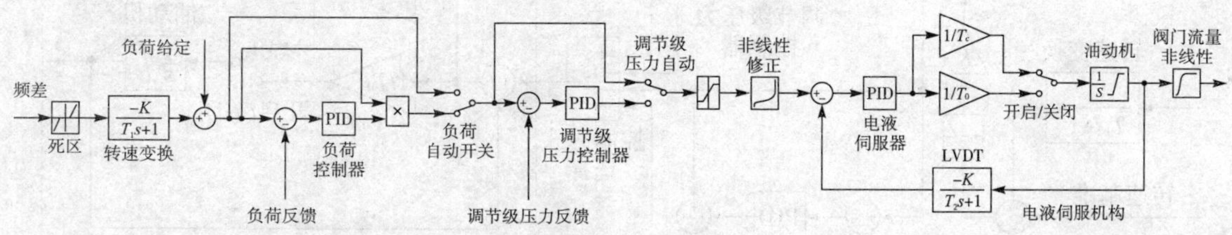

图 1－4－4　美国西屋 DEH Ⅲ控制原理图

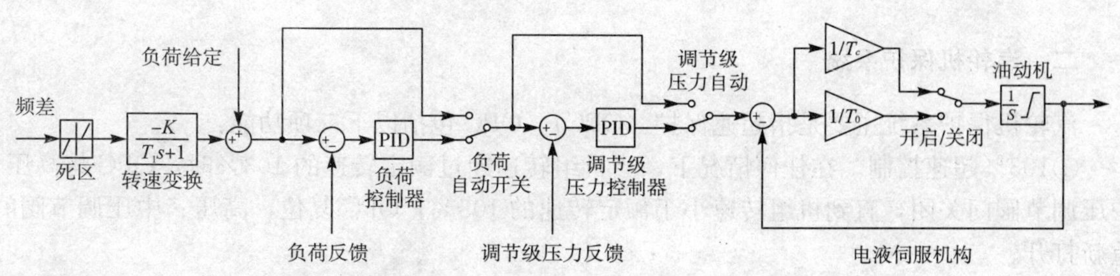

图 1－4－5　美国西屋 DEH Ⅲ控制原理简化图

图 1－4－6 为 GE 公司 DEH 系统工作原理的简化图，可以看出，该系统有三种运行方式，即负荷自动、调节级压力自动和阀位自动。在这三种自动模式下，机组的一次调频功能均能自动投入。

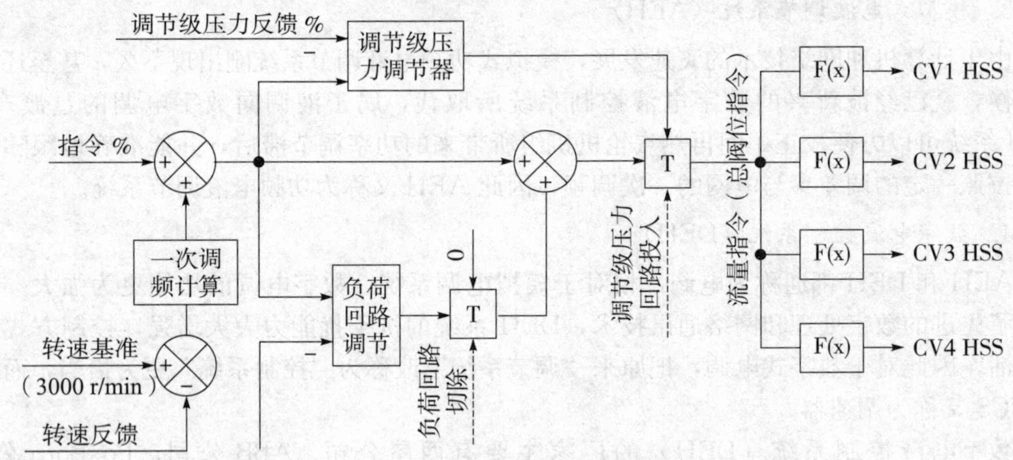

图 1-4-6　GE 公司汽轮机调节系统控制回路的简化图

图 1-4-7 为该系统的数学模型框图，模型中忽略了电液伺服模板的滞后和调门非线性。

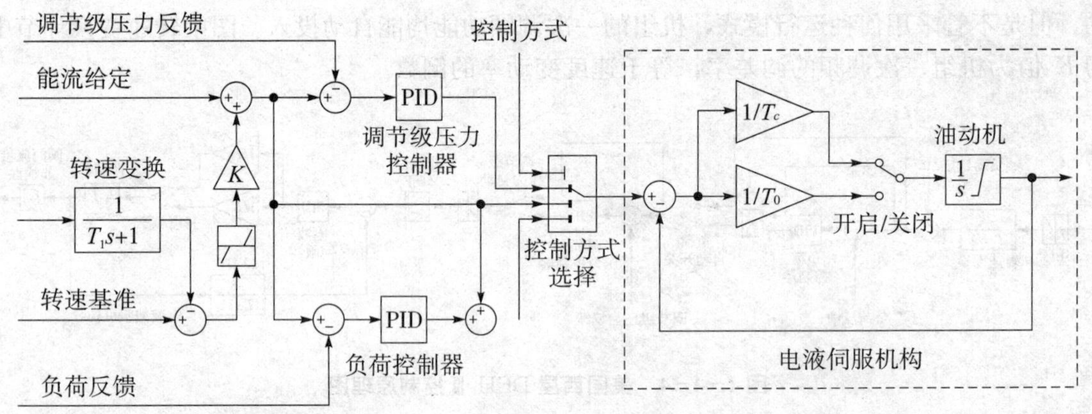

图 1-4-7　GE 公司 DEH 调节系统简化后的数学模型框图

二、汽轮机保护系统

汽轮机保护系统主要是指超速保护（OPC）。OPC 包括以下三项功能：

①103%超速控制。在任何情况下，当机组转速超过额定转速的 103%时，OPC 将高压、中压调节阀门关闭，直到机组转速小于额定转速的 103%，OPC 复位，高压、中压调节阀门重新打开。

②全部甩负荷。当机组甩负荷时，DEH 将负荷设定值改为额定转速，进行转速控制。OPC 将高压、中压调节阀门关闭，延时 1 s～10 s 后，转速小于额定转速的 103%时，OPC 复位，DEH 将转速调节到预定转速。

③部分甩负荷（中压调节阀门快关）。机组正常运行时，汽轮机功率和发电机功率相等，中压调节阀门禁止关闭。当电力系统故障引起机组部分甩负荷（汽轮机的机械功率和发电机的功率差异超过设定值）时，OPC 动作，将中压调节阀门关闭一段时间（0.3 s～1.0 s）后

释放。这样可以减少中、低压缸的出力，避免汽轮机功率与发电机功率的不平衡引起功角增大，使得发电机失步，电力系统失去稳定。

汽轮机保护系统的主要目的是保护汽轮机不受损坏。

三、水轮机调速系统类型和介绍

水轮机调速器是保证水电厂机组稳定运行的重要控制设备，直接关系到机组的安全与稳定运行。早期的水轮机调速器是利用测速元件直接操作水轮机执行机构的直接作用式小型调速器，19 世纪末出现了用液压元件进行功率放大的液压调速器，至 20 世纪 30 年代，已有相当完善的机械液压型调速器。电气液压型调速器经历了电子管、晶体管、集成电路等发展阶段，调节规律由比例积分型（PI）发展到比例积分、微分型（PID）。由于计算机技术的发展，结合经典、现代及智能等控制理论，20 年来世界各国先后将微机技术引入水轮机调节领域。

1. 机械液压型

我国曾广泛使用机械液压型的调速器。它使用离心摆作为测速元件，以离心摆的移动支持块的机械位移作为输出，输出信号送至综合放大元件之一的引导阀，经比较、放大后去调节水轮机导叶的开度。到 20 世纪 50 年代，机械液压型调速器已发展得比较完善。

随着生产的发展，用户对系统频率的要求更为严格；大机组大电网的出现，对电站运行和自动化程度提出了新的要求。这就要求人们对调速器装置的性能和结构进行不断的改进。20 世纪 40 年代，出现了电气液压型调速器。

2. 电气液压型

电气液压型调速器是在机械液压型调速的基础上发展起来的，它保留了液压放大部分，用“电－液转换器”代替了机械－液压转换器调速器，原来的离心摆测速器也被先进的输出电信号的转速传感器所取代。

电气液压型调速器比机械液压调速器有以下明显的优点：

①具有较高的精确度和灵敏度。电液调速器的转速死区通常不大于 0.05%，而机械液压型调速器则为 0.15%；电液调速器接力器的不动时间为 0.2 s，而机械液压型调速器则为 0.3 s。

②制造成本低。用电气回路代替了较难制造的离心摆、缓冲器等机械元件，降低了成本。

③便于综合各种信号（水头、流量、出力等），便于实现成组调节，为电站的经济运行、自动化水平及调节品质的提高提供了有利的条件。广泛使用的功率与频率双调节的功频电液调节器就属于这种形式。

④便于扩充新的控制模块。

⑤便于与数字计算机连接，实现计算机控制，达到改善机组控制的目的。

⑥便于标准化、系列化，也便于实现单元组合化，以利于调速器生产质量的提高。

⑦安装、检修和测试调整都比较方便。

电子调节器及电液随动系统常见标准数学模型如图 1－4－8、图 1－4－9、图 1－4－10、图 1－4－11、图 1－4－12 所示。

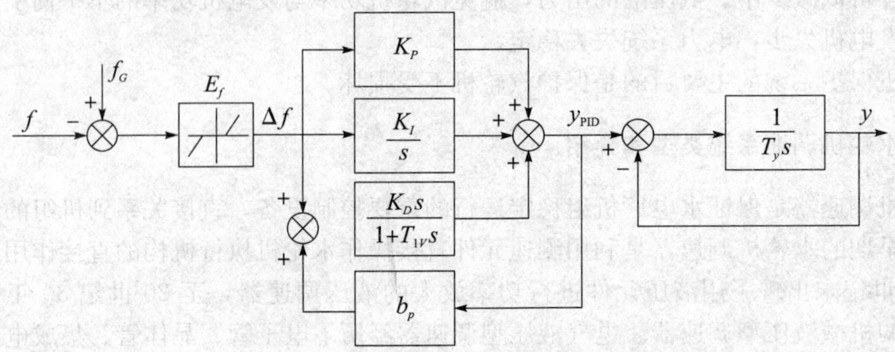

图 1-4-8　电子调节器及电液随动系统模型一

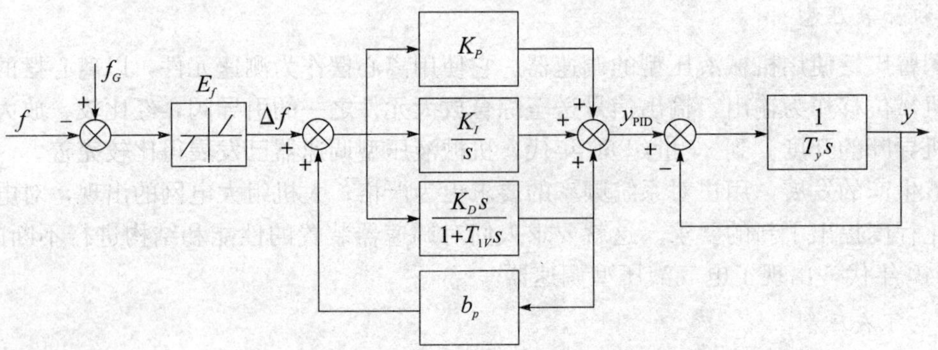

图 1-4-9　电子调节器及电液随动系统模型二

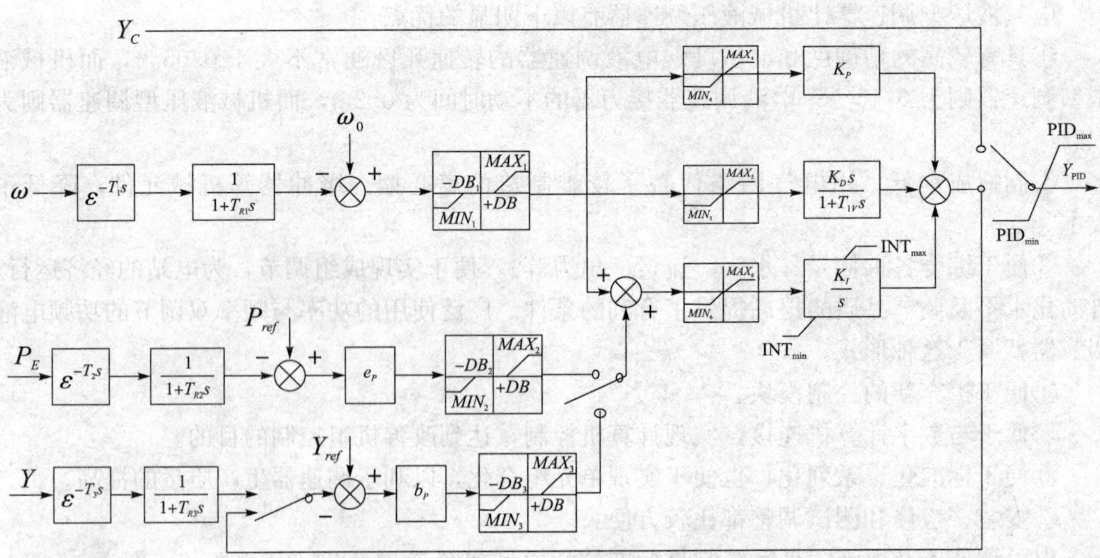

图 1-4-10　电子调节器及电液随动系统模型三

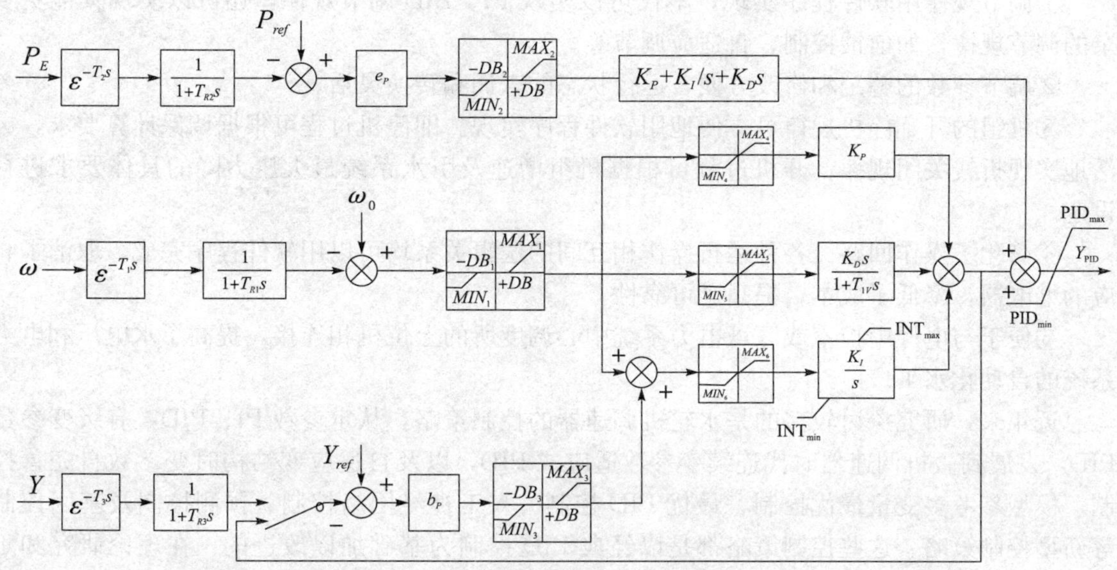

图 1－4－11　电子调节器及电液随动系统模型四

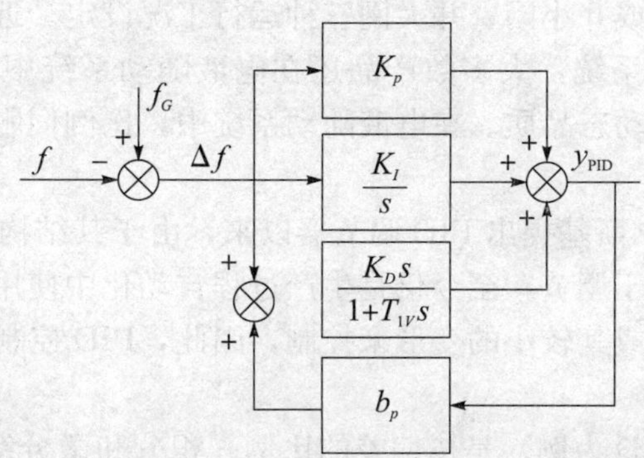

图 1－4－12　孤网调节电子调节器模型

3. 微机型调速器

我国的大、中型水轮机调速器在 20 世纪 50 年代至 60 年代大部分是机械液压型；70 年代至 80 年代初则较多采用电子管、晶体管和集成电路的模拟电气液压型调速器，调节规律大都为 PI 型；自 80 年代初，我国开始研制微机调速器；进入 90 年代，在我国新建或更新改造的大、中型水电站中，已普遍采用微机调速器。因机械液压型调速器的结构简单，对油质要求不高，能够提供必要的稳定调节作用，目前在国内的一些中小型水电站中仍有部分应用，其不足之处是死区大，灵敏度低，事故甩负荷时易过速。电气液压型调速器反应速度较快，但由于它对油质、油压要求较高，电液转换器易卡，机械液压型和模拟电气液压型调速器漏油多，压油泵频繁启动，可靠性降低，将逐渐被淘汰。微机调速器调节规律由 PID 型发展到多种 PID 改进型，其发展经历了单片机、STD 总线、可编程、工业 PC 等微机系列的应用过程。

微机调速器与模拟式电液调速器相比，有以下明显的优点：

①调节规律用软件程序实现，不仅可以实现 PI、PID 调节规律，还可以实现其他更复杂的调节规律，如前馈控制、自适应调节等。

②调节参数的整定和修改方便，运行状态的查询和转换灵活。

③机组的开、停机规律可方便地用软件程序实现。即停机过程可根据调保计算要求，灵活地实现折线关闭规律；开机过程可根据机组增速及引水系统最大压力降的具体要求进行设定。

④简化了操作回路。各种运行操作相互间的逻辑关系均可以用软件程序完成，取消了相应的继电器，降低了成本，提高了可靠性。

⑤便于与电厂中控室或区域电力系统中心调度所的上位机相连接，提高了水电厂和电力系统的自动化水平。

近年来，研究探讨较多的是水轮机调速器的控制策略，从定参数 PI、PID，有级变参数 PID，发展到微机调速器时代连续变参数适应式 PID，以及自适应变结构时变参数自完善控制、模型参考多变量最优控制、最优 PID 控制、人工神经网络控制、预测控制及基因控制等新型控制策略。这些控制策略都是以经典 PID 控制为基础加以改进的，在理论研究和工程实践中对调速器的发展均起着积极的推动作用。

当前，国内外大型的微机调速器运行速度较快，功能较全，机械部件精度较高，产品性能、可靠性和质量的稳定性好。一般采用串并联 PID 结构模式或者并联 PID 结构模式，PID 参数均按空载、孤立运行或并小网、并大网三种运行工况设定。近几年来，绝大多数产品的液压系统都采用电液随动系统，大多数产品还在电液随动系统中采用了 PI、PD 或 PID 模块，以改善调速器的静、动态品质。在电液随动系统中，比例伺服阀作为电－液传换装置已成为主流。

自 1922 年美国的诺尔斯基提出 PID 调节器以来，由于其结构简单，对模型误差具有鲁棒性，易于操作，参数易于调节，至今仍是生产过程自动化中使用最多的一种调节器。大多数反馈控制系统用该方法或其较小的变形来控制，因此，PID 控制是水轮机调节系统的一种比较理想的控制方式。

PID 控制（以并联 PID 为例）是按偏差的比例、积分和微分线性组合进行控制的方式。比例控制在偏差出现时，立即能给出控制信号，使被控制量朝着减小偏差的方向变化。根据不同被控对象适当地整定 PID 的 3 个参数，可以获得比较满意的控制效果。

水轮机调节系统是一个典型的高阶、时变、非最小相位系统，而且又是一个参数随工况点改变而变化的非线性系统。在系统动态过程及暂态过程中，对于比例、积分、微分控制作用的要求是不同的，应根据系统的动态特征和行为，采取灵活控制方式，如采取变增益、非线性积分、智能采样等多种途径。智能控制理论的发展为解决这些问题提供了可能。

智能控制是控制理论、人工智能、运筹学和系统理论四学科的交叉，随着 Zadeh 模糊集理论的发展及 1982 年 John Hopfield 提出了 HNN 模型，为智能控制不断注入了新思想、新方法和新内容。常规的 PID 控制与智能控制相结合，出现了许多改进的 PID 自适应等智能控制器。

四、水轮机调节系统的模型和基本环节

水轮机调节系统是由实现水轮机调节及响应控制的机构和指示仪表等组成的一个或几个装置的总称，它通过检测被控参量（转速、功率、水位、流量等）与给定的偏差，并将其按

照一定的控制规律和特性转换成主接力器行程偏差，达到最终控制被控量的目的。

对于水轮机调节系统，有非负载（空载、甩负荷、开机及停机等）和负载调节模式。负载调节模式下，调节器一般有手动方式和自动方式。包括功率调节、开度调节以及电网AGC（Automatic Generation Control）和电厂AGC等控制模式。

水轮机调节系统由引水系统、水轮机、机械液压系统和调节系统等组成，是一个包含水力、机械、电气的复杂的控制系统。在对实际环境的模拟中，还应加入了水头、水流扰动模块，该模型可以简单地用图1－4－13所示。

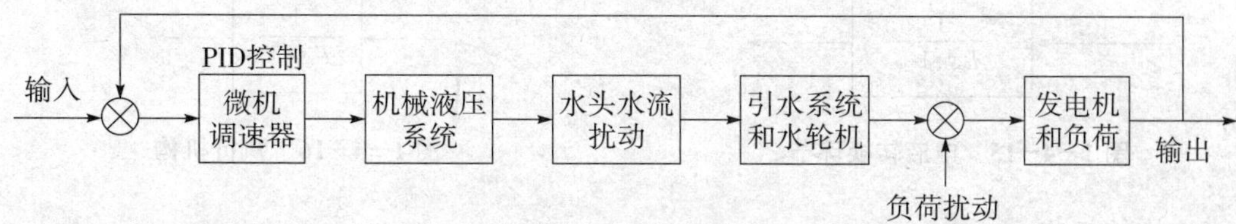

图1－4－13　水轮机及其调节系统模型框图

1. 水轮机调节系统调节器

现代数字式（微机）电液调节系统调节器一般采用PID控制，PID控制又采用并联控制较多。典型的水轮机调节器如图1－4－14所示。

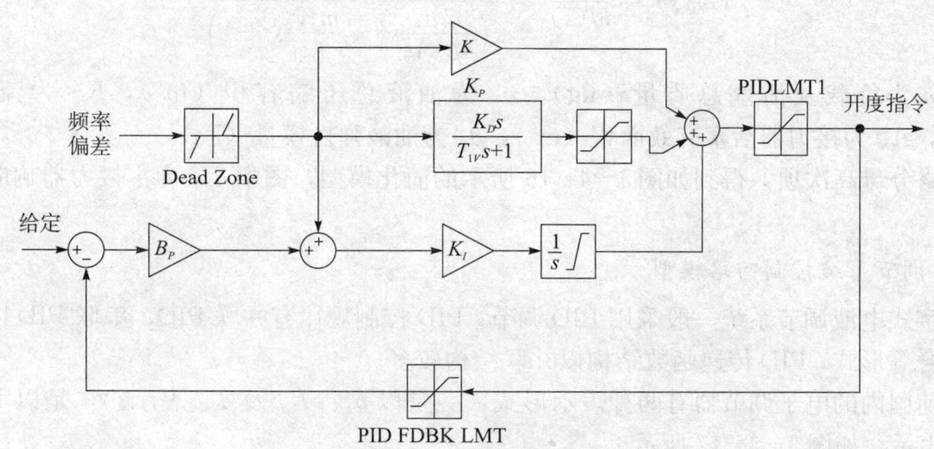

图1－4－14　水轮机电液调节系统模型

设开度指令输出为$\Delta Y_{\text{PID}}(s)$，该环节输入为$\Delta\omega$，在给定不变的情况下有

$$\Delta Y_{\text{PID}}(s)=\left(K_P+\frac{K_I}{s}+\frac{K_D s}{1+T_{1V}}\right)\Delta\omega-\Delta Y_{\text{PID}}(s)\cdot b_P\cdot\frac{K_I}{s}\qquad(1-4-1)$$

$$\Delta Y_{\text{PID}}(s)=\frac{K_P+\frac{K_I}{s}+\frac{K_D s}{1+T_{1V}}}{1+b_P\cdot\frac{K_I}{s}}\cdot\Delta\omega\qquad(1-4-2)$$

所以有

$$G_{\text{PID}}(s)=\frac{\Delta Y_{\text{PID}}(s)}{\Delta\omega}=\frac{K_P+\frac{K_I}{s}+\frac{K_D s}{1+T_{1V}}}{1+b_P\cdot\frac{K_i}{s}}\qquad(1-4-3)$$

2. 电液转换环节

电液转换环节把电气信号转换成液压信号，实现电液转换。常用的电液转换机构有比例伺服阀、伺服/步进电机驱动电/机转换器和数字阀电/机转换器等。

电液转换装置一般自身有反馈环节，它接收调节器的开度指令，并将其转换成相对应的液压信号输出。该环节可以用如图 1－4－15 所示的模型来表示，图中 T_P 为电液转换时间常数。

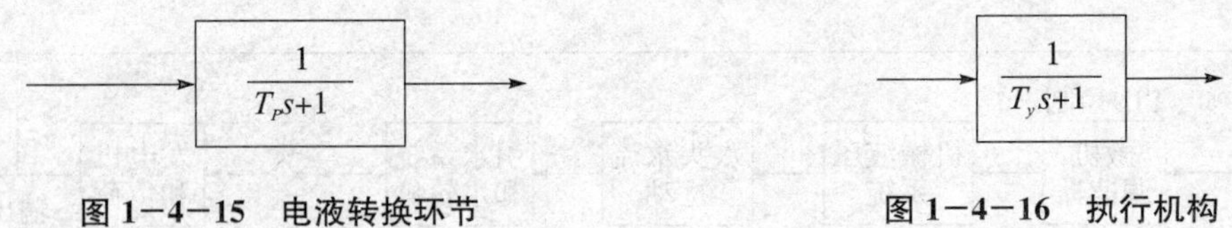

图 1－4－15　电液转换环节　　**图 1－4－16　执行机构**

3. 执行机构

执行机构也称第二级液压随动系统，由配压阀和对称液压缸构成，以电液转换器的输出位移量作为配压阀阀芯位移控制量 u，输出液压缸（主接力器）位移 y，其传递函数比较典型，在忽略负载阻尼 B_c、负载刚度 K_c 和泄漏 C_t 的情况下，得到传递函数为

$$G_Y(s)=\frac{Y(s)}{U(s)}=\frac{\dfrac{K_q}{A_n}}{s\left(\dfrac{mv_t}{4\beta_c A_n^2}s^2+\dfrac{mK_c}{A_n^2}s+1\right)} \tag{1-4-4}$$

式中，m 为负载及活塞总质量（kg），v_t 为油液总压缩容积（m^3），K_q 为流量增益（m^2/s），A_n 为接力器活塞有效面积（m^2），β_c 为油液弹性模量（Pa）。

忽略分母高次项，得到如图 1－4－16 所示的简化模型，图中 T_y 为主接力器响应时间常数。

4. 调节系统控制回路模型

数字式电液调节系统一般采用 PID 调节，PID 控制规律有并联 PID、串联 PID 以及串并联相结合等形式，PID 传递函数结构以并联结构较多。

目前国内的电子调节器有两种表示形式：一是以 b_t、T_d 及 T_n 表示；二是以 K_P、K_I 及 K_D 表示，如图 1－4－17 所示。

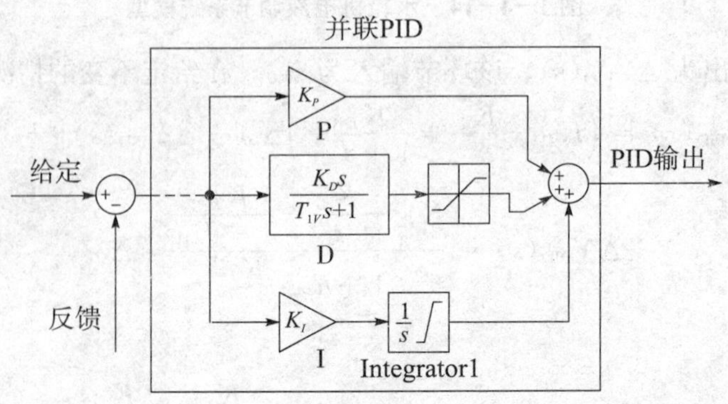

图 1－4－17　并联 PID 环节

并联 PID 传递函数模块可以描述为

$$G(s)=\frac{Y(s)}{X(s)}=K_P+\frac{K_D s}{1+T_{1V}s}+\frac{K_I}{s} \tag{1-4-5}$$

典型的并联 PID 对阶跃输入信号的响应如图 1－4－18 所示。

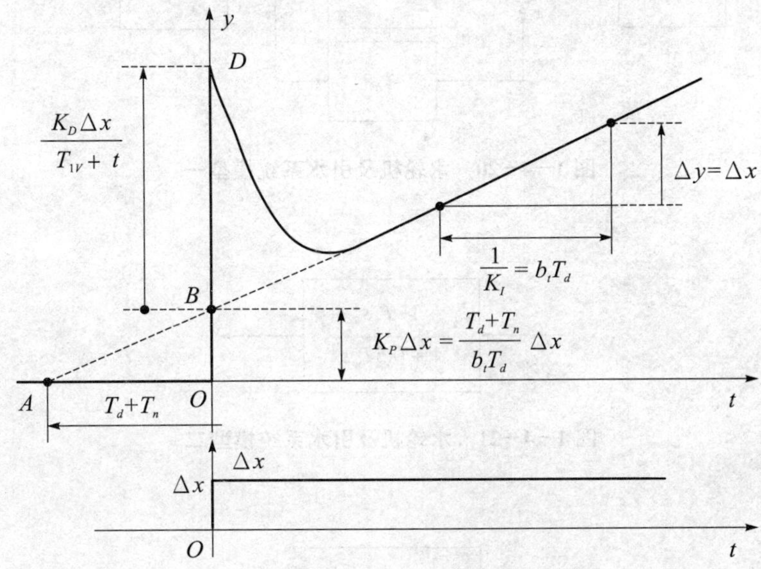

图 1－4－18　并联 PID 对阶跃输入 Δx 的响应

串联 PID 环节如图 1－4－19 所示。串联 PID 传递函数模块可以描述为

$$G(s)=\frac{Y(s)}{X(s)}=K_P\cdot\frac{K_D s}{1+T_{1V}s}\frac{K_I}{s} \tag{1-4-6}$$

有的调节系统中，PID 传递函数用下面的模型加以描述（以并联 PID 为例）：

$$G(s)=\frac{Y(s)}{X(s)}=\frac{T_d+T_n}{b_tT_d}+\frac{1}{b_tT_d}\cdot\frac{1}{s}+\frac{(T_n/b_t)s}{1+T_{1V}s} \tag{1-4-7}$$

即

$$K_P=\frac{T_d+T_n}{b_tT_d},K_I=\frac{1}{b_tT_d},K_D=\frac{T_n}{b_t} \tag{1-4-8}$$

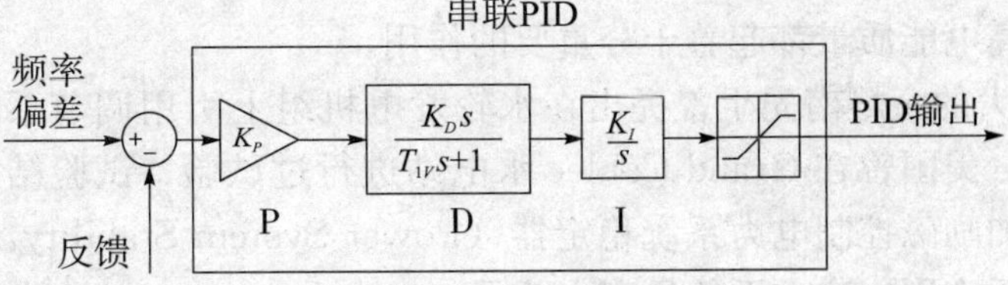

图 1－4－19　串联 PID 环节

5. 水轮机及引水系统模型

水轮机及引水系统模型如图 1－4－20、图 1－4－21 所示，引水系统水轮机增强模型如图 1－4－22 所示。

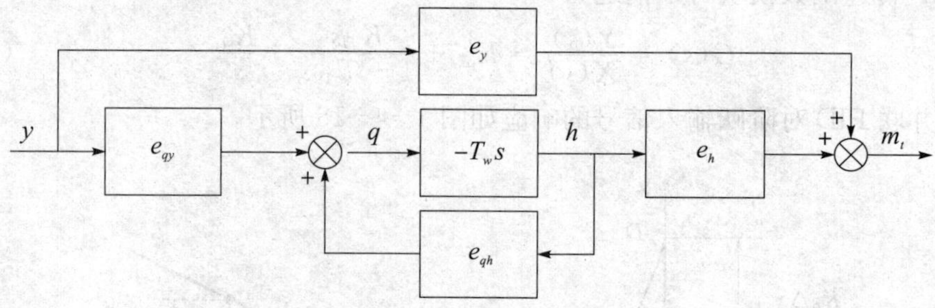

图 1－4－20　水轮机及引水系统模型一

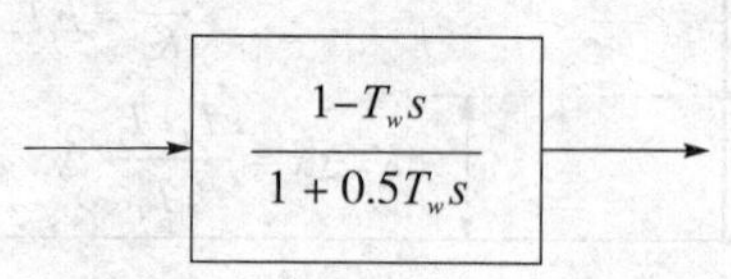

图 1－4－21　水轮机及引水系统模型二

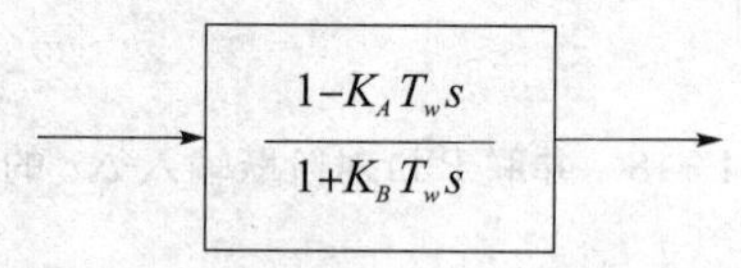

图 1－4－22　引水系统水轮机增强模型

T_w 是水流惯性时间常数，典型值为 0.5 s～5 s。T_w 的计算公式为

$$T_w = \frac{Q_r}{gH_r}\sum\frac{L}{A} = \sum\frac{Lv}{gH_r} \tag{1-4-9}$$

式中，A 为每段引水管道的截面积（m^2），L 为引水管道长度（m），v 为相应管道水流速度（m/s），Q_r 为额定流量（m^3/s），H_r 为额定水头（m），g 为重力加速度（m/s^2）。

五、水轮机调节系统对电力系统稳定的影响

原动机调节系统作为电力系统中的一个重要环节，承担着系统调频、调峰的任务，对于维护系统稳定和提高电能质量都起着十分重要的作用。

1972 年，加拿大的余耀南先生曾提出在水轮发电机组上引用调节系统附加控制以阻尼电力系统低频振荡；美国曾在 Grand Coulee 水电站进行过试验，试验结果表明控制对低频振荡有效，由于附加励磁控制电力系统稳定器（Power System Stability，PSS）的发展及其在电力系统中的广泛应用，这方面的研究中断了。

水轮机调节系统的模型较为复杂，且系统非线性环节较多，由于水轮机调节系统在调节过程中存在固有的水锤现象，使得水轮机调节系统对机组有功出力等造成重大的影响。

研究表明，水轮机调节系统对电力系统的动态稳定及频率稳定均有十分重要的影响。不同运行方式以及不同的控制方式下，水轮机调节系统对系统作用性质及大小也是不同的。

第三节　火电机组一次调频的性能及影响因素

锅炉跟随方式：汽轮机控制系统接到二次调频指令，增加负荷设定点，首先开大汽轮机调节汽阀，使发电机功率增加，引起主蒸汽压力下降，锅炉控制系统检测到此变化后，输出信号到燃料调节阀，以增加燃料量，使主蒸汽压力维持不变。

汽机跟随（机调压）方式：锅炉控制系统接到二次调频指令，增加负荷设定点，首先开大燃料控制阀。随着燃料强度的增加，主蒸汽压力上升，蒸汽流量增加，发电机功率增加。为了维持主蒸汽压力为常数，汽轮机控制系统采用了主蒸汽压力反馈，改变调节阀开度，使蒸汽流量增加，压力维持常数。

汽机跟随（滑压）方式：锅炉控制系统接到二次调频指令，增加负荷设定点，开大燃料控制阀，随着燃烧强度的增加，主蒸汽压力上升，蒸汽流量增加，发电机功率增加，而汽轮机控制系统一直维持调节阀全开位置。

机炉协调控制方式：它吸取了上述两种机跟炉及炉跟机方式的优点。二次调频的功率指令直接作用到汽轮机控制系统和锅炉控制系统，首先改变调节阀的开度，利用锅炉的蓄能，在压力允许变化范围内，提高负荷响应速度，同时改变燃料控制阀，随着锅炉出力的改变，主蒸汽压力维持不变。

一、阀位控制方式下一次调频

阀位控制下的一次调频原理如图 1－4－23 所示，当图中的控制方式选择开关置于中间通路位置时，调速系统即运行在阀位控制方式。

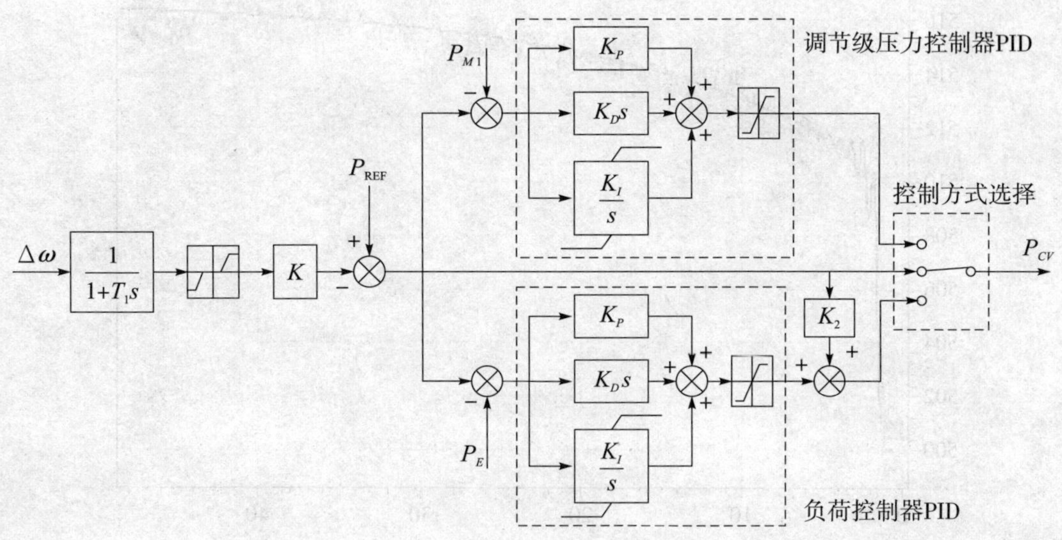

图 1－4－23　阀位控制下的一次调频原理

对该控制方式下的一次调频能力分析如下：

一次调频动作滞后时间：阀控方式是 DEH 最基本的运行方式，采用 DEH 中刷新速度最快的控制器运行，因此动作滞后时间短。

一次调频动作响应过程：由于阀控方式为开环控制，无闭环控制，因此该方式下的一次调频动作响应过程将体现典型原动机的动态特性。功率变化可以分为两个过程：在前几秒内是一个快速上升的过程，能够达到约 50%左右的调频功率，这是由于高压缸前汽室容积时间常数较小，高调门动作引起高压缸出力迅速变化的结果；第二个过程是一个时间常数为十几秒的缓慢变化过程，这是由于再热器时间常数较大，使得中压缸、低压缸慢速响应。一般来说，该方式可以基本满足“15 s 内达到 90%目标调频功率的要求”。

一次调频动作准确性：由于阀控方式为开环控制，无闭环控制，仅根据频差值控制阀位指令变化值；又由于调门开度与蒸汽流量的非线性特性，导致阀控方式一次调频的调频功率不准确，受汽轮机工况影响明显，准确性差。

一次调频动作持久性：阀控方式不涉及锅炉控制，一次调频动作引起调门波动，进一步引起主蒸汽压力与调门开度反方向波动，将削弱一次调频能力。此时的一次调频动作持久性依赖于锅炉的控制方式。

一次调频动作对机组平稳运行的影响：一次调频动作前，锅炉出力与汽轮机出力是平衡的；一次调频动作后，汽轮机迅速调整了出力，由于锅炉给水、燃料的缓慢调整，两者出力必然不平衡，对锅炉运行造成不利影响，机组之后运行的平稳性依赖于锅炉控制系统的性能，采用较先进的控制规律，比如直接能量平衡法的措施，可以使得锅炉系统的运行更快恢复平稳。

图 1-4-24 为金堂 62 号机 DEH 阀控方式下转速扰动仿真实验实测曲线。

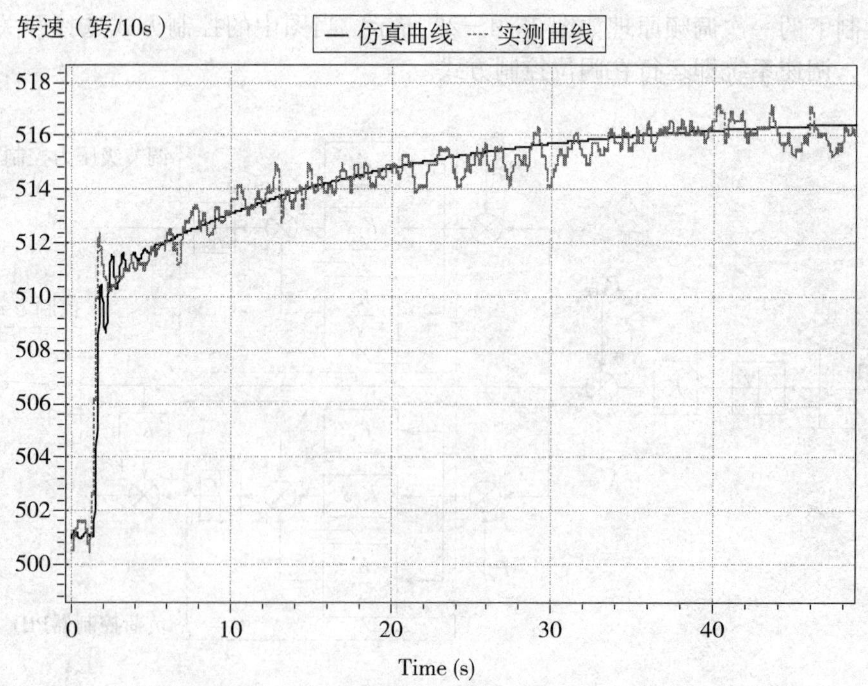

图 1-4-24　DEH 阀控方式下转速扰动仿真实验实测曲线

二、DEH 功率控制方式下一次调频

功率控制下的一次调频原理如图 1－4－25 所示，当图中的控制方式选择开关置于下方通路位置时，调速系统即运行在功率控制方式。

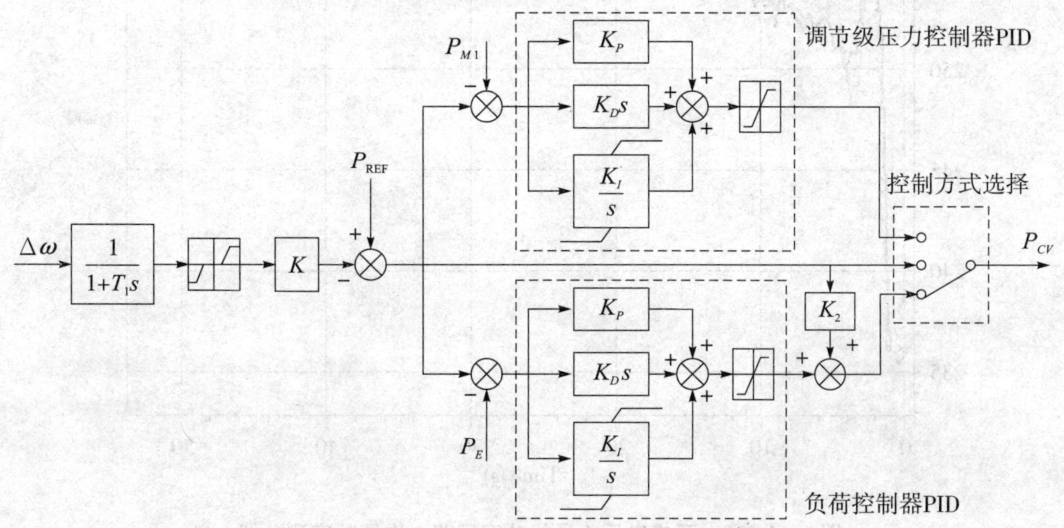

图 1－4－25　功率控制下的一次调频原理

对该控制方式下的一次调频能力分析如下：

一次调频动作滞后时间：功率方式是 DEH 基本的运行方式，一般位于 DEH 中最快的控制器中运行，因此动作滞后时间短。

一次调频动作响应过程：功率方式为闭环控制方式，可以设置较大的比例系数（大于 1）或者前馈系数，可以通过开大高调门提高高压缸出力，以补偿中压缸、低压缸的慢速响应，与阀控方式相比，功率控制方式在最初的十几秒内的出力变化更准更快，只要参数恰当，其动态特性就较好，一般能够满足 15 s 达到 90％目标功率的要求。

一次调频动作准确性：由于功率方式为闭环控制，根据频差值控制机组负荷变化，且一般采用纯积分控制，只要实际调频功率与目标调频功率有偏差就会调节，因此能够克服调门开度与蒸汽流量的非线性特性，功率调整准确性好。

一次调频动作持久性：功率闭环控制方式同样不涉及锅炉控制，此时的一次调频动作持久性依赖于锅炉的控制方式。

一次调频动作对机组平稳运行的影响：与阀控方式基本相同，在采用某些 PID 参数的情况下，高调门动作幅值更大，使得汽轮机出力在前 10 s 的调整比阀控方式更快，与此同时对锅炉运行的冲击也更大，更需要一个性能优良的锅炉控制系统。

图 1－4－26 是万盛电厂 1 号机功率回路一次调频实测曲线。

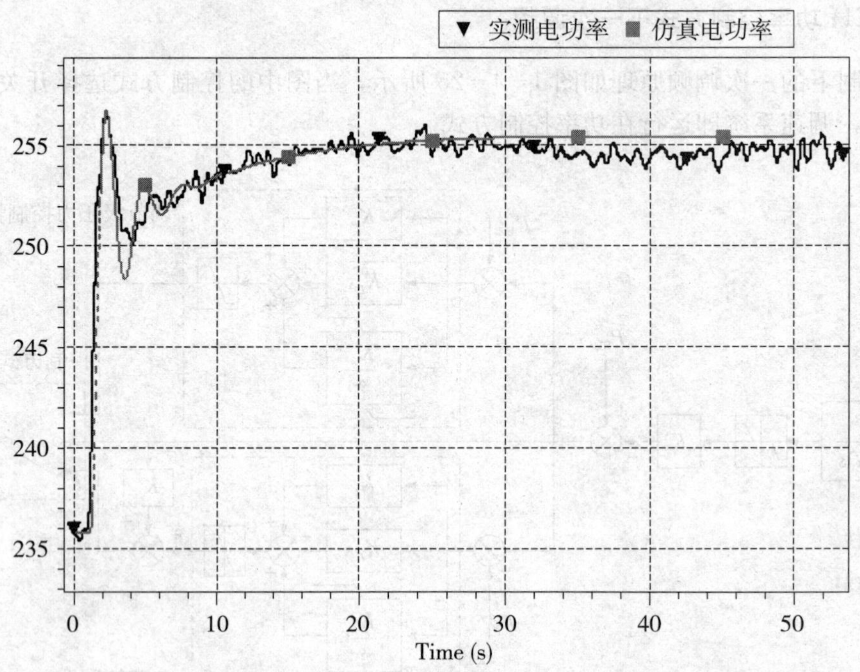

图 1-4-26　万盛电厂 1 号机功率回路一次调频实测曲线

三、协调方式下一次调频

锅炉跟随方式是机炉协调运行方式（CCS 方式）中的一种，在此方式下，汽轮机控制系统接到一次调频指令，增加负荷设定点，首先开大汽轮机调节汽阀，使发电机功率增加，引起主蒸汽压力下降，锅炉控制系统检测到此变化后，输出信号到燃料调节阀，以增加燃料量，使主蒸汽压力维持不变。其一次调频原理与 DEH 功率控制方式类似，如图 1-4-27 所示。当图中的控制方式选择开关置于下方通路位置时，调速系统即运行在功率控制方式。

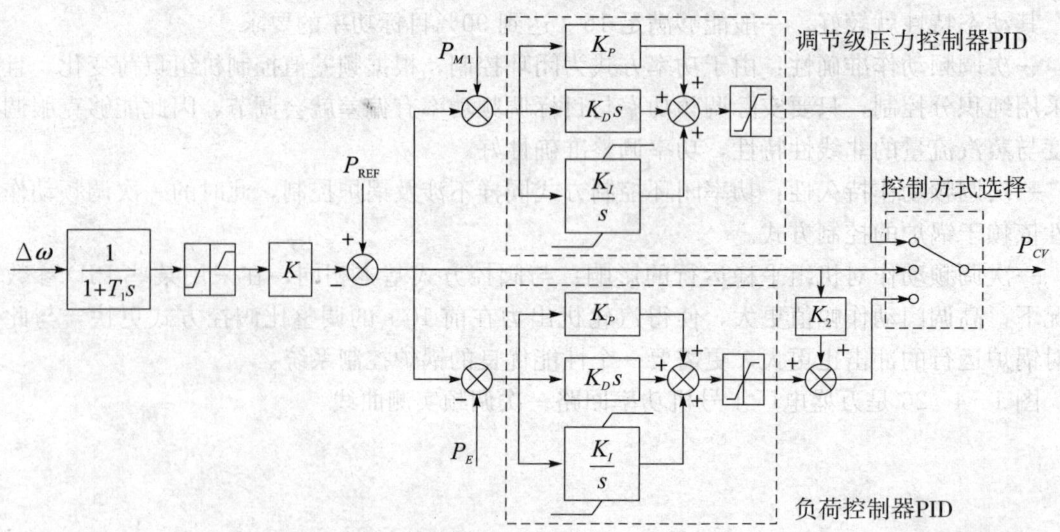

图 1-4-27　协调方式下的一次调频原理

对该控制方式下的一次调频能力分析如下：

一次调频动作滞后时间：在该方式下，频差信号由 DEH 发送给 CCS 系统，CCS 系统要经过相应的运算处理后形成变负荷指令，其中中间环节较多，且 CCS 指令周期较长，一般为 1 s～2 s，因此动作滞后时间较长，约 3 s～5 s。

一次调频动作响应过程：锅炉跟随方式下，只要 PID 参数适当，其一次调频动作就较快，其动态特性也较好，通过设置较大的比例系数（大于 1）或者前馈系数，可以开大高调门提高高压缸出力，以补偿中压缸、低压缸的慢速响应，与阀控方式相比，功率控制方式在最初的十几秒内的出力变化更准更快；但是由于 CCS 指令周期较长，因此其速度相对 DEH 功率控制方式略慢，但一般能够满足 15s 达到 90％目标功率的要求。

一次调频动作准确性：由于锅炉跟随方式为闭环控制，根据频差值控制机组负荷变化，且一般采用纯积分控制，只要实际调频功率与目标调频功率有偏差就会调节，因此能够克服调门开度与蒸汽流量的非线性特性，功率调整准确性好。

一次调频动作持久性：该方式下，当锅炉控制系统检测到由于调门波动引起主蒸汽压力变化，会对燃料、给水、空气等进行调节，使得主蒸汽压力会逐渐恢复，但是由于锅炉、磨煤机等设备响应很慢，恢复速度较慢。

第四节　调速系统对电力系统稳定的影响分析

调速系统包括同步发电机组的原动机及其调节系统，由控制部分、执行机构部分和原动机部分构成。调速系统由控制部分发出指令，经过执行机构部分放大，驱动气门或者导叶控制进入原动机的蒸汽或者水流。蒸汽或者水流在原动机内做功，将自身的动能以转矩传递给发电机组轴系，再通过励磁绕组产生的电磁力矩将轴系的动能转换为电能传递给定子绕组，这样就实现了蒸汽和水力的发电。

从上面的过程可以看出，调速系统是控制汽门或者导叶的运动，从而控制进入原动机的蒸汽流量或者水流流量，蒸汽或者水流产生施加在发电机组轴系上的机械转矩，而影响原动机运行状态。机械转矩影响发电机转子运动，从而对电力系统动态稳定产生影响。因此，要分析调速系统对电力系统动态稳定的影响，必须分析调速系统对机械转矩的影响，以及机械转矩对电力系统动态稳定的影响。为此，可以在 Heffron－Philips 模型中研究调速系统如何影响机械转矩，以及机械转矩如何影响转子运动。

Heffron－Philips 模型如图 1－4－28 所示，各参数详见相关文献。在图中，调速系统以 $G_{GOV}(s)$ 来表示，输入信号为 Δx（转速偏差信号或者功率偏差信号），输出为机械转矩的变化量 $\Delta T_M=-G_{GOV}(s)\Delta x$，式中的负号表示按照被控量的负偏差进行调节。

由该模型可见，调速系统是通过控制影响转子运动的机械转矩的变化量 ΔT_M 而影响电力系统动态稳定的。

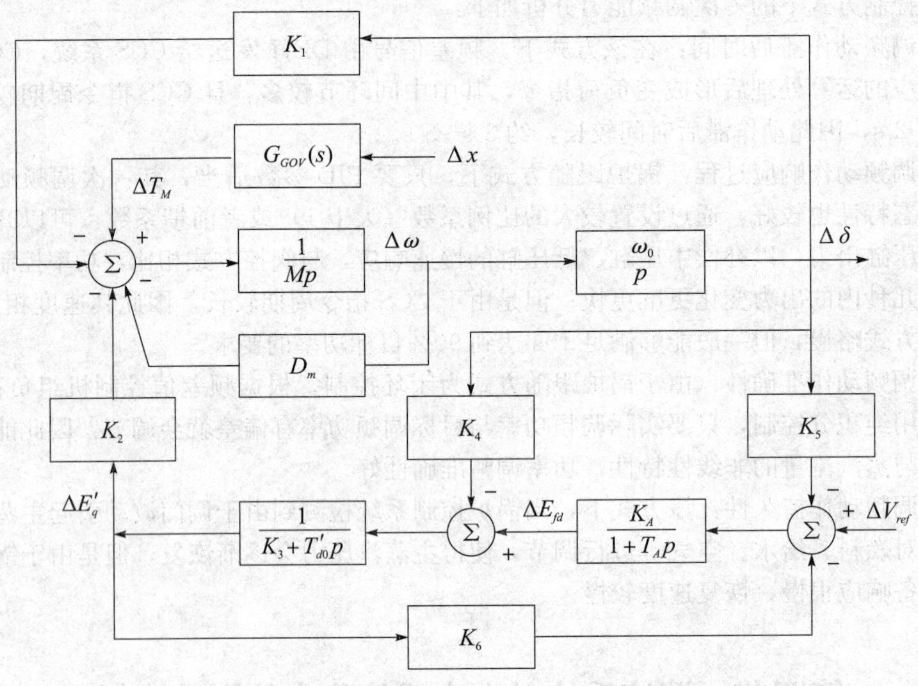

图 1-4-28　Heffron-Philips 模型

1. 调速系统对机械转矩的影响

Heffron-Philips 模型中机械转矩增量的表达式为 $\Delta T_M=-G_{GOV}(s)\Delta x$，对于某一振荡频率 f，将 $s=\mathrm{j}\Omega=\mathrm{j}2\pi f$ 代入，得

$$\Delta T_M=-G_{GOV}(s)\Delta x=-G_{GOV}(\mathrm{j}\Omega)\Delta x=-G_{GOV}(\mathrm{j}2\pi f)\Delta x \qquad (1-4-10)$$

式（1-4-10）说明机械转矩与三方面因素相关：一是调速系统的传递函数 $G_{GOV}(s)$，二是输入信号 Δx，三是振荡频率 f。

调速系统的传递函数 $G_{GOV}(s)$ 取决于调速系统本身的各组成环节，与电力系统中其他因素基本无关。

输入信号 Δx 一般为转速偏差信号 $\Delta\omega$ 和功率偏差信号 ΔP_E。当取转速偏差信号 $\Delta\omega$ 时，在 Heffron-Philips 模型中 $\Delta\omega$ 与系统参数无关，因此，转速闭环的调速系统对电力系统动态稳定的影响与系统参数不相关；当取功率偏差信号 ΔP_E 时，在 Heffron-Philips 模型中 ΔP_E 与系数 K_1 等有关，而系数 K_1 又与系统参数、运行工况等相关，因此，功率闭环的调速系统对电力系统动态稳定的影响与系统参数、运行工况等相关。

对于不同的振荡频率 f，复数 $G_{GOV}(\mathrm{j}2\pi f)$ 的幅值、相角不同，与输入信号的乘积得到的机械转矩增量也不同。因此，调速系统对机械转矩的影响与频率相关。

对于某一振荡频率 f 下调速系统产生的机械转矩变化量 ΔT_M，令 $\Delta T_M=-G_{GOV}(\mathrm{j}2\pi f)\ \Delta x=-\alpha\angle\beta\cdot\Delta x$，其中，$\alpha$ 为复数 $G_{GOV}(\mathrm{j}2\pi f)$ 的模值，β 为复数 $G_{GOV}(\mathrm{j}2\pi f)$ 的相角。因此，机械转矩可以看做是输入信号经过调速系统在相位上偏移了 β 和幅值上乘以 α 而得到的。

所以，在输入信号确定的情况下，调速系统对电力系统动态稳定的影响通过考察所关心的频段的调速系统的相位-频率特性即可以得出。

2．调速系统对电力系统动态稳定影响的分析

在对汽轮机、水轮机调速系统模型分析的基础上，通过介绍调速系统对电力系统动态稳定影响的机理，并分析汽轮机、水轮机典型调速系统对电力系统动态稳定的影响，得到的结论如下：

①调速系统对电力系统动态稳定有影响，在动态稳定计算中应考虑。

②调速系统控制发电机的机械转矩，机械转矩影响转子运动，影响电力系统动态稳定。

③调速系统对机械转矩的影响由调速系统的传递函数和输入信号决定，且在不同的系统振荡频率下影响不同；转速闭环调节的调速系统对电力系统稳定的影响与系统参数、运行工况基本无关，功率闭环调节的调速系统对电力系统稳定的影响与系统参数、运行工况有关。

④调速系统对电力系统动态稳定影响的作用可以用调速系统产生的机械转矩 ΔT_M 在 $\Delta\delta-\Delta\omega$ 坐标系的 $\Delta\omega$ 轴上的投影来分析：当调速系统产生的机械转矩 ΔT_M 在 $\Delta\omega$ 轴上的投影为负时，调速系统提供正阻尼，投影的长短反映正阻尼的大小；当调速系统产生的机械转矩 ΔT_M 在 $\Delta\omega$ 轴上的投影为正时，调速系统提供负阻尼，投影的长短反映负阻尼的大小。

⑤对于给定的输入信号，考察调速系统在动态稳定关心的频段的相频特性即可知调速系统对电力系统动态稳定的影响。

⑥对于转速闭环控制，汽轮机调速系统一般在较低频段提供正阻尼，在较高频段提供负阻尼，较低、较高频段的区分主要受调速系统参数的影响；水轮机调速系统一般在0.1 Hz～2 Hz 频段提供负阻尼。

⑦对于功率闭环控制，汽轮机调速系统一般在 0.1 Hz～2 Hz 频段提供负阻尼；水轮机调速系统一般在较低频段提供负阻尼，在较高频段提供正阻尼，较低、较高频段的区分主要受调速系统参数的影响。

3．一次调频对电力系统安全稳定的影响分析

一次调频是保障电网频率合格的重要措施。在大量超临界、超超临界的直流锅炉机组投产后，采用直流锅炉的大容量机组一次调频能力差；直流锅炉无汽包、蓄热小，使得锅炉一次调频能力差；为了经济性，整个机组被设计为主要运行在滑压状态，此时汽轮机调门接近全开，汽轮机的一次调频能力也被削弱。因此，应该尤其重视一次调频对电力系统安全稳定的影响。

但是如果在锅炉控制中加入相应的一次调频逻辑，就会使直流锅炉的蓄热小的缺点得到改善。以两台机组的试验结果为例。某厂 1 号机组为上海汽轮机厂生产的超临界 660 MW 机组，锅炉控制中没有加入相应的一次调频，进行一次调频的试验结果如图 1－4－29 所示。某厂 3 号机组为哈尔滨汽轮机厂生产的超临界 600 MW 机组，锅炉控制中加入了相应的一次调频逻辑，其进行一次调频的试验结果如图 1－4－30 所示。

图 1-4-29　锅炉控制无一次调频逻辑

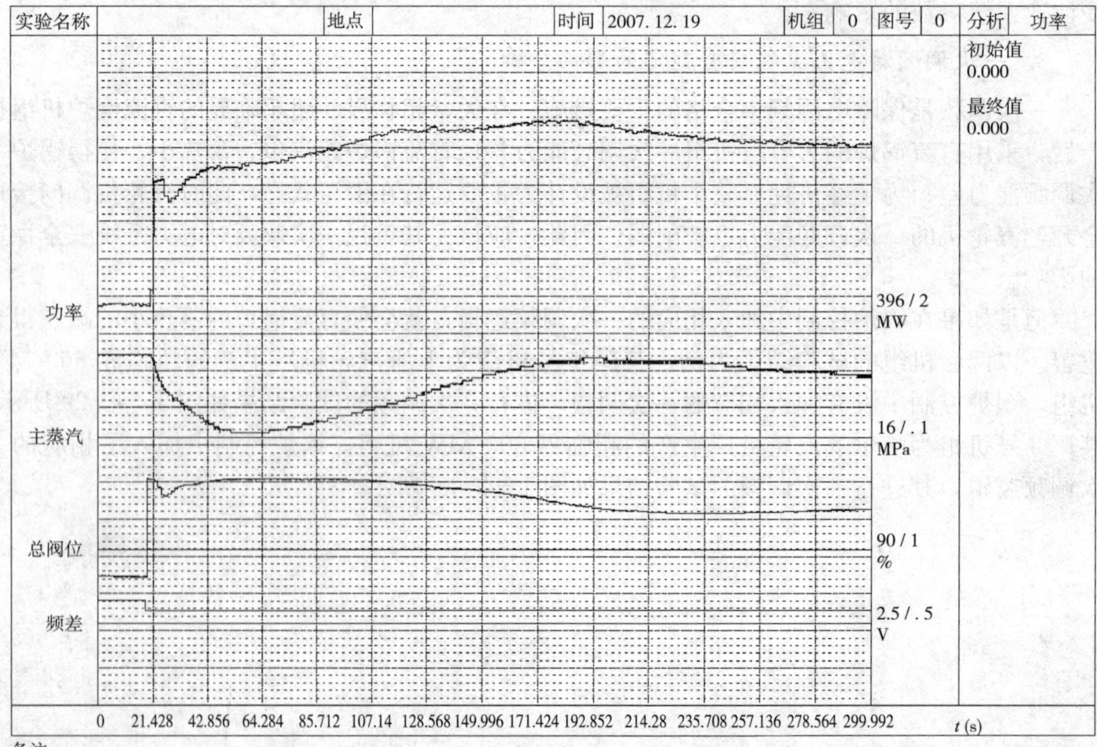

图 1-4-30　锅炉控制有一次调频逻辑

比较两台机组的试验结果，有以下结论：

①直流锅炉蓄热小，由图 1－4－29、图 1－4－30 可见，功率扰动后主蒸汽压力开始迅速下降。

②锅炉控制中有无相应的一次调频逻辑对机组一次调频相应的持久性影响较大。图 1－4－29 中，一次调频开始后的第 30 s，虽然汽轮机的阀门开度不变（总阀位指令不变），机组功率已经开始下降，到第 130 s，机组功率已经回落到初始的功率，由于主蒸汽压力下降造成的机组功率下降约 56 MW；图 1－4－30 中，一次调频开始后的第 30 s，锅炉控制中的一次调频逻辑作用已经开始显现，主蒸汽压力停止下降，而在图 1－4－29 中，第 30 s 时正是由于主蒸汽压力持续下降引起机组功率开始下降。一次调频开始后的第 155 s，由于锅炉控制的效果，主蒸汽压力已经恢复到初始的状态。

此外，还有多篇文献关注了直流锅炉的一次调频问题。例如，有文献叙述了在华能伊敏电厂 1# 机中，“将计算出需补偿的机组负荷叠加在 CCS 侧的负荷指令上。这样，在汽轮机调节门动作产生机组负荷的同时，锅炉可以迅速改变热量，有效抑制汽轮机调节门动作引起的锅炉蓄热变化”。还有文献认为：“在利用锅炉蓄热时，必然导致机前压力波动较大，减小压力波动的唯一办法是：一方面要适度利用直流锅炉蓄热；另一方面则必须加快锅炉煤量及给水量的调节。”这也说明直流炉在一次调频时需要重点注意其锅炉调整的问题。

第五章　电厂的监控系统

第一节　火电厂的分散控制系统基础

一、概　述

分散控制系统（Distributed Control System，DCS）是指以多台微处理器为基础，采用控制功能分散，显示操作集中，兼顾功能分散和综合协调原则设计的控制系统。其技术涵盖计算机技术、通信技术和过程控制技术。

1. 分散控制系统的产生与发展

（1）常规模拟仪表控制系统

该系统包括基地式气动仪表、电动单元组合仪表和模件组装仪表。

（2）计算机集中控制系统

该系统克服了常规仪表的缺点，但存在致命缺点“危险集中”，因为其控制功能、监视操作功能和信息管理功能集中在一台计算机上完成。

（3）分散控制系统

在分析常规模拟仪表控制系统和计算机集中控制系统的基础上，人们产生了危险分散的设计思想，即控制功能分散、监视操作功能集中。控制功能分布在仪表间的多个现场站中，监视操作分布在控制室的多个操作员站中，信息管理分布在办公室的多个工作站中。

（4）DCS 的产生和发展

DCS 的产生和发展进程如图 1－5－1 所示。分散控制系统举例见表 1－5－1。

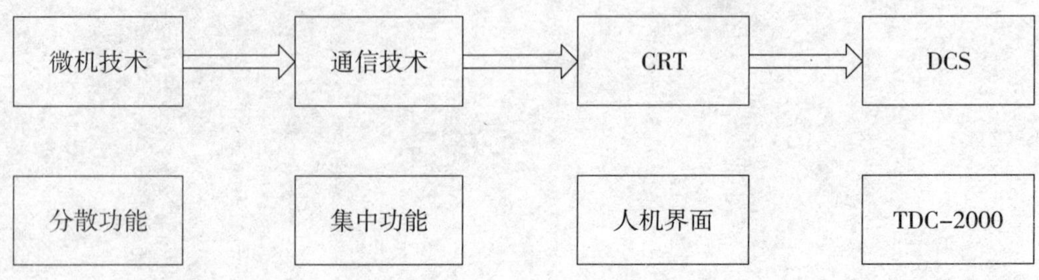

图 1－5－1　DCS 的产生和发展

表 1-5-1　分散控制系统举例

国家	公司	系统名称
美国	Honeywell Bailey Westinghouse Foxboro Leeds & Northrup	TDC-2000，TDC-3000 N-90，INFI-90，Symphony WDPF，OVATION SPECTRUM，I/A Series MAX-1000
日本	横河 日立	CENTUM，μXL HIACS-3000，HIACS-5000
中国	上海新华 北京和利时 北京智深	XDPS-400 HS2000 EDPF-NT

2. 火电厂自动化系统组成

火电厂自动化系统组成：厂级自动化系统；厂级监控信息系统 SIS；厂级管理信息系统 MIS；机组级自动化系统 DCS；热工系统自动化；电气系统自动化。

（1）SIS 系统

作为机组级 DCS 系统与厂级 MIS 系统的中间系统 SIS，起着承上启下的作用。它以实时监控为主，同时兼有实时信息管理的作用。因此，必须建立一个较为完善并具有一定规模的实时数据库，与 MIS 系统共享。其主要功能如下：

①全厂综合性能分析计算和操作指导。

②全厂负荷优化调度。

③机组寿命管理。

④状态监视、故障诊断及相关处理指导。

⑤机组优化控制。

（2）MIS 系统

MIS 具有对内管理和对外营销两大功能，其对外营销功能是由其电厂报价辅助决策子系统（PBS）完成的，它要收集厂内管理和监控信息系统的数据和上级电力市场交易中心的相关信息，并通过报价辅助决策软件的分析计算，提供报价决策。但 PBS 与 MIS 系统的其他子系统间的某些功能块应进行合理配合。例如发电成本分析计算，为进一步降低成本，加强电厂内部管理，以适应外部报价要求和内部自身管理规律，也需要设置类似的功能模块进行分析计算，其功能比 PBS 的运算复杂。因此该功能块不宜在 PBS 设置，而应置于 MIS 的成本子系统中。届时，PBS 通过调用其运算结果即可。这样，可使 PBS 减少二次加工量和数据库容量。总之，应避免出现每个子系统自成体系的资源浪费。

（3）DCS 系统

火力发电厂中，DCS 系统包括热工系统自动化和电气自动化。

在尚未统筹考虑厂级自动化前，单元机组监控系统 DCS 不仅完成机组直接监控功能，而且逐步扩大管理职能。例如机组性能计算，汽轮机寿命管理，长期历史数据存储和操作指导等。管理功能的加强使 DCS 系统日趋复杂，每台机组重复设置相同的软件模块。这样，往往造成投资浪费和可靠性降低。

在明确提出火电厂厂级自动化以后，应尽量简化单元机组级 DCS 的功能，主要服务于对机组的直接监控。凡是实时性不强的功能可上移至厂级 SIS。这样，DCS 本身可变为单层结构，提高可靠性，降低综合投资费用。在机组优化控制方面，对于要求快速、可靠和直接干预的单元机组的生产过程仍宜保留在机组级控制系统。

DCS 的主要功能包括：

①数据采集系统（DAS）。

②快速准确地反映参数变化和设备状态，为操作提供依据。

③模拟量调节系统（MCS）。

④维持设备正常运行，保证参数在正常范围，提高生产稳定性、经济性。

⑤开关量顺序控制系统（SCS）。

⑥辅机的启动顺序和机组的连锁保护。

⑦炉膛监测保护系统（FSSS）。

⑧防止炉膛爆炸、燃烧管理。

⑨汽轮机数字电液调节系统（DEH）。

⑩机组启动、转速控制。

⑪汽轮机紧急跳闸系统（ETS）。

⑫汽轮机保护跳闸。

⑬电气自动化系统（EAS）。

⑭发变组系统的操作、监视。

二、分散控制系统的构成原理

分散控制系统是一种集成了多种高新技术的新型控制系统，其原理结构是比较复杂的。我们应该从多种角度来认识和分析分散控制系统。

1. 从控制系统的角度来看

DCS 是一种分级的控制系统，各级完成不同的功能。功能分层体系是分散控制系统的显著特点，是实现控制功能分散、操作显示集中的关键。按系统结构进行垂直分解，DCS 包括四级（如图 1−5−2 所示），各级相对独立，又相互联系，不同的级完成不同的功能。

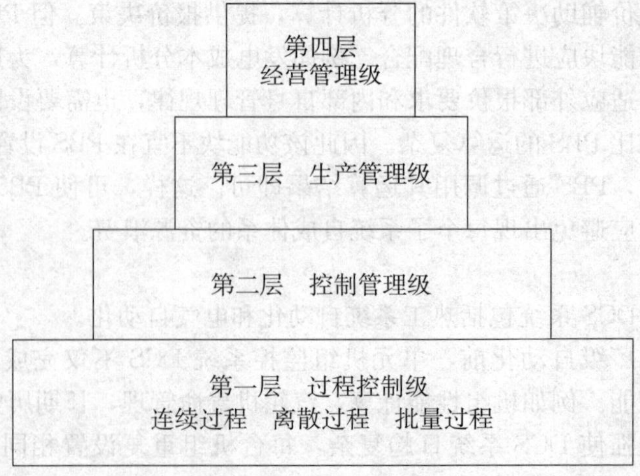

图 1−5−2　DCS 功能分层

按同一级进行水平分解，DCS可分为具有功能类似的站，各站相对独立，又相互联系，不同的站完成不同的功能。

(1) 过程控制级

设备：现场站（采集站、控制站）。

功能：数据采集、运算处理和控制输出；经通信网络和控制管理级通信；输入信号正确性判断；数字滤波；非线性修正；参数补偿；工程单位转换；A/D、D/A转换；输出检查；缺省值输出。

组成：通信模件；控制器模件；I/O模件和电源模件。

(2) 控制管理级

设备：操作员站；工程师站；历史站。

功能：操作员站；监视和操作；人和过程的接口。

显示功能：工艺流程画面，趋势画面，成组画面，一览画面，系统状态画面，报警相关画面等。

操作功能：和系统有关的操作，和过程有关的操作。

报警功能：开关量变态报警，模拟量越限报警，系统本身的报警；报警过滤功能，报警优先级功能等。

记录打印功能：随机打印（事件触发），周期性打印（时间触发），请求打印（命令触发）。

工程师站：工程组态和系统维护；人和系统的接口。

历史站：历史站主要负责采集和储存生产过程控制的历史数据，以供形成运行报表和历史趋势曲线。

组成：主机和外设。

(3) 生产管理级

设备：实时数据服务器，工作站。

功能：厂级生产过程的监视和管理，厂级故障诊断和分析，厂级性能指标计算；经网关机向经营管理级发送数据。

组成：主机和外设。

(4) 经营管理级

设备：数据服务器，工作站。

功能：厂级经营管理、财务管理和人事管理等。

组成：主机和外设。

2. 从信息系统的角度来看

DCS是一个数据通信系统，具有不同的网络结构，连接着功能各异的一个个节点，实现节点间的信息传送与互换。

通信网络结构是指网络中各节点设备之间相互连接的方式。常用的网络结构有三种，即星形、环形、总线形。

参加网络通信的最小单位称为节点。一个节点可以是一台计算机，也可以是几台甚至几十台计算机形成的数据集中器。

(1) 星形网络结构

①网络结构：如图1-5-3所示。

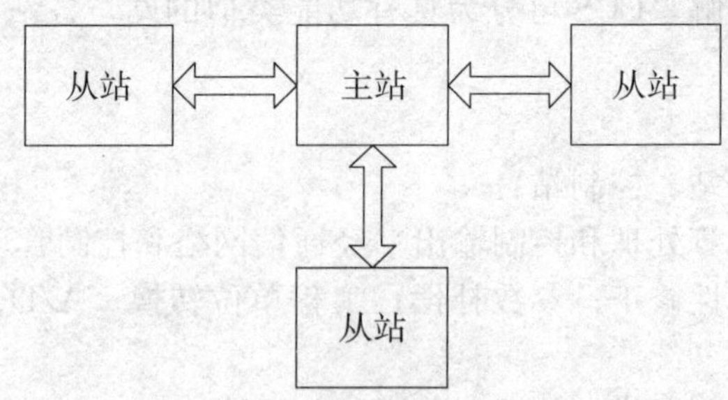

图 1-5-3　星形网络结构

②网络描述：在网络中的各站有主、从之分。处于中心位置的主节点称为主站，分布于各处的节点称为从站，任何两个站之间的通信都必须通过主站。

③网络特点：主、从站之间的链路是专用的，传输效率高，适用各站之间信息流量大的场合；对主站的依赖性强，可靠性低。

（2）总线形网络结构

①网络结构：如图 1-5-4 所示。

②网络描述：以一条开环的无源通信电缆作为高速公路，所有的站都通过相应的硬件接口挂到总线上。各站的功能可以有主从之分，也可以不分主从站。

③网络特点：各站分时使用总线；网络结构简单，易于扩展，可靠性高，某一个站的故障不致影响其他站的工作（无主从结构方式的情况下）；这种结构易于实现通信线路冗余，安装费用较低。因此，总线形结构的应用最为普遍。

例如，日本横河公司的 CENTUM 系统，BBC 公司的 Procontrol－P 系统，Westinghouse（西屋）公司的 WDPF 系统，Honeywell（霍尼维尔）公司的 TDC－2000、TDC－3000 系统等，均采用总线形网络结构形式。

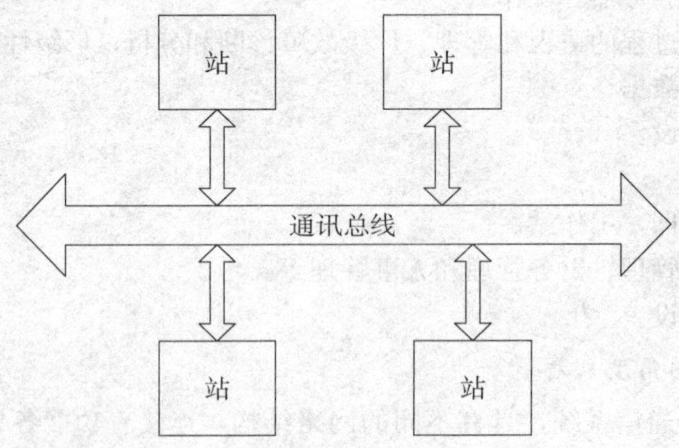

图 1-5-4　总线形网络结构

（3）环形网络结构

①网络结构：如图 1-5-5 所示。

②网络描述：是一个首尾相连的环形总线，各个站都通过各自的接口电路挂到环上。环上的各站无主从之分，平等地使用通信控制权。

③网络特点：各站可以同时发送和接收信息；信息在网上的传递总是从始发站出发，经

过网上每个站整形、放大后再传送，直至回到始发站（顺时针或反时针方向）。传送距离远且能保证信号质量；当某个站出现故障时，能自动旁路信息，而不影响信息的传递，但扩展性能不如总线形方便。工程上环形网络的应用也比较多，例如 Bailey（贝利）公司的 N－90 和 INFI－90 系统等。

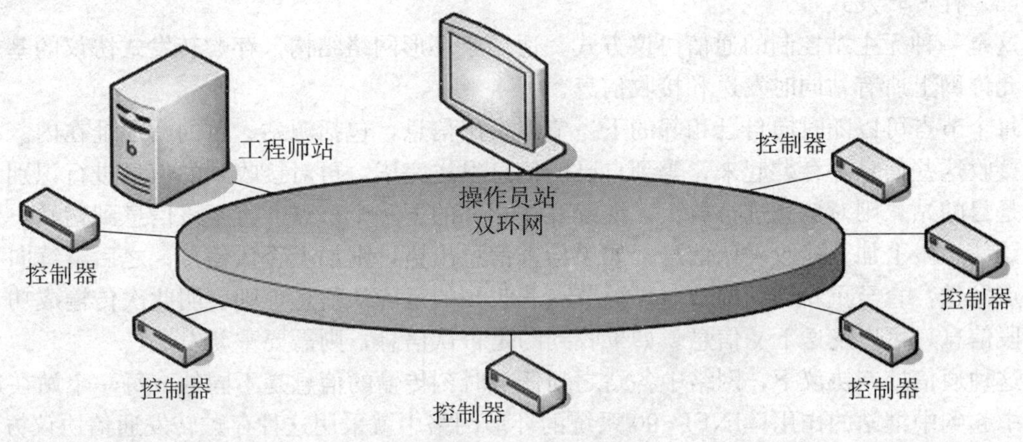

图 1－5－5　环形网络结构

3. 信息传输控制技术

通信网络上连接着众多的设备，要实现设备之间的信息传送，必须有适合于不同网络结构的信息传输控制技术，常用的信息传输控制技术有查询式、广播式和存贮转发式。

（1）查询式

这是一种有主站控制的通信协议方式，适用于具有主从节点的网络结构。处于网络中的主节点对网络行使控制作用。它按次序查询各从节点是否需要通信，需要发送信息的从站把信息送给主站，再由主站把信息发送给需要的其他从站。其特点是所有通信在主站统一指挥下进行，各节点之间没有冲突。

（2）广播式

这是一种无主站控制的通信协议方式，适用于总线形和环形网络结构。广播式通信控制协议的基本特征是在任何时刻，网络中仅允许有一个站处于发送信息状态，而其余各站只能处于接收状态。

如果在同一时刻有多个源站要发送信息，即发生抢占传输线路的冲突，那么必须按一定协议方式协调这种冲突。在广播式协议下，按防止冲突的方法不同，可分为自由竞争式、通行标记式（令牌传送式）和时间分槽式。

①自由竞争式：适用于总线形网络。接到总线上的各站共享一条广播传输线，每个站的地位是平等的，采用自由竞争方式发送信息到总线上。由于没有专门的通信控制站，有可能会有两个或两个以上站企图同时发送信息，此时便会发生冲突，造成报文作废。因此，必须采取措施防止冲突。自由竞争式的控制策略是：竞争发送，先听后发，边听边发，冲突后退，再试重发。

②通行标记式：即令牌式（Token Passing），适用于环形网络结构。有一个被称为令牌的信息段绕环网的各节点依次传送。令牌有“空”、“忙”两种状态。某个站接到传给自己的令牌后，如果令牌为“空”，则首先把令牌置为“忙”，并置入发送信息、源节点名、目的节

点名等信息段，然后将其送上环网。令牌沿环网运行一周再回到源节点时，传送信息已被目的节点取走，再把令牌置成“空”，送上环网继续传送，以便其他节点使用。

③时间分槽式：把规定的时间间隔分成若干时间槽，在槽开始时，该节点发送信息，等允许的时间槽时间到，就轮到下一个节点发送信息。

（3）存贮转发式

这是一种无主站控制的通信协议方式，适用于环形网络结构。存贮转发式协议的基本特征是允许网上所有站同时发送和接收信息。

每个节点可以随时向自己相邻的下一节点发出信息，包括源站、目的站地址在内。相邻节点接收这些信息并存贮起来，等到自己的信息发送完毕，再对接收到的信息进行识别。如果不是目的站，则对信息进行放大，继续发往相邻的下一个节点。直至该信息到达站，目的站在该信息段上加上接收确认信息；如果检查信息出错，则加上否认信息；之后继续向下一个节点发送，直至重新回到源节点。源节点若收到的是确认信息，则表明此次传输成功，去掉该段信息，可以发送下一信息。如果收到的是否认信息，则需要重新发送。

这种通信控制协议下，网络中各站之间任一时刻传输的信息是不同的，每一个站在通信网络中起到中继站的作用。INFI－90 系统的环形网络中就采用这种存贮转发通信协议方式。

4．从计算机系统的角度来看

DCS 分为硬件系统和软件系统。

（1）硬件系统

硬件系统包括一系列以微处理器为基础的智能模件、过程通道、通信接口和各种外部设备。

（2）软件系统

软件系统包括对系统进行管理的操作系统、数据库系统、数据通信软件、组态软件和对过程进行控制的一系列标准化功能模块。

三、分散控制系统的组态过程

分散控制系统的组态过程包括两个方面，即硬件配置和软件组态。

1．硬件配置

（1）过程控制级

按系统规模（测点、功能）配置现场站。现场站的个数可按功能或按位置进行配置。现场站内部配置主模件、通信模件、I/O 模件、电源模件。

（2）控制管理级

按系统规模（运行方式、功能）配置。操作员站的个数可按运行方式、功能或位置进行配置。工程师站的个数按要求进行配置。

2．软件组态

（1）控制组态（现场站）

定义：根据用户要求，利用 DCS 厂家提供的控制组态工具软件和固化在现场站控制器模件 ROM 中的各种功能模块生成控制策略的过程称为控制组态。

组态步骤：生成组态；编译产生控制器可以执行的组态文件；下装组态；调试组态。

组态方式：CAD 图形组态是根据需要调用各种功能模块，将它们连接生成控制方案；

填表式组态是根据组态软件提供的表格，按要求逐项填写生成控制方案。

（2）系统组态（操作员站）

定义：根据用户要求，利用 DCS 厂家提供的系统组态工具软件（图形组态、数据库组态、记录组态）和标准元素（符号、模板）生成数据库、监控画面和报表的过程称为系统组态。

组态步骤：生成组态；编译产生可执行文件。

组态方式：多种多样，在操作员站，在工程师站。

四、分散控制系统的特点

与常规模拟控制仪表系统以及一般的计算机控制系统相比，分散控制系统主要有以下几方面的特点。

1. 硬件积木化

分散控制系统采用分层次的积木式结构。在控制管理级，可按照用户需要配置若干操作员站、工程师站等系统部件。在过程控制级，可按照用户需要配置若干现场站，每个现场控制站内部又可配置若干具有不同功能的标准化模件，而无需内部连线。

整个系统的配置具有很大的灵活性，便于用户分批分步地扩展自己的系统，以构成更为完善、功能更强的现代化控制与管理系统。

2. 软件模块化

分散控制系统为用户提供了丰富的功能软件，大大减少了用户进行软件开发的成本。这些功能软件包括控制软件包、操作显示软件包、报表打印软件包等。并提供至少一种过程控制语言，供用户开发高级的应用软件。这些软件主要包括以下软件包：

控制软件包：为用户提供过程控制所需的各种功能软件模块。主要包括数据采集与处理、控制算法、常规运算和控制输出等功能模块。这些模块固化在现场站的智能模件的只读存储器中。用户通过组态方式可以任意选择这些模块，构成所需的控制方案。

操作显示软件包：为用户提供丰富的人机接口功能，在管理站上进行集中监视和操作。可以生成多种 CRT 显示画面，如总貌显示、组显示、趋势显示、棒图显示、流程图显示、报警显示和操作指导等画面，并可在 CRT 画面上进行各种操作，所以它完全可以取代常规模拟仪表盘。

报表打印软件包：为用户提供各种打印记录。包括：打印班报表、日报表、月报表；打印瞬时值、累计值、平均值、最大值和最小值；报警打印、事故追忆打印等。

3. 控制功能分散化

系统中的每个单元仅赋予有限的功能，使用专用的功能软件，避免了中心计算机系统软件的复杂性，提高了系统的实时响应能力，改善了整个系统的可靠性。

4. 系统功能综合化

分散控制系统把过程控制与监视操作以及管理融为一体，可实现生产过程的综合自动控制。

在过程控制方面，既可以完成单回路控制，也可以实现多变量控制、协调控制；既可以实现连续控制，也可实现顺序控制。在管理方面，既可以将生产过程数据直接处理、打印，也可以送到生产实时信息管理网做进一步的处理。

5. 高可靠性

分散控制系统为什么具有如此高的可靠性呢？主要在于分散控制系统具有以下措施与特点。

（1）结构可靠性

具有功能分层结构（垂直分解、水平分解），分散即意味着危险分散，局部故障不致引起全局故障。

（2）元器件的可靠性

大规模集成电路和微处理器芯片的可靠性已达到相当的水平。元器件经过认真严格筛选，适应于工业控制的需要。

（3）冗余技术

冗余即备份。分散控制系统中的关键环节和部件采用了冗余技术，像通信线路、电源和控制器等均采用冗余配置。操作员站也设置多套互为备用。

冗余方式：自动备用（同步运行（双重、三重），待机运行）；手动备用（手操站）。

（4）自诊断技术

系统发生异常，通过自诊断技术检出后传到操作员站，进行显示、报警或打印输出，将故障信息通知操作员，以便及时恢复。

6. 使用维护方便

分散控制系统的设计充分考虑了用户使用维护的方便性。在使用方面，操作控制人员借助直观、丰富的各类画面进行监视与操作，而不需监视大量的常规仪表，劳动强度大大降低。在维护方面，由于各种功能模件种类相对较少，备品备件易于准备，通过自诊断技术，使系统的维护与恢复十分方便。许多系统中能够对控制系统设备进行集中监视和诊断，就地面板也设置有状态指示灯，模件允许带电插拔，使系统本身的自动管理水平不断提高。

五、典型分散控制系统介绍

西屋公司的 Ovation 系统、FOXBORO 公司的 I/A Series 系统和 ABB 公司的 Symphony 系统是目前国内应用最为广泛的分散控制系统。下面以 Ovation 系统为例，介绍火电机组分散控制系统的特点。

1. Ovation 网络

在今天的过程控制领域，对于任何技术的投资，必须考虑它与未来科技的发展的兼容性。因此，控制系统需要一个开放的结构。Ovation 采用适用于实时过程控制的通讯网络，具有最快的速度和最大的容量。采用全冗余容错技术的 Ovation Control Network 严格遵循 IEEE 的标准。

Ovation 网络与通讯介质无关，既可采用光纤，也可采用 UTP。其采用的硬件极易在市场上购得，而且取消了对特殊网关和接口的要求，能够与企业内部 LAN、WAN 和 Intranet 完全连通。

Ovation 的网络不使用常见的过程控制系统中数据高速公路与厂区内 LAN 连接所需的复杂网桥。用户可用 Ovation 的统一网络，在确保过程安全的前提下，把过程控制同企业信息系统结合起来。

Ovation 的高速网络不同于其他 DCS 系统，它是一个完全确定的实时数据传输网络，即使在工况扰动的情况下也决不丢失、衰减或延迟信号。

Ovation 能够把控制机制和信息整体结合起来，是实现投资目标的有效途径。它能允许最终用户使用最好的方法来组织他们的信息集合，而不用考虑协议、网络管理和操作系统等。Ovation 网络软件使用 ISO/OSI，可以在任何一个标准物理网络层中通讯，具有所有网络的特性，即冗余、同步、确定和令牌传输。当与以太网、快速以太网、令牌环或其他拓扑结构相连时，它使用 TCP/IP 协议。因为 Ovation 系统在控制系统网络技术上的突破，最终用户为了在局域和广域范围内（LAN 和 WAN）构建信息系统，可以合成多个网络系统。所有其他分散控制系统厂商为了控制系统和厂区局域网相连接所设计的各种网关和用户接口，在 Ovation 系统并不需要。

因为 Ovation 系统设计原则是将从上到下的所有标准都合成一个完全开放的环境，所以 Ovation 允许最终用户在系统中集成其他厂商的产品。基于开放式的通讯协议，Ovation 系统已经成功地将全厂区域自动控制和信息组成一个整体，在今后所有的版本中也会继续使用所有标准组合。

Ovation 网络特性：速度 100 MB/s；容量 200000 实时点每秒；长度 200 km；站点 1000 个。

2. Ovation 控制器

由于使用开放的工业标准，Ovation 控制器在工厂过程控制中功能强大。Intel 奔腾处理器增强了灵活性，并能够节省成本。控制器把快速发展的微处理器技术方便地组织在系统中，提供在优先任务计划下的实时多任务、PC 兼容操作系统等功能，使用户在控制器软件上的投资最经济。

Ovation 控制器执行简单或复杂的调节、逻辑控制、数据采集，提供与 Ovation 网络和 I/O 子系统的接口。控制器内部使用标准 PC 结构，并提供无源 PCI/ISA 总线接口，它可以和即插即用（Plug and Play）的标准 PC 产品相兼容。

Ovation 按制器使用多任务商用实时操作系统（RTOS）处理数据。RTOS 用来执行和协调多应用区域的控制、与网络通讯以及对控制器内部统一管理。

Ovation 控制器的特点如下：

①具有处理多种应用程序（包括网络）的能力。

②控制器能够完全无扰切换。

③兼容第三方用于数据通讯、控制、用户 C 语言编程和仿真的软件。

④支持多任务和优先任务计划。

⑤完全符合 POSIX1003. 1b 的开放系统标准。

⑥用容易理解的命名方法来增加过程点（优于使用复杂的名称或硬件地址加偏移量的命名法）。

⑦RTOS 所占内存仅为 32KB。

⑧RTOS 存储和启动使用闪存（无需电池固化的内存）。

⑨RTOS 的模块式结构只执行控制算法和通讯的功能。

⑩应用软件的组态程序记录在闪存中。

3. 操作系统

Ovation 控制器所使用的操作系统不同于其他操作系统如 UNIX，它只使用于兼容

POSIX 的 RTOS 核心部分。该操作系统内嵌于 Ovation 的控制器中。

为了促进实时控制和通讯功能，RTOS 通过 TCP/IP 提供有优先计划的多任务安排和网络通讯。网络通讯通过商业使用的适配器，执行物理和媒介层处理的通讯功能。诸如路径确定、站到站的连接等通讯协议中的高级功能以及文件的传输，都由控制器软件处理。Ovation 网络执行 TCP/IP 协议仅仅是 RTOS 功能中的一种，它也兼容其他实时操作系统和 Microsoft NT、UNIX。

4. Ovation 硬件

Ovation 基于奔腾处理器结构及 PCI 总线方式。PCI 是一种 32 位用于奔腾和奔腾处理器中的扩展总线。使用 PCI 总线作为系统的设计思路，可以支持其他的 PC 设备。

Ovation 控制器被设计为适用于不同的硬件平台上。这种灵活性使得控制器可在更新和更好的平台和商用操作系统中移植，可以满足未来的需求。Ovation 控制器的硬件平台和操作系统以工业标准为基础，具有以下优点：

①降低硬件和软件的淘汰风险。

②降低硬件和软件更新的成本。

③提高跟踪技术发展的能力。

Ovation 控制器使用奔腾处理器，具有同时处理 5 个过程控制区域的能力，扫描频率从 10 ms 到 30 s。每个控制组态均可包含 I/O 过程点和算法。

（1）历史事件顺序（SOE）

整体的 SOE 处理能力由 I/O 子系统和标准软件提供。SOE 记录下用户设定的数字量输入变化状态序列的分辨率为 1/8 ms。

（2）报警处理

基于每个过程点的定义，Ovation 控制器在输入量程的范围内执行基本报警处理功能。任何一个点报警的状态将会在 Ovation 网络上不断地更新和广泛传播。例如，一个点的状态会被标明超出传感器或用户定义的量程范围、改变了状态或超过一个增幅的限制。如果用户要求，则报警的报告可以延迟一个用户预定义的时间间隔。

（3）冗余

Ovation 控制器的设计是能够提供不同关键设备的冗余要求，包括：网络接口，功能处理器、内存和网络控制器，处理器电源，I/O 电源，输入电源，辅助电源，远程 I/O 通讯媒介。

全冗余的控制器配备有：双奔腾基础的功能处理器，双网络接口，双处理器电源，双 I/O电源，双辅助电源，双输入电源，双 I/O 接口。

每个冗余功能处理器都执行同样的应用程序，但只有一个能用于 I/O 通讯并且运行在控制模式下。备份处理器必定运行在后备、组态或离线模式。

（4）控制模式

在控制模式下，主处理器的功能类似一个非冗余的处理器。它直接对 I/O 进行读取、写入和执行数据采集、控制功能。此外，主处理器监视着“后备”处理器和网络的状态。

（5）后备模式

在后备模式下，后备处理器诊断和监视主处理器的状态。后备处理器维持控制所需的数据，并且通过 Ovation 网络获取所有控制处理器发出的信息，包括过程点数据、算法块的参数和变量点的属性。

(6) 自动纠错控制

Ovation 控制器的冗余功能包括自动纠错控制。也就是说，如果主控制器失败，“看门狗”检测电路关闭主控制器的 I/O 接口，并将错误通知后备控制器。后备控制器马上实现 I/O 总线的控制，开始执行过程控制的应用程序，并通过 Ovation 网络广播信息。因为后备控制器中算法块一直跟踪着输出值，通过收到信息的逆运算，在第一次控制扫描期间即可提供数据，所以发生错误，甚至发生一个严重的故障后，控制器间可以做到无扰动切换。触发自动的故障切换的事件包括：控制处理器故障，网络控制器故障，I/O 接口故障，控制处理器电源切断，控制处理器复位。

5. 模拟量输入/输出模件

模拟量输入/输出模件提供了一个介于厂区操作与 I/O 接口总线间的模拟量信号界面。总的来说，所有模拟量输入/输出模件有如下的特性：

①IEEE 抗浪涌能力。

②直观的 LED 诊断/状态指示灯。

③自动归零，自动增益修正。

④符合 IEC801－2～5 标准。

⑤通道到通道与通道到逻辑的电气隔离。

⑥14 位分辨率。

⑦提供调节过的隔离电源（使用二维变压器技术）。

⑧在线初始认定，使用 EEPROM 存储整定常数。

卡件类型有：模拟量输入模件，数字量输入/输出模件，历史事件顺序模件（SOE），脉冲累计模件，LC 模件，速度检测模件，阀定位模件，HART 协议接口卡。

6. Ovation 用户界面

Ovation 用户界面为操作控制系统的安全、高效和灵活性提供了保证。因为使用了商业的实时操作系统，所以 Ovation 用户界面提供了强大的操作和维护能力。Ovation 是工业领域中最可信赖和具交互性的实时监视和控制网络。

Ovation 按照用户选择的标准平台提供用户界面，包括 PC、UNIX 或 Java/浏览器工作站版本。PC 版本使用 Microsoft NT 4.0 操作系统，而工作站版本结合了 Sun 微处理系统强有力的操作系统。任意一种平台都能作为工程师或操作员界面来完成读取和处理企业级的所有数据。操作员和工程师用户界面 Ovation 操作员站提供了一个高分辨率的窗口，以处理控制画面、诊断、趋势、报警和系统状态的显示。通过工作站，用户可以获取动态点和历史点、通用信息、标准功能显示、事件记录和一个复杂的报警管理程序。Ovation 工程师站在操作员站功能的基础上，增加了创建、下载和编辑过程图像、控制逻辑和过程点数据库等所需的工具。

用户可通过选择操作员站监视器上的图标来访问标准操作员站，包括报警、组态显示、算法参数调节、浏览用户过程控制等。当图标被激活后，相应的标准控制功能会显示在一个窗口内，它可以按照多窗口显示的格式被任意调整尺寸和移动。最多可同时显示 7 个不同功能的窗口，这些窗口可以任意调用、定位和调节。操作员站可调用存储在硬盘内的由工程师站用 CAD 类型的图形建立器绘制的用户过程画面。过程画面可定义为操作员站通用和特定站使用两种方式。为了加快调试进度，控制回路和布尔逻辑方案可以用工程师站绘制的精确的图形方式在线激活和修改。Ovation 操作员站提供了一个菜单系统，用于表示标准的回路和显示方式，包括：图形显示，程序执行，逻辑子系统，通用信息显示，报警显示画面，拖/放点名功能，点信息，系统自诊断。

操作员站可以通过特定厂区范围的过滤功能将报警送至特定站或整个系统。点名的第一个字母可以标明点所在的控制处理区域，通过这个方式，每个报警可以特定地表示它所在的控制区域。报警优先级是为了区分报警的重要性，过程点定义为1～8档优先级，8级最低，1级最高。模拟量报警的高低限可以安排各自的优先级。传感器标志一个输入点的失败时，使用两个数值中的较大者；恢复时标志一个报警点恢复正常，使用两个数值中的较小者。当报警发生时，声响报警将产生声音提醒操作员发生了一个或数个报警。声响报警可以连续，也可以不连续。连续声响可以设为响一段时间间隔或响到报警确认为止。每个报警优先级可以定义不同的音调，这个功能将帮助操作员辨别报警的重要性。连续声响系统可以在一台或一组操作员站中运行，不连续的声响（一个用户定义的 声音文件）在点报警时仅响一次。声音文件可以在两种模式下运行：优先级或目的地。不同的音调可以定义给特定的目的地或优先级；同样的音调也可定义给不同的目的地或优先级。操作员可以使用基本报警端口上的报警确认按钮来确认报警。

班组日志允许操作员填入每个班组的信息操作摘要和数据观测值。日志内容可以广播到其他操作员站或存储在历史站内。

趋势图用图像或表格形式并按照选择的时间周期来显示系统网络上的实时点采样。操作员站可以浏览实时和历史数据两种趋势显示。操作员站可以建立特定的趋势组，以便于快速地访问一组预先设定点。

7. Ovation 工程师站

Ovation 工程师站使用 Windows 环境和高分辨率的显示面画来执行编程、操作和维护功能，并包含了 Ovation 操作员站的所有功能。工程师站提供了创建、编辑和下载过程图像、控制逻辑和过程点数据库的必要工作。

为了组态和维护 Ovation 系统，Ovation 工程师站包含了称为工程工具的一整套工具。这些工具用来创建和编辑过程图像、控制逻辑，键入过程点数据库和站点组态文件，并将新建或改变后的数据文件存入系统软件服务器。

工程师站提供一套带安全系统的、简单易用的图形用户界面重要数据库。Ovation 数据库是分布式数据库，每个站点处理它相关部分的数据，再通过网络连接在一起。所以，主体数据库具有一致和精确的可维护性。

全域的数据库一直在更新报告当前的数值。工程工具可把数个来自不同硬件平台的应用程序单独或同时展开，并执行。

Ovation 工程师站执行系统管理功能，并存储所有的系统软件。系统目标码和应用源程序代码也存储在工程师站中。因为具有工程和操作双重功能，工程师站提供了多样的功能库。处于工程模式时，可以开发、下载和维护所有站点的应用软件。新的组态程序将通过 Ovation 网络传递到目标站点。

8. Ovation 历史站

PWS 的 Ovation 历史站为整个 Ovation 过程控制系统的过程数据、报警 SOE、记录和操作员，提供大容量的存储和回复信息。Ovation 历史站具有高速、高效和高度灵活的特点，它能组织巨大数量（20000 个）的实时过程数据和有意义的信息，并将之提供给操作员站、工程师站和系统维护人员。

所有过程数据以 0.1 s 或 1 s 的时间间隔扫描和存储，以备今后恢复和分析。收集的数据可在工程师/操作员站上显示、打印、传输给其他文件或归档。

(1) 历史站特征

Ovation 历史站的特征如下：

①高速扫描数据并处理（0.1 s 或 1 s），高速、高效、灵活地组织 20000 个实时过程数据点。

②通过模拟量数据压缩模块，优化存储内存。

③数据回复连续无缝的用户界面。

④提供便利的自动数据文件目录，帮助恢复过程信息。

⑤全冗余操作自动数据和文件恢复。

⑥可选择标准硬件设计适合特殊要求。

(2) 历史站功能

①基本历史站软件包。

基本历史站软件包提供了允许运行单个历史站软件模件的核心软件。基本历史站软件包为单个历史站应用软件提供了计划、监视和磁盘管理功能。此外，基本历史站软件包将收集到的数据归档到光盘内，以便长期存储。

②主要历史记录软件包。

主要历史记录软件包收集、存储和回复过程点数据。所有的点每秒扫描一次，并收集点状态或数值的变化。提供最小的磁盘存储容量，但同时精确地记录活动过程。利用历史点回顾和历史趋势功能访问和分析收集到的数据。主要历史记录软件包也向操作员界面提供趋势功能所需要的数据。

③报警历史记录软件包。

报警历史记录软件包将报警状态文本化，以用于今后的分析。

报警历史记录软件包接收由其他站点——典型操作员站和工程师站——用报警监视功能传送来的报警。模拟量和数字量报警存储内容包括报警时间、点的数值、点的状态和报警优先级。报警历史记录软件包用户接口（UI）允许操作员站或工程师站显示、打印收集到的报警或将报警存入文件中。UI 还可按照各种因素对报警清单进行排序，如点名、时间范围或初始站点。

④操作员事件记录软件包。

操作员事件记录软件包按照时序创建一个系统操作行为记录。

操作员事件记录软件包记录下操作员的行为，如手/自动转换、升/降命令、开/关命令、设定点变化、报警限位变化、点的状态变化或人工键入的数值。任何动作都将被清楚地标明、打上时间标签并按照时序存储。UI 提供回复和按照时序、时间范围、初始站点或事件类型对事件清单进行排序等功能。这个清单可以显示、打印或按照 ASCII 码文件形式存储。

⑤文件历史记录软件包。

文件历史记录软件包存储、归档班组日志和记录报表。文件历史记录软件包以数据文件的形式存储和归档操作员班组日志（由操作员站用户界面发出）和生成的报表（由记录服务站输出）。在操作员站或工程师站上的典型用户界面用来从存储在历史站的数据文件中回复所需信息。

⑥长期历史记录软件包。

长期历史记录软件包长期存储关键的在线数据。长期历史记录软件包的功能类似主要历史记录软件包，收集和存储数字量和模拟量点的数值和质量码。长期历史功能为主要的测点提供确定的在线存储区，以使其能够长时间在线保存（数月）。长期历史与主历史功能使用同样的数据线束工具——历史点概貌及历史趋势，因此可共用分享共同的UI。主历史和长期历史测点可用这些显示方式任意组合；存储区对用户是透明的。

⑦历史事件顺序（SOE）。

SOE自控制器收集事件顺序数据，并根据时间顺序分类列表，并搜寻列表后的首发事件。SOE历史用户接口在操作员/工程师站上运行。它允许操作员查阅SOE报告，并根据标签控制或首发事件测点对报告进行筛选。

第二节　水电厂监控系统

一、概　述

水电厂监控系统通过对水电厂各种设备信息进行采集、处理，实现自动监视、控制、调节、保护，从而保证水电厂设备按电力系统要求安全稳定运行，保证供电电能质量，充分利用水能，降低维护成本，提高经济效益，改善运行条件，实现少人值守或无人值班。

水电厂监控系统应简单可靠、经济实用和操作方便，其系统结构、技术性能和指标要求应与电厂规模、水电厂在电力系统中的地位以及监控系统设备的生产水平和运行维修条件相适应。

二、设计原则

水电厂监控系统的设计原则如下：

①系统配置和设备选型应符合计算机发展的特点，充分利用计算机领域的先进技术。

②系统应采用全分布、开放式结构，既便于功能和硬件的扩充，又能充分保护应用资源和投资，分布式数据库及软件模块化、结构化设计使系统能适应功能的增加和规模的扩充，并能自诊断。

③系统应高度可靠、冗余，其本身的局部故障不应影响现场设备的正常运行，系统的MTBF、MTTR及各项可用性指标均应满足《水电厂计算机监控系统基本技术条件（DL/T578—95）》、《水力发电厂计算机监控系统设计规定》（DL/T5065—1996）的规定。

④系统应适应水电厂现场复杂的运行环境，抗干扰能力强，实时性好。

⑤系统应具有友好的人机界面，直观形象，操作方便。

三、类　型

根据计算机在水电厂监控系统中的作用及其与常规设备的关系，水电厂监控系统有以下几种类型：

①以常规设备为主、计算机为辅的监控系统。

②以计算机为主、常规设备为辅的监控系统。

③取消常规设备的全计算机监控系统。

从发展路径来看，水电厂监控系统的发展历史经历了如图 1-5-6 所示的过程。

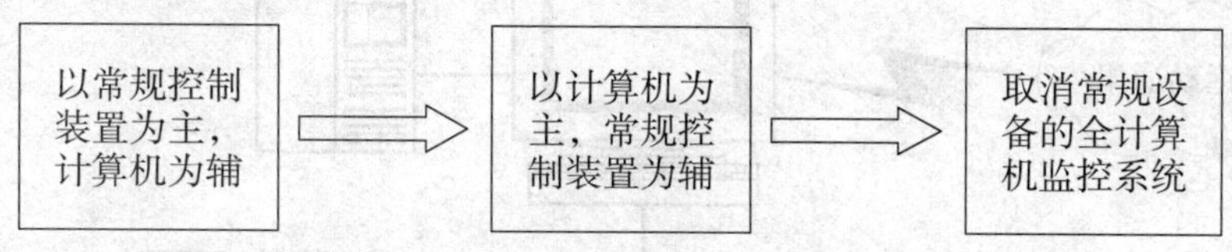

图 1-5-6　水电厂监控系统发展路径

1. 以常规控制装置为主，计算机为辅的监控系统

①水电站的控制功能仍由常规控制装置来完成。

②计算机监控系统主要完成常规监控设备不能完成的某些功能，只起监视、记录打印、经济运行计算、运行指导等辅助作用，例如自动经济运行、电厂主要运行参数的监视、电厂运行数据处理和事件顺序记录等。

③对计算机可靠性的要求不是很高，即使计算机发生故障，水电站仍可以正常运行，只是局部性能方面有所降低。

④电厂的中控室有完整的常规监控设备（模拟屏和控制台）。

2. 以计算机为主，常规设备为辅的监控系统

①电厂的正常运行完全依靠计算机系统，计算机系统中与电厂的安全运行密切相关的设备应双重化设置。

②常规控制部分可以大大简化，中控室应设简化的模拟屏，屏上仅设需经常监视的仪表和各安装单位的总事故、总故障信号，信息直接来自生产过程。也可以在模拟屏（必要时可在控制台）上设置少量的操作、调整开关，作为电厂级控制手段的备用。

③设立机旁控制盘，当计算机监控系统出现故障时，可以就地操作。

④适合对旧电厂的自动化进行改造，是目前主要的监控形式。

3. 取消常规设备的全计算机监控系统

①中控室不设常规的集中控制设备，二次接线简单清晰，对设备的可靠性有很高的要求，设计时应采取必要的冗余措施，并选用软、硬件质量可靠的产品。

②全计算机监控系统是未来的水电站计算机控制方式的主流。

四、系统结构

水电厂计算机监控系统结构主要分为集中式和分布式两类。

1. 集中式结构

集中式监控系统是将信息全部采集到主计算机进行处理，然后根据计算结果，把相关的控制结果传给各个测控点进行控制和调节，如图 1-5-7 所示。

集中式系统结构简单，较易于实现，改造或系统升级比较方便，投资比较低，多用于小型水电厂。

集中式系统的缺点是可靠性不高，一旦主计算机出现故障，整个控制系统将面临瘫痪的危险。

为了克服对一台主机过分依赖的缺点，可以增设第二台主机作为备用，以提高整个系统

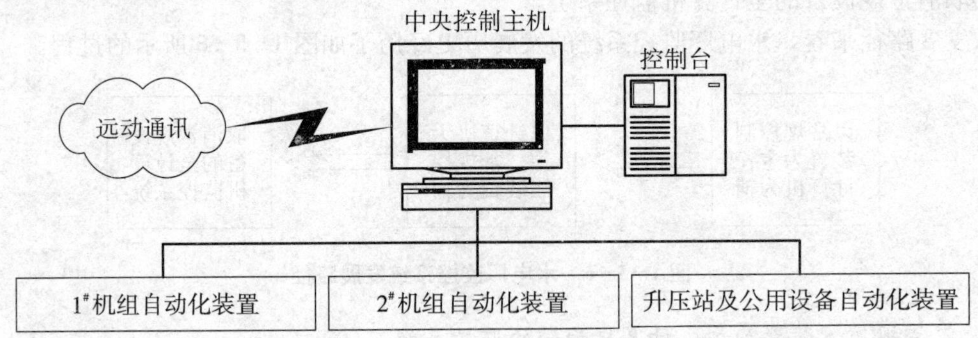

图 1-5-7　集中式水电厂监控系统结构

的可靠性。备用方式一般有以下三种：

①冷备用方式：平时主计算机运行，备用计算机不参与生产过程的控制。

②温备用方式：主、备用计算机都运行，备用计算机一般只承担监视任务，当主计算机出现故障时，人为切换到备用计算机。

③热备用方式：两台计算机是并列运行的，执行同样的程序，双机可以同时进行操作，互不影响。一台计算机故障不影响另外一台计算机的运行，提高了系统的可靠性。

2．分布式结构

分布式系统结构在地域上控制设备比较分散，分散于主厂房、中控室、开关站、闸门控制室等处。各个设备通过通信协议相连，从而减少了二次电缆的铺设。如图 1-5-8 所示。

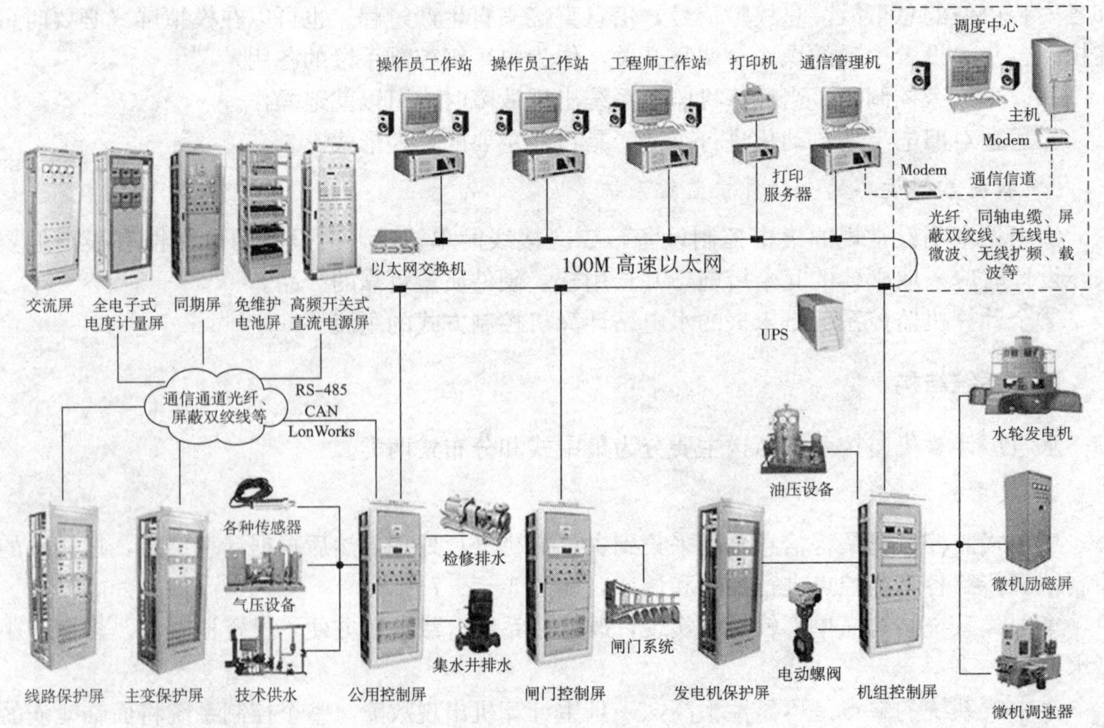

图 1-5-8　分布式水电厂监控系统结构

分布式系统结构可根据功能和应用的特点灵活部署功能实现，凡是不涉及全系统性质的监控功能可安排在较低层实现，提高了响应性能，减轻了控制中心的负担，减少了信息传输量。

分布式系统具有很好的可靠性和健壮性，局部故障一般不会引起全系统的故障，从而提高了系统的运行稳定性。

分布式可以灵活地适应被控制生产过程的变更和扩大，可实施分阶段投资，提高了系统的灵活性和经济性，也是水电厂监控系统的技术发展方向。

由于系统结构较为庞大，软件比较复杂，投资较大，多适用于大中型水电厂。

五、系统组成

根据技术发展趋势，下面主要以分布式、全计算机监控系统为例进行介绍。

整个系统由电厂站控级计算机和现地控制单元（LCU）组成，采用不低于 100 Mbps 交换式以太网联结。电站的计算机监控系统能对全厂主要机电设备进行控制，对所有机电设备的运行情况进行全面监视。电站内的计算机监控系统网络采用100 Mbps工业以太网和多模光缆构成双星形或双环网结构。

电站应预留与电网调度中心直接通信的接口。

水电站各发电机组应分别设置一套 LCU，公用设备、开关站及闸门监控各设置一套 LCU。LCU 直接监控被监控设备的生产过程，既可作为分布系统中的现地智能终端，又可作为独立装置单独运行。机组 LCU 和公用 LCU 通过交换机或现场总线与机组辅助设备和公用设备的分布式 I/O 装置（DIO）进行通信，这些分布式 I/O 装置将布置在机组辅助设备和公用设备的现场。DIO 应能方便地连接移动式 MMI，用于编程、调试、维护等。

各 LCU 分别设有其监控范围内完整的实时数据和历史数据。当与上位机系统通信中断时，能保存至少 2 h 的历史数据，并能在通信正常后响应上位机系统的命令，将中断期间的历史数据信息传输到上位机系统，以便恢复上位机的历史数据库。

监控系统局域网按 IEEE 802.3u 设计，采用全开放的分布式结构，网络介质采用光纤电缆，通信规约 TCP/IP，网络的传输速率不小于 100 Mbps。

监控系统结构应具有如下特点：

①开放性。监控系统应完全符合国际标准定义的开放式环境，如采用 UNIX 或 Windows 操作系统，编程支持 C 语言等高级语言，应用程序的开发界面采用功能图语言。

②分布性。功能和数据库分布在系统各节点上，使监控系统具有更高的效率、更高的可靠度及更好的可扩性。

③高度可靠、冗余。站内监控系统采用冗余全光纤的 100 Mbps 交换式快速以太网，冗余系统服务器（兼操作员/工程师站）和冗余电源系统等。

④系统应支持在线及离线编程，远程编程维护。

监控系统与其他监控设备的关系应按以下原则处理：

①应设置硬件和软件，使运行人员能在各控制层之间、计算机监控系统与常规控制设备之间选定对电厂设备的控制权，对无控制权的设备进行闭锁。

②励磁调节、调速、继电保护、水力机械保护、事故录波等功能一般不由监控系统承担，而由另设的专用功能装置完成。监控系统仅以简单的信息交换方式与之联系，例如向励磁调节器和调速器发送给定值或调整脉冲，接收继电保护装置的动作信号等。如果上述装置

微机化，则可用串行通信方式实现这些装置与监控系统的通信。

③在全计算机监控系统中，一般不同时另设独立的中央音响信号系统，而在电厂级及各现地控制单元设由监控系统驱动的事故、故障音响信号。在计算机为主或计算机为辅的监控系统中，应同时另设置独立的中央音响信号系统。

④机组辅助设备和全厂公用设备的控制一般由独立的自动装置完成，仅将需要监视的模拟量和事故、故障信号送往监控系统。

⑤水情测报及水库调度系统应独立于厂内监控系统，但其处理结果应能送入监控系统，为电厂的安全、经济运行提供依据。

⑥水工建筑物的监测装置和火灾报警系统一般另行设置，独立于厂内监控系统。

六、系统功能

1. 数据采集和处理

数据采集和处理功能应采集各 LCU 自发性上送的设备运行实时数据，通过与外部系统通信，接收电网调度命令、电站或其他枢纽系统送来的数据，对采集到的数据进行分析和处理，更新实时数据库，对运行数据进行历史保存，保证数据的连续。

监控系统应对电厂各主要设备的工况参数巡回检测、定时打印、越限报警、复限提示和显示、记录。对特别重要的非电量（如推力轴瓦温度），除监视其数值外，还应监视其变化趋势。

监控系统采集的各种电量和非电量应包括：为保证设备安全和电能质量而需经常监视的量；需要定时打印记录、制表上报或存档备查的量；完成监控系统功能所需要的其他量。

监控系统应对下列开关量进行监视记录：

①机组的运行工况（停机、发电、调相、抽水等）。

②6 kV 及以上电压断路器、反映厂用电源情况的断路器和自动开关以及反映系统运行状况的隔离开关的位置信号。

③主要设备的事故及故障信号，以及主要设备的总事故及总故障信号。

④监控系统的故障信号。

以上所列开关量中以下部分应进行顺序记录：

①发电机电压及其以上电压断路器的位置信号。

②分析系统事故需要的继电保护及系统安全自动装置的动作信号。

监控系统的数据处理功能包括以下方面：

①对采集的数据是否有效进行鉴别，去掉无效数据。

②对有效采集的数据进行必要的变换。

③对采集的模拟量进行越限检查，越限时产生报警报告并自动记录。

④对报警的数字量产生报警报告并记录，包括事件顺序记录。

⑤根据监控或管理要求对采集的数据进行各种计算，包括累加和统计计算，趋势或梯度分析。

⑥将有关数据生成数据库，如实时数据库和历史数据库。实时数据库是将从各个设备采集并传来的各种物理量经过处理后，进行存放和管理的数据库，以供不同的画面用于实时显示、事件处理、历史操作等。历史数据库主要包括历史数据和趋势记录等，可用保存、显示、查询历史数据，能够根据历史数据生成趋势数据。

2. 控制与调节

监控系统应能根据负荷曲线或预定的调节准则或上级调度所实时发来的有功功率给定值，以节水多发为目标，并考虑到最低限度旋转备用，在躲开振动、空蚀等条件的约束下，确定最优开机组合及最优负荷分配。例如，监控系统开环运行，应通过显示屏幕将信号通知运行人员；监控系统闭环运行，则应通过机组现地控制单元将信号作用于起停机装置及调速器。

监控系统应能根据预定的全厂无功功率或本厂高压母线的电压给定值给出每台机组的无功功率调节信号。例如，监控系统开环运行，应通过显示屏幕将信号通知运行人员；监控系统闭环运行，则应将信号作用于励磁调节装置；在主变压器为有载调压时还应作用于变压器分接头，使分接头调节与机组励磁调节实现最优组合。

监控系统应能根据预定的决策原则及运行人员输入（或自上级调度所发来）的命令发出机组工况转换命令，并完成工况的自动转换，以及进行断路器跳、合，隔离开关分、合，变压器分接头有载调节和自动顺序倒闸等操作。

在机组工况转换操作过程中，监控系统可显示各主要阶段依次推进的过程。过程受阻时应指出原因，并将机组转换到安全工况。

监控系统可用增、减命令或改变给定值的方式调节机组的出力。

水电厂监控系统应支持多种电站控制和调节运行方式。正常运行时，应支持通过电厂监控系统本地对各机组设备进行控制调节。同时，电厂监控系统应支持远方集控中心对水电站进行远方实时控制、安全监视及调度管理。远方集控中心对电厂监控系统的调控方式有以下两种：

①调控命令和 AGC、AVC 设定值等可发到电站计算机监控系统，由电站的计算机监控系统调控机组及其他设备。

②远方集控中心的计算机监控系统能直接控制、调度到机组和主要开关，单机设定值和命令可从远方集控中心的计算机监控系统发到 LCU，LCU 执行这些命令，并返回足够的信息给远方集控中心计算机监控系统进行监视。

当由于通信故障使电厂计算机监控系统与远方集控中心计算机监控系统联系中断时，可在水电站中控室的站控级计算机控制操作或在现地控制单元（LCU）上进行控制操作。

计算机监控系统应具有多种调控方式，以满足电厂运行的需要。为了保证控制和调节的正确、可靠，操作步骤按“选择—确认—执行”的方式进行，并且每一步骤都应有严格的软件校核、检错和安全闭锁逻辑功能，硬件方面也应有防误措施。

水电厂监控系统对设备的控制方式有以下四种：

①LCU 现地：全自动控制，自动分步控制，手动分步控制。

②中控室：全自动控制，自动分步控制。

③远方集控中心：全自动控制。

④电网调度：AGC 控制。

“中控/现地 LCU”手动方式转换开关设在 LCU 上，上级集控中心计算机监控系统控制方式转换开关设在电站中控室。只有当 LCU 方式转换开关切至“远方”时，才能由中控室控制；且只有当 LCU 和中控室的方式转换开关均切至“远方”时，才能由上级集控中心控制。

监控系统负荷给定方式有以下三种：

①由运行人员在中控室和集控中心操作站给定全厂总负荷或机组设定值。

②由负荷曲线自动给定全厂总负荷，自动制定开、停机计划和机组负荷分配。

③由集控中心根据 AGC/EDC 算法给定全厂总负荷，由电站系统服务器分配给各机组。

监控系统机组负荷分配方式有以下四种：

①由运行人员在中控室给定负荷。

②由 AGC、AVC 自动给定负荷。

③由集控中心远程操作站计算机给定负荷。

④直接在现地 LCU 上设定机组负荷。

3. 运行监视和事件报警

（1）状态变化监视

所有开关量的状态改变都应显示、记录，并可根据需要选择打印。

（2）越/复限检查

电厂站控级能接受各 LCU 的越限报警信号，如模拟量越/复限、梯度越限、开关量状变和监控系统自诊断故障等各种信息。当发生紧急事件时，如保护装置动作、机组事故停机等，应自动推出相应画面和事故处理指导，画面闪光和变色，打印事故追忆记录。

（3）过程监视

监视机组开、停机过程。在 MMI 上显示过程的主要操作步骤，当发生过程阻滞时，在 MMI 上显示阻滞原因，并将机组自动转换到安全状态或停机。

（4）趋势分析和异常监视

应提供趋势（分析）功能以用于显示一些变量的变化，趋势分析程序应能在趋势显示画面上以曲线形式显示趋势数据。站控级计算机应能储存至少 30 帧趋势显示，每帧能显示至少 6 条趋势曲线。站控级计算机的趋势显示应能使用 10 种不同的时间标度，趋势显示间隔时间应能由运行人员在操作台键盘上进行选择。站控级计算机将能进行在线趋势显示。采样周期最小为 250 ms，时间长度最小为 10 min，并可以自由组态。应提供在起动过程中发电机和水轮机轴承的温度-时间趋势监视。

（5）事故和报警报告

事故顺序记录是反映系统或设备状态的离散变化顺序记录。

事件和报警应按时间顺序列表的形式出现。应记录各个重要事件的动作顺序、事件发生时间（年、月、日、时、分、秒、毫秒）、事件名称、事件性质，并根据规定产生报警和报告。事件的排列应是最新数据替换旧的数据。事件和报警应储存在站控级计算机的数据库内，根据操作员的需要将依以下的形式显示在屏幕上：过程事件表、过程报警表、系统列表。

事件表应包含最新的事件。事件记录作为历史记录应长期保存，并能在线检索，支持组态及过滤功能。

报警表应包含最新的报警量。报警量被操作员确认和报警条件消失后应从报警表中撤销。如果有最新的未被确认的报警行，或者有从有关对象的动态数据显示出特定颜色的状态指示，则应在所有的画面上闪光指示报警，直到该报警被确认后才转为静态显示，并保留到与报警条件存在的时间一样长，支持组态及过滤功能。报警被确认是通过操作员的键盘和鼠标来实现的。

报警应按顺序以 1 ms 分辨率的发生时间打印出来。当操作人员已知道所有状态变化和报警状态变化，以及电力系统的异常状态已被清除后，报警报告应予撤除。报警表应包括全部报警状态和模拟量越限报警。

系统列表应指出计算机监控系统的报警和事件，如果系统已发生了故障，应在显示屏幕上指示出故障信息，并记录在历史数据库内，并可在线检索，支持组态及过滤功能。操作员应能通过键盘沟通系统获得详细的信息。系统报警应通过键盘和鼠标确认。

操作员应能在事件、报警和系统列表发生时手动或自动打印。事件应按顺序并以 1 ms 分辨率打印出发生事件的时间。操作员可取消任意打印任务。

电站的所有事故信号、预报信号、报警等能在电站计算机监控系统中自动打印、显示、记录，发出声光报警信号，同时发送到远方集控中心远程操作站，并根据故障和事故的分类和级别，向指定人员发送手机短信报警信号（ON－CALL 功能）。

（6）事故追忆

监控系统具备事故追忆功能，能够记录系统发生事故的原因、时间、动作值等信息；能够根据设定的要求，在发生事故时记录和事故发生有关的相关量；能够在事故发生后，查询事故发生的原因、时间、动作值及相关量，方便用户分析或查找发生事故的具体原因。发生事故时，自动打印并显示与事故有关的参数的历史值和事故期间的采样值。

需要进行事故追忆的主要有：各段母线的频率及三相电压；出线的三相电流；大型发电机的三相电压、三相电流。

4. 人机联系及操作要求

监控系统站控级计算机应配置全套外部设备，具有通用字符标准的键盘和鼠标，彩色显示器。功能键盘应用汉字标注，屏幕显示器和打印机应具备汉字功能。

图形系统应为全图形中文动态画面，具有完备的手段实现图形任意移动，能方便地对图形进行建立、扩充、平移、增/删、翻动等。屏幕显示器能自动或经运行人员的召唤，实时显示电站内主系统的运行状态、主要设备的动态操作过程、事故和故障、有关参数和运行监视图、操作接线图等画面，以及趋势曲线、各种一览表、测点索引等，定时刷新画面上的设备状况和运行数据，且对事故报警的画面具有最高优先权，可覆盖正在显示的其他画面，事故时自动推出画面和处理指导，并可经运行人员的召唤，显示有关历史参数和表格等。

屏幕显示器应具有多窗口及动态汉字显示功能，可对屏幕上任意区域拼装所关注的多个独立画面，并在画面上输出汉字，汉字应符合中华人民共和国国家二级汉字库标准（包括菜单、操作提示、报警语言、报表、汉字搜索、操作员信息提示等）。

运行人员应能将下列命令输入监控系统：

①查询生产过程状况，要求显示和（或）打印有关的条文、表格和画面。

②发出工况转换，有功和无功负荷增、减，断路器和隔离开关跳、合等操作命令。

③设置和修改各项给定值和限值。命令输入设备包括功能键盘、跟踪球、鼠标器、光笔和触摸式屏幕等。

监控系统应能自动或根据运行人员的命令，通过屏幕显示器实时显示厂内主要系统的运行状态、主要设备的操作流程、事故和故障报警信号及有关参数和画面。事故报警信号具有最高的优先权，可以覆盖正在显示的其他画面。

可以显示的主要画面包括：电厂的主接线图，各类曲线（如给定负荷曲线和实际负荷曲线，模拟量变化趋势曲线等），各类棒图，运行操作记录统计表，事故、故障统计表，继电保护整定值表，生产报表，机组工况转换动态流程图，正常操作和事故操作的指导意见。

人机界面应支持不同权力的用户组及用户角色管理功能。进入系统前，授权运行人员必须登记“用户名”、“口令”，通过口令才能准确地进入，通过口令操作使得每个用户可以进行独立的进入和退出。

5. 自动发电控制（AGC）

水电厂自动化发电控制的目标有两个：一是线路的输送功率保持或接近规定值，二是使电站的频率保持或接近额定值。

AGC 功能根据集控中心远程操作站或中控室操作员站要求的发电功率或下达的负荷曲线，按安全、可靠、经济的原则，确定最佳运行的机组台数、机组的组合方式和机组间最佳有功功率分配，进行电站机组出力的闭环调节，并自动开、停机组，在 MMI 上显示供运行人员操作参考，可由人工确定每一台机组的启、停和有功、无功功率的设定值。

监控系统可确定每一台机组的启、停和有功、无功功率的设定值。

6. 自动电压控制（AVC）

自动电压控制功能根据集控中心远程操作站或中控室操作员站、上一级调度中心的要求及安全运行约束条件，合理分配机组间的无功功率，经机组控制单元调节机组励磁，维持母线电压于调度中心远程操作站给定的变化范围，必要时自动开、停机组，在 MMI 上显示供运行人员操作参考。

母线电压给定值与电压测量值进行比较，根据该偏差，通过 PI 调节计算得出电站无功功率目标值。无功功率目标值及 PI 调节计算中的积分项均受到并网机组的无功负荷能力的限制。该无功功率目标值将在参加联合调节的机组间分配，经过分配后得出电站每台机组的无功功率目标值。机组无功功率目标值与无功功率测量值比较，根据比较的偏差，通过 PI 调节计算得出机端电压给定值，送给 LCU 执行。该电压给定值及 PI 调节计算中的积分项将受到励磁调节器电压给定最大值和最小值的限制。

7. 通信功能

监控系统站控层通过局域网络与各 LCU、DIO 通信。

监控系统可通过传统专线方式或网络方式与远方集控中心进行通信，通信规约可采用 IEC 60870－5－104，IEC 60870－5－101，OPC 等。

监控系统可通过传统专线方式或网络方式与调度中心进行通信，通信规约可采用 IEC 60870－5－104，IEC 60870－5－101 或电网调度规定的其他通信规约。

8. 统计和制表打印

监控系统应能方便地生成和修改表格，并能方便地查询、维护数据库，可自由生成过去任意时段的报表。

打印机具有汉字功能。能实时打印用户进入和退出的信息及日、月、年等各种生产报表；故障、事故时系统能自动记录，能在事故时自动或按人员召唤实时打印主要设备的各类操作、事故和故障记录及有关参数和表格；经运行人员的召唤打印有关历史参数和表格等。打印机应具有硬拷贝的功能。

9. 时钟同步功能

监控系统通过接收 GPS/北斗时钟同步装置的时钟同步信息，向全网各设备发布，以保持全系统的时钟同步。GPS/北斗时钟与系统服务器和操作员工作站采用串口连接对时，系统服务器与各 LCU 有定期的对时报文；同时，GPS/北斗时钟还为每一个 LCU 发出分脉冲同步信号。该装置应向故障录波装置、微机自动装置、微机保护装置等发送同步信号。

10. 系统自诊断和自恢复

监控系统应具备完善的自诊断能力，在线运行时应对系统内的硬件及软件进行自诊断，及时发现自身故障，并指出故障部位的模件。

自诊断内容包括两个方面：一是计算机内存自检。二是硬件及其接口自检，包括外围设备、通信接口、各种功能模件等。当诊断出故障时，应自动发出信号；对于冗余设备，应能自动切换到备用设备。

监控系统还应具备自恢复功能，即当监控系统出现程序死锁或失控时，能自动恢复到原来正常运行状态（包括软件及硬件的 WATCH－DOG 功能）。

系统应具备掉电保护功能，服务器及 LCU 在异常掉电后重新启动，应不影响系统，并立即投入正常运行。

11. 现地控制单元功能

现地控制单元（LCU）实现对各生产对象的监控，各 LCU 的 CPU 完成各 LCU 的管理，实现全开放的分布式系统的数据库分布，并实现 LCU 上网，并且可以不通过站控级设备直接与梯级控制中心通信。

各现地控制单元和下一级的分布式 I/O 应具备较强的独立运行能力，在脱离厂站级的状态下能够完成其监控范围内设备的实时数据采集处理、设定值修改、设备工况调节转换、事故处理等任务，要求处理速度快（LCU 的主 CPU 不低于 32 位且采用冗余配置），应有容错、纠错能力，并带有其监控范围内的完整的数据库。LCU 可采用交流/直流两回电源供电，任意回路有电时，LCU 均应能正常工作。对于来自 CT、PT 的信号，应采用交流采样的方式进行采集。

七、监控系统性能指标

1. 实时性

在计算机监控系统正常情况下，现地控制单元装置的响应时间应该满足生产过程的数据采集时间或控制命令执行时间的要求。具体要求如下：

（1）数据采集响应时间

①指示（状态）点采集周期≤1 s。

②模拟量采集周期：电量≤250 ms。

③温度量≤1 s。

④报警点采集周期≤500 ms。

⑤事件顺序分辨率≤1 ms。

（2）控制响应能力

①控制命令响应时间<1 s。

②接受执行命令到执行控制响应时间<1 s。

在计算机监控系统正常情况下，站控级的响应能力应满足系统数据采集、人机接口、控制功能和系统通信的时间要求。具体要求如下：

（1）数据采集响应时间

从任一个现地控制单元采集变化的状态点或报警点、模拟量以及带时间的混合信息数据到站控级数据库内的时间不超过 2 s。从全部现地控制单元（LCU）采集可能出现最重负担的信息数据到实时数据库内的时间不超过 3 s。

（2）人机通信响应时间

①调用新画面的响应时间，全图形显示≤3 s（90％画面）。

②在已显示画面上动态数据刷新时间≤2 s。

③操作员命令发出显示回答时间不超过 2 s。

④报警或事件产生到画面字符显示和发出声响的时间<1 s。

（3）控制功能的响应时间

①联合控制有功功率执行周期时间 4 s。

②联合控制无功功率执行周期时间 12 s。

③自动经济运行功能处理周期时间 5 min～15 min。

④自动控制指令执行响应时间≤2 s。

（4）通信的响应时间（在通信通道正常情况下）

①站控级对集控远程操作站数据采集和控制的响应时间应满足远程操作站要求。

②数据采集时间：从任一现地控制单元（LCU）到集控远程操作站数据库的时间≤3 s。

③命令响应时间：集控远程操作站下达的控制命令响应时间≤4 s。

2. 可靠性

①平均无故障间隔时间 MTBF：计算机>16000 h，模件（处理器板、接口板、电源等）>50000 h，LCU 控制单元装置>30000 h。

②平均维修时间 MTTR≤0.5 h。

3. 可利用率（*A*）

系统设备正式投运一年后达到 $A\geqslant 99.9\%$。

4. CPU 负荷率

在电力系统正常情况下，任意 30 min 内站控级计算机和 LCU 负荷率小于 40％。在电力系统事故状态下，10 s 内应小于 60％。

5. 适应环境能力及抗干扰能力

（1）环境温度

中控室 0℃～40℃，现地控制单元 0℃～40℃，允许温度变化率 5℃/h。

（2）运行温度

系统 0℃～50℃，硬盘 4℃～50℃，软盘 4℃～50℃。

（3）存放温度

系统－40℃～70℃，硬盘－40℃～60℃，软盘－20℃～60℃。

（4）相对湿度

中控室 65％～80％。

（5）尘埃

中控室尘埃粒度大于 0.5 μm 的个数小于 10000 粒/升。

（6）抗震

硬盘振动频率　10 MHz～100 MHz 1.5 G

（7）接地

监控系统不设独立的接地网，直接与电厂的主接地网可靠连接，主接地网的接地电阻不大于 2 Ω。

（8）装置的一般电气性能及抗干扰

系统的所有设备均应满足如下一般电气性能要求：

①绝缘电阻：交流回路外部端子对地 10 MΩ 以上，不接地直流回路对地>1 MΩ。

②绝缘强度：500 V 以下、60 V 及以上机柜框架和机柜外壳间应能承受交流 2000 V 电压 1 min。60 V 以下机柜框架和机柜外壳间应能承受交流 500 V 电压 1 min。

③抗干扰：

无线电干扰（RI）	30 MHz～500 MHz	3 级 10 V/m
抗静电干扰（ESD）	ESD 150pF－150Ω	3 级 8 kV
抗工频磁场干扰	主机：800 A/m	显示器：80 A/m

④浪涌（或传导干扰）抑制能力（SWC）：

1 MHz～1.5 MHz 衰减振荡	3 级	2500 V
1.2/50 μs 冲击波	3 级	5000 V

6. 可扩性

①CPU 的负荷留有足够的裕度。

②磁盘的使用时间应尽可能低，在正常情况，在任一 5 min 周期内，其平均使用率应低于 50%。

③站控级计算机的内部存储器留有 40%的备用区域。

④大容量存储器留有 60%的备用容量。

⑤应适当考虑扩充现地控制装置、外围设备和系统通信的接口。

⑥提供用户修改和扩充软件的功能。

7. 可变性

对电站站控级和现地控制单元级装置中参数或结构配置应能实现改变。对点的可变性要求如下：

①点说明的改变。

②模拟点工程单位标度改变。

③模拟点限值改变。

④模拟点限制值死区改变。

⑤控制点参数改变。

⑥语音报警参数改变。

8. 安全性

系统设备的安全性应考虑以下因素：

①操作习惯和步骤的安全性。

②通信的安全性。

③硬件、软件和固件设计的安全性。

第三节　水电厂监控系统典型方案

一、雨城电站计算机监控系统

1. 概　述

雨城电站计算机监控系统是瑞典 ABB Generation 公司的 HPC300（Hydro Power Control）水电控制系统。该系统主要由若干台操作员工作站和现地 LCU（local Control Unit）构成，网络结构采用双总线以太网络，网络介质采用铜轴电缆、粗缆，网络传输速度为10 Mbps。该系统为一分散控制系统，基础是 ABB Advant OCS（Open Control System）系统，其技术主要基于 ABB100 多年在水电控制领域经验的积累。HPC300 控制系统由两层控制结构组成。靠近现场的是 LCU 层，由不同的 LCU 控制不同的现场对象组，站级控制层由操作员工作站和信息管理站组成。LCU 层的每个 LCU 都可以独立工作，完成预定的控制任务。

ABB Advant OCS 是一个开放的集中化的分散控制系统。其主要优点是集中化、分散性、可靠性高、开放性好、用户界面的友好性以及可扩展性好。

①集中是指功能、结构、信息的集中。

②分散性是指过程实时数据库完全分散在不同的 LCU 中，在 LCU 中集成了完全的逻辑功能、调节功能和复杂的计算功能，从而保证了每个控制组的处理和计算功能都是在一个对应的 LCU 内完成的，操作员工作站仅仅是一个操作员监视和控制的现场的一个界面。

③可靠性高，一方面是指系统具有完善的自诊断和自恢复功能，另一方面是指系统从 CPU 板到 I/O 板、通讯总线等都可以做到完全冗余。

④开放性好是指系统使用了工业和国际上的通用标准，从而保证了系统的开放性，例如 SQL、X Windows System、OSF/Motif、DDE 等国际重要标准的使用。

⑤用户界面友好一方面是指用户不必是一个计算机方面的专家，只需要对生产过程了解即可；另一方面是指通讯系统的自组态功能，即用户只需要将系统在物理上连接起来，而不需要进行通讯组态，系统就可以自行完成通讯功能。

⑥可扩展性好是指用户在新增加一个 LCU 进入系统时，系统的其他原来的部分不需重新更换，系统将会自动识别新增加的 LCU。

LCU 层的编程组态语言使用 AMPL 功能块图语言。该语言是特别为过程控制所开发的，功能块的功能涵盖了从最简单的 AND 功能到最复杂的 PID 调节功能。该语言具有很高的可读性，易于掌握和使用，既能离线进行大规模的编程，又能在线进行调试和对程序作少量的修改。在线编程时，使用解释性系统，不需要进行编译，在线修改后立即生效，因而要求修改者对所做的工作必须有清楚的理解。

LCU 是一个实时多任务操作系统，用户可以在一个 LCU 中设定扫描周期不同的多个任务同时执行，因而大大提高了系统的使用效率。

LCU 里所有的 I/O 板都是智能 I/O 板，能够在数字输入板上完成 SOE 的时标标定功能，能够在模拟量输入板上完成越限检测等功能。

2. 系统配置

雨城电站操作员工作站采用两台 AS520（Advant Station 520 Operator Station）工作

站，7 台 MP200/1 现地控制器。

操作员工作站两台，为 HP 9000/747i 工作站，2×512 SCSI 硬盘，128M 内存，两台 19 英寸工业显示器等。软件配置为：HP－Unix 9.05 操作系统，ABB AdvaCommand1.4/1 操作员站组态软件。

现地控制器 LCU 的 CPU 采用 32 位 Motorola MC68020，通讯 LCU 配置两块 DSPC172H CPU 板，互为冗余。其余 LCU 配置一块 DSPC172 CPU 板。站内通讯采用 10M 铜轴粗缆双总线 IEE802.3 以太网络。

一号机组配置：LCU1，两个标准屏。

二号机组配置：LCU2，两个标准屏。

三号机组配置：LCU3，两个标准屏。

公用单元配置：LCU4，两个标准屏。

开关站单元配置：LCU5，两个标准屏。

大坝单元配置：LCU6，一个标准屏。

通讯单元配置：SC.LCU，一个标准屏，两块 CPU 板。

雨城电站计算机监控系统所用 I/O 点约 2600 个。

雨城电站与集控中心通讯采用 RP570 通讯规约。

雨城站内不设 GPS 对时装置，通过接收集控中心下发的对时信号进行对时。

2004 年，宝兴河公司对一台操作员工作站进行了升级，将原 AS520i 操作员工作站的 HP 9000/747i 工作站和 HP－Unix 9.05 操作系统，ABB AdvaCommand1.4/1 操作员站组态软件升级为 HP B2600 工作站（安装 HP－Unix 10.2 操作系统）AdvaCommand 1.8/5 组态软件。

雨城电站计算机监控系统网络结构如图 1－5－9 所示。

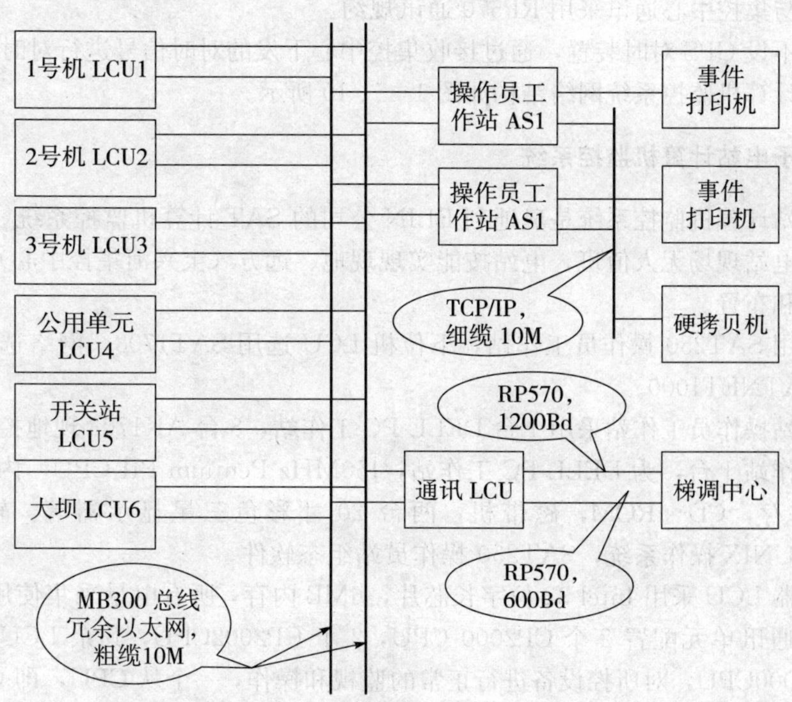

图 1－5－9 雨城电站计算机监控系统网络结构

二、铜头电站计算机监控系统

铜头电站计算机监控系统和雨城电站计算机监控系统都是 1993 年从瑞典 ABB Generation 公司引进的 HPC300 水电控制系统。

铜头电站操作员工作站采用两台 AS520（Advant Station 520 Operator Station）工作站，8 台 MP200/1 现地控制器。

操作员工作站两台，为 HP 9000/747i 工作站，2×512 SCSI 硬盘，128M 内存，两台 19 英寸工业显示器等。软件配置为：HP－Unix 9.05 操作系统，ABB AdvaCommand1.4/1 操作员站组态软件。

现地控制器 LCU 的 CPU 采用 32 位 Motorola MC68020，通讯 LCU 配置两块 DSPC172H CPU 板，互为冗余。其余 LCU 配置一块 DSPC172 CPU 板。站内通讯采用 10M 铜轴粗缆双总线 IEE802.3 以太网络。

一号机组配置：LCU1，两个标准屏。

二号机组配置：LCU2，两个标准屏。

三号机组配置：LCU3，两个标准屏。

四号机组配置：LCU4，两个标准屏

公用单元配置：LCU5，两个标准屏。

开关站单元配置：LCU6，两个标准屏。

大坝单元配置：LCU7，一个标准屏。

通讯单元配置：SC.LCU，一个标准屏，两块 CPU 板。

铜头电站计算机监控系统所用 I/O 点约 3200 个。

铜头电站与集控中心通讯采用 RP570 通讯规约。

铜头站内不设 GPS 对时装置，通过接收集控中心下发的对时信号进行对时。

铜头电站计算机监控系统网络结构如图 1－5－10 所示。

三、小关子电站计算机监控系统

小关子电站计算机监控系统是奥地利 ELIN 公司的 SAT 计算机监控系统。电站计算机监控系统按照电站现场无人值班，电站按能实现现地、远方（宝兴河集控中心）监控的原则进行总体设计和布置。

上位机选用 SAT250 操作员工作站，下位机 LCU 选用 SAT1703，网络选用 16M 光纤单令牌环网 SATNET1000。

小关子电站操作员工作站采用 1 台 DELL PC 工作站，8 台 AK1703 现地控制器。

操作员工作站 1 台，为 DELL PC 工作站，450MHz Pentium PII CPU，内置 6.4GB 硬盘，128MB 内存，CD－ROM，磁带机，两台 20 寸彩色三星显示器等。软件配置为：Solaris 2.5.1 UNIX 操作系统，SAT250 操作员站组态软件。

现地控制器 LCU 采用 Intel 32 位字长芯片，6MB 内存，所有电量采集使用交流采样装置直接采样，通讯单元配置 2 个 CP2000 CPU，2 个 CP2002CPU，其余 LCU 配置 1 个主 CPU，即 CP2000CPU，对所控设备进行正常的监视和操作，一个从 CPU，即 CP2002CPU，当主 CPU 故障时，部分接替主 CPU 工作，将所控设备引导到一个安全的状态。LCU 的I/O 模件全是智能性模板，对实时数据的处理在 I/O 模件上进行，例如对 SOE 事件的时标记录、

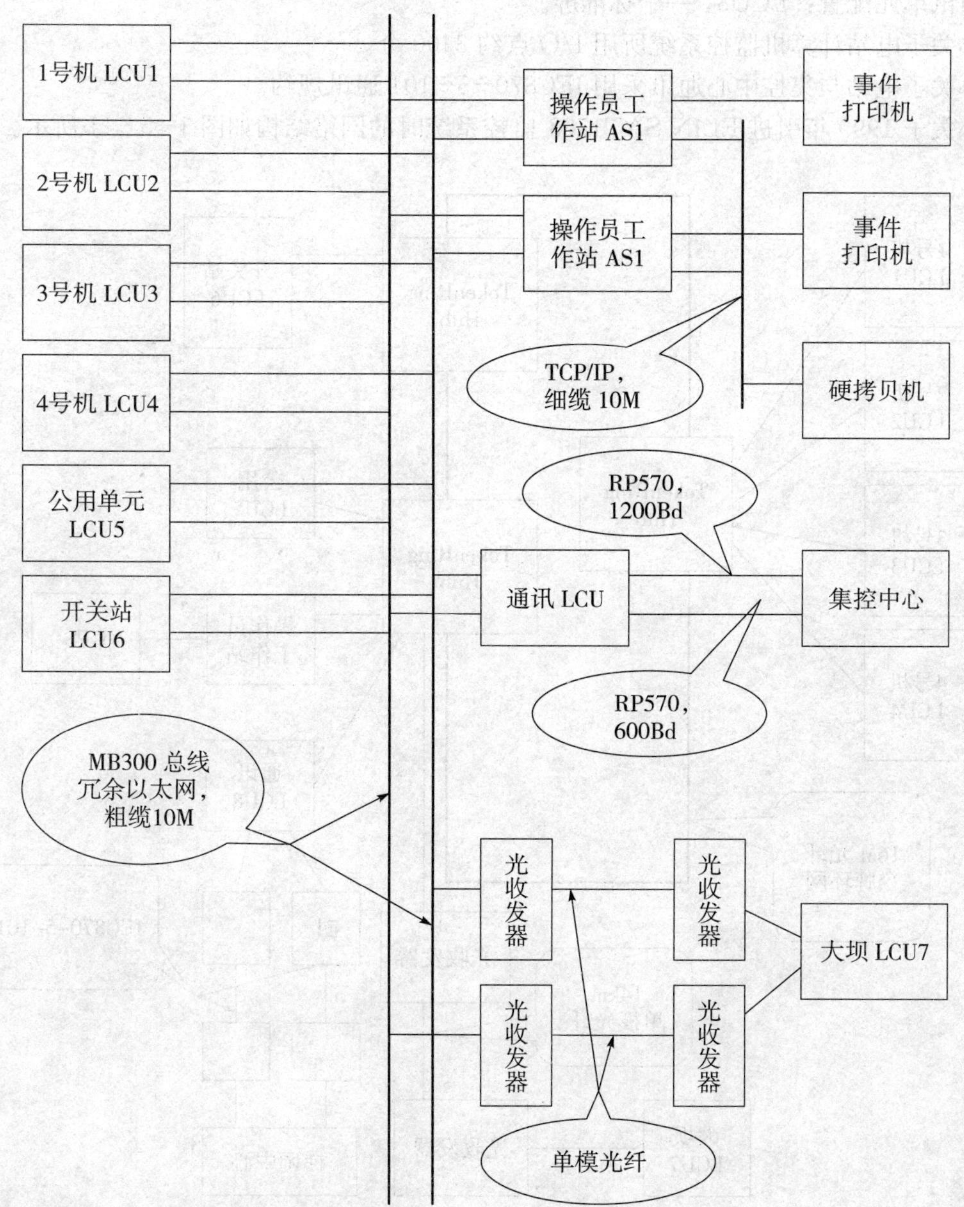

图 1－5－10　铜头电站计算机监控系统网络结构

对模拟量的越限处理等。

一号机组配置：LCU1，两个标准屏。

二号机组配置：LCU2，两个标准屏。

三号机组配置：LCU3，两个标准屏。

四号机组配置：LCU4，两个标准屏。

公用单元配置：LCU5，两个标准屏。

开关站单元配置：LCU6，两个标准屏。

大坝单元配置：LCU7，一个标准屏。

通讯单元配置：LCU8，一个标准屏。

小关子电站计算机监控系统所用 I/O 点约 3400 个。

小关子电站与集控中心通讯采用 IEC870－5－101 通讯规约。

小关子 1999 年引进 ELIN SAT1703 监控系统时的网络结构如图 1－5－11 所示。

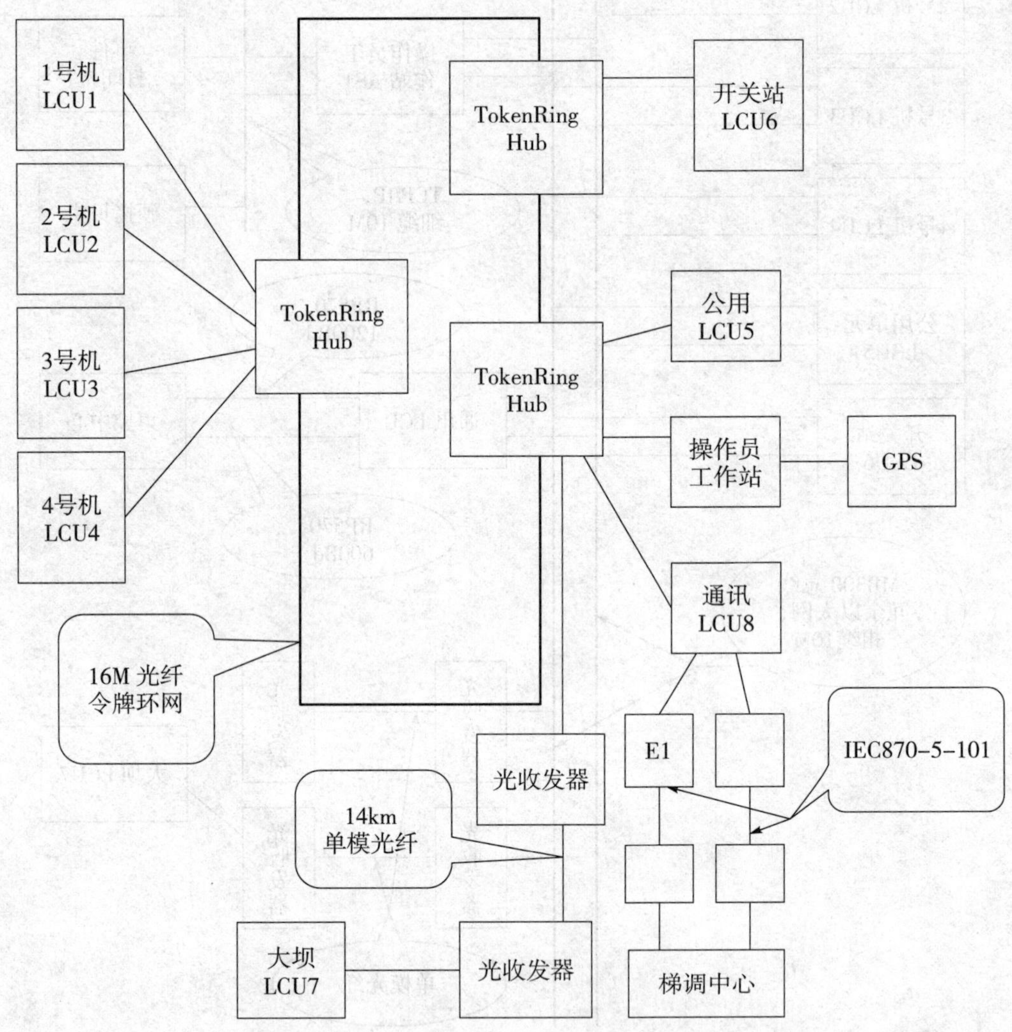

图 1－5－11　小关子电站计算机监控系统网络结构

2005 年，由于集控中心计算机监控系统升级，小关子电站站内控制网络也相应进行升级，将原来投产时的 16M 光纤令牌环网升级为 100M 光纤以太环网，与集控中心的通讯规约由原来的传输速度为 9600Bd 的 IEC870－5－101 串行通讯规约升级为基于 TCP/IP 网络传输的 100M 的 IEC870－5－104 通讯规约，同时保留原来的 IEC870－5－101 通讯规约作为备用通讯方式。将原来的令牌环网 HUB 升级为赫斯曼 RS2 以太网交换机。小关子电站升级后的计算机监控系统网络结构如图 1－5－12 所示。

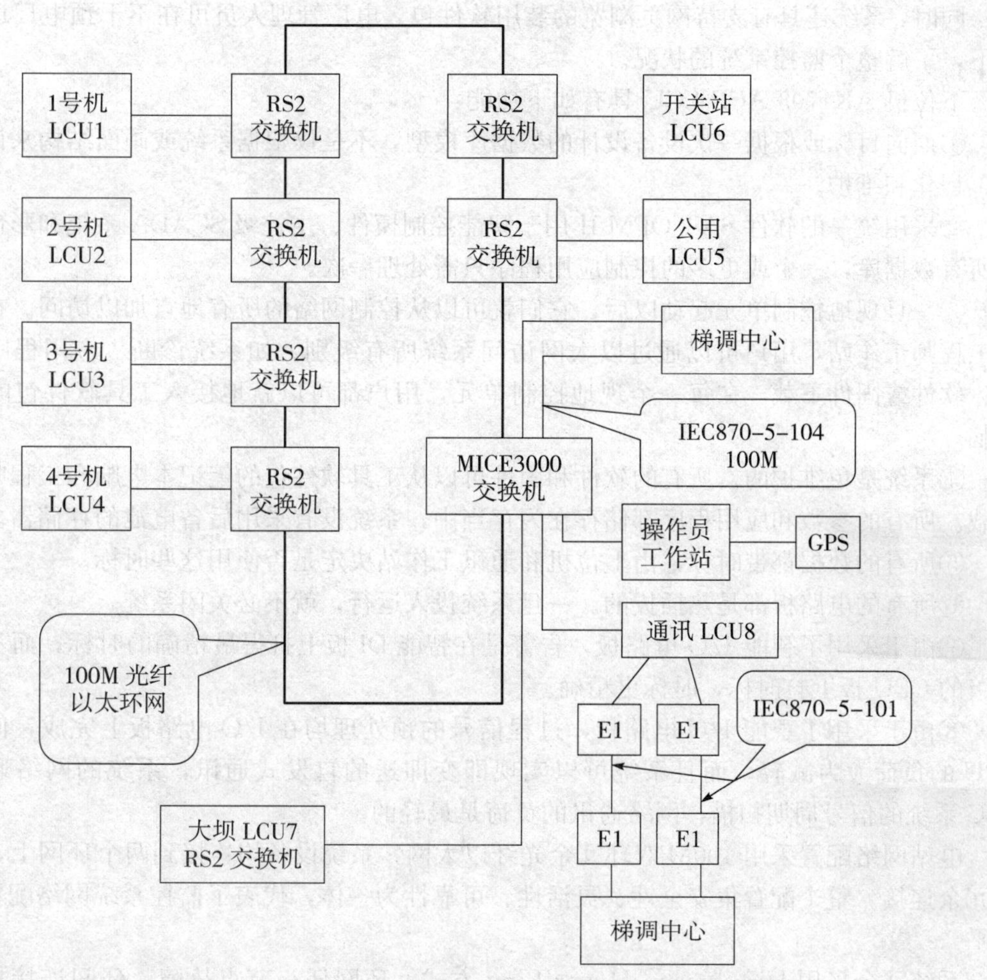

图 1-5-12　小关子电站升级后的计算机监控系统网络结构

四、硗碛电站计算机监控系统

硗碛电站计算机监控系统是奥地利 ELIN 公司的计算机监控系统。上位机选用 SAT250 SCALA 操作员工作站，下位机 LCU 选用 SAT1703，网络选用 100M 光纤双以太环网 SATNET1000。电站计算机监控系统按照电站现场无人值班，电站按能实现现地、远方（宝兴河集控中心）监控的原则进行总体设计和布置。

电厂控制级设备采用 SAT250 SCALA 系统。SAT250 SCALA 系统是一个具有可裁减、可扩展、方便灵活、体现人机工程设计的中控室上位机系统。它具有开放系统体系结构、可自由配置的灵活性和可把功能分散到多台计算机上去的能力，从而使用户能够在未来很容易地进行扩展、升级。系统采用了基于 Windows 系统的主机兼操作员工作站，充分发挥了 Windows 系统的用户界面友好、报表制作方便、培训简单、容易掌握等优点。

将 SAT 250 SCALA 上位机与 SAT1703 下位机相集成，整个监控系统具有分散的数据采集和输出的优势，而且，在过程设备的就地就可以完成分散的数据处理，因此大大提高了计算机监控系统的可用性。上位机 SCADA 系统与下位机系统的通讯采用开放系统规约 IEC60870-5-104。

同时，系统还具有支持网页浏览的装用软件包。电厂管理人员可在不干预电厂运行的情况下，了解整个监控系统的状况。

下位机 AK1703 ACP LCU 具有如下功能：

①面向目标或根据一次设备设计的数据库模型，不是仅根据系统或画面结构来设计，便于工程化和维护。

②采用统一的软件 SAT OPM II 用于智能控制模件、主控级 SCADA 系统和彩色触摸屏的所有数据库，一个或更多的控制应用程序只需处理一次。

③一旦现地控制单元起动以后，它们就可以从控制网络的所有地点加以访问。在中控室的工程师工作站，用户可以通过以太网访问系统所有级别，如系统诊断、应用程序在线监视、软件或固件下载。在每一个现地控制单元，用户都可以就地接入工具软件包的笔记本电脑。

④系统是免维护的。所有的软件和固件可以从工具软件包的笔记本电脑和工程师工作站下载。所有的参数和应用程序都储存在闪存当中，系统没有采用后备电池的存储器。

⑤所有的数据都带时标，由上位机和通讯工作站决定是否使用这些时标。

⑥所有的电路板都是热插拔的。一旦系统投入运行，就不必关闭系统。

⑦由于采用了智能 I/O 电路板，告警是在智能 DI 板上打得最精确的时标，而不是更上一级的 CPU 板上打时标，时标更精确。

⑧由于采用了智能 I/O 电路板，过程信号的预处理均在 I/O 电路板上完成，使得控制 CPU 的负荷大为减轻，而且系统可以实现即变即送的自发式通讯，系统的网络通讯没有 PLC 系统的信号周期扫描，网络通讯的负荷是最轻的。

电站网络配置采用 100M 双环冗余光纤以太网，系统设备均连接到两个环网上，环间采用冗余连接。整个配置集安全性、灵活性、可靠性为一体，代表了监控系统网络配置的一流水平。

系统冗余采用 Hirschmann Hyper Ring 方式。环网任一节点故障、环间连接故障，网络都能在 500 ms 内重新建构，恢复正常运行。500 ms 的网络切换时间意味着所有运行设备，从 LCU 到系统工作站集群、通讯站等均“感觉”不到网络的瞬时中断，其正常运行不受任何影响。

由于系统设备均连接到两个环网上，即使在双重故障情况下（如一个环网发生两处中断或环间冗余连接完全中断），整个系统仍能正常工作。

硗碛电站操作员工作站采用两台 HP XW6200 商用工作站，8 台 AK1703 ACP 现地控制器。

操作员工作站两台，为 HP XW6200 工作站，两个 3G Intel XEON CPU×2，内置 3×73GB=219GB SCSI 磁盘阵列，1G 内存，DVD±RW，两台 21″Viewsonic VP211B 液晶显示器等。软件配置为：Microsoft XP 操作系统，SAT250 SCALA 操作员站组态软件。

现地控制器 LCU 采用 Intel 32 位字长芯片，所有电量采集使用交流采样装置直接采样。通讯 LCU 配置一个主 CPU CP2010。完成系统管理功能；三个从 CPU CP2002，完成通讯功能。其余每个 LCU 具有一个主 CPU CP2010，完成系统管理功能、过程控制和通讯功能；两个从 CPU CP2002，完成过程控制和通讯功能，真正做到了双冗余。同时在机组 LCU、公用 LCU、开关站 LCU 共配置了 13 个智能远程 I/O（DIO）模块，DIO 和对应的 LCU 之间采用双光纤连接，保证了通讯的可靠性。同时 DIO 尽量靠近现场设备，节约了大量的二次电缆。

一号机组配置：LCU1，三个标准屏。

二号机组配置：LCU2，三个标准屏。

三号机组配置：LCU3，三个标准屏。

公用单元配置：LCU4，三个标准屏。

开关站单元配置：LCU5，两个标准屏。

大坝单元配置：LCU6，一个标准屏。

通讯单元配置：LCU7，一个标准屏。

硗碛电站计算机监控系统所用 I/O 点约 2600 个。

硗碛电站与集控中心通讯采样 IEC870－5－104 通讯规约。

硗碛电站计算机监控系统网络结构如图 1－5－13 所示。

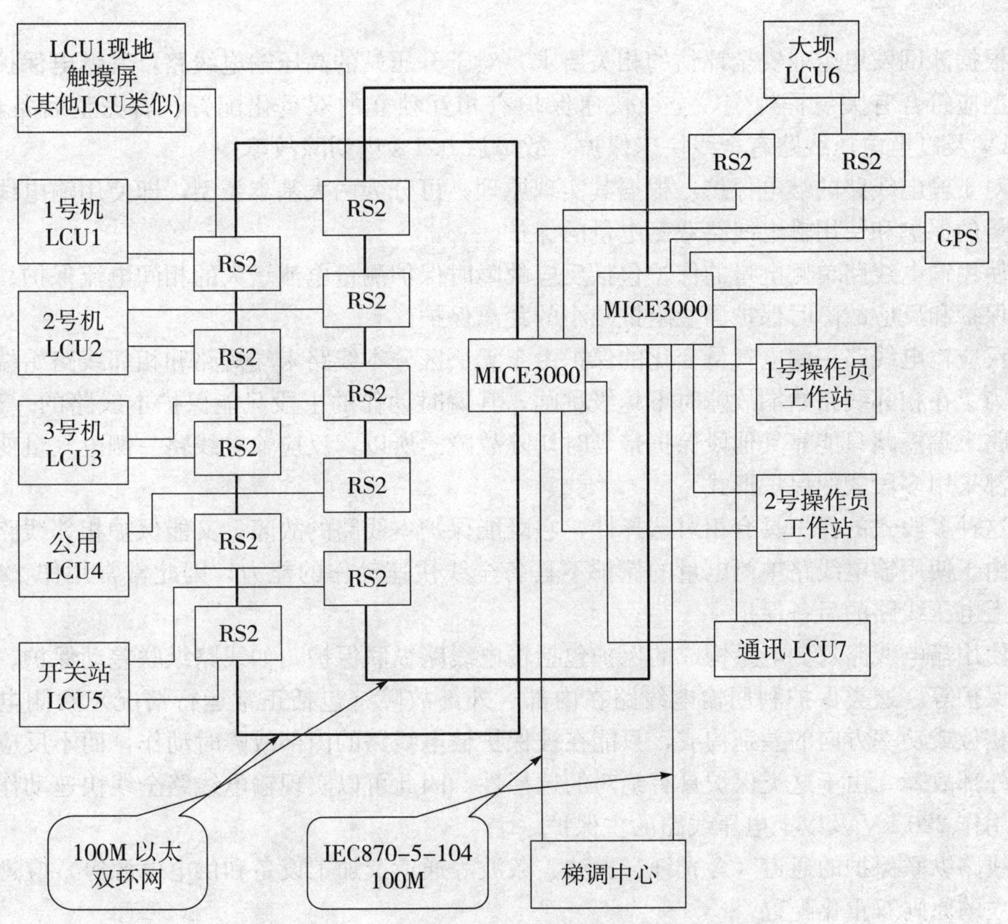

图 1－5－13　硗碛电站计算机监控系统网络结构

第六章　涉网继电保护

第一节　高压输电线路的纵联保护

一、概　述

根据涉网发电企业安全评估的相关要求，对于升压站的高压输电线路，其继电保护配置和选型应符合有关规程规定，全线快速保护有相互独立的双重化配置，有完整后备功能；220 kV 及以上电压线路有全线快速保护，故障后 0.1 s 内切除故障。

对于输电线路的继电保护，根据其实现原理，可分为两大基本类型，即使用输电线路单侧电量的保护和使用输电线路双侧电量的保护。

使用输电线路单侧电量的保护包括反应故障时保护测量电流增大的相间电流保护、零序电流保护和反应故障时保护测量阻抗减小的距离保护。

反应输电线路一侧电气量变化的保护由于无法区分本线路末端短路和相邻线路始端的短路，为了在相邻线路始端故障时不越级跳闸，其瞬时动作的Ⅰ段只能保护本线路的一部分，本线路末端短路只能靠其他段保护带延时切除故障。所以，反应输电线路一侧电气量变化的保护都采用多段式的保护形式。

这种多段式的保护具有相对选择性，它既能保护本线路的故障，又能保护相邻线路的故障。由于使用输电线路单侧电量的保护不具备全线快速动作的能力，因此常常用作 220 kV 及以上电压线路的后备保护。

使用输电线路双侧电量构成的保护包括输电线路纵联保护，如线路纵联差动保护、方向高频保护等。这类保护利用输电线路在内部、外部故障（包括正常运行情况）两侧电流幅值、相位或功率方向的差别构成，只能在被保护输电线路的内部故障时动作，而不反应输电线路外部故障。由于这类保护具有绝对的选择性，因此可以实现输电线路全线快速动作，从而被用作 220 kV 及以上电压线路的主保护。

线路纵联保护的通道（含光纤、微波、载波等通道及加工设备和供电电源等）应遵循相互独立的原则双重化配置。

二、输电线路纵联保护的基本原理

输电线路的纵联保护使用输电线路双侧电量，基本原理与元件保护中的差动保护原理相同，均是依据电工原理中所讨论的基尔霍夫节点/割集电流定律实现的。在输电线路的纵联保护中，将被保护输电线路作为电流割集划分的依据。在正常运行或保护区外故障时，流入、流出电流割集（即被保护线路）的电流幅值相等、方向相反，流入、流出割集的电流和为零，满足基尔霍夫割集电流定律，输电线路的纵联保护不动作；在保护区内故障时，流入、流出电流割集的电流幅值通常不相等，方向接近相同，流入、流出割集的电流和不为零，不再满足基尔霍夫割集电流定律，输电线路的纵联保护动作跳闸。

图 1−6−1 给出了实现输电线路的纵联保护的原理。图中，线路 BC 的 d 点发生短路故障，线路 AB 和线路 BC 均流过短路电流，线路一次侧短路电流分别为 I_M 和 I_N，其二次侧电流分别为 I'_M 和 I'_N。输电线路保护正方向均为母线指向线路。

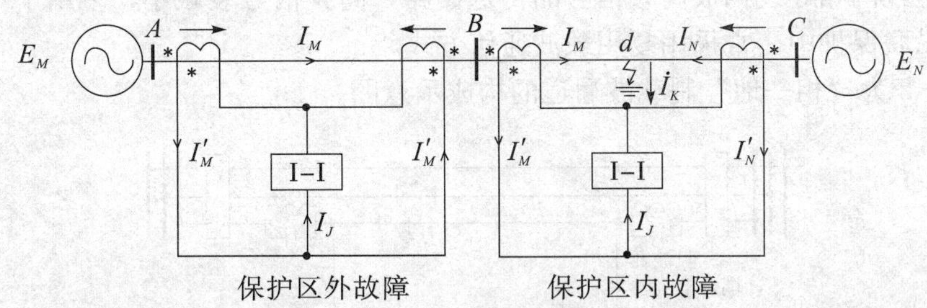

图 1−6−1　输电线路纵联保护原理

对于 AB 线路，故障位于其保护区外，流入、流出电流割集（即被保护 AB 线路）的电流大小相等，方向相反，满足基尔霍夫割集电流定律。此时，流入差动继电器的工作电流为

$$I_J=|\dot{I}'_M+\dot{I}'_N|=|\dot{I}'_M|-|\dot{I}'_N|=0 \tag{1-6-1}$$

因此，线路 AB 的纵联保护不会动作。

对于 BC 线路，故障位于其保护区内，流入、流出电流割集（即被保护 BC 线路）的电流均为正方向，因此不满足基尔霍夫割集电流定律。此时，流入差动继电器的工作电流为

$$I_J=|\dot{I}'_M+\dot{I}'_N|=|\dot{I}'_M|+|\dot{I}'_N|=|\dot{I}_K|\gg 0 \tag{1-6-2}$$

式中，I_K 为故障点短路电流的二次值。因此，线路 BC 的纵联保护可靠动作跳闸。

输电线路纵联保护是反应两侧电气量的保护，就必须进行两侧电气量的交换。图 1−6−1 给出的实现输电线路的纵联保护的原理，反应的是一种直接实现线路两端二次侧电流传送的纵联保护，即在短线路中使用导引线保护。目前系统中已经停用导引线保护，因此对于输电线路纵联保护，必须考虑使用通信通道实现两侧电气量的交换。

在使用通信通道实现两侧电气量的交换时，根据不同的通道特性，将有不同的输电线路纵联保护实现方式。在使用通信容量大的通道实现两侧电气量的交换时，可以传送线路两侧电流的采样数据，从而直接实现差动原理的线路纵联电流差动保护。在使用通信容量很小的通道实现两侧电气量的交换时，由于无法直接传送线路两侧电流的采样数据，只能传送线路两侧的故障方向信息，从而只能间接实现差动原理的保护，即线路纵联方向保护。

三、输电线路纵联保护的通信通道

实现输电线路纵联保护的关键是完成线路双侧电量的传送。依据双侧电量传送方式的差别，可以实现不同类型的输电线路纵联保护。使用导引线完成线路双侧电量的传送，可以构成导引线差动保护；采用高频载波通道完成线路双侧电量的传送，可以构成高频载波保护；使用微波（光纤）通道完成线路双侧电量的传送，就构成了微波（光纤）电流差动保护。

1. 电力线载波通道

这是目前使用较多的一种通道类型，其使用的信号频率是 50 kHz～400 kHz。这种频率

在通信上属于高频频段范围，所以把这种通道也称作高频通道，把利用这种通道的纵联保护称作高频保护。

载波通道的构成有两种基本类型，即“相—地”制载波通道和“相—相”制载波通道。“相—地”制载波通道是经一相导线与大地构成高频信号的传送回路，具有投资少、节省通道（其余两相可作调度或远动通道）的优点，但其高频信号衰减较大，受到的干扰也较大，高频信号使用方式受限制，多用于 220 kV 输电线路采用闭锁信号的纵联保护中。“相—相”制载波通道是经两相导线构成高频信号的传送回路，高频信号衰减小，多用于 500 kV 采用允许信号的纵联保护中，常采用复用载波通信方式。

图 1-6-2 为“相—地”制载波通道的构成示意图。

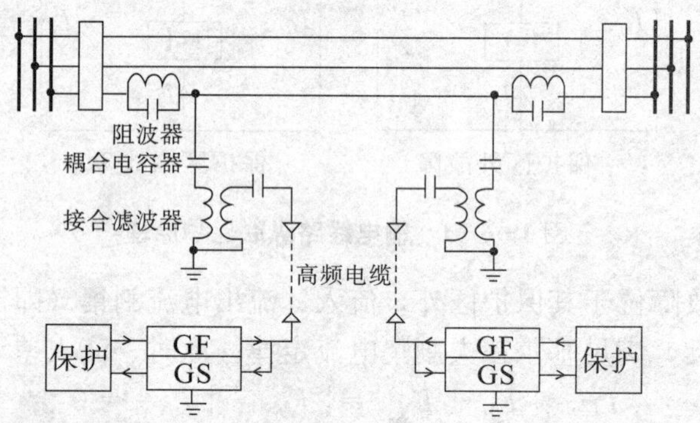

图 1-6-2 “相—地”制载波通道的构成示意图

由于输电线路是高压设备，收发高频电流的继电保护专用收发信机或载波机是低压设备，所以在输电线路和收发信机之间还有耦合电容器、接合滤波器、高频电缆这样一些连接设备。在输电线路和断路器之间还装有阻波器。上述这些设备统称为高频加工设备。高频加工设备一方面实现高低压的隔离，以确保人身与设备安全；另一方面实现阻抗匹配，并防止输电线路上的高频电流外泄到母线，以减少传输衰耗。

高频加工设备中的阻波器分为单频阻波器、双频阻波器和宽频阻波器。单频阻波器和双频阻波器分别谐振于一个或两个高频工作频率，对工作频率信号表现为高阻抗，对工频频率表现为低阻抗（$<0.04\ \Omega$），在线路两侧使用阻波器后，将工作频率信号限制在被保护线路内，以减少母线分布电容产生的分流衰耗，也可防止对其他线路高频保护的干扰。电力系统可用的高频频率范围为 50 kHz～400 kHz，高频保护收发信机的工作频率采用标称工作频率，即工作频率 $f_0=(50+4N)$ kHz，$N=0$，1，2，3，…，87，共 88 个单频。最低工作频率是 50 kHz，最高是 398 kHz。考虑同一通道传送多路高频信号时，常常改用宽频阻波器。

其他的高频加工设备包括：耦合电容器，用它完成高频信号到输电线路的传送并隔离工频高压；接合滤波器，与耦合电容器构成四端带通网络，允许工作频率信号通过，实现阻抗匹配（如 220 kV 输电线路/高频电缆特性阻抗分别为 400 Ω /75 Ω ），以减少高频信号损耗；高频电缆，联结户外接合滤波器与户内收发信机，完成高频信号的传送。

在载波通道上传送的高频信号需要进行调制。高频信号的调制方法有调幅制和移频键控制两种。一般在闭锁信号中用调幅制，即用高频电流幅值的有、无来传送电气量的信息。在允许信号和跳闸信号中用移频键控制。正常运行下收发信机发功率较小的监频频率 f_g 信号以监视通道的完好性，当系统故障需要发保护信号时，收发信机停发监频频率 f_g 信号而改发增大了发信功率的跳频频率 f_T 信号。

2. 微波通道

使用的信号频率是 3000 MHz～30000 MHz。这种频率在通信上属于微波频段范围，所以把这种通道称作微波通道，把这种纵联保护称作微波保护。微波通道有较宽的频带，采用脉冲编码调制（PCM）方式可以进一步提高通信容量，所以可用来构成分相式的纵联电流差动保护。微波通道与输电线路没有联系，受到的干扰小，通信误码率低，可靠性高，输电线路故障不会破坏通道的正常工作，可用于传送各种信号（闭锁、允许、跳闸信号）。微波频率的信号只能在可视距离内传输，当传输距离超过 40 km～60 km 时还需加设微波中继站。虽然微波通道容量很大，不存在通道拥挤问题，但由于上述原因，目前利用微波通道传送继电保护信息并没有得到很大应用。

3. 光纤通道

（1）光纤通道的基本构成

随着光纤通信技术的快速发展，用光纤作为继电保护通道使用得越来越多，这是目前发展速度最快的一种通道类型。用光纤通道做成的纵联保护有时也称作光纤保护。光纤通道通信容量大，且通道与输电线路有无故障无关，不受电磁干扰影响。后一点对于继电保护极为重要。由于无电磁感应效应，在易受到地电位升高、故障或雷电暂态过程影响的情况下，使用光纤通道具有独特的优势。光纤通道的通信容量大，因此可以利用它构成输电线路的分相纵联保护，例如分相纵联电流差动保护、分相纵联距离、方向保护等。图 1－6－3 为单向点对点光纤通道的构成示意图。

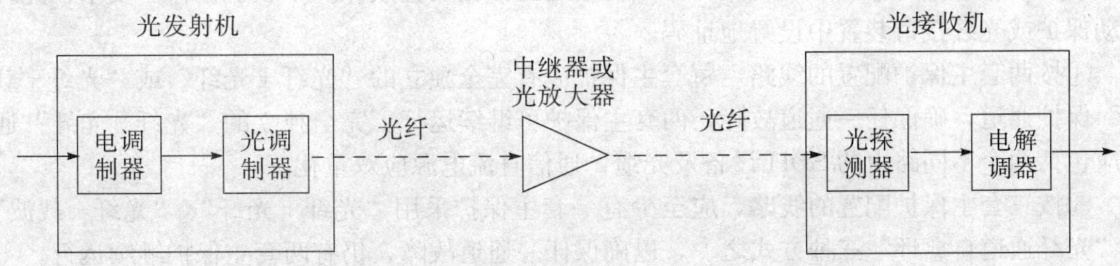

图 1－6－3　单向点对点光纤通道的构成示意图

光纤通道通常由光发射机、光纤、中继器和光接收机组成。光发射机由电调制器和光调制器组成，完成电信号到光信号的转换。光接收机由光探测器和电解调器组成，将光信号转化为电信号。

电调制器将保护的电信号转换为适合通道传输的数字信号，光调制器将电调制器输出的数字信号转换为适合光纤传输的光信号。调制类型分为光强度调制和光相位调制。光强度调制过程如图 1－6－4 所示。

中继器的作用是对经光纤传输衰耗后的光信号进行放大。如果需要对光信号进行分出和插入，可使用光－电－光中继器；如果只对光信号进行放大，则使用光放大器。光探测器的作用是将经光纤传输衰耗后的微弱光信号转变为电信号，电解调器则是将电信号进行解调后恢复为原信号。

光纤通道中常常使用一种自愈环技术。自愈环是指通讯设备检测到通道异常后，自动切换到另一条通道正常的通讯回路上，以恢复通道的正常工作的方式。自愈环切换时间为数毫秒至数十毫秒，且原通道的延时与新切换的通道延时不一致，使得基于通道的采样数据同步算法不能正常工作，一般光纤电流纵联差动保护不允许采取自愈环方式。

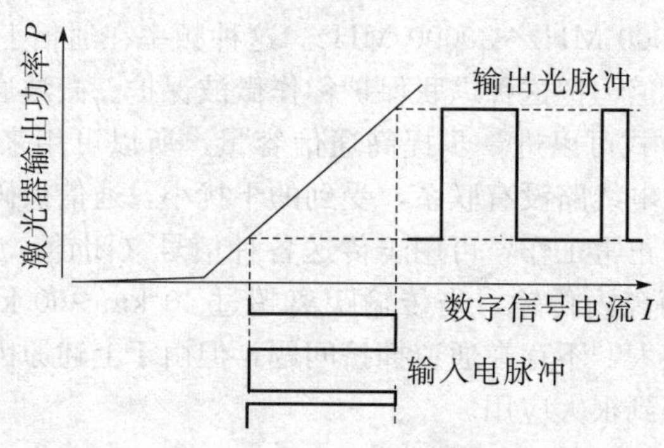

图 1－6－4　激光调制器的光强度调制

（2）配置光纤通道的基本要求

①为解决光纤差动保护在主通道和备用通道切换过程中导致装置不正确动作的问题，要求应用在 500 kV 系统的光纤差动保护装置具有双通道冗余功能，当某一通道故障时，要求保护装置内部进行自动处理，不影响保护运行。同时故障通道能够告警。

②光纤电流差动保护不得采用光纤通道自愈环，非光纤电流差动主保护和辅助保护可采用光纤通道自愈环。光纤电流差动保护中每对通道的收、发通道应保持路由一致，以保证保护装置测得的收、发时延一致。

③为防止使用光纤通道的线路保护因传输通道接错而造成保护不正确动作，要求在光纤差动保护或光纤接口装置中设置地址码。

④按两套主保护配置的线路，每套主保护应有完全独立的“光纤＋光纤”或“光纤＋载波”保护通道，确保任一通道故障，两套主保护可继续运行。完全独立的“光纤＋光纤”通道应包括两个不同路由的 SDH 设备及光缆，通信直流电源应双重化。

⑤按三套主保护配置的线路，应至少有一套主保护采用“光纤＋光纤”、“光纤＋载波”或“光纤通道自愈环”三种方式之一，以确保任一通道故障，仍有两套主保护继续运行。

⑥单通道光纤电流差动保护采用短路径通道，双通道光纤电流差动保护采用一路短路径通道和一路长路径通道。

4. 导引线通道

在两个变电站之间铺设电缆，用电缆作为通道传送保护信息，这就是导引线通道。用导引线为通道构成的纵联电流差动保护称作导引线保护。导引线通道只适用于长度小于 10 km 的短线路上，其使用受到一定限制，目前系统中已停用。

四、高频保护的通道工作方式与信号类型

在使用电力线载波通道时，需将线路两端的电气量（电流方向或功率方向）转化为高频信号，以线路为高频信号传送通道进行高频信号的传送，完成对两端电气量的间接比较，实现输电线路纵联保护。由于使用电力线载波通道，这种纵联保护也被称为高频载波保护。这种保护对通道要求简单，因而得到广泛应用。

1. 高频通道工作方式

高频通道工作方式有三种基本类型，即短时发信方式、长时发信方式（均为调幅制）和混合方式（移频键控制）。短时发信方式是指高频载波保护的收发信机在线路正常工作状态下不发信，仅线路故障时发信。其优点是可以减少对通信系统的干扰，延长发信机寿命。由于线路正常工作状态下不发信，因此需定时自动或手动发信，以检查通道完好性。长时发信方式是指高频载波保护的收发信机在线路正常工作状态下发信，在线路故障时停讯。其优点是加快保护动作速度，可实时检测通道完好性，但对其他通讯干扰强，对发信机性能要求高。这种工作方式目前很少采用。混合方式是指高频载波保护的收发信机在线路正常工作状态下只发小功率监频信号，实现对通道完好性的检测，线路故障时增大发信功率，发出跳频信号。应用广泛的复用载波机均采用混合方式工作。其优点是既能减少通信干扰，延长发信机寿命，又能自动检查通道完好性。由于具有较好的综合性能，从而得到了广泛应用。

2. 高频信号的基本类型

在纵联方向、纵联距离保护中，通道中传送的是反应线路一侧保护装置的方向继电器或阻抗继电器动作行为的逻辑信号。两侧保护装置只反映本侧电气量，各侧保护装置单独对故障方向进行判别，再将判别结果传送至对侧，在两侧保护装置内部根据两侧保护的故障判别结果完成故障方向的间接比较。

故障方向判别结果以逻辑信号表示，因此高频信号反应的逻辑信号简单，常以高频信号的“有”、“无”代表逻辑状态的“是”、“非”。常用的高频信号有三种基本类型，即跳闸信号、允许信号和闭锁信号。

如果用 P、G、T 分别表示线路一侧就地保护信号、高频收信机收信输出及线路一侧保护跳闸输出逻辑，以逻辑 1 表示动作状态，逻辑 0 表示不动作状态，则高频信号的动作逻辑框图如图 1−6−5 所示。

跳闸信号的逻辑框图如图 1−6−5(a) 所示。在这种情况下，收信为保护出口跳闸的充分必要条件，因此，高频信号的动作逻辑可表示为 $T=P+SX$。使用跳闸信号时一定要采用非常好的抗干扰措施，否则收信机在干扰信号作用下可能产生错误的收信输出而造成保护误跳闸。

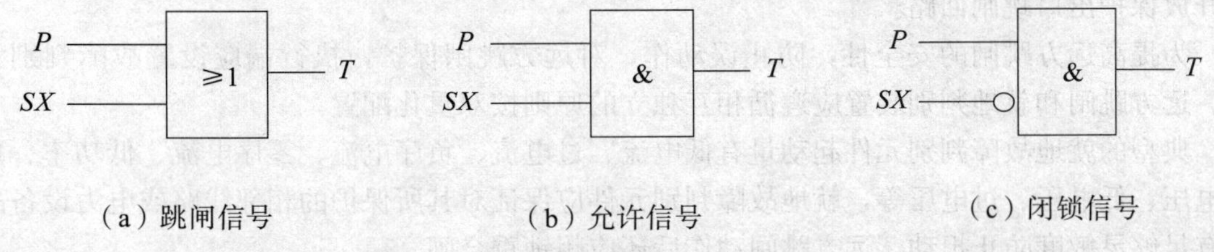

图 1−6−5　高频信号的动作逻辑框图

允许信号的逻辑框图如图 1−6−5(b) 所示。此时，收信为跳闸的必要条件，因此，高频信号的动作逻辑可表示为 $T=P\cdot SX$。使用允许信号时，如果由于被保护输电线路故障导致高频通道破坏，则使用允许信号的高频载波保护将不能够正确动作。考虑到输电线路上的故障多为单相接地短路，对于相−相耦合的高频通道，即使线路上有单相接地短路，高频电流也能经过短路点传送，所以在使用允许信号时，一般采用相−相耦合的高频通道。发生三相金属性短路故障时，高频信号将不能通过短路点传送到对侧，出现通道阻塞现象。所以，允许式纵联保护中均有相应的措施防止故障线路纵联保护的拒动。

闭锁信号的逻辑框图如图 1－6－5(c) 所示。此时，停讯为跳闸的必要条件，因此，高频信号的动作逻辑可表示为 $T=P\cdot\overline{SX}$。对于使用闭锁信号的高频载波保护，在被保护输电线路故障，如通道相金属性接地故障或断线导致高频通道破坏时，将不影响使用闭锁信号的高频载波保护的正确动作，因为收不到高频闭锁信号正是跳闸的必要条件。在使用闭锁信号时，一般采用相－地耦合的高频通道。

五、远方跳闸保护

1. 远方跳闸保护应用范围

对于 220 kV 及以上的超高压线路，当发生某些故障时，仅断开本侧的断路器并不能真正切除故障，而需要将对侧断路器也跳开，这时就需要进行远方跳闸。典型的情况包括以下四种：

①断路器失灵保护动作：断路器失灵后需要发远方跳闸命令，将与失灵断路器连接的电源切除。

②高压侧无断路器的线路并联电抗器保护动作：并联电抗器未配置专用断路器而和线路共用时，本侧断路器跳开并不能切除故障，需要发远方跳闸命令使对侧跳闸。

③线路过电压保护动作：本侧线路过电压动作后并不能解决线路过电压问题，需要发远方跳闸命令使对侧跳闸才能避免过电压。

④线路变压器组的变压器保护动作：线路变压器组中间无断路器，变压器故障只能发远方跳闸命令使远方的断路器跳闸切除故障。

2. 远方跳闸保护可靠性措施

远方跳闸保护直接使用跳闸信号，因此必须强调使用跳闸信号的安全性。通常在使用跳闸信号时，都会采取一定的抗干扰措施。

使用跳闸信号时采用的抗干扰措施包括：使用光纤通道或数字式复用载波通道，对发送的跳闸信号进行编码，对接收的跳闸信号进行解码，采取 CRC 校验措施；采用“相—相”制载波通道，以减少通道干扰；使用“双重化”通道配置，在同时收到两个通道的跳闸信号后开放保护出口跳闸回路。

为提高远方跳闸的安全性，防止误动作，对远方跳闸保护，执行端应设置故障判别元件。远方跳闸和就地判别装置应遵循相互独立的原则按双重化配置。

典型的就地故障判别元件起动量有低电流、过电流、负序电流、零序电流、低功率、负序电压、低电压、过电压等，就地故障判别元件应保证对其所保护的相邻线路或电力设备故障有足够灵敏度防止拒动。远方跳闸动作后还应闭锁重合闸。

在执行端设置故障判别元件后，在一定程度上跳闸信号已经被当做允许信号使用，从而提高了远方跳闸保护的可靠性。

六、闭锁式纵联方向保护

闭锁式纵联方向保护通常采用反应线路保护正方向故障的方向元件 F_+ 实现对故障方向的判别。当使用高频载波通道时，称为闭锁式高频载波保护；当使用微波、光纤通道时，称为闭锁式微波、光纤保护。这里分析闭锁式高频载波保护的基本原理。图 1－6－6 为双侧电源系统图和闭锁式纵联方向保护原理框图。下面简要分析闭锁式纵联方向保护的工作过程。

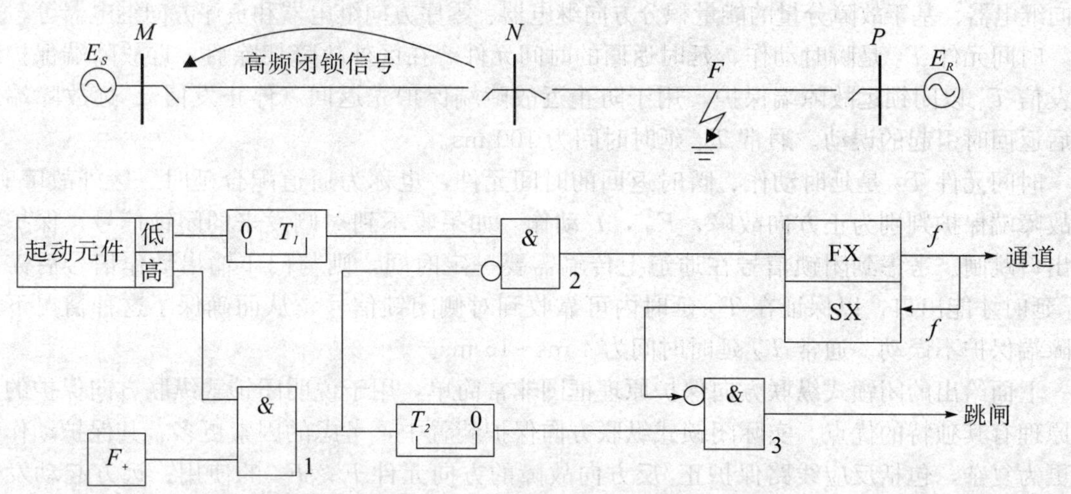

图 1-6-6　闭锁式纵联方向保护原理及框图

图 1-6-6 所示的双电源系统中，NP 线路的 F 点发生短路故障。对于 NP 线路的保护，由于发生了保护区内故障，两侧保护方向元件 F_+ 动作，同时高、低定值起动元件动作，与门 1 输出逻辑 1，一方面启动时间元件 T_2 计时，另一方面经由与门 2 停止发信机 FX 发信。两侧高频发信机均不发信，T_2 延时时间到后，由于没有收到闭锁信号，两侧保护动作跳闸。

对于 MN 线路，由于发生了保护区外故障，则近故障侧（N 侧）的保护方向元件 F_+ 不动作，与门 1 输出逻辑 0，本侧保护不可能跳闸；低定值起动元件动作后启动高频发信机发信，可靠闭锁对侧（M 侧）保护。远故障侧（M 侧）的保护方向元件 F_+ 动作，同时高、低定值起动元件动作，与门 1 输出逻辑 1，一方面启动时间元件 T_2 计时，另一方面经由与门 2 停止本侧发信机 FX 发信。T_2 延时时间到后，时间元件 T_2 输出逻辑 1。此时，收信机 SX 收到近故障侧（N 侧）保护发送的闭锁信号，与门 3 输出逻辑 0，因此保护不可能跳闸。

闭锁式纵联方向保护主要元件包括：灵敏度不同的高、低定值起动元件，方向元件，时间元件 T_1 和 T_2。

起动元件常常使用的是两相电流差突变量起动元件和零序电流起动元件。起动元件中的低定值元件动作灵敏，在线路发生故障时，可靠起动发信。起动元件中的高定值元件开放方向元件。

使用故障起动高、低定值起动元件的主要作用在于，考虑到电流互感器变换误差，如果采用单一定值的起动元件启动发信并开放方向元件，则在区外故障时，如果远故障侧电流互感器变换误差为正误差、近故障侧电流互感器变换误差为负误差的情况下，可能出现远故障侧起动元件动作并开放方向元件，近故障侧起动元件不动作而无法启动发信的情况，并导致远故障侧保护收不到闭锁信号而误跳闸。而使用故障起动高、低定值起动元件时，如果远故障侧高定值起动元件动作，则近故障侧动作灵敏的低定值起动元件必然动作，并能可靠起动发信闭锁对侧保护。

原理框图中的 F_+ 是反应线路保护正方向故障的方向元件。对方向元件的基本要求是具有明确的方向性，有足够的动作灵敏度，可反应所有类型的故障，没有电压死区，振荡时不误动。只要能满足上述几个要求的方向元件都可用来构成纵联方向保护。例如，可以用故障分量方向继电器、基于故障分量的能量积分方向继电器、零序方向继电器和负序方向继电器等。

时间元件 T_1 是瞬时动作、延时返回的时间元件。在区外故障切除后，近故障端保护继续发信 T_1 以闭锁远故障端保护，用于防止近故障端保护先返回（停止发信）、远故障端保护后返回时引起的误动。通常 T_1 延时时间为 100 ms。

时间元件 T_2 是延时动作、瞬时返回的时间元件，也称为通道配合延时。区外故障时，远故障端保护判别为正方向故障，F_+，I'动作。如果收不到对侧发来的闭锁信号，保护就会出口跳闸。考虑到闭锁信号在通道上传输需要一定时间，则与门 1 输出动作信号后需经 T_2 延时才能出口，以保证在 T_2 延时内可靠收到对侧闭锁信号，从而确保了这种情况下远故障端保护不误动。通常 T_2 延时时间为 4 ms～16 ms。

上面给出的闭锁式纵联方向保护原理框图非常简单，用于说明闭锁式纵联方向保护的动作原理有其独特的优点。实际闭锁式纵联方向保护装置中，考虑的因素更多，其保护动作逻辑更为复杂，包括反应线路保护正/反方向故障的方向元件 F_+/F_- 的使用、远方起动发信功能、功率倒向问题、母线保护、失灵保护动作停信等，具体可参考相关闭锁式纵联方向保护产品说明书。

七、闭锁式距离纵联保护基本原理

闭锁式距离纵联保护通常由完整的三段式距离保护附加高频通信部分组成。一般采用方向阻抗继电器二段 Z^{II} 实现对故障方向的判别。闭锁式距离纵联保护既可以在区内故障时由距离Ⅰ段或高频速动段瞬时跳闸，区外故障时又具有后备保护的作用，因此具有独特的优点。图 1－6－7 为双侧电源系统图和高频闭锁距离保护原理框图。下面简要分析闭锁式距离纵联保护的工作过程。

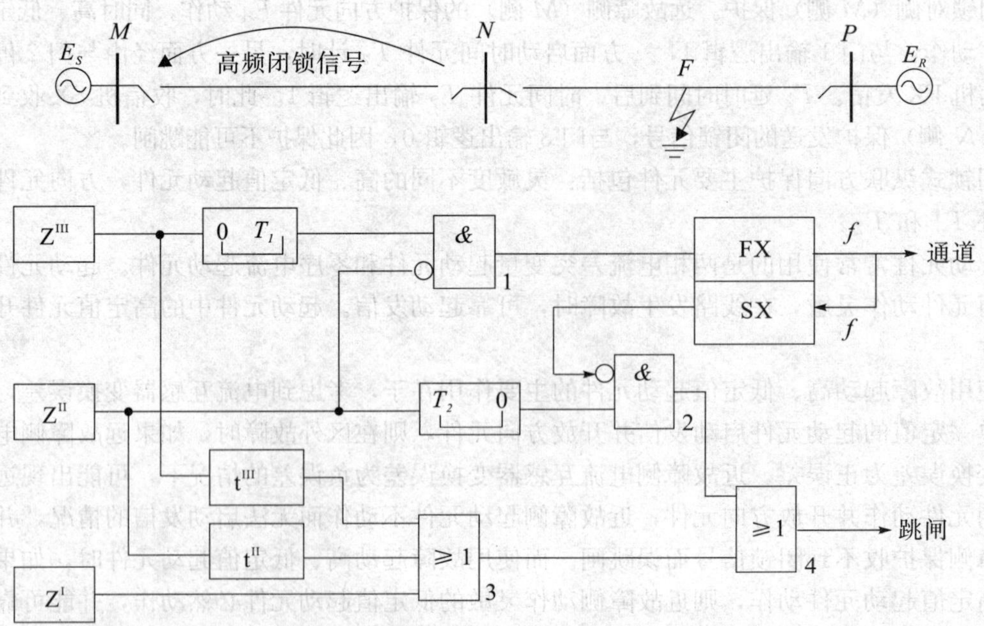

图 1－6－7　闭锁式距离纵联保护原理及框图

图 1-6-7 所示的双电源系统中，NP 线路的 F 点发生短路故障。对于 NP 线路的闭锁式距离纵联保护，由于发生了保护区内故障，两侧保护方向阻抗继电器 Z^{II} 动作，一方面启动时间元件 T_2 计时，另一方面经由与门 1 停止发信机 FX 发信。两侧高频发信机均不发信，T_2 延时时间到后，由于没有收到闭锁信号，门 2 输出逻辑 1，门 4 输出逻辑 1，两侧保护由高频速动段动作跳闸。

对于 MN 线路，由于发生了保护区外故障，则近故障侧（N 侧）的方向阻抗继电器 Z^{II} 不动作，本侧闭锁式距离纵联保护不可能跳闸；Z^{III} 起动元件动作后启动高频发信机发信，可靠闭锁对侧（M 侧）保护。远故障侧（M 侧）的方向阻抗继电器 Z^{II} 动作，一方面启动时间元件 T_2 计时，另一方面经由与门 1 停止本侧发信机 FX 发信。时间元件 T_2 延时时间到后，输出逻辑 1。此时，收信机 SX 收到近故障侧（N 侧）保护发送的闭锁信号，与门 2 输出逻辑 0，因此闭锁式距离纵联保护高频速动段不可能跳闸。

由于闭锁式距离纵联保护保留了阶段式距离保护全部功能，因此，当相邻线路的保护故障或断路器拒动时，将以阶段时限特性实现远后备跳闸。

注意，距离保护 III 段作为启动元件，保护范围应超过正、反向线路末端母线，无方向性。与三段式距离保护相似，闭锁式距离纵联保护在系统振荡时可能误动，也需要使用振荡闭锁措施。

将三段式距离保护用三段式零序方向电流保护代替，可以构成闭锁式零序方向电流纵联保护。

八、允许式纵联保护

允许式纵联保护通常采用反应线路保护正方向故障的方向元件 F_+/ F_- 或方向阻抗元件实现对故障方向的判别。当使用高频载波通道时，称为允许式高频载波保护；当使用微波、光纤通道时，称为允许式微波、光纤保护。允许式纵联保护有两种基本类型，即超范围允许式纵联保护和欠范围允许式纵联保护。使用允许信号的纵联保护在 500 kV 线路中应用较多。目前，国内在 500 kV 线路中使用允许信号的纵联保护多是超范围允许式纵联保护。

1. 超范围允许式纵联方向保护

图 1-6-8 为双侧电源系统图和超范围允许式纵联方向保护原理框图。下面简要分析超范围允许式纵联方向保护的工作过程。

图 1-6-8 所示的双电源系统中，NP 线路的 F 点发生短路故障。对于 NP 线路的保护，由于发生了保护区内故障，两侧保护方向元件 F_+ 动作，F_- 不动作，同时起动元件动作，与门 1 输出逻辑 1，启动发信机 FX 以载波频率 f_1 发出允许信号。线路对侧动作行为相似，启动发信机 FX 以载波频率 f_2 发出允许信号。两侧收信机均收到对侧发出的允许信号，与门 2 输出逻辑 1，两侧保护动作跳闸。

对于 MN 线路，由于发生了保护区外故障，则近故障侧（N 侧）的保护方向元件 F_+ 不动作，F_- 动作，与门 1 输出逻辑 0，本侧保护不可能跳闸；同时发信机不发允许信号。远故障侧（M 侧）的保护方向元件 F_+ 动作，F_- 不动作，同时起动元件动作，与门 1 输出逻辑 1，启动发信机 FX 以载波频率 f_3 发出允许信号。此时，近故障侧（N 侧）收信机 SX 收到远故障侧（M 侧）保护发送的允许信号，但与门 1 输出逻辑 0，因此保护不可能跳闸。远故障侧（M 侧）收信机 SX 收不到近故障侧（M 侧）保护发送的允许信号，与门 2 输出逻辑 0，因此保护也不可能跳闸。

如果使用单频制发信方式，则在图 1−6−8 所示的系统中，*MN* 线路保护区外故障时，远故障侧（*M* 侧）的保护方向元件 F_+ 动作，F_- 不动作，启动发信机 FX 发出允许信号并被本侧收信机 SX 收信，本侧保护将误跳闸。因此，允许式纵联方向保护只能使用双频制发信方式（两侧发信频率不同），实际系统中常常使用复用载波机。

允许式的纵联保护中不必再考虑闭锁式保护中需要的通道配合延时问题，从而保护动作速度较快。

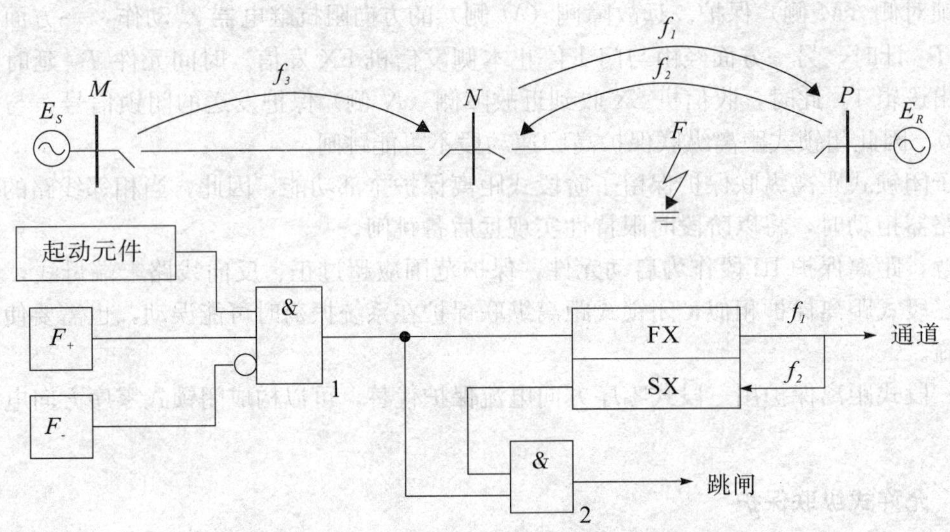

图 1−6−8　允许式纵联方向保护原理及框图

2. 超范围允许式纵联距离保护

将图 1−6−8 允许式纵联方向保护原理框图中的 F_+ / F_- 元件取消，F_+ 元件用方向阻抗继电器 II 段（或 III 段）元件 Z^{II}（或 Z^{III}）代替，即可构成超范围允许式纵联距离保护。

方向阻抗继电器一定要保证在本线路全长范围内故障时有足够的灵敏度，以确保故障线路两侧阻抗继电器均可靠动作。方向阻抗继电器的定值可用距离保护第 II 段或第 III 段定值，整定阻抗应大于 1.3 倍的本线路阻抗。为防止在系统振荡时阻抗继电器误动，允许式纵联距离保护需要经过振荡闭锁控制。

3. 欠范围允许式纵联距离保护

图 1−6−9 为双侧电源系统图和欠范围允许式纵联方向保护原理框图。下面简要分析欠范围允许式纵联方向保护的工作过程。

设在图 1−6−9 所示的 *MN* 线路两侧各装有方向阻抗继电器 Z^I 和 Z^{II}。其中方向阻抗继电器 I 段元件 Z^{II} 保护范围为本线路全长的 80%～85%，两侧阻抗继电器 I 段的保护范围之和是本线路的全长。所以只要是本线路内的故障，两侧方向阻抗继电器 I 段至少有一个动作。而在本线路以外的故障，两侧方向阻抗继电器 I 段都不动作。所以，比较两侧保护方向阻抗继电器 I 段的动作行为，即可区分是保护区内故障还是保护区外故障。

MN 线路内部故障时，如果是近处短路，则本侧起动元件起动且方向阻抗继电器 Z^I、Z^{II} 动作，本侧与门 1 动作，经由与门 2、或门 4 立即跳闸，同时向对侧发允许信号；如果是

远处短路，则本侧起动元件起动，方向阻抗继电器 Z^{II} 动作。此时对侧的方向阻抗继电器 Z^{I} 一定会动作，对侧可向本侧发允许信号。本侧与门 1 动作，且收到允许信号后，经由与门 3、或门 4 立即跳闸。在本线路外部短路时，两侧保护方向阻抗继电器 Z^{I} 都不动作，本线路没有允许信号，两侧都不跳闸。此处收发信机可以使用单频制，因为只有本线路内部故障才会有允许信号。

实际允许式纵联方向保护装置中动作逻辑更为复杂，包括通道阻塞防止允许式纵联保护拒动的措施、远方起动发信功能、母线保护、失灵保护动作发信等，具体可参考相关允许式纵联方向保护产品说明书。

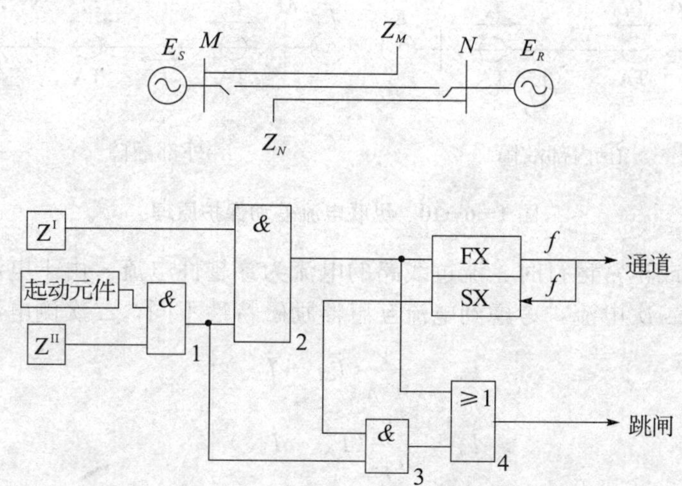

图 1-6-9 欠范围允许式纵联距离保护原理及框图

九、光纤纵联电流差动保护

输电线路纵联保护采用光纤通道后，由于其通信容量大，所以往往采用分相式光纤电流纵差保护。输电线路两侧的电流信号通过编码后转换成光信号，经光纤传送到对侧。保护装置收到对侧传来的光信号，先转换成电信号，再与本侧的电流信号构成纵差保护。

分相式光纤电流纵差保护本身具有优良的故障选相功能能力，在发生任何故障类型的保护区内故障时，其故障相纵差保护一定动作。在同杆并架双回、多回线路上发生跨线故障时能准确切除故障相，这显示出分相式光纤电流纵差保护突出的优点。

1. 纵联电流差动保护的工作原理

在图 1-6-10(a) 所示的系统图中，设流过两侧保护的电流为 $\dot{I}_M$、$\dot{I}_N$，短路点的故障电流为 $\dot{I}_K$，以母线流向被保护线路的方向规定为其正方向，如图中箭头方向所示。其二次侧电流分别为 $\dot{I}_m$、$\dot{I}_n$、I_k，以其相量和作为继电器的动作电流 I_{op}，即

$$I_{op} = |\dot{I}_m + \dot{I}_n| \qquad (1-6-3)$$

当线路内部短路时，如图 1-6-10(b) 所示，两侧电流的方向与规定的正方向相同。$\dot{I}_m + \dot{I}_n = \dot{I}_k$，故 $I_{op} = |\dot{I}_m + \dot{I}_n| = I_k$。此时动作电流等于短路点故障电流的二次值 I_k，动作电流很大，电流纵差保护动作。

当线路正常运行或线路外部短路时，$\dot{I}_M$、$\dot{I}_N$ 电流反相。例如在图 1-6-10(c) 中，流过本线路的电流是穿越性的短路电流 $\dot{I}_K$，如果忽略线路上的电容电流，则其二次侧电流有

$\dot{I}_m=\dot{I}_k$，$\dot{I}_n=-\dot{I}_k$。因而动作电流 $I_{op}=|\dot{I}_m+\dot{I}_n|=|\dot{I}_k|-|\dot{I}_k|=0$，即动作电流为零，电流纵差保护不动作。

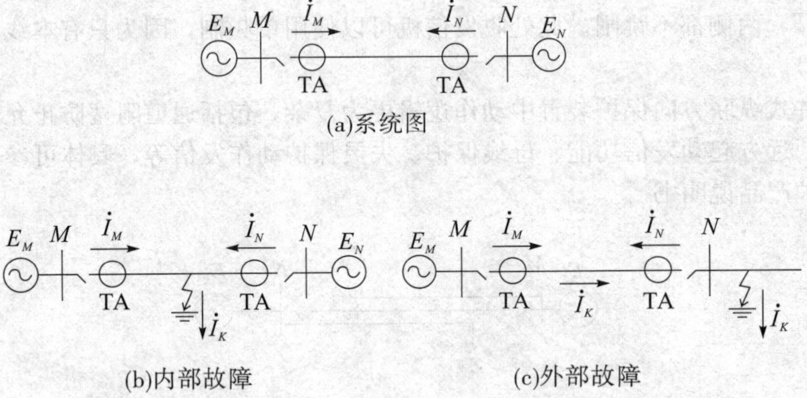

(a)系统图

(b)内部故障　　(c)外部故障

图 1-6-10　纵联电流差动保护原理

保护区外故障或正常运行时，流过线路的电流为穿越性电流。由于电流纵差保护比较线路两端电流互感器二次电流，考虑到电流互感器励磁特性不同，二次侧电流为

$$\left.\begin{aligned}I_m&=\frac{1}{n_{\mathrm{TA}}}(\dot{I}_M-\dot{I}_{uM})\\I_n&=\frac{1}{n_{\mathrm{TA}}}(\dot{I}_N-\dot{I}_{uN})\end{aligned}\right\}\tag{1-6-4}$$

因此，保护区外故障或正常运行时二次侧存在不平衡电流，即

$$I_{unb}=\dot{I}_m+\dot{I}_n=-\frac{1}{n_{\mathrm{TA}}}(\dot{I}_{uM}+\dot{I}_{uN})\tag{1-6-5}$$

要保证电流纵差保护的正确工作，纵差保护的二次侧动作值 I_{op} 应躲过这一不平衡电流，即

$$I_d=|\dot{I}_m+\dot{I}_n|>I_{unb}\tag{1-6-6}$$

稳态不平衡电流按下式计算：

$$I_{unb}=0.1\cdot K_{cc}\cdot K_{ap}\cdot I_{k.\max}\tag{1-6-7}$$

式中，K_{cc} 为电流互感器同型系数，电流互感器同型取 0.5，否则取 1；K_{ap} 为非周期分量系数；$I_{k.\max}$ 为线路外部故障时的最大短路电流二次值。

在保证外部故障不误动的前提下，通常用实际短路电流产生的不平衡电流 I_{res} 代替最大短路电流产生的不平衡电流 I_{unb}。并用下述方式计算：

$$I_{res}=|\dot{I}_m-\dot{I}_n|\tag{1-6-8}$$

$$I_{res}=(|\dot{I}_m|+|\dot{I}_n|)\tag{1-6-9}$$

$$I_{res}=\sqrt{|\dot{I}_m|\cdot|\dot{I}_n|\cos\theta_{mn}}\tag{1-6-10}$$

I_{op} 称为继电器的动作电流，I_{res} 称为继电器的制动电流，满足以下条件时差动继电器动作：

$$I_{op}\geqslant K_{res}I_{res}\tag{1-6-11}$$

式中，K_{res} 为差动继电器的制动系数，并根据不同的保护对象（线路、变压器、发电机等）选取不同的数值。

当制动电流采用以上公式计算时，在区外故障时均能可靠不动作，但在区内故障时灵敏度不同。式（1－6－8）、式（1－6－9）为比率制动方式的制动电流计算式，分别采用两侧电流相量差、标量和计算制动电流，在单侧电源、被保护线路内部故障时，具有相同的灵敏度；在双侧电源、被保护线路内部故障时，按两侧电流相量差计算具有更高的灵敏度。式（1－6－10）为标积制动方式的制动电流计算式，在单侧电源、被保护线路内部故障时，由于一侧电流为零，因此没有制动作用，具有最高的动作灵敏度。

2. 纵联电流差动保护动作特性分析

纵联电流差动保护中，常使用两类动作特性，即带有制动作用和不带制动作用的差动保护特性。

（1）不带制动作用的差动保护特性

动作方程为

$$I_{op}=|\dot{I}_m+\dot{I}_n|\geqslant I_{op.0} \qquad (1-6-12)$$

式中，$I_{op.0}$为差动保护的动作电流整定值，按以下条件计算：

①躲过外部短路的最大不平衡电流为

$$I_{op.0}=K_{rel}\cdot K_{cc}\cdot K_{ap}\cdot I_{k.\max} \qquad (1-6-13)$$

式中，K_{rel}为可靠系数，取2.2～2.3；K_{cc}为电流互感器同型系数，电流互感器同型取0.5，否则取1；K_{ap}为非周期分量系数，使用速饱和变流器时，取1，否则取1.5～2；$I_{k.\max}$为线路外部故障时的最大短路电流二次值。

②躲过最大负荷电流为

$$I_{op.0}=K_kI_{L.\max} \qquad (1-6-14)$$

式中，$I_{L.\max}$为线路最大负荷电流二次值。

实际整定时取①、②中较大的一个作整定值。

灵敏度校验按下式计算：

$$K_{lm}=\frac{I_{k.\min}}{I_{d.0}}\geqslant 2 \qquad (1-6-15)$$

式中，$I_{k.\min}$为线路末端故障最小短路电流二次值。灵敏度不满足要求时，则使用带制动作用的差动保护。

（2）带制动作用的差动保护特性

纵联电流差动继电器的动作特性一般如图1－6－11所示，阴影区为动作区，非阴影区为不动作区。这种动作特性称作比率制动特性，是差动继电器（线路、变压器、发电机、母线差动保护中用的差动继电器）常用的动作特性。图中$I_{op.\min}$为差动继电器的最小动作电流，S是该斜线的斜率。当斜线的延长线通过坐标原点时，该斜线的斜率也等于制动系数。制动系数定义为动作电流与制动电流的比值，即$K_{res}=I_{op}/I_{res}$。

采用两侧电流相量差计算制动电流时，动作方程如下：

$$|\dot{I}_m+\dot{I}_n|\geqslant K_{res}\cdot|\dot{I}_m-\dot{I}_n| \qquad (1-6-16)$$

当线路内部短路时，两侧电流的方向与规定的正方向相同，则动作电流$I_{op}=|\dot{I}_m+\dot{I}_n|=I_k\gg 0$，为短路电流的二次值。此时制动电流$I_{res}=|\dot{I}_m-\dot{I}_n|$较小，小于短路电流的二次值$I_k$。如果两侧电流幅值、相位相同，则制动电流为零，即$I_{res}=|\dot{I}_m-\dot{I}_n|=0$。因此工作点落在动作特性的动作区，差动继电器动作。

当线路外部短路时，两侧电流的方向与规定的正方向相反，则动作电流$I_{op}=$

$|\dot{I}_m+\dot{I}_n|=0$。此时制动电流 $I_{res}=|\dot{I}_m-\dot{I}_n|=2I_k$，制动电流是短路电流二次值的两倍，制动电流很大。因此工作点落在动作特性的不动作区，差动继电器不动作。

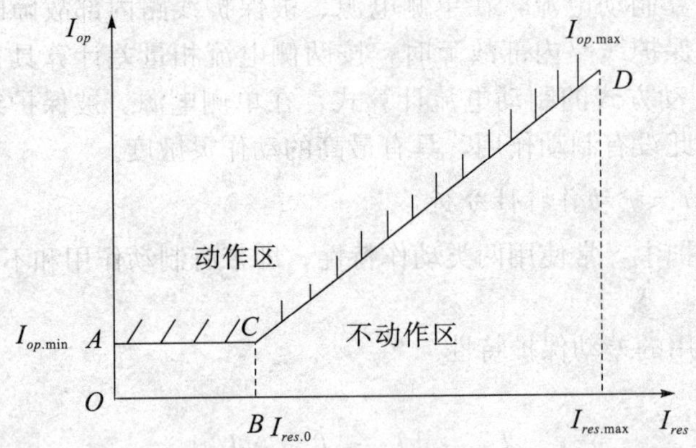

图 1-6-11　带比率制动的差动保护特性

3. 纵联电流差动保护的电流同步采样

在线路区外故障或正常运行时，只有在同一时刻线路两侧的电流才满足基尔霍夫割集电流定律，即线路两侧电流相量和为零。因此，对于纵联电流差动保护，最重要的是比较线路两侧同一时间的电流。由于线路两侧的两套保护装置独立进行采样，它们的采样时刻如果不加调整，一般情况下是不相同的。由此在区外短路时，将产生不平衡电流。为消除不平衡电流，应该做到同步采样。

同步采样的方法有基于数据通道的同步方法、基于参考相量的同步方法和基于 GPS 的同步方法等。基于数据通道的同步方法又包括采样时刻调整法、采样数据修正法和时钟校正法等。我国各制造厂家一般都采用采样时刻调整法。

（1）采样时刻调整法

装置刚上电或测得的两侧采样时间差 ΔT_s 超过规定值时，启动一次同步过程。在同步过程中先要测定通道传输延时 T_d。在图 1-6-12(a) 中，小虚线处是主机端（参考端）和从机端（调整端）的采样时刻。从机以本侧装置的相对时钟为基准，在 t_{ss} 时刻向主机发送一帧测定通道延时的报文，主机按自己装置的相对时钟为基准记录到该报文的接收时刻 t_{mr}。随后在下一个采样时刻 t_{ms} 向从机回应一帧通道延时测试报文，同时将时间差 $t_{ms}-t_{mr}$ 作为报文内容传送给从机。从机再记录下收到主机回应报文的时刻 t_{sr}，在认为通道来回传输延时相等的前提下，从机侧可按下式求得通道传输延时：

$$T_d=\frac{(t_{sr}-t_{ss})-(t_{ms}-t_{mr})}{2} \tag{1-6-17}$$

测得通道传输延时 T_d 后，从机端可根据收到主机报文时刻 t_{sr} 求得两侧采样时间差 ΔT_s，如图 1-6-12(b) 所示。随后从机端从下一采样时刻起对采样时刻作多次小步幅的调整，而主机侧采样时刻保持不变。经过一段时间调整直到采样时间差 ΔT_s 至零，保持两侧同步采样。

由于在启动同步过程时两侧采样时间差比较大，所以在同步过程中两侧纵联电流差动保护自动退出。但由于从机端每次仅作小步幅调整，对从机端装置内的其他保护（反应一侧电气量的保护）影响甚微，所以其他保护仍旧能正常工作，不必退出。

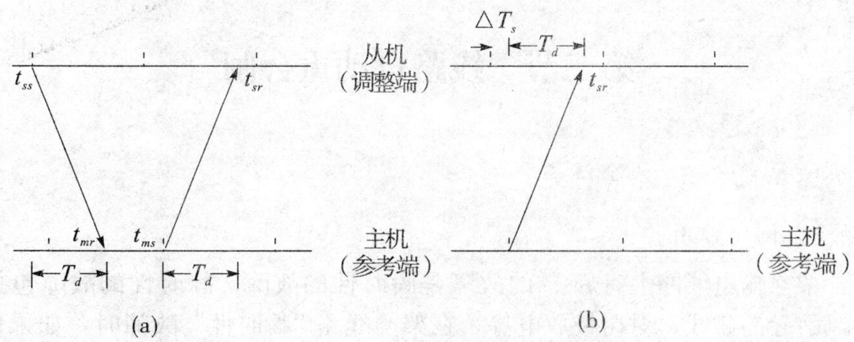

图 1−6−12　采样时刻调整法

在正常运行过程中，从机端一直在测量两侧采样时间差 ΔT_s。当测得的 ΔT_s 大于调整的步幅时，从机端立即将采样时刻作小步幅调整。由于此时 ΔT_s 的值很小，对保护没有影响，故进行这种调整时纵联电流差动保护仍然是投入的。

从上述采样时刻调整方法看，主机与从机之间收发的通道传输延时应该相等，这要求通道收发的路由应相同。如果路由不同，则采样时刻调整法无法调整到同步采样状态。

（2）基于 GPS 统一时钟的同步方法

全球定位系统（GPS）是美国于 1993 年全面建成的新一代卫星导航和定位系统，由 24 颗卫星组成，具有为用户提供高精度位置和时间信息的能力。GPS 传递的时间能在全球范围内与国际标准时钟（UTC）保持高精度同步，是目前最为理想的全球共享无线电时钟信号源。基于 GPS 时钟的输电线路纵联电流差动保护同步方案如图 1−6−13 所示。

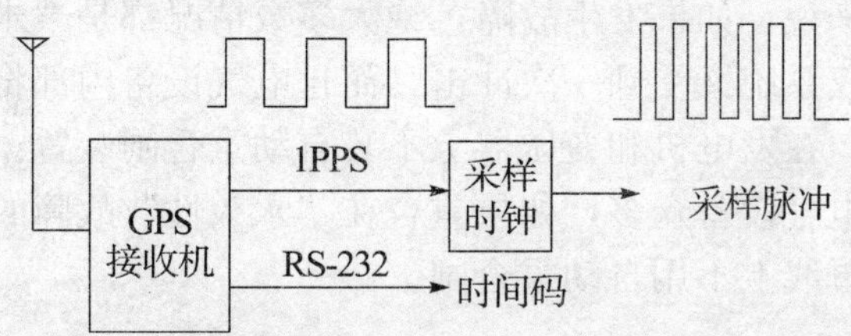

图 1−6−13　基于 GPS 的同步方法

图 1−6−13 中，专用定时型 GPS 接收机由接收天线和接收模块组成；接收机在任意时刻能随时接收其视野范围里 4~8 颗卫星的信息，通过对接收到的信息进行解码、运算和处理，能从中提取并输出两种时间信号：一是秒脉冲信号 1pps（1 pulse per second），该脉冲信号上升沿与标准时钟 UTC 的同步误差不超过 1 μs；二是经串行口输出与 1pps 对应的标准时间（年、月、日、时、分、秒）代码。在线路两端的保护装置中，由高稳定性晶振构成的采样时钟每过 1 s 被 1pps 信号同步一次（相位锁定），能保证晶振产生的脉冲前沿与 UTC 具有 1 μs 的同步精度，在线路两端采样时钟给出的采样脉冲之间具有不超过 2 μs 的相对误差，实现了两端采样的严格同步。接收机输出的时间码可直接送给保护装置，用来实现两端相同时标。

第二节　线路自动重合闸

一、概　述

1. 自动重合闸的作用

据统计，架空输电线路上有90%的故障是瞬时性的故障。瞬时性的故障包括绝缘子表面闪络、大风引起的碰线、对树枝放电等。在架空线路“瞬时性”故障时，如果使用一种自动装置，把保护跳闸断开的线路段再合上，就能够恢复正常供电。实现这种功能的自动装置就是自动重合闸。当然，对于架空线路“永久性”故障，如线路倒地、带地线合闸、绝缘子击穿或损坏等，断路器合闸以后故障依然存在，继电保护再次将断路器跳开。由于大多数线路故障为“瞬时性”故障，自动重合闸动作成功率在80%以上。

自动重合闸的主要作用包括：

①大大提高供电的可靠性，减少线路停电的次数，特别是对单侧电源的单回线路尤为显著。

②在高压输电线路上采用重合闸，还可以提高电力系统并列运行的稳定性。

③纠正断路器本身机构不良或继电保护误动作、运行人员误操作而引起的误跳闸。

重合闸于“永久性”故障时，系统将再一次受到故障的冲击，对系统的稳定运行很不利。同时断路器“跳一合一跳”连续动作，遮断容量也会下降，因此在短路容量特大系统中的使用受到限制。

对发电机、变压器来说，如果发生故障，绝大多数情况都是“永久性”故障，如果也采用自动重合闸装置，不仅系统又受到一次冲击，而且电气设备内部将会再一次受到电弧灼伤和电动力的损伤，所以，在发电机和变压器上不装自动重合闸装置。母线是一个重要的电气设备，连接于母线上的电气设备众多，如果重合在“永久性”故障的母线上将给系统带来巨大影响，所以目前系统母线上不用自动重合闸。

2. 对自动重合闸的基本要求

①动作迅速，减轻故障对系统与用户的影响。

②不允许多次重合闸。多次重合闸于“永久性”故障时，将使系统遭受多次冲击，并损坏断路器。

③动作后自动复归，准备下次重合闸。

④运行人员手动跳闸，或通过遥控装置将断路器分闸时闭锁重合闸。

⑤手动合闸于故障时闭锁重合闸。

⑥断路器机构故障或不正常状态，如断路器操作机构气压、液压低时闭锁重合闸。

⑦提供重合闸前/后加速保护动作回路，加速故障的切除。

⑧当保护跳闸或其他原因致使断路器“偷跳”时，自动启动重合闸。

为满足第④、⑧项的要求，通常采用控制开关位置与断路器位置不对应的原则启动重合闸，即当控制开关在合闸位置而断路器实际处于分闸位置时启动重合闸。

3. 自动重合闸方式

输电线路自动重合闸在使用中有三种方式可供选择：三相重合闸方式，单相重合闸方式，综合重合闸方式。

使用三相重合闸方式时，重合闸的动作过程是：在保护装置对线路上发生的各种类型的故障三相跳闸后，自动重合闸进行三相重合，如果重合成功，则线路继续运行；如果重合于“永久性”故障，则由保护再跳三相，不再重合闸。

使用单相重合闸方式时，对线路上发生的单相接地短路故障，保护动作后跳开故障相断路器，重合闸进行单相重合，如果重合成功，则继续运行；如果重合于“永久性”故障，则再跳三相，不再重合。

使用综合重合闸方式时，对线路上发生的单相接地短路按单相重合闸方式工作，即由保护跳单相，重合单相，如果重合成功，则继续运行；如果重合于“永久性”故障，则再跳三相，不再重合。对线路上发生的相间短路按三相重合闸方式工作，即由保护跳三相，重合三相，如果重合成功，则继续运行；如果重合于“永久性”故障，则再跳三相，不再重合。

二、输电线路的三相一次重合闸

1. 单侧电源线路的三相一次重合闸

在 110 kV 及以下电压等级的输电线路上，绝大多数的断路器都是三相操作机构的断路器。三相断路器的传动机构在机械上是连在一起的，无法分相跳、合闸。所以，这些电压等级中的自动重合闸采用三相重合闸方式，并广泛使用三相一次重合闸。

当使用三相重合闸方式时，对线路上发生的任何故障，保护装置均跳开三相断路器，然后启动三相一次重合闸。经重合闸动作延时后发出重合闸命令。如果重合成功，则线路继续运行；如果重合于“永久性”故障，则保护再次动作跳三相，不再重合。在手动合闸、跳闸时均闭锁重合闸，而在手动合闸时，还需提供保护后加速功能。

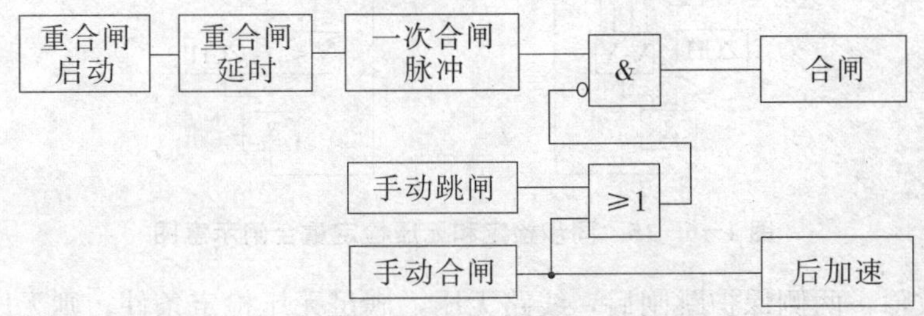

图 1-6-14　三相一次重合闸原理框图

图 1-6-14 给出了三相一次重合闸原理框图。动作过程简单说明如下：当保护跳闸或其他原因致使断路器“偷跳”时，利用控制开关位置与断路器位置不对应的原则自动启动重合闸。启动元件给出重合闸启动命令后，启动重合闸延时时间元件开始计时。重合闸延时时间到后，发出一次合闸脉冲启动断路器进行三相一次重合闸。与此同时，重合闸整组复归时间元件开始计时，计时时间为 15 s～25 s。在此期间，重合闸不能再次发出合闸脉冲。

单侧电源线路的三相一次重合闸动作时间按最小重合闸动作时间确定。基本原则是：躲开断路器跳闸后负荷电动机向故障点反馈电流的时间；故障点电弧熄灭并保证周围介质恢复绝缘强度所需要的时间；躲过断路器跳闸息弧后，其触头周围介质绝缘强度恢复及消弧室重新充油、气所需要的时间；断路器操作机构准备好再次动作的时间。单侧电源线路的三相一次重合闸最小动作时间取 0.3 s～0.4 s。

2. 双侧电源线路的三相一次重合闸

（1）双侧电源线路重合闸的特点

在没有使用全线速动纵联保护而使用多段式保护的线路上，双侧电源线路两侧保护跳闸时间可能不同，要成功实现重合闸，则必须保证两侧保护都已经跳闸后才能进行重合闸。此外，对双侧电源线路，考虑在保护跳闸后两侧电源不同步，在某些情况下不允许非同步重合闸。因此，对双侧电源线路重合闸，需根据系统的具体情况，选用不同的重合闸方式。

（2）双侧电源线路重合闸

①不检查同期条件的重合闸。

实际使用这种重合闸时，系统结构已经保证线路两侧不会失去同步。包括具有三个以上紧密联系的线路，当任何一条线路跳开后，系统仍保持同步运行，可直接使用不检查同期条件的重合闸。此外，对双回线路上使用的重合闸，可以使用检查另一条线路有电流的重合闸。另一条线路有电流时，表明两侧电源保持联系，可直接进行重合闸。这种方式比使用检查同期条件的重合闸更为简单。

②具有同步检定和无压检定的重合闸。

图 1−6−15 给出了具有同步检定和无压检定的重合闸示意图。通常在线路两侧均装设重合闸 ZCH，同时还在线路一侧使用同步检定继电器 V−V，另一侧使用无压检定继电器 V<。

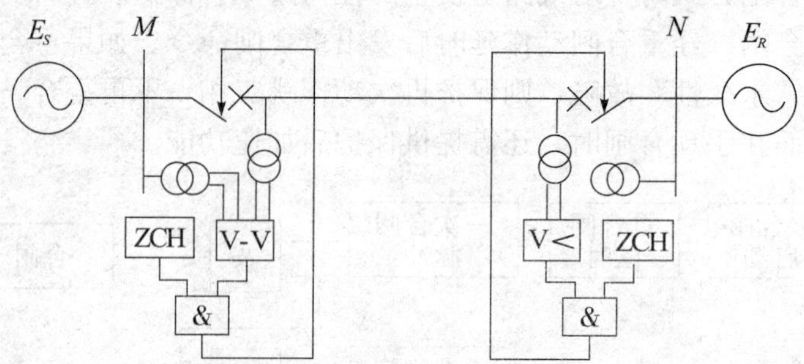

图 1−6−15　同步检定和无压检定重合闸示意图

线路发生故障，两侧保护跳闸后，线路无压，满足无压检定条件，则无压检定侧首先重合闸，使线路充电。如果重合闸于瞬时性故障，则重合闸成功，另一侧同步检定侧检查同步条件合格后允许同步重合闸，线路恢复正常运行。如果重合闸于永久性故障，则重合闸不成功，保护再次跳闸；另一侧因为线路无压，同步检定继电器不动作，断路器不合闸。

如果无压检定侧断路器偷跳，因线路有压，不允许断路器重合闸；为此，在无压检定侧同时使用同步检定继电器，由同步检定继电器开放断路器重合闸，用于纠正断路器的偷跳。

在线路使用同步检定重合闸的一侧，不允许同时使用无压检定，否则在线路两侧断路器跳闸后，由于线路无压，两侧同时满足无压检定条件，导致非同期重合闸。

重合闸于故障时，无压检定侧断路器连续两次切除故障电流，工作条件恶劣，需定期更换无压、同步检定方式。需特别注意的是，在发电厂高压母线的出线端，一般都确定为同步检定侧。

无压检定继电器（V<）由低电压继电器构成，动作电压 $U_{dz}=0.5U_N$。同步检定继电器（V−V）可用电磁型继电器构成，也可直接测量母线电压 U_m 与线路电压 U_x 的相角差。

电磁型同步检定继电器的工作电压正比于母线 U_m 电压与线路电压 U_x 之差，即

$$\Delta U = U_m - U_x = 2U\sin\frac{\delta}{2} \quad (1-6-18)$$

ΔU 和母线 U_m 与线路电压 U_x 的相角差 δ 直接相关，实际整定 $\delta_{dz} = 20° \sim 40°$。

③双侧电源线路的三相一次重合闸动作时间。

除遵循确定单侧电源线路的三相一次重合闸动作时间的基本原则外，在没有使用全线速动纵联保护而使用多段式的保护的线路上，还必须考虑双侧电源线路两侧保护跳闸时间可能不同的情况。即除考虑单侧电源线路的三相一次重合闸动作时间外，还要增加一段附加时间，包括两侧保护动作时间之差和断路器动作时间之差。

（3）重合闸的工作方式

继电保护与重合闸配合工作时，有两种基本工作方式，即重合闸前加速方式和重合闸后加速方式。

①重合闸前加速方式。

重合闸前加速方式一般用于具有几段串联线路的辐射形线路中。这种方式只在电源端设置自动重合闸。当线路发生故障时，电源端保护无选择性地瞬时动作切除故障，然后进行自动重合闸。重合于永久性故障时，保护按选择性条件跳闸。这种方式的优点是：能够快速切除瞬时性故障，提高重合闸的成功率。主要缺点是：电源端断路器工作条件恶劣；永久性故障切除时间长；电源端断路器或重合闸拒动时，扩大了停电范围。这种方式可用于 35 kV 以下直配线路。

②重合闸后加速方式。

当线路发生故障时，保护有选择性地动作切除故障，然后自动重合闸。重合于永久性故障时，加速保护的延时段实现有选择性的无延时跳闸。这种方式广泛用于 35 kV 及以上线路上，其保护性能比较完善，第一次动作时间一般在 0.5 s 以内。缺点是第一次切除故障时间可能较长，同时必须在每条线路设置重合闸。

重合闸后加速保护的延时段主要是指加速阶段式保护的 II 段或 III 段。对于距离保护的重合闸后加速，注意在三相跳闸重合但重合后有可能发生振荡的情况下，只能加速经振荡闭锁控制的 II 段或 III 段，以防止重合后系统振荡时被加速的距离 II 段或 III 段误动。

3. 发电厂出线的重合闸

规程规定，在 220 kV～500 kV 电网中的发电厂出线或密集型电网的线路上的检查无电压侧的重合闸时间一般整定为 10 s。在 3 kV～110 kV 电网中，大型发电厂出线三相自动重合闸的时间也一般整定为 10 s。这主要是为了减少发电机的疲劳损耗，确保机组的安全。

对大机组轴应力的研究表明，次同步谐振是损坏大轴的原因，而且发现在高压线路出口发生三相短路以及其他特殊运行操作方式下，例如短路切除后又重合于永久性的三相短路情况下，发电机轴上承受的机械应力远大于发电机出口三相短路时承受的机械应力。

当高压线路出口发生三相短路时，故障开始瞬间就产生突然的扭矩传到发电机轴机械系统，该扭矩的幅值随时间变化，以该机组轴系的自然扭振频率振荡，并以 2.5 s～10 s 的时间常数衰减。由于时间常数很长，衰减很慢。当故障切除时将再次产生一个扭矩，如果第二次扭矩再同向叠加到正在扭振中的轴系上，将使扭振的幅度进一步加大。故障切除后如果经不长的时间又重合，且重合到永久性的三相短路上，随后保护再次切除，这中间又先后产生二次扭矩。这种多次扭振的叠加，如果恰好扭振幅度也都是同向叠加的，将使发电机的疲劳

损耗增大，给发电机造成致命的损伤。研究还表明，如果发生的是单相接地短路或两相短路以及故障在高压线路较远处，则发电机承受的轴扭矩将减小很多。

由于发电机的重要性，必须考虑可能发生的最严重的情况，因而 1982 年美国 IEEE 专门成立工作组对重合闸问题进行研究并提出报告，对发电机高压出线上的重合闸建议如下：

① 三相跳闸后重合闸用检查同期方式。

② 将三相重合闸的时间取 10 s 或更长时间，使第一次故障及切除产生的扭矩衰减以后再重合。

③ 使用单相重合闸，相间故障三跳后不重合。

④ 不用重合闸。

与此对应，我国相关的规程规定发电厂出线三相重合闸的时间整定为 10 s。

三、超高压线路的单相自动重合闸

1. 超高压线路的单相自动重合闸

220 kV 及以上线路单相故障率大于 80%。如果在线路发生单相瞬时性故障时，对故障相进行单相跳闸、再单相重合闸，则单相跳闸时两侧电源保持电气联系，这样可以大大提高系统的稳定性。如果线路发生单相永久性故障，则重合闸于故障后跳三相。这种在单相故障时跳开故障相再进行单相重合闸、若不成功则跳三相的重合方式，称为单相自动重合闸。

2. 单相重合闸的故障选相

为实现单相重合闸，必须能够正确选择故障相。对选相元件的基本要求有两个：一是保证选相元件的选择性，二是在故障相末端单相接地短路时有足够灵敏度。

(1) 选相元件的种类

选相元件的种类包括：电流选相元件，使用三个过电流继电器实现，适用于大电源侧故障选相；电压选相元件，使用三个低电压继电器实现，适用于小电源侧或单电源线路的受电侧；阻抗选相元件，使用三个阻抗继电器实现。除应满足基本要求外，还应校验各种复故障条件下的阻抗元件动作行为。其他常用的选相元件包括相电流差突变量选相元件和序分量选相元件。

(2) 相电流差突变量选相元件

相电流差突变量选相元件是利用每两相的相电流差构成三个选相元件，它们是依据故障时相电流差的故障分量构成的。三个相电流差突变量继电器所反应的电流分别为 $\mathrm{d}\dot{I}_{AB}=\mathrm{d}(\dot{I}_A-\dot{I}_B)$，$\mathrm{d}\dot{I}_{BC}=\mathrm{d}(\dot{I}_B-\dot{I}_C)$，$\mathrm{d}\dot{I}_{CA}=\mathrm{d}(\dot{I}_C-\dot{I}_A)$。其选相逻辑如图 1-6-16 所示。

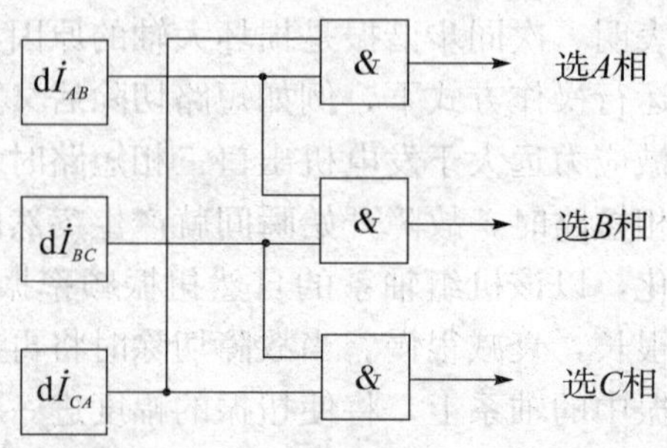

图 1-6-16 相电流差突变量选相逻辑

分析三个相电流差突变量继电器在不同故障类型时的动作行为，可知在发生相间故障时，三个相电流差突变量继电器均会动作；在发生单相接地故障时，反应非故障相的相电流差突变量继电器不动作，其余两个相电流差变量继电器都要动作。

应用电流差突变量继电器构成的选相元件，在正常运行或非全相运行的负荷状态和系统振荡的情况下都不会动作；在发生故障时选相性能好。由于它不需要躲负荷电流，因此有较高的灵敏度。这也是现在应用较广的选相元件。

3. 单相重合闸动作时限的选择

与三相重合闸延时整定的原则相同，需要考虑介质绝缘恢复时间及重合闸操作机构准备时间，并保证两侧保护都已经跳闸。另外，需要特别考虑单相重合闸过程中线路潜供电流的影响。

单相跳闸的非全相运行状态下潜供电流的示意图如图 1－6－17 所示。图中，线路两端的 A、B 相断路器合闸，C 相断路器分闸，线路分布参数电容用集中参数电容 C_M、C_0 表示。

潜供电流包括两种电流：单跳后健全相电势经相间耦合电容 C_M 向故障点提供的短路电流；健全相负荷电流经相间分布互感在故障相产生的感应电势 E_M 经过对地分布电容 C_0 构成回路向故障点提供的短路电流。一般线路越长，电压等级越高，潜供电流就越大。

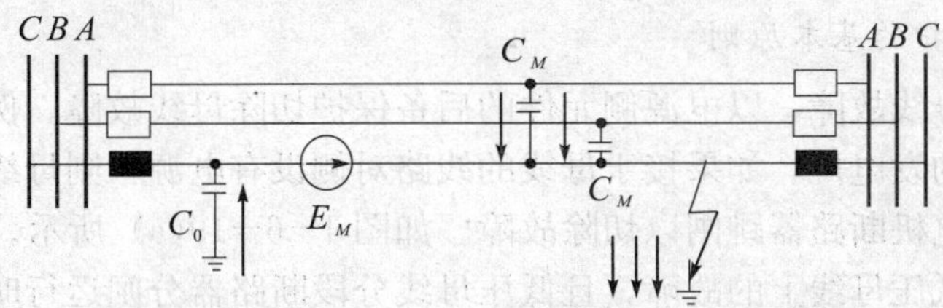

图 1－6－17　潜供电流的示意图

潜供电流使短路点电弧熄灭时间、介质绝缘恢复时间增大，相应单相重合闸延时较三相重合闸延时增大。在双侧电源线路上单相重合闸时间的计算公式与三相重合闸时间的计算公式相同。不过，对 220 kV 线路中的单相重合闸，考虑潜供电流的影响后，其中单相重合闸熄弧时间不小于 0.6 s，330 kV～500 kV 线路单相重合闸，则根据线路长短及有无辅助消弧措施而定。

4. 单相重合闸与保护的配合

在保护装置判别发生保护区内故障、发出跳闸命令后，这一跳闸命令需要首先送入自动重合闸装置，由自动重合闸装置内的故障选相元件完成故障选相，最后由重合闸装置的操作箱发出跳、合闸的命令，对断路器实施跳、合闸操作。

保护装置和选相元件动作后，经与门输出选相跳闸信号，同时启动合闸回路。对于单相接地故障，进行单相跳闸和单相重合闸；对相间故障，跳开三相，然后进行三相重合闸。单相重合闸与保护的配合框图如图 1－6－18 所示。

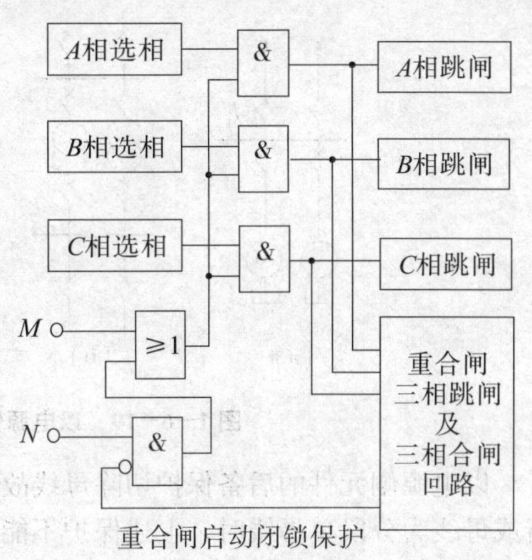

图 1－6－18　单相重合闸与保护的配合框图

单相重合闸的非全相运行状态下，产生负序、零序分量，应闭锁可能误动作的保护。单相重合闸非全相运行时要误动的保护由 M 端输入，在单相重合闸动作后闭锁，重合成功、恢复全相运行时重新投入工作。单相重合闸时不误动的保护由 N 端输入，为单相重合闸期间非全相运行的线路提供保护作用。

第三节　母线保护

一、概　述

1. 母线故障特点

发电厂和变电所的母线是电力系统中的重要组成元件。母线故障将使连接在母线上的所有元件被迫停电。母线故障的主要原因包括：母线绝缘子或断路器套管污闪，运行人员误操作，如带地线合闸、带负荷拉刀闸等。

母线故障几率小，但故障影响很大，后果严重，常造成大面积停电，并可能破坏系统稳定。因此，对母线保护的要求是特别强调可靠性，尽量简化保护配置。

2. 设置母线保护的基本原则

非重要厂、站母线故障，以电源侧元件的后备保护切除母线故障。例如：

①单母线接线的发电厂，如果接于母线的线路对侧没有电源，则母线上的故障可用发电机过电流保护使发电机断路器跳闸以切除故障。如图 1－6－19(a) 所示。

②降压变电站低压母线上的故障，且低压母线分段断路器分闸运行时，可用变压器的过电流保护使变压器的断路器跳闸以切除母线故障。如图 1－6－19(b) 所示。

③连接双侧电源系统的变电站，其母线故障可用线路上电源侧的阶段式保护 II 段切除故障。如图 1－6－19(c) 所示，在母线故障时，以线路阶段式保护 1、保护 4 的 II 段切除故障。

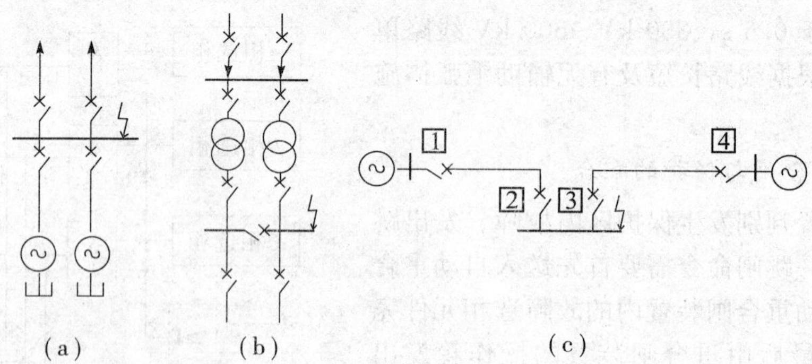

图 1－6－19　以电源侧元件的后备保护切除母线故障

以电源侧元件的后备保护切除母线故障时，故障切除时间较长。此外，当双母线同时运行或母线为分段单母线时，上述保护不能保证有选择性地切除故障母线。超高压枢纽变电站和大型发电厂的母线连接着各地区电网和大型发电机组，母线发生故障直接破坏了各系统和各机组之间的同步运行，甚至破坏系统稳定。由于其后果特别严重，因此，对威胁电力系统稳定运行，或使发电厂用电及重要负荷的供电电压低于允许值的母线故障，必须利用具有选择性的快速母线保护切除故障。

以下情况需设置专用的母线保护：

①110 kV 及以上双母线及分段母线，为保证有选择性切除故障母线，必须设置专用母线保护。

②110 kV 及以上单母线，重要电厂 35 kV 母线，高压侧为 110 kV 的重要降压站 35 kV 母线，必须快速切除母线故障时，设置专用母线保护。

对于重要的 220 kV～500 kV 的超高压变电站，按照要求应当装设母线保护以保证系统稳定性，而对于 500 kV 和重要的 220 kV 变电站配置双重化的母线保护。

500 kV 母线往往采用 3/2 接线，相当于单母线接线，因此其母线保护相对简单，一般仅配置母线差动保护，并将断路器失灵保护置于断路器保护中。3/2 接线的母线其拒动的危害性远大于误动，所以母线保护实现双重化甚至三重化。

220 kV 双母线除配置母线差动保护外，还需配置母联相关的保护（母联失灵保护、母联死区保护、母联过流保护、母联充电保护等）。

由于断路器失灵保护和母线保护动作后都要跳开母线上所有电源的各个断路器，二者的出口跳闸回路可以共用，许多情况下它们也都设置于同一保护屏内。因此，配置母线保护时，还需同时配置断路器失灵保护。

3. 母线差动保护与其他保护的配合

母差保护动作后，该母线上所连接的线路应利用线路纵联保护远跳功能使对侧跳闸。通常闭锁式线路纵联保护采用母差保护动作停信；允许式线路纵联保护采用母差保护动作发信；线路纵联电流差动保护采用母差保护动作直跳对侧或强制本侧电流置零使对侧跳闸。

对于该母线上的联络变压器，除利用母差保护动作接点跳本侧断路器外，还应将另一副母差保护动作接点开入变压器保护，实现母线故障联络变压器中压侧断路器失灵跳变压器各侧断路器。

二、母线差动保护

1. 母线差动保护的基本原理

为满足速动性和选择性的要求，母线保护都是按照差动原理实现的。将母线作为一个电气连接点，可应用基尔霍夫节点电流定律进行分析。以 I_i 表示母线各连接支路的电流（$i=1, 2, 3, \cdots$），I_k 表示母线内部故障时流入故障点的总电流。它们有以下特征：

①在正常运行或母线区外故障时，流入、流出母线的电流幅值相等，流入、流出母线的电流和为零，表示为 $\sum I_i = 0$，母线差动保护不动作。

②在母线内部故障时，流入母线的电流之和为故障点的短路电流，表示为 $\sum I_i = I_k$，不再满足基尔霍夫割集电流定律，母线差动保护动作跳闸。

③分析母线连接元件的电流相位关系，在正常运行或母线区外故障时，至少有一个连接元件的电流与其他元件的电流相位相反。在母线内部故障时，流入母线的电流接近同相位。

利用特征①和②，可构成比幅式母线差动保护；利用特征③，可构成比相式母线差动保护。

2. 母线保护类型

母线保护一般采用差动原理构成，包括完全电流母线差动保护、不完全电流母线差动保护及电流相位比较式母线差动保护。大多数母线差动保护采用完全电流母差保护，在中低压母差保护当负荷支路很多时采用不完全电流母差保护，电流相位比较式母差保护则极少采用。

按差动回路中的电阻大小，可分为低阻抗型、中阻抗型和高阻抗型母线差动保护。传统的母线差动保护及微机型母线保护大多是低阻抗型。接于差流回路的电流继电器阻抗很小，在内部短路时，电流互感器的负担小，二次电压低，因而饱和度小，误差小，需要解决区外故障不平衡电流问题、饱和问题及非周期分量问题。高阻抗型母线差动保护由于易引起内部高压，现已不采用。中阻抗型母线差动保护的差电流回路电阻介于高阻抗型和低阻抗型之间，其差动回路总电阻约有 200 Ω 左右，因而也可大大减小外部短路时进入继电器的不平衡电流，并与制动回路相配合，保证保护动作的选择性。

现在的微机型母线保护均是低阻抗型母线保护，通过相关软件算法解决 TA 饱和及非周期分量等影响。中阻抗型母线保护在国外应用较多，国内也应用于超高压变电站，但由于其需要相关辅助变流器、整定复杂等原因，现在已较少采用。同时，分布式的母线保护也开始应用。

3. 单母线完全电流差动母线保护

完全电流差动保护的原理接线如图 1－6－20 所示。在母线的所有连接元件上装设具有相同变比的电流互感器。所有互感器的二次线圈同极性端子互相连接，然后接入差动继电器。这样继电器中的电流即为各个二次电流的向量和。以 I 表示线路一次侧电流，i 表示线路二次侧电流，则流入差动继电器的差动电流为

$$i_{cd}=\frac{\sum I}{n_{\mathrm{TA}}}=\sum i \qquad (1-6-19)$$

差动继电器动作定值的整定如下：

（1）躲过外部故障最大不平衡电流（$K_{rel}=1.3$）

$$I_{op}=\frac{K_{rel}I_{bp.\max}}{n_{\mathrm{TA}}}=\frac{K_{kel}(0.1\ I_{d.\max})}{n_{\mathrm{TA}}} \qquad (1-6-20)$$

式中，$I_{d.\max}$为母线上发生故障时的最大短路电流。整定计算条件是母线连接元件最少（有源支路最少），系统运行方式最小（$Z_s=Z_{s.\max}$）。

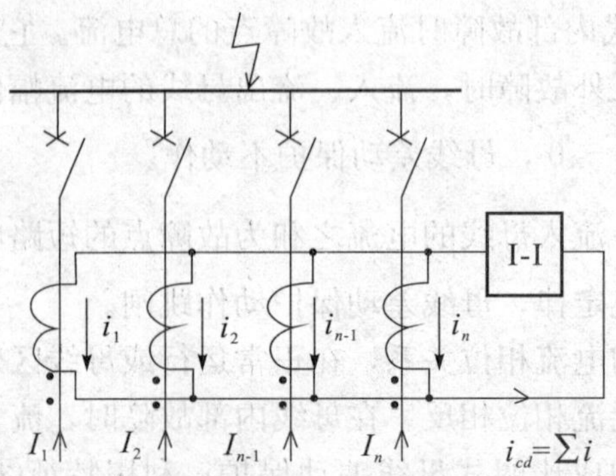

图 1－6－20　完全电流差动保护的原理接线

(2) 躲过 TA 断线 ($K_{rel}=1.3$)

$$I_{op}=\frac{K_{rel}\,I_{f.\max}}{n_{\mathrm{TA}}} \tag{1-6-21}$$

式中，$I_{f.\max}$为线路上的最大负荷电流。

取式 (1-6-20) 和 (1-6-21) 中计算值大的为差动继电器动作定值。

差动继电器动作定值的校验如下：

$$K_{lm}=\frac{I_{d.\min}}{n_{\mathrm{TA}}\cdot I_{op}}>2 \tag{1-6-22}$$

式中，$I_{d.\min}$为母线上发生故障时的最小短路电流。校验条件是母线连接元件最多（有源支路最多），系统运行方式最大（$Z_s=Z_{s.\min}$）。

主要问题是，母线差动保护区外故障时，故障支路电流 i_n 即为区外短路的故障电流（二次值），其电流互感器 TA_n 极易饱和，其励磁电流 $i_{u.n}$急剧上升，极端情况下 $i_n=0$，有

$$I_{cd}=(i_1+i_2+\cdots+i_{n-1})=\sum i=-i_n \tag{1-6-23}$$

可能导致母差保护区外故障时误动。

4. 中阻母线差动保护

通常采用比率制动特性：

$$\sum_{i=1}^{n}\dot{I}_i-K_{rel}\sum_{i=1}^{n}|\dot{I}_i|\geqslant I_{op.\min} \tag{1-6-24}$$

或

$$\sum_{i=1}^{n}\dot{I}_i-K_{rel}\,|\dot{I}_i|_{\max}\geqslant I_{op.\min} \tag{1-6-25}$$

式中，K_{rel}为比率制动特性的制动系数，$I_{op.\min}$为比率制动特性最小动作电流，$|\dot{I}_i|_{\max}$为$|\dot{I}_i|$ ($i=1, 2, \cdots, n$) 中的最大值。

图 1-6-21 为母线外部故障时中阻母线差动保护的等值电路。区外故障时，如果故障支路 n 的电流互感器 TA_n 饱和，差动保护将失去最大制动电流。其改进措施是在差动回路的二次线中串接电阻 r。在区外故障、故障支路电流互感器 TA_n 饱和时，差动电流被饱和的励磁支路分流（$Z_{2.n}\ll r$），因此，即使该支路因饱和而使输出电流为零，其他支路的电流之和流入该支路电流互感器的二次绕组，此电流仍然具有制动电流性质。

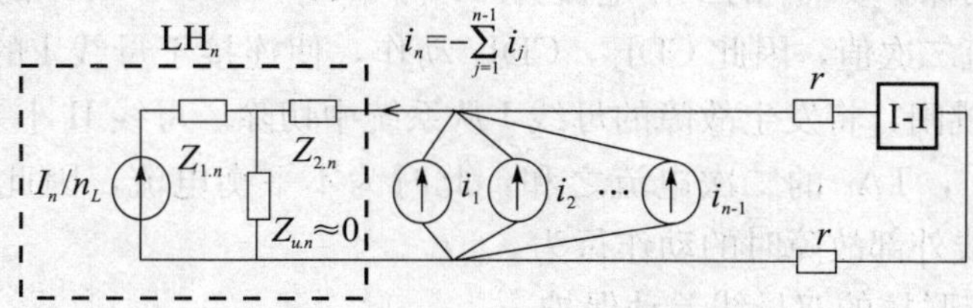

图 1-6-21　母线外部故障时中阻母线差动保护的等值电路

由于保留了比率制动特性，所以 r 可取中阻抗，且无需采取限压措施。

中阻抗母线差动保护在处理 TA 饱和方面具有独特的优势。此外，这种保护在母线内部故障时动作速度极快，一般动作时间小于 10 ms，因而在电力系统中得到了一定的应用。

5. 双母线同时运行时的差动保护

双母线是发电厂和变电所中广泛采用的一种母线方式。由于在各母线上分别接入约 1/2 的供、受电元件，则任一母线故障时，只切除故障母线所连接的供、受电元件（同时切除母联断路器），可减少停电范围，大大提高供电可靠性。

（1）元件固定联接的双母线差动保护

图 1−6−22 为元件固定联接的双母线差动保护原理接线图。元件固定联接的双母线差动保护主要由三组差动保护组成，即大差动保护（TA_1，TA_2，TA_3，TA_4 和 CDJ_3），母线 I 小差动保护（TA_1，TA_2，TA_5 和 CDJ_1），母线 II 小差动保护（TA_3，TA_4，TA_5 和 CDJ_2）。

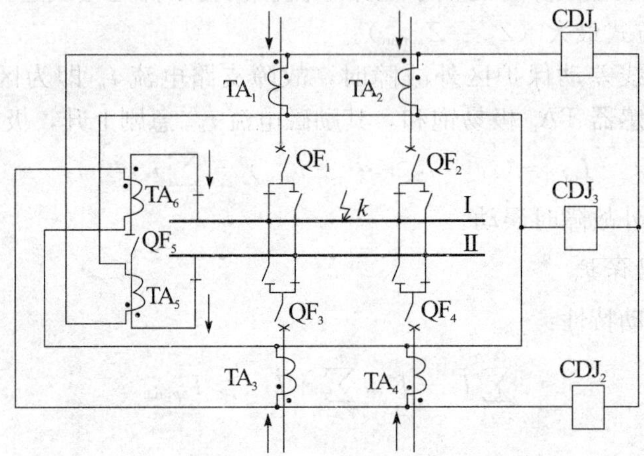

图 1−6−22　元件固定联接的双母线差动保护原理接线图

大差动保护作为故障起动元件工作。大差动保护接入双母线的全部供、受电元件，任一母线故障时，大差动保护均起动。母线 I、II 小差动保护则作为故障选择元件工作。各段母线的小差动元件仅将该段所有支路电流（包括与该段相连的分段及母联）接入，即仅将该段作为保护对象，用于区分是否在该段母线上发生故障。当在该段母线发生故障时，大差动和该段小差动同时动作，将故障段母线切除。

如图 1−6−22 所示，在母线 I 发生故障时，元件固定联接的双母线差动保护中，母线 I 小差动保护 CDJ_1 的工作电流为 TA_1，TA_2，TA_5 的二次电流之和，即接地点总的故障电流二次值；母线大差动保护 CDJ_3 的工作电流为 TA_1，TA_2，TA_3，TA_4 的二次电流之和，为接地点总的故障电流二次值，因此 CDJ_1，CDJ_3 动作，使连接于母线 I 的断路器 QF_1，QF_2 及母联断路器 QF_5 跳闸，将发生故障的母线 I 从系统中切除。母线 II 小差动保护 CDJ_2 的工作电流为 TA_3，TA_4，TA_6 的二次电流之和，此时为不平衡电流，因此不动作。类似可分析母线 II 故障或母线外部故障时的动作行为。

（2）元件非固定联接的双母线差动保护

实际电力系统中，元件非固定联接的双母线运行方式灵活，因此得到了广泛的应用。此时，前述固定联接的双母线差动保护不能使用。由于各联接元件切换后小差动回路的电流平衡关系被破坏（电流互感器 TA 二次侧电流不能切换），任何一条母线上的故障将导致切除两组母线，使得保护失去了选择性，因此其应用受到了限制。

为适应元件非固定联接的双母线运行方式，可在元件固定联接的双母线差动保护基础上进行改进。例如，采用比相式双母线差动保护或使用可实现小差动电流平衡关系自适应调整的微机母线差动保护。

(3) 母联电流比相式母线差动保护

母联电流比相式母线差动保护的基本原理是，在母线内部故障时，总差动电流反映了故障点总的短路电流，其相位不变；不同母线故障时，母联电流互感器 TA 电流的相位相差 180°，因此，比较总差动电流与母联 TA 电流的相位关系就能实现故障母线的选择。

(4) 微机母线差动保护及其运行方式自适应

图 1－6－23 为微机母线差动保护动作逻辑框图。

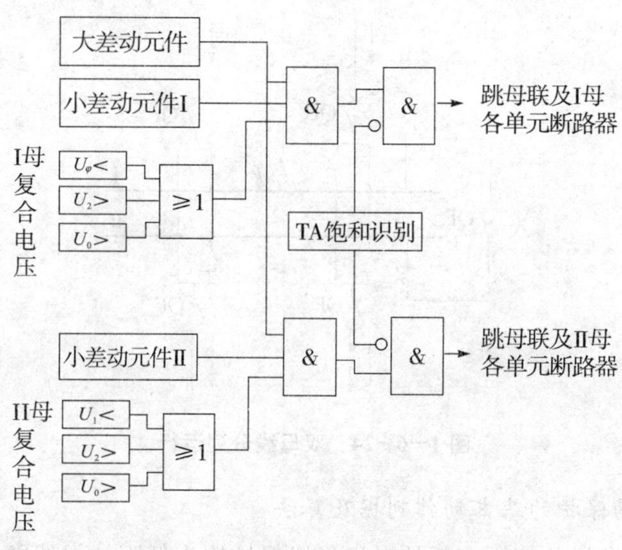

图 1－6－23　微机母线差动保护动作逻辑框图

各种主接线方式中以双母线接线运行最为复杂。随运行方式的变化，母线上各连接元件在运行中需要经常在两条母线上切换，因此希望母线保护能自动适应系统运行方式的变化，免去人工干预及由此引起的人为误操作。

在微机母线差动保护中，各连接元件的电流互感器二次侧电流经采样后送入微机保护。利用连接元件的刀闸辅助接点监测连接元件的连接关系，获得反映母线各连接元件与母线连接情况的"运行方式字"，据此自动将具有相同连接关系的各连接元件分成两个不同的组别，构成两个小差动保护，再根据分组情况，将各连接元件的二次侧电流分别作为大差动保护及两组不同母线的小差动保护判据的计算依据。

连接元件切换后，可利用微机保护的监测功能实现小差动电流平衡关系的自适应调整。主要的自适应调整输入信号是刀闸辅助接点的位置信号。为防止刀闸辅助接点接触不可靠，辅以连接元件工作电流监测。具体的方法是，实时计算保护装置采集的各连接元件负荷电流瞬时值，根据运行方式识别判据，校验隔离开关辅助触点的正确性，校验确定它们无误后，形成或修改各个单元的"运行方式字"。

最简单的识别包括某支路有电流却检测不到刀闸位置，即所谓的"有流无刀"等，其他的更复杂的情况亦可用软件来检查。如果装置检查出刀闸位置出错，会发出刀闸位置异常的相关信号，在确定正确的刀闸状态后会自动纠正错误的刀闸接点，从而保证能正确识别运行方式。

为了防止电流互感器 TA 饱和导致母线差动保护误动，采用 TA 饱和识别算法实现对差动保护的闭锁。TA 饱和识别算法后叙。为防止 TA 断线导致母线差动保护误动，对于母线差动保护均需利用复合序电压实现对差动保护的闭锁。复压闭锁元件由低电压 U_φ <、零序过压 U_0 >、负序过压 U_2 >元件按或逻辑构成。其中低电压元件 U_φ 可取相电压或相间电压。

双母线分列运行时，区内发生故障时存在负荷电流流出，在构成外部环路时可导致故障电流流出更严重（如图 1－6－24 所示），有可能使大差的灵敏度严重降低，导致母线差动保护拒动。微机母线差动保护均设置了相关的解决方案，例如检测母联断路器位置，当发现双母线分列运行时对大差比率系数采用低值以提高灵敏度，而正常运行时又恢复到高值。

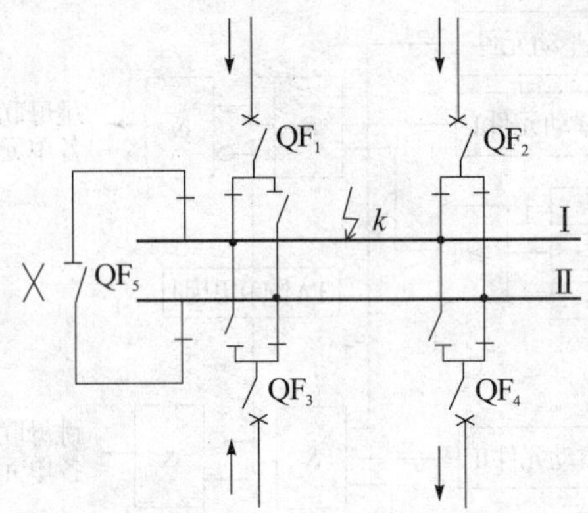

图 1－6－24　双母线分列运行

6. 微机母线差动保护的基本动作判据及算法

常规的母线保护及目前使用广泛的微机母线保护均为低阻抗母线差动保护。低阻抗母线差动保护相对简单，使用的动作判据安全可靠。但在母线外部故障时，如果 TA 饱和，差动继电器中会产生较大的不平衡电流，可能导致差动保护误动作。目前微机母线差动保护中，采用 TA 饱和识别算法实现对差动保护的闭锁，能有效防止电流互感器 TA 饱和导致母线差动保护误动。因此，微机母线差动保护在电力系统中得到了广泛的应用。

目前，微机母线差动保护的基本动作判据包括普通比率制动特性、复式比率制动特性和故障分量比率制动特性。

（1）比率制动特性的母线差动保护

普通比率制动特性的母线差动保护的动作判据为

$$\left|\sum_{i=1}^{n}\dot{I}_i\right| \geqslant I_{op.\min},\quad \left|\sum_{i=1}^{n}\dot{I}_i\right| > K_{rel}\sum_{i=1}^{n}\left|\dot{I}_i\right| \qquad (1-6-26)$$

式中，K_{rel} 为比率制动系数，$I_{op.\min}$ 为最小动作电流。式中第一式是辅助判据，第二式是主判据，两式同时满足时保护跳闸。

比率制动特性的母线差动保护在区外故障时具有良好的选择性，区内故障时有较高的动作灵敏度，因此在微机母线差动保护中获得了广泛的应用。

（2）复式比率制动特性的母线差动保护

普通比率制动特性的母线差动保护利用穿越性故障电流作为制动电流克服差动不平衡电流，以防止在外部短路时差动保护的误动作。但在母线内部短路时，差动继电器中也有制动电流，而在 3/2 断路器接线的母线中更是可能有部分故障电流流出母线（如图 1－6－25 所示，I_+、I_- 表示流入、流出母线的电流），加大了制动量。此种情况下普通比率制动特性母线差动保护的灵敏度将有所下降。

为了提高比率制动特性母线差动保护的灵敏性，希望进一步降低在发生内部短路时的制动电流，可采用复式比率制动特性的母线差动保护。其保护算法为

$$\left|\sum_{i=1}^{n}\dot{I}_i\right| \geqslant I_{op.\min},\quad \frac{\left|\sum_{i=1}^{n}\dot{I}_i\right|}{\sum_{i=1}^{n}\left|\dot{I}_i\right|-\left|\sum_{i=1}^{n}\dot{I}_i\right|} > K_{rel} \qquad (1-6-27)$$

式中，K_{rel}为比率制动系数，$I_{op.\min}$为最小动作电流。式中第一式是辅助判据，第二式是主判据，两式同时满足时保护跳闸。

理想条件下在母线外部短路时差动电流为零，则主判据左边分子项为零；在母线内部短路时主判据左边分母近似为零，则主判据左边比值很大。

复式比率制动特性的母线差动保护判据计算的比率在内部短路和外部短路两种状态下有极大的差别，使得制动系数K_{rel}有很大的范围可以选择。所以，复式比率制动特性的母线差动保护较普通比率制动特性的母线差动保护具有更加良好的选择性。

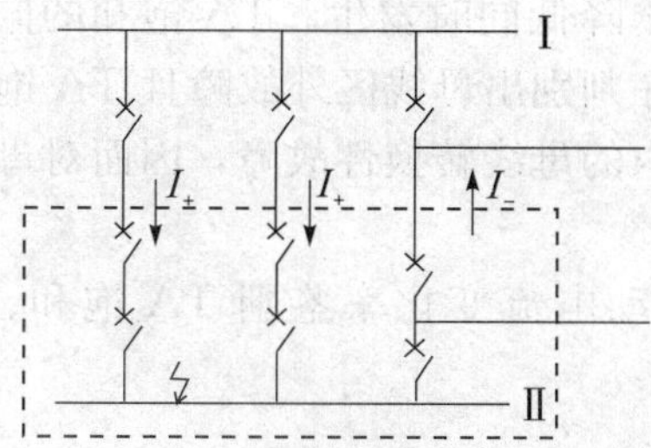

图 1－6－25　3/2 接线母线故障电流分布示意图

(3) 故障分量比率制动特性的母线差动保护

将故障分量比率制动特性应用于母线差动保护中，可避免故障前的负荷电流对比率制动特性母线差动保护动作特性产生的不良影响，从而提高母线差动保护的灵敏度。

故障分量比率制动特性的母线差动保护算法为

$$\left|\sum_{i=1}^{n}\Delta\dot{I}_i\right| \geqslant \Delta I_{op.0},\quad \left|\sum_{i=1}^{n}\Delta\dot{I}_i\right| > K_{rel}\sum_{i=1}^{n}\left|\Delta\dot{I}_i\right| \qquad (1-6-28)$$

式中，K_{rel}为比率制动系数，$\Delta I_{op.0}$为最小动作电流，$\Delta\dot{I}_i$为母线连接元件的故障分量电流。式中第一式是辅助判据，第二式是主判据，两式同时满足时保护跳闸。

7. 微机母线差动保护抗 TA 饱和的措施

由于母线的连接元件众多，在发生近端区外故障时，故障支路电流可能非常大，其电流互感器极其容易发生饱和，甚至会极度饱和。这种情况下，可能会导致母线差动保护误动作。为此，母线保护必须要考虑防止 TA 饱和误动作的措施，在母线区外故障 TA 饱和时能可靠闭锁差动保护，同时在发生区外故障转换为区内故障时能保证差动保护快速开放、正确动作。

目前数字式母线差动保护主要为低阻抗母线差动保护，影响其动作正确性的关键就是 TA 饱和问题。结合数字式保护性能特点，数字式母线差动保护抗 TA 饱和的基本对策包括以下几种原理：

（1）具有制动特性的母线差动保护

在TA饱和不是非常严重时，比率制动特性可以保证母线差动保护不误动作。但当TA进入深度饱和时，此方法仍不能避免保护误动，需要采用其他专门的抗TA饱和的方法。

（2）TA线性区开放的母线差动保护

TA进入饱和后，在每个周波内的一次电流过零点附近存在不饱和时段。TA线性区开放的母线差动保护就是利用TA的这一特性，在TA每个周波退出饱和的线性区内，投入差动保护。由于此种原理的保护实质上是避开了TA饱和区，所以能对母线故障作出正确的判定。为保证TA线性区母线差动保护正确动作，必须能实时检测每个周波TA饱和与退出饱和的时刻。但是由于TA饱和时的电流波形复杂，如何正确判断TA饱和和退出饱和的时刻，是实现此方法的关键。

（3）TA饱和的同步识别法

当母线区外故障时，无论故障电流有多大，TA在故障发生初瞬（在1/4周波内）都不会饱和，在饱和之前差动电流很小，母线差动电流元件不会误动作；若以母线电压构成差动保护的启动元件，在故障发生时则可以瞬时动作，两者的动作有一段时间差。当母线区内故障时，差动电流增大和母线电压降低同时发生。TA饱和的同步识别法就是利用这一特点，区分母线的区内、区外故障，在判别出母线区外故障且TA饱和时，闭锁母线差动保护。考虑到系统可能会发生区外转区内的母线转换性故障，因而对母线差动保护的闭锁应该是周期性的。

其他方法包括通过比较差动电流变化率鉴别TA饱和、波形对称原理、谐波制动原理等。

三、母线其他保护

母线保护除了主要的母差保护外，微机型母线保护还包括母联相关的保护，如母联失灵保护、母联死区保护、母联过流保护、母联充电保护等。同时许多的母线保护还可选配断路器失灵保护，共用一个出口，简化了二次回路。

1. 断路器失灵保护

在110 kV及以上电压等级的发电厂和变电所中，当输电线路、变压器或母线发生短路，在保护装置动作于切除故障时，可能因为故障元件的断路器拒动，发生断路器动作失灵故障。产生断路器失灵故障的原因包括断路器跳闸线圈断线、断路器的操动机构失灵等。

（1）装设断路器失灵保护的条件

①相邻元件保护的远后备保护灵敏度不够时，应装设断路器失灵保护。对分相操作的断路器，按单相接地故障来校验其灵敏度。

②根据变电所的重要性和装设失灵保护作用的大小来决定是否装设断路器失灵保护。例如多母线运行的220 kV及以上变电所，当失灵保护能缩小断路器拒动引起的停电范围时，应该装设失灵保护。

（2）对断路器失灵保护的要求

①失灵保护的误动和母线保护误动一样，影响范围很广，必须有较高的可靠性。一般均有相关的启动和闭锁条件。

②失灵保护首先动作于母联断路器和分段断路器，此后如果相邻元件保护已能以相继动作切除故障，则失灵保护仅动作于母联断路器和分段断路器。

③在保证不误动的前提下，应以较短延时、有选择性地切除有关断路器。

④失灵保护的故障判别元件和跳闸闭锁元件，应对断路器所在线路或设备末端故障有足够灵敏度。

⑤断路器失灵保护动作后应闭锁重合闸。

(3) 失灵保护动作逻辑

图1－6－26(a) 为一种单母线分段的母线接线形式，其母线Ⅰ断路器失灵保护的基本原理框图如图1－6－26(b) 所示。连接至母线Ⅰ上的所有元件的保护装置，当其出口继电器动作于跳开元件的断路器时，也启动失灵保护。失灵保护的动作延时可分为两级：较短一级（延时Ⅰ段）跳母联断路器或分段断路器；较长一级（延时Ⅱ段）跳所有连接于母线Ⅰ上的其他元件的断路器。

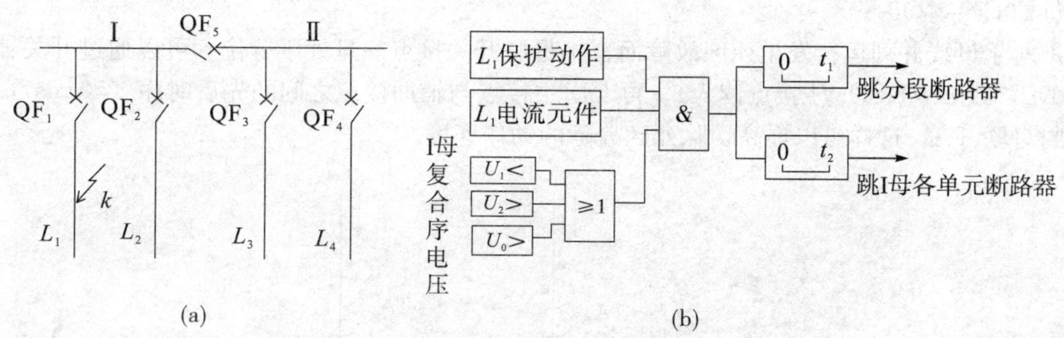

图1－6－26　单母线分段接线及其失灵保护逻辑框图

如图1－6－26(a) 所示的故障线路 L_1 的断路器 QF_1 拒动，则故障线路 L_1 的保护动作后启动失灵保护。失灵保护的时间继电器动作时间 t_1 到后，启动失灵保护的出口继电器跳开分段断路器 QF_5，保证母线Ⅱ及其连接元件的正常工作；失灵保护的时间继电器动作时间 t_2 到后，启动失灵保护的出口继电器跳闸，使连接至母线Ⅰ上的所有其他连接元件的断路器（如 QF_2）跳闸，从而切除了线路 L_1 上 k 点的故障。

为了提高失灵保护不误动的可靠性，使用了启动断路器失灵保护的电流判别元件。电流判别元件可采用相电流、零序电流和负序电流按“或逻辑”构成。当相电流、零序电流或负序电流持续存在时，说明断路器失灵，故障尚未清除。

为提高出口回路的可靠性，应装设复压闭锁电压元件，当母线故障时，复压闭锁电压元件一定动作，并开放失灵保护的跳闸回路。后者控制的中间继电器触点与出口中间继电器触点串联，构成失灵保护的跳闸回路。

装设复压闭锁电压元件后，如果高压母线的连接元件为变压器，则变压器低压侧发生故障且高压侧断路器拒动时，可能因为断路器失灵保护的复合电压闭锁元件灵敏度不足而导致失灵保护拒动。此时可利用变压器保护中各侧“复合电压闭锁元件动作”（或逻辑）解除断路器失灵保护的复合电压闭锁元件，以保证断路器失灵保护可靠跳闸。

2. 母联相关的保护

母联相关的保护包括母联失灵保护、母联死区保护、母联过流保护、母联充电保护等。

(1) 母联失灵保护

在母线发生故障，母线保护动作或母联充电保护动作、给母联发了跳令后，如果母联开关失灵不能切除故障，则需设置母联失灵保护。母联失灵保护后，切除所有母线的连接元件。注意，只有母差保护和母联充电保护才起动母联失灵保护。

母联失灵保护的动作原理是：当保护向母联发跳令后，经整定延时母联电流仍然大于母联失灵电流定值时，母联失灵保护经两母线电压闭锁后切除两条母线上的所有连接元件。

（2）母联死区保护

所谓母联死区保护，是指在母联开关和母联 TA 之间发生故障，断路器侧母线跳开后故障仍然存在，并处于 TA 侧母线小差的死区，为提高保护动作速度，专设了母联死区保护。

如图 1－6－27 所示，当故障点在母联断路器 QF_5 与母联 TA_5 之间，大差起动，Ⅰ母小差不动作，Ⅱ母小差动作跳 QF_3、QF_4、QF_5 后故障仍存在。由于母差已动作于Ⅱ母，QF_5 跳开，大差不返回，母联 TA_5 有流，判为死区故障，经延时封母联 TA（不计入差流），跳Ⅰ母的 QF_1、QF_2。

对于母线并列运行发生死区故障而言，母联开关接点一旦处于分位（可以通过开关辅接点 DL，或 TWJ、HWJ 接点读入），再考虑主接点与辅助接点之间的先后时序（50 ms），即可封母联 TA，这样可以提高切除死区故障的动作速度。

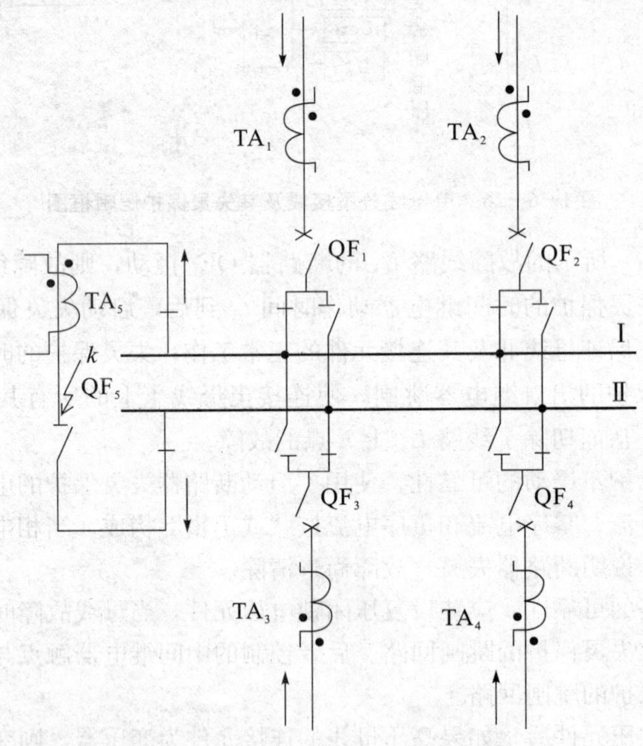

图 1－6－27　母联死区故障

（3）母联过流保护

母联（分段）过流保护可以作为母线解列保护，也可以作为线路（变压器）的临时应急保护。

母联（分段）过流保护压板投入后，当母联任一相电流大于母联过流定值，或母联零序电流大于母联零序过流定值时，经可整定延时跳开母联开关，不经复合电压闭锁。

(4) 母联充电保护

分段母线其中一段母线停电检修后，可以通过母联（分段）开关对检修母线充电，以恢复双母运行。此时投入母联（分段）充电保护，当检修母线有故障时，跳开母联（分段）开关，切除故障。

母联（分段）充电保护的起动需同时满足以下三个条件：

①母联（分段）充电保护压板投入。

②其中一段母线已失压，且母联（分段）开关已断开。

③母联电流从无到有。

充电保护一旦投入自动展宽 200 ms 后退出。充电保护投入后，当母联任一相电流大于充电电流定值，经可整定延时跳开母联开关，不经复合电压闭锁。

充电保护投入期间是否闭锁差动保护，可通过设置保护控制字相关项或利用外部闭锁接点进行控制。一般应闭锁差动保护，以防止充电至死区时差动误动。

(5) 母联非全相保护

在运行中，当断路器（包括母联断路器）的一相断开时，将出现断路器非全相运行。

非全相运行时，将在电力系统中产生负序电流。负序电流将危及发电机及电动机的安全运行。因此，切除非全相运行的断路器（特别是发变组的断路器），对确保旋转电机的安全运行，具有重要的意义。

断路器非全相运行保护是根据非全相运行时的特点（三相开关位置不一致及产生负序电流及零序电流）构成的。当母联断路器某相断开，母联非全相运行时，可由母联非全相保护延时跳开三相。非全相保护由母联 TWJ 和 HWJ 接点起动，并采用零序和负序电流作为动作的辅助判据。在母联非全相保护投入时，有 THWJ 开入且母联零序或负序电流大于定值，经延时跳母联开关。图 1－6－28 为一种母联非全相保护动作逻辑。

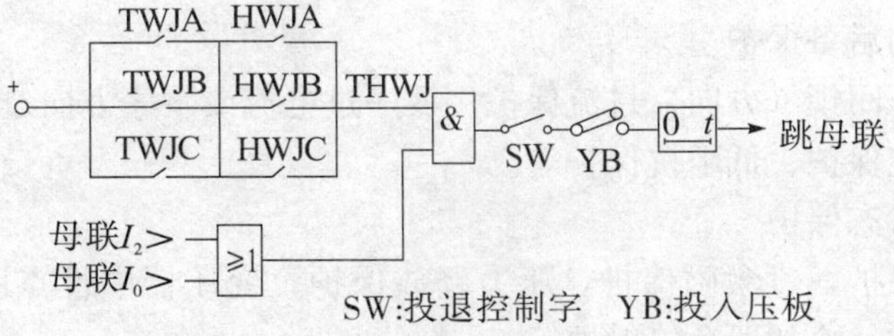

图 1－6－28　母联非全相运行保护

第四节　电力变压器保护

一、概　述

变压器内部故障包括油箱内部的绕组对地短路、匝间短路、铁芯局部发热和烧损、油面下降，也包括差动保护区内的变压器外部端子引线单相短路和相间短路。相对于输电线路和发电机来说，变压器故障几率较低，但是大型变压器发生故障的影响面却很大。

变压器是变电站非常重要的设备，应当配置完备的各种保护。电力变压器保护类型多，特性各异，构成复杂。220 kV 及以上的微机型变压器保护往往采用双重化保护配置方案，构成双主双后的保护，110 kV 及以下的变压器保护则更多地采用单套保护配置方案。

1. 变压器的故障类型及不正常运行状态

（1）变压器的故障类型

变压器的故障类型按故障位置，可分为以下两种：

①油箱内的故障：绕组的相间短路及匝间短路；绕组对地短路；铁芯局部发热和烧损等故障。

②油箱外的故障：外部相间短路引起的过电流；中性点直接接地或经小电阻接地电力网中外部接地短路引起的过电流及中性点过电压等故障。

变压器油箱内故障产生的电弧，不仅损坏变压器绕组绝缘，烧毁铁芯，而且由于绝缘材料和变压器油受热分解产生大量气体，有可能引起变压器油箱爆炸。

（2）变压器的不正常运行状态

变压器的不正常运行状态包括：外部短路引起的绕组过电流或中性点过电压；低电压或低频率引起变压器的过励磁；油面降低；变压器油温、绕组温度过高及油箱压力过高和冷却系统故障。变压器的过电流和过励磁运行状态引起变压器绕组和铁芯过热，变压器中性点不接地运行时的过电压威胁变压器绝缘。

2. 变压器保护类型及配置

针对上述各种故障，均需配置相应的保护。变压器保护按照主保护、后备保护及异常运行保护，可分为下面三种类型。

（1）短路故障的主保护

主要有纵差保护、重瓦斯保护。另外，根据变压器的容量、电压等级及结构特点，可配置零差保护及分侧差动保护。

（2）短路故障的后备保护

主要有复合电压闭锁（方向）过流保护、零序过电流或零序方向过电流保护、负序过电流或负序方向过电流保护、低阻抗保护等。

（3）异常运行状态保护

主要有过负荷保护，过激磁保护，压力释放保护，变压器中性点间隙保护，轻瓦斯保护，温度、油位保护，冷却器全停保护等。

上述保护可分为电量保护和非电量保护。非电量保护独立设置，与电量保护共同构成变压器的成套保护。

参照《二十五项反事故措施实施细则》及《电力系统微机继电保护技术导则》，220 kV 主变压器采用具有独立性、完整性、成套性的双重化主保护、后备保护配置。双重化主保护为两种不同原理的差动保护；双套后备保护采用的是相同配置；一套本体非电量保护。

主变压器微机保护双重化是指电气量保护的双重化，要求两套保护完全独立（测量回路、电源），运行时两套保护均投入运行。主变保护双重化配置的保护装置之间不应有任何电气联系。双重化配置的保护装置的保护投退及限跳出口均可通过控制字选择。

主变压器两套完整的电气量保护分别作用于断路器的两个跳闸线圈，一套非电量保护的跳闸回路应同时作用于断路器的两个跳闸线圈。

对 500 kV 大容量变压器后备保护根据需要可采用阻抗保护和过励磁保护，复压方向过流灵敏度不足时可使用负序过电流或负序方向过电流保护。自耦变压器主保护可增加零序差动保护。

二、变压器纵差保护

1. 概　述

第六章第一节中讨论的输电线路的纵联差动保护，是依据电工原理中所讨论的基尔霍夫节点/割集电流定律实现的。由于纵联差动保护在保护区内故障时有绝对的选择性，因此不但在输电线路的保护中得到应用，也广泛应用于各种电力设备的保护中，如变电站母线、发电机、变压器和电抗器保护。

由于变压器的一些不同的运行特性，将差动保护应用于变压器保护中，需要考虑一些特殊问题。

由于变压器各侧额定电流不同，需适当选择各侧电流互感器变比对变压器二次侧电流进行幅值调整。在变压器不同接线方式下，各侧电流相位也可能不同，需适当调整各侧电流相位关系。

由于变压器各侧额定电压不同，因此各侧电流互感器型号肯定不相同，其 TA 励磁特性会有较大差异，变压器纵联差动回路中会产生较大的不平衡电流。

变压器带负荷调压，使得经过幅值和相位调整后变压器纵联差动回路中已达到平衡的二次电流平衡关系遭到破坏，不平衡电流增大。

变压器纵联差动保护回路包含磁路耦合，并不满足基尔霍夫电流定律的应用条件，必须考虑励磁涌流的影响。

2. 变压器纵联差动保护原理

由于纵联差动保护具有绝对的选择性，不但能够正确区分保护区内外故障，而且能够无延时切除各种保护区内故障，因此被广泛用于电力变压器主保护。图 1－6－29 为双绕组和三绕组变压器纵联差动保护原理接线图。

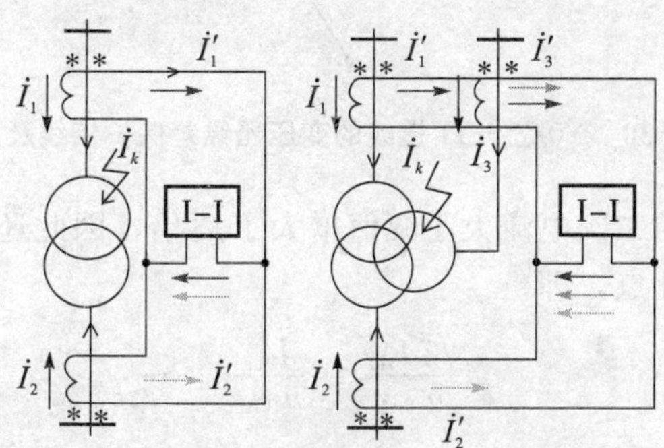

图 1－6－29　变压器纵联差动保护的原理接线图

图中，$\dot{I}_1$，$\dot{I}_2$，$\dot{I}_3$ 分别为变压器各侧一次电流，电流正方向为母线指向变压器；$\dot{I}'_1$，$\dot{I}'_2$，$\dot{I}'_3$ 分别为变压器各侧二次电流；变压器内部故障短路电流一次值为 $\dot{I}_K$，二次值为 $\dot{I}_k$。对于双绕组和三绕组变压器，流入差动继电器的工作电流分别为

$$\dot{I}_{op}=\dot{I}'_1+\dot{I}'_2 \qquad (1-6-29)$$

和

$$\dot{I}_{op}=\dot{I}'_1+\dot{I}'_2+\dot{I}'_3 \qquad (1-6-30)$$

理想情况下，变压器内部故障时，$\dot{I}_{op}=\dot{I}_k$；变压器正常运行和外部故障时，$\dot{I}_{op}=\dot{I}_u$；其中 $\dot{I}_u$ 为变压器的励磁电流。因此，变压器纵联差动保护的动作判据为

$$\dot{I}_{op}\geqslant\dot{I}_{op.0}\tag{1-6-31}$$

式中，$\dot{I}_{op.0}$为纵联差动保护的动作定值，整定时需躲过各种情况下变压器的不平衡电流。

3. 变压器纵联差动保护的电流幅值和相位平衡

在实际运行的变压器中，Y0/△－11 接线组别最为常见。下面以 Y0/△－11 接线组别的双绕组变压器为例进行讨论。

对于 Y0/△－11 接线的变压器，低压侧三相电流 $\dot{I}_{A1}^{\triangle}$，$\dot{I}_{B1}^{\triangle}$，$\dot{I}_{C1}^{\triangle}$分别超前高压侧三相电流 $\dot{I}_{A1}^{Y}$，$\dot{I}_{B1}^{Y}$，$\dot{I}_{C1}^{Y}$30°；若二次侧电流不做校正，则在正常运行时便会出现较大的不平衡电流。通过 TA 二次接线或软件实现其电流相位和幅值平衡关系的校正，可大大降低变压器由于连接组别造成的不平衡电流。

(1) 常规保护中电流相位和幅值的校正

常规保护中广泛采用通过 TA 二次接线实现其电流相位关系的校正的方法。如图 1－6－30 所示，在使△侧 TA 二次使用 Y 形接线，Y 侧 TA 二次使用△形接线后，△侧 TA 二次电流输出电流 $\dot{I}_{A2}^{\triangle}$，$\dot{I}_{B2}^{\triangle}$，$\dot{I}_{C2}^{\triangle}$与 Y 侧 TA 二次电流 $\dot{I}_{A2}^{Y}-\dot{I}_{B2}^{Y}$，$\dot{I}_{B2}^{Y}-\dot{I}_{C2}^{Y}$，$\dot{I}_{C2}^{Y}-\dot{I}_{A2}^{Y}$同相位。

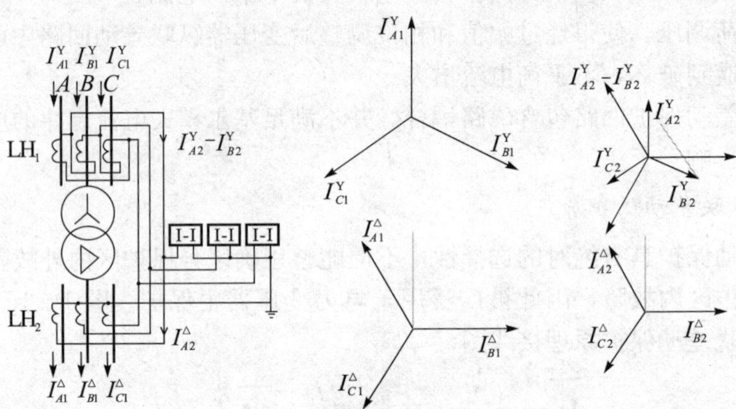

图 1－6－30　Y0/△－11 接线的变压器纵差保护接线及相量图

需要注意的是，Y 侧的二次电流大小幅值增大了$\sqrt{3}$倍，因此还需进行幅值关系的校正。在进行变比计算时应考虑此点，即

$$\frac{\sqrt{3}I_{A1}^{Y}}{n_{TA1}}=\frac{I_{A1}^{\triangle}}{n_{TA2}}\tag{1-6-32}$$

则选择变比的条件是

$$n_B=\frac{I_{A1}^{\triangle}}{I_{A1}^{Y}}=\frac{n_{TA2}}{n_{TA1}/\sqrt{3}}\tag{1-6-33}$$

三绕组变压器二次侧电流相位和幅值平衡关系的校正参照双绕组变压器二次侧电流相位和幅值平衡关系的校正方法进行，即 d 侧电流互感器二次侧连接关系为 Y 形接线，Y 侧电流互感器二次侧连接关系为 d 接线方式。参考图 1－6－29，设变压器 1－3 侧变比为 n_{T13}，2－3 侧变比为 n_{T23}，变压器 1～3 侧电流互感器变比分别为 n_{TA1}，n_{TA2}，n_{TA3}。考虑到正常运行及区外故障时各侧电流满足 $n_{TA13}I_1+n_{TA23}I_2+I_3=0$，则电流互感器变比选择满足

$\frac{n_{TA3}}{n_{TA1}/\sqrt{3}}=n_{T13}$，$\frac{n_{TA3}}{n_{TA2}/\sqrt{3}}=n_{T23}$。

（2）微机保护中电流相位和幅值的校正

微机型变压器保护利用软件进行相位和幅值校正。变压器各侧的 TA 二次均接成 Y 形接线，由于相位校正在继电器内部进行，因此亦称为内转角。软件相位平衡可在 Y 侧进行，也可以在△侧进行，大多数厂家在 Y 侧进行，少数厂家在△侧进行（RCS 系列）。下边分别介绍其相位平衡方法。

①Y 侧内转角的相位校正。

大部分保护装置采用 Y→△变化调整差流平衡，如四方的 CST31，南自厂的 PST－1200、WBZ－500H，南瑞的 LFP－972、RCS－985 等，其校正方法如下：

Y0 侧校正后的电流为

$$I_{A2}^{Y'}=\dot{I}_{A2}^{Y}-\dot{I}_{B2}^{Y},I_{B2}^{Y'}=\dot{I}_{B2}^{Y}-\dot{I}_{C2}^{Y},I_{C2}^{Y'}=\dot{I}_{C2}^{Y}-\dot{I}_{A2}^{Y}$$

△侧校正后的电流为

$$I_{A2}^{\triangle'}=\dot{I}_{A2}^{\triangle},I_{B2}^{\triangle'}=\dot{I}_{B2}^{\triangle},I_{C2}^{\triangle'}=\dot{I}_{C2}^{\triangle}$$

式中，$\dot{I}_{A2}^{Y}$，$\dot{I}_{B2}^{Y}$，$\dot{I}_{C2}^{Y}$为 Y0 侧 TA 二次电流，$\dot{I}_{A2}^{Y'}$，$\dot{I}_{B2}^{Y'}$，$\dot{I}_{C2}^{Y'}$为 Y0 侧校正后的各相电流；$\dot{I}_{A2}^{\triangle}$，$\dot{I}_{B2}^{\triangle}$，$\dot{I}_{C2}^{\triangle}$为△侧 TA 二次电流，$\dot{I}_{A2}^{\triangle'}$，$\dot{I}_{B2}^{\triangle'}$，$\dot{I}_{C2}^{\triangle'}$为△侧校正后的各相电流。

经过软件校正后，差动回路两侧电流之间的相位一致。同理，对于三绕组变压器，若采用 Y0/ Y0/△－11 接线方式，Y0 侧的相位校正方法是相同的。

②△侧内转角的相位校正。

RCS－978 中电流互感器二次电流的相位校正方法与其他微机变压器保护有所不同，此保护装置采用△→Y 变化调整差流平衡，其校正方法如下：

Y0 校正后的电流为

$$I_{A2}^{Y'}=\dot{I}_{A2}^{Y}-\dot{I}_{0}^{Y},I_{B2}^{Y'}=\dot{I}_{B2}^{Y}-\dot{I}_{0}^{Y},I_{C2}^{Y'}=\dot{I}_{C2}^{Y}-\dot{I}_{0}^{Y}$$

△侧校正后的电流为

$$I_{A2}^{\triangle'}=(\dot{I}_{A2}^{\triangle}-\dot{I}_{B2}^{\triangle})/\sqrt{3},I_{B2}^{\triangle'}=(\dot{I}_{B2}^{\triangle}-\dot{I}_{C2}^{\triangle})/\sqrt{3},I_{C2}^{\triangle'}=(\dot{I}_{C2}^{\triangle}-\dot{I}_{A2}^{\triangle})/\sqrt{3}$$

式中，$\dot{I}_{A2}^{Y}$，$\dot{I}_{B2}^{Y}$，$\dot{I}_{C2}^{Y}$为 Y0 侧 TA 二次电流，$\dot{I}_{A2}^{Y'}$，$\dot{I}_{B2}^{Y'}$，$\dot{I}_{C2}^{Y'}$为 Y0 侧校正后的各相电流；$\dot{I}_{A2}^{\triangle}$，$\dot{I}_{B2}^{\triangle}$，$\dot{I}_{C2}^{\triangle}$为△侧 TA 二次电流，$\dot{I}_{A2}^{\triangle'}$，$\dot{I}_{B2}^{\triangle'}$，$\dot{I}_{C2}^{\triangle'}$为△侧校正后的各相电流。

经过软件校正后，差动回路两侧电流之间的相位一致。同理，对于三绕组变压器，若采用 Y0/ Y0/△－11 接线方式，Y0 侧的软件算法都是相同的。

（3）微机保护中电流幅值的校正

在差动保护进行了相位纠正后，由于 TA 变比及接线等因素，使得进入差动保护的电流在幅值上并不平衡，所以必须进行幅值校正。

在微机型变压器保护装置中，引用了一个将两个大小不等的电流折算成作用完全相同电流的折算系数，该系数称为平衡系数。根据变压器的容量、接线组别、各侧电压及各侧差动 TA 的变比，可以计算出差动两侧之间的平衡系数。

不同厂家的平衡系数计算方法有所差异，但基本的原理相同，一般需要选择一个基准侧，然后计算各侧的一次额定电流，根据实际变比计算二次电流，然后将各侧折算到基准侧计算出相对于基准侧的平衡系数。

4. 变压器的励磁涌流

变压器的励磁涌流远远大于稳态不平衡电流，是影响变压器纵差保护工作的主要因素。

（1）单相变压器的励磁涌流

变压器正常工作时，有 $u=\mathrm{d}\Phi/\mathrm{d}t$。

变压器磁通 Φ 滞后于工作电压 u 的角度为 90°，如图 1－6－31(a) 所示。此时，变压器磁通为 $\Phi=-\Phi_m\cos(\omega t)$。

变压器空载合闸或外部故障切除、电压恢复的暂态过程中，工作电压瞬时值为 0 时变压器空载合闸，应有 $\Phi=-\Phi_m$。由于磁通 Φ 不能突变，此时出现幅值 Φ_m 的非周期分量磁通。考虑铁芯剩余磁通 Φ_s 后，变压器总的磁通为 $\Phi=\Phi_m+\Phi_s-\Phi_m\cos\omega t$，如图 1－6－31(b) 所示。

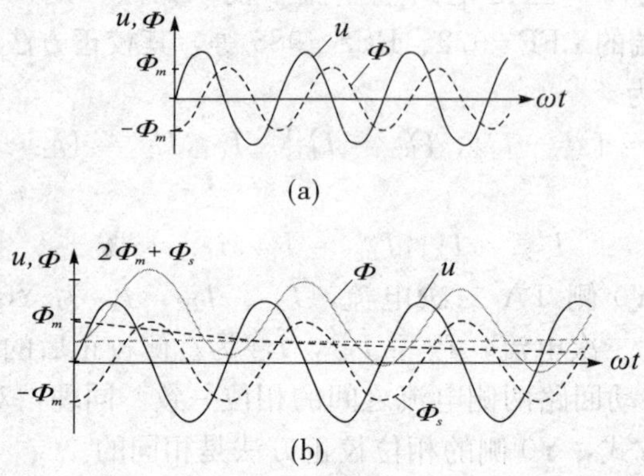

图 1－6－31　变压器稳态和暂态磁通

因此，变压器空载合闸或外部故障切除、电压恢复的暂态过程中，可能出现的最大暂态磁通为 $\Phi_{\max}=2\Phi_m+\Phi_s$。最大暂态磁通致使变压器铁芯严重饱和，并产生很大励磁涌流。如图 1－6－32 所示。

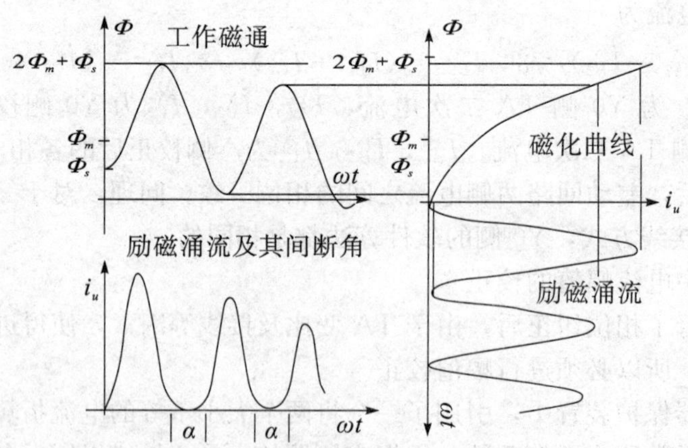

图 1－6－32　变压器铁芯严重饱和时的励磁涌流

（2）三相变压器的励磁涌流

对于三相变压器的空载合闸，在任何时刻空载合闸，至少两相出现励磁涌流。此外，三相变压器的空载合闸可能出现对称涌流。

（3）空载合闸涌流的主要特点

励磁涌流数值最大可达额定电流的 6～8 倍，同时包含有大量的非周期分量和高次谐波分量。励磁涌流的大小和衰减时间，与外加电压的相位、铁心中剩磁的大小和方向、电源容量的大小、回路的阻抗以及变压器容量的大小和铁心性质等都有关系。对三相变压器而言，无论在任何瞬间合闸，至少有两相要出现程度不同的励磁涌流。

励磁涌流具有以下特点：

①通常包含有很大成分的非周期分量，往往使涌流偏于时间轴的一侧；对于三相变压器空载合闸，则可能出现“对称涌流”。

②包含有大量的高次谐波，而以二次谐波为主。

③波形之间出现间断，如图 1－6－32 所示，在一个周期中间断角为 α。

(4) 防止励磁涌流影响的主要方法

①针对励磁涌流中存在的直流分量，采用具有速饱和铁芯的差动继电器。

励磁涌流中存在很大的直流分量，利用这一特征，采用具有速饱和铁芯的差动继电器可以防止涌流引起的误动。这种方案普遍应用于电磁式变压器差动保护中。具有速饱和铁芯的差动继电器多用于中、小容量变压器。

由于在内部短路的暂态过程中故障电流也存在很大的直流分量，若以直流分量作为差动保护的制动量，则内部短路时势必延缓动作速度。此外，三相变压器涌流中往往存在对称涌流，即它不含有直流分量，因此直流分量不宜作为差动保护的制动量。微机变压器差动保护中不采用这种涌流制动方案。

②针对励磁涌流中出现的波形间断特征，鉴别短路电流和励磁涌流波形的差别。

涌流一次波形具有明显的间断角特征。考虑到电流变换器 TA 的传变作用，尤其是在 TA 饱和后，涌流间断期间，TA 励磁支路储藏的磁能向负载回路释放，产生反向二次电流，使得进入差动继电器的二次涌流间断角消失或减小，增加了在差动保护中利用涌流间断角特征的复杂性。为此，微机变压器差动保护中给出了各种改进的波形特征涌流制动方案，例如利用励磁涌流导数的最小间断角和最大波宽特征实现励磁涌流制动的方法，以及利用励磁涌流前后半波波形的不对称性，使用波形对称原理的涌流制动的措施等。

③针对励磁涌流出现的二次谐波特征，采用二次谐波涌流制动的措施。

在励磁涌流中，除基波和非周期电流外，高次谐波电流以二次谐波含量最高。二次谐波电流是变压器励磁涌流的最明显特性。由于三相变压器涌流中各相涌流二次谐波含量可能相差较大，因此采用三相二次谐波“或”逻辑制动是较好的涌流制动方案。

5. 变压器差动保护的不平衡电流

(1) 电流互感器 TA 励磁特性不同产生的不平衡电流

讨论纵联电流差动保护时，分析了电流互感器 TA 励磁特性不同产生的不平衡电流。对变压器差动保护而言，由于变压器各侧电流互感器型号肯定不同，将产生更大的不平衡电流。

变压器差动保护的稳态不平衡电流按下式计算：

$$I_{unb}=K_{er}\cdot K_{cc}\cdot I_{k.\max} \tag{1－6－34}$$

式中，K_{er}为电流互感器变比误差，10P 型取 0.03×2，5P 型和 TP 型取 0.01×2；K_{cc}为电流互感器同型系数，电流互感器同型取 0.5，否则取 1；$I_{k.\max}$为线路外部故障时的最大短路电流二次值。

当外部短路故障电流包含非周期分量时，电流互感器铁芯饱和，出现很大的暂态不平衡电流，且可能超过稳态不平衡电流好几倍。

暂态不平衡电流按下式计算：

$$I_{unb} = K_{er} \cdot K_{cc} \cdot K_{ap} \cdot I_{k.\max} \tag{1-6-35}$$

式中，K_{ap}为非周期分量系数，变压器两侧同为TP级电流互感器时取1，同为P级电流互感器时取1.5～2。

（2）变压器各侧电流幅值/相位校正不完全时产生的不平衡电流

按照前述方式，对变压器纵联差动保护的电流幅值和相位进行校正。对常规保护，包括幅值补偿（选择各侧TA变比校正二次电流大小）和相位校正（选择各侧TA接线方式使二次电流相位相同）；对微机变压器保护，则由软件进行幅值/相位校正。

对常规保护的幅值补偿，如果电流互感器实际选用变比与计算变比不同，将产生不平衡电流。考虑各种因素，变压器各侧二次电流幅值/相位校正不可能完全合适，需考虑的不平衡电流为

$$I_{unb2} = \Delta m \cdot I_{k.\max} \tag{1-6-36}$$

式中，Δm 为校正不完全考虑的不平衡系数。对常规保护，$\Delta m = 5\%$；对微机变压器差动保护，$\Delta m = 0$。

（3）变压器带负荷调压引起的不平衡电流

变压器带负荷调压，使得经过幅值和相位调整后变压器纵联差动回路中已达到平衡的二次电流平衡关系遭到破坏，不平衡电流增大。变压器带负荷调压产生的不平衡电流为

$$I_{unb2} = \Delta U \cdot I_{k.\max} \tag{1-6-37}$$

ΔU 对应带负荷调压所引起的相对误差。如果电流互感器二次电流在相当于被调节变压器额定抽头的情况下处于平衡时，则 ΔU 等于电压调整范围的一半。

变压器纵联差动保护必须躲过可能出现的最大不平衡电流。考虑上述各种不平衡电流同时存在时，最大可能的不平衡电流为

$$I_{unb\max} = (K_{er} \cdot K_{cc} \cdot K_{ap} + \Delta m + \Delta U) \cdot I_{k.\max} \tag{1-6-38}$$

6. 变压器差动保护的动作判据及整定计算

变压器差动保护的动作电流均取各侧电流相量和的绝对值 $I_{op} = |\sum I_i|$ 作为动作电流。由于变压器外部故障时存在较大不平衡电流，因此，变压器差动保护常常采用各种带有制动特性的差动保护，如果制动电流为 I_{res}，则差动保护动作方程为

$$I_{op} = K_{res} \cdot I_{res} \tag{1-6-39}$$

式中，K_{res}为比率制动系数。

选择差动保护的制动电流的基本原则是：在区内故障时制动电流应尽可能小，使差动保护有足够的灵敏度；而在区外故障时，制动电流尽可能大，以防止误动。常见的比率制动特性有常规比率制动、标积制动、复式比率制动、工频变化量比率制动等。

（1）比率制动特性

比率制动特性的差动保护利用穿越性故障电流作为制动电流克服差动不平衡电流，以防止在外部短路时差动保护的误动作。下面以双圈变压器为例进行讨论。如果各侧电流为 I_m 和 I_n，则普通比率制动特性的差动保护的动作判据为

$$|\dot{I}_m + \dot{I}_n| \geqslant I_{op.\min},\ |\dot{I}_m + \dot{I}_n| \geqslant K_{res} |\dot{I}_m - \dot{I}_n| \tag{1-6-40}$$

式中，K_{res}为比率制动系数，$I_{op.\min}$为最小动作电流。式中第一式是辅助判据，第二式是主判据，两式同时满足时保护跳闸。

（2）复式比率制动特性的差动保护

为了提高比率制动特性差动保护的灵敏性，希望进一步降低在发生变压器内部短路时的制动电流，可采用复式比率制动特性差动保护。其保护算法为

$$|\dot{I}_m+\dot{I}_n|\geqslant I_{op.\min}$$

$$\frac{|\dot{I}_m+\dot{I}_n|}{(|\dot{I}_m|+|\dot{I}_n|)-|\dot{I}_m+\dot{I}_n|}>K_{res} \qquad (1-6-41)$$

理想条件下，在变压器外部短路时差动电流为零，则主判据左边分子项为零；在变压器内部短路时，主判据左边分母近似为零，则主判据左边比值很大。

复式比率制动特性变压器差动保护判据计算的比率在内部短路和外部短路两种状态下有极大的差别，使其具有更加良好的选择性。

（3）标积制动特性的差动保护

差动保护区两侧电流为 I_m 和 I_n 时，以其标积量为制动量，即

$$I_{res}=-|\dot{I}_m|\cdot|\dot{I}_n|\cdot\cos\alpha \qquad (1-6-42)$$

式中，$\alpha=\arg\left(\dfrac{\dot{I}_m}{\dot{I}_n}\right)$。区外故障，$\alpha=180°$时，有

$$I_{res}=|\dot{I}_m|\cdot|\dot{I}_n|=|I_m|^2 \qquad (1-6-43)$$

其制动作用最强，差动保护被可靠制动。

区内故障时，$\alpha<90°$，$I_{res}<0$，表现为助动作用；$\alpha=0°$时助动作用最强，即

$$I_{res}=-|\dot{I}_m|\cdot|\dot{I}_n| \qquad (1-6-44)$$

很大的外部短路电流下，TA 可能饱和，二次电流幅值减小，比率制动式纵差保护的不平衡电流急剧增大而制动电流反而减小，可能造成误动。对于标积制动式纵差保护，在外部短路电流作用下，特别是暂态非周期分量电流的影响下，两侧 TA 的传变特性可能相差较大，出现幅值很大的暂态不平衡差流，但是两侧二次电流的相角差别并不太大（在幅值误差不超过 10%时，相角误差一般小于 7°），制动电流 $I_{zd}=-|\dot{I}_m|\cdot|\dot{I}_n|\cdot\cos\alpha$ 仍然很大，能够保证变压器差动保护不误动。

（4）故障分量比率制动特性差动保护

将故障分量比率制动特性应用于差动保护中，可避免故障前的负荷电流对比率制动特性差动保护动作特性产生的不良影响，从而提高差动保护的灵敏度。

故障分量比率制动特性母线差动保护算法为

$$|\Delta\dot{I}_m+\Delta\dot{I}_n|\geqslant\Delta I_{dz.0},\ |\Delta\dot{I}_m+\Delta\dot{I}_n|\geqslant K_r|\Delta\dot{I}_m-\Delta\dot{I}_n| \qquad (1-6-45)$$

式中，K_r 为比率制动系数，$I_{dz.0}$ 为最小动作电流，$\Delta\dot{I}_m$ 和 $\Delta\dot{I}_n$ 为故障分量电流。式中第一式是辅助判据，第二式是主判据，两式同时满足时保护跳闸。

（5）比率制动特性的差动保护定值整定

图 1－6－33 为比率制动的差动保护动作逻辑框图和动作特性。下面讨论这种普通比率制动特性的差动保护定值整定方法。该动作特性由纵坐标 OA、横坐标 OB 及折线 CD 的斜率 S 共三个参数决定。整定计算的内容主要包括 OA 所表示的差动保护最小动作电流 $I_{op.\min}$，OB 所表示的差动保护最小制动电流 $I_{res.0}$，以及折线 CD 的斜率 S。

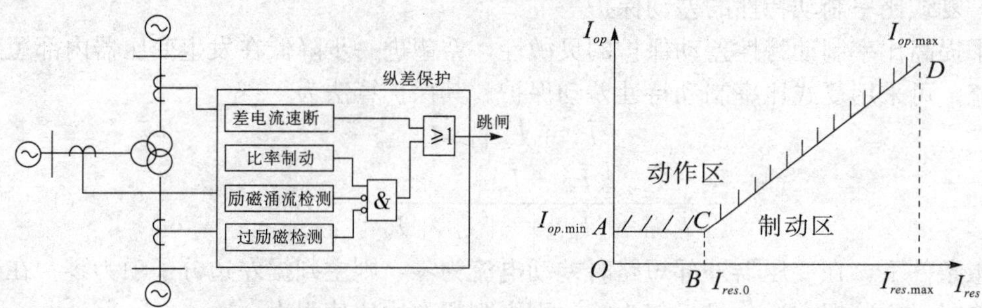

图 1－6－33　比率制动的差动保护逻辑框图和动作特性

①差动保护最小动作电流。

$I_{op.\min}$按躲过变压器额定负载时的不平衡电流进行整定计算，即

$$I_{op.\min}=\frac{K_{rel}\cdot(K_{er}+\Delta U+\Delta m)\cdot I_N}{n_{\mathrm{TA}}} \tag{1-6-46}$$

式中，I_N 为变压器的额定电流；n_{TA}为电流互感器变比；K_{rel}为可靠系数，取 1.3～1.5；K_{er}为电流互感器的变比误差，10P 型取 0.03×2，5P 型和 TP 型取 0.01×2；ΔU 为变压器调压引起的误差，取调压范围中偏离额定值的最大值（百分值）；Δm 为电流互感器变比未完全匹配产生的误差，初设时取 0.05。因此有

$$I_{op.\min}=\frac{1.5\times(0.03\times2+8\times1.5\%+0.05)I_N}{n_{\mathrm{TA}}}=\frac{0.345I_N}{n_{\mathrm{TA}}}$$

差动起动电流按略大于计算值取值，为可靠躲过额定负载时的不平衡电流，可取 $I_{op.\min}=0.5I_N/n_{\mathrm{TA}}$。

②差动保护最小制动电流为

$$I_{res.0}=\frac{(0.8\sim1.0)\cdot I_N}{n_{\mathrm{TA}}} \tag{1-6-47}$$

③差动保护比率制动系数 K_{res}。

参照大型发电机变压器继电保护整定计算导则，差动比率制动系数 K_{res} 可按下式计算：

$$K_{res}=K_{rel}(K_{er}\cdot K_{cc}\cdot K_{ap}+\Delta m+\Delta U)=S \tag{1-6-48}$$

式中，K_{rel}、K_{er}、ΔU、Δm 的定义同前，但此处 $K_{er}=0.1$；K_{ap} 为非周期分量系数，两侧同为 TP 级电流互感器时取 1.0，两侧同为 P 级电流互感器时取 1.5～2.0；K_{cc} 为电流互感器的同型系数，取 1.0。因此，$K_{res}=1.5\times(0.1\times1.5\times1.0+8\times1.5\%+0.05)=0.48$，可按厂家推荐值整定为 0.5。

此方法不考虑变压器负荷状态和外部短路时电流互感器误差 K_{er} 的差别，整定计算相对简单，安全可靠，其取值偏保守。

(6) 变压器差动保护其他定值的整定计算

①差动速断电流保护。

差动速断电流保护是变压器差动保护的辅助保护，当内部故障电流很大时，防止因电流互感器饱和引起差动保护延迟动作。

差动速断电流保护按躲过变压器初始励磁涌流或最大不平衡电流整定，即

$$I_{op.\min}=\frac{K\cdot I_N}{n_{\mathrm{TA}}} \tag{1-6-49}$$

$$I_{op.\min} = K_{rel} \cdot I_{unb.\max} \quad (1-6-50)$$

取以上两式中计算出的较大值为定值。式中，I_{op}为差动速断电流动作值；K 是根据变压器容量确定的励磁涌流对额定电流的倍数。对于 6300 kVA 及以下变压器，$K=7\sim12$；6300 kVA～31500 kVA 变压器，$K=4.5\sim7.0$；40000 kVA～120000 kVA 变压器，$K=3.0\sim6.0$；120000 kVA 及以上变压器，$K=2.0\sim5.0$。

灵敏度校验：正常运行方式下，保护安装处两相金属性短路有大于 1.2 的灵敏度。

②二次谐波制动系数。

根据经验，一般可整定为 15%～20%。

③涌流间断角。

根据经验，一般可整定为 60°～70°。

三、变压器分侧纵差保护和零序差动保护

1. 变压器分侧纵差保护

大型变压器的分侧差动保护是将变压器的各侧绕组分别作为被保护对象，在各绕组的两端设置电流互感器，实现差动保护。这种分侧差动保护无需考虑绕组的励磁涌流、过励磁以及变压器有载调压的影响，绕组两侧的电流互感器取相同变比，并按 Y 形接线连接。

变压器的分侧差动保护简单可靠，对变压器的相间和单相短路故障灵敏度高，但对匝间短路故障无保护作用。对于由三台单相变压器组成的超高压大型变压器组，它们每一个绕组均有两个引出端，为装设单独的分侧纵差保护创造了必要条件。但通常的三相变压器不能装分侧纵差保护。

可以采用比率制动特性、标积制动特性或故障分量的差动继电器实现变压器的分侧差动保护。

下面对比率制动式分侧纵差保护的整定计算进行简单介绍，同时说明这种保护与通常的变压器的差动保护的异同。

(1) 差动保护最小动作电流

$I_{op.\min}$按躲过变压器额定负载时的不平衡电流进行整定计算，即

$$I_{op.\min} = \frac{K_{rel} \cdot K_{er} \cdot I_N}{n_{TA}} \quad (1-6-51)$$

$$I_{op.\min} = K_{rel} \cdot I_{unb.0} \quad (1-6-52)$$

取以上两式中计算出的较大值为定值。式中，I_N 为变压器的额定电流；K_{er}为互感器的变比误差；K_{rel}为可靠系数，取 1.5；$I_{unb.0}$为额定负荷下变压器分侧纵差回路中的二次不平衡电流实测值。

对于分侧纵差保护，没有两侧互感器变比不匹配的问题（$\Delta m=0$），也没有分接头调节引起附加不平衡电流的问题（$\Delta U=0$），而且在额定负荷下，电流互感器的变比误差也很小。这就使得变压器分侧纵差保护的 $I_{op.\min}$可以取很小的值。

综上所述，差动起动电流按略大于计算值取值，为可靠躲过额定负载时的不平衡电流，可取 $I_{op.\min}=(0.1\sim0.2)\ I_N/n_{TA}$。

(2) 差动保护最小制动电流

$$I_{res.0} = \frac{(0.8\sim1.0)\cdot I_N}{n_{TA}} \quad (1-6-53)$$

（3）差动保护比率制动系数 K_{res} 和制动特性斜率 S

差动比率制动系数 K_{res} 可按下式计算：

$$K_{res}=K_{rel}\cdot K_{er}\cdot K_{cc}\cdot K_{ap}=S \tag{1-6-54}$$

式中，K_{rel} 为可靠系数，取 1.5；K_{er} 为电流互感器误差，取 0.1；K_{ap} 为非周期分量系数，两侧同为 TP 级电流互感器时取 1.0，两侧同为 P 级电流互感器时取 1.5～2.0；K_{cc} 为电流互感器的同型系数，取 0.5。

因此，可选 $K_{res}=S$，取值为 0.2～0.3。

2. 变压器零序差动保护

（1）基本原理

220 kV～500 kV 的变压器，单相接地故障是主要的故障类型。鉴于单相短路时变压器纵联差动保护灵敏度不高，因此提出零序差动保护方案。单相式超高压大型变压器绕组的短路类型主要是绕组对铁芯（即地）的绝缘损坏，即单相接地短路，相间短路（指箱内故障）可能性极小，因此设置专门针对变压器绕组单相短路故障的保护十分必要。对高中压侧中性点均直接接地的自耦变压器，单相接地是其主要故障形式之一，加装零序差动保护也能提高保护对自耦变压器内部接地短路反应的灵敏度。

零序差动保护各侧使用变比相同的电流互感器，采用比率制动特性、标积制动特性或无制动的差动继电器。普通变压器零序差动保护原理接线如图 1－6－34(a) 所示，自耦变压器零序差动保护原理接线如图 1－6－34(b) 所示。

零序差动保护的保护范围只包含有电路连接的变压器部分绕组，不包含无电路连接的由磁路耦合的其他绕组。当变压器空载合闸时，励磁涌流对零序差动保护而言，属于穿越性电流，不会造成零序差动保护的误动作。

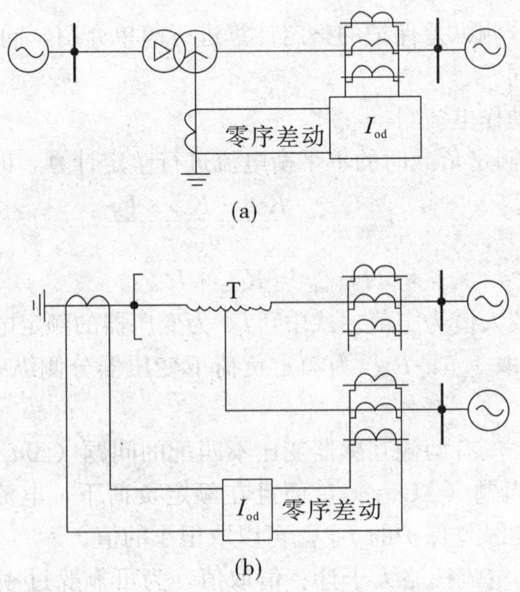

图 1－6－34 零序差动保护接线

（2）整定计算

当采用比率制动特性的差动保护时，整定计算方法参见第二节中“比率制动特性的差动保护定值整定”的相关内容。由于没有分接头调节引起附加不平衡电流的问题，相应计算公式中 $\Delta U=0$。

当采用无制动作用的纵差保护时，整定计算方法如下。

①按避开外部单相短路时的零序不平衡电流整定。

$$I_{op.\min}=\frac{K_{rel}\cdot(K_{er}\cdot K_{cc}\cdot K_{ap}+\Delta m)\cdot 3I_{0.\max}}{n_{\mathrm{TA}}} \quad (1-6-55)$$

式中，K_{rel}为可靠系数，取 1.3～1.5；K_{er}为电流互感器误差，取 0.1；K_{ap}为非周期分量系数，两侧同为 TP 级电流互感器时取 1.0，两侧同为 P 级电流互感器时取 1.5～2.0；K_{cc}为电流互感器的同型系数，同型时取 0.5，不同型时取 1.0；Δm 为电流互感器变比未完全匹配产生的误差，初设时取 0.05；$I_{0.\max}$为保护区外部单相或两相接地短路时的零序电流。

②按避开外部三相短路时的不平衡电流整定。

$$I_{op.\min}=\frac{K_{rel}\cdot K_{er}\cdot K_{cc}\cdot K_{ap}\cdot I_{k.\max}}{n_{\mathrm{TA}}} \quad (1-6-56)$$

式中各系数取值同上。$I_{k.\max}$为保护区外部最大三相短路电流。

③按避开空载合闸励磁涌流所引起的零序不平衡电流整定。

变压器三相空载合闸，各相铁心饱和程度不同，三相涌流不对称，只要合闸方的 Y 形接线绕组中性点接地，一定有零序涌流和不平衡电流。不管空载合闸的三相零序涌流多大，波形多畸变，它总是穿越性电流，一次侧零序涌流之和为零，但它们经各侧互感器传变后，由于互感器的励磁特性不一致，二次侧零序涌流之和却不为零。根据经验，为躲过励磁涌流产生的不平衡电流，零序差动保护整定值的参考值为

$$I_{op.0}=\frac{(0.3\sim0.4)\cdot I_N}{n_{\mathrm{TA}}} \quad (1-6-57)$$

取式（1－6－55）、式（1－6－56）、式（1－6－57）中的最大计算值为零序差动保护动作整定值。

④灵敏系数校验。

以变压器高压侧区内单相金属性短路的最小零序电流校验其灵敏系数，要求大于或等于 2，若不满足，则改用比率制动式零序差动保护。

四、变压器相间短路的后备保护

变压器保护中配置了双重化的后备保护，包括相间故障的后备保护和接地故障的后备保护。为反应变压器外部故障而引起的变压器绕组过电流，以及在变压器内部故障时，作为差动保护和瓦斯保护的后备，变压器应装设相间故障的后备保护。根据变压器容量和系统短路电流水平的不同，实现保护的方式有过电流保护、低电压起动的过电流保护、复合电压起动的过电流保护以及负序过电流保护等。

1. 过电流保护

过电流保护主要用于降压变压器，作为外部相间故障引起变压器过电流和变压器内部相间故障的后备保护。

动作定值整定按躲过变压器可能出现的最大负荷电流整定，即

$$I_{op}=\frac{K_{rel}}{K_r}\frac{I_{L.\max}}{n_{\mathrm{TA}}} \quad (1-6-58)$$

式中，K_{rel}为可靠系数，取 1.2～1.3；K_r 为电流继电器返回系数，取 0.85～0.95；$I_{L.\max}$为最大负荷电流。

2. 低电压启动的过电流保护

对升压变压器和容量较大的降压变压器，过电流保护灵敏度往往不能满足要求，可用低电压启动的过电流保护。其动作逻辑框图如图 1－6－35 所示。电压断线时低电压继电器将误动，实际装置中还需配置电压断线闭锁功能。

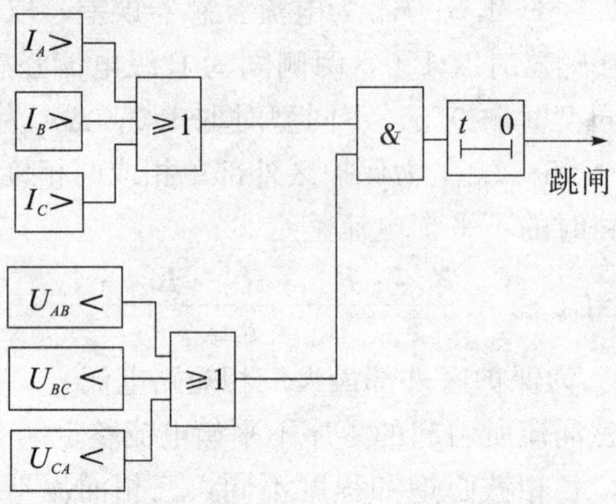

图 1－6－35 低电压启动的过电流保护逻辑框图

（1）电流继电器动作定值整定

$$I_{op}=\frac{K_{rel}}{K_r}\frac{I_N}{n_{\mathrm{TA}}} \tag{1－6－59}$$

式中，K_{rel}为可靠系数，取 1.2～1.3；K_r 为电流继电器返回系数，取 0.85～0.95；I_N 为变压器额定电流。

灵敏度校验：$K_{sen}=I_{(2)d.\min}/(n_{\mathrm{TA}}I_{op})\geqslant 1.2$。其中，$I_{(2)d.\min}$为相邻元件保护区末端金属性两相短路时保护安装处的最小短路电流。

（2）电压继电器动作定值整定

①按躲过正常运行时最低电压整定。

$$U_{op}=\frac{U_{\min}}{K_{rel}\cdot K_r\cdot n_v} \tag{1－6－60}$$

式中，K_{rel}为可靠系数，取 1.1～1.2；K_r 为电压继电器返回系数，取 1.05～1.25；$U_{\min}$为正常运行时可能出现的最低电压，一般取 $U_{\min}=0.9U_N$（U_N 为额定电压）；n_v 为电压互感器的变比。

②按躲过电动机自启动时最低电压整定。

电压取自变压器低压侧时，$U_{op}=\frac{(0.5\sim0.6)\ U_N}{n_v}$；

电压取自变压器高压侧时，$U_{op}=\frac{0.7U_N}{n_v}$。

灵敏度校验：$K_{sen}=U_{op}/(U_{r.\max}/n_v)\geqslant 1.2$。其中，$U_{r.\max}$为相邻元件保护区末端金属性三相短路时保护安装处的最大电压。

3. 复合电压启动的过电流保护

在过电流保护灵敏度不能满足要求时，可用复合电压启动的过电流保护。其动作逻辑框图如图 1－6－36 所示。考虑电压断线的情况，实际装置也需配置电压断线闭锁功能。

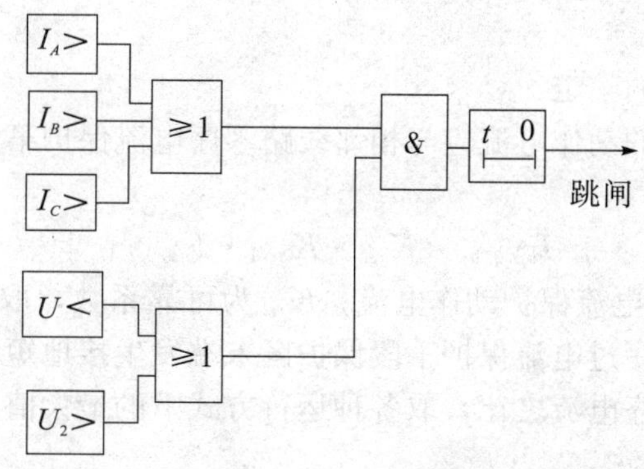

图 1－6－36　复合电压启动的过电流保护逻辑框图

其过电流继电器和电压继电器动作定值整定与低电压启动的过电流保护相同。负序电压继电器动作定值按躲过正常运行时负序不平衡电压计算整定值。无实际测量值时，按如下公式取值：

$$U_{2.op} = (0.06 \sim 0.12)\frac{U_N}{n_v} \qquad (1-6-61)$$

灵敏度校验：$K_{sen} = U_{k2.\min} / (U_{2.op} \times n_v) \geqslant 1.2$。其中，$U_{k2.\min}$为相邻元件保护区末端金属性两相短路时保护安装处的最小负序电压。

由于复合电压启动的过电流保护接线比较简单，动作灵敏度高，因此，复合电压启动的过电流保护已代替了低电压起动的过电流保护，得到了比较广泛的应用。

4. 相间故障后备保护的方向元件

①三侧有电源的三绕组升压变压器，为满足选择性要求，相间故障后备保护的高压或中压侧需加装功率方向元件，方向通常指向母线。方向元件的设置，有利于加速跳开小电源侧的断路器，避免小系统影响大系统。

②高压侧、中压侧有电源或三侧有电源的三绕组降压变压器和联络变压器，为满足选择性要求，相间故障后备保护的高压或中压侧需加装功率方向元件，方向通常指向变压器，也可指向本侧母线。

③反应相间故障的功率方向继电器，通常由 90°接线的功率方向继电器构成。为了消除三相短路时功率方向继电器的死区，功率方向继电器的电压回路可由另一侧电压互感器供电。

五、变压器接地短路的后备保护

变压器装设接地故障后备保护作为变压器内部绕组、引线、母线和线路接地故障的后备保护。变压器接地保护方式及其整定值的计算与变压器的形式、中性点接地方式及所连接系统的中性点接地方式密切相关。变压器接地保护要与线路的接地保护在灵敏度和动作时间上相配合。

1. 中性点直接接地的变压器接地后备保护

中性点直接接地的普通变压器接地后备保护由两段式零序过电流保护构成，零序过电流继电器接在变压器接地中性点回路电流互感器二次侧。

对高、中压侧均直接接地的三绕组变压器，高、中压侧均应装设零序方向过电流保护，方向指向本侧母线。

（1）零序电流继电器的整定

①零序过电流继电器的动作电流应与相邻线路零序电流保护第Ⅰ或Ⅱ段或快速主保护相配合，即

$$I_{op.0.\mathrm{I}} = K_{rel} \cdot K_{br.\mathrm{I}} \cdot I_{op.0.l.\mathrm{I}} \tag{1-6-62}$$

式中，$I_{op.0.\mathrm{I}}$为Ⅰ段零序过电流保护动作电流；K_{rel}为可靠系数，取1.1；$K_{br.\mathrm{I}}$为零序电流分支系数，其值等于出线零序过电流保护Ⅰ段保护区末端发生接地短路时，流过本保护的零序电流与流过故障线路的零序电流之比，取各种运行方式下的最大值；$I_{op.0.l.\mathrm{I}}$为线路零序过电流保护Ⅰ段或Ⅱ段动作电流。

110 kV及220 kV变压器Ⅰ段零序过电流保护以$t_1=t_0+\Delta t$（t_0为线路零序过电流保护Ⅰ段或Ⅱ段的动作时间）断开本侧断路器和母联或分段断路器；以按系统配合要求整定的延时时间t_2断开变压器各侧断路器。

②Ⅱ段零序过电流继电器的动作电流应与相邻线路零序电流保护后备段相配合，即

$$I_{op.0.\mathrm{II}} = K_{rel} \cdot K_{br.\mathrm{II}} \cdot I_{op.0.l.\mathrm{II}} \tag{1-6-63}$$

式中，$I_{op.0.\mathrm{II}}$为Ⅱ段零序过电流保护动作电流；K_{rel}为可靠系数，取1.1；$K_{br.\mathrm{II}}$为零序电流分支系数，其值等于出线零序过电流保护后备段保护区末端发生接地短路时，流过本保护的零序电流与流过故障线路的零序电流之比，取各种运行方式下的最大值；$I_{op.0.l.\mathrm{II}}$为与之配合的线路零序过电流保护后备段动作电流。

110 kV及220 kV变压器Ⅱ段零序过电流保护以$t_3=t_1+\Delta t$（t_1为线路零序过电流保护后备段的动作时间）断开本侧断路器和母联或分段断路器；以$t_4=t_3+\Delta t$断开变压器各侧断路器。

（2）灵敏系数校验

$$K_{sen} = \frac{3I_{k0.\min}}{I_{op.0}} \tag{1-6-64}$$

式中，$I_{k0.\min}$为Ⅰ段（或Ⅱ段）保护区末端接地短路时流过保护安装处的最小零序电流；$I_{op.0}$为Ⅰ段（或Ⅱ段）零序过电流保护的动作电流。

2. 中性点不接地的变压器接地后备保护

对中性点可能接地或不接地运行的变压器，应配置两种接地后备保护：一种接地保护用于变压器中性点接地运行状态，通常采用二段式零序过电流保护，其整定值及灵敏系数计算与前所述完全相同；另一种接地保护用于变压器中性点不接地运行状态，这种保护的配置、整定值计算、动作时间等与变压器的中性点绝缘水平、过电压保护方式以及并联运行的变压器台数有关。

（1）中性点全绝缘变压器

这种变压器的接地保护，除了两段零序过电流保护外，还应增设零序过电压保护，用于变压器中性点不接地时，所连接的系统发生单相接地故障的情况。此种故障对中性点全绝缘的变压器虽然不致造成危害，但对中性点直接接地的其他电气设备的绝缘将构成威胁。因此，靠零序过电压保护切除故障。零序过电压保护的工作电压取自母线电压互感器。

过电压保护动作值按下式整定：

$$U_{0.\max} < U_{op.0} \leqslant U_{sat} \quad (1-6-65)$$

式中，$U_{op.0}$为零序过电压保护动作值；$U_{0.\max}$为在部分中性点接地的电网中发生单相接地时，保护安装处可能出现的最大零序电压；U_{sat}为用于中性点直接接地系统的电压互感器，在失去接地中性点时发生单相接地、开口三角绕组可能出现的最低电压。

考虑到中性点直接接地系统具有 $X_{0\Sigma}/X_{1\Sigma} \leqslant 3$，一般取 $U_{op.0}=180$ V。

在电网发生单相接地，中性点接地的变压器已全部断开的情况下，零序过电压保护不需再与其他接地保护相配合，故其动作时间只需躲过暂态过电压的时间，通常小于 0.3 s。

(2) 分级绝缘且中性点装放电间隙的变压器

此类变压器除了装设两段零序过电流保护用于变压器中性点直接接地运行情况以外，还应增设反应零序电压和间隙放电电流的零序电压电流保护，用于变压器中性点经放电间隙接地时的接地保护，其接线如图 1-6-37 所示。

两段零序过电流保护、零序电压保护的定值整定与校验同前。用于中性点经放电间隙接地的零序电流、零序电压保护动作后经一较短延时（躲过暂态过电压时间）断开变压器各侧断路器，这一延时一般不超过 0.3 s。

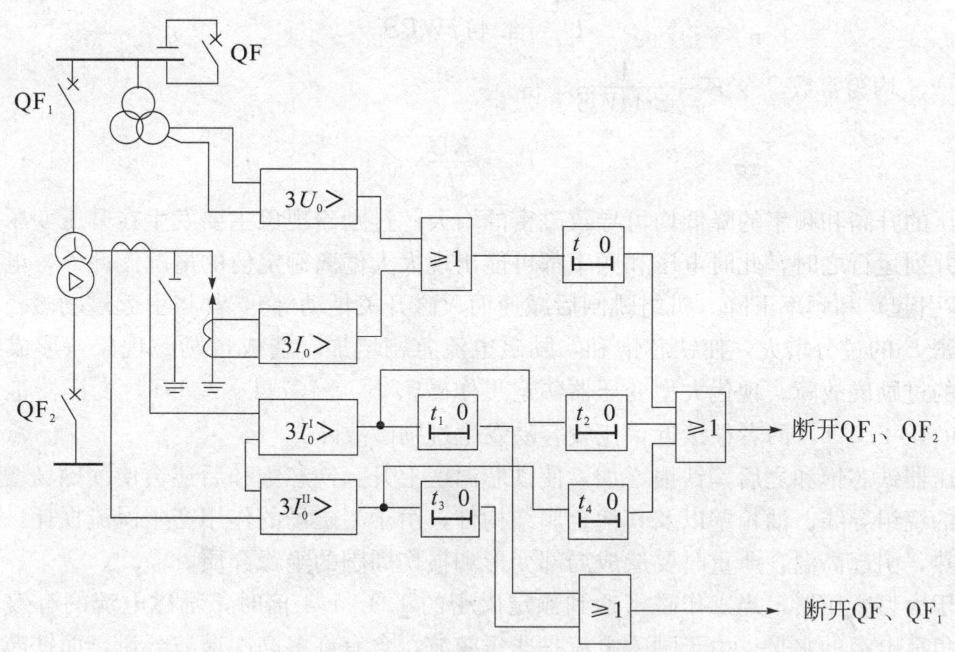

图 1-6-37　分级绝缘且中性点装放电间隙变压器的接地保护

六、变压器的过励磁和过负荷保护

1. 变压器过负荷保护

应根据变压器可能过负荷的情况，装设过负荷保护。过负荷保护采用单相式，带时限动作于信号。在无人值班的变电所，过负荷保护可动作于跳闸或断开部分负荷。

变压器过负荷保护采用定时限动作特性，动作电流按躲过绕组额定电流整定。它的动作时间应与变压器允许的过负荷时间相配合，同时应大于相间故障后备保护的最大延时，一般可增大两个时间段。

电流继电器动作定值整定如下：

$$I_{op}=\frac{K_{rel}}{K_r}\frac{I_N}{n_{TA}} \tag{1-6-66}$$

式中，K_{rel}为可靠系数，取1.05；K_r为电流继电器返回系数，取0.85～0.95；I_N为变压器额定电流。

对于升压变压器，过负荷保护装设在主电源（低压侧）侧。对于三绕组升压变压器，过负荷保护装设在发电机侧和无电源侧；如果三侧均有电源，则三侧均应装设过负荷保护。

对于降压变压器，双绕组变压器的过负荷保护装在高压侧；单侧电源的三绕组降压变压器，过负荷保护装在电源侧和绕组容量较小的一侧；若三侧容量相同，过负荷保护仅在电源侧装设。两侧电源的三绕组降压变压器或联络变压器，三侧均应装设过负荷保护。

2. 过励磁保护

(1) 概述

变压器绕组外加电压为U（V），电压工作频率为f（Hz），变压器绕组匝数为W，铁芯截面积为S（m^2），磁通密度为B（T），则有

$$U=4.44fWBS \tag{1-6-67}$$

因为W、S均为常数，令$K=\frac{1}{4.44WS}$，得

$$B=\frac{KU}{f} \tag{1-6-68}$$

可知电压的升高和频率的降低均可导致磁密的增大。过励磁现象主要发生在升压变压器尚未与系统并列运行之时，此时电压和频率都可能出现大大偏离额定值的情况。此外，电压升高（甩负荷引起）和频率下降（机组跳闸后减速而灭磁开关拒动等），都将引起过励磁。

磁密B的过分增大，使铁芯饱和，励磁电流急剧增加，造成过励磁现象，形成威胁设备安全的过励磁故障。现代大型变压器额定工作磁密$B_N=1.7$ T～1.8 T，变压器饱和磁密$B_s=1.9$ T～2.0 T，两者很接近，比较容易发生过励磁故障。

变压器铁芯饱和之后，铁损增加，使铁芯温度上升。铁芯饱和后还会使漏磁场增强。靠近铁芯的绕组导线、油箱壁以及其他金属结构件，由于漏磁场的作用产生涡流损耗，使这些部位发热，引起高温，严重时要造成局部变形和损伤周围的绝缘介质。

对于大型变压器，当工作磁密达到额定磁密的1.3～1.4倍时，励磁电流的有效值可达到额定负荷电流的水平。由于励磁电流是非正弦波，含有许多高次谐波分量，而铁芯及其构件的涡流损耗与频率的平方成正比，所以发热严重。因此励磁电流增长，引起变压器严重过热。过励磁引起的温升将会加速绝缘老化，使绕组的绝缘强度和机械性能恶化，影响绝缘寿命，可能酿成隐患。为此，我国有关技术规程明确规定，500 kV及以上的变压器必须装设过励磁保护。

(2) 过励磁保护

为防止变压器因过励磁损坏而设置的过励磁保护，依据变压器厂家提供的变压器允许过励磁特性进行整定。变压器允许的过励磁倍数为

$$N=\frac{B}{B_N}=\frac{U/U_N}{f/f_N} \tag{1-6-69}$$

式中，N为变压器过励磁倍数；B和B_N分别为变压器实际工作磁密和额定工作磁密；U和

U_N 分别为变压器实际工作电压和额定工作电压；f 和 f_N 分别为变压器实际工作频率和额定工作频率。

过励磁保护包括定时限过励磁保护和反时限过励磁保护。由于定时限过励磁保护很难与变压器允许过励磁特性进行配合，所以并不能充分保证变压器的安全。微机变压器保护中配置的反时限过励磁保护通过实时计算过励磁倍数后确定其保护动作时间，其过励磁动作特性曲线与变压器允许过励磁特性进行配合的关系如图 1－6－38 所示，可知其有良好的保护性能。

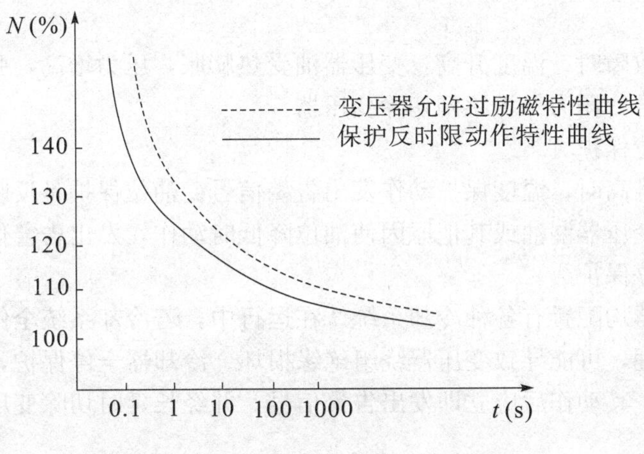

图 1－6－38　反时限过励磁保护特性

七、变压器非电量保护

变压器非电量保护主要有瓦斯保护、压力保护、温度保护、油位保护及冷却器全停保护。

1. 变压器瓦斯保护

瓦斯保护是反应变压器油箱内部气体的数量和流动的速度而动作的保护，保护变压器油箱内各种短路故障，特别是针对绕组的相间短路和匝间短路故障。由于短路点电弧的作用，将使变压器油和其他绝缘材料分解，产生气体。气体从油箱经连通管流向油枕，利用气体的数量及变压器油的流速变化反映故障。

当油箱内部轻微故障，产生少量的气体或油面下降时，轻瓦斯保护瞬时动作于信号；当油箱内部发生严重故障，产生大量气体并使油流速度变化超过整定值时，重瓦斯保护瞬时动作，跳开变压器各侧断路器。

重瓦斯保护是油箱内部故障的主保护，它能反映变压器内部的各种故障。当变压器少数绕组发生匝间短路时，虽然故障点的故障电流很大，但在差动保护中产生的差流可能不大，差动保护可能拒动。此时，靠重瓦斯保护切除故障。

瓦斯保护的主要优点是动作迅速、灵敏度高、安装接线简单、能反映油箱内部发生的各种故障。其缺点则是不能反映油箱以外的套管及引出线等部位上发生的故障。因此，瓦斯保护可作为变压器的主保护之一，与纵差动保护相互配合、相互补充，快速而灵敏地切除变压器油箱内、外部及引出线上发生的各种故障。

变压器油箱内产生轻微气体或油面下降时，轻瓦斯保护动作于信号。轻瓦斯保护按产生气体的体积整定，对于容量大于 10 MVA 的变压器，整定的气体容积为 250 mL～300 mL。

重瓦斯保护按通过气体继电器的油流流速整定。流速的整定与变压器容量、连接气体继电器的导管直径、变压器冷却方式和气体继电器类型有关。

2. 其他非电量保护

(1) 压力保护

压力保护也是变压器油箱内部故障的主保护。其作用原理与重瓦斯保护基本相同，但它是反应变压器油的压力的。压力继电器又称压力开关，由弹簧和触点构成，置于变压器本体油箱上部。

当变压器内部故障时，温度升高，变压器油受热膨胀，压力增高，弹簧动作带动继电器动接点，使接点闭合，压力保护跳闸切除变压器。

(2) 温度及油位保护

当变压器温度升高时，温度保护动作发出告警信号。油位保护是反映油箱内油位异常的保护。运行时，因变压器漏油或其他原因使油位降低时动作，发出告警信号。

(3) 冷却器全停保护

对于大型变压器均配置有各种冷却系统。在运行中，若冷却系统全停，变压器的温度将升高。若不及时处理，可能导致变压器绕组绝缘损坏。冷却器全停保护，是在变压器运行中冷却器全停时动作。其动作后应立即发出告警信号，并经长延时切除变压器。

第五节 发电机保护

一、概 述

发电机的安全运行对保证电力系统的正常工作和安全稳定运行起着决定性的作用。同时发电机本身也是十分贵重的电气元件，因此，应该针对各种不同的故障和不正常运行状态，装设性能完善的继电保护装置。

1. 发电机的故障和异常运行状态

(1) 发电机的故障

发电机的故障包括定子绕组及引出线相间短路、定子绕组单相匝间短路和分支开焊、定子绕组单相接地、转子绕组一点或两点接地及励磁回路励磁电流消失。

(2) 发电机异常运行状态

发电机的异常运行状态包括外部相间短路引起的定子绕组过电流、外部不对称短路或不对称负荷引起的负序过电流和负序过负荷、定子绕组三相对称过负荷、突然甩负荷引起的定子绕组过电压、励磁回路故障或强励时间太长引起的转子绕组过负荷及汽轮机主气门突然关闭引起的发电机逆功率等。

2. 发电机的保护配置

(1) 定子绕组及其引出线相间短路保护

纵联差动保护是发电机定子绕组及其引出线的主保护，1 MW 以上的发电机都应装设纵联差动保护。

当发电机与变压器之间有断路器时，设单独的纵差保护。当发电机与变压器之间没有断路器时，100 MW 以下的发电机，设发变组共用纵差保护；100 MW 以上的发电机设单独的纵差保护，与发变组共用纵差构成双重主保护。

（2）定子绕组单相接地故障保护

100 MW 及以上发电机，设置保护区为 100％的单相接地故障保护。定子绕组接地电容电流 ≥ 5 A，单相接地故障保护动作于跳闸；定子绕组接地电容电流 ＜ 5 A，单相接地故障保护动作于信号。

（3）定子绕组单相匝间短路

对有六个引出端的双绕组发电机，应设置简单、灵敏的单元件横差保护。对多分支分布中性点的大型水轮发电机，应设置综合差动保护，包括不完全纵差、裂相横差和单元件横差保护。

（4）发电机外部故障引起的定子过流

设置过流保护，用于 1 MW 以下的小容量发电机保护。设置复压启动的过流保护，用于过流保护灵敏度不足的发电机保护。设置负序过电流及单相低电压起动的过流保护，用于 50 MW 及以上的发电机保护。

（5）发电机的其他保护

发电机的其他保护包括定子绕组过负荷/过电压、发电机失磁保护、发电机失步保护、发电机逆功率保护等。

为了快速消除发电机内部的故障，在保护动作于发电机断路器跳闸的同时，必须动作于自动灭磁开关，断开发电机励磁回路，以使转子回路电流不会在定子绕组中再感应电势，避免发电机继续产生短路电流。

二、发电机的定子绕组短路故障的保护

通常配置发电机纵差保护作为发电机定子绕组相间短路故障的保护，发电机横差保护作为发电机定子绕组匝间短路故障的保护。

1. 发电机纵差保护

纵差保护是发电机内部相间短路的主保护，因此，它应能快速而灵敏地切除内部所发生的故障。同时，在正常运行及外部故障时，又能保证动作的选择性和工作的可靠性。

（1）纵差保护基本类型

纵差保护作为发电机内部相间短路的主保护时，可选择比率制动特性、标积制动特性和故障分量比率制动特性。它们的制动电流和动作电流的选择已在前述各章作过讨论。

图 1－6－39 是比率制动纵差保护原理接线图。

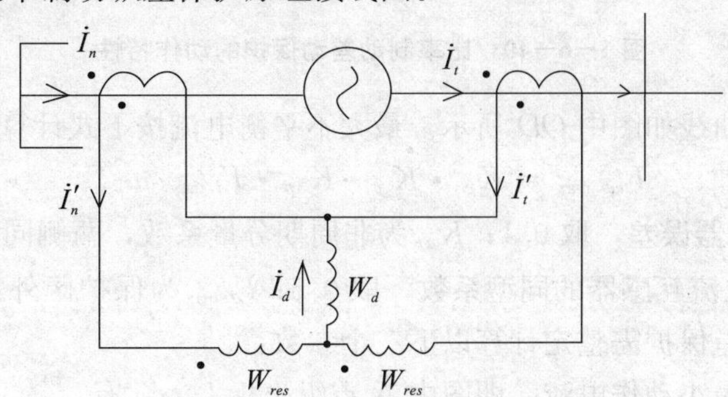

图 1－6－39　比率制动纵差保护原理接线图

在图示给定的电流正方向下，比率制动特性、标积制动特性差动保护使用发电机两侧电流的相量差为纵差保护的动作电流，即

$$I_d = \frac{|\dot{I}_t - \dot{I}_n|}{n_{\mathrm{TA}}} \tag{1-6-70}$$

式中，I_t 为发电机机端的一次电流，I_n 为发电机中性点侧的一次电流，n_{TA}为电流互感器变比。

故障分量比率制动特性差动保护通常使用发电机两侧电流的故障分量相量差作为动作电流，即

$$\Delta I_d = |\Delta\dot{I}_t - \Delta\dot{I}_n| \tag{1-6-71}$$

制动电流选择的原则依然相同，即在区外故障时有最大制动作用，在区内故障时有最小制动作用。当图 1－6－39 中比率制动纵差保护的线圈匝数关系为 $W_{res} = \frac{1}{2}W_d$ 时，比率制动电流为

$$I_{res} = \frac{|\dot{I}_t + \dot{I}_n|}{2n_{\mathrm{TA}}} \tag{1-6-72}$$

而标积制动特性和故障分量比率制动特性差动保护的制动电流分别如下：

$$I_{res} = \frac{\sqrt{|\dot{I}_t| \cdot |\dot{I}_n| \cos\theta_{tn}}}{n_{\mathrm{TA}}} \tag{1-6-73}$$

$$\Delta I_{res} = \frac{|\Delta\dot{I}_t + \Delta\dot{I}_n|}{n_{\mathrm{TA}}} \tag{1-6-74}$$

（2）比率制动特性纵差保护的整定计算

发电机纵差保护使用 10P 级电流互感器，在额定一次电流和额定二次负载情况下变比误差为±3%。随着外部短路电流的增大和非周期分量电流的影响，不平衡电流急剧增大。比率制动特性纵差保护的动作特性如图 1－6－40 所示。

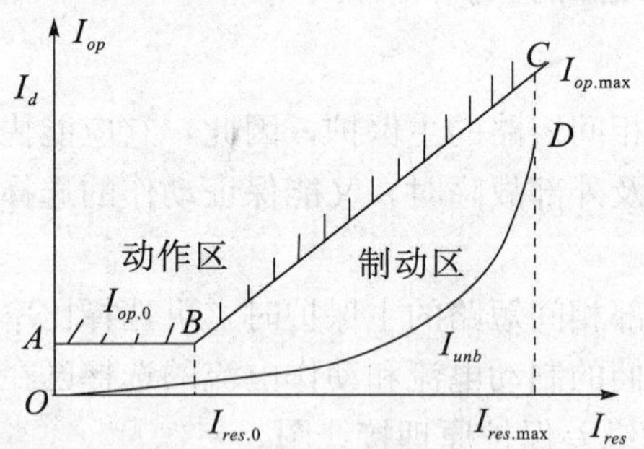

图 1－6－40　比率制动差动保护的动作特性

不平衡电流变化曲线如图中 *OD* 所示。最大不平衡电流按下式计算：

$$I_{unb.\max} = K_{er} \cdot K_{cc} \cdot K_{ap} \cdot I_{d.\max}^{(3)}/n_{\mathrm{TA}} \tag{1-6-75}$$

式中，K_{er} 为电流互感器误差，取 0.1；K_{ap} 为非周期分量系数，两侧同为 P 级电流互感器时取 1.5～2.0；K_{cc} 为电流互感器的同型系数，取 0.5；$I_{d.\max}^{(3)}$ 为保护区外三相短路最大短路电流。比率制动特性纵差保护需整定计算以下三个参数：

①确定差动保护最小动作电流，即图中 A 点纵坐标 $I_{op.0}$，有

$$I_{op.0} = K_{rel} \cdot I_{unb.0} \tag{1-6-76}$$

式中，K_{rel}为可靠系数，取1.5；$I_{unb.0}$为额定负荷下发电机差动保护的实测不平衡电流。或者写为

$$I_{op.0}=\frac{K_{er}\times 2\times 0.03\times I_{gn}}{n_{TA}} \tag{1-6-77}$$

式中，I_{gn}为发电机的额定工作电流。实际可整定为

$$I_{op.0}=\frac{(0.10\sim 0.20)\times I_{gn}}{n_{TA}} \tag{1-6-78}$$

②确定制动特性拐点 B 点横坐标，即 $I_{res.0}$。实际可整定为

$$I_{op.0}=\frac{(0.8\sim 1.0)\times I_{gn}}{n_{TA}} \tag{1-6-79}$$

③按外部最大短路电流不误动的条件，确定制动特性 C 点，并计算最大制动系数。C 点对应的最大动作电流 $I_{op.\max}$为

$$I_{op.\max}=K_{rel}\cdot I_{unb.\max} \tag{1-6-80}$$

$$K_{res.\max}=\frac{I_{op.\max}}{I_{unb.\max}}=K_{rel}\cdot K_{er}\cdot K_{cc}\cdot K_{ap} \tag{1-6-81}$$

式（1-6-81）的计算值为 $K_{res.\max}=0.15$，考虑到TA饱和的影响，宜提高制动系数。推荐取值 $K_{res.\max}=0.3$。由此求出比率制动特性的斜率为

$$S=\frac{I_{op.\max}-I_{op.0}}{I_{k.\max}^{(3)}/n_{TA}-I_{unb.0}} \tag{1-6-82}$$

按上述原则整定的比率制动特性纵差保护，在发电机机端两相金属性短路故障时，一定满足灵敏系数 $K_{sen}>2$ 的要求，无需进行灵敏度校验。

（3）故障分量比率制动特性纵差保护的整定计算

故障分量比率制动纵差保护的动作特性如图1-6-41所示。图中直线1为故障分量比率制动特性纵差保护在正常运行和外部短路时的制动特性；直线2为故障分量比率制动特性纵差保护在内部短路时的动作特性；直线3为故障分量比率制动特性纵差保护的整定特性。

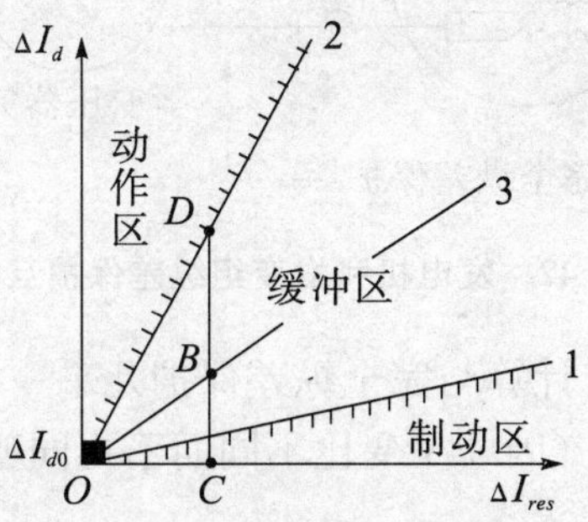

图1-6-41　故障分量比率制动纵差保护的动作特性

整定计算如下：

①整定特性直线3的倾角 $\alpha=45°$，即制动系数 $K_{res}=1$。

②最小动作电流 $I_{op.0}\approx 0.10\times I_{gn}/n_{TA}$，或大于负荷状态下最大不平衡增量差流。

③要求灵敏系数 $K_{sen}>2$，一般无需进行灵敏度校验。

（4）不完全纵差保护

对于发电机完全纵差保护，当发电机定子绕组发生匝间短路或分支开焊时，两端电流相

同，不管机内故障电流多么大，完全纵差保护不会动作。

大型发电机不完全纵差保护既能反映发电机定子绕组相间和匝间短路故障，又能兼顾分支开焊故障。不完全纵差保护之所以能反映发电机内部各种短路和开焊故障，最重要的原因是：由于三相定子绕组分布在同一定子铁心上，不同相间和不同匝间存在或大或小的互感联系；当未装设互感器的定子分支绕组发生故障时，通过互感磁通可以在装设互感器的非故障定子分支绕组中感受到故障电流，使不完全纵差保护动作。

如果发电机定子绕组每相并联分支数为 a，在构成不完全纵差保护时，机端接入相电流（如图 1－6－42 中 TA_2），中性点侧 TA_1 每相接入只接入 N 个分支，a 与 N 满足表 1－6－1 所示的关系。

表 1－6－1　a 与 N 的关系

a	2	3	4	5	6	7	8	9	10
N	1	1	2	2	2 或 3	2 或 3	3 或 4	3 或 4	4 或 5

$a \geqslant 6$ 后，中性点侧 TA_1 每相接入的分支数与装设一套或两套横差保护相关。

图 1－6－42 中，TA_1 与 TA_2 构成发电机不完全纵差保护，TA_5 与 TA_6 构成发变组不完全纵差保护，TA_3 与 TA_4 构成变压器完全纵差保护。TA_1 变比按 $n_{TA}=\dfrac{I_{ga}N}{aI_{2n}}$ 选择，TA_2 变比按 $n_{TA}=\dfrac{I_{ga}}{I_{2n}}$ 选择，I_{2n} 为发电机二次侧额定电流。采用微机保护时，TA_1 和 TA_2 可选择相同变比，由软件调节平衡。

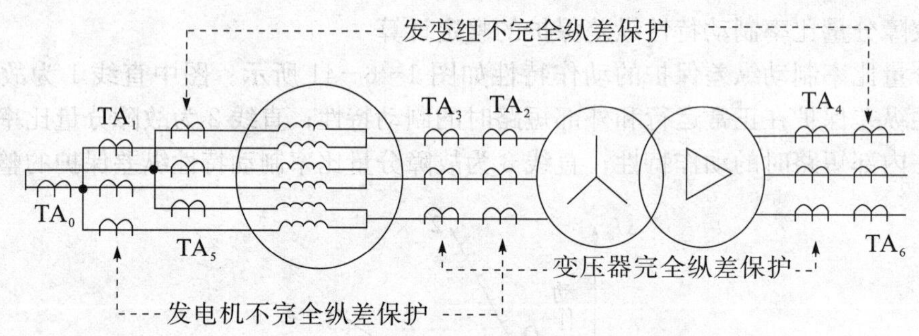

图 1－6－42　发电机和发变组纵差保护互感器配置

这种不完全纵差保护的整定计算与完全纵差保护几乎一样，仅仅是电流互感器 TA 的同型系数不再是 0.5 而改取为 1.0（因 TA 变比不同而不再同型）。

2. 发电机横差保护

大容量发电机额定电流很大，各相以两个绕组或更多绕组并联工作。发电机定子同相同绕组或同相不同绕组发生匝间短路时，两绕组的电势不再相等，绕组电势差将在绕组内产生很大环流。但绕组内环流不能被纵差保护反应，因此需要设置专门针对绕组匝间短路故障的发电机横差保护。

（1）裂相横差保护

图 1－6－43 所示为裂相横差保护的单相原理接线图，图中汽轮发电机定子绕组每相有两个并联分支，每一分支均装设电流互感器，一相两分支互感器二次绕组的异极性端相接，

差流引至电流继电器 LJ。

设两绕组中一次侧电流为 I_1，I_2，当发电机正常运行或外部短路时，有 $I_1=I_2$，流入继电器 LJ 的工作电流为

$$I_d=\frac{\dot{I}_1-\dot{I}_2}{n_{TA}}=0 \quad (1-6-83)$$

当定子绕组发生不同相的分支间短路（相间短路）、同相不同分支间或同相同分支间短路（匝间短路）以及分支绕组开焊故障时，同相两分支间的平衡被破坏，$I_1\neq I_2$，流入继电器 LJ 的工作电流为

$$I_d=\frac{\dot{I}_1-\dot{I}_2}{n_{TA}}\neq 0 \quad (1-6-84)$$

在同一个绕组内部发生匝间短路时，短路匝数 α 越多，环流越大；而当短路匝数 α 较小时，保护就不能动作。因此，保护是有死区的。在同相的两个绕组间发生匝间短路，当短路匝数 $\alpha_1\neq\alpha_2$ 时，由于两个支路的电势差，将分别产生两个环流。继电器检测到其中的一个环流后动作。$\alpha_1-\alpha_2$ 之差值很小时，也将出现保护的死区。$\alpha_1=\alpha_2$ 时，表示在电势等位点上短接，此时并不产生环流。

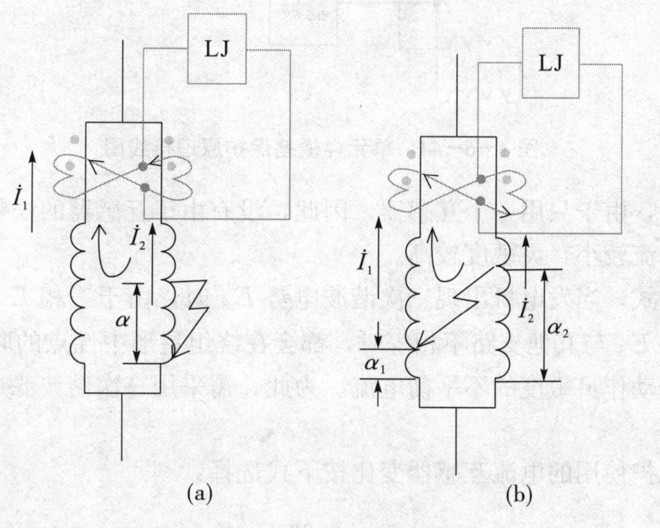

图 1－6－43　裂相横差原理接线图

裂相横差保护对定子绕组相间短路和匝间短路均有作用，并能兼顾分支开焊故障，但机端外部引线短路时无保护作用。

对于每相并联分支数大于 2 的水轮发电机，可采用裂相横差保护。这时将定子绕组每相并联分支分成两部分，每组装设的互感器二次并联，两组互感器按图 1－6－43 的方式构成横差保护，即裂相横差保护。

裂相横差保护采用比率制动特性，整定计算与比率制动特性纵差保护相似。但其在负荷工况下不平衡电流较大，除包括 TA 产生的不平衡电流外，还包括因定子、转子间气隙不同导致的各分支电流不同而产生的不平衡电流，因此，最小动作电流和最大制动系数均大于比率制动特性纵差保护。整定计算如下：

$$I_{op.0}=\frac{(0.15\sim 0.30)\times I_{gn}}{n_{TA}} \quad (1-6-85)$$

$$I_{res} \geqslant \frac{(0.80 \sim 1.0) \times I_{gn}}{n_{\mathrm{TA}}} \tag{1-6-86}$$

$$K_{res.\max} = 0.5 \sim 0.6 \tag{1-6-87}$$

裂相横差保护在国内外大型水轮发电机上广为采用，它与不完全纵差、单元件横差共同组成多分支分布中性点接线方式水轮发电机的综合差动保护。

（2）单元件横差保护

将发电机定子绕组中的一半绕组与另一半绕组的三相电流之和进行比较，构成单元件横差保护，如图 1-6-44 所示。在各种单相匝间短路时，通过两组绕组的中性点连接线构成短路环流通路。也可反应定子绕组相间不对称短路，因为相间短路时，一般两组绕组三相不对称，可形成环流。单元件横差保护也能兼顾分支开焊故障，但机端外部引线短路时无保护作用。

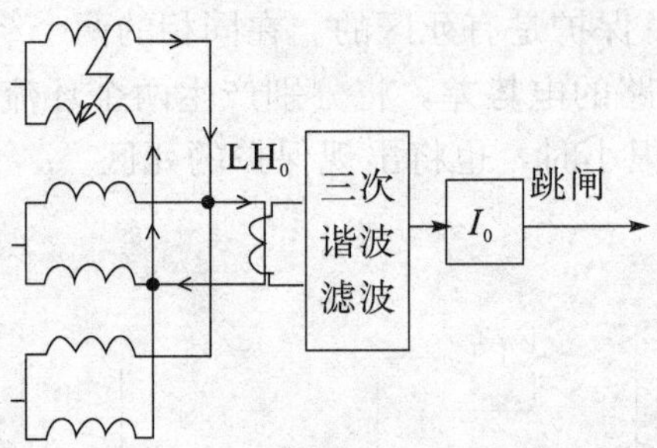

图 1-6-44　单元件横差保护原理接线图

在这种接线中，由于只用一个互感器，因此，没有由于互感器的误整所产生的不平衡电流，因而其起动电流较小，灵敏度较高。

按这种接线方式，当发电机出现三次谐波电势 E_3 时，由于三相 E_3 都是同相位的，因此，当任一支路的 E_3 与其他支路不相等时，都会在绕组星形中性点的联线上出现三次谐波的环流，成为影响动作灵敏度的不平衡电流。为此，需采用三次谐波滤过器以滤除三次谐波的不平衡电流。

单元件横差保护使用的电流互感器变比按下式选择：

$$n_{\mathrm{TA}} = 0.25 \times \frac{I_{ga}}{I_{2n}} \tag{1-6-88}$$

式中，I_{ga} 为发电机额定工作电流，I_{2n} 为 TA 二次侧额定工作电流。当单元件横差保护使用的三次谐波滤过器滤除三次谐波的滤过比大于或等于 15 时，动作电流为

$$I_{op.0} = \frac{(0.20 \sim 0.30) \times I_{gn}}{n_{\mathrm{TA}}} \tag{1-6-89}$$

对使用 LMZ 型 TA 且三次谐波滤过器滤除三次谐波的滤过比大于或等于 80 的高灵敏单元件横差保护，动作电流初设可选为

$$I_{op.0} = \frac{0.05 \times I_{gn}}{n_{\mathrm{TA}}} \tag{1-6-90}$$

实际整定按躲过外部故障最大三相短路电流时的不平衡电流计算，即

$$I_{op.0} = K_{rel} K_{ap} \sqrt{I_{unb.1.\max}^2 + I_{unb.3.\max}^2} \tag{1-6-91}$$

式中，$I_{unb.1.\max}$ 为基波不平衡电流最大值，$I_{unb.3.\max}$ 为三次谐波不平衡电流最大值。

三、发电机定子绕组单相接地保护

定子绕组因绝缘破坏而引起的单相接地故障比较普遍，且接地电流为电容电流。接地电流会在故障点引起电弧时，使绕组的绝缘和定子铁心损坏，也容易发展成相间短路，造成更大的危害。因此，当接地电容电流等于或大于允许值时，应装设动作于跳闸的接地保护；当接地电流小于允许值时，一般装设作用于信号的接地保护。

1. 定子绕组单相接地短路的特点

发电机中性点采用不接地或经消弧线圈接地方式，单相接地短路电流为三相对地电容电流之和，且接地点对地零序电压与接地点位置有关。设 A 相绕组中性点到接地点 D 之间的短路匝数与 A 相绕组匝数比为 α，接地点各相电压为：$U_{AD}=0$，$U_{BD}=\alpha E_B-\alpha E_A$，$U_{CD}=\alpha E_C-\alpha E_A$。因此，故障点的零序电压为

$$U_{d0}=\frac{U_{AD}+U_{BD}+U_{CD}}{3}=-\alpha E_A \tag{1-6-92}$$

式（1－6－92）表明，故障点的零序电压将随着故障点位置的不同而改变。考虑发电机内部每相对地电容为 C_{0f}，发电机外部每相对地电容为 C_{0l}，则对地电容电流分布如图1－6－45(a) 所示。

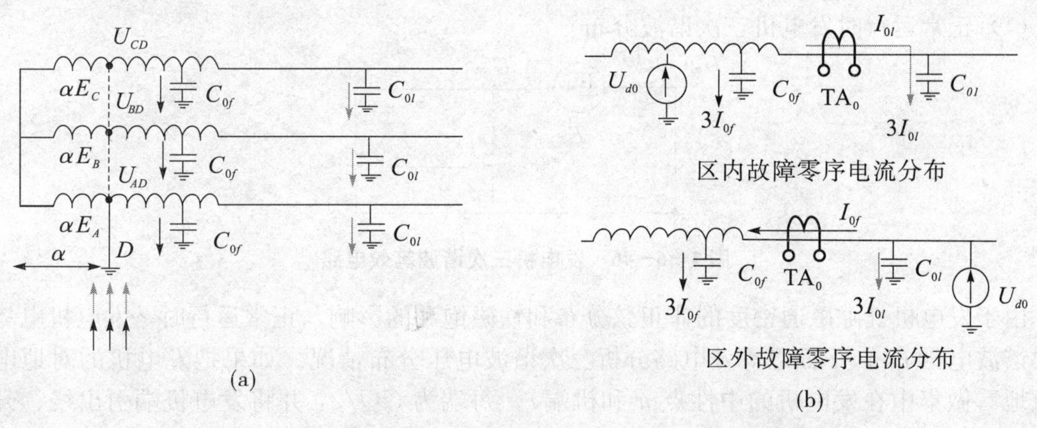

图 1－6－45　发电机单相接地故障的电流分布和零序等效网络图

同样可作出发电机内部和外部单相接地故障的零序等效网络图，如图 1－6－45(b) 所示。

发电机内部故障时，流过 TA_0 的电流为 $3I_f$；发电机外部故障时，流过 TA_0 的电流为 $3I_l$。

机端各相的对地电压分别为：$U_{AD}=E_A-\alpha E_A$，$U_{BD}=E_B-\alpha E_A$，$U_{CD}=E_C-\alpha E_A$。由此可求得机端的零序电压为

$$U_{d0}=\frac{U_{AD}+U_{BD}+U_{CD}}{3}=-\alpha E_A \tag{1-6-93}$$

当故障点在机端时，$\alpha=1$，$U_{d0}=-E_A$（相电动势）；当故障点在中性点时，$\alpha=0$，$U_{d0}=0$。

当接地电流比较大、超过允许值时，应使发电机中性点经消弧线圈接地。在大型发电机－变压器组单元接线的情况下，由于总的对地电容是定值，一般采用欠补偿方式，有利于

减小变压器耦合电容传递的过电压。无论是否设置消弧线圈，当接地电容电流大于允许值时，接地保护动作于跳闸；当接地电容电流小于允许值时，接地保护带时限动作于信号。

2. 定子绕组单相接地的零序电压保护

发电机正常运行的三次谐波电流比基波零序电流大得多，因此，基波零序电流保护的整定值较高，在国外仅作为机端附近的接地故障保护；而零序电压保护实现简单，且有较大的保护范围，常常用于发电机－变压器组单元接线的接地保护。

定值整定如下：

①躲过正常运行时电压互感器开口三角形绕组的不平衡电压 $U_{unb.\max}$。

$$U_{op}=K_{rel}U_{unb.\max} \tag{1-6-94}$$

式中，U_{op} 为零序电压保护动作值；K_{rel} 为可靠系数，取 1.2～1.3；$U_{unb.\max}$ 为实测不平衡电压，其中包含大量三次谐波电压。采用三次谐波电压滤波环节，可大大提高动作灵敏度。此时 $U_{op}\geqslant 5\text{V}$，保护动作死区≥5％。

②躲过外部接地短路时产生的零序电压经变压器高、低压绕组分布电容耦合到发电机侧的最大零序不平衡电压 $U_{unb.\max}$。通常需对此时的 $U_{unb.\max}$ 进行校核，并从动作定值和动作时间上与系统接地保护配合，防止零序电压保护的误动。

3. 定子绕组单相接地的三次谐波电压保护

（1）正常运行时发电机三次谐波分布

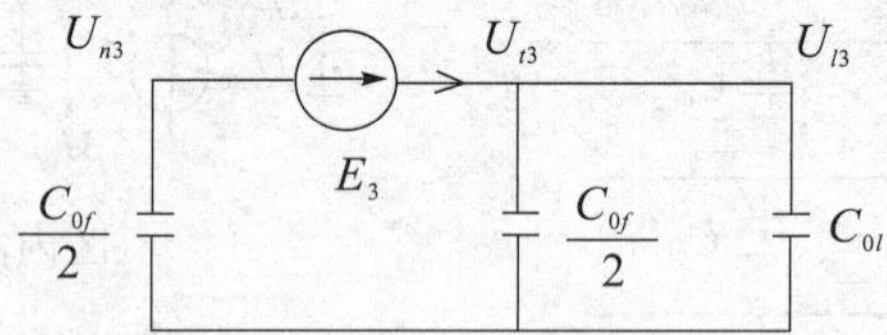

图 1-6-46　发电机三次谐波等效电路

由于发电机气隙磁通密度的非正弦分布和铁磁饱和的影响，正常运行时，发电机电势含三次谐波电压 E_3。下面以等效电路分析三次谐波电压分布情况。如果把发电机的对地电容等效地看做集中在发电机的中性点 n 和机端 t，每端为 $C_{0f}/2$，并将发电机端引出线、升压变压器、厂用变压器以及电压互感器等设备的每相对地电容 C_{0l} 也等效地放在机端，则正常运行情况下的等效网络如图 1－6－46 所示，并可计算以下各值：

$$U_{n3}=\frac{C_{0f}+2C_{0l}}{2(C_{0f}+C_{0l})}E_3,\quad U_{t3}=\frac{C_{0f}}{2(C_{0f}+C_{0l})}E_3$$

$$\frac{U_{t3}}{U_{n3}}=\frac{C_{0f}}{C_{0f}+2C_{0l}}<1 \tag{1-6-95}$$

类似地，可分析带消弧线圈时三次谐波电压分布情况。无论有无消弧线圈，在正常运行时，发电机中性点侧的三次谐波电压 U_{n3} 总是大于机端三次谐波电压 U_{t3}。

（2）单相接地时发电机三次谐波电压分布

当发电机定子绕组单相接地、短路匝数与绕组匝数比为 α 时，其等值电路如图 1－6－47（a）所示。此时，无论有无消弧线圈，都有

$$U_{n3}=\alpha\cdot E_3,\quad U_{t3}=(1-\alpha)\cdot E_3$$

$$\frac{U_{t3}}{U_{n3}}=\frac{1-\alpha}{\alpha} \tag{1-6-96}$$

中性点三次谐波电压和机端三次谐波电压随 α 变化的曲线如图 1－6－47(b) 所示。

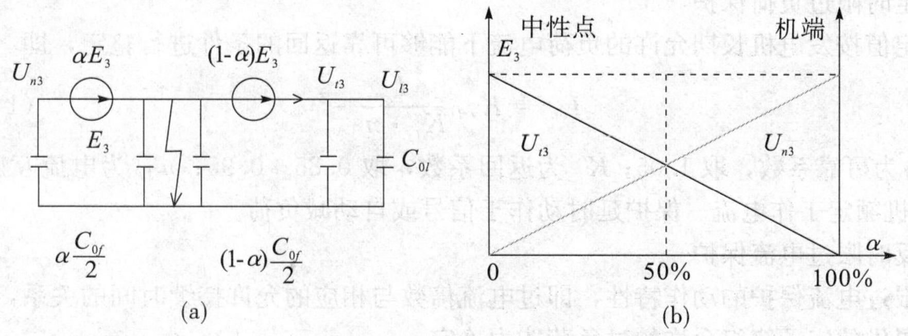

图 1－6－47　单相接地时发电机三次谐波等效电路及电压分布

如上所述，利用三次谐波电压构成的接地保护可以反映发电机绕组 $\alpha<50\%$ 范围以内的单相接地故障，且当故障点越接近于中性点时，保护的灵敏性越高。而利用基波零序电压构成的接地保护，则可以反映 $\alpha>15\%$ 以上范围的单相接地故障，且当故障点越接近于发电机机端时，保护的灵敏性越高。因此，利用三次谐波电压比值和基波零序电压的组合，可以构成保护范围为 100％的定子绕组接地保护。

(3) 三次谐波电压单相接地保护

研究表明，发电机正常运行时三次谐波电压 $U_{n3.0}$ 和 $U_{t3.0}$ 均随负荷而变，但 $\frac{|U_{t3.0}|}{|U_{n3.0}|}$ 却基本不受负荷变动的影响。中性点绝缘的发电机在正常运行时恒有 $\frac{|U_{t3.0}|}{|U_{n3.0}|}<1$，发电机经配电变压器高阻接地时，$\frac{|U_{t3.0}|}{|U_{n3.0}|}>1$，但其比值 $\frac{|U_{t3.0}|}{|U_{n3.0}|}$ 基本不随运行工况改变。当发电机中性点附近发生单相接地故障时，恒有 $\frac{|U_{t3}|}{|U_{n3}|}>\frac{|U_{t3.0}|}{|U_{n3.0}|}$，因此，可利用这种关系来构成单相接地保护，以消除基波零序电压定子接地保护的死区。

①反应 $\frac{|U_{t3}|}{|U_{n3}|}$ 的三次谐波电压单相接地保护。

保护动作方程为

$$\frac{|U_{t3}|}{|U_{n3}|}>a \tag{1－6－97}$$

实测正常运行时 $\frac{|U_{t3.0}|}{|U_{n3.0}|}=a_0$，取动作门限值 $a=(1.05\sim1.15)\cdot a_0$。

②高灵敏三次谐波电压单相接地保护。

保护动作方程为

$$\frac{|U_{t3}-\dot{K}_p\cdot\dot{U}_n|}{\beta|U_{n3}|}\geqslant 1 \tag{1－6－98}$$

式中，分子为动作量，分母为制动量。调整系数 $\dot{K}_p$，使发电机正常运行时动作量最小。然后调整系数 β，使制动量 $\beta|U_{n3}|$ 在正常运行时恒大于动作量。一般取 $\beta=0.2\sim0.3$。

四、发电机过负荷保护

1. 发电机定子绕组三相对称过负荷保护

对发电机因过负荷或外部故障引起的定子绕组过电流，设置单相定子绕组对称过负荷保护，由定时限过负荷和反时限过电流保护组成。

（1）定时限过负荷保护

保护定值按发电机长期允许的负荷电流下能够可靠返回的条件进行整定，即

$$I_{op}=K_{rel}\frac{I_{gn}}{K_r\cdot n_{\mathrm{TA}}} \tag{1-6-99}$$

式中，K_{rel}为可靠系数，取1.05；K_r为返回系数，取0.85～0.95；n_{TA}为电流互感器变比；I_{gn}为发电机额定工作电流。保护延时动作于信号或自动减负荷。

（2）反时限过电流保护

反时限过电流保护的动作特性，即过电流倍数与相应的允许持续时间的关系，由发电机制造厂家提供的定子绕组允许的过负荷能力确定。

过电流倍数与相应的允许持续时间的关系为

$$t=\frac{K_{tc}}{I_*^2-1} \tag{1-6-100}$$

式中，K_{tc}为定子绕组热容量常数。机组容量$S_n\leqslant 1200$ MVA时，$K_{tc}=37.5$。当有发电机制造厂家提供的参数时，以厂家提供的参数为准。I_*为以定子绕组额定电流为基准的电流标幺值。t为允许持续时间，单位为s。

定子绕组允许过电流曲线如图1-6-48所示。设反时限过电流保护的跳闸特性与定子绕组允许的过电流曲线相同。按此条件进行保护定值的整定计算。

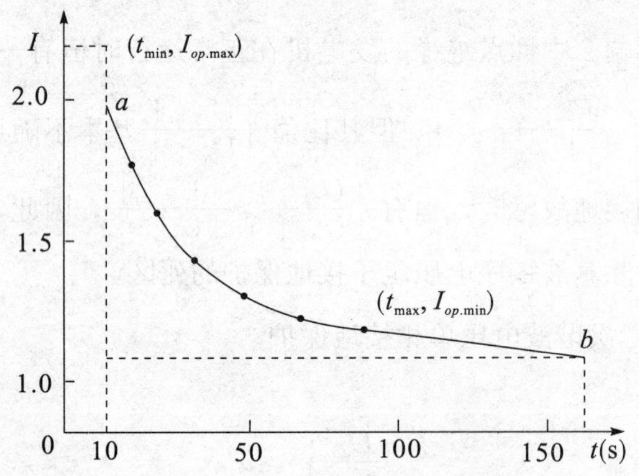

图1-6-48 定子绕组允许过电流曲线

反时限过电流保护跳闸特性的最大动作电流按机端三相金属性短路的条件整定，即

$$I_{op.\max}=\frac{I_{gn}}{K_{sat}\cdot X''_d\cdot n_{\mathrm{TA}}} \tag{1-6-101}$$

式中，I_{gn}为发电机额定电流；K_{sat}为饱和系数，取0.8；n_{TA}为TA变比；X''_d为发电机次暂态电抗，取标幺值。

反时限过电流保护跳闸特性的最小动作电流按与过负荷保护配合的条件整定，即

$$I_{op.\min}=K_c\cdot K_{rel}\frac{I_{gn}}{K_r\cdot n_{\mathrm{TA}}} \tag{1-6-102}$$

式中，K_c为配合系数，取1.05。

反时限过电流保护不考虑在动作时限方面与其他保护配合。保护动作于解列或跳闸。

2. 发电机转子绕组过负荷保护

转子绕组的过负荷保护，与定子绕组过负荷保护类似，也由定时限和反时限两部分组成。

（1）定时限过负荷保护

定时限部分的动作电流按在正常励磁电流下能够可靠返回的条件整定。动作电流及动作时限的整定计算同定子绕组过负荷保护类似，有

$$I_{op} = K_{rel}\frac{I_{fd}}{K_r \cdot n_{\text{TA}}} \tag{1-6-103}$$

式中，I_{fd} 为额定励磁电流。保护带时间动作于信号，有条件时动作于降低励磁电流或切换励磁。

（2）反时限过电流保护

转子绕组反时限过电流倍数与相应的允许持续时间的关系曲线，由发电机制造厂家提供的转子绕组允许的过热条件确定。设反时限过电流保护的跳闸特性与转子绕组允许的过电流曲线相同，如图 1-6-49 所示，按此条件进行保护定值的整定计算。过电流倍数与相应的允许持续时间的关系为

$$t = \frac{C}{I_{fd*}^2 - 1} \tag{1-6-104}$$

式中，C 为转子绕组过热常数；I_{fd*} 为强行励磁倍数。

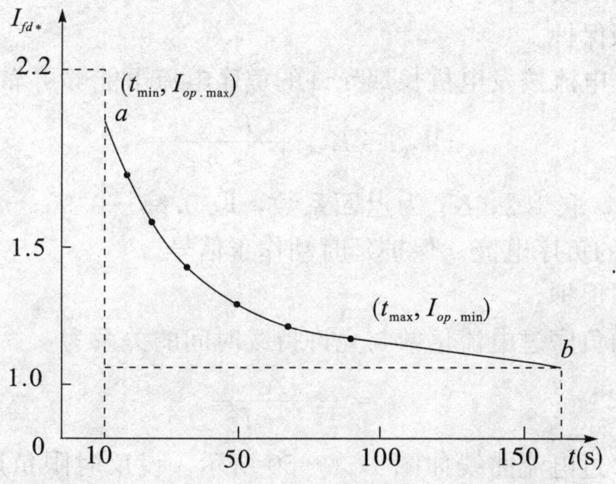

图 1-6-49　转子绕组反时限过流保护跳闸特性

反时限动作特性的最大动作时间对应的最小动作电流，按与定时限过负荷保护相同的条件整定。反时限动作特性的最大动作电流与强励顶值倍数匹配。如果强励顶值倍数为 2，则在两倍额定励磁电流下的持续时间到达允许持续时间时，保护动作于跳闸。当小于强励顶值而大于过负荷允许电流时，保护按反时限特性动作。

3. 发电机转子表层负序过负荷保护

电力系统中发生不对称短路或三相负荷不对称时，将有负序电流流过发电机的定子绕组，并在发电机中产生对转子以两倍同步转速旋转的磁场，从而在转子中产生倍频电流。由于集肤效应的作用，倍频电流主要在转子表面流通，并经转子本体、槽楔和阻尼条，在转子的端部附近构成闭合回路。

倍频电流在铁芯电流密度大的转子端部、护环等部位产生局部灼伤，并使转子表层过热。转子本体与护环的温差超过允许限度，将导致护环松脱，造成严重的破坏。而倍频电磁转矩将同时引起转子轴系和定子机坐 100 Hz 的机械震动。

为防止发电机的转子遭受负序电流的损伤，大型汽轮发电机都要求装设比较完善的负序电流保护，它由负序电流定时限保护和反时限保护两部分组成。负序电流保护实际上是发电机转子表层过热保护。

（1）发电机的过热时间常数

在负序过电流时，发电机允许的发热量与发电机过热时间常数 A 成正比，即

$$I_{2*}^{2} \cdot t = (\frac{I_2}{I_{gn}})^2 \cdot t = A \tag{1-6-105}$$

发电机的过热时间常数与发电机类型和冷却方式相关。过热时间常数参考值如下：

凸极发电机：$A=40$；气冷隐极发电机：$A=30$；直冷汽轮发电机：$A=6\sim15$（100 MW～300 MW），$A=4$（600 MW）。

研究表明，由于发电机转子散热的作用，发电机允许的发热量与发电机过热时间常数 A 的关系可作修正，即

$$(I_{2*}^{2} - I_{2\infty}^{2}) \cdot t = A \tag{1-6-106}$$

式中，$I_{2\infty}$ 为发电机长期允许的负序电流。

以上关系是进行发电机负序电流保护整定计算的依据。

（2）发电机转子表层负序过负荷保护

①负序电流定时限保护。

定时限部分的动作电流按发电机长期允许的负序电流下能够可靠返回的条件整定，即

$$I_{op} = K_{rel} \frac{I_{2\infty}}{K_r \cdot n_{\mathrm{TA}}} \tag{1-6-107}$$

式中，K_{rel} 为可靠系数，取 1.2；K_r 为返回系数，取 0.85～0.95；n_{TA} 为电流互感器变比；$I_{2\infty}$ 为发电机长期允许的负序电流。保护延时动作于信号。

②负序电流反时限保护。

发电机短时承受的负序过电流倍数与允许持续时间的关系为

$$t = \frac{A}{I_{2*}^{2} - I_{2\infty}^{2}} \tag{1-6-108}$$

发电机允许的负序过电流曲线如图 1－6－50 所示。设反时限负序过电流保护的跳闸特性与发电机允许的负序过电流曲线相同。

负序反时限过电流保护跳闸特性的最大动作电流按主变高压侧两相金属性短路的条件整定，即

$$I_{op.\max} = \frac{I_{gn}}{(K_{sat} \cdot X_d'' + X_2 + X_t) \cdot n_{\mathrm{TA}}} \tag{1-6-109}$$

式中，I_{gn} 为发电机额定电流；K_{sat} 为饱和系数，取 0.8；n_{TA} 为 TA 变比；X_d''，X_2 为发电机次暂态电抗及负序电抗，取标幺值；X_t 为主变压器电抗，取标幺值。

负序反时限过电流保护跳闸特性的最小动作电流，由保护所能提供的最大延时确定。一般取最大延时 1000 s。由此计算负序反时限过电流保护跳闸特性的最小动作电流，即

$$I_{op.\min} = \sqrt{\frac{A}{1000} + i_{2\infty}^{2}} \tag{1-6-110}$$

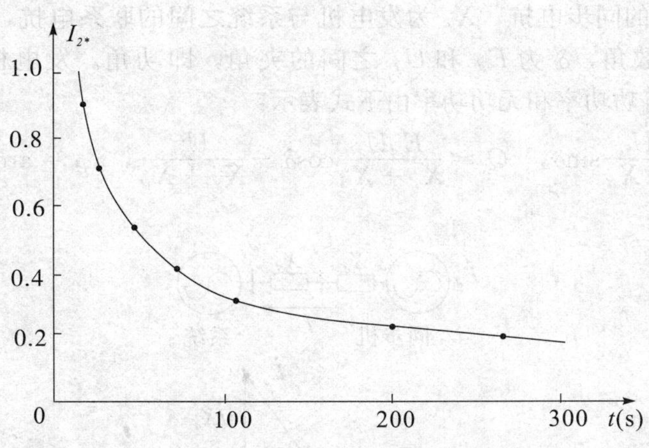

图 1-6-50 发电机允许的负序过电流曲线

负序反时限过电流保护在动作灵敏度与动作时间上无需与相邻元件或线路的相间短路保护配合。保护动作于解列或跳闸。

五、发电机的低励失磁保护

1. 概 述

发电机的低励失磁故障，是指发电机的励磁电流部分或全部消失。大中型发电机发生部分或全部失磁的异常运行状态超过总事故次数的 50%。故障原因包括转子绕组故障、励磁机故障、灭磁开关误跳闸和运行人员误操作等。

发电机低励或失磁后，将过渡到异步运行，转子出现转差，定子电流增大，定子电压下降，有功功率下降，无功功率反向（低励或失磁前为过励运行）并且增大；在转子回路中出现差频电流；由电力系统吸收无功，并在系统无功不足时引起系统电压下降，甚至导致电压崩溃、系统瓦解。

发电机低励或失磁后，除对电力系统产生较大影响外，对发电机也会产生较大影响。失步运行时，转子回路感应出较大差频电流，产生附加温升和机振，从而危害转子的安全。由于系统吸收大量无功，引起定子过电流；转差率越大，发电机的等值电抗越小，定子过电流也就越大，使定子温升过高。汽轮发电机在较小转差率时就可输出较大异步有功，允许短时失步运行；水轮发电机较大转差率时才输出较大异步有功，且转子温升、定子过流严重，不允许失步运行。

由于发电机低励和失磁对电力系统和发电机本身的上述危害，为保证电力系统稳定允许和发电机的安全，以便及时发现低励和失磁故障，并采取必要的安全措施，必须装设低励失磁保护。

2. 发电机失磁后的机端测量阻抗

长期以来，国内外广泛采用机端测量阻抗构成低励、失磁保护阻抗继电器，因此，有必要分析发电机低励失磁过程中机端阻抗的变化轨迹。

失磁过程中机端测量阻抗的变化轨迹常用等有功圆、等无功圆描述。下面以单机-无穷大系统为例进行分析，其等值电路和正常运行时的向量图如图 1-6-51 所示。图中 $\dot{E}_d$ 为发电机的同步电势，$\dot{U}_f$ 为发电机端的相电压，$\dot{U}_s$ 为无穷大系统的相电压，$\dot{I}$ 为发电机的定子电流，X_d 为发电机的同步电抗，X_s 为发电机与系统之间的联系电抗，且 $X_\Sigma = X_d + X_s$，φ 为受端的功率因数角，δ 为 $\dot{E}_d$ 和 $\dot{U}_f$ 之间的夹角，即功角。发电机输出功率为 $W = P - jQ$。发电机的有功功率和无功功率由下式表示：

$$P = \frac{E_d U_s}{X_s + X_d}\sin\delta,\quad Q = \frac{E_d U_s}{X_s + X_d}\cos\delta - \frac{U_s^2}{X_s + X_d},\quad \varphi = \arctan\frac{Q}{P} \quad (1-6-111)$$

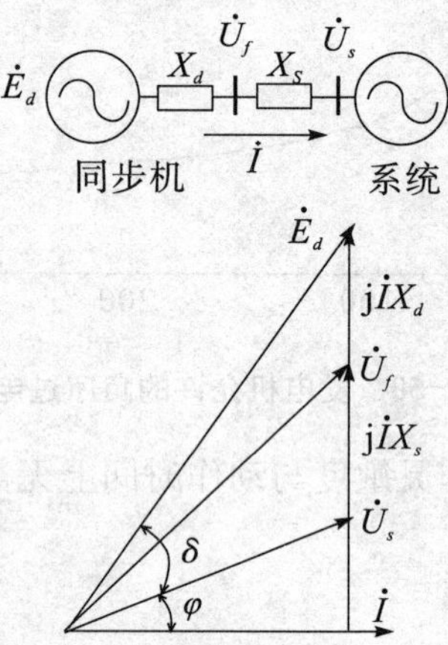

图 1-6-51　单机-无穷大系统等值电路和向量图

(1) 等有功阻抗圆

在失磁后到失步前的阶段中（$\delta < 90°$），转子电流逐渐衰减，$\dot{E}_d$ 随之减小，发电机的电磁功率 P 开始减小，由于原动机所供给的机械功率还来不及减小，于是转子逐渐加速，使 $\dot{E}_d$ 和 $\dot{U}_f$ 之间的夹角即功角 δ 随之增大，P 又要回升。在这一阶段中，δ 的增大与 $\dot{E}_d$ 的减小相补偿，基本上保持了发电机电磁功率 P 不变。这一过程可以称为等有功过程。此时，机端测量阻抗为

$$\begin{aligned} Z_f &= \frac{\dot{U}_f}{\dot{I}} = \frac{\dot{U}_s + j\dot{I}X_s}{\dot{I}} = \frac{\dot{U}_s\dot{U}_s^*}{\dot{I}\dot{U}_s^*} + jX_s = \frac{\dot{U}_s^2}{P - jQ} + jX_s \\ &= \frac{\dot{U}_s^2}{2P}\,\frac{(P - jQ + P + jQ)}{P - jQ} + jX_s = \frac{U_s^2}{2P}\left(1 + \frac{P + jQ}{P - jQ}\right) + jX_s \end{aligned} \quad (1-6-112)$$

考虑以下关系：

$$P \pm jQ = S \cdot e^{\pm j\varphi},\quad \frac{P + jQ}{P - jQ} = e^{j2\varphi},\quad \varphi = \arctan\frac{P}{Q} \quad (1-6-113)$$

求得机端测量阻抗为

$$Z_f = \left(\frac{U_s^2}{2P} + jX_s\right) + \frac{U_s^2}{2P}e^{j2\varphi} \quad (1-6-114)$$

Z_f 具有阻抗圆特性，其圆心为 $Z_0 = \left(\frac{U_s^2}{2P} + jX_s\right)$，半径为 $\rho = \frac{U_s^2}{2P}$。此阻抗圆特性也被称为等有功阻抗圆。对应不同的有功功率，有不同的特性圆；P 越大，圆半径越小。由于 $\varphi = \arctan\frac{P}{Q}$，当 Q 由正值变为负值时，φ 也由正值变为负值，测量阻抗 Z_f 由Ⅰ象限进入Ⅳ象限。当 φ 由 φ_1 变为 φ_2，机端测量阻抗由 Z_{f1} 变为 Z_{f2} 时，其测量阻抗变化轨迹如图 1-6-52 所示。

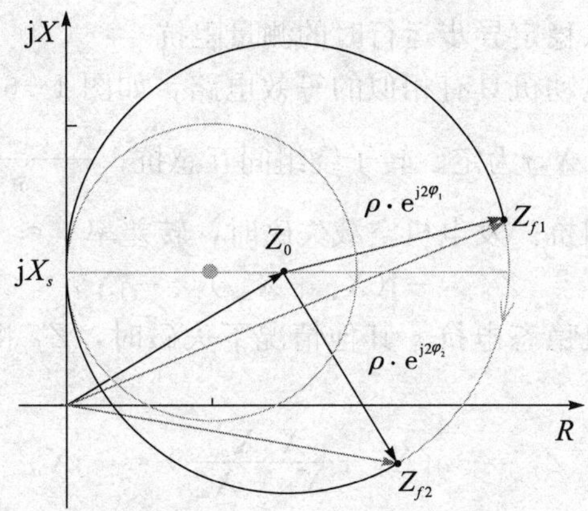

图 1-6-52　等有功阻抗圆

（2）等无功阻抗圆

$\delta = 90°$时发电机到达静稳极限，且 $Q = -\dfrac{U_s^2}{X_s + X_d}$，是一个恒定值。

此时，机端测量阻抗为

$$Z_f = \frac{U_f}{I} = \frac{U_s^2}{P - jQ} + jX_s = \frac{U^2}{-2jQ}\frac{(P - jQ) - (P + jQ)}{P - jQ} + jX$$

$$= j\frac{U_s^2}{2Q}(1 - e^{j2\varphi}) + jX_s = j\left[X_s + \frac{U_s^2}{2Q}(1 - e^{j2\varphi})\right] \quad (1-6-115)$$

代入 $Q = -\dfrac{U_s^2}{X_s + X_d}$，得

$$Z_f = -j\frac{(X_d - X_s)}{2} + \frac{(X_d + X_s)}{2}e^{j2\varphi} \quad (1-6-116)$$

Z_f 具有阻抗圆特性，其圆心为 $Z_0 = -j\dfrac{(X_d - X_s)}{2}$，半径为 $\rho = \dfrac{(X_d + X_s)}{2}$。此阻抗圆也被称为等无功阻抗圆，或称静稳极限阻抗圆。如图 1-6-53 所示。由于系统阻抗不同，在 $\delta = 90°$，发电机到达静稳极限时，所吸收的无功不同，因此有不同的特性圆；X_s 越大，圆半径越大。

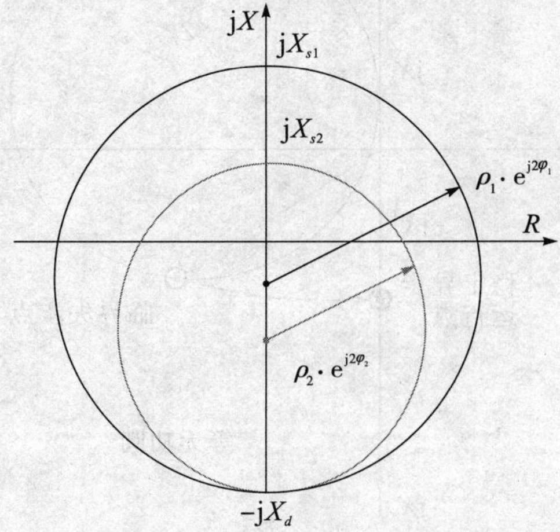

图 1-6-53　等无功阻抗圆

（3）发电机失步并进入稳定异步运行时的测量阻抗

异步运行的发电机与电动机具有相似的等效电路，如图 1－6－54 所示。图中，X_1、X_2 分别为定、转子绕组漏抗；X_{ad} 为定、转子绕组间互感抗；$\frac{R_2(1-s)}{s}$ 为反应发电机功率的等效电阻。可求其机端测量阻抗。发电机空载失磁时，转差率 $s \approx 0$。

$$Z_f = -\mathrm{j}(X_1 + X_{ad}) = -\mathrm{j}X_d \tag{1-6-117}$$

机端测量阻抗为发电机稳态电抗。其他情况下失磁时，Z_f 将随 s 的增大而降低。考虑极限情况 $s=\infty$，有

$$Z_f = -\mathrm{j}\left(X_1 + \frac{X_2 X_{ad}}{X_2 + X_{ad}}\right) = -\mathrm{j}X'_d \tag{1-6-118}$$

机端测量阻抗为发电机暂态电抗。其他情况下机端测量阻抗介于发电机稳态电抗和暂态电抗之间。

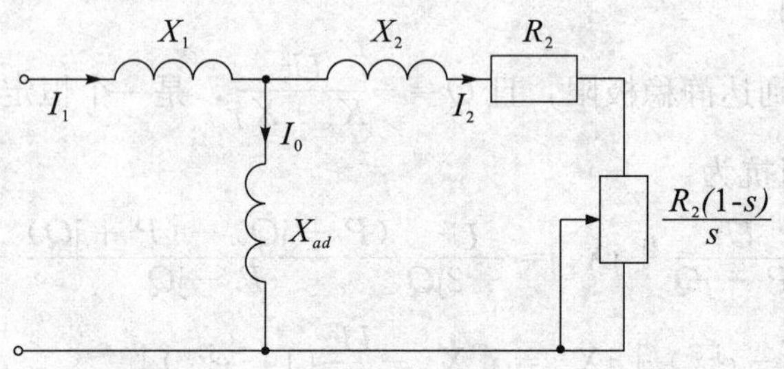

图 1－6－54　异步发电机的等效电路

（4）发电机失磁后机端测量阻抗的变化规律

发电机失磁后、失步前，Z_f 随着 δ 的增大，由阻抗平面的Ⅰ象限进入Ⅳ象限。在 $\delta=90°$ 的临界失步点，等有功阻抗圆与等无功阻抗圆相交。越过临界失步点后，Z_f 进入失步运行区并最终稳定于 $-\mathrm{j}X_d$ 与 $-\mathrm{j}X'_d$ 之间。其阻抗变化轨迹如图 1－6－55 所示。

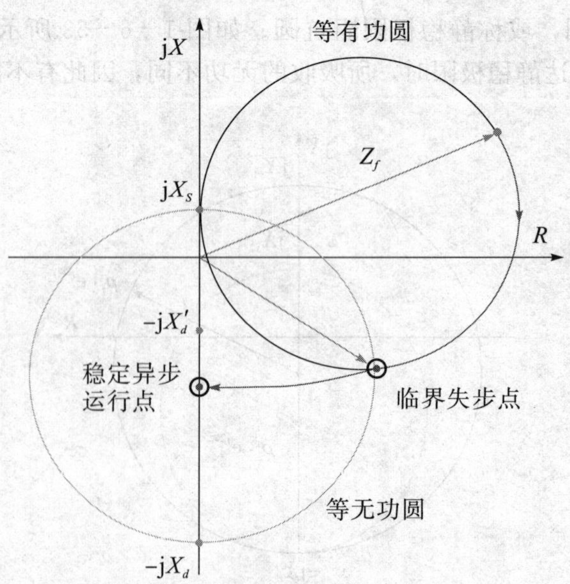

图 1－6－55　机端测量阻抗变化轨迹

(5) 其他情况下发电机的机端测量阻抗

正常运行，可用等有功圆分析，$\varphi = \arctan\frac{Q}{P}$。发电机发出有功和无功时，$\varphi > 0$；只发出有功时，$\varphi = 0$；欠励磁时，$\varphi < 0$。机端测量阻抗在等有功圆上变化。

发电机外部故障时，机端测量阻抗为短路阻抗，$Z_f = Z_d$，测量阻抗位于Ⅰ象限。

系统振荡时，对无穷大系统，$X_s = 0$。考虑转差率 s 很大，极限情况发电机侧电抗为发电机暂态电抗 X'_d，则振荡中心为$\frac{Z_\Sigma}{2} = -\mathrm{j}\frac{X'_d}{2}$，振荡轨迹将经过等无功圆。应有防止失磁保护误动的措施。

发电机自同步并列，$s \approx 0$，在不加励磁合闸瞬间，与空载失磁情况完全相同。合闸后立即加上励磁，自同步并列的失磁运行时间极短，应防止失磁保护误动。

3. 发电机低励失磁保护

(1) 概述

发电机低励失磁保护的动作主判据包括系统侧主判据和发电机侧主判据。

系统侧主判据为高压母线三相同时低电压。该判据主要用于防止由发电机低励失磁故障引起的无功储备不足而导致的系统电压崩溃。其动作判据为

$$U_{op.3ph} = (0.85 \sim 0.90) \cdot U_{h.\min} \qquad (1-6-119)$$

式中，$U_{op.3ph}$ 为三相同时低电压继电器的动作电压，需经调度部门确定；$U_{h.\min}$ 为高压母线最低正常运行电压。

该元件接在升压变压器高压母线的电压互感器三相线电压上。在系统发生三相短路时，三相同时低电压，失磁保护系统侧主判据将误动。此时励磁回路正常工作，依靠辅助判据中的励磁低电压闭锁元件可防止系统侧故障时失磁保护系统侧主判据误动作。系统侧主判据经辅助判据“与”逻辑输出，带短延时动作于发电机解列。

发电机侧主判据包括异步边界阻抗继电器、静稳极限阻抗继电器和静稳极限低电压继电器。

低励失磁保护辅助判据包括负序电压元件、负序电流元件、励磁低电压元件。

(2) 异步边界阻抗继电器

发电机失磁后，机端测量阻抗最终一定进入异步边界阻抗圆，如图 1－6－56 中的阻抗圆 1。其整定值为

$$X_a = -0.5X'_d\frac{U_{gn}^2 n_{\mathrm{TA}}}{S_{gn} n_v} \qquad (1-6-120)$$

$$X_b = -X_d\frac{U_{gn}^2 n_{\mathrm{TA}}}{S_{gn} n_v} \qquad (1-6-121)$$

式中，X'_d，X_d 为发电机暂态电抗及同步电抗标幺值；U_{gn}，S_{gn} 为发电机额定电压和额定视在功率；n_{TA}，n_v 为发电机电流互感器和电压互感器变比。

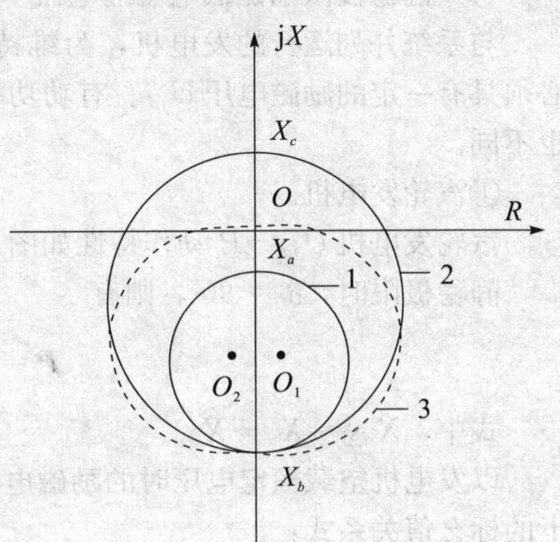

图 1－6－56　阻抗动作特性

(3) 静稳极限阻抗继电器

①汽轮发电机。

静稳极限阻抗动作特性如图 1－6－56 中的阻抗

圆特性 2。其整定值为

$$X_b = -X_d \frac{U_{gn}^2 n_{TA}}{S_{gn} n_v} \tag{1-6-122}$$

$$X_c = X_{con} \frac{U_{gn}^2 n_{TA}}{S_{gn} n_v} \tag{1-6-123}$$

式中，X_{con} 为发电机与系统间的联系电抗（包括升压变压器阻抗）的标幺值，由系统调度部门给出。其他符号的含义同上。为防止静稳极限阻抗继电器在Ⅰ、Ⅱ象限动作区内易发生非失磁情况下的误动，为此可使用如图 1－6－56 中的阻抗圆特性 3，即准静稳极限阻抗特性圆。

②水轮发电机和大型汽轮发电机（$X_d \neq X_q$）。

静稳极限阻抗特性是图 1－6－57 所示的滴状曲线。考虑到阻抗特性过于复杂，且Ⅰ、Ⅱ象限动作区内易发生非失磁情况下的误动，可将其改为苹果圆特性。

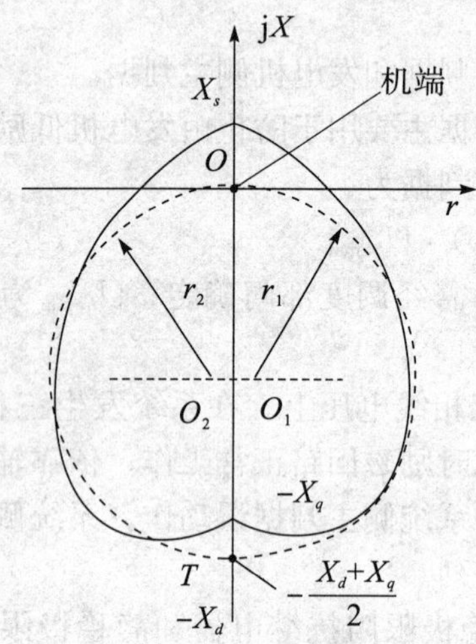

图 1－6－57　静稳极限阻抗特性

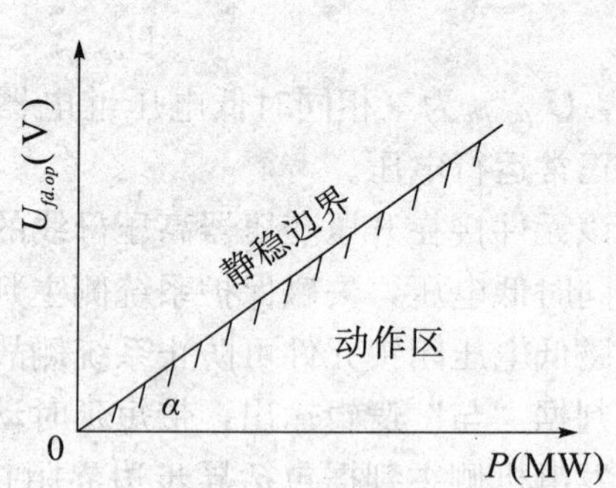

图 1－6－58　汽轮机 $U_{fd}-P$ 特性

（4）静稳极限励磁低电压继电器

与系统并列运行的发电机，为维持静态稳定极限，在输送有功功率 P 一定的情况下，必须具有一定的励磁电压 U_{fd}。有功功率 P 值不同，维持静稳极限图所要求的励磁电压 U_{fd} 也不同。

①汽轮发电机。

汽轮发电机 $U_{fd}-P$ 动作特性如图 1－6－58 所示。

静稳极限时，$\delta = 90°$，则有

$$P = \frac{E_d U_s}{X_{d\Sigma}} \sin\delta = \frac{E_d U_s}{X_{d\Sigma}} \tag{1-6-124}$$

式中，$X_{d\Sigma} = X_d + X_{con}$。

以发电机空载额定电压时的励磁电压 U_{fd0} 为基值时，标幺值 $E_d = U_{fd}$，$U_s = 1$，则有如下的标幺值关系式：

$$U_{fd} = E_d = \frac{PX_{d\Sigma}}{U_s} = PX_{d\Sigma} \tag{1-6-125}$$

如果 P 为有名值，则有

$$U_{fd}=\frac{X_{d\Sigma}U_{fd0}}{S_{gn}}P \tag{1-6-126}$$

低励失磁保护的静稳极限励磁低电压继电器的电压动作判据（即变励磁电压动作判据）如下：

$$U_{fd.op}=\frac{X_{d\Sigma}U_{fd0}}{S_{gn}}P=KP\geqslant U_{fd} \tag{1-6-127}$$

该动作特性如图 1－6－59 所示。动作特性直线的倾角 α 整定值为

$$\alpha=\arctan K=\arctan\frac{X_{d\Sigma}U_{fd0}}{S_{gn}} \tag{1-6-128}$$

②水轮发电机和大型汽轮发电机（$X_d\neq X_q$）。

发电机输出的有功功率为

$$P=\frac{E_dU_s}{X_{d\Sigma}}\sin\delta+\frac{U_s^2}{2}\left(\frac{1}{X_{q\Sigma}}-\frac{1}{X_{d\Sigma}}\right)\sin2\delta \tag{1-6-129}$$

由此导出$\frac{\mathrm{d}P}{\mathrm{d}\delta}=0$的静稳极限关系比较复杂。其 $U_{fd}-P$ 特性是一条曲线，简化计算时已将其近似取为直线，如图 1－6－59 所示，图中横坐标为凸极反应功率的最大值 P_{fm}。此时，按下式计算 P_{fm}：

$$P_{fm}=\frac{U_s^2}{2}\left(\frac{1}{X_{q\Sigma}}-\frac{1}{X_{d\Sigma}}\right) \tag{1-6-130}$$

静稳极限励磁低电压动作判据为：当 $0\leqslant P\leqslant P_{fm}$时，$U_{fd.op}=0$；当 $P>P_{fm}$时，

$$U_{fd.op}=(P-P_{fm})\tan\alpha\geqslant U_{fd} \tag{1-6-131}$$

式中，$\tan\alpha=\frac{2\cos2\delta_{sb}}{\cos\delta_{sb}-2\sin^3\delta_{sb}}X_{d\Sigma}$，其中，$X_{d\Sigma}$ 为标幺值，δ_{sb} 为静稳极限角，可从图 1－6－60 的 $\delta_{sb}-K_p$ 曲线中查得。图中 P_0 为发电机失磁前输出的有功功率。

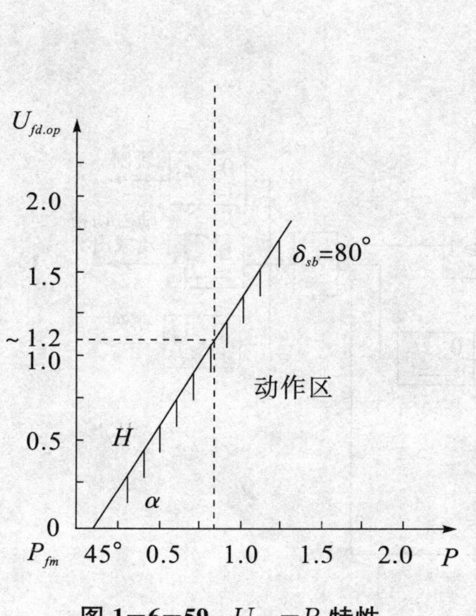

图 1－6－59　$U_{fd}-P$ 特性

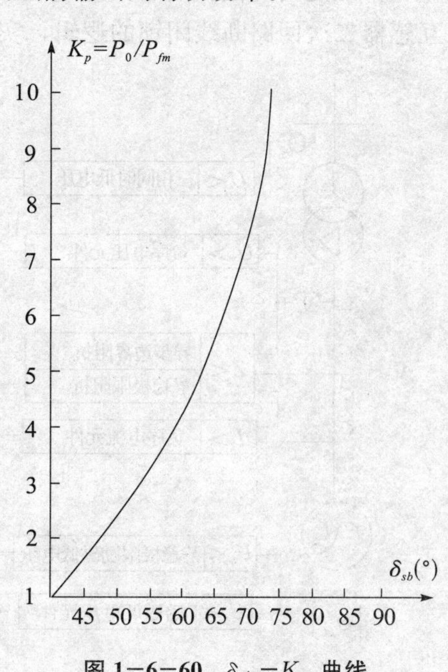

图 1－6－60　$\delta_{sb}-K_p$ 曲线

（5）低励失磁保护辅助判据

①负序电压闭锁元件：

$$U_{op} = (0.05 \sim 0.06)\frac{U_{gn}}{n_v} \tag{1-6-132}$$

②负序电流闭锁元件：

$$I_{op} = (1.2 \sim 1.4)\frac{I_{2.\infty}}{n_{TA}} \tag{1-6-133}$$

低励失磁故障时三相对称，没有负序电压 U_2 或负序电流 I_2，辅助判据的负序电压、负序电流闭锁元件不动作，可以开放低励失磁保护出口跳闸；外部不对称短路满足此辅助判据，负序电压、负序电流闭锁元件动作，闭锁失磁保护，防止低励失磁保护误动作。闭锁时间为 8 s～10 s，其后自动返回，解除闭锁。

③励磁低电压闭锁元件：

$$U_{fd.op} = 0.8U_{fd.0} \tag{1-6-134}$$

该闭锁元件接在升压变压器高压母线的电压互感器三相线电压上。在系统发生两相或单相短路时，失磁保护系统侧主判据不会误动；三相短路时，三相同时低电压，失磁保护系统侧主判据将误动。此时励磁回路正常工作，励磁低电压闭锁元件不动作。因此，依靠辅助判据中的励磁低电压闭锁元件可防止系统侧故障时失磁保护系统侧主判据误动作。

（6）低励失磁保护逻辑框图

图 1－6－61 为低励失磁保护逻辑框图。图中 t_1＝8 s～10 s，在负序电流、电压元件动作后，闭锁低励失磁保护 8 s～10 s。t_2 主要用于防止系统振荡时低励失磁保护误动作。t_3 由设备允许延时时间确定。对允许失磁后异步运行的发电机，在转入异步运行后切除灭磁开关，防止继续输出同步功率损坏发电机轴系，由厂家与电力部门共同决定允许短时异步运行时间 t_4，并在延时时间到后解列发电机。低励失磁保护逻辑框图中未给出变压器高低压侧电压互感器二次回路断线闭锁的逻辑，实际低励失磁保护中应当包含此逻辑。注意必须严格

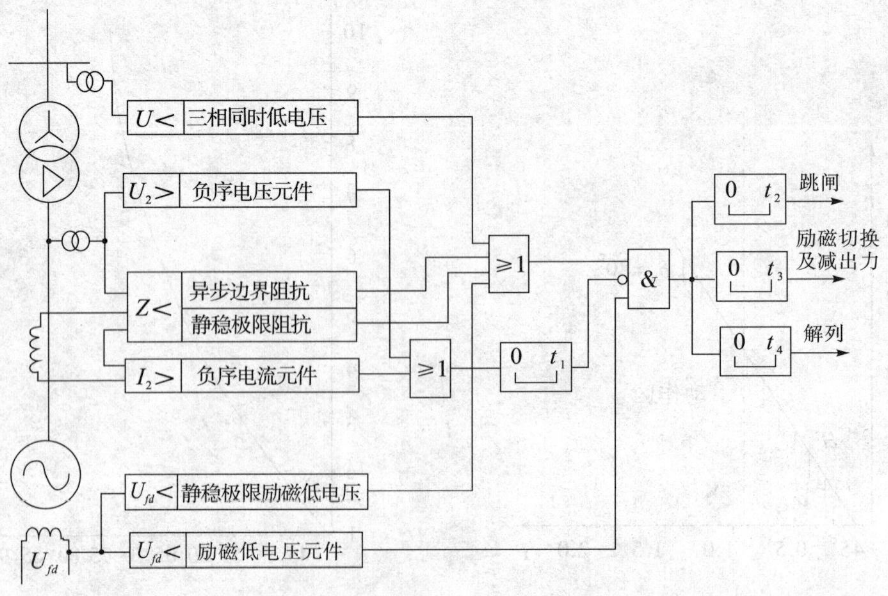

图 1－6－61　低励失磁保护逻辑框图

控制发电机组失磁异步运行的时间和运行条件。根据国家有关标准规定，不考虑对电网的影响时，汽轮发电机应具有一定的失磁异步运行能力，但只能维持发电机失磁后短时运行，此时必须快速降负荷。若在规定的短时运行时间内不能恢复励磁，则机组应与系统解列。

发电机失去励磁后是否允许机组快速减负荷并短时运行，应结合电网和机组的实际情况综合考虑。如果电网无功不足，不允许发电机无励磁运行，当发电机失去励磁且失磁保护未动作时，应立即将发电机解列。

六、发电机的失步保护

1. 概　述

大型发电机组均与变压器组成单元接线。随着机组容量的增大，发电机变压器电抗值也随之增大。而电力网络的发展，使得系统等值阻抗越来越小。当发生系统振荡时，振荡中心很容易落在发电机机端或升压变压器内。发电机机端电压的持续波动严重影响厂用辅机的正常运转，甚至使一些重要的电动机制动而导致停机停炉；振荡过程中当发电机电势和系统电势的夹角为180°时，振荡电流的幅值将接近机端三相短路时流过发电机的电流，振荡电流的持续出现可能使发电机定子绕组端部遭受机械损伤，其热效应将造成定子绕组过热。此外，在短路伴随系统振荡的情况下，还会加剧发电机轴系的扭振，引起大轴的机械损伤，甚至断裂。失步振荡不仅会使发电机组遭受机械力和发热的损伤，而且可能导致系统解列甚至发生崩溃事故。因此，继电保护规程要求300 MW及以上大型发电机要配置失步保护，并且规定当失步时振荡中心落在发变组内部，而且当失步运行时间或振荡次数超过规定值时，保护动作使机组解列。

2. 发电机失步保护

利用阻抗元件构成的失步保护应用较广泛，包括双阻抗元件型和三阻抗元件型失步保护。其他的失步保护包括反应振荡中心电压及其变化率的失步保护，基于功角测量的失步保护等。各种原理的失步保护均应保证正确区分系统短路故障与振荡，正确判定失步振荡与稳定振荡（同步摇摆）。

阻抗型失步保护的基本原理主要是通过测量阻抗的轨迹变化情况来检测是否失步。其主要指标有三个：一是测量阻抗轨迹为自左向右或自右向左依次穿越整定阻抗区域，穿越一次，则记录的滑极次数加1；二是每穿越一个区域都记录其穿越时间，以区别于故障以及区分失步振荡和稳定振荡；三是滑极次数达到一定值时，则动作出口。失步保护要求在短路故障、系统振荡、电压回路断线等情况下，保护不误动作。

失步保护应只在失步振荡情况下动作。失步保护动作后，一般只发信号，由系统调度部门根据系统实际情况采取解列、快关、电气制动等技术措施，只有在振荡中心位于发－变组内部或失步振荡持续时间过长、对发电机安全构成威胁时，才作用于跳闸，而且应在两侧电动势相位差小于90°的条件下使断路器跳开，以免断路器的断开容量过大。

（1）双透镜阻抗元件失步保护

图1－6－62以双透镜阻抗元件为例，说明失步保护的整定计算方法。

图1－6－62中，Z_2动作特性按动稳极限整定，因此在稳定振荡时，阻抗轨迹只进入Z_1的动作区，而不会越过Z_2的动作边界。如果测量阻抗的轨迹只进入Z_1就返回（轨迹3），说明电力系统发生了稳定振荡，保护不动作；如果测量阻抗的轨迹先后穿过Z_1及Z_2（轨迹2），且穿越时间大于整定值，说明电力系统发生了失步振荡，保护动作；如果测量阻抗的轨

迹进入 Z_1 及 Z_2 的时间差小于某一定值（轨迹 1），说明电力系统发生了短路故障，保护应予闭锁。因此，失步保护是通过整定动作区和时限的相互配合来区分短路故障及系统振荡的。除对 Z_1 及 Z_2 进行整定外，还需对阻抗轨迹进入 Z_1 及 Z_2 的时间差进行整定计算。

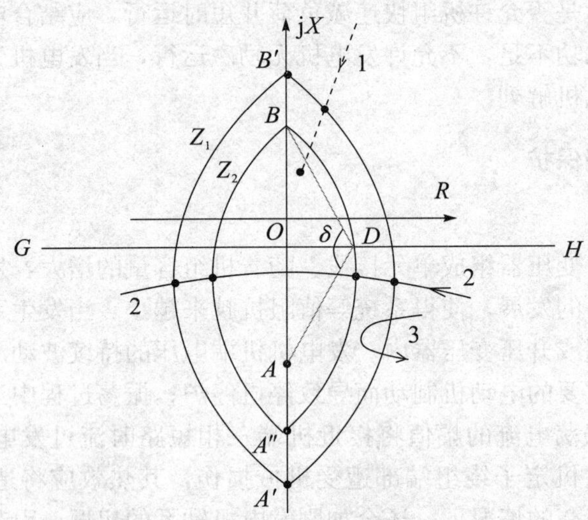

图 1-6-62 双透镜阻抗元件失步保护动作特性

首先根据发电机的动稳极限角来确定 Z_2 的动作边界。

取 $OA=X'_d$，$OA''=$（1.5～2.0）X'_d，$OB=X_{con.\max}$（即机端至系统的最大联系电抗）。设两侧电动势大小相等，则系统振荡阻抗轨迹为直线 AB 的垂直平分线 HG。在 HG 上取一点 D，使 $\angle BDA=\delta_{db}$（动稳极限角，由系统调度部门给出，通常 $\delta_{db}=120°\sim140°$），则由 B、D、A'' 三点可作出圆弧，并有对称于纵轴的另半个圆弧，共同组成失步保护的透镜形阻抗动作特性 Z_2。

另一透镜形阻抗元件 Z_1 与 Z_2 为同心圆，两者直径之比为 1.2～1.3。

可利用阻抗元件 Z_1 和 Z_2 的动作时间差的大小判定系统短路或振荡。设振荡轨迹进入 Z_1 和 Z_2 时的功角分别为 δ_1 和 δ_2，则整定时间继电器的动作时限 t_{op} 为

$$t_{op}=T_{\min}\frac{\delta_2-\delta_1}{360°}(\mathrm{s}) \tag{1-6-135}$$

式中，$T_{\min}$ 为系统最小振荡周期（根据系统实际情况，由系统调度部门提供）。

若 Z_1 和 Z_2 的动作时间差小于 t_{op}，则判定不是振荡，而是短路故障，失步保护不动作。

(2) 遮挡器原理失步保护

所谓“遮挡器”原理，实际是具有平行直线特性的阻抗保护，如图 1－6－63 所示，直线 B_1、B_2 均平行于系统合成阻抗 AB，B_1 的动作区在直线左侧，B_2 的动作区在直线右侧。遮挡器的整定，保证发电机与系统电势夹角 δ 大于 120°时才能动作，而在发生稳定振荡时，由于阻抗轨迹仅进入阻抗圆动作区而未达遮挡器的直线动作区，失步保护不动作。失步保护除直线特性阻抗元件外，还有一个圆特性阻抗元件 Z。图 1－6－63 中，X'_d 和 X_t 分别为发电机暂态电抗和升压变压器短路电抗，Z_1 为发变组以外的系统侧总阻抗。

与 (1) 相同，利用式（1－6－134）来区分短路与振荡。

发电方式下机组加速失步时，机端测量阻抗的轨迹从右侧首先进入圆特性，阻抗元件 Z 动作，当功角 δ 进一步增大，阻抗轨迹达到 B_1 时，对应 $\delta_2=1200\sim1400$，机组处于动稳极

限状态；当阻抗轨迹越过 B_1 线时，发电机失步。

当发电机呈电动机运行方式时，情况与上述过程相反，振荡阻抗从左侧进入 Z 阻抗圆。

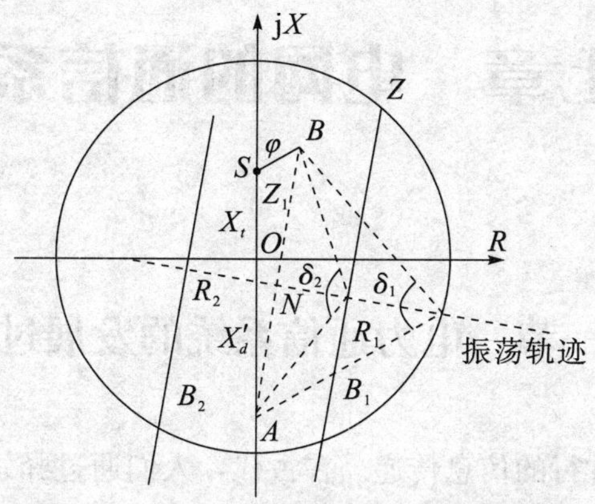

图 1－6－63　遮挡器原理失步保护动作特性

保护整定计算的主要内容如下：

①圆特性阻抗元件的动作阻抗 Z_{op}，按躲过发电机的负荷阻抗 Z_L 整定，即

$$Z_L = \frac{U_{gn}^2 n_a}{S_{gn} n_v},\quad Z_{op} = 0.8Z_L \qquad (1-6-136)$$

式中，U_{gn} 为发电机的额定电压，kV；S_{gn} 为发电机的视在功率，MVA；N_a，n_v 分别为电流、电压互感器变比。

②遮挡器的阻抗边界。

N 为 $\overline{AB}$ 的中点，且有

$$NR_1 = NR_2 = \frac{1}{2}(\mathrm{j}X_A + Z_B)\mathrm{ctan}\frac{\delta_2}{2} \qquad (1-6-137)$$

式中，$X_A = X'_d$，$Z_B = \mathrm{j}X_t + Z_1(\sin\varphi + \mathrm{j}\cos\varphi)$。

③时间元件的动作时间与式（1－6－135）相同。

第七章　电网的通信系统

第一节　电力通信系统的发展过程

通信是通过某种媒体进行的信息传递。在古代，人们通过驿站、飞鸽传书、烽火报警等方式进行信息传递。到了今天，随着科学技术的飞速发展，相继出现了无线电、固定电话、移动电话、互联网甚至可视电话等各种通信方式。通信技术拉近了人与人之间的距离，提高了经济效益，深刻改变了人类的生活方式和社会面貌。

通信系统的发展，从最初的电缆通信，其间经历了明线载波、微波、光纤等重要过程，目前主要是以大容量光纤传输为主，同时移动通信技术也得到了广泛应用。另一方面，通信系统从早期的只传送电报、电话，到现在的除传送语音电话信号外，还传送基于互联网的数据信号，数据通信技术经历了 ISDN、ATM、IP 等阶段，也发展到了一个较高的水平。

电力通信系统作为现代通信系统的一个重要分支，也得到了长足的发展。电力通信传输手段经历了分别以电力线载波、数字微波、数字光纤为主的各个阶段，数据通信技术同样发展到了基于网络技术的阶段。

第二节　电力通信系统的业务内容

从电力通信系统所传送的业务情况来看，已由最早的单一的载波传送调度电话、远动信号和继电保护信号的简单系统，发展成为了为各类电力生产、管理和经营信息提供传输通道的复杂系统。

现有电力通信业务分为以下三类：

第一类是生产调度类，直接为电力调度生产信息提供传输通道，其中又以调度电话、自动化信息和继电保护及安控信号为通信系统要保障的首要业务，其运行指标计入同业对标和年度考核指标。具体包括调度小号、调度交换、专线类调度自动化信息、专网类调度自动化信息、继电保护及安控信号、水调自动化、电能量采集及计费等。

第二类是辅助生产类，包括故障录波等辅助生产系统，侧重于检测及管理功能。具体包括故障录波、稳定监录、行波测距、雷电监测、安控信息管理、机房动力监控系统、相量测控等。

第三类为生产管理及经营系统，此类为占用通信资源最多的部分，信息种类随着国网公司集约化管理工作的推进，还在不断增加中。具体包括行政交换网、视频会议系统、电话会议系统、变电站图像监控系统、覆冰监测、综合数据网（SG186 信息及营销管理系统）、广域外网、综合资源管理系统、通信网管系统等。

其中综合数据网业务细分后，包括有财务管理系统、营销管理系统、95598系统、负荷管理系统、办公自动化系统、OMS系统、生产管理系统、人力资源管理、物资管理、项目管理等。

第三节　电力通信系统的组成

为如此庞杂的业务服务的现代电力通信系统，具有复杂而精细的结构，拥有各种传输交换等专业设备。按照通信系统的一般划分原则，电力通信系统大致分为传输系统、交换系统和终端及辅助系统三大部分。

1. 传输系统

传输系统包括光纤通信系统、微波通信系统、电力载波通信系统、卫星通信系统等。

①光纤通信系统。电力光纤通信系统在长距传送中，主要利用电力线作为传送媒质，典型方式有架空地线复合光缆（OPGW）和自承式特种光缆（ADSS），前者是在电力线的地线中复合光缆，后者是在电力杆塔上电力线的下方架设光缆。目前，新的利用相线复合光缆的技术正在研究与应用开发中。电力光纤通信网的结构以环状网为主，辅之以链状网。光纤环网的优点是在网络某部分出现问题时，所有业务可以从环的另一边迂回过去，从而达到业务不中断的目的。

②微波通信系统。微波通信技术是一种视距接力无线通信技术，它在长途传送中，需要建设若干个微波中继站，并需要建设相当高度的微波铁塔以保证视距无阻挡。

光纤和微波通信都采用SDH制式，这样从光纤和微波信道设备进出的信号的格式都是统一的。我们通过SDH系统，提供了各级信号，最后在恰当的信号级别上给各类所传送的业务提供了2M接口、4线接口、2线接口以及捆绑和不捆绑的以太网络等接口。提供一系列接口的重要设备是PCM设备。

目前，为了提供更大的带宽，电力通信传输系统正在应用和发展光纤波分技术，它可以提供多个10G及以上的接口，并直接提供千兆以太网接口。波分网络自己就可构成环网，形成迂回通道保护。我们可以在它上面传送SDH系统。

③电力线载波技术仍应用在保护信号的传送中，它通过在电力相线上开通载波通信而完成信号的传送。一般电力线载波提供4线或2线的接口。目前数字电力线载波机已开始试用，它在有限的带宽中尽量提供了数据传送的功能。

④卫星通信由于其不依赖于地面传播手段的优点一直作为电力通信传输的重要补充成分，在光纤和微波尚不发达的时期作为许多网省公司与北京的重要联络手段。在汶川大地震发生后，卫星通信作为重要的应急通信手段在电力通信系统中得到了大量应用；而在某些地面通信困难的地区，卫星通信可作为电力生产与管理系统的重要备用通道。

其他通信传输手段，如短波、移动通信等，在电力系统中也有应用。

综合数据通信网作为重要的传输网组成部分，在电力通信网中也得到了广泛应用。

2. 交换系统

交换系统主要指通过信道（这类信道定义为中继）连接在一起的各类交换机组成的网

络。网络的结构有星型、网状网及混合星型网等。电力系统的交换网明确划分为行政交换网和调度交换网两个独立的网络，前者主要为电力生产、管理和经营提供电话交换服务，后者主要为电力调度提供电话交换服务。调度交换网为电力调度服务的重要媒介是调度台。电力系统各变电站、发电厂所用调度交换机必须遵循调度交换组网技术规范，方能在各交换机之间提供有效的连接，组成可靠的调度通信网，从而保证调度电话的畅通。

在网络中完成电话交换功能，我们称之为软交换，目前该项技术已开始大量应用，它扩展了传送电话交换的带宽与功能，使人们完成通话更为便捷，并可使用图像、数据传送等功能。利用软交换技术的可视化调度台已开始出现。

3. 终端及辅助系统

终端及辅助系统在电力通信系统中，主要包括音频电话会议系统、视频电话会议系统、录音系统、电源系统、防雷接地系统、配线系统（包括音频配线架、数字配线架、光纤配线架）、综合网管系统、光缆在线监测系统、雷电监测系统通信站及主站、节点同步时钟系统、机房及动力环境监控系统等，有的划分方法中将PCM设备也划入该类系统，命名为接入系统。这些系统多数是需要在整个通信网中再组成一个子网络的。

第四节　电力通信系统对电网安全稳定运行的影响

电力系统通信网是国家专用通信网之一，是电力系统不可缺少的重要组成部分，是电网调度自动化和管理现代化的基础，是确保电网安全、稳定、经济运行的重要手段。

电力通信系统对电网安全稳定运行的影响主要表现在以下几个方面：

①电网各级调度下发调度指令、各调度对象汇报运行情况，都需要稳定可靠的调度通信系统来完成，前述的调度交换网就是完成该任务的主要和重要手段。调度交换网具有可靠的网络结构，所有调度交换机均要求进行冗余备份配置，确保不会出现死机现象，甚至重要的调度节点还出现了双调度机配置。有的调度对象通过施放行政交换机的电话来增加调度电话的保护；所有的调度对象均要求直接施放电信公网的市话作为备用调度联系电话。

②电网安全稳定运行所需的所有实时数据均需通信网络进行传送。从早期经过载波传送远动信号，到经过光纤和微波传送的SCADA和EMS数据，到通过调度数据网传送的实时数据，都要通过电力通信网进行传输。为了保证信号传输的可靠性，电网专门规定了要用双通道传送上述自动化信号，并制定了严格的通道保障指标。

③保护及安控信号的传送通过通信网进行，其传送手段有载波、光纤复用通道和光纤直连几种主要方式，这几种传送方式均要求通信传输的高可靠。除了光纤纵差保护信号不允许迂回外，其他的光纤复用通道都要求设置可靠的迂回通道。载波通信中，除高频收发信机由保护专业负责外，其他用于传送保护的载波机均由通信专业负责。光纤直连方式中，光缆作为电力线的一部分，由电力线路部门负责，但要求通信专业加强管理与配合协调工作。

由于保护与安控信号对电网安全的直接影响，通信专业制定了严格的针对保护与安控通道的规程，对通道及通道的接口、迂回方式设置、双电源配置、线缆的施放、通道资料命名等进行严格的管理。

④对辅助生产系统的影响。故障录波、稳定监录、行波测距、雷电监测、安控信息管理、相量测控等影响电网稳定运行的辅助生产系统，都需要通信网络对其信息提供准确可靠

的信息传送服务。

第五节　电力通信系统的相关规程规范和管理制度

为了保证电网的稳定运行，电力通信制定了一系列的规程规范和管理制度，从电网发输配各部分的通信系统及相关的方案论证、初步设计、物资采购、工程施工、系统投运、运行管理、维护维修等各阶段，对电力通信系统进行全面的管理，以合理的网络结构和可靠的运行质量来保障电网的安全。

按照国网公司的部署，“十二五”阶段是智能电网的重要研究和初步应用阶段，国网公司通信部门已围绕智能电网开展了信息通信技术（ICT）的重要研究。为智能电网服务的通信网络将会在信息通信技术的深度和广度上进行大力的发展，在新的层面上全面满足电网安全稳定运行的要求。

第八章　电网的自动化系统

第一节　概　　述

为了保证电力系统安全、优质、稳定、经济地运行，同时，在电力系统发生事故的时候，能够迅速排除故障，防止事故扩大，并尽快恢复电力系统的正常运行，必须提高电网自动化水平，采用先进的技术手段进行控制和管理。

1. 电力系统自动化内容

电力系统自动化是由许多子系统组成的，每个子系统完成一项或几项功能，包括继电保护与自动装置、电力通信、调度自动化及自动调控设备等二次系统的各种设备和系统。

按照电力系统运行管理区分，电力系统自动化可分为：

①电力系统调度自动化，包括：发电和输电调度自动化，即通常所说的电网调度自动化；配电网调度自动化，即通常所说的配电网自动化。

②发电厂自动化，包括：火电厂自动化；水电厂自动化。

③变电站自动化。

按照电力系统自动控制角度，电力系统自动化分为：

①电力系统频率和有功功率自动控制。

②电力系统电压和无功功率自动控制。

③电力系统安全自动控制。

④电力系统中的断路器的自动控制。

2. 电网调度自动化

由于技术的限制，早期的电力系统调度是由调度员用电话指挥的，调度员只能通过电话掌握反映系统状态的有限信息，并根据这些信息和个人的运行经验作出判断，完成电力系统的调度。在这个阶段，电力系统很大一部分监视和控制功能是由系统所属发电厂和变电所运行人员直接完成的，电力系统监视和控制的快速性和正确性都受到很大限制。电力系统的发展，使系统的结构和运行方式越来越复杂且多变，同时社会对电能质量和电力系统运行的安全性和经济性的要求也日益提高。传统的调度所中单靠调度人员实施调度管理的方式是难以胜任的。

电网调度自动化系统概念的提出是在 20 世纪 50 年代中期，开始由远动装置逐步实现四遥（遥测、遥信、遥控、遥调）功能。远动装置经历了从电子管和继电器逻辑到晶体管、集成电路的数字综合远动装置，再到微型计算机远动装置的发展。60 年代，数字计算机技术开始被应用于调度中，并从最初的离线计算和以考虑经济为主逐步转移至在线的以安全为主的应用。以计算机技术、通信技术、网络技术为基础的所谓电网调度自动化 SCADA 系统的出现，是电网调度自动化发展中的一个重要台阶，这一阶段电网自动调频和有功功率经济分配的装置和自动调节系统不再独立存在，而是以 AGC/EDC 软件包的形式和 SCADA 系统结合，成为 SCADA/AGC－EDC 系统。从 70 年代初开始，为了解决由于电网不可观察（SCADA 采集的数据存在误差、通道可能中断、RTU 可能停运等）带来的潮流计算不收敛（在离线电力系统计算时不会遇到），发展了各种基础算法，开发了网络拓扑、外部网络等值、超短期母线负荷预计、状态估计等一系列软件，建立可计算的所谓可观察区，将 SCADA 采集到的有误差的“生数据”转变成潮流计算收敛的“熟数据”，建立了熟数据库。在这一基础上开发了调度员在线潮流、开断仿真和校正控制等电网高级应用软件（PAS）。PAS 投运后，电网运行方式的改变以及当前运行方式下遇到大扰动时的后果就可以通过 PAS 自动预计出来。网络熟数据库的建立，为各种电力系统的优化软件，如线损修正、无功优化、最优潮流等的开发提供了条件。PAS 综合到电网调度自动化系统，形成了 SCADA/AGC－EDC/PAS 系统后，电网调度自动化系统从 SCADA 系统升级为能量管理系统（EMS）。在 EMS 中，PAS 工程化后，在线调度员培训仿真器（DTS）得到了发展，并综合到 EMS 中。调度员培训系统（DTS）通过对电网的模拟仿真，可使调度员得到离线的运行操作训练，培养调度员处理紧急事件的能力。DTS 的信息可用电网实时数据更新，可帮助调度员在实际操作前了解操作后的结果，从而提高调度的安全性，还可试验和评价新的运行方法和控制方法。

随着电网的发展的需求和国家电网智能电网战略的提出，以及计算机技术、控制技术、通信技术和电力电子技术的不断发展，EMS 系统的内涵和外延都将发生巨大的变化，新一代智能 EMS 系统即将运用于电力生产。

3. 配网自动化

配电是电力系统直接面向用户的功能，是电力系统的重要组成部分。配电系统最大的特点是供电设备极端的分散，与用户直接相关。

配网自动化的主要任务如下：

①保证配电网重要用户的供电，控制负荷，使供电、用电平衡，提高负荷的利用率。

②随时掌握配电网的运行状态，及时调整配电网设备的运行，使有功功率分布合理。

③及时调整无功功率补偿设备的运行，保证符合供电电压的质量。

④降低配电线路的线路功率损耗，提高配电网运行的经济性。

⑤发生事故时，迅速获取信息，及时处理事故，保证用户的供电，并尽量缩短对用户的停电时间。

配网自动化主要由以下几方面组成：

①馈线自动化。馈线自动化完成馈电线路的监测、控制、故障诊断、故障隔离和网络重构。其主要功能有运行状态监测、远方控制和就地自主控制、故障区隔离、负荷转移及恢复供电、无功补偿和调压等。馈线自动化是配电自动化的核心部分。

②变电站自动化。变电站自动化是指应用自动控制技术和信息处理与传输技术，通过计算机硬软件系统或自动装置代替人工对变电站进行监控、测量和运行操作的一种自动化系统。变电站自动化以信号数字化和计算机通信技术为标志，进入传统的变电站二次设备领域，使变电站运行和监控发生了巨大的变化，取得了显著的效益。

③配电管理系统。配电管理系统（DMS）是一种对变电、配电到用电过程进行监视、

控制、管理的综合自动化系统，包括配电自动化（DA）、地理信息系统（GIS）、配电网络重构、配电信息管理系统（MIS）、需方管理（DSM）等。

④用户自动化。用户自动化即需求侧管理，是指通过一系列经济政策和技术措施，由供需双方共同参与的供用电管理。包括负荷管理、用电管理及需方发电管理等。

4. 变电站自动化

常规变电站的二次设备由以下几部分组成：继电保护、自动装置、测量仪表、操作控制屏和中央信号屏及远动装置（早期的许多变电站甚至没有远动装置）。变电站自动化是将变电站的二次设备（包括测量仪表、信号系统、继电保护、自动装置和远动装置等）经过功能的组合和优化设计，利用计算机技术、现代电子技术、通信技术、信息处理传输技术、自动控制技术实现全变电站的主要设备和输、配电线路的自动测量、监控和微机保护，以及与调度通信等综合性的自动化功能。

国际大电网会议 WC3403 工作组在研究变电站的数据流时，分析了变电站自动化需完成的功能大概有 63 种，归纳起来可分为以下几种功能：

①控制、监视功能。

②自动控制功能。

③测量表计功能。

④继电保护功能。

⑤与继电保护有关的功能。

⑥接口功能。

⑦系统功能。

第二节　电力系统远动

电力系统远动技术是实现电力系统自动化，特别是调度自动化的基础。随着通信技术、网络技术、计算机控制技术和微型计算机技术的发展，计算机监控系统在电厂、变电站得到广泛应用，远动技术已基本融入厂、站计算机监控系统，独立的远动装置已经越来越少。

一、信息采集与处理

1. 遥测量采集处理

反映系统运行状况实时需监测的变化量均属遥测信息，主要包括模拟量、数字量和脉冲量。模拟遥测量有发电厂、变电站的发电机组、调相机组、变压器、母线、输电与配电线路的有功功率、无功功率、母线的电压和频率以及大容量发电机组的功率角等。数字量是指某些模拟量已经由另外的设备转换成数字量的被测量，如经微机变送器处理的输入量，各种数字式仪表检测输出的数字量等。脉冲量包括总发电量和厂用电量、联络线交换电能量等电能脉冲，用于累计电能的度量。模拟量分为电量和非电量两种。电量指的是一次系统中母线电压、支路（输电线和变压器）电流、支路有功和无功等，非电量指的是发电机定子和转子的温度、水库的水位等。

2. 遥信量采集处理

遥信信息用来传送断路器、隔离开关的位置状态，传送继电保护、自动装置的动作状态，以及系统、设备等运行状态信号，如厂站端事故总信号，发电机组开、停状态信号以及远动终端、通道设备的运行和故障等信号。这些位置状态、动作状态和运行状态都只取两种状态量，如开关位置只取“合”或“分”，设备状态只取“运行”或“停止”。因此，可用一位二进制数即码字中的一个码元就可以传送一个遥信对象的状态。

（1）断路器状态信息

断路器状态信息即断路器的合闸、分闸位置状态决定了电力线路的接通和断开，断路器状态是电网调度自动化的重要遥信信息。断路器的位置信号通过其辅助触点引出，该触点与断路器的操动机构中的传动机构联动，当断路器动作时，辅助触点也做相同的动作，所以，辅助触点位置与断路器主触头位置一一对应，可以反映断路器状态。

（2）继电保护动作状态信息

采集继电保护动作的状态信息，就是采集继电器的触点状态信息，并记录动作时间，对调度员处理故障及事后的事故分析有很重要的意义。其同样利用继电器辅助触点引出信号。

（3）事故总信号信息

发电厂或变电站任一断路器发生事故跳闸，都将启动事故总信号。事故总信号用以区别正常操作与事故跳闸，对调度员监视系统运行十分重要。事故总信号的采集同样是触点位置的采集。

（4）其他信号信息

当变电站采用无人值班方式运行后，还要增加其他智能电器设备的状态信息，如直流电源设备、时钟同步系统等。

3. 遥调

遥调是一个连续作用的调节过程。由于电网的运行状态在随时变化，为了使电网运行达到预定的指标，就必须适时地下达调节命令，控制电网的运行状态。遥调量输出电路把微机系统输出的调节数字量信号转换成模拟量之后，经放大驱动对生产现场设备进行调节。在电网调度自动化系统中，除了模拟遥调外，还有数字遥调电路。数字遥调电路适用于一些数字调节装置。在数字遥调过程中，RTU 不必将遥调命令的调整码转换为模拟量，而是将数字量经过信号隔离、标度变换后直接送往调节装置。

4. 遥控

遥控输出通常以继电器触点方式提供。继电器一方面可起到信号隔离作用，另一方面可以直接接入控制回路，控制回路中信号的通断。为了提高抗干扰能力，开关量输出通道也经过一级光电隔离。

二、信息传输

数字信号的传输方式可以分为基带传输和频带传输两种。直接（或只经过简单的变换）传输基带数字信号的方式叫做基带传输；将基带信号的频谱搬移到信道的某个频带中进行传输的方式叫做频带传输。

要实现频带传输就要依靠调制，调制的功能是把输入的基带数字信号变换为适合于信道传输的频带信号。最常用、最基本的数字调制方式是以正弦波作为载波的数字调制，即用数字基带信号对高频载波的某一参量如幅度、频率和相位三者之一进行控制，使高频载波的幅度、频率或相位随数字基带信号的变化而变化，这个过程称为数字调制。由于数字基带信号可以控制高频载波的幅度、频率和相位，因此有三种基本形式的数字调制，即数字振幅调制、数字频率调制和数字相位调制。调制信号为二进制全占空矩形脉冲序列时，由于二进制全占空矩形脉冲序列只有“有电”和“无电”两种状态，能用电键产生，故称键控信号。因此上述的数字调幅、数字调频和数字调相，分别称为振幅键控（ASK）、频率键控（FSK）和相位键控（PSK），它们是最基本的数字调制方式。

三、电力系统远动通信规约

电力系统远动通信规约主要有两种，即循环式远动规约和问答式远动规约。

循环式远动规约是以厂站端 RTU 为主动端不断循环向调度中心上报现场数据的远动数据传输规约。在厂站端与调度中心的远动通信中，RTU 周而复始地按一定规则向调度中心传送各种遥测、遥信和数字量等信息。同时调度中心也可向 RTU 传送遥控、遥调和时钟对时等信息。此方式有以下特点：

①数据格式在发送端与接收端事先约定好，按时间顺序连续循环发送。

②允许多个从站和多个主站间数据传送，但必须采用全双工通道，且只能采用点对点方式连接。

③重要数据发送周期短，实时性强，一般数据发送周期长，主站对其响应慢。

④采用信息字校验方式，当某个字符出错时，只需丢弃相应的字，其他可以正常接收。

⑤数据传送以现场端为主，因此，若发生暂时性通信失败，当通信恢复时，未发出的数据仍有机会上报，而不至于造成显著危害。

⑥循环式较应答式规约容量大。

问答式远动规约是以调度中心为主的远动数据传输规约。RTU 在调度中心查询后才向调度中心发送信息，否则不发送。调度中心按一定规则向各个 RTU 发出各种询问报文，RTU 必须在规定的时间内应答，否则视为本次通信失败。其适用于点对点、多点对多点、多点共线或多点星形远动通信系统。通信通道可以是双工或半双工，信息传输为异步方式。此方式的优点如下：

①允许多台 RTU 以共线的方式共用一个通道，提高通道利用率。

②采用变化信息传送策略，大大压缩数据块长度，提高传送速度。

③通道适用性强，可采用半双工、一点多址等结构。

缺点表现如下：

①由于需要询问，因此主站对数据的采集速度较慢。

②由于采用变化信息传送方式，对信道的要求高，一次通信失败会影响后续信息。

③采用整帧校验，数据多，出错几率大，且若出错就丢失整帧，信息丢失量大。

④出错弃帧后需经重新询问 RTU 才重发出错信息。

第三节　电网调度自动化

电网调度自动化是一个总称，由于我国电网调度的基本原则是统一调度、分级管理、分层控制，各级调度的职责不同，因而与各级调度相对应的调度自动化系统的功能要求和配置也是不完全一样的。下面是各种功能的基本内容和含义。

一、数据采集和监控（SCADA）功能

数据采集和监控（SCADA）是调度自动化系统的基础功能，也是地区或县级调度自动化系统的主要功能。它主要包括以下内容：

①数据采集和交换。采集各厂站实时信息，与相关调度中心交换信息，包括模拟量、状态量、脉冲量、数字量等。

②信息的显示和记录。包括系统或厂站的动态主接线、实时的母线电压、发电机的有功和无功出力、线路的潮流、实时负荷曲线、历史曲线，以及负荷报表的打印记录、系统操作和事件顺序记录信息的打印等，并将信息以适合用户观看的方式进行显示。

③远方的控制与调整。包括断路器和有载调压变压器分接头的远方操作，发电机有功出力和无功出力的远方调节。

④数据处理及报警。对各类信息进行计算、统计、分析，根据预定义条件进行报警。

⑤历史数据保存和查询。对实时数据进行历史保存，支持历史数据查询。

⑥数据预处理。包括遥测量的合理性的检验、遥测量的数字滤波、遥信量的可信度检验等。

⑦事故追忆 PDR。对事故发生前后的运行情况进行记录，以便分析事故的原因。

⑧报表和打印。产生各种报表以及各种数据、图形、报表的打印。

二、自动发电控制（AGC）

自动发电控制功能是以 SCADA 功能为基础而实现的功能，一般写成 SCADA+AGC。自动发电控制是为了实现下列目标：

①对于独立运行的省网或大区统一电网，AGC 功能的目标是自动控制网内各发电机组的出力，以保持电网频率为额定值。

②对跨省的互联电网，各控制区域（相当于省网）AGC 功能的目标是既要承担互联电网的部分调频任务，以共同保持电网频率为额定值，又要保持其联络线交换功率为规定值，即采用联络线偏移控制的方式（在这种情况下，网调、省调都要承担 AGC 任务）。

AGC 系统的基本原理详见本章第四节。

三、自动电压控制（AVC）

AVC 系统宜采用集散控制的原理进行设计，以分布式控制为主，集中控制为辅，具体来说，主要由一个中心控制子系统和 3 类分散控制子系统以及相关的通信系统和数据传输网络组成。其中中心控制子系统为省调 AVC 系统，分散子系统包括地调 AVC 系统、变电站（主要为 500 kV 变电站）的自动电压控制系统和发电厂的自动电压控制系统。

省调 AVC 系统以网损最小为优化目标，通过对 220 kV 以上电网各节点电压和机组无功出力监控，经全网无功优化计算后得出各个子系统的优化控制目标，通信系统和网络设备负责将优化目标发到各个控制子系统。

各个控制子系统负责控制目标的实现，从而完成集中决策、多级协调、分层控制的过程。各级优化控制系统都是按照电网安全、优质、经济的调度原则进行设计的。

AVC 系统的基本原理详见本章第五节。

四、能量管理系统（EMS）

EMS 是现代电网调度自动化系统硬件和软件的总称，主要包括 SCADA、AGC、电网高级应用软件（PAS）、调度员模拟培训（DTS）等一系列功能。EMS 主要应用于省级及以上调度部门。

电网高级应用软件主要分为下面两类。

1. 能量管理类

利用电力系统的总体信息（频率、时差、发电功率、交换功率等）进行调度决策，主要目的在于改善运行的经济特性。该级别的应用软件正在逐渐被电力市场的各种交易软件所代替。传统的能量管理级应用软件正处在深刻的变革中，其主要包括：

①负荷预测（包括短期、中期和长期）。

②发电计划。

③机组组合。

④检修计划。

⑤燃料计划。

⑥水电计划。

⑦交换计划。

2. 网络分析类

网络分析类主要包括：

①网络建模：建立网络的分析模型。网络建模分为参数建模和结构建模两部分。参数建模就是将网络中各元件的物理参数按照一定的规则输入到网络数据库中（由平台提供）。结构建模就是将网络的连接关系输入到数据库中。通过网络建模，将电力系统从实际的物理系统变成可供分析的数学系统。

②网络拓扑：按照开关状态和网络元件状态动态地将网络节点模型转化成计算用的母线模型。网络拓扑是进行电力系统分析计算的基础。网络拓扑的结果能够有助于其他网络分析软件（如实时网络状态分析、调度员潮流等）形成正确的电力系统数学模型。

③实时网络状态分析：由 SCADA 系统量测数据确定实时网络结线分析（拓扑）及运行状态。功能包括实时网络拓扑、状态估计、不良数据检测与辨识、母线负荷预测模型的维护、变压器抽头估计、量测误差估计、网络状态监视和实时网损修正计算等。

④负荷预测：根据历史负荷数据，预测未来的系统负荷。负荷预测分为短期和超短期负荷预测。可以分区、分类型进行负荷预测。电力系统负荷预测模型为

$$L(t)=B(t)+W(t)+S(t)+V(t) \qquad (1-8-1)$$

式中，$L(t)$ 为 t 时刻的系统负荷，$B(t)$ 为 t 时刻的基本负荷，$W(t)$ 为 t 时刻的天气敏感负荷，$S(t)$ 为 t 时刻的特别事件负荷，$V(t)$ 为 t 时刻的随机负荷。

⑤调度员潮流：调度员潮流是在基本潮流算法的基础上加以扩展，通过提高潮流的收敛性和可操作性，从而达到能实时应用的产物。调度员潮流的数据源包括：读取实时运行方式（状态估计结果），读取由发电计划和负荷预测所组成的未来方式，读取以前保存的历史方式，还可以由用户（调度员）在单线图上设置假想运行方式。用户可以在单线图上控制和调整系统潮流，也可以由潮流提供的画面分析系统的潮流特性。

⑥静态安全分析：一个正常运行的电网常常存在着许多潜在危险因素，静态安全分析就是对电网的一组可能发生的事故进行假想的在线计算机分析，校核这些事故后电力系统稳态运行方式的安全性，从而判断当前的运行状态是否有足够的安全储备。当发现当前的运行方式安全储备不够时，就要修改运行方式，使系统在有足够安全储备的方式下运行。

⑦短路电流计算：计算假想方式下各种形态的短路电流，用于校核开关的遮断容量和调整继电保护定值。

⑧电压/无功优化：这是在状态估计的基础上，通过改变电网中可控的无功控制设备运行状态，在满足特定的约束条件下降低系统网损，或校正违界电压。容许用户灵活定义约束条件。优化结果既可以形成控制策略提供用户参考，也可以形成控制命令下发 SCADA 系统遥控形成闭环控制功能。

⑨最优潮流：包括经济调度和潮流两方面的功能，可以针对不同的约束采用不同的控制变量使不同的目标达到最小。最优潮流可以比较容易地处理潮流约束问题，因而可以替代安全约束调度，也可以用于电压无功优化。

五、调度员模拟培训（DTS）

调度员模拟培训系统的主要内容如下：

①使调度员熟悉本系统的运行特点，熟悉控制系统设备和电力系统应用软件的使用。

②培养调度员处理紧急事件的能力。

③试验和评价新的运行方法和控制方法。

第四节 自动发电控制（AGC）

当系统有基本的调速控制后，系统负荷的变化会导致一个静态频率偏差，这个偏差取决于调速器的下降特性和负荷的频率灵敏度。所有带调速器的发电机组对发电总变化量都有影响，这与负荷变化的位置无关。要把系统频率恢复到正常值，需要附加控制来调节负荷参考设定值（通过调速电动机），因此，控制原动机功率与系统负荷变化相匹配的基本方式是调整被选择的发电机组的负荷参考设定值。由于系统负荷是连续变化的，因此自动调整发电机输出是必需的。

自动发电控制（AGC）的基本目的是通过调整被选定的发电机的输出，使其频率恢复到指定的正常值，以及保证控制区域之间的功率交换为给定值。这个功能通常称为负荷-频率控制（LFC）。另外一个目的是在发电机组之间分配所需的发电量变化，以使运行费用最小。

一、孤立系统中的 AGC

在一个孤立系统中，维持交换功率不再是问题。因此，AGC 的功能是把频率恢复到给定的正常值。这是通过在调速器的负荷设定值上增加一个复归或积分控制来实现的（如图1-8-1所示），积分控制确保静态时频率误差为零。

辅助发电控制比调速控制慢得多。只有当原动机调速控制（所有机组都参与调节）已经稳定了系统频率之后，它才起作用。因此，AGC 调整所选定机组的负荷参考设定值，即是它们的输出功率，以便抵消电力系统复合频率调节特性的影响。这样一来，它使得所有其他机组即无 AGC 作用的发电出力恢复到计划安排值。

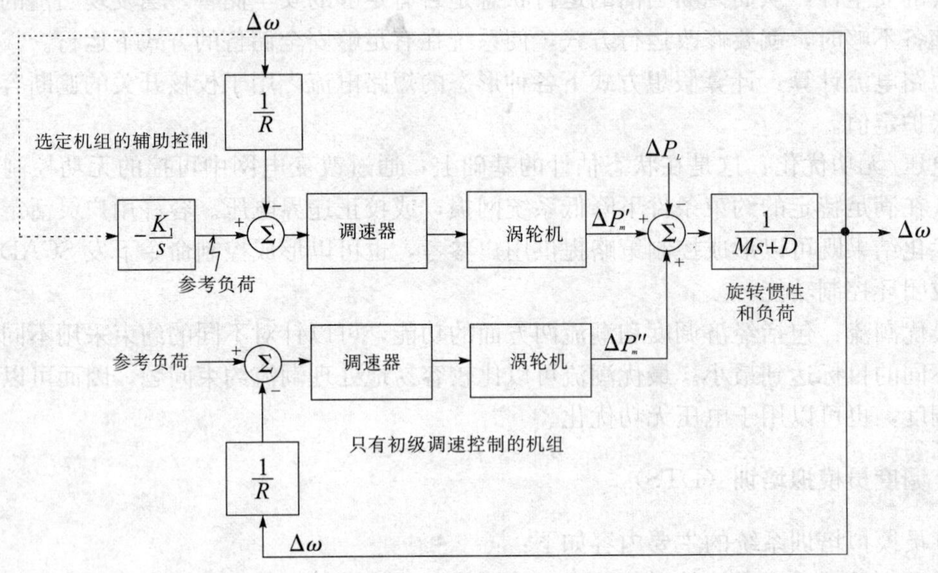

图 1－8－1　AGC 机组中加入积分控制

二、互联电力系统中的 AGC

为形成互联电力系统辅助控制的基础，首先来看仅有调速控制的行为。

图 1－8－2(a) 所示的是一互联系统。它包含通过一条电抗为 X_{tie} 的联络线连接的两个区域。对于负荷－频率研究，每个区域可用代表了它整体性能的一个等值机表示。这样一个复合模型是可以接受的，因为我们并不关心区域内的机间振荡。

图 1－8－2(b) 所示的是系统电气等级，其中每个区域由一个电压湖泊和从联络节点看进去的等值电抗所表示。区域 1 至 2 之间的联络线潮流为

$$P_{12}=\frac{E_1E_2}{X_T}(\delta_1-\delta_2) \tag{1-8-2}$$

把它在初始点线性化，用 $\delta_1=\delta_{10}$，$\delta_2=\delta_{20}$ 表示，即有

$$\Delta P=T\Delta\delta_{12} \tag{1-8-3}$$

式中，$\Delta\delta_{12}=\Delta\delta_1-\Delta\delta_2$，$T$ 是同步力矩系数，即

$$T=\frac{E_1E_2}{X_T}\cos(\delta_{10}-\delta_{20}) \tag{1-8-4}$$

在图 1－8－2(c) 所示的系统框图中，每个区域均用一个等值惯性数 M、负荷阻尼常数 D、汽轮机以及带有效速度下降 R 的调速系统表示。联络线是用同步力矩系数 T 表示。正的 ΔP_{12} 表示从区域 1 到区域 2 的功率传输的增加量。这实际上是等效于增加区域 1 的负荷和减小区域 2 的负荷。因此，ΔP_{12} 的反馈对于区域 1 有负的符号而对区域 2 有正的符号。

两个区域有同样的静态频率偏差（$f-f_0$）。对于总的负荷变化 ΔP_L，有

$$\Delta f=\Delta\omega_1=\Delta\omega_2=\frac{-\Delta P_L}{(1/R_1+1/R_2)+(D_1+D_2)} \tag{1-8-5}$$

考虑到在区域 1 增加负荷 ΔP_{L1} 后的静态值，对于区域 1，有

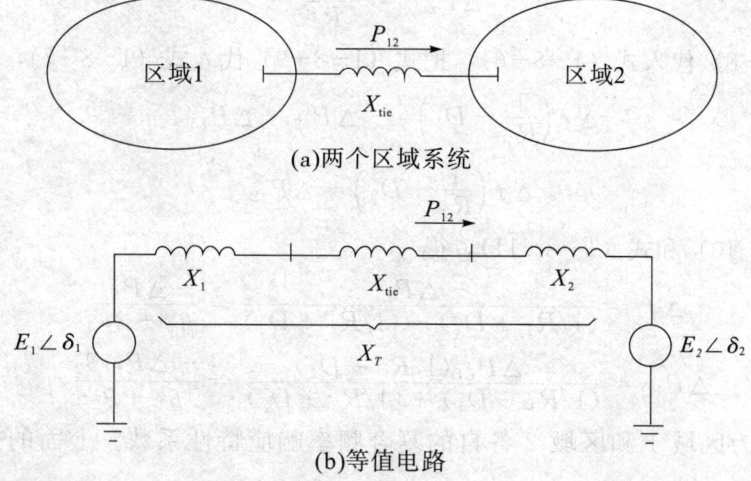

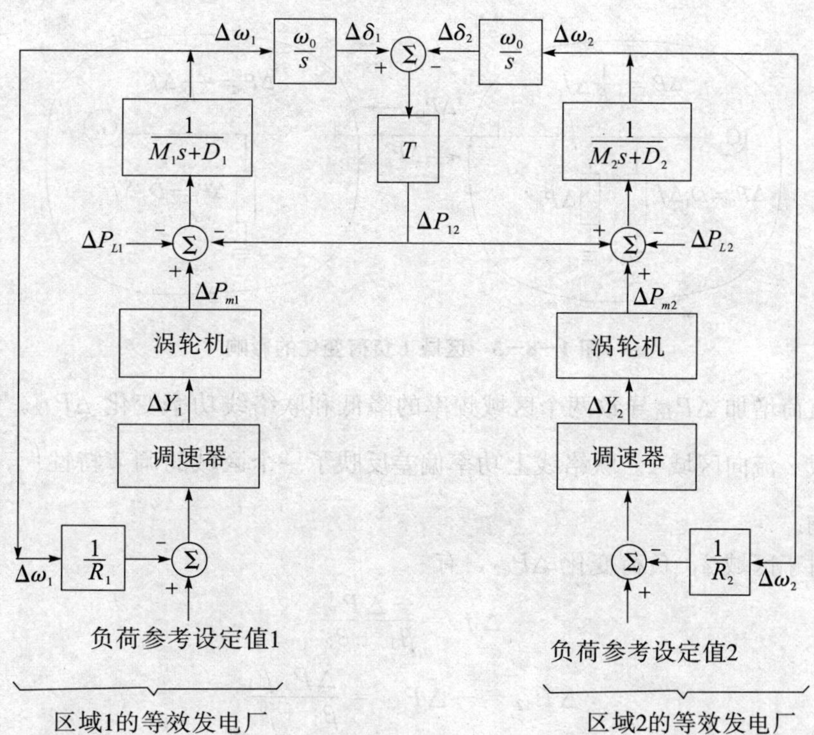

(c)框图

图 1-8-2　仅有调速控制的两个区域系统

$$\Delta P_{m1} - \Delta P_{12} - \delta P_{L1} = \Delta f D_1 \tag{1-8-6}$$

而对于区域 2，有

$$\Delta P_{m2} + \Delta P_{12} = \Delta f D_2 \tag{1-8-7}$$

机械功率的变化取决于调节。因此，有

$$\Delta P_{m1} = -\frac{\Delta f}{R_1} \tag{1-8-8}$$

$$\Delta P_{m2} = -\frac{\Delta f}{R_2} \tag{1-8-9}$$

把式（1-8-8）代入式（1-8-6），把式（1-8-9）代入式（1-8-7），得

$$\Delta f\left(\frac{1}{R_1}+D_1\right) = -\Delta P_{12} - \Delta P_{L1} \tag{1-8-10}$$

$$\Delta f\left(\frac{1}{R_2}+D_2\right) = \Delta P_{12} \tag{1-8-11}$$

解式（1-8-10）和式（1-8-11），得

$$\Delta f = \frac{-\Delta P_{L1}}{(1/R_1+D_1)+(1/R_2+D_2)} = \frac{-\Delta P_{L1}}{\beta_1+\beta_2} \tag{1-8-12}$$

$$\Delta P_{12} = \frac{-\Delta P_{L1}(1/R_2+D_2)}{(1/R_1+D_1)+(1/R_2+D_2)} = \frac{-\Delta P_{L1}\beta_2}{\beta_1+\beta_2} \tag{1-8-13}$$

式中，β_1 和 β_2 为区域 1 和区域 2 各自的复合频率响应特性系数。上面的关系式可用图 1-8-3 表示。

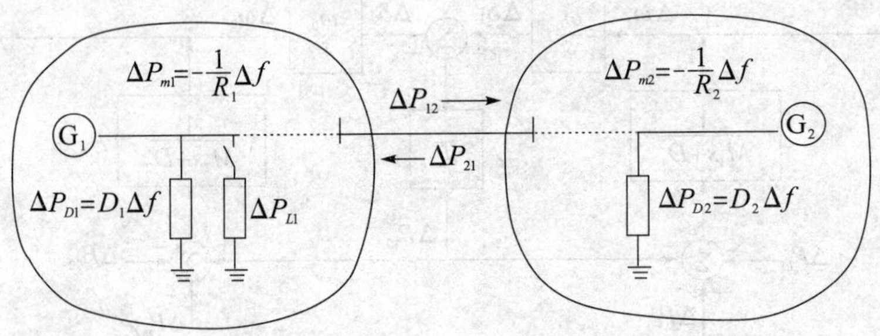

图 1-8-3　区域 1 负荷变化的影响

区域 1 负荷增加 ΔP_{L1} 导致两个区域频率的降低和联络线功率变化 ΔP_{12}。负的 ΔP_{12} 标明功率从区域 2 流向区域 1。联络线上功率偏差反映了一个区域的调节特性 $\left(\frac{1}{R}+D\right)$ 对另一个区域的影响。

同样，对于区域 2，负荷变化 ΔP_{12}，有

$$\Delta f = \frac{-\Delta P_{12}}{\beta_1+\beta_2} \tag{1-8-14}$$

$$\Delta P_{12} = -\Delta P_{21} = \frac{\Delta P_{12}\beta_1}{\beta_1+\beta_2} \tag{1-8-15}$$

第五节　自动电压控制（AVC）

一、概　述

国内对于系统范围无功电压自动控制的研究已处于快速发展阶段，研究方向主要集中在无功电压优化控制算法、优化闭环控制、仿真分析和无功电压管理等方面。

较早以前，国内大部分在线运行的无功电压控制装置，基本都是以就地无功电压控制为目标，其控制原理以九区图为基础，仅保证就地无功电压控制在上下限范围内，可能会对主

网的无功分布、电压水平产生不利影响。另外，这些装置也不具备网络联调功能，不能实现全网无功电压的优化控制。

目前，福建、河南、江苏、安徽、辽宁和河北等省网都已实现无功电压的优化控制，每个系统都有其优缺点，例如普遍存在动态分区结果不实用、三级控制鲁棒性不高等问题，这些都是以后 AVC 研究中亟待解决的问题。即使这样，各省网 AVC 系统实践表明，AVC 系统的推广应用确实有助于提高系统的电压质量及安全稳定运行水平，并降低网损，同时可减轻运行人员频繁调整无功的工作量。

二、AVC 的构成

考虑到电网 500 kV/220 kV 系统无功电压管理的现状，从运行安全性与经济性着眼，需要实现分层与分区控制，AVC 系统宜采用集散控制的原理进行设计，以分布式控制为主，集中控制为辅，具体来说，主要由一个中心控制子系统和 3 类分散控制子系统组成，以及相关的通信系统和数据传输网络。其中中心控制子系统为省调 AVC 系统，分散子系统包括地调 AVC 系统、变电站（主要为 500 kV 变电站）的自动电压控制系统和发电厂的自动电压控制系统。省调 AVC 系统以网损最小为优化目标，通过对 220 kV 以上电网各节点电压和机组无功出力监控，经全网无功优化计算后得出各个子系统的优化控制目标，通信系统和网络设备负责将优化目标发到各个控制子系统，各个控制子系统负责控制目标的实现，从而完成集中决策、多级协调、分层控制的过程。各级优化控制系统都是按照电网安全、优质、经济的调度原则进行设计的。

系统由省调 AVC 主站系统和分布于各个地区、发电厂、500 kV 变电站的协调控制子系统组成，主站系统和子系统之间通过高速电力数据网络通信。如图 1−8−4 所示。

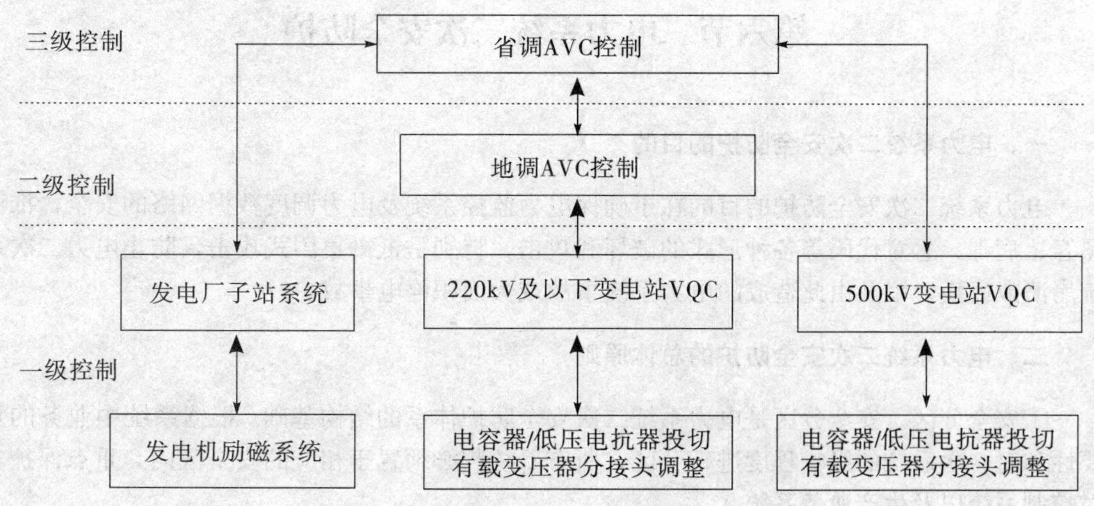

图 1−8−4　220 kV 以上电网 AVC 设计框架

参照国内外实际运行 AVC 系统的成熟经验，省级电网 AVC 系统控制原理基本参照法国、意大利的电压控制模式，以地理位置或行政划分为初始值对电网进行动态分区，划分为几个控制区，通过控制区内枢纽厂站母线电压，使区内所有厂站电压满足运行要求，区内机组无功出力满足稳定要求，机组之间无功协调合理，区内无功储备满足安全要求，区与区之间无功交换尽量最小，达到降低网损的目标。AVC 系统主要控制环节应包括以下几个部分：

①由省调或地调 EMS/SCADA 系统从电网获得实时信息并转换为 E 数据。

②电压预防控制软件判断稳定裕度是否充足，若不充足，则调用预防控制模块进行调整；若充足，则进入优化控制模块。

③二级电压控制模块根据电网实时信息进行周期性计算，周期约 5 min，进行一次校正控制，无功优化模块的计算周期为 15 min，先调用二级电压控制模块（为算法提供一个好的初值，不进行控制），再以降低网损为目标进行优化控制。

④发电厂和 500 kV 变电站的 AVC 控制点目标电压由省调 EMS/SCADA 系统直接下发到就地 VQC 装置，220 kV 变电站的 AVC 控制点目标电压由省调 EMS/SCADA 系统传送到地调 AVC 系统，地调 AVC 软件计算得出方案，下发指令到就地 VQC 装置。

⑤发电厂子站系统根据下达的目标电压，依据设定的分配原则自动设定各机组的机端目标电压或无功值，由机组 DCS 系统或 AVR 装置自动完成电压的调整。

⑥变电站 VQC 装置根据下达的目标电压，自动控制变压器分接头的档位或低压电容器/电抗器的投退，或接受上级指令，按指令对设备进行控制。

三、AVC 的关键技术和难点

AVC 系统的关键技术和难点包括实时数据的准确性、安全监视指标的计算、实时无功电压优化方法、动态电压分区、中枢节点的选择、控制策略的协调（由省网级完成，包括时间上的协调）、区域内控制策略的优化、静态电压预防控制，以及模态分析、基于连续潮流的负荷裕度指标计算方法、故障筛选和排序方法等。其中最关键的技术为实时无功优化方法和静态电压控制。

第六节　电力系统二次安全防护

一、电力系统二次安全防护的目的

电力系统二次安全防护的目的在于确保电力监控系统及电力调度数据网络的安全，抵御黑客、病毒、恶意代码等各种形式的破坏和攻击，特别是抵御集团式攻击，防止电力二次系统崩溃或瘫痪，以及由此造成的电力系统事故或大面积停电事故。

二、电力系统二次安全防护的总体原则

①安全分区。安全分区是电力系统二次安全防护体系的结构基础。根据系统中业务的重要性和对一次系统的影响程度进行分区，所有系统都必须置于相应的安全区内，重点保护实时控制系统以及生产业务系统。

②网络专用。电力调度数据网络是为生产控制大区服务的专用数据网络，承载电力实时控制、在线生产等业务。应当在专用通道上使用独立的网络设备组网，在物理层面上实现与电力企业其他数据网及外部公共信息网的安全隔离。

③横向隔离。横向隔离是电力二次系统安全防护体系的横向防线。在生产控制大区与管理信息大区之间必须设置专用横向单向安全隔离装置。

④纵向认证。纵向认证是电力二次系统安全防护体系的纵向防线。采用认证、加密、访

问控制等技术措施实现数据的远方安全传输。

三、电力二次系统的安全区划分

根据电力二次系统的特点、目前状况和安全要求，整个二次系统原则上划分为生产控制大区和管理信息大区。生产控制大区又分为控制区和非控制区。

①控制区（安全区Ⅰ）为安全保护的重点与核心。凡是具有实时监控功能的系统或其他系统中的监控功能部分均属于安全区Ⅰ。如调度自动化系统、广域测量系统、配电自动化系统、变电站自动化系统、发电厂自动监控系统或火电厂的管理信息系统（SIS）中的 AGC 功能等。

②非控制生产区（安全区Ⅱ）。原则上不具备控制功能的生产业务和批发交易业务系统，或者系统中不进行控制的部分均属于安全区Ⅱ。如水调自动化系统、电能量计量系统、发电侧电力市场交易系统等。其面向的使用者为制定运行方式、运行计划的工作人员及发电侧电力市场的交易员等。

③管理信息大区（安全区Ⅲ、Ⅳ）。该区的系统为生产控制大区以外的电力企业管理业务系统，如雷电监测系统、气象信息接入、公共管理信息系统、客户服务以及各种调度生产管理应用等。

第七节 四川省调现有主要调度自动化系统介绍

一、能量管理系统（EMS）

四川省调 EMS 系统为 2004 年 5 月投运的加拿大 SNC 公司生产的 EMS 系统。系统实现了 SCADA、自动发电控制（AGC）、状态估计、负荷预测、调度员潮流、静态安全分析、DTS 等基本功能。该系统采用基于 Alpha 服务器/工作站为主的硬件平台，主要采用了 DS20 服务器和 DS10 工作站，支持的通信协议有 SC1801、IEC61870－5－101/104、CDT、DL476－92、TASE. Ⅱ等。系统设计容量为 160 路前置端口，300 个厂站。随着电网规模的飞速增长，系统于 2006 年至 2007 年进行了前置子系统扩容，前置端口扩充到 288 路，厂站数量扩充到 600 个，对人机工作站节点也进行了扩充。

现有的 EMS 系统在调度运行中发挥了重大作用。调度监视（系统潮流、电压、联络线指标、设备状态等）功能使调度员能实时掌握全系统状态，AGC 控制功能减轻了调度员的发电调整负担，调度员潮流功能为调度员提供了系统故障或操作的分析手段，DTS 功能为调度员提供了接近真实情况的事故模拟平台。

二、WAMS 系统

WAMS 系统采用四方公司产品，由历史数据服务器、前置服务器、高级应用服务器和方式、调度以及自动化工作站组成。该系统实现了对电压、电流、有无功和功角等电网运行数据的高频率采集，正常情况下，主站的数据采集频率为 50 Hz，最高可以达到 4800 Hz。通过对采集数据的分析处理，实现了低频振荡在线监测、小干扰统计、机组调节性能监视等功能。目前，已接入 23 个厂站。

三、OMS 系统

四川 OMS 是建立在高速计算机网络和灵活应用系统平台基础之上的集调度生产、专业管理、调度事务处理、电网运行分析和日常管理为一体的综合信息系统。它接收、存储、处理来自电网调度机构内各应用系统及其他部门的相关应用系统的各种信息和上下级调度单位的调度生产管理信息，满足四川省电力公司调度管理人员对电网生产运行工况的各种查询，并可为电力调度中心进行专业管理和办公事务处理提供全方位的、统一的信息服务。

四川电网调度生产管理系统 OMS 是规范四川电网调度运行管理的重要技术平台，其业务包括调度、方式、保护、通信、自动化、生产统计等专业，涉及的调度对象包括各电业局地调、变电站、发电厂。

系统于 2007 年开始设计，2009 年 6 月验收，采用南瑞 PI3000 系统。四川电网调度生产管理系统按照省地一体化的方式，实现了省调与 3 个试点地调调度业务的规范和统一流转。

四、AVC 系统

电力系统电压和无功功率控制可以有效改善供电质量，满足用户无功功率需求，提高系统电压稳定，同时也是减少线损、提高电网运行经济性的有效措施。

四川电网自动电压控制系统（AVC）是通过省调下发的无功/电压调节命令来调节电厂发电机无功出力、变电站的电容、电抗器等无功补偿设备的投切，以满足电网的无功功率需求，维持系统电压在合理范围内。

五、调度数据专网

四川电力调度数据网络于 2005 年开始建设。目前已覆盖四川省调、各地调/县调、各直调电厂、变电站。

四川电力调度数据网承载 EMS 系统、安全自动控制系统、电网动态稳定监控系统（WAMS）、电能量计量系统（TMR）、水调自动化系统、发用电管理系统、保护故障信息系统、节能调度技术支持系统等。省调、各地调、变电站、发电厂通过调度数据网与南充备调进行实时数据交互。

六、TMR 系统

四川电网现有电能量计量主站系统采用的是广州科立通用电气公司生产的系统，系统于 2005 年开始建设，2006 年年底正式投运。主站系统采用冗余的高速双以太网结构，具备数据采集、数据检查及处理、数据存储、系统状态监视、事件告警及记录，以及电量计量管理、汇总分析、报表统计、网页发布、数据转发、计量业务维护等主要功能。同时可实现与考核结算系统和信息发布系统等电力市场技术支持系统、上下级电能量系统、四川电网调度自动化综合监控系统等的接口。

现有主站系统接入的厂站系统所采用的电能量采集装置型号共有三种，分别是科立公司的 EAC4000 装置和 EAC5000 装置，源博公司的 210 装置。电能表主要采用的是澳大利亚红相表，型号是 MK3 电能表。主站与电能量采集装置的通信采用拨号方式和网络方式，通信协议采用《四川省电力公司电能量采集装置（试行）规约》和 IEC61870－5－102 协议。数据采集方式包括周期采集、人工召唤采集、自动数据补抄及重抄。

系统现接入173个厂站的559块电表，通过电能量远方终端装置，分别采用网络接入、MODEM通信或者无线公网（GPRS）方式接入主站系统。系统采用基于IBM服务器的硬件平台，主要采用IBM P550服务器、DS4300磁盘阵列、HP DL580服务器和HP PC工作站。

七、水调自动化系统

四川电网水调自动化中心站系统为南瑞公司生产的WDS 9002系统，于2002年开始建设，2004年7月投入运行。系统采用ALPHA服务器平台，该系统目前已接入二滩、宝珠寺、龚嘴（含铜街子）、映秀湾（含渔子溪、耿达）、天龙湖、福堂、紫坪铺等20个分中心，实现对4大流域，45个电站的水文站、雨量站的信息采集和电站运行工况的实时监测与控制，同时与四川电网EMS系统、华中网调水调自动化系统实现了数据交换。

水调自动化系统可对四川省主要水电站的实时水情进行监视，同时根据水情日报等报表数据分析可对调度工作中的水电出力调节提供一定的指导。

八、在线安全稳定预警与控制决策系统

四川省调在线安全稳定预警与控制决策系统于2004年开始建设，由国网电科院稳控所承建。系统采用并行计算平台，一期实现了基于暂态功角和暂态电压的安全稳定分析、极限功率搜索、预防控制的优化决策等在线计算和离线调度预案评估，2007年底一期系统完成验收。

目前在线预决策系统为调度运行工作提供了在线分析计算工具，对制定在线辅助决策具有重要的指导作用。

九、调度计划管理系统

四川电网在1998年开始模拟电力市场运行，并建设了电力市场支持平台。至2003年，电力市场试点停止。电力市场技术支持平台经过5年建设，功能日趋完善，电力市场停止后，计划下达、信息发布等功能模块继续运行，并持续升级和维护。2007年，应节能发电调度在四川试点的要求，按国网公司统一部署，四川自主建设节能发电调度核心模块和基本功能，在原电力市场平台的基础上，进行软硬件升级，初步具备了含母线负荷预测、机组排序组合、调度计划编制、安全校核和信息发布等基本模块，节能发电调度的其他高级应用功能模块没有再继续开发。该系统与EMS系统接口，同时通过信息发布子系统与各电厂、上/下级调度机构交换数据。该系统基于IBM服务器平台，系统研发厂商为启明星科技，已投入运行。

十、安控集中管理系统

四川省调现有一套安控管理系统，实现了近20台安控装置的定值/策略表召唤、状态监视、历史动作查询、离线装置策略配置功能。系统由国网电科院开发，投运于2005年。

十一、四川电网实时运行可视化分析预警系统

可视化分析预警系统与四川大学联合开发，于2005年投运，经过不断完善，于2008年

通过验收。系统实现了实时数据二维图像和动态旋转三维图像表达、灵敏度三维排序显示、线路断面任意组合预警表示、历史数据的可视化快速重演、实时状态下电网运行的指标体系和电网静态脆弱性指标及其虚拟仪表表达、关键线路低频振荡模式动态阀值可视化监视、电网的 N－1 故障预警评估及其可视化、超短期负荷预测态势分析及其可视化、电网水库及发电能力最大化智能调度及其可视化、可视化图形的 Web 发布等功能。

调度员目前主要使用可视化系统中的断面及联络线指标预警功能，断面潮流和电压越限统计，潮流图及地理接线图显示、有功、无功备用容量三维显示等功能。

十二、雷电定位监测系统

四川电网雷电定位监测系统于 2004 年 6 月建成并投入运行，该系统由雷电探测站、中心站、用户工作站、雷电信息网络系统和通信系统五部分组成。目前，四川电网雷电定位监测系统共设置 16 个雷电探测站和 1 个雷电中心站。在现有线路数据的情况下，通过浏览器进行雷电信息的查询、雷击故障分析、实时雷电显示、雷击统计等功能运行正常。

调度运行工作中对雷电定位监测系统应用较多，用于雷雨季节时掌握全川雷电分布，以便有针对性地加强对相关重要线路和设备的监控。另外，线路跳闸后，可利用雷电定位监测系统的记录进行相应的分析。雷电定位监测系统中的雷电参数统计功能也较实用，可进行雷电历史数据统计。

十三、调度自动化综合监控系统

四川电网调度自动化综合监控系统于 2005 年投运，是与东软公司联合开发的，实现了各自动化系统报警信息的集中监视，对各系统运行工况、关键数据质量、服务工况、运行环境、网络状况等进行监视与告警。近几年根据用户需求对系统不断进行完善，在运行值班中发挥了较大作用。

第九章　电厂常用的安全自动装置

为提高电网的安全稳定运行水平，电厂也应按三道防线的要求，配置安全自动装置。电厂常用的安全自动装置主要有稳定控制装置、远方切机装置、高频高压切机装置、低频低压解列装置、失步解列装置等。此外，低频功率振荡解列装置和水轮机组低频自启动装置在电厂也有应用。

第一节　电厂送出稳定控制装置

一、分类

稳定控制装置为电网第二、第三道防线的重要设备，主要功能是解决系统受到大扰动后的稳定问题。对于装设在发电厂的稳控装置来说，其主要功能有线路跳闸联切机组和暂态稳定控制（防止出线故障跳闸后机组与电网失稳）、大机小网的机组跳闸（或失磁）联切负荷、电厂出线过载控制等。

①线路跳闸联切机组暂态稳定控制，是防止电厂送出断面在各种运行方式失稳的一个重要的控制措施。根据电厂出线的运行方式和送出线路的故障情况、故障前断面送出潮流大小，按照故障后送出断面能够承受的最大送出潮流（或稳定极限）进行切机控制，防止送出断面超稳定极限和机组失稳。

②大机小网的机组跳闸（或失磁）联切负荷。对于这种特定的网络结构，如海南电网和西藏电网，在网内大机组跳闸或失磁后，电网失去一个大电源，而此时电网的负荷没有发生大的变化，为了维持电网功率的平衡，必须及时地切除一定数量的负荷才能保证系统稳定，抑止电网频率和电压的快速下降。

③电厂出线过载控制，对于电厂送出线过载，一般可根据出线过载量的大小，采取切除部分机组（或压出力）的措施，来防止出现过载；对于线路过载量不大的情况，可以采取压机组出力的办法来控制线路过载；对于线路过载量较大的情况，由于线路承受过载的时间有限，而调整机组出力的时间相对较长（一般为分钟级），此时优先采取切机组来防止线路过载。

二、功能要求

电厂稳定控制装置功能的实现涉及几个关键要素，即运行方式的识别、故障的判别、故障前的机组的运行状态、送出断面的潮流等，其实现过程如图 1-9-1 所示。

运行方式的识别可以结合人工设置的压板与装置自动判别主要相关元件的投停状态来确

定。装置优先采用人工设置运行方式，在人工设置未给出确定的运行方式指令时，安控装置可根据测量的电气量、开关量自动判断线路和机组的投停状态，自动判别系统的运行方式。一旦系统运行方式发生改变，安控装置能立即识别新的运行方式。

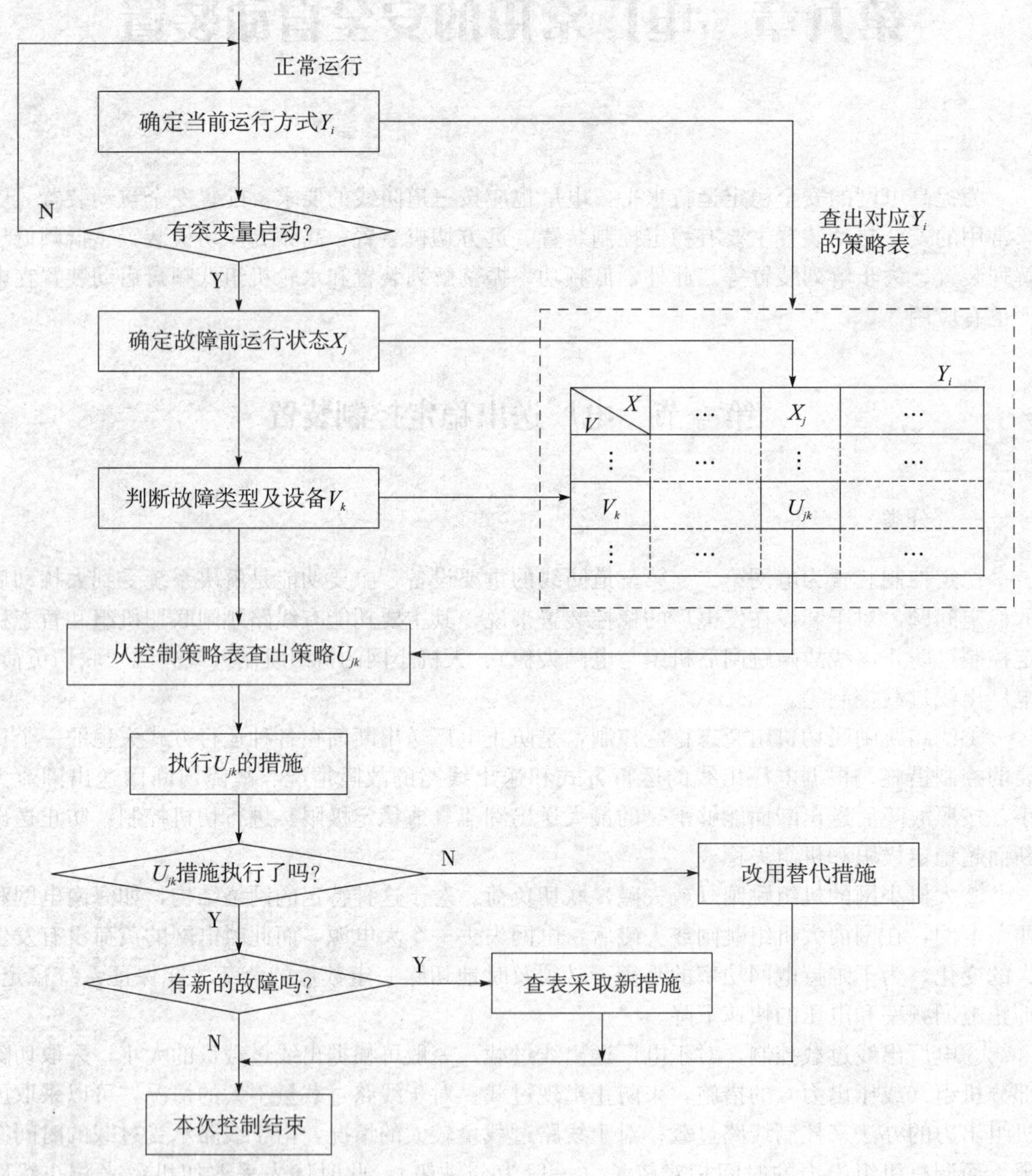

图 1-9-1　稳定控制装置的功能

稳定控制装置应能够根据需要，并结合模拟量和开入量的变化情况，判断元件的不同类型的故障，一般包括线路的单相瞬时接地故障、单相永久接地故障、相间故障、单相转相间故障和无故障跳闸、机组的故障跳闸和失磁等。

故障前运行状态的提取应确保提取的是系统在故障前的运行数据，避免将故障过程中的数据误认为是故障前数据。

装置的控制措施可以是就地切机或切除远方负荷。如果要切除远方负荷，必须由配置于不同厂站的安全自动装置通过通信通道组成一个区域稳定控制系统，切除远方负荷的命令可以通过通道传送到对应的安全自动装置，并由该装置动作出口来实现切除负荷的目的。

三、元件投/停运行状态判别

对于电厂的发电机组和出线，一般采用有功功率值和电流值来判断其投/停状态。

①投运状态：$P > P_T$或$I > I_{ty}$（P_T为投运功率门槛值，I_{ty}为投运电流门槛值）。

②停运状态：$P < P_T$，且$I < I_{ty}$（P_T为投运功率门槛值，I_{ty}为投运电流门槛值）。

四、故障判据

1. 借助保护跳闸接点判断线路故障

装置启动后，根据接入的分相跳闸信号及三相电压与三相电流量的变化，能正确区分出各种故障形态。

(1) 单相瞬时接地故障

①突变量启动。

②至少有一相电流增加。

③至少有一相电压降低。

④有一相跳闸信号，并在一定时间内查不到其他相跳闸信号。

满足以上条件，则判为单相瞬时故障。

(2) 单相永久性故障

①突变量启动。

②至少有一相电流增加。

③至少有一相电压降低。

④有两相跳闸信号。

⑤两相跳闸信号之间的时间差大于重合闸时间。

满足以上条件，则判为单相永久性故障。

(3) 单相转相间故障

在判出单瞬故障后，接着在小于重合闸周期的时间内又出现三相跳闸信号，则判为单相转相间故障。

(4) 两相短路故障

①突变量启动。

②至少有两相电流增加。

③至少有两相电压降低。

④有两相跳闸信号。

⑤两相跳闸信号之间的时间差小于重合闸时间。

满足以上条件，则判为两相短路故障。

(5) 三相短路故障

装置启动后同时出现三相跳闸信号或三相断路器位置接点变化，且三相电压均突然降低、电流突然增加。

2. 不借助保护跳闸接点判断线路故障

判断故障的前提条件是必须等开关完全跳开。

(1) 短路故障跳闸

①突变量启动。

②$P_{-0.2s} \geqslant P_{s1}$（事故前 0.2 s 时的功率大于等于功率定值 P_{s1}）。

③$P_t < P_{s2}$（事故后功率小于功率定值 P_{s2}）。

④至少有一相电流增加。

⑤至少有一相电压降低。

⑥有两相电流满足 $I < I_{s1}$（I_{s1}为线路投运电流定值）。

⑦断路器位置接点变位。

满足以上条件，则判为短路故障跳闸。

(2) 传统的线路无故障跳闸和机组跳闸的判断

①突变量启动。

②$P_{-0.2s} \geqslant P_{s1}$（事故前 0.2 s 时的功率大于等于功率定值 P_{s1}）。

③$P_t < P_{s2}$（事故后功率小于功率定值 P_{s2}）。

④有两相电流满足 $I < I_{s1}$（I_{s1}为线路投运电流定值）。

⑤$|\Delta I| = |I - I_{-0.02s}| > \Delta I_s$（电流有效值在 20 ms 前后之差大于定值 ΔI_s）。

⑥经延时确认。

同时满足以上条件，则判为无故障跳闸。

(3) 机组失磁判据

①突变量启动。

②机组严重进相运行（$-Q_t \geqslant Q_{s1}$）。

③电压降低。

④经延时确认。

同时满足以上条件，则判为机组失磁。

五、过载判断

①可使用电流或功率判断过载，电流和功率可以采取“或”的关系，也可以采取“与”的关系。

②设置独立判断的过载告警、过载启动和过载动作轮，延时起点均为达到相应的过载电流或过载功率值时开始。采用电流判断时，过载告警只取一相电流即可，启动和动作采用三取二判断。

③过载各动作轮次同时独立判断，没有先后关系，但分别要与过载启动组成“与”逻辑才能动作出口。基本框图如图 1-9-2 所示。

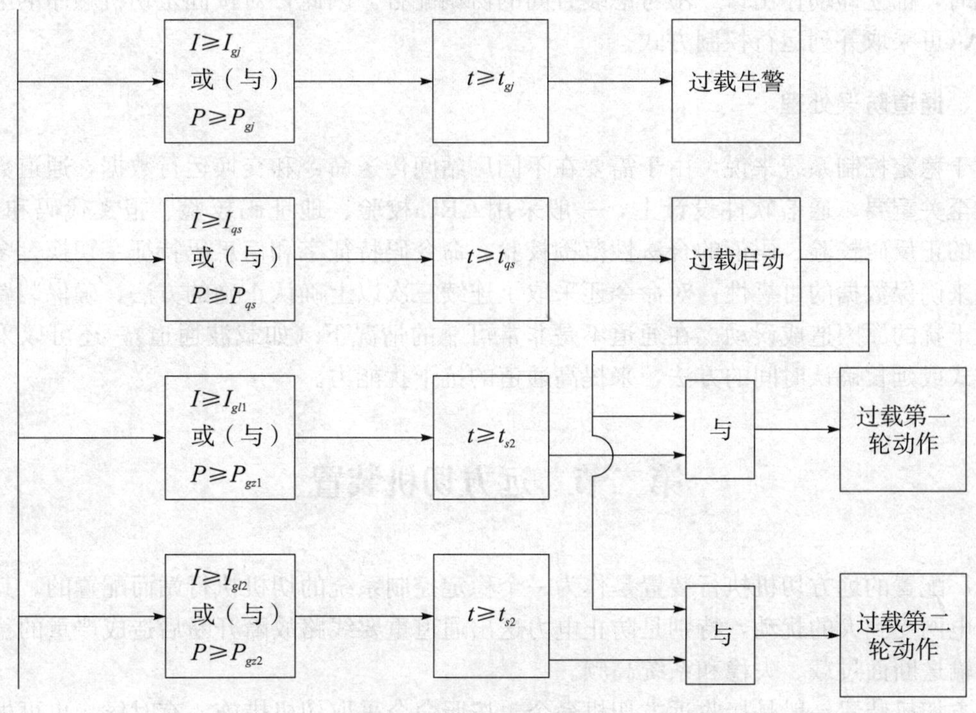

图 1－9－2　过载判据

六、控制措施

电厂侧可用的控制措施包括切除发电机、快关汽轮机的气门、水轮机快速降低和升高输出功率、发电机励磁紧急控制、动态电阻制动等。其中，最广泛采用的还是切除发电机。

切机的办法一般有按台数切机和按容量切机。

按台数切机一般应用于机组参数相同、运行时出力比较平均的条件下。

按容量切机有更好的适应性，也更符合稳定控制的出发点。但必须考虑到，如果机组台数较多，则按容量精确排队往往受到装置计算能力的限制，一般用于不大于 8 台机组的精确排序。

七、电厂稳定控制装置的配置

电厂配置的稳定控制装置一般是两套，即通常所说的双机配置。双机配置能够提高系统的可靠性，在一套装置出现异常情况退出检修期间，另一套正常的装置可以承担起所有的稳定控制任务。但是，也应当看到，如果在装置动作切机时，两套装置选择的待切机组不一致，那么，就可能造成机组过切。因此，电厂侧的稳定控制装置往往运行于主辅运方式。

所谓的主辅运方式，是指一套装置为主运装置，另一套装置为辅运装置，当系统发生故障，按策略需要切机时，主运装置立即动作出口，发出切机命令，同时输出一个信号闭锁辅运装置，辅运装置在收到主运装置的切机信号后，闭锁本装置的出口，确保只有主运装置动作，避免过切机组。如果主运装置没有动作，辅运装置在延时一段时间后（一般 35 ms～55 ms，缺省是 35 ms），立即动作出口，同时闭锁主运。

主辅运方式不同于并列运行方式。并列运行方式是指两套装置地位完全等同，在需要动作切机时，都立即动作出口，不考虑装置间的协调配合。因此，对按固定切机顺序的电厂稳控装置，可采取并列运行控制方式。

八、通道防误处理

对于稳定控制系统来说，由于需要在不同厂站间传送命令和交换运行数据，通道数据的可靠性至关重要。通信软件设计上，一般采用 CRC 校验、地址码校验、报文代码和校验、命令码的正反码校验、码值的合法性范围校验、命令码特征字和信息码特征字切换等多重校验方式来确保数据的可靠性；对命令还采取了连续三次以上确认正确的方法，确保装置不因为通道干扰的原因造成误动。在通道不是非常可靠的情况下（如载波通道），还可以采取二取二方式或延长确认时间的方法，来提高通道的抗干扰能力。

第二节　远方切机装置

电厂配置的远方切机执行装置是作为一个稳定控制系统的切机执行站而配置的。其作用是防止电网受到大的扰动，特别是防止电力送出通道重要线路故障开断后造成严重的稳定问题，如输送断面过载、失稳和系统高频。

远方切机装置一般是接收远方切机命令，按照命令采取切机措施，有时候，也可根据具体情况结合电厂就地判据来提高系统的可靠性。

第三节　高频高压切机装置

高频高压切机作为第三道防线的重要组成部分，一方面可以切实地解决频率和电网的异常升高问题，另一方面也作为第二道防线的补充和后备。

高频高压切机装置是依据装置采集的频率和电压，根据频率、电压的当前值、变化的速率和方向，以及整定的延时，综合采取切机措施。需要注意的是，必须考虑到电网不同电厂之间的频率和延时配合，防止出现过切。一般将不同电厂的整定值整定于不同轮次，以实现分轮切除。

此外，定值还需要考虑到，高频高压切机的目的是解决系统的频率和电压的越限异常问题，而不是机组保护，应处理好高频切机和机组超速保护（OPC）的配合关系。在安排可切机组时，必须确保切除量合适，避免发生过切机组又造成系统低频的不利情况。高频切机判据如下，高压切机判据类似：

$f \geqslant f_{qds}$（启动定值）　$t \geqslant t_{qds}$（启动延时定值）　高频起动

$f \geqslant F_{H1}$　$t \geqslant T_{FH1}$　高频第 1 轮动作

$f \geqslant F_{H2}$　$t \geqslant T_{FH2}$　高频第 2 轮动作

$f \geqslant F_{H3}$　$t \geqslant T_{FH3}$　高频第 3 轮动作

第四节　低频低压解列装置

在电厂，当系统出现低频时，为了防止机组出现低频共振现象，保护机组，应设置低频低压解列装置。对于一些出力比较小的电源，在有些情况下，也要配置低频低压解列装置，主要目的是防止地区主供线路跳开后，备自投装置动作，因地区小电源频率降低较快，而造成非同期合闸。因此，存在类似现场的地区，一般建议配置低频低压解列装置，在主供电源故障后，联切小电源，为投入备用电源创造条件。低频解列的判据如下，低压解列判据类似：

f≤低频启动定值	t≥低频启动延时	低频启动
f≤低频第1轮定值	t≥低频第1轮延时	低频第1轮动作
f≤低频第2轮定值	t≥低频第2轮延时	低频第2轮动作
f≤低频第3轮定值	t≥低频第3轮延时	低频第3轮动作

第五节　失步解列装置

电力系统即使采取了各种提高稳定的措施，仍不可能绝对保证系统在严重故障下稳定不被破坏。由于稳定被破坏后的异步运行状态可能引起严重的后果，因此，当稳定被破坏时，必须采取措施消除电力系统的异步状态。作为第三道防线的重要设备，失步解列装置能够将两个失步的系统解列运行，避免事故的扩大和蔓延。因此，失步解列装置在电网得到了广泛的应用。随着接入电网的电厂机组容量的日益增大，为了防止电网故障或机组励磁系统故障造成机组对电网失步运行，电厂需要配置失步解列装置，检测当前系统的运行状态，在发生失步振荡时，通过及时切机来平息失步振荡。如果失步振荡不能平息，则通过解列电厂送出的联络线，将失步的机组从电网解列，防止事故的扩大。

失步解列的判据主要有相位角原理、阻抗原理和 $u\cos\varphi$ 原理等。这几种判据的共同特点都是通过检测失步时电气量参数的周期性的变化规律，从中提取出符合周期性变化的信息，来确定是否发生失步。下面以具有代表性、应用数量最多的相位角原理为例，简单介绍失步解列的判据。

首先把相位角 φ 在振荡时穿越的4个象限划分为6个区：$\varphi_1\sim\varphi_2$ 之间为Ⅰ区，$\varphi_2\sim90^\circ$ 之间为Ⅱ区，$90^\circ\sim\varphi_3$ 之间为Ⅲ区，$\varphi_3\sim\varphi_4$ 之间为Ⅳ区，$\varphi_4\sim270^\circ$之间为Ⅴ区，$270^\circ\sim\varphi_1$ 之间为Ⅵ区。系统正常情况下一般运行在Ⅰ区或Ⅳ区。根据失步振荡过程中相位角的变化规律，我们把Ⅰ—Ⅱ—Ⅲ—Ⅳ（或Ⅳ—Ⅲ—Ⅱ—Ⅰ）作为正方向判断区，如图1-9-3（a）所示；把Ⅰ—Ⅵ—Ⅴ—Ⅳ（或Ⅳ—Ⅴ—Ⅵ—Ⅰ）作为反方向判断区，如图1-9-3（b）所示；把Ⅰ—Ⅳ（或Ⅳ—Ⅰ）作为振荡中心附近的判断区，如图1-9-3（c）所示。

判断振荡中心在正方向：正常运行在Ⅰ区时（送端），从Ⅰ区开始按顺序经过Ⅱ区、Ⅲ区、Ⅳ区，则认为经历了一个振荡周期；正常运行在Ⅳ区时（受端），从Ⅳ区开始按顺序经过Ⅲ区、Ⅱ区、Ⅰ区，也认为经历了一个振荡周期。

判断振荡中心在反方向：正常运行在Ⅰ区时（送端），从Ⅰ区开始按顺序经过Ⅵ区、Ⅴ

区、Ⅳ区，则认为经历了一个振荡周期；正常运行在Ⅳ区时（受端），从Ⅳ区开始按顺序经过Ⅴ区、Ⅵ区、Ⅰ区，也认为经历了一个振荡周期。

判断振荡中心就在安装处附近：电压包络线的最小值必须出现很低数值（检测到电压有效值低于 20%U_N）；正常运行在Ⅰ区时，从Ⅰ区开始突变到Ⅳ区，再回到Ⅰ区，作为一个失步振荡周期；正常运行在Ⅳ区时，从Ⅳ区开始突变到Ⅰ区，再回到Ⅳ区，作为一个失步振荡周期。同时满足第一项、第二项或第一项、第三项时，判为出现失步振荡，且振荡中心就在安装处附近。

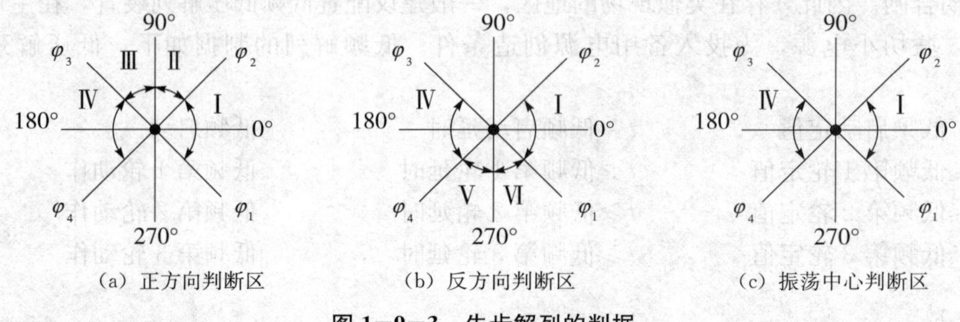

图 1－9－3　失步解列的判据

判出上述过程后，再根据失步振荡解列动作区范围低电压定值（U_{LS*}）和振荡周期次数定值（N_s），进行切机和解列线路的控制措施。

近年来，我国专家进一步发展和完善了失步解列判据，并成功应用于川渝电网输电断面自适应解列装置中。该判据以振荡时的能量变化规律为依据，计算和检测失步振荡特征点。失步振荡特征点出现的时间，在两个等值机群的相对电压相位拉开 180°，尚未完全失步以前，进行超前预测判断，称为“临界失步解列”判据。与现有常用装置的判据相比，其重要特点是能够准确地区别同步振荡和失步振荡，只要不是失步振荡，判据不会误动作；失步振荡时，能进行超前预测并作出决策。

第六节　低频功率振荡解列装置

电力系统并列运行机组间在受到扰动后会出现功率振荡现象，其振荡频率一般在 0.2 Hz～2.5 Hz 之间，因此也称为低频振荡。一般认为低频振荡的机理是由于在特定情况下系统提供的负阻尼作用抵消了系统电机、励磁绕组和机械等方面的正阻尼，使系统总阻尼很小（弱阻尼）或者为负阻尼。而系统在负阻尼工况下受到扰动时，扰动会逐步被放大，进而引起功率的低频振荡，严重时会引起系统失步。低频的功率振荡常出现在弱联系、远距离、重负荷的线路上，在采用快速励磁和高放大倍数的励磁系统的条件下更容易发生系统功率低频振荡。

随着电力系统的不断扩大及高放大倍数的快速励磁系统等控制设备的投入，功率振荡现象日益突出。功率振荡问题已严重威胁电力系统的安全稳定运行，引起了有关方面的重视，在采取措施进行有效预防低频功率振荡的基础上，若电网一旦发生低频振荡，应能立即检测发现，并根据电网的特点实施紧急控制以消除振荡，防止事故扩大。

现有的各种失步解列装置在系统发生失步后能及时有效地采取相应的措施，但是对于系统的同步振荡却无能为力。PMU 装置具有检测和记录电网功率振荡的能力，便于事故后分析，但一般不具有判断和控制功能。因此，可靠、有效的功率振荡监测和解列控制装置在电网中日益受到重视和应用。

功率振荡解列装置能实时监测功率振荡过程中的功率变化，根据功率变化曲线判断是否发生功率振荡及计算振荡周期、振荡幅度等，并按控制策略采取相应的控制措施，如图 1-9-4 所示。图中，P_{ave} 为前 10 s 功率平均值，P_{zdqd} 为功率变化量启动定值，$P_{\max k}$ 是第 k 个振荡周期的功率峰值，$P_{\min k}$ 是第 k 个振荡周期的功率谷值，T_k 是第 k 个振荡周期的振荡周期。

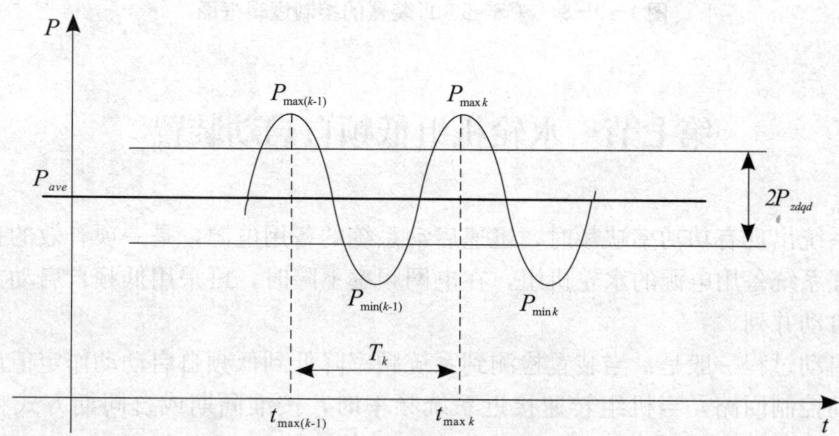

图 1-9-4　功率振荡过程中的功率变化

一、装置功率突变量启动判据

$|P_t - P_{ave}| \geqslant P_{zdqd}$，其中 P_t 是当前功率值，经延时确认后则启动装置。振荡平息后一段时间启动返回。

二、功率振荡判据

监视有功功率，找出每个振荡周期功率最大值 $P_{\max k}$ 和最小值 $P_{\min k}$，以及出现最大值时的时刻 $T_{\max k}$；计算出振荡幅度 $dP_k = |P_{\max k} - P_{\min k}|$ 和振荡周期 $T_k = t_{\max k} - t_{\max(k-1)}$；进而算出相邻振荡两周期振幅比 $K_{dP_k} = dP_k / dP_{k-1}$ 和振荡频率 $f_k = 1/T_k$。

若满足 $dP_k \geqslant P_{zdgj}$，$K_{dP_k} \geqslant K_{dP_{zdgj}}$，$f_{\min} \leqslant f_k \leqslant f_{\max}$，振荡次数 $N \geqslant N_{zdgj}$，则装置功率振荡告警。

若满足 $dP_k \geqslant P_{zddz}$，$K_{dP_k} \geqslant K_{dP_{zddz}}$，$f_{\min} \leqslant f_k \leqslant f_{\max}$，振荡次数 $N \geqslant N_{zddz}$，则装置功率振荡动作出口。

其中，P_{zdgj}、P_{zddz} 为振荡告警、动作功率振荡幅度定值；$f_{\min}$、$f_{\max}$ 为振荡频率的下限、上限定值；N_{zdgj}、N_{zddz} 为振荡告警、动作确认次数定值；$K_{dP_{zdgj}}$、$K_{dP_{zddz}}$ 为振荡告警、动作相邻两周期振幅比定值。

判据框图如图 1-9-5 所示。

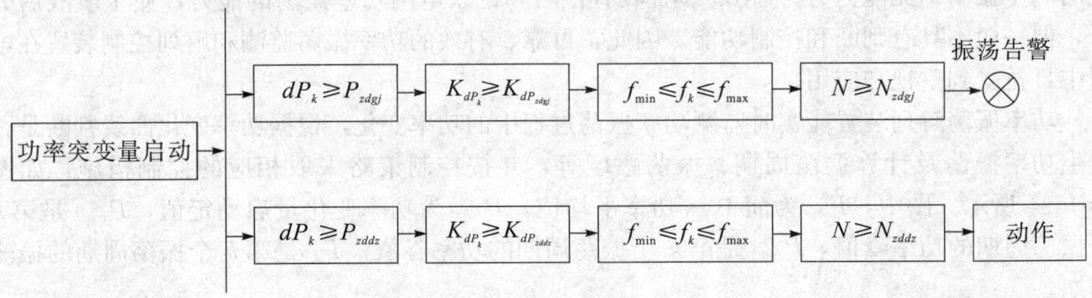

图 1-9-5　SCS-500L 装置的控制逻辑框图

第七节　水轮机组低频自启动装置

在电力系统出现有功功率缺额时，迅速启动系统的备用电源，是一项有效的自动安全措施。对于担任系统备用电源的水轮机组，在电网频率下降时，可采用低频自启动方式使水轮机组开机并自动并列。

低频自启动过程一般是：当装置检测到系统频率降低到低频自启动动作定值后，装置启动水轮机自动控制回路，当机组转速接近系统频率时，按准同期或自同期方式将机组并入电网。

第十章　水情自动测报系统

第一节　概　　述

水情自动测报是采用现代科技对水文信息进行实时遥测、传送和处理的专门技术，是有效解决江河流域及水库洪水预报、防洪调度及水资源合理利用的先进手段。它综合水文、电子、电信、传感器和计算机等多学科的有关最新成果，用于水文测量和计算，提高了水情测报速度和洪水预报精度，改变了以往仅靠人工测量水情数据的落后状况，扩大了水情测报范围，在江河流域、水库安全度汛和电厂经济运行以及水资源合理利用等方面都能发挥重大作用。

水情自动测报系统由中心站、远程数据通讯网、遥测站以及数据通信、数据管理与分析软件等组成。

第二节　系统结构

一个最基本的水情自动测报系统，至少应由若干个遥测站和一个中心站组成。在超短波数据通信系统中，远距离信号传输往往中途需要中继站转发，因此，通信系统中还需要设置超短波中继站。由于在地理地形复杂的高山地区，常要设置多级地面中继站进行信号接力，造成系统过于庞大，经济上并不划算，维护困难，所以现在对于多山高原地区，较多地考虑采用卫星—超短波混合组网方式，或采用纯卫星通信组网方式。如图 1－10－1 所示。

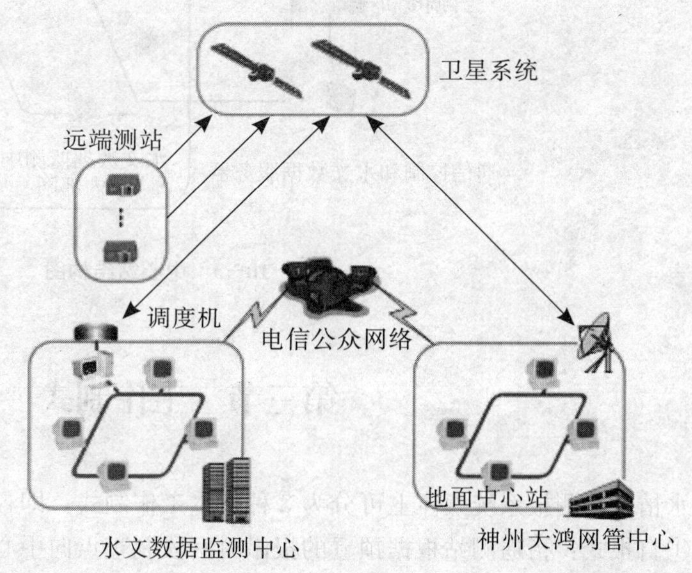

图 1－10－1　神州天鸿卫星（北斗星）水情自动测报系统结构图

一般情况下，水情自

动测报系统包含 3 类站点，各类站点的功能如下：

①遥测站：遥测站主要由传感器、遥测终端、电源系统、通讯设备、防雷设备等组成。在遥测终端控制下，自动完成被测参数的采集，将取得的参数经预处理后存入存储器，并完成数据传输。遥测站的设备可根据防汛报汛的需要增加人工置数和超限主动加报等功能。如图 1−10−2 所示。

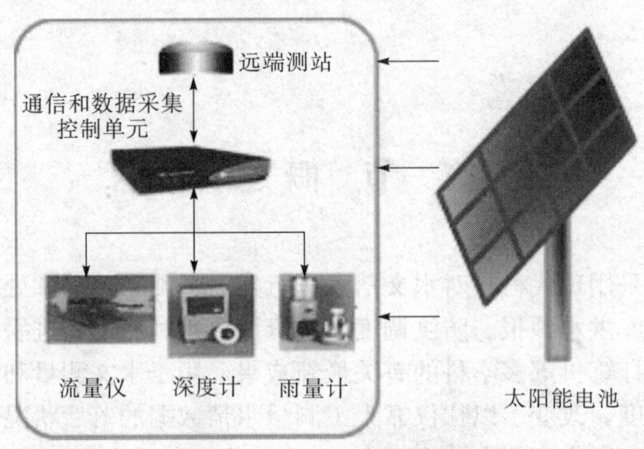

图 1−10−2　遥测站结构图

②中继站：用于沟通无线通信电路，以满足数据传输要求。通常中继站只是沟通和加强通信电路，对传输的数据并不做任何处理。

③中心站：中心站由实时监控服务器、数据服务器、通讯设备、电源系统、防雷设施、软件系统等组成。主要完成各站遥测数据的实时收集、存贮以及数据处理任务，并能及时对洪水过程进行预报，做出防洪调度方案等。如图 1−10−3 所示。

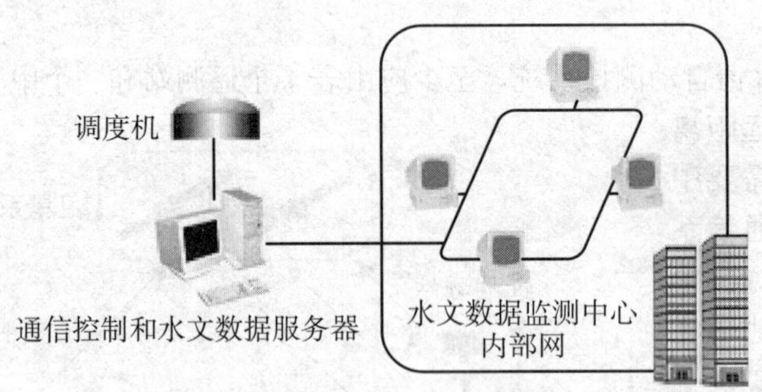

图 1−10−3　中心站结构图

第三节　工作制式

水情自动测报系统大体上可分为 3 种基本工作制式，即自报式、应答式和混合式。

①自报式：指遥测站根据预置的报汛时间段制正点向中心站发送信息，或根据遥测参数的变化而自动、随机地向中心站发送信息的系统工作方式。自报式系统的遥测站只具备主动发送数据的功能，无信号接收装置。

②应答式：指遥测站按照中心站的命令发送采集信息的系统工作方式，是“查询—应答”方式的简称。应答式系统的遥测站和中心站均需具备接收和发送信息或指令的双向功能，因此数据通信信道是双向的。

③混合式：指兼有自报式和应答式特点的工作方式。

第四节　站网布设原则

水情自动测报系统遥测站网的布设原则如下：

①能反映水情和雨情的变化。

②尽量选用现有测点，在满足水情预报要求的前提下适当精简遥测站数。

③现有遥测站不满足水情预报要求时，可增设遥测站。

④便于通信组网。

⑤有利于水情自动测报系统的建设、运行和维护管理。

⑥必须避开可能发生塌方、滑坡或泥石流的危害区，且宜避开强电磁场、强震动等干扰源。

⑦水位、雨量遥测设施宜布设在现有人工观测设施附近。

中心站位置选择应遵循的原则如下：

①要有利于水情数据的接收，便于水情预报作业，也要便于与工程运行调度的联系和测报系统的管理。

②与气象测报系统接收中心应相邻，以便于与气象信息交流与会商。

③远离强电磁场、强震动、强噪声等干扰源和严重腐蚀气体等污染源地。

第五节　通信系统设计

通信系统设计为各遥测站与中心站、中心站内部及与其他系统之间选择稳定可靠的数据传输通道，保证数据快捷、准确、无误的传输。通信设计遵循《水利水电工程水情自动测报系统设计规定》（DL/T5051－1996）及有关部门颁布的现行技术规程规范，主要应遵循以下原则：

①通信电路应能迅速、可靠、准确地传输水情数据。

②通信电路的质量应满足水情预报的要求，一般遥测站至中心站数据传输的月畅通率大于 90％，重要遥测站至中心站大于 99％，误码率均小于 4～10。

③通信方式的选择应根据水情自动测报的要求、各通信方式的特点、所在地区地形、运行维护条件、建设运行费用等综合分析确定，做到切合实际、技术先进、经济可靠。

④通信系统应留有足够的扩展接口和扩展容量，能够做到随意增减遥测站而不影响整个系统的正常通信，也不改变中心站通信设备配置。

⑤通信组网应满足水情预报的要求，系统的响应速度（包括完成水情数据收集、处理和预报作业）不超过 10 min。

⑥通信组网应进行多方案技术经济比较，择优选定，应设置备用通信电路，中心站和重

要遥测站的关键设备应有备份。

⑦通信频率的选择应遵循无委会的有关规定。

⑧系统便于建设、维护。

⑨为保证水情自动测报系统建成后通信畅通，遥测通信方式的选择要建立在对每个遥测站均进行电波测试的基础上。

水情自动测报系统可采用的通信方式较多，目前国内已建水情自动测报系统采用的通信方式主要有短波通信、超短波通信、电信公网、卫星通信和利用 GSM/CDMA 移动公网，其中卫星通信又包括国际移动卫星通信（原国际海事卫星 Inmarsat）、同步通信卫星（VSAT）、神州天鸿（北斗星）卫星通信、同步气象卫星、“全线通”卫星通信和极轨卫星等。

卫星通信具有通信距离远，覆盖面积大，通信频带宽、容量大，通信信道质量好、传输可靠性高，通信网灵活等优点。目前，卫星通信在水情自动测报系统中的应用越来越广泛。如图 1-10-4 所示。

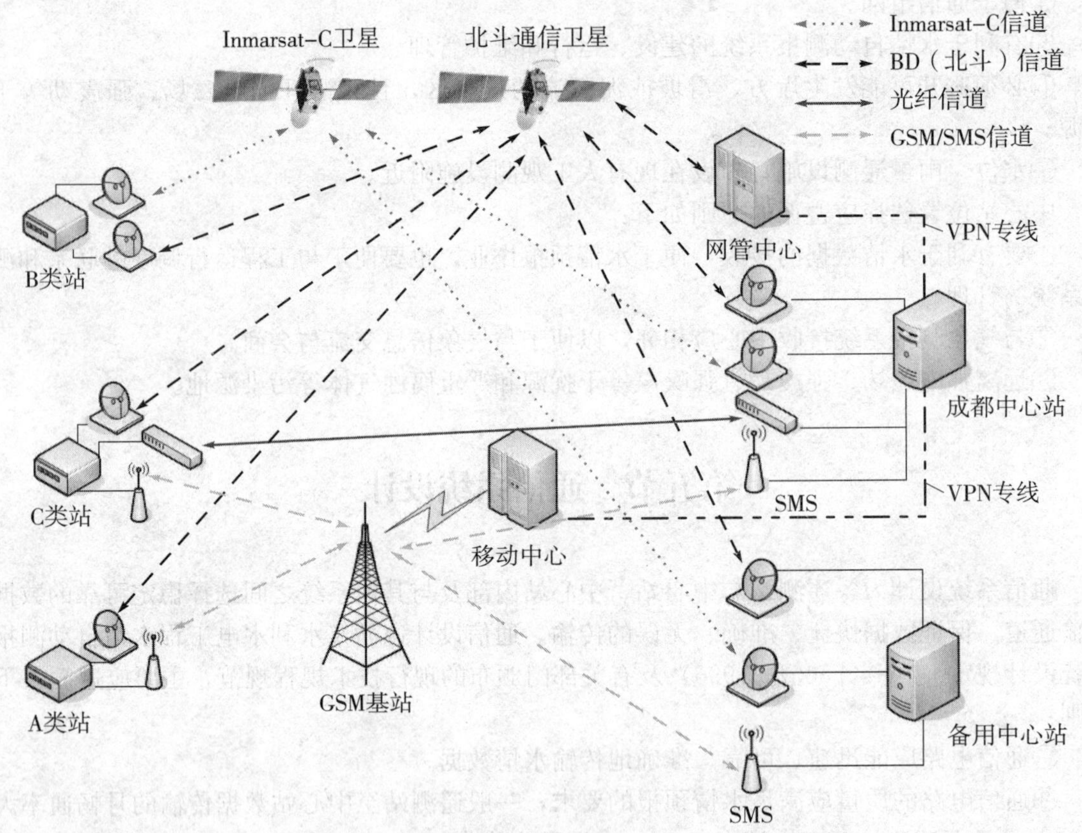

图 1-10-4　某水情自动测报系统通信组网方案示意图

第六节　水情自动测报系统的功能

水情自动测报系统应按照高开放性、高兼容性的原则进行系统的集成和软件的开发，为后期系统功能的不断扩展留有充足的空间。如图 1-10-5 所示。

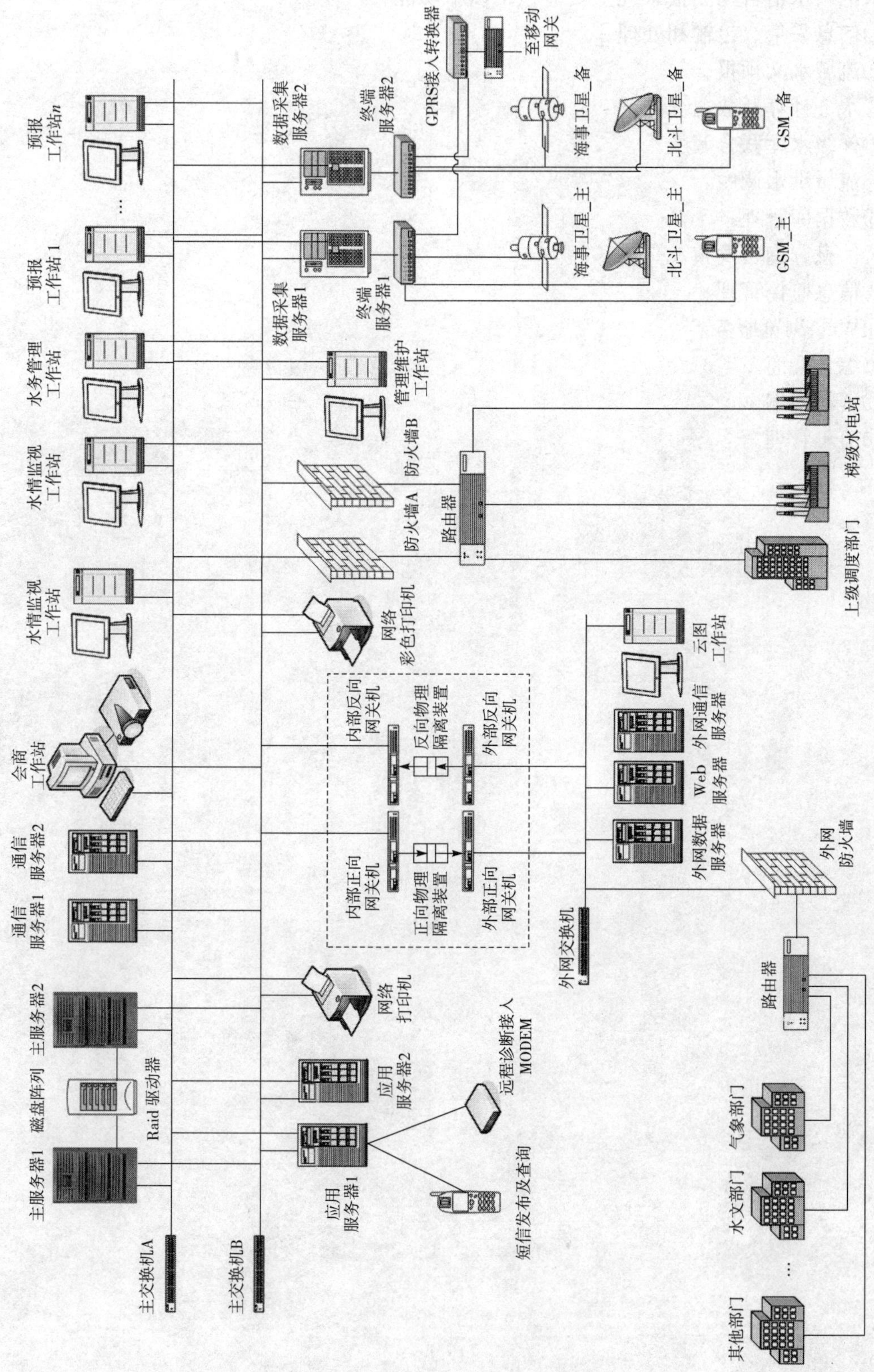

图 1-10-5　某水情自动测报系统网络结构示意图

水电站水情自动测报系统主要应包括以下功能：

①信息采集、传输和处理。

②流域水文预报。

③水务计算及数据统计。

④梯级水库联合调度。

⑤流域洪水调度。

⑥数据库管理。

⑦信息查询、发布及交换。

⑧信息监控管理。

⑨Web 浏览服务。

⑩综合会商。

⑪资料整编。

⑫值班管理。

第十一章　广域测量系统

第一节　广域测量系统的原理

一、系统运行的需求及广域测量系统的优点

近年来，相量测量单元（Phasor Measurement Unit，PMU）和广域测量系统（Wide Area Measurement System，WAMS）的研究和开发在国内外发展态势强劲，主要来自电力系统的两个发展需求：

①时间上同步。电力系统运行的要求是应配备连续的动态安全稳定监视与故障录波装置，并能按要求将时间上同步的数据送到电网调度中心，以确定事故的起因和扰动特性，为电力系统事故仿真分析提供依据。

②空间上广域。随着电力系统的空间范围不断扩大，形成了广域电力系统。全系统范围动态过程监测与某个局部厂站的动态监测有很大的不同，其中最大的难点是电力系统动态元件分布地域广阔，而基于同步相量测量技术和高速通讯技术的广域测量系统为电力系统实时动态监测奠定了重要技术基础。

WAMS 弥补了传统的适用于稳态监测的 SCADA/EMS 系统不能监测和辨识电力系统动态行为的不足，相比而言，广域监测具有以下 4 个方面的重要优势：

①监测断面具有一致性。不同地点的所有监测量可统一到具有精确时标的同一时间断面，能够以更同步、更一致的方式描述电力系统的运行状况。

②可提供同步的实时相角信息。可直接获得表征发电机同步运行特征的内电势角及电网关键节点的相角信息，为稳定控制策略的在线生成和选取提供更充分的实时信息。

③使动态过程监测和辨识成为可能。具有毫秒级的数据刷新率且全网同步，可监测系统的动态行为并辨识参数的动态变化。

④能提供全局化的分析与控制决策信息。广域测量使得控制决策所需的反馈信息不必局限于本地，可优选具有高可观性的监测量作为反馈量，有利于克服仅依据本地信息的控制方法不能考虑电网中其他区域的暂态行为，从而难以满足电网全局稳定的缺点。

二、广域测量系统的基本组成

1. *PMU 原理及子站硬件组织方式*

交流电力系统的电压、电流信号可以使用相量表示，相量由两部分组成，即幅值 X（有效值）和相角 φ，用直角坐标则表示为实部和虚部。所以，相量测量就必须同时测量幅值和相角。幅值可以用交流电压电流表测量；而相角的大小取决于时间参考点，同一个信号

在不同的时间参考点下，其相角值是不同的。所以，在进行系统相量测量时，必须有一个统一的时间参考点，高精度的 GPS 同步时钟就提供了一个这样的参考点。任意两个相量在统一时间参考点下测得的两个相角的“差”即为两地相对相角，这就是相量测量的基本原理，如图 1－11－1 所示，在统一的坐标系中，$\boldsymbol{V}_1$ 超前 $\boldsymbol{V}_2$ 90°。

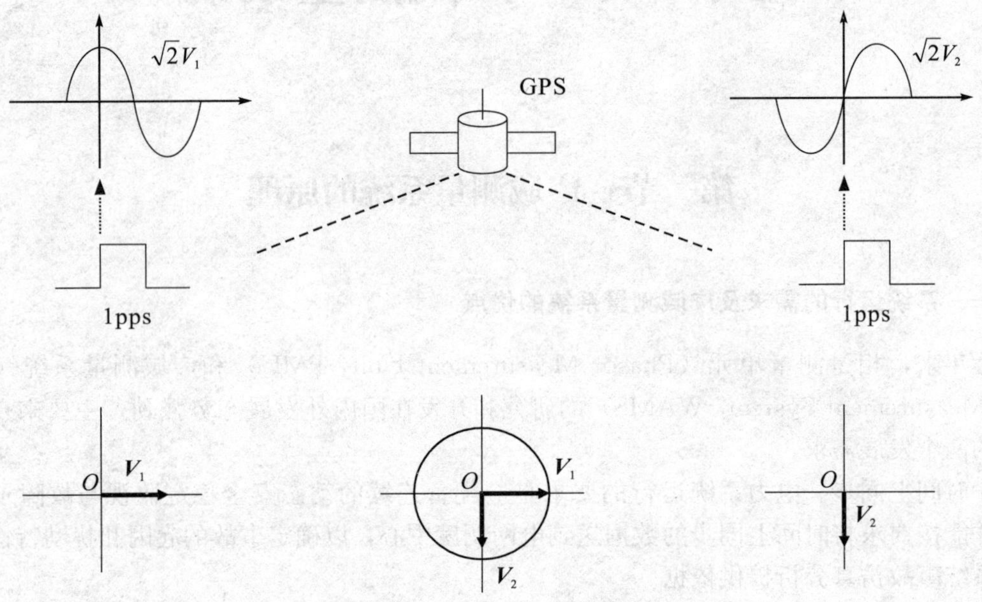

图 1－11－1　同步相量测量原理

国内目前投运的子站多为分布式测量结构，如图 1－11－2 所示。子站通常直接测量线路、母线、机组机端的三相电压和电流，一般要求接入到测量回路里，个别厂站由于二次回路资源限制只能接到保护回路里。发电厂子站要求接入发电机转子位置信号，以便直接测量发电机的功角，避免通过机端电压电流估算功角带来的计算误差。子站内部各测量单元之间通过内部以太网通信。各测量单元都接入独立的或公用的 GPS 授时信号，保证同步测量的对时精度 1 μs 的要求。

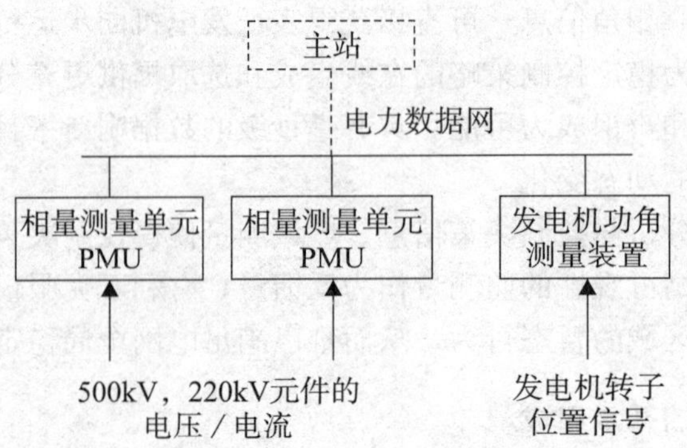

图 1－11－2　分布式子站结构

2. WAMS主站功能简介及主站硬件组织方式

WAMS主站在接收到来自子站的相量数据后，对这些数据进行分析、处理、存储、归档，利用这些数据开展调频/调压等电厂辅助服务功能的考核、低频振荡分析及抑制等方面的研究和应用。所有这些应用给电力系统分析和控制提供了新的视角和方法，成为制定电力系统控制策略和确定电力系统设计、运行、规划方案的重要依据。

WAMS主站应包括通信前置服务器、实时数据服务器、历史数据库、网络服务器、分析工作站、图形终端等，它们通过10M/100M以太网互联。WAMS主站应与EMS具有相同的可靠等级，通信服务器、实时数据库、历史数据库采用双机互备方式，主站内部通信采用双网结构，如图1-11-3所示。通信前置服务器接收PMU上送的实时数据。应用服务器接收通信前置服务器的数据构造实时数据库（RTDB)，在线分析电网的动态过程，对异常情况给出报警或触发主站数据记录，并定期将过期数据转存到历史数据库。历史数据库保存WAMS系统记录的动态数据。

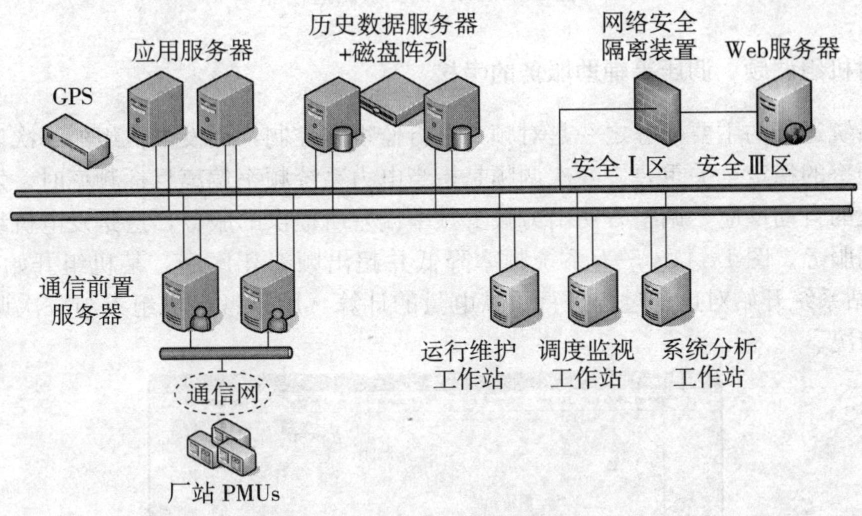

图1-11-3　主站拓扑结构图

第二节　WAMS与电网安全运行的关系

大量的应用实践证明，WAMS系统能监测电网运行状态，进行系统特性分析，准确捕捉电力系统在故障扰动、低频振荡和系统试验等情况下的动态过程及行为特性，成为电网保证安全运行的有效手段，取得了较好的社会效益和经济效益。这里简单介绍部分常用功能。

一、历史事件相关数据查询

WAMS主站提供历史数据自动导出功能，在电网出现扰动后，能快速集中各PMU子站和相关主站的记录数据，供系统分析人员使用，并能根据用户要求自动生成曲线图和报表。图1-11-4显示的为某次事故后某一厂站处的各测量值，不但提供了机组和线路的有功、无功、电压、电流，还提供了机组的励磁电压、励磁电流等信息。

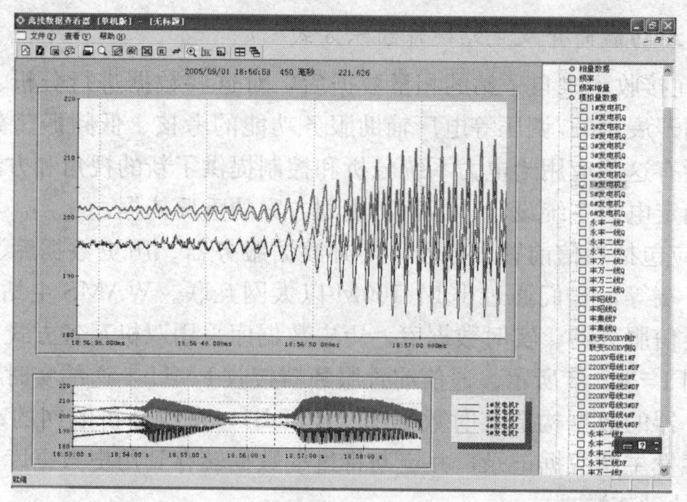

图 1－11－4　历史数据追忆

二、对机组调频、调压等辅助服务的考核

电力系统运行的主要任务之一是对频率进行监视和控制，而发电机组的一次调频功能对维持电网频率的稳定至关重要。一次调频是指当电力系统频率偏离目标频率时，发电机组通过调速系统的自动反应，调整有功出力减少频率偏差所提供的服务，这是发电机组必须提供的基本辅助服务。图 1－11－5 为系统频率降低并超出频率死区后，某机组开始增发功率，WAMS 主站系统开始对这个过程进行贡献电量的计算，用于考核机组参与一次调频服务的实际动作情况。

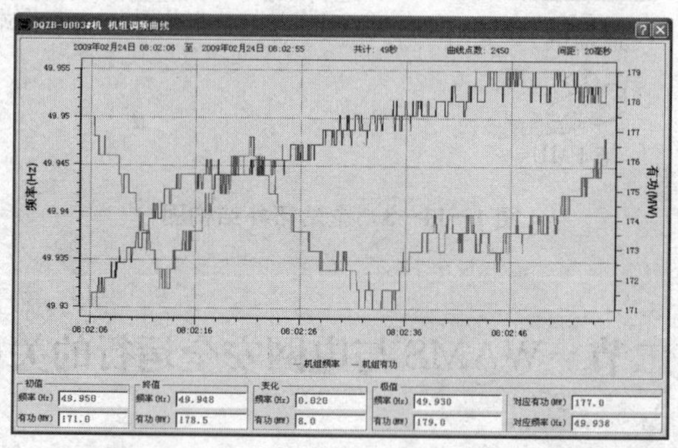

图 1－11－5　机组一次调频功能的考核

类似地，系统运行对发电机在调压方面也有相应要求，例如，机组必须具备按照电网需求随时进相运行的能力，以便在系统无功功率过剩时吸收无功功率运行。WAMS 系统通过监测机组进相运行的 $P-Q$ 图，合理利用机组的进相运行能力，保持系统电压的安全运行。

三、WAMS 对低频振荡现象的监测、分析与控制

随着电网规模的扩大、构成成分的复杂化，电网的动态特性问题日益复杂，出现大面积停电事故概率增大。现有 EMS 系统以稳态检测为主，缺乏动态监测功能，不能及时反映电网受干扰前后的动态行为，更不能提供动态稳定预警，限制了调度部门快速处理电网事故的

能力，不利于调度部门快速选择正确的控制措施。借助于 WAMS，调度员可以更迅速地发现电网弱阻尼或负阻尼振荡等稳定问题的危险状态，从而可以根据系统当前状态进行必要的调整，使电网更安全可靠地运行。图 1-11-6 为 2008 年 11 月 7 日某跨区互联系统发生低频振荡事故时记录到的部分功率振荡曲线。

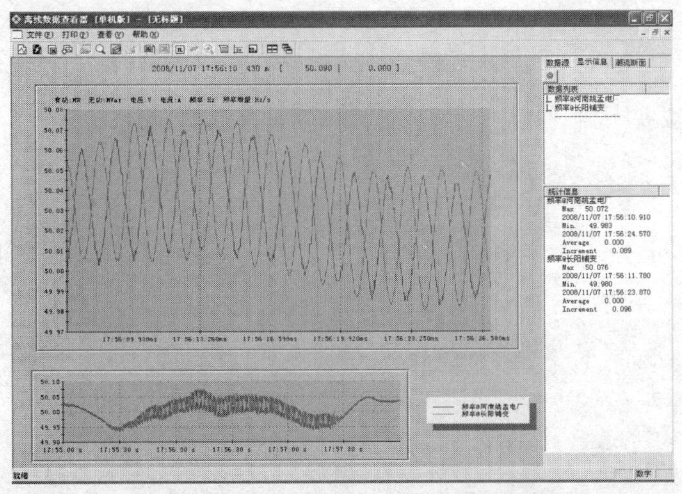

图 1-11-6　2008 年 11 月 7 日某跨区互联系统功率振荡曲线

WAMS 主站通过对系统内各 PMU 所提供的振荡数据进行分析，判断出不同的振荡机群，并在主站系统即时显示，如图 1-11-7 所示，从而为调度人员采取合适的控制手段提供最及时的帮助。在此基础上，还可以通过在传统 PSS 控制器端引入远方信号，进一步实现基于广域测量的广域阻尼控制。

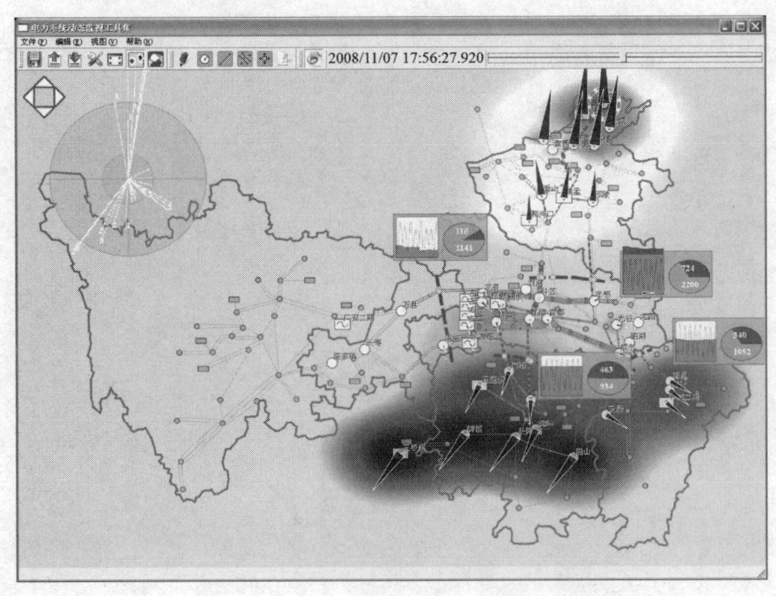

图 1-11-7　系统低频振荡分群显示

第二篇

管 理 篇

第一章　电厂涉网设备的选型

第一节　电力系统重要一次设备技术要求

一、前　言

随着我国电力工业的发展和技术的进步，发电厂的发电机组的容量越来越大，电气一次设备的电压等级也越来越高，因此，电气一次设备（特别是发电机）的各项技术性能指标和性能参数对电网的稳定运行起着至关重要的作用。

下面就目前国家规程和技术文件所要求的电气一次设备性能指标做一描述。

二、规范性引用文件

下列文件中的条款通过本文的引用，凡是注日期的引用文件，其随后所有的修改单（不包括勘误的内容）或修订版均不适用于本文，建议使用这些文件的最新版本。凡是不注日期的引用文件，其最新版本适用于本文。

①GB 311.1《高压输变电设备的绝缘配合》。

②GB 755《旋转电机定额和性能》。

③GB 1094.1《电力变压器第 1 部分总则》。

④GB 1094.2《电力变压器第 2 部分温升》。

⑤GB 1094.3《电力变压器第 3 部分绝缘水平、绝缘试验和外绝缘空气间隙》。

⑥GB 1094.5《电力变压器第 5 部分承受短路的能力》。

⑦GB 1094.11《电力变压器 第 11 部分 干式变压器》。

⑧GB 1207《电磁式电压互感器》。

⑨GB 1208《电流互感器》。

⑩GB 1984《高压交流断路器》。

⑪GB 7674《额定电压 72.5 kV 及以上气体绝缘金属封闭开关设备》。

⑫GB 11023《高压开关设备 SF6 气体密封试验导则》。

⑬GB 16847《保护用电流互感器暂态特性技术要求》。

⑭GB 50150《电气装置安装工程 电气设备交接试验标准》。

⑮GB 50169《电气装置安装工程 接地装置施工及验收规范》。

⑯GB 50170《电气装置安装工程 旋转电机施工及验收规范》。

⑰GB 50229《火力发电厂与变电所设计防火规范》。

⑱GB 50217《电力工程电缆设计规范》。

⑲GB/T 1029《三相同步电机试验方法》。
⑳GB/T 1032《三相异步电动机试验方法》。
㉑GB/T 4703《电容式电压互感器》。
㉒GB/T 6450《干式电力变压器》。
㉓GB/T 6451《三相油浸式电力变压器技术参数和要求》。
㉔GB/T 7064《透平型同步电机技术要求》。
㉕GB/T 7894《水轮发电机基本技术条件》。
㉖GB/T 8564《水轮发电机组安装技术规范》。
㉗GB/T 5582《高压电力设备外绝缘污秽等级》。
㉘GB/T 7252《变压器油中溶解气体分析和判断导则》。
㉙GB/T 7595《运行中变压器油质量标准》。
㉚GB/T 8349《金属封闭母线》。
㉛GB/T 8905《六氟化硫电气设备中气体管理和检测导则》。
㉜GB/T 10229《电抗器》。
㉝GB/T 11032《交流电力系统金属氧化物避雷器》。
㉞GB/T 12022《工业六氟化硫》。
㉟GB/T 13499《电力变压器应用导则》。
㊱GB/T 14285《继电保护和安全自动装置技术规程》。
㊲GB/T 14542《运行中变压器油维护管理导则》。
㊳GB/T 16434《高压架空线路和发电厂、变电所环境污区分级及外绝缘选择标准》。
㊴GB/T 17468《电力变压器选用导则》。
㊵DL 5000《火力发电厂设计技术规程》。
㊶DL 427《户内型发电机出口断路器订货技术条件》。
㊷DL/T 402《交流高压断路器订货技术条件》。
㊸DL/T 408《电业安全工作规程（发电厂和变电所电气部分）》。
㊹DL/T 474《现场绝缘试验实施导则》。
㊺DL/T 475《接地装置工频特性参数的测量导则》。
㊻DL/T 507《水轮发电机组启动试验规程》。
㊼DL/T 555《气体绝缘金属封闭开关设备现场耐压及绝缘试验导则》。
㊽DL/T 572《电力变压器运行规程》。
㊾DL/T 573《电力变压器检修导则》。
㊿DL/T 575《有载分接开关运行维修导则》。
(51)DL/T 586《电力设备用户监造技术导则》。
(52)DL/T 596《电力设备预防性试验规程》。
(53)DL/T 603《气体绝缘金属封闭开关设备运行及维护规程》。
(54)DL/T 617《气体绝缘金属封闭开关设备技术条件》。
(55)DL/T 618《气体绝缘金属封闭开关设备现场交接试验规程》。
(56)DL/T 620《交流电气装置的过电压保护和绝缘配合》。
(57)DL/T 621《交流电气装置的接地》。
(58)DL/T 626《盘形悬式绝缘子劣化检测规程》。

(59)DL/T 627《电力系统用常温固化硅橡胶防污闪涂料》。
(60)DL/T 650《大型汽轮发电机自并励静止励磁系统技术条件》。
(61)DL/T 664《带电设备红外诊断技术应用导则》。
(62)DL/T 722《变压器油中溶解气体分析和判断导则》。
(63)DL/T 725《电力用电流互感器订货技术条件》。
(64)DL/T 726《电力用电压互感器订货技术条件》。
(65)DL/T 727《互感器运行检修导则》。
(66)DL/T 728《气体绝缘金属封闭开关设备订货技术导则执行》。
(67)DL/T 729《户内绝缘子运行条件：电气部分》。
(68)DL/T 804《交流电力系统金属氧化物避雷器》。
(69)DL/T 838《发电企业设备检修导则》。
(70)DL/T 864《标称电压高于 1000V 交流架空线路用复合绝缘子使用导则》。
(71)DL/T866《电流互感器和电压互感器选择及计算导则》。
(72)DL/T970《大型汽轮发电机非正常和特殊运行及维护导则》。
(73)DL/T1054《高压电气设备绝缘技术监督规程》。
(74)DL/T5090《水力过电压保护和绝缘配合设计导则》。
(75)JB1270《水轮机、水轮发电机大轴锻件技术条件》。
(76)JB/T 8169《耦合电容器及电容分压器技术要求》。
(77)SDJ26《发电厂、变电所电缆选择与敷设设计规范》。
(78)国电发〔2000〕589 号《防止电力生产重大事故的二十五项重点要求》。

三、发电机技术指标

1. 发电机总的技术要求

(1) 发电机额定功率因数（迟相）值，应根据电力系统的要求决定

①直接接入 330 kV~500 kV 电网处于送端的发电机功率因数，一般选择不低于 0.9；处于受端的发电机功率因数，可按 0.85~0.9 选择。

②直接输电系统的送端发电机功率因数，可选择为 0.85。

③其他发电机的功率因数可按 0.8~0.85 选择。

(2) 发电机应具有进相运行能力

①100 MW 及以上机组应具备在有功功率为额定值时，功率因数进相 0.95 运行的能力。

②投入运行的发电机，应有计划地进行进相运行试验，根据试验结果予以应用。

③进相运行机组应保留 10%的静稳储备，并以此确定运行限额出力图。

(3) 发电厂（机）的无功出力调整

应按运行限额图进行调节，在高峰负荷时，将无功出力调整至使高压母线电压接近允许偏差上限值，直到无功出力达到限额图的最大值；在低谷负荷时，将无功出力调整到使高压母线电压接近允许偏差下限值，直至功率因数值达到 0.98 以上（迟相）（或核定值）；或根据调度要求，具有进相运行能力的发电机应达到进相运行值。

(4) 发电机谐波限值

发电机在负载情况下，发电机出口处谐波电流因数（*HCF*）不超过 0.05。

HCF 计算公式为

$$HCF=\sqrt{\sum_{n=2}^{k} i_n^2}$$

式中，i_n 为 n 次谐波电流 I_n 与额定电流 I_N 之比；n 为谐波次数；$k=13$。

2．针对电网安全对汽轮发电机提出的特殊要求

①发电机技术条件应满足 GB755、GB 7064 和相关反事故措施的要求。

②发电机的额定容量应与汽轮机的额定出力（TRL）相匹配；发电机的最大连续输出容量应与汽轮机的最大连续出力（T－MCR）相匹配。

③发电机的非正常运行和特殊运行能力及相关设备配置应满足 DL/T 970 规定的要求。

④由于发电机失步会对发电机和系统及用户造成危害，同时，为防止失步故障扩大为电网事故，应采取措施使发电机和电网具有重新恢复同步的可能性，要求大型汽轮发电机在短时失步振荡过程中解列带一定延时。因此，建议在订货技术协议中考虑大型汽轮发电机应具有一定的耐受带励磁失步振荡的能力。

⑤对汽轮发电机三相电压不平衡度的要求。

当三相负荷不对称时，汽轮发电机所承受的负序电流分量（I_2）与额定电流之比（I_2/I_N）应符合表 2－1－1 的规定，且定子每相电流均不超过额定值时，应能连续运行。当发生不对称故障时，$(I_2/I_N)^2$ 和时间 t 的乘积应不超过表 2－1－1 所规定的数值。

表 2－1－1　不平衡负荷运行限值

项　　目	发电机形式	连续运行时的 I_2/I_N 最大值	在故障状态下运行的 $(I_2/I_N)^2t$ 最大值(s)
间接冷却的转子绕组	空冷	0.1	15
	氢冷	0.1	10
直接冷却（内冷）转子绕组	$S_N\leqslant350$ MVA	0.08	8
	350 MVA$<S_N\leqslant$900 MVA	$0.08-\frac{S_N-350}{3\times10^4}$	8－0.00545×（S_N-350）
	900 MVA$<S_N\leqslant$1250 MVA	同上	5
	1250 MVA$<S_N\leqslant$1600 MVA	0.05	5

注：S_N 为额定容量（MVA）。

3．针对电网安全对水轮发电机提出的特殊要求

①发电机技术条件应满足 GB755、GB/T 7894 和相关反事故措施的要求。

②当水轮发电机及其附属设备的设计结构及新技术、新材料的采用足以引起某些特性参数或经济效益发生重大变化时，应经过工厂试验、中间试验、工业试验等阶段，并由主管部门组织用户、科研等有关单位鉴定合格后才能正式使用。

③水轮发电机的形式和结构选择应优先考虑安全可靠，同时应注意技术是否先进，制造技术及制造厂生产经验、工艺是否成熟，是否符合高效节能的要求，其技术性能应适应本地电网现在和将来安全经济运行的需要。上述要求应落实到订货合同中。

④为保证水轮发电机性能，应进行设计联络，除讨论水轮发电机外部接口、内部结构配置、试验、运输、生产进度等问题外，还应着重讨论设计中的电磁场、电动力、电磁负荷能力、温升等计算分析报告，并应根据同类机组运行经验进行核实验算，保证水轮发电机有足

够的结构强度、绝缘裕度和负荷能力。

⑤当三相负荷不对称时，发电机所承受的负序电流分量（I_2）与额定电流之比（I_2/I_N）应符合表 2－1－2 的规定，且定子每相电流均不超过额定值时，应能连续运行。当发生不对称故障时，$(I_2/I_N)^2$ 和时间 t 的乘积应不超过表 2－1－2 所规定的数值。

表 2－1－2　不平衡负荷运行限值

发电机形式	连续运行时的 I_2/I_N 最大值	在故障状态下运行的 $(I_2/I_N)^2t$ 最大值（s）
间接冷却绕组	0.08	20
直接冷却（内冷）绕组	0.05	15

四、变压器技术指标

1. 设计选型技术要求

①变压器的设计、选型应符合 GB/T 17468、GB/T 13499 和 GB 1094.1、GB 1094.2、GB 1094.3、GB 1094.5 等电力变压器标准和相关反事故措施的要求。油浸电力变压器的技术参数和要求应满足 GB/T 6451 等相关标准的规定；电抗器的技术参数和要求应满足 GB/T 10229 等相关标准的规定；干式变压器的参数和要求应满足 GB/T 6450 等标准的规定。

②应优先采用设计及制造经验成熟、结构简单可靠和经过运行考验的变压器。在保证变压器安全可靠的前提下，变压器选用中应重点关注降低噪声、损耗以及节省投资等问题。

③应对变压器的重要技术性能提出要求，包括容量、短路阻抗、损耗、绝缘水平、温升、噪声、抗短路能力、过励磁能力等。

(a) 短路阻抗要求。根据电网运行要求，合理确定变压器的短路阻抗，在满足电网要求的前提下，选用短路阻抗较高的变压器，有利于较小系统短路电流。对于改扩建的电站变压器，应尽量与原变压器短路阻抗实测值相同，以利于变压器的并联运行。

(b) 过励磁能力要求。为适应电压波动情况，500 kV（330 kV）变压器在 1.1 倍的电压下，应具有 80%负荷的持续运行能力。

(c) 耐受短路能力。耐受短路电流的动热稳定能力参照国家标准规定。110（66）kV 变压器应提供同类型变压器耐受突发短路的试验报告或计算报告。计算报告应有相关理论和模型试验的技术支持，有条件时，对于多台使用的变压器，可抽样进行耐受突发短路电流的试验。在设计联络中，制造厂应提供变压器每一个绕组（包括稳定绕组）耐受短路的计算报告，并确保具有足够的安全裕度。对于出现过变压器短路损坏的制造厂家，不论是否具有耐受突发短路的试验报告，均应提供损坏原因和整改措施报告。

(d) 应对套管、分接开关、冷却器（散热器）、硅钢片、导线和绝缘材料等重要组、部件和材料的性能提出要求。

(e) 设备订购前，应向制造厂家索取做过相似变压器突发短路试验的试验报告和抗短路能力动态计算报告；设计联络会前，应取得所订购变压器的抗短路能力动态计算报告，并进行核算。

(f) 变压器套管外绝缘不仅要提出与所在地区污秽等级相适应的爬距要求，也应对伞裙形状提出要求。重污区可选用大小伞结构瓷套。应要求制造厂提供淋雨条件下套管人工污秽试验的型式试验报告。不得订购有机黏结接缝过多的瓷套管和密集型伞裙的瓷套管，防止瓷套出现裂纹断裂和外绝缘污闪、雨闪故障。

(g) 应着重讨论变压器设计中的电磁场、电动力、温升和负荷能力等计算分析报告，保证设备有足够的抗短路能力、绝缘裕度和负荷能力。

(h) 110 kV 及以上变压器、高压并联电抗器中性点过电压保护应完善，应符合原国家电力公司《防止电力生产重大事故的二十五项重点要求》中的“反措”要求。

2. 高压并网运行变压器技术要求

①一般情况下，电厂不应装设构成电磁环网的联络变压器。在发电厂接入系统方案审查时，不应选择构成电磁环网的联络变压器方案。

②发电厂已装设联络变压器，且以电磁环网运行，应从电网建设规划上创造条件，尽快打开电磁环网。

③运行电厂主变压器中性点应有两根与主接地网不同地点连接的接地引下线，且每根接地引下线应符合热稳定的要求。

④变压器投运时，相关继电保护、安全自动装置、稳定措施和电力专用通信配套设施等能同时投入运行。应采取有效措施防止 220 kV 及以上并网变压器无快速保护运行。受端系统枢纽厂站继电保护整定困难时，应侧重防止保护拒动。

⑤发电厂并网变压器非电量保护整定及逻辑应按照四川省电网公司《四川电网变压器、电抗器非电量保护运行管理指导意见》川电调〔2006〕135 号文件要求整改执行。

⑥发电厂并网变压器分接头位置应严格按调度命令执行，应采取措施防止有载调压变压器分接头档位误动或拒动。

五、GIS 及断路器技术指标

1. GIS 及断路器设计选型技术要求

①气体绝缘金属封闭开关设备（以下简称 GIS）订货应符合 DL/T 617、DL/T 728 和 GB 7674 等标准和相关反事故的要求。

②根据使用要求，确定 GIS 各元件在正常负荷条件和故障条件下的额定值，并考虑系统的特点及其今后预期的发展来选用 GIS。

③交流高压断路器的订货按照 DL/T 402 执行。

④断路器应选用无油化产品，其中真空断路器应选用本体和机构一体化设计制造的产品。

⑤对电缆线路和 35 kV 及以上电压等级架空线路，应选用切合时无重击穿的断路器。

⑥切合 110 kV 及以上电压等级变压器的断路器，其过电压不应超过 2.5～2.0 倍。

⑦采用五防装置运行可靠的开关柜，严禁五防功能不完善的开关柜进入系统使用。

⑧开关柜中的绝缘件（如绝缘子、套管、隔板和触头罩等）严禁采用酚醛树脂、聚氯乙烯及聚碳酸酯等有机绝缘材料，应采用阻燃性绝缘材料（如环氧材料或 SMC 材料）。

⑨为防止开关柜火灾蔓延，在开关柜的柜间、母线室之间及与本柜其他功能隔室之间应采取有效的封堵隔离措施。

⑩启备变高压侧断路器宜选用三相机械联动的断路器。

⑪断路器必须符合当地防污等级要求。

⑫发电机出口断路器的特殊要求：

(a) 制造单位应提供发电机断路器作用于基础上的作用力、安装尺寸，对母线的连接尺寸、连接方式，以及起吊位置、重量和注意事项。按用户要求，如发电机断路器在某些情况下兼起隔离开关的作用，应设置观察窗，从而可以监视断口的状态。

（b）大容量发电机断路器应具有内部温度的监测装置，以及反映断路器分、合闸位置是否正常的监测装置。

（c）当各极的同步操作未作特殊规定时，合闸时各触头接触瞬间的最大差异应不超过10 ms，分闸时各触头分离瞬间的最大差异应不超过5 ms。

（d）额定动稳定电流与额定短路关合电流峰值（kA）相等，为额定短路开断电流的2.8倍。

（e）额定失步开断电流值为额定短路开断电流值的25%或50%。

（f）各种类型操动机构应有防止“跳跃”的措施。在压缩空气式和液压式的分相操作的操动机构中，应有防止非全相动作的措施。操动机构失压时，动触头应能保持原位置，特别是不得自行分闸。

2. GIS及断路器运行技术要求

①GIS内断路器达到规定的开断次数或累计开断电流值、GIS某部位发生异常现象、某隔室发生内部故障或达到规定的分解检修周期时，应对断路器或其他设备进行分解检修，其内容与范围应根据运行中所发生的问题而定，这类分解检修宜由制造厂承包进行。GIS解体检修后，应按DL/T 603的规定进行试验及验收。

②断路器运行中，由于某种原因造成油断路器严重缺油、SF6断路器气体压力异常、液压（气动）操动机构压力异常导致断路器分合闸闭锁时，严禁对断路器进行操作。严禁油断路器在严重缺油情况下运行。油断路器开断故障电流后，应检查其喷油及油位变化情况，当发现喷油时，应查明原因并及时处理。

③为防止运行断路器绝缘拉杆断裂造成拒动，应定期检查分合闸缓冲器，防止由于缓冲器性能不良使绝缘拉杆在传动过程中受冲击，同时应加强监视分合闸指示器与绝缘拉杆相连的运动部件相对位置有无变化，并定期进行断路器机械特性试验，以及时发现问题。

④每年对断路器安装地点的母线短路容量与断路器铭牌作一次校核。

⑤每台断路器的年动作次数应作出统计，正常操作次数和短路故障开断次数应分别统计。

⑥定期用红外热像仪检查断路器的接头部，特别在高峰负荷或高温天气，要加强对运行设备温升的监视，发现异常应及时处理。

⑦长期处于备用状态的断路器应定期进行分、合操作检查。在低温地区还应采取防寒措施和进行低温下的操作试验。

⑧车柜内应有安全可靠的闭锁装置，杜绝断路器在合闸位置推入工作位置。

⑨加强开关设备运行维护和检修管理，确保能够快速可靠地切除故障。对于500 kV（330 kV）场站、220 kV枢纽场站分闸时间分别大于50 ms、60 ms的开关设备，应尽快通过检修和技术改造提高其分闸速度。对于经上述工作后分闸时间仍达不到以上要求的开关，要尽快进行更换。

六、互感器及耦合电容器技术要求

1. 互感器及耦合电容器设计选型技术要求

①互感器的技术要求应符合DL/T 725、DL/T 726和DL/T 866等标准和反事故措施的

有关规定。

②电压互感器及耦合电容器的技术参数和性能应满足 GB 1207、JB/T 8169《耦合电容器及电容分压器》的要求。

③电流互感器的技术参数和性能应满足 GB 4703 及 GB/T 14285 的要求。当分压电容有套管引出时，应注意对内部电场的影响，电磁单元应充变压器油，宜设置取油阀和注油孔。

④保护用电流互感器的暂态特性应满足 GB 16847 及 GB/T 14285 的要求。

2. 互感器及耦合电容器运行技术要求

①互感器应立即停用的几种情况。

当发生下列情况之一时，应立即将互感器停用（注意保护的投切）：

(a) 电压互感器高压熔断器连续熔断 2～3 次。

(b) 高压套管严重裂纹、破损，互感器严重放电，已威胁安全运行。

(c) 互感器内部有严重异音、异味、冒烟或着火。

(d) 油浸式互感器严重漏油，看不到油位；SF6 气体绝缘互感器严重漏气，压力表指示为零；电容式电压互感器分压电容器漏油。

(e) 互感器本体或引线端子严重过热。

(f) 膨胀器永久性变形或漏油。

(g) 压力释放装置（防爆片）已冲破。

(h) 电流互感器末屏开路、二次开路；电压互感器接地端子 N(X) 开路、二次短路，不能消除。

(i) 树脂浇注互感器出现表面严重裂纹、放电。

②应及时处理或更换已确认存在严重缺陷的互感器。对怀疑存在缺陷的互感器，应缩短试验周期进行跟踪检查和分析查明原因。对于全密封型互感器，油中气体色谱分析仅 H_2 单项超过注意值时，应跟踪分析，注意其产气速率，并综合诊断，如产气速率增长较快，应加强监视。如监测数据稳定，则属非故障性氢超标，可安排脱气处理；当发现油中乙炔大于 1 μL/L时，应立即停止运行。

③如运行中互感器的膨胀器异常伸长顶起上盖，应立即退出运行。当互感器出现异常响声时应退出运行。当电压互感器二次电压异常时，应迅速查明原因并及时处理。

④在运行方式安排和倒闸操作中应尽量避免用带断口电容的断路器投切带有电磁式电压互感器的空母线；当运行方式不能满足要求时，应进行事故预想，及早制定预防措施，必要时可装设专门消除此类谐振的装置。

⑤为避免油纸电容型电流互感器底部事故时扩大影响范围，应将接母差保护的二次绕组设在一次母线的 L_1 侧。

⑥定期验算电流互感器动热稳定电流是否满足要求。

七、外绝缘技术要求

1. 外绝缘设计技术要求

①新建和扩建电气设备的电瓷外绝缘爬距配置应以经审定的污秽区分布图为基础，并综合考虑环境污染变化因素，在留有裕度的前提下选取绝缘子的种类、伞形和爬距。

(a) 对于一、二级污区，应比污区图的标准提高一级配置。

(b) 对于三级污区，应结合设备所在具体位置周围的污秽和发展情况综合考虑；对需要加强防污措施的，在设计和建设阶段充分考虑采用大爬距定型设备。

(c) 对于四级污区，应在选址阶段尽量避让。如不能避让，应在设计和建设阶段考虑设备型式的选择，可以考虑采用 GIS 或 HGIS 等设备。

②室内设备外绝缘爬距应符合 DL/T 729 的规定，并应达到对应所在区域污秽等级的配置要求，严重潮湿的地区要提高爬距。

③绝缘子的订货应按照设计审查后确定的要求，在电瓷质量检测单位近期检测合格的产品中择优选定，其中合成绝缘子的订货必须在认证合格的企业中进行。

2. 外绝缘运行技术要求

①外绝缘清扫应以饱和盐密监测为指导，并结合运行经验，合理安排清扫周期，提高清扫效果。110 kV～500 kV 电压等级每年清扫一次，宜安排在污闪频发季节前 1～2 个月内进行。

②定期进行盐密及灰密测量，掌握所在地区的年度饱和盐密值、自清洗性能和积污规律，以饱和盐密值指导全厂外绝缘配合工作。盐密测量点选择的要求如下：

(a) 厂内每个电压等级选择一两个测量点。

(b) 盐密测量点的选取要从悬式绝缘子逐渐过渡到棒型支柱绝缘子。

(c) 明显污秽成分复杂地段应适当增加测量点。

盐密测量的方法、使用仪器和测量周期按 GB/T 16434 中的规定执行。

③当外绝缘环境发生明显变化及新的污源出现时，应核对设备外绝缘爬距，不满足规定要求时，及时采取防污闪措施。

④RTV 防污闪涂料的技术要求如下：

(a) 选用的 RTV 防污闪涂料应符合 DL/T 627 的技术要求。

(b) 运行中的 RTV 涂层出现起皮、脱落、龟裂等现象时，应视为失效，采取复涂等措施。

(c) 对涂覆 RTV 的设备设置憎水性监测点并作憎水性检测。检测周期 1 年，监测点的选择原则是在每个生产厂家的每批 RTV 中，选择电压等级最高的一台设备的其中一相作为测量点。

⑤按照 DL/T 596 的要求，做好绝缘子低、零值检测工作，并及时更换低、零值绝缘子。

八、接地装置技术要求

1. 接地装置设计技术要求

①接地装置必须按 DL/T 621 以及 GB 50169 等有关规定进行设计、施工、验收。

②在工程设计时，应认真吸取接地网事故的教训，并按照相关规程的规定改进和完善接地网设计。

③新建工程设计，应结合长期规划考虑接地装置（包括设备接地引下线）的热稳定容量，并提出接地装置的热稳定容量计算报告。

④在扩建工程设计中，除应满足新建工程接地装置的热稳定容量要求以外，还应对前期已投运的接地装置进行热稳定容量校核，不满足要求的必须在本期的基建工程中一并进行改造。

⑤接地装置腐蚀比较严重的电厂宜采用铜质材料的接地网，不应使用降阻剂。

⑥变压器中性点应有两根与主接地网不同地点连接的接地引下线，且每根引下线均应符合热稳定的要求。重要设备及设备架构等宜有两根与主接地网不同地点连接的接地引下线，且每根接地引下线均应符合热稳定要求。严禁将设备构架作为引下线。连接引线应便于定期进行检查测试。

⑦当输电线路的避雷线和电厂的接地装置相连时，应采取措施使避雷线和接地装置有便于分开的连接点。

⑧施工单位应严格按照设计要求进行施工。预留的设备、设施的接地引下线必须确认合格，隐蔽工程必须经监理单位和建设单位验收合格后，方可回填土，并应分别在两个最近的接地引下线之间测量其回路电阻，确保接地网连接完好。

⑨接地装置的焊接质量与检查应符合 DL/T621 及其他有关规定，各种设备与主接地网的连接必须可靠，扩建接地网与原接地网间应为多点连接。

⑩对高土壤电阻率地区的接地网，在接地电阻难以满足要求时，应确定采用相对应的措施后，方可投入运行。

⑪接地装置验收测试应在土建完工后尽快进行。接地装置交接试验时，必须确保接地装置隔离，排除与接地装置连接的接地中性点、架空地线和电缆外皮的分流对测试结果及评价的影响。

2. 接地装置运行技术要求

①对于已投运的接地装置，应根据地区短路容量的变化，校核接地装置（包括设备接地引下线）的热稳定容量，并结合短路容量变化情况和接地装置的腐蚀程度，有针对性地对接地装置进行改造。对不接地、经消弧线圈接地、经低阻或高阻接地的系统，必须按异点两相接地校核接地装置的热稳定容量。

②接地引下线的导通检测工作应 1～3 年进行一次，其检测范围、方法、评定应符合 DL/T 475 的要求，并根据历次测量结果进行分析比较，以决定是否需要进行开挖、处理。

③定期（时间间隔应不大于 5 年）通过开挖抽查等手段确定接地网的腐蚀情况。根据电气设备的重要性和施工的安全性，选择 5～8 个点沿接地引下线进行开挖检查，要求不得有开断、松脱或严重腐蚀等现象。如发现接地网腐蚀较为严重，应及时进行处理。铜质材料接地体地网不必定期开挖检查。

九、金属氧化锌避雷器技术要求

1. 金属氧化锌避雷器设计技术要求

①金属氧化物避雷器的选型、验收应符合 DL/T 804、GB 50150 的规定。普阀避雷器属于淘汰产品，对 110 kV～200 kV 普阀避雷器，应积极进行更换。

②其他用于保护干式变压器、发电机灭磁回路、GIS 等的特殊金属氧化物避雷器，其特性参数由用户根据设备的特点与厂家协商确定。

③金属氧化锌避雷器引线的连接不应使端子受到超过允许的外加应力。

④金属氧化锌避雷器的排气通道应通畅。排出的气体不致引起相间或对地闪络，并不得喷向其他电气设备。

⑤电厂开关站雷电侵入波的防护应符合规程要求，并满足开关站设备的安全运行。

2. 避雷器运行技术要求

①应在运行中按规程要求带电测量泄漏电流。当发现异常情况时，应及时查明原因。

35 kV及以上电压等级金属氧化物避雷器可用带电测试替代定期停电试验，但对500 kV金属氧化物避雷器应3~5年进行一次停电试验。

(a) 新投产的110 kV及以上避雷器应三个月后测量一次，三个月以后半年再测量一次。以后每年雷雨季前测量一次，应在晴朗天气下进行。

(b) 测量时应记录电压、环境温度、大气条件以及外套污秽状况等运行条件。

(c) 测量结果与出厂或投运时，以及前几次的数据进行比较，如发现异常，可与同类设备的测量数据进行比较。必要时可停电进行直流参考电压等有关项目的测量。

②严格遵守避雷器电导电流测试周期，雷雨季节前后各测量一次。110 kV及以上电压等级避雷器宜安装电导电流在线监测表计。对已安装在线监测表计的避雷器，每天至少巡视一次，每半月记录一次，并加强数据分析。

③定期用红外热像仪扫描避雷器本体、电气连接部位等，检查是否存在异常温升。

十、架空线路技术要求

1. 架空线路设计选型技术要求

①线路的导线截面，除根据经济电流密度选择外，还应按电晕及无线电干扰等条件进行校验，并通过技术经济比较确定。大跨越段线路的导线截面如按允许载流量选择，应避免全线路的输送容量受大跨越段限制。

②根据气象条件、覆冰厚度、污秽和腐蚀等情况，结合运行经验选取导、地线的形式。如盐雾影响应考虑采用防腐类导线，大跨距应考虑采用钢芯加强型导线。

③验算导线允许载流量时，对于导线的允许温度，钢芯铝绞线和钢芯铝合金绞线可采用+70℃（大跨越可采用+90℃）；钢芯铝包钢绞线（包括铝包钢绞线）可采用+80℃（大跨越可采用+100℃）或经试验决定；镀锌钢绞线可采用+125℃。

④地线应满足电气和机械使用条件要求，可选用镀锌钢绞线或复合型绞线。验算短路热稳定时，地线的允许温度钢芯铝绞线和钢芯铝合金绞线可采用+200℃；钢芯铝包钢绞线（包括铝包钢绞线）可采用+300℃；镀锌钢绞线可采用+400℃。计算时间和相应的短路电流值应根据系统情况决定。

⑤导、地线安全系数的选择应按设计规程有关要求，做到合理、经济并相互配合。

2. 架空线路运行技术要求

①线路发生重覆冰或舞动等异常情况后，应对其金具进行检查，对裂纹、变形、磨损严重、锌层脱落等不满足继续运行要求的金具应及时更换。

②对导线接续金具和耐张线夹应进行测温检查，测温宜选在线路负荷较大和环境温度较高时进行；当温升超过40 K或温度达到90℃时，应采取相应措施。

③对于间隔棒，应注意线夹紧固件的松脱和橡胶垫的磨损，发现问题立即处理。

④定期检查导、地线（包括耦合地线、屏蔽线）有无锈蚀、断股、损伤或灼伤等情况。

⑤检测因环境温度变化、覆冰、蠕变等原因引起的弧垂及交叉跨越距离变化情况。

⑥大负荷期间增加特巡，重点监测弧垂的变化和接点的过热情况。

⑦导、地线表面腐蚀、外层脱落或呈疲劳状态，应取样进行强度试验。若试验值小于原破坏值的80%，应换线。

第二节　电厂监控系统的选型

一、火电厂监控系统选型

DCS 是分散控制系统（Distributed Control System）的简称，国内一般习惯称为集散控制系统，它的意义在于“控制分散，管理集中”，是一个由过程控制级和过程监控级组成的以通信网络为纽带的多级计算机系统，综合了计算机（Computer）、通讯（Communication）、显示（CRT）和控制（Control）等 4C 技术。DCS 控制系统设计的基本思想是分散控制、集中操作、分级管理、配置灵活、组态方便。

1. 现阶段 DCS 控制系统存在的问题

（1）故障未实现真正分散

现阶段电厂投入运行的 DCS 控制系统在结构上基本相同，都是由控制器、电源、I/O 模件、通信模块、机架、通信网络及人机接口组成。差别只是控制器、电源、通信网络、工程师站的冗余情况不同，I/O 模件点数或通道数不同，机架所带模件数量不同。

运行几年来由于某些故障（如通信中断）造成整个 DCS 系统崩溃而使主机被迫停运的情况时有发生。DCS 系统的控制器所承担的控制任务无法像传统仪表控制系统那样从地域上分散，因此无法使故障真正的分散。

（2）未实现节约电缆的目的

由于 DCS 系统的设备器件比较娇贵，对环境的要求比较高，因此，DCS 系统的主要设备一般都安置在条件比较好的电子室，大量的现场信号仍然需用电缆接到电子室。因此与传统的仪表控制系统相比，并没有节约多少电缆。

（3）备品备件购置困难

由于 DCS 控制系统的模件都比较昂贵，不可能购买大量的备品备件，但同时由于电子产品的更新换代较快，往往在几年后适合的备品备件很难买到。

（4）机组运行对 DCS 系统生产厂商的依赖增加

特别是一些国外的 DCS 产品，由于普遍存在技术人才不足、运行人员素质偏低的原因，使 DCS 系统的应用不能尽如人意。对 DCS 系统生产厂商的依赖不但没减少，反而有所增加，尤其在机组新建成投产期间，DCS 生产厂家派往工地的专家服务似乎成了机组投产调试期间必不可少的。同时，为了用好 DCS 系统需要培训的工程技术人员及培训所需费用也有所增加。

（5）兼容性不强

各电厂运行 DCS 控制系统的生产厂家各不相同，使热工技术人员交流困难。且各电厂 DCS 系统的备品备件无法通用，提高了公司的运行成本。

2. 选型考虑的几个方面

一个电厂工艺流程确定后，根据设计，控制系统被控对象也就被确定。那么，如何选择 DCS 控制系统呢？一个控制系统的规模主要由系统的输入输出点数确定，其中包括连锁、特殊控制要求等所需的输入输出点数。因此，首先要做的事就是必须对要控制的系统进行统计，弄清楚下述有关的内容：有哪些重要的被控量（被控量一般是指那些需要运行人员特别注意监视和通过人为干预或自动调节进行控制的量，如电厂中的主汽温度、主汽压力、汽包水位等)。信号类型有哪些，如模拟量输入信号 AI（一般为 4 mA~20 mA 或 1 V~5 V 的信号)、模拟量输出信号 AO（一般为 4 mA~20 mA 的信号)、开关量输入信号 DI、开关量输出信号 DO、热电偶信号、热电阻信号等。每一种信号的数量有多少。有多少控制回路，如 MCS、SCS、DEH 及一般辅机逻辑控制回路等，电厂一定要有 SOE、ETS、FSSS 等监控要求。这些数据都可以通过设计资料来获得。与此同时，还要注意是否根据电厂实际情况在控制上有特殊的要求等。完成以上的工作后，就进入 DCS 控制系统的选型阶段。

目前生产 DCS 控制系统的厂家比较多，有美国的 Honeywell 公司、BALLEY 公司、西屋公司，日本的横河公司、三菱公司，德国的西门子公司等。国内也有几家，做得比较好的有和利时、浙大中控、新华、北京航天等公司。但不是每一套 DCS 控制系统都是通用的，都能完全满足用户的使用要求，DCS 控制系统要根据实际情况来选型，选型时应注意以下几个问题：

(1) 考虑生产厂家的应用领域

从理论上来讲，DCS 可以用于不同的工艺过程，但是 DCS 的制造厂家专长或应用领域是不同的。如 Honeywell 公司的 TDC2000、TDC3000、TPS 和 PKS 系统，横河 CS1000、CS3000 系统主要用于石化部门，因为这些控制系统的闭环控制回路比较多，模拟量控制也比较方便。模拟量和开关量控制是完全分开的，但要注意的是，它们在开关量的控制方面不如其他厂家的 DCS 方便。美国 BAILEY 公司的 N90、INFI90 系统，西屋公司的 WDPFI、WDPFII、OVATION 系统主要用于电力系统。这两个厂家的系统在模拟量和开关量结合方面较好。OVATION 系统是新型软 DCS 系统，也是现在销售情况最好的系统之一。

(2) 考虑厂家的技术能力和技术力量

现在国内很多做 DCS 的自动化公司是以代理国外知名 DCS 厂家产品的形式向用户提供控制系统的，其厂家技术人员的技术能力必须要考虑。如经常做化工控制系统的人员来做电厂的控制系统，他对锅炉和汽轮发电机组的控制就不太熟悉，做的工程就不会太好。因此，这些因素在进行 DCS 控制系统选型时必须考虑。而国产 DCS 厂家由于大部分产品是针对国内企业的实际使用情况来开发的，且是自主开发，所以其技术人员对软件的安装、调试、联网和开发以及对现场都很熟悉。但是国产 DCS 发展时间不长，对一些软件的测试条件不够完善，在一些极特殊情况下，往往会出现较多问题，所以有时发生故障会有解释不清的情况。考虑到系统的兼容性，建议每个厂的 DCS 控制系统只选择一个厂家的同一类品。

(3) 考虑经济性

应该从 DCS 本身价格和预计所创效益角度考虑。DCS 有国产的和进口的，相同档次而言，进口的 DCS 控制系统功能强一些，包括了一些先进的控制算法，如 Smith 预估、三维矩阵运算等。国产 DCS 价格相对进口的要低很多，功能上也能满足用户的技术要求。从结构上来看，国外 DCS 的控制器各厂家差别不太远，只是控制器的预置算法稍有差别，控制器与 I/O 板的连接方式也有所不同。操作站区别较大，有以 PC 机为基础的，有以小型机为基础的。小型机的价格要比 PC 机高很多，操作系统一般选用 UNIX 系统，进口小型机操作站的价格一般要高于 40000 美元。PC 机的操作站不到 30000 美元，它的操作系统采用 NT，其稳定性没有 UNIX 好。以 NT 操作系统作为操作站的，点数要少一些，不然会频繁死机。国产 DCS 要便宜得多，一般采用 PC 机操作站，可以采用最新的机型。监视软件有专用的，也有通用的，通用的监视软件开放性要好一些（如 FIX 和 IFIX 等)。

用户应按照项目的规模大小和预算资金来选择使用。DCS 比较贵的原因，除了上述原因外，还有控制器的电源系统，通常采用冗余供电配置，电源的引入和散热是价格高的主要原因，各个 DCS 系统在这方面差别比较大。把控制器和操作站联系起来的通讯网络也要考虑，如果采用通用的以太网，则网卡等价格很低，专用的网络接口很贵，甚至可以达到 20000 美元。经济性与很多因素有关，有时厂家将报价降下来，实际是改变了一些结构而已，并没有给什么优惠，甚至其利润还有增加。

（4）考虑售后服务

选用国外厂家的 DCS 产品通常情况下备品、备件供应价格较高，且不能及时提供。因此，DCS 用户如选择国外厂家，应尽量选择实力雄厚、技术力量强、境内技术支持好的厂家。计算机技术发展很快，DCS 厂家也会不断更新它的产品，新旧产品的兼容性也是应该考虑的因素。个别厂家新旧系统软件、硬件都不兼容，这给以后系统的升级造成很大麻烦，甚至给用户带来损失。国内的 DCS 厂家备品、备件供应相对比较及时，售后服务方面做得也比较好。

（5）DCS 的技术先进性

DCS 的技术先进性是指系统采用了经过验证的最新技术，并有发展前途和生命力，包括 DCS 系统的开放和互联、现场总线的应用、第三方软件的支持等。这里要注意，有些厂家为了占领市场，会把一些不成熟的产品推销给用户，因此，选择 DCS 控制系统应该对厂家提供的 DCS 产品进行详细的调研，包括系统软件、硬件的使用情况，产品投入市场的时间以及售后服务情况等。应该尽量选择那些新型的、采用了经过验证的最新技术的、有发展前途和生命力的产品，选择那些经济实力雄厚、用户好评率高的厂家的 DCS 产品。在现有 DCS 控制系统的模式下，应考虑其安全性。在选型时就要考虑冗余设计、配置是否合理，如控制器、I/O 卡件、通信网络、服务器、电源等模件的冗余情况。这些都是很重要的因素，如果考虑得不够全面，就会给将来系统的正常稳定运行带来隐患。

（6）考虑控制系统的网络层次

20 世纪 90 年代以后的 DCS 产品为把生产过程现场数据送到以太网，与 MIS 系统连接起来，增加了网关，从而增加了网络层次。这层网络只读取数据，不对系统进行控制。新型系统的控制器能直接与以太网连接，网络层次比较少，系统价格也比较低。在进行系统集成时，应选用接口比较多的控制器，如以太网口、Modbus 协议、RS232C 或 RS485 等，这样可使控制器能与现场总线相连，或与不同厂家的 PLC 相连，使集成的系统功能更强大，也便于第三方做二次开发。

（7）考虑现场总线的应用

现场总线是生产过程区域现场设备、仪表和控制室系统之间的一种串行、数字式的双向通信的数据总线，是一门新兴的技术，同时也是 DCS 控制系统今后主要的发展方向。这种技术不只是新颖，而且其设计思想对生产自动化程度以及生产效率的提高都有益处。随着技术的不断完善和发展，现场总线技术已进入实用阶段，因此在进行 DCS 系统选择时，可以考虑使用总线技术的 DCS 控制系统。现场总线应用的优点如下：

①减少由于设备信号制不统一而出现的检修繁琐问题。现有的 DCS 系统使用的信号并不是统一的标准，如 AI（模拟量输入）、AO（模拟量输出）、DI（数字量输入）、DO（数字量输出）等不同的信号，给检修工作带来极大的不便。而采用现场总线控制系统完全没有这种因素存在，可以在数据线上以相同的形式传送数据，增强了数据的可信度。

②减少维修工作量，提高工作效率。现场总线和就地设备都是通过网络进行数据交换，从而达到控制的目的。人们在进行维修工作时，对现场设备的检查完全可以在工程师站或操作员站得以实现，对现场设备的参数设置也可通过网络直接下载到现场设备当中，并通过定期检查间接地确定设备是否有故障。另外，采用现场总线的控制系统的报警还可以对现场控制站出现的硬件故障进行诊断分析，查明故障原因，通过工程师和操作员站的报警来提示检修人员进行设备维护。

③实现真正的故障分散，在一定程度上提高机组的安全性。现在的DCS系统在很多情况下会因为如I/O卡件烧毁或控制系统的电源失电等，造成系统在故障状态下运行，或者出现停运。这种事故出现后，排查起来十分困难，既费工又费时。而现场总线的产生，轻而易举地解决了这类问题，同时为查找出现故障的设备提供了方便。

(8) 机组保护设计应重点考虑

电厂热控系统中最重要的部分是对主机保护的严格设计，以防止各种保护不发生误动。同时也要保证保护不发生拒动，因此，在DCS控制系统选型时，就要考虑I/O卡件以及设备信号采集采用三取二的方法，如汽包水位、炉膛负压、汽机真空、润滑油压等信号在设计时就应该要求现场的信号至少有三个点，且这三个信号分别进入三个不相同的I/O卡件中，而三个不同的I/O卡件应该分属不同的控制站，以达到保护不会因为一个设备、一个I/O卡件、一个控制站的故障就导致保护误动或拒动的现象。

因此，对于电厂来说，虽然DCS是未来控制系统的发展方向，但系统是否可靠、好用，主要问题就在DCS控制系统的选型上。系统选型得当，就会为电厂的正常稳定运行打下良好基础，否则就会为电厂的发展带来不必要的麻烦。每一个设计DCS控制系统的工程技术人员在最初的选型阶段都要认真地调研，仔细了解厂家及DCS系统的每一个细节，在考虑投资合理的前提下，力争选用那些采用经过验证的最新技术，并有发展前途和生命力的DCS控制系统。

二、水电厂计算机监控系统选型

1. 概述

不同类型水电厂新建、改建时，如果采用计算机监控系统，都会涉及方案设计。计算机监控系统的类型很多，可以说没有定型产品，国内、国外均有系统集成商，且国内集成商的系统已相当成熟。用户应该根据各水电厂的具体情况，确定计算机监控系统的主要功能要求，经方案比选后，确定计算机监控系统的类型和结构、配置的主要设备以及实现的性能指标，包括硬件和软件，以便供货商按用户提出的要求进行设计和供货。

2. 新建水电厂

计算机监控系统设计必须首先明确工程项目与所在电力系统之间的调度管理关系和相互之间的职责划分。同时，还应根据工程的具体情况（自然条件、工程规模、承担的任务、重要性、特点等）确定项目的自动化要求和运行管理体制。

对于水电厂，需明确由哪级调度部门实行调度管理，调度的范围是监视哪些设备的运行状态及参数，是否实行遥控遥调及遥控遥调的方式和对象，是否采集事件记录及其内容范围、分辨率要求等。

对出线电压，在两个或两个以上的水电厂有可能按电压等级及设备重要性分属不同级别的调度机构（网调、省调、地调等）调度管理时，应分别明确调度的内容范围。

对于梯级水电厂，应论证明确是否需设梯级集中监控中心及其设置的位置，上级调度与梯级集中监控中心的职责划分，各自采集的信息内容，以及梯级集中监控中心与各水电厂在监控管理上的职责分工，梯级集中监控工程设计方案应有专题设计报告。

对于采用常规控制的水电厂，应确定中控室集中控制的对象范围和自动化程度，选定主要的监视控制设备及需要的专项功能自动化装置。

对于采用计算机监控的水电厂，需明确是否取消或简化常规监控设备及与常规监控设备的关系。如果留有部分常规监控设备，需明确所保留的常规监控设备的配置、功能与计算机监控系统的分工及协调配合。确定计算机监控系统的主要功能要求，对抽水蓄能电站还应明确机组的工况转换要求。经方案比选后，确定计算机监控系统的结构、配置的主要设备以及实现的性能指标。

对于梯级水电厂的梯级集中监控中心，应确定其监控内容和自动化要求，选用的监控系统的结构、主要的设备配置以及实现的功能指标。

在与系统调度自动化的协调配合上，如水电厂（梯级水电厂）采用计算机监控系统，则需明确是水电厂（梯级集中监控中心）的计算机直接与系统调度自动化的计算机通信传输信息，还是系统调度自动化有专设的远动终端传输信息。如属后者，应明确该远动终端传输信息的内容，与水电厂（梯级集中监控中心）计算机系统的相互关系及信息传输方式。如水电厂未采用计算机监控系统，则需明确设于本电厂的调度自动化远动终端的功能要求。

确定机组及其辅助设备自动控制的设计原则，非电量监测保护的内容要求以及采用的主要设备性能。

确定油、气、水等全厂公用设备及各类闸、阀的自动控制原则要求，选择主要控制设备。

确定各种闸门启闭设备的控制地点和控制方式。当不同闸门间有程序控制要求时，应明确选用的控制方案。对通航建筑物，根据需要在自动控制系统方案中包括监视命令信号及通信等内容。

3. 改建水电厂

改建水电厂涉及监控系统改造时，需要根据水电厂的具体情况进行分析。

（1）对于原采用常规控制的水电厂

新建计算机监控系统的，可以采用以下 3 种类型：

①取消常规控制设备的全计算机监控系统。

②以计算机为主、常规设备为辅的监控系统。

③以计算机为辅、常规设备为主的监控系统。

遵循新建水电厂中描述的计算机监控系统设计的原则要求进行方案设计。

（2）对于已采用计算机监控系统控制的水电厂

需考虑原有监控系统为前述哪种类型，同时，也选择对原有计算机监控系统的改造方案：

①原有系统的升级或换代。

②部分改造。

③全部更新。

要遵循新建水电厂中描述的计算机监控系统设计的原则要求进行方案设计。

4. 标准、规程和相关文件

在进行计算机监控系统方案设计时，无论新建或改造，均应遵循有关中华人民共和国国家标准、电力行业和水电行业标准、相关部门的有关文件，这些标准、规程和文件的所有相关条款均应遵循。

由于标准、规程和文件较多，以下列出了主要的标准、规程和文件，但不限于此，计算机监控系统招标或采购时，要求供货商遵循的有关标准也未详尽列出。以下的标准、规程和文件中说明了适用于什么规模的水电厂，规定范围以外的水电厂可参照执行。

①〔2004〕电监会 5 号令《电力二次系统安全防护规定》。

②电监安〔2006〕34 号文《关于印发〈电力二次系统安全防护总体方案〉等安全防护方案的通知》。

③国家电网调〔2006〕1167 号文《关于贯彻落实电监会〈电力二次系统安全防护总体方案〉等安全防护方案的通知》。

④川电通自〔2007〕5 号文：关于转发《关于贯彻落实电监会〈电力二次系统安全防护总体方案〉等安全防护方案的通知》。

⑤DL/T 5345《梯级水电厂集中监控工程设计规范》。

⑥DL/T 578《水电厂计算机监控系统基本技术条件》。

⑦DL/T 5065《水力发电厂计算机监控系统设计规定》。

⑧DL/T 822《水电厂计算机监控系统试验验收规程》。

⑨DL/T 5002《地区电网调度自动化设计技术规范》。

⑩DL/T 5003《电力系统调度自动化设计技术规范》。

⑪DL/T 575.1～T575.12《控制中心人机工程设计导则》。

⑫DL/T 5081《水力发电厂自动化设计技术规范》。

⑬DL/T 5186《水力发电厂机电设计规范》。

⑭GB 23128《操作系统标准》。

⑮GB 2887《计算机场地技术要求》。

⑯GB 6650《计算机机房用活动地板技术条件》。

⑰GB/T 9361《计算机场地安全要求》。

⑱GB 7260《不停电电源（UPS)》。

⑲IEC/EN 62040《UPS》。

⑳GB/T 13730《地区电网数据采集装置和监控系统通用技术条件》。

㉑国电发〔2000〕589 号文《防止电力生产重大事故的二十五项重点要求》

㉒国家电网生技〔2005〕400 号文《关于印发〈国家电网十八项电网重大反事故措施(试行)〉的通知》。

㉓川电调〔2006〕121 号文《关于印发〈四川电网并网电厂接入系统设备（装置）安全运行的技术要求（试行)〉的通知》。

㉔国家电网公司《输变电工程通用设计 110 kV/220 kV/330 kV/500 kV 变电站二次系统部分》。

5. 计算机监控系统功能

这里对取消常规控制设备的全计算机监控系统，全面描述其具有的功能。

计算机监控系统能实时、准确、有效地完成对水电厂各被控对象的安全监控。其主要功能如下：

①数据采集和处理。

(a) 行标 DL/T 578 中：主要参数趋势分析处理、事故追忆处理、相关量处理为任选功能。一般在系统功能提出了这些要求，可以根据各自的运行管理习惯酌情考虑。

(b) 计算机监控系统采集的各种电气量和非电气量在 DL/T 5065 中有明确要求，应采集的电气量应遵循《电力装置的电测量仪表装置设计规范》(GB/T 50063)、《电测量及电能计量装置设计技术规程》(DL/T 5137) 的要求。

(c) 开关量的采集应根据各水电厂的设备情况确定。

②安全运行监视。

③控制操作与调节。

行标 DL/T 578 中：低频控制和高频控制为任选功能，但基于电网安全的考虑，以及与调度 AGC 的联合控制，一般没有单独考虑此项功能。

④自动发电控制和经济调度（AGC/EDC)。

(a) 四川电网要求：并入电网且水电单机容量大于等于 40 MW 的发电机组应具备 AGC 功能，投入商业运行前应完成与省调 EMS 系统的联调试验，满足电网调整要求，AGC 投入后水电机组调整速率原则上不小于每分钟 80%额定负荷。

(b) 水电厂的 AGC/EDC 的功能应满足上级调度机构的要求，四川省电力公司通信自动化中心对水电厂 AGC 有明确的功能规范要求，计算机监控系统应提供实现单机控制、水电厂等值控制模式的接口，并实现不同控制模式的无扰动切换。

(c) AGC/EDC 应充分考虑电站运行方式，可以具有调（有）功、调频功能，应按上级调度机构的要求具体实施。

(d) AGC/EDC 可以考虑实现开环/半开环、闭环工作模式。

(e) AGC/EDC 应能选择可控机组参加 AGC，对参加 AGC 控制的机组实施调控；未参加 AGC 联合控制的机组可接受操作员对该机组的其他方式控制。

(f) 根据 AGC/EDC 功能，明确给定值方式。

(g) 明确 AGC/EDC 约束条件。

(h) 明确 AGC/EDC 安全约束及运行可靠性措施。

⑤自动电压控制（AVC)。

(a) 水电厂的 AVC 的功能应满足上级调度机构的要求，四川省电力公司通信自动化中心对水电厂 AVC 有明确的功能规范要求。

(b) AVC 应充分考虑电站运行方式，应具有调（无）功、调压功能，应按上级调度机构的要求具体实施。

(c) AVC 可以考虑实现开环/半开环、闭环工作模式。

(d) AVC 应能选择可控机组参加 AVC，对参加 AVC 控制的机组实施调控；未参加 AVC 联合控制的机组可接受操作员对该机组的其他方式控制。

(e) 根据 AVC 功能，明确给定值方式。

(f) 明确 AVC 约束条件。

(g) 明确 AVC 安全约束及运行可靠性措施。

⑥人机接口。

行标 DL/T 578 中：操作票及操作指导、事故处理指导、画面拷贝为任选功能，可以根据各自的运行管理习惯酌情考虑。

⑦统计记录与设备运行管理及指导。

行标 DL/T 578 中：运行参数及经济指标计算等为任选功能，可以根据各自的运行管理习惯酌情考虑。

⑧语音报警及 ONCALL 功能。

此项功能可以根据各自的运行管理习惯酌情考虑。

⑨系统通信。

行标 DL/T 578 中：与水情自动化测报系统的通信、与厂内办公室管理系统的通信为任选功能，可以根据各自的运行管理习惯酌情考虑。一般应实现与水情自动化测报系统的通信，慎重考虑与厂内办公室管理系统的通信，必须考虑安全防护。同时，水电厂内其他电力生产应用系统已增加许多，计算机监控系统是否与这些系统通信，可以根据各自的运行管理习惯酌情考虑，但必须考虑安全防护。

⑩系统自诊断及自恢复。

⑪远程维护和诊断。

此项功能有关标准没有要求，可以根据各自的运行管理习惯酌情考虑。

⑫培训仿真。

行标 DL/T 578 中：此项功能为任选功能，可以根据各自的运行管理习惯酌情考虑。

⑬安全分析。

此项功能有关标准没有要求，可以根据各自的运行管理习惯酌情考虑，与培训仿真结合。

6. 计算机监控系统功能详细要求

计算机监控系统宜采用分层分布式结构，分设负责全厂集中监控任务的电厂级及完成机组、开关站和公用设备等监控任务的现地控制级；根据需要，可设置负责闸门监控的现地控制单元。

应该根据各水电厂的具体情况，确定计算机监控系统的主要功能要求，这里提出有关的主要功能，功能详细要求遵循上述有关标准、规程和相关文件，结合各水电厂的具体情况进行描述。

(1) 控制和调节方式

根据各水电厂的具体情况确定控制调节方式，以及相应的控制调节权限。

(2) 负荷给定方式

根据各水电厂的具体情况确定有功功率方式、无功功率给定方式，以及机组负荷分配方式。

(3) 计算机监控系统主控级的功能

①数据采集。

②数据处理。

③安全运行监视。

④控制与调节。

⑤自动发电控制和经济运行（AGC/EDC）。

⑥自动电压控制（AVC）。

⑦人机接口及操作要求。

⑧统计记录设备运行管理及指导。

⑨生产报表及打印。

⑩语音报警及 ONCALL 功能。

⑪系统通信。

⑫系统自诊断及自恢复。

⑬远程维护和诊断。

⑭培训仿真。

⑮安全分析。

⑯与 GPS 时钟同步系统的接口。

（4）LCU 的一般功能

LCU 实现对各生产对象的监控，各 LCU 的 CPU 完成各 LCU 的管理，并带有其监控范围内的完整的数据库，实现全开放的分布式系统的分布式数据库。

各现地控制单元应具备较强的独立运行能力，在脱离电厂级的状态下能够完成其监控范围内设备的实时数据采集处理、设定值修改、设备工况调节转换、事故处理等任务。

①数据采集及处理。

②监视显示。各 LCU 中配有人机界面，应能显示设备的运行状态及运行参数、操作和监视画面、趋势图、各种事故及故障报警信息等，显示画面尽可能与操作员站相关显示画面一致。

③控制与调节。

④按被控对象工艺流程进行自动控制和调节。

⑤音响报警。LCU 上应装设反映被控对象的事故、故障、越限等状态的不同音响的报警装置。

⑥通信功能。

⑦自诊断功能。

（5）机组 LCU 的功能

机组 LCU 除满足一般功能要求外，还应满足以下要求：

①水轮发电机的控制与调节。机组 LCU 设置必要的现地监控设备完成现地监控功能，也能接收主控级的命令完成远方操作控制任务。

②机组辅助设备的控制。

③发电机、变压器断路器的分/合操作。

④机组有功功率/转速调节。

⑤机组无功功率/电压调节。

⑥各种整定值和限值的设定。

⑦机组的自动准同期和手动准同期并网操作。

⑧机组进水口闸门控制（若有）。

（6）水力机械保护屏

水力机械保护一般不由计算机监控系统承担，而由另设的专功能装置完成，独立于机组 LCU。

（7）厂用和公用设备 LCU 的功能

厂用和公用 LCU 除满足一般功能要求外，还应满足以下要求：

①厂用电系统各断路器的分/合操作。

②0.4 kV 厂用电进线及母联断路器的分/合操作。

③高、低压厂用电系统各种运行方式确定及备用电源的自动投入。

④高、低压气机的启动/停止操作。

⑤各种水泵的启动/停止操作。

⑥其他需要计算机监控系统操作的电机的启动/停止操作。

(8) 开关站 LCU 的功能

开关站 LCU 除满足一般功能要求外，还应满足如下要求：在开关站 LCU 设置必要的现地监控设备，能完成现地监视控制功能，也能接收主控级的命令完成远方操作控制任务。同时，应按开关设备的闭锁要求自动闭锁，防止误操作。操作内容如下：

①开关站各断路器的分/合操作。

②开关站各隔离开关的分/合操作。

③开关站各接地开关的分/合操作。

④开关站各断路器的自动准同期和手动准同期合闸操作。自动准同期和手动准同期装置对于不同的同期点应能自动切换不同的同期电压及合闸对象。

7. 计算机监控系统网络结构和速率

计算机监控系统局域网可以采用多种网络连接方式，目前星型、环型、总线型结构的交换式以太网等在电力系统中均有应用，根据各水电厂的实际情况，进行比较选择，原则上计算机监控系统宜采用全开放的分层分布式结构。

从目前计算机监控系统的应用实例来看，10 Mbps/100 Mbps/1000 Mbps 的以太网结构均有应用，采用较多的是 10 Mbps/100 Mbps。可根据各水电厂的实际情况，计算相应的网络负荷，确定采用的网络速率。

8. 计算机监控系统硬件配置

计算机监控系统的主要功能、网络结构和速率确定后，就可以开始配置主要的设备。上述的有关标准、规程和相关文件明确了硬件选择的原则，考虑到计算机及其网络技术发展迅速，计算机软、硬件更新换代周期很短，可以根据水电厂的具体情况细化要求，例如：

①计算机监控系统的冗余化措施。

②按功能和控制对象配置硬件，将功能尽可能分散。

③整个系统尽量采用相同类型的硬件平台，硬件平台将最大限度地采用现在流行的且严格遵守当今工业标准的产品。

④计算机技术参数根据目前市场上计算机主流产品的技术性能确定，供货商最终交货的计算机设备要求是供货时主流计算机设备中较高档次的产品。

⑤选用什么档次的 PLC 及 LCU 的构成方案，如 CPU 机架、电源模块、通信模块等是否冗余配置。

⑥选用什么档次的交换机及网络设备的构成方案。

⑦其他硬件设备的选择。

9. 计算机监控系统软件

有关标准、规程和相关文件明确了软件技术要求，可以根据水电厂的具体情况细化要求。计算机监控系统应配备能够完成全部功能的软件系统，包括系统软件、支持软件和应用软件。

10. 计算机监控系统性能要求

有关标准、规程和相关文件已经明确了系统性能要求，可以根据水电厂的具体情况细化要求，如环境条件要求、可靠性、可维修性、可利用率、系统安全性、可扩性和可变性。

11. 安全防护

计算机监控系统应严格执行〔2004〕电监会5号令《电力二次系统安全防护规定》、电监安全〔2006〕34号文《关于印发〈电力二次系统安全防护总体方案〉等安全防护方案的通知》、〔2006〕1167号文《关于贯彻落实电监会〈电力二次系统安全防护总体方案〉等安全防护方案的通知》、川电通自〔2007〕5号文“关于转发《关于贯彻落实电监会〈电力二次系统安全防护总体方案〉等安全防护方案》的通知”、四川电力公司其他相关文件的要求，进行安全防护。

安全防护实施方案需经过上级信息安全主管部门和相应电力调度机构的审核和验收。

第三节　发电机励磁系统的选型

一、概　述

励磁系统是发电机组重要的辅助设备，其主要任务是向同步发电机的励磁绕组提供一个可调的直流电流（电压），控制机端电压恒定，满足发电机正常发电的需要，同时控制发电机组间无功功率的合理分配，以满足电力系统安全运行的需要。它对提高电厂的自动化水平，提高发电机组运行的可靠性，提高电力系统稳定性有着重要的作用，因此，正确选择励磁设备也就至关重要。

二、标准、规程和相关文件

在进行励磁系统方案设计时，无论新建或改造，均应遵循有关中华人民共和国国家标准、电力行业和水电行业标准、相关部门的有关文件，这些标准和文件的所有相关条款均应遵循。

由于标准、规程和文件较多，以下列出了主要的标准、规程和文件，但不限于此，励磁系统招标或采购时，要求供货商遵循的有关标准也未详尽列出。以下的标准、规程和文件中说明了适用于什么规模的水电厂，规定范围以外的水电厂可参照执行。

①DL/T 508《水力发电厂自动化设计技术规范》。

②DL/T 5186《水力发电厂机电设计规范》。

③DL/T 583《大中型水轮发电机静止整流励磁系统及装置技术条件》。

④DL 489《大中型水轮发电机静止整流励磁系统及装置试验规程》。

⑤DL 490《大中型水轮发电机静止整流励磁系统及装置安装、验收规程》。

⑥DL 491《大中型水轮发电机静止整流励磁系统及装置运行、检修规程》。

⑦DL/T 1013《大中型水轮发电机微机励磁调节器试验与调整导则》。

⑧GB/T 7409.1《同步发电机励磁系统定义》。

⑨GB/T 7409.2《同步发电机励磁系统 电力系统研究用模型》。

⑩GB/T 7409.3《大中型同步发电机励磁系统技术要求》。

⑪GB/T 11805《大中型水电机组自动化元件及其系统基本技术条件》。

⑫GB 6450《干式电力变压器》。

⑬GB/T 10228《干式电力变压器技术参数和要求》。

⑭国电发〔2000〕589号文《防止电力生产重大事故的二十五项重点要求》。

⑮国家电网生技〔2005〕400号文：关于印发《国家电网十八项电网重大反事故措施（试行）》的通知。

⑯川电调〔2006〕121号文：关于印发《四川电网并网电厂接入系统设备（装置）安全运行的技术要求（试行）》的通知。

三、励磁方式的选择

在发电机的各种励磁方式中，自并励方式以其接线简单、可靠性高、造价低、电压响应速度快、灭磁效果好的特点而被广泛应用。

随着电子技术的不断发展，大容量可控硅制造水平的逐步成熟，发电机采用自并励励磁方式已成为一种趋势，对于大型机组，业界人士也越来越倾向于采用自并励方式。

一般来说，自并励励磁的价格比同容量的直流励磁机还要低，但其调节范围、控制速度、抑制甩负荷时过电压的能力等性能则是老式励磁无可比拟的。新建的中小型电站，也大多采用自并励方式，取消了常规的直流励磁机，以简化发电机的轴系统，降低厂房高度，减少工程造价，减少噪音，同时提高自动化水平。改造时，由于自并励最为简单经济，通常被优先考虑。

对于在发电机出口或近端短路时自并励的可靠性问题，大型机组已由封闭式母线和快速继电器给予了保证，中小型电站可配以带电流记忆的低电压过电流后备保护来解决。近20年来，美国、加拿大对新建电站几乎都采用自并励励磁系统，加拿大还拟将火电厂原交流励磁机励磁系统改为自并励励磁系统。

四、励磁调节器

发电机励磁调节器是励磁装置的控制核心，它的发展经历了机电型、电磁型、晶体管分立元件型、模拟运算放大器型以及微机型几个阶段。

目前，我国中小型水电站的励磁大都采用微机调节器，少量采用模拟运算放大器为核心的励磁调节器，老式的分立元件电路已逐步被淘汰。近年来，微机型励磁调节器已成为同步发电机励磁调节器的主流。

模拟运算放大器式励磁调节器有着调压精度高（0.5%～1%）、调压范围宽（10%～120%）、直观容易熟悉等特点，对于中小型电站来说，在今后的一段时期内仍然具有吸引力。

模拟式励磁调节器也有一些缺点和不足：功能少；调试麻烦，各主要参数需定期校正，维护工作量大；因元件的分散性影响了脉冲的对称性；因电路的积累误差影响到各工况的线性对称等。

随着发电机单机容量和电网规模的增大，发电机组及电力系统对励磁控制在快速性、可靠性、多功能性等方面提出了越来越高的要求，致使常规模拟式励磁变得过分复杂甚至力不从心。相应的，励磁控制在理论和实践上也在不断更新、发展和完善，我国从 20 世纪 80 年代初开始研制微机式励磁调节器，经过十多年的努力，设计、生产和运行方面已积累了丰富的经验，微机式励磁调节器在生产运行中都显示了优良的性能。20 世纪 90 年代以来，微机型励磁调节器在中小型机组得到了广泛应用。

与模拟式励磁调节器相比较，微机式励磁调节器的优点是：

①可以实现模拟式励磁调节器难以实现的与动态响应相结合的 PID 控制规律、PSS 电力系统稳定器、非线性控制、自适应控制及模糊控制等控制规律。

②调节准确、精度高，在线改变参数方便。

③可靠性高，无故障工作时间长。

④系统功能组态灵活、操作简单、维修和试验智能化，实现电站综合自动化智能化，实现“无人值班（少人值守）”。

⑤通信方便，便于远方控制和实现发电机组的计算机综合协调控制。

交流采样技术是 20 世纪 90 年代微机励磁取得的重大技术突破之一，它利用微机强大的计算能力，对交流电量进行直接采样，完成电量测量功能。电量测量是励磁快速性、可靠性、多功能性的重要基础组成部分：一方面，交流采样测量的电量齐全、快速，励磁系统对这方面要求尤为重要。测量电量的反应速度是励磁动态指标的基础，只有测量反应速度快，励磁才能及时强励或强减。测量电量齐全是软件调差、励磁欠励限制、过励限制、PSS 控制规律、恒无功功率控制、恒功率因素控制等功能的基础。另一方面，交流采样技术的测量硬件极为简单（仅电量隔离），运行可靠，由于无须对波形进行变换，可彻底取消常规非交流采样技术的整流滤波、功率变换等波形变换的复杂电路，以往这些环节正是影响可靠性、调试维护的重点难点所在。

影响励磁调节器可靠性、调试维护的重点难点之一还有脉冲移相电路。微机式励磁调节器采用微机软件移相技术，利用软件中断方法进行控制角延时和分相触发方式，软件中断分相、测频，根据频率变化，软件调整延时计数值，可达到与发电机严格同步。这种微机脉冲移相技术，有着其他移相脉冲电路无可比拟的优点：移相的精度、稳定性、对称性由具有极高精度和稳定性的石英晶体作保证，触发脉冲对称度好，晶闸管输出电压流形非常整齐；移相由微机内部软件完成，有极高的抗干扰能力；硬件仅有同步变换和脉冲放大环节，无电位器，无需调整，大大简化了电路结构。

智能故障诊断是微机励磁的另一大特点。优秀的微机励磁调节器其智能故障诊断功能可以完成数十个故障详细的辨识和避错，如它可以辨识 PT 断线是哪一相、脉冲丢失是哪一桥的哪一臂、哪一连接器没连好等。故障信号以多种方式告知：以指示灯、故障码方式在现地显示；以串行口方式与监控系统通讯，实现汉字和语音方式告知；重要信号以继电器方式直接作用于相关回路。

多功能是微机励磁的一大优势，除智能故障诊断外，微机励磁可以实现多种控制规律的运行方式。可以通过串行口，与监控系统实现操作和监视。通过串行口，与外接便携式微机实现试验智能化、故障追忆滤波等功能（为不至于使硬件复杂，便于维护检修，提高可靠性，不宜装置很少使用的一体化工控机）。

五、调节器的通道结构

微机励磁调节器的通道结构也是励磁选型的一个重要内容，目前国内外微机式调节器结构形式主要有单微机、双微机和多微机三种。

单微机调节器通道，由单微机及相应的输入输出回路组成一个自动调节通道（AVR）和一个手动调节通道（FCR），这种结构形式在中小型水电站中广泛采用。单微机系统（含手动通道）方式的问题是自动通道无冗余。对此，国外一些著名公司有不同看法，他们认为单微机系统（含手动通道）已非常可靠，完全能满足平均无故障间隔时间要求。如ABB公司认为双微机中的备用微机通道的可利用率仅为0.003%。

多微机调节器通道，目前以多微机构成多自动调节通道，比较典型的是三通道，工作输出采用三取二的表决方式。同样，多微机调节器通道的第三通道可利用率就更低了。另外，由于硬件复杂，通道切换部分只能是单一的，可靠性往往并不比双微机通道高，甚至有所降低。多微机调节器通道的性价比低。

双微机调节器通道，由两套微机和各自完全独立的输入输出通道构成两个自动调节器通道（AVR）和两个手动通道（FCR）。正常工况下一个通道工作，另一个通道处于热备用状态，当主用通道故障时，备用通道自动无扰动地接替主用通道工作。双微机调节器通道是公认的最佳通道结构，但双微机调节器通道应满足：①各微机通道都是完全独立的，即各微机通道具有自己的电量隔离、测量、同步回路、脉冲输出、电源、显示等环节。②各微机通道最少都有自动（AVR）、手动（FCR）运行方式。两个独立微机通道还有一个优点，即便两个通道都有部件故障，但只要不正好是各通道的相同部件，则可以组合一下，形成一个完整的单通道，以满足发电运行需要。由多微机构成两个自动通道，多个微机间依据不同功能有不同分工，相互间以通讯方式传递跟踪及各种信息，也是双微机调节器通道。

六、励磁变压器的选择

励磁变压器就设计和结构来说，与普通配电变压器一样，短路电压为4%~8%。考虑到励磁变压器必须可靠，强励时要有一定的过载能力，且励磁电源一般不设计备用电源，因此宜选用维护简单、过载能力强的干式变压器。若从降低励磁系统造价来说，采用油浸变压器也是可行的。

当励磁变压器安装在户外时，由变压器副方到整流桥之间的馈线，由于有电抗压降，不宜太长，特别是在励磁电流很大的情况下，这一点必须考虑。还有不宜用单芯铠装电缆，而应选用橡皮电缆。因为单芯铠装电缆通以交流电时，将在钢甲中感应到较高的电压以及不能忽略的电流，并对通信电缆造成干扰。

①励磁变压器性能和接线。应明确要求励磁变压器具备的性能和接线，如型式、额定容量（满足励磁系统要求）、温升、绝缘耐压要求、变压器三相组接线组别、绝缘等级、噪声水平、局部放电水平。

②技术要求。明确对励磁变压器的详细技术要求，选型中，有的水电厂要求励磁变压器选用国内知名厂家的产品。

③对采用电气制动停机的机组，需明确励磁变压器是否兼作制动变压器。

七、起励和灭磁

励磁系统的起励和灭磁性能如何是发电机能否正常开机建压和灭磁停机的关键。当发电机被拖动至额定转速时，发电机转子铁芯剩磁可能使发电机电压升至额定电压的1%~2%。对于励磁变压器接于机端的方式，并接在发电机机端的励磁变压器的残压太低，或者励磁调节器由于同步电压太低，无法形成触发脉冲，励磁回路无法导通。这就需要采取措施，其中最常见的办法就是外加起励电源，供给初始励磁，待发电机电压升到一定值时自动退出。

在选择起励方式时，可以把它励方式和残压起励方式结合起来，既可以保证起励的可靠性，又可以降低外加起励电源的容量，这样所需的它励电流很小，仅为几安，对厂用直流系统没有冲击。机组灭磁，多采用带三相全控桥逆变灭磁，三相全控桥的优点是可以实现逆变快速灭磁，即由控制信号使全控桥的控制角由小于 90°的整流状态突然退到大于 90°的最小逆变角，进入逆变状态，迅速灭磁。它具有简单、快速、经济的特点。故障时，可联动跳灭磁开关实现快速灭磁。实际上不必每次都跳灭磁开关，这样，减轻了灭磁开关的负担，延长了使用寿命。灭磁电阻通常用线性电阻灭磁，对于机组容量大于 20 MW 发电机组，采用 ZHO 非线性电阻，在机组故障时实现快速灭磁。

随着中小型水电站自动化程度的不断提高，微机型励磁调节器已成为同步发电机励磁调节器的主流。目前，对 500 kW 及以上的中小型机组，不论是新建设计还是技术改造，对于励磁甚至到了“言必称微机”的程度。然而，微机励磁在我国工业运行的时间较短，近年来试制微机励磁装置的单位日益增多，有少数产品（PLC、微机）的设计技术简单，没有采用交流采样、软件化脉冲移相技术，没有发挥微机自身的优势，硬件复杂、功能少。有的单位把高档的 PLC、含触摸屏的工控机，加上普通整流、电量变送器、波形比较式脉冲移相等极为普通的技术，形成表面高档实质低档的产品，难免出现诸多问题。因此，在选用励磁装置时，应慎重考察，比较励磁装置在快速性、可靠性、多功能性等方面采用的技术措施，及技术的成熟性、运行业绩和生产规模，优先考虑采用通过国家技术部门鉴定的产品。

八、自并励静止励磁系统

自并励静止励磁系统在性能上具有高励磁电压响应速度，易实现高起始响应性能，能提高系统稳定性能等优点。对于自并励静止励磁系统在大中型汽轮发电机组的引进、配套和使用，应尽可能地发挥其优点，以达到提高系统稳定性的目的，同时应在某些方面加以注意，以免带来一些负面影响。大中型汽轮发电机自并励静止励磁系统的设计、选型应注意下面几个问题。

1. 自并励方式

自并励静止励磁系统由励磁变压器、励磁调节装置、功率整流装置、发电机灭磁及过电压保护装置、起励设备及励磁操作设备等部分组成。其原理如图 2－1－1 所示。自并励静止励磁方式与旧的励磁方式相比，具有以下几方面的优点。

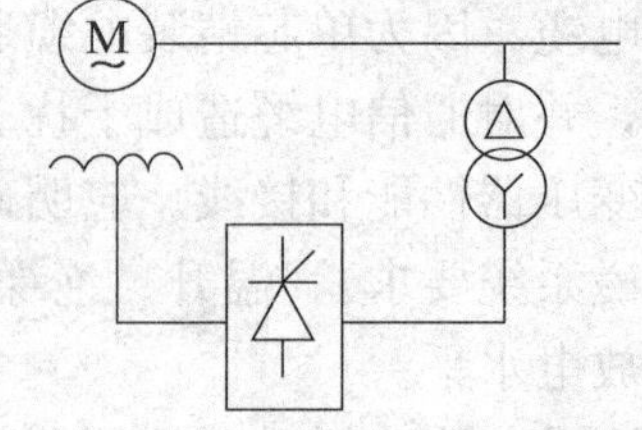

图 2－1－1　自并励静止励磁方式原理简图

（1）励磁系统可靠性增强

旋转部分发生的事故在以往励磁系统事故中占相当大的一部分，但由于自并励静止励磁方式取消了旋转部件，大大减少了事故隐患，可靠性明显优于交流励磁机励磁系统。而且自并励系统在设计中采用冗余结构，故障元件可在线进行更换，有效地减少了停机概率。该励磁系统对运行、维护的要求相对较低。

（2）电力系统的稳态、暂态稳定水平提高

由于自并励静止励磁系统响应速度快，电力系统静态稳定性大大提高。自并励方式保持发电机端电压不变，对单机无穷大系统，静态稳定极限功率为

$$P_{\max} = \frac{V_g V_s}{X_e} \tag{2-1-1}$$

式中，V_g 为机端电压；V_s 为系统电压；X_e 为发电机与系统的等值电抗。而常规系统在故障过程中只能保持发电机暂态电势 E'_q 不变，其极限功率为

$$P'_{\max} = \frac{E'_q V_s}{X_e + X'_d} \tag{2-1-2}$$

式中，E'_q 为发电机 Q 轴暂态电势；X'_d 为发电机 D 轴暂态电抗。

根据公式（2-1-1）和（2-1-2）计算得出 $P_{\max}$ 大于 $P'_{\max}$，说明自并励静止励磁系统大大提高了静态稳定极限。对于可能引起的系统低频震荡，可采用先进的控制规律或配置 PSS 电力系统稳定器加以解决。发电机出口三相短路是自并励静止励磁系统最不利的工况，此时机端电压及整流电源电压严重下降，即使故障切除时间很短，短路期间励磁电流衰减不大，但在故障切除后，机端电压的恢复需一定的时间，自并励系统的强励能力有所下降。为解决这一问题，在系统设计中计算强励倍数时，整流电源电压按发电机额定电压值的 80% 计算，即机端电压为额定时强励能力提高 25%，且目前大中型机组发电机出口均采用了封闭母线，发电机端三相短路可能性基本消除。因此，自并励系统强励倍数高，电压响应速度快，再加上选择先进的控制规律，能够有效地提高系统暂态稳定水平。

（3）减少发电机轴系扭振及机组投资

自并励静止系统与三机励磁系统相比，取消了主、副励磁机，缩短了机组长度，减少了大轴连接环节，因而缩短了轴系长度，提高了轴系稳定性，同时降低了厂房造价，减少了机组投资。

2. 设计、选型中应注意的问题

大中型汽轮发电机自并励静止励磁系统在设计、选型、调试、运行中需要注意以下问题，才能充分发挥其响应快、稳定性高等优点，真正提高机组、电网稳定运行水平。

（1）自并励系统的应用条件

由于励磁输出受发电机端电压的制约，在某些系统严重故障导致系统电压波动较大的情况时不宜采用。它的应用通常取决于机组在系统中的地位、系统网络结构、负荷分布等因素。研究表明：位于主网震荡中心的发电机不宜采用该系统；位于负载中心或受端机组，因故障导致系统电压恢复慢，影响强励能力的发挥，导致功角振荡加大或系统电压过低导致电压崩溃，亦不宜采用。所以应考虑整个电网，大中型机组的励磁方式不能单一化，需多种方式并存，共同搭配。设计规划部门应考虑电厂在系统中的位置及网络结构、负载特性等因素，根据电网稳定计算的结果科学地设计、选择发电机励磁方式。

（2）励磁变压器的计算及选择

励磁变压器的计算和选择应考虑以下 4 个方面：

①初期的励磁变压器多为油冷式或普通绝缘干式变压器，随着技术进步和价格的变化，现在已逐渐使用环氧树脂干式变压器。一般采用空气自然冷却，不配外壳，户内使用，亦可根据实际情况加装外壳，配置风冷系统，同时需要设置温控及温显系统，便于监视变压器的运行状态。

②为改善可控硅整流桥电压波形，变压器多采用三角形—星形（△/Y）接线。它的额定容量取决于励磁系统应提供的直流功率值，一次电压与发电机端电压相同，二次电压由励磁系统的顶值电压所决定。同时应考虑在一次电压为80%额定电压值时仍能保证所需的顶值电压值，提高系统的强励能力。

③由于励磁变压器的绕组间存在寄生电容，励磁变压器的电源投入或切除以及大气过电压均会在变压器中产生过电压，所以必须采取相应措施来限制操作过电压。目前的解决措施是在一、二次绕组间加隔离屏蔽层，在二次绕组接入对地电容、安装过电压吸收装置等。

④还需要考虑变压器的阻抗电压、过载能力、保护配置，尤其是过流保护。由于变压器负载为可控硅整流桥及发电机转子，直流侧短路等效于励磁变压器二次绕组短路，对此故障保护方式有很多种，如采用快速熔断器、快速过流检测继电器、在直流侧串入扼流电抗、配置变压器电流反时限或定时限保护。

(3) 发电机起励问题

①在发电机电压建立前，励磁变压器不能提供励磁电源，所以在系统设计时必须考虑起励回路及相应设备。通常方式是首先利用起励电源对发电机进行励磁，待发电机电压达到或大于10%时，通过切换装置自动退出起励回路，转换为励磁变压器提供励磁电源。需要考虑设置起励电源会相应增加厂用电源容量。

②发电机第一次启动及大修结束后，需要进行发电机短路、空载试验，并且需对励磁系统做全面检查。此时必须为自并励系统提供一试验电源，通常做法是从380 V厂用电源直接拉电缆至可控硅整流桥以提供整流电源，亦可在发电机升压变压器中取抽头至励磁变压器高压侧以提供整流电源，但投资相对较大。在系统设计时，需考虑到将来试验时采取何种方案，并做相应准备工作。

(4) 可控硅励磁功率柜的选择

①励磁功率整流桥的接线方式一般为全控或半控整流桥，较普遍采用可控硅全控桥。随着电力电子技术的飞速发展，大容量、高参数的励磁功率柜相继问世，其特点是在单个可控硅元件选择上向大电流、高电压方向发展，以简化由过多的串、并联元件组成的整流桥。据有关资料，单个可控硅元件的参数已达2000 A/4000 V，使可控硅整流桥得以简化，方便装置检修、运行，同时使各支路均流、均压问题相对容易解决。

②可控硅励磁功率柜中应配置有交流过电压保护装置，根据现场情况采用风冷、水冷等不同的冷却方式，并采取一定措施保证并联整流柜均流系数达到要求。

③为满足并联功率柜投入和切除操作需要，可在可控硅整流桥支路的交流侧及直流侧设置高绝缘水平刀闸或断路器（空气开关多为500 V以下的低压电器，易发生开关、整流柜事故）。现在多数厂家的产品中，通常将两个甚至三个可控硅桥支路安装在同一功率柜中，使得在实际运行中，当功率柜中一支路发生故障需退出并检修时，因该柜其他支路、元件仍处于运行状态，且位于发电机转子励磁回路，运行、检修人员较难进行有关检修工作，只能将该故障支路所在的功率柜退出，一定程度上影响了机组运行。如果现场场地条件允许，应尽量让每个功率柜只安放一个可控硅整流桥，方便功率柜的投入、切除操作，以利运行、检修。

(5) 灭磁及过压保护装置的配置

通常在发电机转子回路设置灭磁开关，配备相应的线性或非线性灭磁电阻。转子过压保护装置较多采用非线性电阻（压敏电阻），这种方式较普遍采用。

目前国内外对灭磁及过压保护装置的配置有较多的形式及产品，并且均有一定的运行记录，应根据机组实际情况选用。

①机组励磁系统必须装设有充分可靠的灭磁装置。在任何需要灭磁的工况下（包括发电机空载强励、发电机端三相短路），自动灭磁装置都必须保证可靠灭磁，灭磁时间应尽可能短。DL/T 583 中明确了各种灭磁方式，可以根据各水电厂的特点和实际需要予以明确。

②非线性电阻可以采用氧化锌或碳化硅，明确对非线性电阻的详细技术要求。选型中，有的水电厂要求碳化硅采用具有国际先进水平的原装进口产品。

③明确对直流磁场断路器的详细技术要求。选型中，有的水电厂要求直流磁场断路器采用具有国际先进水平的原装进口产品。

④明确对过电压保护装置的详细技术要求。选型中，有的水电厂要求过电压保护装置采用具有国际先进水平的原装进口产品。

（6）励磁调节器的选择

随着计算机技术的发展，励磁控制已向数字化方向发展。数字式励磁调节器与老式的模拟调节器相比，在功能、可靠性等方面具有极大的优势。现在，投运的新机组及旧机组改造都已选用微机励磁调节器，并已取得很好的效果和丰富的经验。而且随着励磁控制规律中单变量向多变量、线性向非线性发展，使得励磁调节器能够在改善机组、电网稳定性方面起到更大的作用。

①DL/T 583 中要求：励磁调节器应设置两套独立的调节通道。两套独立的调节通道可以是双自动通道（至少一套含有 FCR 功能），也可以是一个自动通道加一个手动通道。可以根据各水电厂的特点和实际需要，明确具体的通道要求。选型中，有的水电厂要求励磁调节器的全套硬件及软件采用具有国际先进水平的原装进口产品。

②两套调节通道互为热备用，相互自动跟踪，能手动/自动切换。当工作通道故障时，自动切换到备用通道，并闭锁故障通道。切换时发电机机端电压和无功功率无明显波动。

③励磁调节器可以具有自动电压调节（AVR）、励磁电流调节（FCR）、恒无功功率运行、恒功率因数运行等控制方式。四川电网要求：并网发电机励磁调节器在正常情况下应运行于电压闭环控制方式，不能采取恒无功等其他控制方式。

④四川电网要求：发电机组是否需要配置电力系统安全稳定器装置（PSS）的规定见第三章第五节。发电机组正常运行时 PSS 可投运率为 100%。装置满足国家电力调度通信中心调运〔2005〕59 号文的技术要求。在励磁系统选型中，要求水电机组励磁调节器的 PSS 功能采用 PSS−2A 模型（大型机组的 PSS 模型选择一般还需要与调度机构协商，根据电网运行的具体情况确定），且 PSS 应能够抑制 0.1 Hz～2.5 Hz 的低频振荡。

⑤励磁调节器调节规律为 PID+PSS（若有）。

⑥对采用电气制动停机的机组，明确电气制动如何实现。

⑦技术要求。明确对励磁调节器的详细技术要求。

（7）电气制动系统

对采用电气制动停机的机组，一般要求励磁系统供货商提供一套完整、可靠的电气制动系统，满足电气制动时自动控制及现地操作监视的要求。电气制动的励磁电源可以由多种方式获得，一般来讲，主接线和励磁系统的接线大体上决定了电气制动的接线方式。

①制动变压器性能和接线。对于设置单独的制动变压器，电源取自厂用电。应明确要求制动变压器具备的性能和接线，如型式、额定容量（满足机组电气制动系统的要求）、温升、

绝缘耐压、变压器三相组接线组别、绝缘等级、噪声水平、局部放电水平。明确对制动变压器的详细技术要求。选择中，有的水电厂要求制动变压器选用国内知名厂家的产品。

②制动开关。制动开关的容量应满足机组电气制动系统的需要。

③可控硅整流桥。可以单独配置一套制动可控硅整流桥，也可以利用励磁系统的全控整流桥。

④电气制动控制功能的实现。可以要求励磁调节器具有完成电气制动的控制功能，也可设置单独的电制动控制单元或由计算机监控系统完成。

(8) 有关的技术条件和国家标准

为更好地应用自并励静止励磁系统，原电力部于1998年颁布了DL/T 650—1998《大型汽轮发电机自并励静止励磁系统技术条件》，同时自并励静止励磁系统还必须满足GB/T 7409—1997《同步电机励磁系统》的要求。励磁变压器、可控硅元件等还必须满足相关的标准及技术条件。这些技术条件、标准为自并励静止励磁系统的设计选型、调试验收及运行改造提供了依据。

九、主要励磁设备厂家

1. 南瑞电控公司SAVR2000型调节器及NES5100型调节器

SAVR2000及NES5100微机励磁调节器采用两套互相独立、互为备用的控制通道。通道A含有自动和手动控制环节；通道B含有自动和手动控制环节。采用大屏幕彩色液晶显示工控机，输入和输出通过继电器隔离。

2. 国电南自WKKL－3G型调节器

WKKL－3G调节器吸取原WKKL多年运行经验，及中国电科院的励磁研究成果，应用了最新的计算机控制技术和先进的网络与通讯技术。装置采用双通道配置，内置嵌入式操作系统，支持以太网通讯。

3. 广州擎天EXC9000型调节器

EXC9000型励磁调节器由两个自动电压调节通道（A、B）和一个手动调节通道（C）组成，详见厂家说明书附图。这三个通道从测量回路到脉冲输出回路完全独立。调节通道以主从热备用方式工作，其中一个自动电压调节通道作为主通道，另一个自动电压调节通道作为第一备用通道，手动调节通道作为第二备用通道。备用通道自动跟踪运行通道。调节器具有自诊断功能，通道之间既可自动切换，也可手动切换。

4. UNITROL 5000微机型励磁调节器

UNITROL 5000微机型励磁调节器是一个全冗余系统，包括基本控制、所有附加控制、限制器和电力系统稳定器等，采用自动双通道配置，每个自动通道包括一个手动通道，保证故障情况下的可靠切换。调节器电压调节系统以微处理器为基础，采用Windows界面的调试工具，功能强大且使用方便，大大简化了现场调试工作。

5. GE公司EX2100励磁系统

EX2100励磁装置系统是采用冗余方式的微机系统，由三套独立的微机系统组成。其中两套完全一致，两者互为备用，用于励磁的调节、控制，另一套作为监控系统，监控前两者的工作状态，一有问题就切换至备用。

6. 西门子公司 THYRIPOL 励磁系统

THYRIPOL 励磁系统调节柜容纳了两个通道 AVR1 和 AVR2 所有的门控装置。它们包括：电压和电流变换器、自动通道和手动通道的定值设置器、电压调节器、励磁电流调节器、可控硅触发装置、励磁电流限制器和其他附加控制器。所有的开环和闭环功能均通过软件实现。

7. 武汉洪山电工科技有限公司 09C 微机型励磁调节器

应用范围：5 MW～300 MW 水电、火电静态励磁、三机励磁、无刷励磁、直流励磁机励磁等。

控制单元结构：插件式（标准 6U 机箱）。

通道配置：双通道（一个通道工作，另两个通道备用）、三通道（独立手动通道）。

调节规律：PID 或 PID+PSS。

CPU：TI 公司 64 位 C6000 系列 DSP+TI 公司 64 位 ARM9 系列 ARM。

CPU 配置：DSP（C674x）+ARM（ARM926）+FPGA（多 CPU）。

8. 南京申瑞电力电子有限公司 GER3000 微机励磁调节器装置

励磁调节器的 A、B 两套系统之间采用通信网络联结，系统结构简单，可靠性高。采用交、直流双重供电系统及进口工业电源，提高供电可靠性。调节控制及限制保护功能完备，调试维护手段丰富。采用高性能处理器和高速、高分辨率的 A/D 转换器，实现每周波 36 点采样。

9. 东方电机控制设备有限公司 GES6000 励磁系统

调节器采用 PAC 型控制器，调节控制通道采用冗余三通道结构，励磁方式为机端变自并励静止励磁系统，整流柜采用可控硅整流桥。

第四节　调速器及其附属设备

一、概　述

不同类型水电厂新建时，需要调速器及其附属设备。不同类型水电厂改建时，如果调速器及其附属设备改造，则可能需要部分或全部设备改造。

这里只考虑调速器及其附属设备整体采购的情况。调速器及其附属设备类型很多，国内、国外均有供货商，国内的产品已相当成熟。水轮机调速器及其附属设备的型式、规格和主要技术要求，用户应结合各水电厂的特点和实际需要，并经过技术经济比较来选定。供货商按用户提出的要求进行设计和供货。

调速器及其附属设备一般包括：调速器电气控制柜；调速器机械液压部分（含阀门及管路元件等）；油压装置；自动化元件；表计；控制元件；监视和显示仪表；继电器，传感器；软件及说明书等。

二、标准和规程

在进行技术经济比较选定水轮机调速器及其附属设备的型式、规格和主要技术要求时，无论新建或改造，均应遵循有关中华人民共和国国家标准、电力行业和水电行业标准、相关部门的有关文件，这些标准和文件的所有相关条款均应遵循。

由于标准、规程和文件较多，以下列出了主要的标准、规程和文件，但不限于此，调速器及其附属设备招标或采购时，要求供货商遵循的有关标准也未详尽列出。以下的标准、规程和文件说明了适用于什么规模的水电厂，规定范围以外的水电厂可参照执行。

①DL/T 5081《水力发电厂自动化设计技术规范》。

②DL/T 5186《水力发电厂机电设计规范》。

③GB/T 9652.1《水轮机调速器与油压装置技术条件》。

④GB/T 9652.2《水轮机调速器与油压装置试验验收规程》。

⑤DL/T 563《水轮机电液调节系统及装置基本技术规程》。

⑥DL/T 496《水轮机电液调节系统及装置调整试验导则》。

⑦GB/T 11805《大中型水电机组自动化元件及其系统基本技术条件》。

⑧JB/T 7072《水轮机调速器及油压装置系列型谱》。

⑨JB/T 2832《水轮机调速器与油压装置型号编制方法》。

⑩DL 443《水轮发电机组设备出厂检验一般规定》。

⑪JB 626《水轮发电机组设备生产检验一般规定》。

⑫DL/T 507《水轮发电机组启动试验规程》。

⑬IEC 60308 ed2.0b《水轮机控制系统试验》。

⑭川电调〔2005〕166 号文《四川电网发电机组一次调频运行管理规定（试行）》。

⑮国电发〔2000〕589 号文《防止电力生产重大事故的二十五项重点要求》。

⑯国家电网生技〔2005〕400 号文：关于印发《国家电网十八项电网重大反事故措施（试行）》的通知。

⑰川电调〔2006〕121 号文：关于印发《四川电网并网电厂接入系统设备（装置）安全运行的技术要求（试行）》的通知。

五、对调速器及其附属设备的要求

1. 机组主要参数

调速器及其附属设备招标或采购时，需明确机组主要参数，如：

①水轮机主要参数。

②发电机主要参数。

③导叶接力器有关参数。

2. 调节保证计算

水电厂都要进行调节保证计算，确保水电厂的引水发电系统是稳定的。调速器及其附属设备应按调节保证计算结果要求的关闭规律进行关闭。

3. 工作容量选择

选择调速器的工作容量时，应留有适当的余量以保证机组可靠地开关导叶，关机时间应能满足调节保证的要求。

①中型调速器的工作容量可根据水轮机所需的接力器容量选择。

②大型调速器的容量选择包括：选择合适的主配压阀直径，导叶接力器容积计算，转轮

接力器容积计算。

4. 一次调频功能

四川电网要求：并入电网的水轮机调速器必须具备并投入一次调频功能，当电网频率波动时，应自动参与一次调频。并网发电机组一次调频应满足《四川电网发电机组一次调频运行管理规（试行）》（川电调〔2005〕166 号）的技术要求。

5. 功能要求

①调速器应是成熟的具有 PID 调节规律的数字式微机电液调速器，应具有比例、积分、微分并联 PID 调节规律。PID 参数应具有足够的可调增益范围，并能适合被控系统的动态特性。

②调速器应具有频率控制、功率控制、开度控制、适应式变参数调节、导叶开度限制、最大功率限制、频率跟踪控制、在线自诊断及其处理、时钟同步等功能。功率和频率给定可以在调速器柜通过触摸屏实现，也可以通过通信方式和开关量接点由电站计算机监控系统实现。调速器还应有现地及远方的水轮机开机、停机、紧急停机等功能，应能现地和远方进行机组的自动和手动开、停机以及事故停机，并应提供与电站计算机监控系统连接的接口，包括硬件和软件。

③调速器液压部分应采用成熟和先进的技术，并采用模块式直联结构。考虑到安全、可靠、成熟，有的水电厂要求采用冗余电液转换器加机械手动方式，并有断电自恢复功能，电液转换元件采用原装进口知名品牌的伺服比例阀。

④调速器电气部分采用微机调节器加触摸显示屏方式。选型中，考虑到冗余可靠，有的水电厂要求调速器配备两套完全相同的微机调节器构成双通道冗余结构，双重冗余调节器采用主、备运行方式，任意一套微机调节器出现故障时，调速器不会产生干扰和冲击。微机调节器冗余系统中的每一个通道，即输入模块、输出模块、电源模块及 CPU 模块等，均采用相同配置，且相互完全独立，所有输入、输出信号均独立进入每一套控制器，相互之间应无电气连接。要求微机调节器采用高性能、高可靠的进口国际知名品牌的 PCC、PLC、IPC 控制器或国际知名品牌专业厂家的集成产品，配有高性能的 CPU 模块，如 CPU 字长不低于 32 位，主频不低于 100 MHz，能完成调速器的各种功能。调速系统可自动无扰动切换到机械手动控制方式下运行。微机调速器应能适应水电厂的环境条件而长期工作，并能适应将来主要功能和辅助功能扩展的需要。

⑤机械液压部分和电气控制部分可以分开设置，也可以机电合一。供货商无论采用何种系统结构，均应保证在调速器内部发生故障时，不造成水轮机运行不稳定和出力波动，在出现外部系统事故时，能保证机组安全停机。

⑥要求供货商提供合同设备（调节器、触摸屏等）所需的完整的系统软件和应用软件。软件按模块化设计并允许从规定的程序接口对程序运行方式或控制参数进行修改。应用软件成熟可靠并经实践运行，软件使用方便、维护容易。所有软件均应经过测试，并能直接投入现场操作。

6. 其他设备的要求

①主要液压部件。

（a）事故配压阀及导叶分段关闭装置。

（b）电液转换器。选型中，有的水电厂要求采用原装进口知名品牌的比例伺服阀。

（c）主配压阀组。选型中，有的水电厂要求采用原装进口知名品牌的产品。

②压力油罐。

③回油箱。

④油泵及电动机。选型中，有的水电厂要求选用知名品牌的原装进口油泵，油泵电机选用进口或合资知名品牌的产品。

⑤应随调速器提供配套的控制装置和仪表。

7. 性能要求

调速器各种性能参数不能低于标准、规范和相关文件最新版规定的要求，以及下列主要性能要求：

①稳定性。空载运行和并网运行时，调速系统应能稳定地控制机组转速，机组在电网中与其他机组并联运行时，调速系统也应能稳定地在零到最大出力范围内控制机组出力。

②静态特性。

③动态特性。

④电磁兼容性。

⑤可靠性。

第五节　继电保护和安全自动装置

一、概　述

不同类型电厂新建时，需要配置继电保护装置，并根据审定的电厂接入系统设计报告，按系统提出或明确的要求配置安全自动装置。不同类型电厂改建时，如果继电保护装置改造，可能是部分或全部。继电保护装置包括：电厂内部的各类元件（发电机、电动机、主变压器、厂用变压器、母线、短线、近区馈线、并联电抗器等），以及电厂系统部分的继电保护、安全自动装置。

这里只考虑继电保护装置整体采购的情况。继电保护装置类型很多，国内、国外均有供货商，国内的产品已相当成熟。用户应结合各电厂的特点和实际需要，对电厂内部的各类元件（发电机、电动机、主变压器、厂用变压器、母线、短线、近区馈线、并联电抗器等），确定其继电保护配置方案，进行设备的选型。根据系统方面的工作成果，提出本厂（站）系统部分的继电保护和安全自动装置的配置方案和通道要求。

二、标准、规程和相关文件

在进行继电保护系统设计时，无论新建或改造，均应遵循有关中华人民共和国国家标准、电力行业和水电行业标准、相关部门的有关文件，这些标准和文件的所有相关条款均应遵循。

由于标准、规程和文件较多，以下列出了主要的标准、规程和文件，但不限于此，继电保护系统招标或采购时，要求供货商遵循的有关标准也未详尽列出。以下的标准、规程和文件中说明了适用于什么规模的电厂，规定范围以外的电厂可参照执行。

①GB 14285《继电保护和安全自动装置技术规程》。

②DL/T 769《电力系统微机继电保护技术导则》。

③DL/T 5186《水力发电厂机电设计规范》。

④DL/T 5177《水力发电厂继电保护设计导则》。

⑤DL/T 671《微机发电机变压器组保护装置通用技术条件》。

⑥DL/T 684《大型发电机变压器保护整定计算导则》。

⑦GB/T 19262《微机变压器保护装置通用技术条件》。

⑧DL/T 770《微机变压器保护装置通用技术条件》。

⑨Q/GDW 175《变压器高压并联电抗器和母线保护及辅助装置标准化设计规范》。

⑩DL/T 670《微机母线保护装置通用技术条件》。

⑪GB/T 15145《微机线路保护装置通用技术条件》。

⑫Q/GDW 161《线路保护及辅助装置标准化设计规范》。

⑬DL/T 587《微机继电保护装置运行管理规程》。

⑭DL/T 624《继电保护微机型试验装置技术条件》。

⑮DL/T 667《远动设备及系统第 5 部分：传输规约第 103 篇：继电保护设备信息接口配套标准》。

⑯DL/T 720《电力系统继电保护柜、屏通用技术条件》。

⑰GB 7261《继电器及继电保护装置基本试验方法》。

⑱DL/T 478《静态继电保护及安全自动装置通用技术条件》。

⑲GB 6162《静态继电保护装置的电气抗干扰试验》。

⑳DL/T 527《静态继电保护装置逆变电源技术条件》。

㉑GB/T 14537《量度继电器和保护装置的冲击与碰撞试验》。

㉒GB/T14598.9《电气继电器第 22 部分：量度继电器和保护装置的电气干扰试验第 3 篇：辐射电磁场干扰试验》。

㉓GB/T14598.10《电气继电器第 22 部分：量度继电器和保护装置的电气干扰试验第 4 篇：快速瞬变干扰试验》。

㉔GB/T14598.13《量度继电器和保护装置的电气干扰试验第 1 部分：1 MHz 脉冲群干扰试验》。

㉕GB/T14598.14《量度继电器和保护装置的电气干扰试验第 2 部分：静电放电试验》。

㉖电安生〔1994〕191 号文：关于颁发《电力系统继电保护及安全自动装置反事故措施要点》的通知。

㉗国电发〔2000〕589 号文：《防止电力生产重大事故的二十五项重点要求》。

㉘国电调〔2002〕138 号文：关于印发《“防止电力生产重大事故的二十五项重点要求”继电保护实施细则》的通知。

㉙国家电网生技〔2005〕400 号文：关于印发《国家电网十八项电网重大反事故措施(试校)》的通知。

㉚调继〔2005〕222 号文：关于印发“《国家电网公司十八项电网重大反事故措施》(试行）继电保护专业重点实施要求”的通知。

㉛川电调〔2006〕96 号文：关于下发“《四川省电力公司反事故措施实施细则（试行)》继电保护专业具体设计要求”的通知。

㉜川电调〔2006〕121 号文：关于印发《四川电网并网电厂接入系统设备（装置）安全

运行的技术要求（试行）》的通知。

㉝川电调〔2004〕9号文：关于印发《四川电网220 kV～500 kV继电保护配置和选型原则》的通知。

㉞川电调〔2006〕78号文：关于印发《四川电网变压器、电抗器非电量保护运行管理指导意见》的通知。

㉟川电调〔2006〕135号文：关于下发《四川电网变压器、电抗器非电量保护运行管理指导意见》实施细则的通知。

㊱国家电网公司《输变电工程通用设计》110 kV/220 kV/330 kV/500 kV变电站二次系统部分。

三、继电保护装置的配置

1. 元件继电保护装置

①原则上，电厂内部的各类元件（发电机、电动机、主变压器、厂用变压器、母线、短线、近区馈线、并联电抗器等）继电保护配置应符合有关中华人民共和国国家标准、电力行业和水电行业标准、相关部门的有关文件。

②上述主要的标准、规程和文件中的所有相关条款均应遵循，这里不一一列出。对于各类元件应配置什么保护、动作逻辑等均有详述，当与这些主要的标准、规程和文件中的要求不一致时，应寻求四川省电力公司的权威解释。

③明确各类元件继电保护装置的详细配置和技术要求，应详细描述每项继电保护装置的保护功能配置要求、设备主要技术指标。

2. 系统部分的继电保护和安全自动装置

①电厂系统部分的保护系统设备应根据审定的电厂接入系统设计报告，按系统提出或明确的要求配置电厂的继电保护和安全自动装置。原则上，电厂接入系统设计报告也应符合有关中华人民共和国国家标准、电力行业和水电行业标准、相关部门的有关文件。

②明确电厂系统部分的继电保护和安全自动装置的详细配置和技术要求，应详细描述每项继电保护和安全自动装置的保护功能配置要求、设备主要技术指标。

四、继电保护和安全自动装置的选型

原则上，电厂的继电保护和安全自动装置选型应符合有关中华人民共和国国家标准、电力行业和水电行业标准、相关部门的有关文件。

上述主要的标准、规程和文件中的所有相关条款均应遵循，四川省电力公司的相关文件也提出了一些明确的要求，文件比较多，这里不一一列出。同时，应随时注意最新的中华人民共和国国家标准、电力行业和水电行业标准、相关部门的有关文件，并遵照执行。

电厂系统部分的继电保护和安全自动装置选型，一般是按系统提出或明确的要求进行设备选型。

第六节　通信设备配置、选型

一、总的配置、选型要求

①电厂调度通信系统配置、选型应符合国际标准、国家标准、电力行业标准及相应的技术运行管理规定，满足所接入系统的通信网组网与管理要求，并通过国家级质量检验测试中心的测试。

②并网电厂的通信设备技术体制应与所并入电力通信网所采用的技术体制一致，通信设备选型和配置应与所并入电力通信网协调一致，同时其组网的通信设备必须保证与通信主网的网管统一、同步时钟统一。

③并网电厂的通信设备应能满足拟并网电厂至电网调度端之间组建两个以上可用的独立路由的通信通道的需求。

④涉及与继电保护和安稳控制装置相关通道的通信设备应满足“双重化配置原则”，即同一条线路的两套继电保护或同一系统的两套安全自动装置应配置两条完全独立的通道，采用两套独立的通信设备，并由两套独立的电源供电。

⑤并网电厂的通信设备一般情况下以支线方式接入电网主干通信网，特殊情况需与电网通信管理部门协商；但任何情况下并网电厂的通信设备选型或组网都需满足“N－1”原则，即在电力通信网正常运行条件下，单一设备故障或单点设施故障，不应造成系统内任一厂站的电力调度业务的全部中断。

⑥并网双方的通信系统应能满足继电保护、安全自动装置、调度自动化及调度电话等业务对电力通信的要求，并保证一定的富裕带宽容量。

⑦并网电厂与电网双方应有备用通信系统，确保电网或电厂出现紧急情况时的通信联络。

⑧所有选用的通信设备，其总体机械结构应充分考虑安装、维护的方便和扩充容量或调整设备的灵活性，实现硬件模块化，同时应具有足够的机械强度和刚度。设备的电磁兼容性及抗电磁干扰应满足 IEC－801－2、IEC－801－3 和 IEC－801－4 的要求。

⑨具有光纤通信系统的厂站应配置相应 ODF 配线系统。ODF 连接器型号应为 FC/PC，其回波损耗≥40dB，插入损耗≤0.5dB。ODF 单元数量配置应满足工程需求。

⑩DDF 连接器宜选用 75 Ω 不平衡式类型，DDF 连接器的反射系数≤－40dB，插入损耗≤0.3dB。

⑪通信机房设备的所有屏（柜）体尺寸宜统一，建议屏（柜）体的尺寸为高 2260 mm（60 mm 为屏眉）、宽 600 mm、深 600 mm。

二、引用的标准、规程和相关文件

①《电力系统调度管理规程》。

②DL/T 1040—2007《电网运行准则》。

③《四川电力系统调度管理规程》。

④《华中电力通信管理规程》。

⑤《国家电网公司十八项电网重大反事故措施》。

⑥YD/T 5024—2005 SDH《本地网光缆传输工程设计规范》。

⑦《华中电网 500 kV 系统通信设备配置技术规范》。

⑧《国家电网公司输变电工程典型设计》500 kV/220 kV 二次系统部分。

⑨《华中电力调度交换网组网技术规范》。

⑩DL/T 5157—2002《电力系统调度通信交换网设计技术规程》。

⑪《华中区域发电厂并网运行管理实施细则》。

三、光纤通信设备配置、选型要求

①传输设备选型应符合技术先进、安全可靠、经济实用的原则，设备应具有灵活的硬件设置，容易升级、扩容和重新配置。

②光传输设备的技术体制需与目前电力通信主干通信网一致，采用 SDH/MSTP/ASON 制式。选用的光通信设备具有灵活的组网方式，支持链状、二纤单向/双向通道保护环、二纤/四纤双向复用段保护环、双节点互连保护（DNI）、子网连接保护（SNCP）等网络保护方式。

③选用的光通信设备必须具有高可靠性，其重要部件（电源板、主控板、交叉板、时钟板等）必须是冗余设计结构，且设备配置时也需按冗余模式配置。

④并网电厂通信设备必须保证与通信主网接入节点的通信设备做到网管统一，系统同步时钟统一。

⑤电厂内部组网的光通信设备应独立于接入系统的光通信设备。未经电网通信主管部门同意，电厂接入系统的光设备不能与其他光设备对接。

⑥光设备按链路组网时，群路光口应采用 1+1 配置。对于环网电路，设备群路光口可采用 1+0 配置。

⑦一回线路的两套纵联保护均复用通信专业光端机时，应通过两套独立的光通信设备传输。每套光通信设备可按最多传送 8 套线路保护信息考虑。

⑧SDH 光设备容量应能保证接入系统的要求，并具有一定的富裕容量。

⑨SDH 光设备应具有双电源输入能力。

四、调度交换机配置、选型要求

①电厂的调度交换机、行政交换机应相互独立、分别设置。

②并网电厂的调度交换机选型应满足电力调度交换机组网技术要求。

③调度交换机应采用模块化结构，其公用部分应采用冗余配置，热备份方式工作。

④调度交换机容量可按不小于 256 线容量配置。

⑤调度交换机应具备以下接口及信令方式：

（a）30B+D 数字中继接口、Q 信令信号。

（b）2Mbps 数字中继、中国七号共路信令信号。

（c）2Mbps 数字中继、中国一号或 R2 信号。

（d）四线 E&M 模拟中继（贝尔Ⅴ或Ⅳ类）、E&M 线路信号、闪启动或延时发码控制方式。

⑥调度交换机应具备自动路由迂回、主叫号码显示、通话录音、服务等级、电话会议、

强插或强拆、热线服务、缩位拨号、自动回叫、号码转换、路由预测、Q信令等功能。

⑦调度交换机具备DOD1＋DID全自动直拨接续方式。调度交换网内局间中继采用DOD1＋DID全自动直拨接续方式，双向直拨只听一次拨号音。

⑧调度交换机应满足组网"N－1"的安全性原则。即并网电厂的交换机应与网内的两个交换节点建立中继路由，调度交换机应具有自动路由迂回功能。

⑨调度交换机应配备功能齐全、操作简便的智能调度台，调度交换机和调度台之间采用2B＋D接口。

⑩调度交换机应配备数字录音系统，其路数不少于4路。

⑪调度交换机具备双直电源输入，供电电源为直流－48 V（－15%～＋20%）。

五、微波设备配置、选型要求

①在没有光缆覆盖的情况下，可以根据条件选择微波电路来满足电力通信的要求。

②微波通信设备应选择质量高、功耗低、稳定、可靠、便于维护、适应环境条件范围广和价格合理的定型产品。容量选择应满足系统需要，并留有备用容量。

③微波通信设备应选用通用化程度高，技术条件符合国家标准和国际建议的标准化、系列化设备。

④微波通信设备的容量系列、工作频段、设备接口、性能指标，应符合国家标准和国际有关建议。

⑤微波通信设备应具有稳定可靠的监控系统。

⑥为了与现有光纤通信系统进行有效对接，微波系统应按SDH传输制式配置。

六、电力载波设备配置、选型要求

①相对于光纤通信、微波通信，由于带宽小、误码率高等特点，电力载波通信已不是电力通信的主流方式。电力线载波设备只是作为光纤、微波通信方式的补充。

②载波机制式、功率等指标相关要求应满足DL/T 5189—2004电力线载波通信设计规程要求。

③并网电厂载波机应和同一线路对端站的载波机型号保持一致。电力线载波使用的频率需经电网相关通信管理部门审批。

④与载波机配套的线路阻波器、耦合电容器、结合滤波器、高频电缆等加工结合设备的选型及指标应满足DL/T 5189—2004电力线载波通信设计规程要求。

⑤载波机的业务接口（业务板）数量宜根据工程具体需求进行配置。

七、通信电源配置、选型要求

①电厂应配置两套完整的通信直流电源系统。每套电源系统应包括一套高频开关电源、一组蓄电池组。

②直流分配屏（柜）和直流开关数量可按工程实际情况配置。

③高频开关电源的容量根据具体工程计算配置。高频开关电源整流模块数可按近期负荷配置，但满架容量应考虑远期负荷发展。

④蓄电池容量根据具体工程计算配置。蓄电池组的容量应按近期负荷配置，适当考虑远期发展容量。

⑤当交流电源中断时，为保证通信设备可靠供电，通信专用蓄电池组容量应满足按实际负荷放电不少于 8 h。

⑥每组专用蓄电池容量应满足按实际负荷放电至少 4 h 的要求。

⑦通信电源应具备双交流输入能力。

⑧高频开关电源设备应具有完整的防雷措施、智能监控接口、主告警输出空接点。

第七节　电厂自动化设备选型

一、自动化设备选型的一般要求

所选用的电厂自动化设备应该是已通过国家有关部门正式鉴定，并具有国家级检测资质的电力行业检验检测机构出具的有效期内的型式试验报告或检验合格的产品，以保证该产品为定型批量产品，其性能与质量是可信的。

所选的设备提供商近 3 年具有同类型设备在同类型电厂已成功投运多套以上的业绩，以保证该产品为有运行经验的成熟可靠产品。

为保证设备可长期可靠的运行，减少维护量，所选的自动化设备应能够连续长期运行，其平均无故障间隔时间（MTBF）应不低于 25000 h。且有较强的抗干扰能力，较强的环境适应能力。

此外，二次安防设备还必须通过公安部安全产品销售许可，获得国家指定机构安全检测证明，并通过电力系统电磁兼容检测。

二、引用的标准、规程和相关文件

①DL/T 5003—2005《电力系统调度自动化设计技术规程》。

②《全国电网调度自动化系统运行管理规程（修编稿）》。

③DL/T 860—2004《变电站通信网络与系统》。

④Q/GDW 140—2006《交流采样测量装置运行检验管理规程》。

⑤DL/T 5149—2001《220 kV～500 kV 变电所计算机监控系统设计技术规程》。

⑥《关于发电厂并网运行管理的意见》。

⑦《全国互联电网调度管理规程（试行）》。

⑧DL/T 634.5104—2002《远动设备及系统》第 5 部分传输规约，第 104 篇基本远动任务配套标准。

⑨DL/T 634.5101—2002《远动设备及系统》第 5 部分传输规约，第 101 篇基本远动任务配套标准。

⑩GB/T 13730—2002《地区电网调度自动化系统》。

⑪GB/T 13729—2002《远动终端设备》。

⑫《关于发电厂并网运行管理的意见》。

⑬《全国互联电网调度管理规程（试行）》。

⑭DL/T 5003—2005《电力系统调度自动化设计技术规程》。

⑮DL/T5202—2004《电能量计量系统设计技术规》。

⑯DL/T5137—2001《电测量及电能量计量装置设计技术规程》。

⑰DL/T645—2007《多功能电能表通信协议》。

⑱QB/20224612－1·1—2000《多路电能量采集装置》。

⑲DL/T 743—2001《电能量远方终端》。

⑳DL/T 719—2000：1996《远动设备及系统》第5部分传输规约，第102篇电力系统电能累计量传输配套标准。

㉑GB2423《电工电子产品基本环境试验规程》。

㉒《低压电力用户集中抄表系统技术条件（试运行）》。

㉓GB 2900.1—1992《电工术语　基本术语》。

㉔GB/T 3047.4《高度进制为44.45 mm的插箱、插件的基本尺寸系列》。

㉕GB 4208—1993《外壳防护等级（IP代码）》。

㉖GB/T 7261—2000《继电器及装置基本试验方法》。

㉗GB/T 11287—2000《电气继电器》第21部分度量继电器和保护装置的振动、冲击、碰撞和地震试验，第1篇振动试验（正弦）。

㉘GB 14285—1993《继电保护和安全自动装置技术规程》。

㉙GB/T 14537—1993《量度继电器和保护装置的冲击与碰撞试验》（idt IEC 60255－21－2：1988）。

㉚GB/T 14598.9—1995《电气继电器》第22部分度量继电器和保护装置的电气干扰试验，第3篇辐射电磁场干扰试验（1989）。

㉛GB/T 14598.10—1996《电气继电器》第22部分度量继电器和保护装置的电气干扰试验，第4篇快速瞬变干扰试验（1992）。

㉜GB/T 14598.13—1998《度量继电器和保护装置的电气干扰试验》第1部分1 MHz脉冲群干扰试验。

㉝GB/T 14598.14—1998《度量继电器和保护装置的电气干扰试验》第2部分静电放电试验（idt IEC 255－22－2：1996）。

㉞GB/T 16836—2003《度量继电器和保护装置安全设计的一般要求》。

㉟GB/T 17626.5—1999《电磁兼容　试验和测量技术　浪涌（冲击）抗扰度试验》(1995)。

㊱GB/T 17626.6—1998《电磁兼容　试验和测量技术　射频场感应的传导骚扰抗扰度》(1996)。

㊲GB/T 18700.1《远动设备及系统》第6部分与ISO标准和ITU－T建议兼容的远动协议，第503篇TASE.2服务与协议。

㊳GB/T 18700.2《远动设备及系统》第6部分与ISO标准和ITU－T建议兼容的远动协议，第802篇TASE.2数据模型。

㊴DL 476—1992《电力系统实时数据通信应用层协议》。

㊵DL/T 478—2001《静态继电保护及安全自动装置通用技术条件》。

㊶DL/T 720—2000《电力系统继电保护柜、屏通用技术条件》。

㊷DL/T 5136—2001《火力发电厂、变电所二次接线设计技术规程》。

㊸DL/T 5147—2001《电力系统安全自动装置设计技术规定》。

㊹电安生［1994］191号《电力系统继电保护和安全自动装置反事故措施要点》。

㊺国家经济贸易委员会第 30 号令《电网和电厂计算机监控系统及调度数据网络安全防护规定》。

㊻ANSI/IEEE C37.111—1999《电力系统暂态数据交换通用格式》。

㊼IEC 60870－5－103《远动设备及系统》第 5 部分传输规约，第 103 篇继电保护设备信息接口配套标准（DL/T 667—1999）。

㊽IEC 60870－5－104《远动设备及系统》第 5－104 部分：传输规约。

㊾采用《标准传输文件集》的 IEC 60870－5－101 网络访问。

㊿IEC 61850《变电站通信网络和系统序列标准》。

51IEC 61970－301《能量管理系统应用程序接口（EMS－API）》第 301 篇公用信息模型（CIM），基础部分。

52IEEE Std 1344—1995（R2001）《电力系统同步相量标准》。

53《电力系统实时动态监测系统技术规范》（2005 年 V2.0 版）。

54DL 476—1992《电力系统实时数据通信应用层协议》。

55IEC 60870－5－103《远动设备及系统》第 5 部分传输规约，第 103 篇继电保护设备信息接口配套标准（DL/T 667—1999）。

56IEC 61850《变电站通信网络和系统序列标准》。

57国家电力监管委员会令《电力二次系统安全防护规定》。

58川电调度〔2010〕74 号《关于开展四川智能电网调度技术支持系统厂站接入工作的通知》。

59《四川智能电网调度技术支持系统厂站接入技术规范要求》。

三、计算机监控系统的远动通信主机

1．实时性

为保证信息的实时性，电厂的远动信息应采取“直调直采，直采直送”的原则，所选择的计算机监控系统配置的远动通信主机应直接从计算机监控系统中的测控单元获取远动信息，并向各调度端传送，以保证调度端远动信息的实时性。

2．配置与可靠性

按照《四川智能电网调度技术支持系统厂站接入技术规范要求》的要求，电厂计算机监控系统中的远动通信机应采用冗余配置，即应配置双远动通信机，每台通信机应配置双网卡，支持多链路（选择的电厂计算机监控系统应为双网结构配置）。

3．软件环境

远动通信机应优先采用无硬盘型专用装置，其操作系统应采用 Linux 或嵌入式操作系统（不采用 Windows 操作系统），具有自恢复功能，以提高设备运行的可靠性。

4．通信与规约

每台远动通信机应具有 3 个以上 RS－232 串口，并配备相应的调制解调器和通道防雷保护器。可同时以 3 种以上不同规约与 3 个以上不同的自动化主站系统通信，对于不同的串口可以配置不同规约和信息转发表，以满足与各级调度机构（省调、备调、地调）自动化主站通信的要求。

每台远动通信机还应具有和上级调度机构自动化主站通信的标准局域网网络接口，支持

TCP/IP 协议，并可同时与 8 个以上网络 IP 地址进行网络通信。对于不同的链接端口可以配置不同规约和信息转发表，以便在与上级调度机构自动化主站系统的串口通信中断时，以网络通信方式与各调度机构的自动化主站系统进行通信和数据交换。

每台通信机应具有包括 IEC60870－5－101、IEC60870－5－104 通信规约以及其他国内常用的规约在内的多种通信规约可选，支持华中网调制定的 IEC 60870－5－101 和 IEC 60870－5－104 规约实施细则，并通过第三方测试认证机构测试合格，以满足与不同调度机构自动化主站对通信规约的要求。

IEC 60870－5－101 等串口规约：两台远动通信机以主备方式工作。平时一台通信机与各调度端主站通信，另一台通信机处于热备用状态。在主远动通信机故障时，通过切换，备用通信机能立即成为主远动通信机，使电厂计算机监控系统与各调度端自动化主站的通信不致中断。切换时间应满足有关规程的要求，通信机重启或切换后，应确保采集、刷新所有数据状态后，再上传调度端，杜绝错发、漏发、重发状态数据。

IEC 60870－5－104 等网络规约：两台通信管理机采用双机并列运行方式与主站通信。两台通信管理机运行相互独立，可同时接收主站发起的连接请求。

5. 人机交互

每台通信机应具有密码保护、权限等功能，并可方便地进行设置、修改、调试和维护等工作。

此外，电厂计算机监控系统应具备事件顺序记录（SOE）功能，断路器遥信信号必须具有事件顺序记录 SOE 功能，且变位遥信和 SOE 报文均应向主站发送，其分辨率应满足相关设计技术规程规定。SOE 报文应由测控装置直接产生，不应由远动通信机产生。

电厂计算机监控系统宜具有 AVC 功能。四川电网要求单机容量 200 MW 及以上的火电机组和单机容量 40 MW 及以上水电机组，其计算机监控系统必须具有 AGC 功能，因而其计算机监控系统也应具备 AGC 功能。电厂计算机监控系统 AVC 和 AGC 能接入省调 AVC 主站系统，参加电网联合实时控制。

四、电能量采集终端

电厂应配置电能量计量厂站采集终端，以便能准确、可靠地采集电厂内计量关口点和考核关口点电子电能表的电能量数据，并将电能量数据存储，直送至相应的调度和营销机构的电能量采集主站系统，进行电量的考核和结算。

电能量采集终端实现的功能涉及电网企业和电厂切身利益，因此所选择的电能量采集终端不应产生新的计量误差，采集的电能量数据不能被更改，以保证采集的电能量原始数据完整、准确，并且符合相应的计量管理标准和技术规范。

四川省电力营销部门对计量关口和考核关口所装设的电能表均已要求必须为电子式电能表，故接入电厂电能量采集终端采集的电能表应为电子式电能表。

1. 电能量采集

选择的电能量采集终端应具有 RS485/422 接口等多种通信方式与电子电能表通信，同一个 RS485/422 通信口可接入不同厂家不同规约的电表。可对不少于 64 只的电子式电能表进行采集，其软硬件容量及性能应可扩充，以满足扩容和不同应用需求。

电能量采集终端应具有与电厂计量关口点和考核关口点电能表相一致的电能表通信规

约，同时还应拥有多种电子式电能表的通信规约可选，以便对不同通信规约的电子式电能表进行数据采集。支持抄录的电子式电能表的数据类型包括各种时间间隔（1 min～1 h 可调）的分时电量、峰平谷总行度、日月累计电量、需量、电表事件、状态信息等。对电表数据的抄录、冻结周期可调（5 min～1 h）。

2. 时钟同步

选择的电能量采集终端应有对时功能。拥有 GPS 时钟接口，或与电能量采集主站对时，以保证各个计量点基于相同时间基准完成对电能量的计量及电能量数据带时标的存储，保证统计和结算时间的准确。装置内的时钟应精准，走时误差≤1 秒/日。

3. 数据存储

与电能量主站系统通信中断，而电能量采集终端对电能表进行正常采集时，在接入的 64 只电表都存储双向 1 min 分时电量的情况下，分时电量、窗口行度数据的存储周期不少于 1 个月。每只电能表存储的事件和装置事件存储数量不少于 1000 条。装置停电，数据保存期应可达 1 年以上不丢失。用户可使用 U 盘转录装置存储的数据，也可通过装置调试和维护软件远程转录数据，以保证数据不致丢失。

4. 通信与规约

电厂电能量终端可通过专线方式、电话拨号方式、GPRS 和网络通信方式，向后台和上级主站系统上传电量信息，以保证地势偏远的电厂与上级电能量主站系统的通信。电厂电量计量装置与省调电能量采集主站系统间采用 IEC 60870－5－102 或四川规约等省调电能量采集主站系统具有的规约进行数据通信。

5. 人机交互

电能量终端应具备用户管理功能，用户可通过装置人机界面或远程调试和维护软件。应具备接受当地或远方参数下装、自诊断、远方诊断、自恢复等功能；具有中文液晶显示功能；具有设置、查看、核对功能并应具有密码保护功能；可通过装置人机界面，监视和查看装置上下行通道的通道码，查询各类装置和电表数据，方便地进行调试。

五、相量测量装置（PMU）

相量测量装置（PMU）可以组建电力系统实时动态监测系统，实时监测电网的运行状态，观测系统的稳定裕度，记录电压失稳、低频振荡等动态过程，实现电力系统安全预警，并逐步实现电力系统动态控制分析等高级应用，能够实现系统运行的长期实时数据记录。根据需要，相量测量装置可实现与 SCADA/EMS 系统及安全自动控制系统的连接，对电力系统的动态过程进行控制。

为了保证电厂接入后电网的安全，四川省电力公司规定对总装机在 300 MW 以上的发电厂应配备相量测量装置（PMU）设备。

1. 相量测量装置（PMU）的组成

选择的 PMU 通常应由带冗余的通信主单元，视电厂情况而决定的若干个相量测量单元、同步时钟单元、发电机内电势测量装置、网络交换机等组成。PMU 设备应采用分布式结构，电气采集单元应适应分散式的地理布置。由带冗余的通信主单元实现与多个电气采集单元的通信，并可同时向多个主站传送实时监测数据，各主站可以按照各自不同的配置文件与 PMU 进行通信。

PMU 设备应采用高可靠性和安全性的嵌入式工控软件的实时操作系统平台，具备较强的稳定性、可靠性和可维护性。PMU 设备各单元应有“死”机后的自恢复功能。为防止输入回路及采样回路出错，在软件上采用冗余容错外，应采用计算量的物理关系对计算结果进行校核。

2. 时钟同步

PMU 设备的同步相量测量有同步时钟功能，利用同步时钟作为数据采样的基准时钟源。向 PMU 提供同步时钟的时钟源应能够同时接收 GPS 信号和北斗星信号。正常运行中，以 GPS 为主，北斗星为备用，为保证同步精度，同步时钟还应具有高精度的恒温晶振。

同步时钟的锁信能力：温启动（停电四个小时以上、半年以内的 GPS 主机开机）时间不大于 50 s；热启动（停电四个小时以内的 GPS 主机重新开机）时间不大于 25 s；重捕获时间不大于 2 s。

同步相量测量过程中，数据采样的脉冲必须由同步时钟的秒脉冲信号锁定。每秒第一次相量测量的采样时刻应和秒脉冲的上升沿同步，同步误差应小于 100 ns。每秒测量的相量次数应是整数，相量对应的时标在每秒内应均匀分布。装置内部造成的任何相位延迟必须被校正。

当同步时钟信号丢失或异常时，装置应能维持正常工作。要求在失去同步时钟信号 60 min以内装置的相角测量误差的增量不大于 1°（对应于 55 μs）。

3. 采集与实时监测

电压、电流相量测量精度：选择的 PMU 测量设备应确保各测量的精度，装置应采用高速、高精度采样，装置 A/D 转换精度应不小于 14 bits，采样频率不低于 4800 Hz。

PMU 测量设备可接入的 CT、PT 类型应与电厂用于 PMU 测量的 CT、PT 类型一致。

PMU 测量设备应以不应低于 4800 次/秒的采样频率进行同步采样。

4. 传输要求

装置实时监测数据应按时间顺序逐次、均匀上送，应至少包含整秒时刻的数据。装置实时监测数据帧的输出时延，即实时监测数据时标与数据输出时刻之时间差，应不大于 30 ms。装置实时监测数据的输出速率应可以整定，至少应具有 25 次/秒、50 次/秒、100 次/秒的可选输出速率。

5. 实时记录与存储

存储格式：相量测量装置按照 CFG1 的要求记录测量的动态数据。动态数据以文件形式存储时，需要在文件头附加该装置的 CFG1 配置帧，动态数据的记录格式应符合《电力系统实时动态监测系统技术规范》2005 年 V2.0 版第 10 章数据帧格式要求。

记录速率：装置实时记录数据的最高速率应不低于 100 次/秒，并具有多种可选记录速率；实时记录数据的速率是实时监测数据传送速率的整数倍。

保存时间：装置实时记录数据的保存时间应不少于 14 天。

事件标志：当电力系统发生下列事件时装置应能建立事件标志，PMU 事件标志的数量宜按 1000 条考虑，以方便用户获取事件发生时段的实时记录数据。①当装置监测到继电保护、安全自动装置跳闸输出信号（空接点）或接到手动记录命令时，应建立事件标志，以方便用户获取对应时段的实时记录数据。②当同步时钟信号丢失、异常以及同步时钟信号恢复正常时，装置应建立事件标志。

6. 与主站的通信

通信接口：相量测量装置对外通信应用层协议应遵循《电力系统实时动态监测系统技术规范（试行）》的规定，装置与主站通信宜采用网络通信方式。装置至少具有3个远传的网络接口（10/100 Mbps），远传的网络接口可以同时向多个主站传送实时监测数据，各主站可以按照各自不同的配置文件与PMU进行通信。

PMU设备对通信通道要求：相量测量装置与调度端主站的远传通信通道宜采用电力调度数据通信网络，通道带宽应不低于2 Mbps。

与主站通信的底层传输协议：在网络通信方式下底层传输协议采用TCP协议。

与主站通信的应用层协议：装置和主站通信的应用层协议应符合《电力系统实时动态监测系统技术规范（试行）》关于PMU数据上传的相关要求。

六、调度数据网设备

在电力调度数据网中，分成核心层、骨干层和接入层三层，电厂通常处于接入层。通常，电厂的调度数据网设备由一台路由器和两台三层交换机组成，两台三层交换机作为CE，为站端应用系统分别提供实时VPN（安全区一）和非实时VPN（安全区二）的可靠接入，并连接到本地PE路由器上，配合二次安防设备与电力调度数据网的其他节点相连，实现电厂相关数据向调度主站的网络传输。

无论路由器还是三层交换机等网络设备都应有开放的接口，拥有良好的维护、测量及管理手段，实现统一网管。

按照《四川智能电网调度技术支持系统厂站接入技术规范要求》的要求，与调度主站通信的网络设备应为双节点配置，支持调度数据网络双平面（省调接入网和地调接入网）。

此外，还应考虑培训以及售后的技术支持和维修服务，因此最好要选择能保证服务质量的厂家的产品，在这点上国内知名厂商要比国外厂商有优势。

1. 路由器

电厂的调度数据网设备一般为接入层节点。

（1）技术性能

在技术性能上，选型应考虑路由器的容量、接入路由器的接口槽数、最大快速以太接入数量、最大E1接口等因素。

其数据包转发率应不低于600 Kbps。应有VPN、SLA、QoS、MPLS、Diffserv和组播通信等服务功能。选型上还应对路由器支持的链路层协议、互联网层协议、互联网层转发协议、传输层协议、路由协议、MPLS协议等协议方面的情况进行考虑。支持的传输速率为10/100 Mbps。可支持的接口类型有10/100BaseT、E1电路端口、V. 24等。

路由器的控制软件是路由器发挥功能的一个关键环节。软件的安装、参数自动设置、软件版本的升级都是必不可少的。在路由器选型时，还应注意路由器的软件平台和控制软件本身的优劣，选择的路由器应是软件安装、参数设置及调试均很方便，且功能强大的产品。

（2）可靠性

由于路由器长期连续工作的特点，所选路由器的整机不间断工作时间宜不小于2×10^5 h。还要考虑路由器具有的故障恢复能力和负载承受能力，而路由器的可靠性则主要体现在接口故障和网络流量增大时所具有的适应能力，一般能够保证这种适应能力的方式就是备份，因此，路由器应满足多套系统软件和配置文件的备份、电源系统的冗余备份，支持交直流电源。

考虑维护的方便，应支持所有模块的热插拔等要求。另外，针对网络中可能存在的各种安全隐患，路由器一般应有内置防火墙，具有一些安全特性，如身份认证功能、访问控制功能、信息隐藏功能、数据加密功能、攻击探测和防范功能，以及必要的安全管理功能等。

（3）可扩展性

应考虑路由器支持的扩展槽数目或者扩展端口数目。考虑到将来可能的网络升级，选用设备时，应考虑路由器的网络扩展能力（包括软件版本的升级）。

2. 三层交换机

（1）总体架构

选用的三层交换机应支持的 10/100 Mbps 以太网接口至少 24 个，两个以上千兆 SFP 口，交直流双路供电，可插拔；传输速率为 10/100 Mbps，包转发率不低于 9.6 M；还应考虑三层交换机的交换背板容量、最大转发性能等一些重要的基本性能参数。这样，就可以从总体上把握三层交换机的定位和档次。

（2）性能方面

应满足 RFC2544 建议的基本标准，即吞吐量、时延、丢包率。还应考虑其他一些指标，如 MAC 地址数、路由表容量、ACL 数目、LSP 容量、支持 VPN 数量等。

（3）功能方面

对于一般的接入层交换机，安全机制、支持网管策略、生成树协议、组播协议、VLAN 特性和支持 QoS 都是必不可少的功能。

七、二次安防设备

为了确保计算机监控系统及电力调度数据网的安全，需要二次安全防护设备。二次安防设备包括硬件防火墙，纵向加密认证装置，正向、反向隔离装置，IDS 等设备。四川电网电力调度数据网中，目前用得最多的设备是纵向加密认证装置。

纵向加密认证是电力二次系统安全防护体系的纵向防线。采用认证、加密、访问控制等技术措施实现数据的远方安全传输以及纵向边界的安全防护。对于重点防护的调度中心、发电厂、变电站，在生产控制大区与广域网的纵向连接处应当设置经过国家指定部门检测认证的电力专用纵向加密认证装置或者加密认证网关及相应设施，实现双向身份认证、数据加密和访问控制。

纵向加密认证装置及加密认证网关用于生产控制大区的广域网边界防护。纵向加密认证装置为广域网通信提供认证与加密功能，实现数据传输的机密性、完整性保护，同时具有类似防火墙的安全过滤功能。加密认证网关除具有加密认证装置的全部功能外，还应实现对电力系统数据通信应用层协议及报文的处理功能。

选用的纵向加密认证装置在功能上应满足以下要求：

①纵向加密认证网关能为电力调度数据网通信提供具有认证与加密功能的 VPN，实现数据传输的机密性、完整性保护。

②满足电力专用通信协议（104、TASE.2 等）转换和应用过滤功能。

③采用电力专用分组密码算法和公钥密码算法，支持身份鉴别、信息加密、数字签名和

密钥生成与保护。

④提供基于 RSA 公私密钥对的数字签名和采用专用加密算法进行数字加密的功能。

⑤采用专用嵌入式安全操作系统，系统无 TCP/IP 协议栈。

⑥支持明通和密文传输，支持标准的 802.1Q VLAN 封装协议，可以实现不同网段应用的无缝透明接入。

⑦具有应用层通信协议转换功能。

⑧具有日志审计功能，支持双机热备、基于数字证书的图形化界面。

第二章　涉网设备的调试和试验

第一节　新、改扩建电厂涉网安全试验的要求

为保证电力系统安全稳定运行，国家电监会、国家电网公司对涉网安全试验高度重视，要求新、改扩建电厂上网签订并网协议，投产后必须进行安全性评价。各网省电力公司也对新、改扩建电厂涉网安全试验提出了具体的要求。一部分是对入网设备本体的要求，另一部分是对性能试验的要求。这里主要介绍性能试验的要求。

并入四川电网的发电厂，应遵循的国家或行业有关技术标准、规程规范如下：

①国家发改委 DL/T1040—2007《电网运行准则》。

②国家电监会《发电厂并网运行管理规定》。

③《国家电网公司二十五项反事故措施》。

④《国家电网公司关于加强预防与控制电网功率振荡的若干措施》。

⑤《国家电网公司电力系统电压质量和无功电力管理规定》。

⑥《国家电网公司电力系统无功补偿配置技术原则》。

⑦国家电网公司《关于下发对稳定计算用励磁系统和电力系统稳定器建模和参数测量的要求的通知》。

⑧国家电网公司《关于加强广域相量测量系统建设及实用化工作的要求》。

⑨华中电监局《华中区域发电厂并网运行管理实施细则（试行）》。

⑩华中电监局《华中区域并网发电厂辅助服务管理实施细则（试行）》。

⑪华中电监局《新建发电机组进入商业运行的管理办法》。

⑫四川电监办《四川发电机组并网安全性评价标准（第三版）》。

⑬四川省电力公司《四川电网安全稳定管理工作规定》。

⑭四川省电力公司《四川并网发电厂机网协调安全稳定运行要求》。

⑮四川省电力公司《并网电厂无功电压及进相管理规定》。

⑯四川省电力公司《四川并网水电厂（网）安控装置技术要求》。

⑰四川省电力公司《四川电力系统 AVC 功能规范》。

⑱四川省电力公司《四川电网发电机组一次调频运行管理规定（试行）》。

⑲四川省电力公司《四川并网水力发电机组启动投运前需完成相关性能试验的技术要求》。

主要涉网安全试验的项目有发电机性能考核试验、发电机进相运行试验、发电机组励磁系统参数实测和建模试验、发电机组励磁系统 PSS 试验、调速系统参数实测和建模试验、自动发电控制（AGC）试验、自动电压控制（AVC）试验、安控装置试验、发电机组一次

调频试验等。

第二节　励磁系统参数实测和建模及 PSS 试验

一、目的及要求

发电机励磁控制系统对电力系统的静态稳定、动态稳定和暂态稳定性都有显著的影响。在电力系统稳定计算中采用不同的励磁系统模型和参数，其计算结果会产生较大的差异。因此需要能正确反映实际运行设备运行状态的数学模型和参数，使得计算结果真实可靠。通过对电网典型主力机组的发电机、励磁模型和参数进行调查和测试，为系统稳定分析、电网日常生产调度提供准确的计算数据，是保证电网安全运行的有效措施。

由于发电机及励磁系统参数实测和建模试验是为系统稳定分析及电网日常生产调度提供准确的计算数据，所以必须使用电力系统稳定计算用的专用软件进行仿真校核，精度满足有关导则和规定的要求，可直接用于调度部门的运行方式计算。

二、内容和方法

1. 参数测试工作内容

①现场测试：通过现场试验尽可能多地获得该机组励磁系统的实测参数和特性。

②利用实测数据和设备厂家提供的原始数据计算出电力系统稳定计算（精确模型）中励磁系统模型和参数。

③依据实测的励磁系统特性，通过仿真计算，对励磁调节器内部参数进行修正，最终获得与实际相符的电力系统稳定计算参数。

2. 发电机及励磁系统参数

①发电机参数见表 2－2－1。

表 2－2－1　发电机参数

序号	信　　息	单位
1	厂名	
2	机组编号	
3	发电机型号	
4	额定容量	MVA
5	额定电压	kV
6	额定功率因数	
7	额定转速	r/min
8	直轴同步电抗 X_d	%
9	直轴同步电抗饱和值 X_d	%
10	直轴暂态同步电抗 X'_d	%

续表2-2-1

序号	信　息	单位
11	直轴暂态同步电抗饱和值 X'_d	%
12	直轴次暂态同步电抗 X''_d	%
13	直轴次暂态同步电抗饱和值 X''_d	%
14	交轴同步电抗 X_q	%
15	交轴暂态同步电抗 X'_q	%
16	交轴暂态同步电抗饱和值 X'_q	%
17	交轴次暂态同步电抗 X''_q	%
18	交轴次暂态同步电抗饱和值 X''_q	%
19	负序电抗 X_2	%
20	负序电抗饱和值	%
21	直轴暂态开路时间常数 T'_{d0}	s
22	交轴暂态开路时间常数 T'_{q0}	s
23	直轴次暂态开路时间常数 T''_{d0}	s
24	交轴次暂态开路时间常数 T''_{q0}	s
25	零序电抗 X_0	%
26	转子线圈直流电阻（75℃）	Ω
27	原动机转动惯量	$t \cdot m^2$
28	发电机转动惯量	$t \cdot m^2$
29	原动机飞轮转矩	$t \cdot m^2$
30	发电机飞轮转矩	$t \cdot m^2$

②励磁变参数。

③型号、接线方式、容量、变比、短路阻抗。

④PT、CT 变比。

⑤PT 变比、CT 变比、分流器变比。

⑥励磁调节器模型框图（示例见图 2-2-1）。

⑦励磁调节器 PID 环节参数，低励、过励、过磁通（V/Hz）限制环节模型、参数及实测值。

3. *励磁系统数学模型测辨及调查*

发电机励磁系统的模型和参数测试，现场试验分为静态试验和动态试验。静态试验包括励磁调节器模型参数辨识，动态试验包括发电机空载特性试验、发电机空载阶跃响应试验、励磁系统整组特性测试及 PSS 试验等。

（1）静态试验结果调查

①AVR 模型。

某电厂发电机励磁调节器 Saver－2000 的控制规律为 PID＋PSS，其模型框图见图

2—2—2和图 2—2—3。

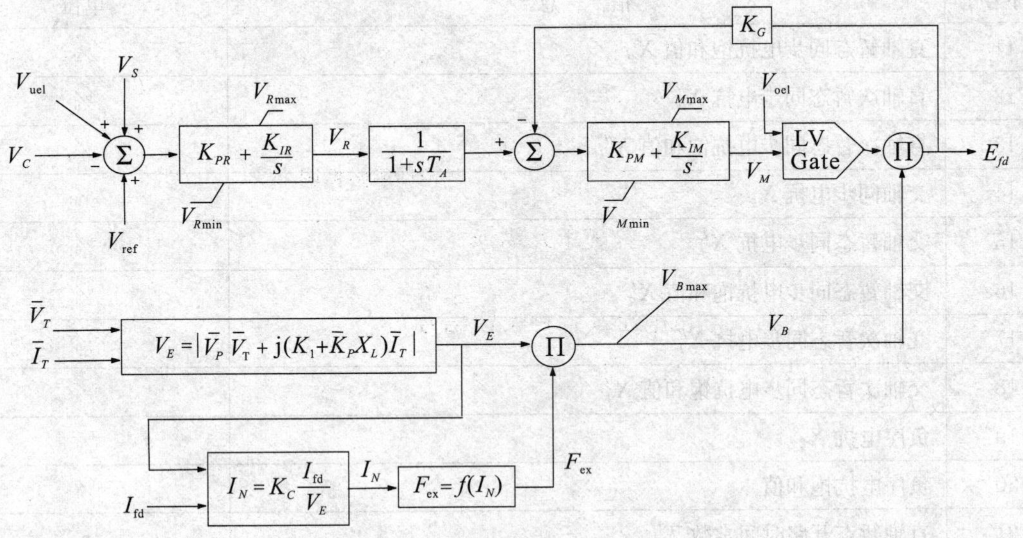

(a) GE EX2100 型励磁调节器 PID 模型框图

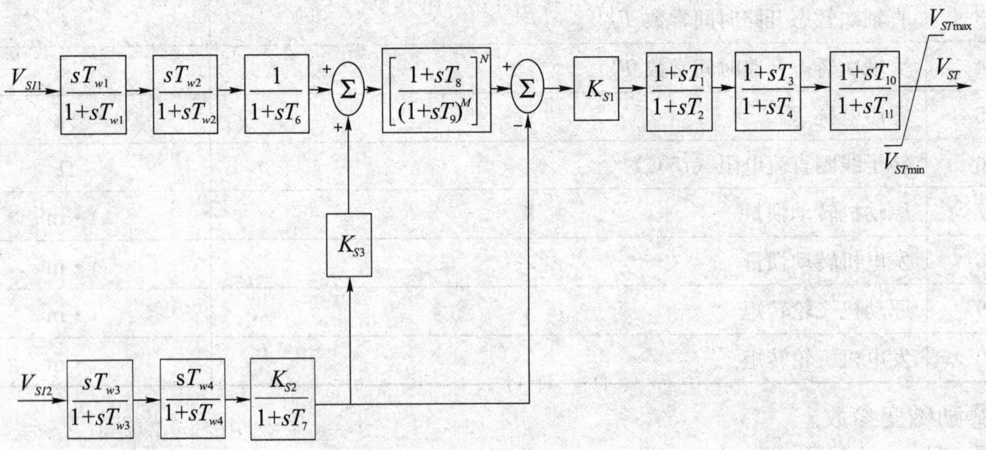

(b) GE EX2100 的 PSS 模型框图

图 2—2—1 励磁调节器模型

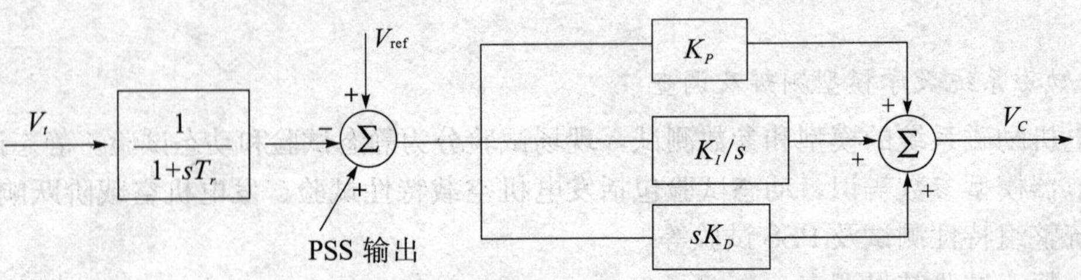

图 2—2—2 AVR 传递函数框图

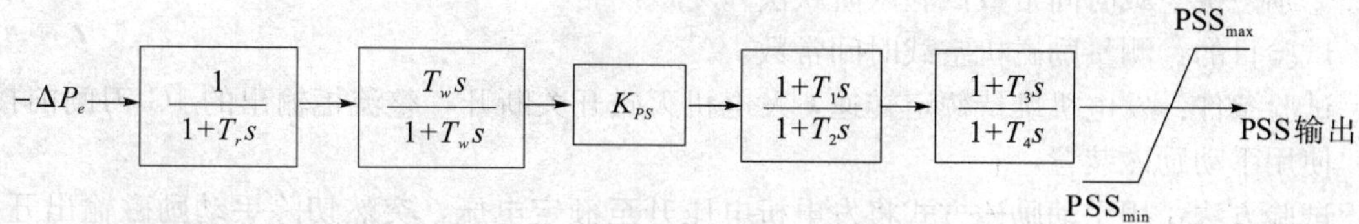

图 2-2-3 PSS（1A）传递函数框图

②励磁调节器特性和参数由其各个单元组成。

励磁调节器的主要单元有：

（a）测量单元（包括发电机电压及各种反馈信号）。

（b）无功调差单元。

（c）放大单元。

（d）PID 单元。

（e）反馈单元。

（f）时间常数补偿单元。

（g）移相触发单元等。

应分别测定或调查励磁调节器各个单元特性和参数。确定各部分的模型，再确定各个单元特性，然后根据试验数据拟合出参数。可直接引用原调试结果或利用在厂家完成的同型号励磁系统模型。

③限制和保护单元的测试调查。

限制和保护单元包括：

（a）低励限制。

（b）强励限制。

（c）过励限制。

（d）过磁通（V/Hz）限制等。

通过静态模拟试验得到低励限制、强励限制和过励限制等限制，保护单元的模型和参数，必要时可进行动态试验验证模型和参数的正确性。可直接引用原调试结果或利用在厂家完成的同型号励磁系统模型。

④电力系统稳定器（PSS）测定。

应分别测定 PSS 各个环节（测量环节、隔直环节和超前滞后环节）的时间常数和增益。还应测定 PSS 的投入和切除的定值、限幅和保护电路的定值等。可直接引用原调试结果或利用在厂家完成的同型号励磁系统模型。

（2）机组额定转速后试验

①励磁机空载特性试验。

试验目的：测量交流励磁机空载情况下励磁电流和励磁机输出电压的关系。

试验条件：发电机维持额定转速，发电机灭磁开关断开，整流柜输出的 1G 刀闸前接的电阻，使用手动励磁装置。

试验方法：逐渐改变励磁机励磁电流，测量励磁机电枢电压上升和下降特性曲线。励磁机定子电压最高升到 1.3 倍额定电压时，测量并记录励磁机励磁电压、电流、励磁机交流输出电压。

②励磁机空载时间常数试验（阶跃法）。

试验目的：测量励磁机空载时间常数。

试验条件：发电机维持额定转速，发电机灭磁开关断开，整流柜输出的1G刀闸前接电阻，使用手动励磁装置。

试验方法：用手动励磁方式将发电机电压升至额定电压，突然切除手动励磁输出开关，测量发电机电压下降的时间常数。用WFLC电量记录分析仪测量并记录发电机输出电压下降的曲线，或用调节器的定角度阶跃功能。

③励磁机负载特性试验（在发电机空载及负载试验时完成）。

试验目的：测量交流励磁机负载情况下励磁电流和励磁机输出电压、电流的关系。

试验条件：发电机维持额定转速，发电机空载升压及负载带负荷。

试验方法：逐渐改变发电机励磁电流，测量励磁机转子电流及电枢电压变化特性曲线。

④发电机空载试验。

试验目的：测量交流励磁机负载情况下励磁电流、发电机定子电压的关系。

试验条件：发电机维持额定转速，空载，定子电压为0%～130%额定电压或容许的最高电压。

试验方法：用手动励磁方式升发电机电压，在发电机空载电压0%～130%额定电压或容许的最高电压范围内，测量励磁机励磁电压、电流、励磁机直流输出电压和发电机定子电压、励磁电压、励磁电流。

⑤发电机空载试验时间常数试验（阶跃法）。

试验目的：测量发电机空载时间常数。

试验条件：发电机维持额定转速，空载，定子电压为0%～130%额定电压（视现场具体条件而定）。

试验方法：用手动励磁方式将发电机电压升至额定电压，突然切除手动励磁输出开关，测量发电机电压下降的时间常数。用WFLC电量记录分析仪测量并记录发电机输出电压下降的曲线，或用调节器的定角度阶跃功能。

⑥阶跃响应试验。

试验目的：测量励磁调节器调节品质。

试验条件：发电机维持额定转速，使用自动励磁装置。

试验方法：用自动励磁调节器调整发电机电压为90%额定电压，进行5%和10%阶跃（上、下）试验，用WFLC电量记录分析仪测量并记录发电机电压、转子电压和电流、调节器输出电压和电流。

⑦励磁系统放大倍数测试。

发电机空载，励磁调节器使用自动运行方式，退出积分，改变放大倍数，调整发电机电压由80%额定电压逐步升至额定电压，记录励磁调节器反馈电压、给定电压、导通角等参数及永磁机电压，励磁机励磁电压、电流，发电机励磁电压、电流、端电压。

⑧离线无补偿励磁系统频率响应特性测试。

发电机空载，励磁调节器使用自动运行方式。励磁调节器为自动单柜运行方式，用HP35670A频谱仪进行励磁系统无补偿频率响应特性测试。

⑨强励试验（有条件时完成）。

做此试验时，修改发电机过电压保护定值。待此试验结束后，恢复原定值。

发电机并网运行应尽量接近额定工况，使用自动励磁装置，瞬间将励磁调节器的给定电压提高 15%~20%，时间取 0.1 s~0.8 s，同时用 WFLC－2 电量记录分析仪测量并记录发电机端电压、发电机励磁电压和励磁电流的响应曲线。测量励磁系统最大励磁电压、电压响应时间和响应比。

（3）电力系统稳定器 PSS 试验

①在线无补偿励磁系统频率响应特性测试。

发电机并网运行，有功功率接近额定功率，PSS 不投入运行。励磁调节器为自动单柜运行方式，用 HP35670A 频谱仪进行励磁系统无补偿频率响应特性测试。

②在线有补偿励磁系统频率响应特性测试（有条件时完成）。

发电机并网运行，有功功率接近额定功率，励磁调节器为自动单柜运行方式，用 HP35670A 频谱仪进行励磁系统有补偿频率响应特性测试。修正超前/滞后环节时间常数。

③PSS 临界增益测定试验。

发电机并网运行，有功功率接近额定功率，励磁调节器为自动单柜运行方式，将 PSS 投入运行，逐渐增大 PSS 增益，同时观察 WFLC 电量分析仪中有功功率录波的波形，测定 PSS 临界增益值。

④PSS 增益值设定。

操作励磁调节器监控机，将 PSS 增益设定为临界增益值的约三分之一，将 PSS 投入运行，同时观察发电机各运行参数，应稳定运行。

⑤PSS 负载阶跃干扰试验。

发电机并网运行，有功功率接近额定功率，励磁调节器为自动单柜运行方式，进行不大于 4%阶跃试验，同时启动 WFLC 录波，记录 PSS 投入或退出运行时有功功率的摆动幅值和次数。

⑥PSS 反调试验。

PSS 投入运行，按正常运行增减负荷速度改变有功功率，观察发电机无功功率和调节器输出电压和电流，不应出现随有功功率变化而大幅度摆动的现象。

（4）调差系数校核

发电机并网运行，在有功功率较小情况下，保持给定电压不变，逐步改变 AVR 调差系数，记录无功功率、发电机电压等值。

第三节　发电机进相运行试验

一、目的及要求

由于超高压、长距离输电线路日益增多，线路充电功率给电网的安全、稳定运行带来一系列问题，在线路轻载时，母线及线路电压过高的问题尤为严重。充电功率易造成母线电压超标。采用发电机进相运行吸收过剩无功，降低母线电压是最经济、有效、方便的方法。按国家标准要求，发电机应在电厂直接负载下确定其运行限额图（$P-Q$ 曲线），为运行提供依据。进相试验也应按调度要求圆满完成。

试验的主要目的是确定发电机的进相运行能力，即通过试验，检验发电机是否在静稳定条件下进相运行。结合发电机端部结构件的温度测量，确定按端部发热条件所限制的运行范围。取得在进相运行时，母线及厂用电压变化的经验数据，确定发电机进相调压效果，以及厂用电压降低对进相深度的限制。通过进相试验，验证低励及继电保护的正确性，指出在保护、监测方面存在的问题。

二、内容及方法

1．试验的条件

电网备用容量充足。当试验机组失步、振荡、解列，并影响到其他机组运行时，应有应急措施，防止电网瓦解、电网频率大幅度下降。为防止试验机组失步后造成系统振荡，进而造成系统瓦解，应将失步解列，远方切机装置投入，并优先切除试验机组。电厂运行人员应随时准备失步甩负荷后的善后工作。发电机各测温点加装完毕，试验无误。发电机失磁保护及低励限制等已退出。

试验测点：发电机电压、电流、母线及厂用电压、功率因数 $\cos\varphi$、转子电压、转子电流。发电机定子铁芯、定子线圈、端部结构件、定子进水口的进出风温度。

2．进相试验时电气设备配置及发电机参数调查

（1）电气设备配置

发电机及励磁系统类型和进相运行能力，继电保护配置。

（2）发电机主要电气参数

额定容量 X_d	额定电压 X_q
额定电流 X'_d	额定励磁电压 X''_d
额定励磁电流 T'_{d0}	额定功率因数 T''_{d0}

（3）发电机内各部件运行温度限额（详细参数参见各发电机厂家技术说明书）

冷却方式：水、氢、氢

轴瓦温度	定子线圈出水温度
定子绕组及出线水温度	层间温度差
集电环出风温度	定子绕组进水温度
定子线圈温度	冷氢温度
定子铁芯温度	

定子端部结构件（铜屏蔽及压指等）温度

（4）进相深度计算

所谓进相深度，是指保证发电机在静态稳定极限范围内，发电机在不同有功负荷下能吸收系统无功的最大值。此最大值随着发电机有功负荷的改变而改变，所以首先计算在某一特殊运行点的进相无功，以及进相状态下最大功率角 δ 值，进而推广到其他情况。结合电网要求进行系统计算。

分析计算是根据静稳极限，得出在不同有功时的最大进相无功值。试验也要同时监视系统电压，发电机电压与发电机电势之间的夹角，即功率角 δ 不得大于某一值，一般根据同类机组运行试验经验，δ 的限制值应为 700 左右。

（5）进相试验测温点的设置

发电机定子线圈层间测温点。

发电机定子线圈出水管测温点。

氢冷却器总进水管和冷却器出口管温度测点。

定子引出水每相支路温度测点。

励端端部结构温度测点。

定子铁芯温度测点。

(6) 发电机进相步骤

确认已按安全措施各项要求完成准备工作。发电机在各进相工况下的功角值已计算确定，作为试验依据。

发电机并网带负荷，在额定有功、无功（滞相）为正常值时测量一组参数，即发电机有功功率 P、无功功率 Q、定子电压 U_F，定子电流 I_F、功率因数 $\cos\varphi$、励磁电压 U_f、励磁电流 I_f、发电机功角 δ、母线电压 U_X、厂用母线电压 U_C 等。同时检查、记录发电机各部分温度，应正常。

分别在发电机并网带额定有功负荷、正常稳燃负荷或稳定运行负荷、水电厂零负荷或调度要求的负荷下进行进相试验。试验中功角、厂用电压、发电机温升等任一参数超过容许值时均要停止试验，作为进相运行的限制条件。按实际试验结果确定发电机的进相调压能力。

(7) 安全技术措施

进相试验期间，电气人员应坚守岗位，加强监视。遇有异常情况，如失步振荡等，应立即增磁、切换厂用电、切换备用励磁等，应事先对可能发生的异常现象提出反事故措施。电厂热工人员应随时检查发电机各温度测点的工作情况，一旦发电机端部测点工作异常，应及时汇报，终止试验。

电厂机务运行人员应加强监视，事先提出机组失步、振荡、厂用电压振荡，造成各辅机不能正常工作时的反事故措施。

进相运行的电厂应安装功角测量表计，观察功角在某一安全角度内，以防静稳定储备降低，机组失步。试验中应严密监视功角值，不得超过经计算确定的最大功角值。

试验中监视厂用电压，其值不得低于相关规定（火电厂不得低于额定工作电压的95%，水电站不得低于额定工作电压的90%）。

试验时应与调节器厂家配合，修改微机励磁调节软件，撤除低励限制。试验结束后，按试验结果及调度要求整定一组低励限制曲线。临时退出发变组保护柜中失磁保护压板，改为发信，并在试验中校核保护动作情况。试验中不得退出自动励磁调节器，而用手动励磁调节进行试验。

第四节　调速系统参数实测和建模试验

一、试验目的及要求

电力系统中，无论是计算分析、规划运行还是控制保护，都必须建立在准确可信的数学模型基础之上，这些数学模型包括发电机、励磁系统、原动机及调速系统和综合负荷模型等。近年来，国家电网公司对建模工作非常重视，多次发文安排、部署、开展发电机励磁系统、调速系统的参数辨识建模工作。尤其是我国正在进行“西电东送、南北互供和全国联网”工程，即将形成全国统一大电网，这对电力系统稳定性控制提出了更高的要求。调速系统作为电力系统中的一个重要环节，对于承担系统的调频、调峰任务，维护系统的稳定和提高电能质量都起着非常重要的作用。因此，在国家电网公司 2005 年印发的国家电网调〔2005〕922 号文件《国家电网公司关于加强预防与控制电网功率振荡的若干措施》中，对调速系统参数的实测和模型优化工作也提出了较为明确的要求。

目前，电网稳定计算分析中采用的调速器模型多为早期缓冲式调速器的数学模型，模型参数也一直沿用计算程序本身的典型参数，这种状况对电网的相关分析计算，特别是西电东送动态稳定的计算带来较大的误差。开展对发电机组调速系统的参数实测工作，并通过对调速器数学模型的研究和仿真计算，建立更为准确的调速系统的计算模型，以便进一步提高系统稳定计算的精度，为电力系统安排运行方式提供更为可靠的依据。试验目的如下：

①考查调速器性能。

②为电力系统的中长期稳定性仿真分析提供真实可靠的数据。

③由于调速系统参数实测和建模试验是为系统稳定分析及电网日常生产调度提供准确的计算数据，所以必须使用电力系统稳定计算用的专用软件，使用已测定的发电机及励磁系统模型，进行仿真校核，精度满足有关导则要求，可直接用于调度的运行方式计算。

二、汽轮机测试内容

1. 试验项目及其方法

（1）试验内容

①控制系统静态试验。

②机组带负荷试验。

③汽轮机动态扰动试验。

（2）控制系统静态试验

①试验条件。DEH 调试完毕，用时域及频域法实测主环调节回路 PID 的有关参数工作已完成；锅炉没有点火；润滑油、抗燃油系统（包括蓄能器）工作正常；机组已经挂闸且油温、油压在正常范围内。

②调门动作速度测试。在 DEH 端子柜加转速模拟信号，并模拟机组的并网状态。调门工作在单阀和顺序阀方式时分别进行试验。记录整个过程中以下参数的变化情况：总阀位指令，ICVL、ICVR 和 CV1~CV4 的阀位反馈，ICVL 和 CV1 伺服电流。得到油动机开启与关闭时间常数，调门动作速度。

③控制系统频率调节系数（速度变动率）和迟缓率测试。

④测试 DEH 死区，测试调速系统频率调节系数（速度变动率）和迟缓率。试验条件为模拟机组的并网状态，调门工作在单阀方式。记录整个过程中以下参数的变化情况：频压转换后的模拟转速信号（直流电压量），总阀位指令（即能流指令，下同），ICVL、ICVR 和 CV1~CV4 的阀位反馈，ICVL 和 CV1 伺服电流。判断 DEH 的死区。由系统速度变动率的测试曲线可以计算出机组控制系统的实测速度变化率，进而可计算出相应的一次调频差系数。

⑤转速反馈通道动态特性测试。得到转速反馈通道（一般为频压转换仪）的响应时间，即调速器模型中转速变换通道的时间常数。由转速通道相应时间曲线可计算出实测响应时间。

⑥控制系统负荷回路特性测试。考查负荷反馈回路工作特性。考查电网周波变化时，

DEH 的总阀位指令输出跟踪电网频率变化的反应速度、电网频率变化（发电机转速）、总阀位指令变化、调门动作。记录整个过程中以下参数的变化情况：负荷反馈模拟信号，总阀位指令 ICVL、ICVR 和 CV1～CV4 的阀位反馈。

(3) 变负荷试验

高压调门工作在顺序阀方式，DEH 负荷回路投入。通过增大一次调频转速死区设置，暂时切除一次调频功能。回热系统正常投入，小机用汽由本机四抽供。进行负荷的变化试验，试验期间维持定压运行，主气、再热气和真空等参数尽量维持在额定值。

(4) 控制系统动态扰动试验

考查调速系统动态特性。

①原动机阶跃响应特性测试。通过调门的阶跃扰动来测试原动机的特性。具体方法就是在机组稳定运行期间，突然在 DEH 的转速给定端施加一个阶跃扰动，来模拟电网的频率改变，通过测试汽轮机各点的压力变化来分析识别原动机的模型参数。应分别进行阀位阶跃和不同闭环方式下的阶跃扰动试验。

②原动机斜坡响应特性测试。在 DEH 操作站，由运行人员设定升负荷率目标负荷。同时进行燃料扰动试记录以下参数变化情况：机组负荷、总阀位指令、CV1～CV4 的阀位反馈、汽包压力、主汽压力、速度级压力、冷端再热压力、热端再热压力、中排压力。

2. 试验测点

试验测点清单见表 2－2－2。

表 2－2－2 试验测点清单

序号	测点名称	备注
1	机组功率	
2	机组转速（汽机前端）	齿轮脉冲
3	DEH 总阀位指令输出	DEH 模出信号
4	高压调门位移反馈	CV1、CV2、CV3、CV4
5	中压调门位移反馈	ICVL、ICVR
6	汽包压力	DAS 信号
7	主气门后压力	DAS 信号
8	调节级压力	DAS 信号
9	冷端再热器出口压力	DAS 信号
10	热端再热器出口压力	DAS 信号
11	中排压力	DAS 信号

三、水轮机测试内容

1. 试验内容及方法

(1) 静态试验

涡壳充水前，水轮机静止，调速器工作油压正常，机组的各参数已调整完毕。静态试验分别用频域法和时域法进行。对于水轮机调节系统（调速器），厂家需要提供调节器白噪声信号输入端口（AI），PID输出端口（AO）。其中，白噪声要分别加在PID输入和液压系统（比例阀）给定。以进行频域参数辨识。

①PID调节的响应特性（时域法）。

调速器切手动，在机柜端子上输入稳定信号，模拟并网信号，接力器行程稳定在50%附近，设置调速器调频模式下的调节参数，调速器切自动频率模式运行，改变频率给定值，分别进行频率扰动试验。

②PID调节的响应特性（频域法，选做）。

频域测试中，将所有死区设置为0。AD-DA环节测量，调节器放大倍数设置为1，积分、微分退出。进行频谱特性测试，记录幅值、相位大小。将白噪声信号加入PID输入之前，PID输出反馈到频谱仪，逐步加大噪声信号，进行放大倍数测量，记录幅值、相位大小。

③接力器关闭与开启特性。

接力器全关、全开试验，将开度限制机构置于全开位置，在开度方式下实测接力器全开、全关过程。

④导叶给定阶跃试验。

将开度限制机构置于全开位置，将接力器开到30%，进行导叶给定阶跃试验。

⑤水轮机调节系统静态特性。

分别设置Bp，在机柜端子上加信号源模拟并网信号，降低变频信号源频率，获得调速器降频静特性。升高变频信号源频率，获得调速器升频静特性。

⑥人工频率死区检查校验。

模拟并网信号，测出在设定频率死区下导叶接力器的开度与频率的关系，计算其实测值与误差值。

⑦接力器反应时间常数的测定。

调速器切自动频率模式运行，逐次改变频率给定值进行测定。

⑧调节系统频域测试（选做）。

液压执行结构频率特性测试，将白噪声信号加入液压系统（比例阀）给定白噪声端子，将接力器行程接入HP35670A，逐步加大噪声信号。测量频谱特性。水轮机调节系统频率特性测试，设置调节器PID参数，将白噪声信号加入PID输入白噪声端子，将接力器行程接入HP35670A，逐步加大噪声信号。测量频谱特性。

(2) 空载试验

机组空载稳定运行正常。机组调节系统参数为正常运行参数。频率给定阶跃，记录PID输出、导叶开度以及接力器行程响应曲线。

(3) 动态试验

①机组甩负荷试验。

机组运行正常，调节控制系统稳定，其他各项动态试验均已完成。机组先甩25%的额定负荷，测试并记录试验过程、试验现象，确定没有问题后进行机组再甩50%以及100%额定负荷，测试并记录试验过程、试验现象。每次甩负荷时，机组带相应的稳定负荷，调节系统处于稳定状态。

②机组动态扰动试验。

PID设置为一次调频试验整定值，死区按一次调频要求设置。

调节系统其他各项动态试验验收已完毕。机组具备变负荷条件，同时机组运行稳定。各项安全措施均已到位的情况下，逐次改变调速器频率给定值。

③试验注意事项。

电厂相关人员负责现场一次设备的接线工作。主要操作均由电厂人员完成，或厂家按照技术人员的要求操作。电厂负责统一试验的协调工作。严格按照试验方案的步骤和参数设置进行操作，试验过程中如发生紧急事故，严格按照电厂紧急事故处理规章进行操作。参加试验的各成员要认真履行自己的职责，严格按照试验指挥命令进行操作，试验结束后应进行现场工机具的清理，不得遗漏在现场及设备上造成隐患。

2. 试验测点清单

试验测点清单见表 2－2－3。

表 2－2－3　水轮机调速系统测点清单

序号	测点名称	备注
1	机组功率	变送器输出 Y
2	频率偏差	AO 输出
3	电网频率	PT 二次侧 100V 电压信号
4	机组频率	PT 二次侧 100V 电压信号
5	主环 PID 输出	AO 输出
6	比例阀指令给定	AO 输出
7	比例阀位移	AO 输出
8	接力器行程	AO 输出 Y
9	导叶开度	AO 输出 Y
10	涡壳压力	AO 输出 Y
11	尾水压力	AO 输出 Y
12	发电机定子电流	CT
13	发电机定子电压	PT

四、调速系统测试需要收集的参数

调速系统测试需要收集的参数见表 2－2－4～表 2－2－14。

表 2－2－4　汽轮机调节系统的参数

编号	参数名	符号	单位	数值	备注
1	转速测量环节时间常数	T_1	s		
2	转速偏差死区		Hz		
3	转速不等率		%		
4	控制方式				
5	PID 比例环节倍数	K_P			

续表2-2-4

编号	参数名	符号	单位	数值	备注
6	PID微分环节倍数	K_I			
7	PID积分环节倍数	K_D			
8	PID积分环节限幅上限		%		
9	PID积分环节限幅下限		%		
10	PID输出限幅环节的上限		%		
11	PID输出限幅环节的下限		%		
12	负荷控制前馈系数	K_{FF}			
13	一次调频频差上限		Hz		
14	一次调频频差下限		Hz		

表2-2-5　汽轮机执行机构的参数

编号	参数名	符号	单位	数值	备注
1	单阀下高调门开度与流量关系				
2	顺序阀下高调门开度与流量关系				
3	油动机行程反馈时间参数	T_2	s		
4	电液转换器比例放大倍数	K_P			
5	电液转换器积分倍数	K_I			
6	电液转换器微分倍数	K_D			

表2-2-6　汽轮机的参数

编号	参数名	符号	单位	数值	备注
1	蒸汽容积时间常数	T_{CH}	s		
2	高压缸功率比例	F_{HP}	%		
3	再热器时间常数	T_{RH}	s		
4	中压缸功率比例	F_{IP}	%		
5	交叉管时间常数	T_{CO}	s		
6	低压缸功率比例	F_{LP}	%		
7	惯性时间常数	T_J	s		

表2-2-7　锅炉的参数

编号	参数名	符号	单位	数值	备注
1	汽包容积时间常数	T_{CS}	s		
2	过热器容积时间常数	T_D	s		

表 2-2-8　水轮机调节系统的参数

编号	参数名	符号	单位	数值	备注
1	调速器生产厂家				
2	调速器型号				
3	控制周期	T_c	ms		
4	一次调频转速死区	I_x	%		
5	一次调频死区	I_x	%		
6	永态转差系数	b_p	%		
7	暂态转差系数	b_t	%		
8	转速测量环节时间常数	T_1	s		
9	控制方式				
10	PID 比例环节倍数	K_P			
11	PID 微分环节倍数	K_I			
12	PID 积分环节倍数	K_D			
13	PID 积分环节限幅上限		%		
14	PID 积分环节限幅下限		%		
15	PID 输出限幅环节的上限		%		
16	PID 输出限幅环节的下限		%		
17	微分时间常数	T_{1V}	s		
18	一次调频频差上限		Hz		
19	一次调频频差下限		Hz		

表 2-2-9　水轮机及其引水系统的参数

编号	参数名	符号	单位	数值	备注
1	水流惯性时间常数	T_W	s		
2	空载开度				
3	满载开度				
4	惯性时间常数	T_J	s		

表 2-2-10　水轮机执行机构的参数

编号	参数名	符号	单位	数值	备注
1	接力器行程反馈环节时间	T_1	s		
2	副环 PID 环节比例增益	K_P			
3	副环 PID 环节微分增益	K_D			
4	副环 PID 环节积分增益	K_I			

续表2-2-10

编号	参数名	符号	单位	数值	备注
5	接力器开启时间	T_k	s		
6	接力器关闭时间	T_g	s		
7	接力器不动时间	T_q	s		

表 2-2-11　转桨式机组协联关系资料

水头	导叶开度	轮叶开度

表 2-2-12　燃气轮机调节系统的参数

编号	参数名	符号	单位	数值	备注
1	转速测量环节时间常数	T_1	s		
2	转速偏差死区		Hz		
3	转速不等率		%		
4	控制方式				
5	PID 比例环节倍数	K_P			
6	PID 微分环节倍数	K_I			
7	PID 积分环节倍数	K_D			
8	PID 积分环节限幅上限		%		
9	PID 积分环节限幅下限		%		
10	PID 输出限幅环节的上限		%		
11	PID 输出限幅环节的下限		%		
12	一次调频频差上限		Hz		
13	一次调频频差下限		Hz		

表 2-2-13　燃气轮机执行机构的参数

编号	参数名	符号	单位	数值	备注
1	燃料压力控制阀时间常数	T_{VP}	s		
2	燃料流量控制阀时间常数	T_{VF}			

表 2-2-14　燃气轮机的参数

编号	参数名	符号	单位	数值	备注
1	压气机时间常数	T_{CD}	s		

第五节 发电机组一次调频试验

一、试验目的

电网频率是重要的电网特征参数，监视和控制电网频率在规定范围内变化，是电网调度的主要任务之一。提供合格的电能、保证电网的安全，是所有并网电厂的职责和义务，发电机组的一次调频对维持电网频率的稳定起着极其重要的作用。

一次调频对提高整个系统频率的质量至关重要，可以明显地提高系统抗功率突变的能力。对系统中相对较大的功率突变，因为一次调频的快速响应，可以为系统的二次调频，以及三次调频提供有利的缓冲作用。为保证电网及并网运行发电机组的安全运行，提高电能质量，必须对电网相关机组进行一次调频试验。

二、机组调节系统参数

水轮机调节系统一次调频试验所需参数与表2－2－8相同。

三、试验测点及仪器

试验测点见表2－2－15。

表2－2－15 试验测点

序号	测点名称	备注
1	机组功率	4 mA～20 mA 组态输出
2	机组频率	PT二次侧
3	频差	4 mA～20 mA 组态输出
4	接力器行程	4 mA～20 mA 组态输出
5	蜗壳压力	4 mA～20 mA 组态输出
6	尾水压力	4 mA～20 mA 组态输出
7	机端电压	PT二次侧
8	定子电流	CT二次侧

试验仪器为电量记录分析仪、可录波分析，精度优于0.5级。

四、机组一次调频试验内容

下面以水轮机组为例简要说明一次调频试验的主要内容。

1. Bp校核

机组无水静压，系统油压正常，调节系统能够可靠动作。先将调速器的K_P、K_I、K_D分别置于整定值，Bp置于定值；人工死区设置为0 Hz。模拟并网信号，系统处于自动频率调节模式。用变频信号源进行调速器降频静特性试验。

2. 频率死区检查校验

机组无水静压，系统油压正常，调节系统能够可靠动作。调速器模拟机组并网带负荷工况，使频率给定发生阶跃扰动，记录接力器行程的变化过程以及调速器人工频率死区设定值。测出在设定频率死区下导叶接力器的开度与频率的关系，计算其实测值与误差值。

3. 机组一次调频开环试验

调速器其他各项动态试验已验收完毕，满足相关国家技术标准。机组具备变负荷条件，并网运行于某一稳定负荷。调速器各调节参数设为正常运行值。机组监控系统功率闭环控制和 AGC 功能切除，将机组稳定运行于不同试验负荷。将调速器切换至自动运行，“一次调频功能”开关投入。改变调速器频率给定值，测试记录每一次扰动过程。

4. 机组一次调频闭环试验

机组并网运行于某一稳定负荷，调速器各调节参数设为正常运行值。监控系统机组功率闭环控制或 AGC 投入，将机组稳定运行于设定负荷，调速器自动运行，一次调频功能开关投入。改变调速器频率给定值，测试记录每一次扰动过程。一次调频投入，等待电网频率扰动。考察机组实际一次调频功能。

各个控制方式下均需完成机组一次调频试验，并满足下列技术指标及要求。

①机组一次调频的人工死区：≤±0.05 Hz。

②机组的永态转差率：≤4％。

③最大调整负荷限幅：机组额定负荷的±10％。

④机组调速器转速死区：＜0.04％。

⑤水电机组的调差率：＜3％。

⑥响应行为：电网频率变化达到一次调频动作值到机组负荷开始变化所需的时间为一次调频负荷响应滞后时间，这个时间应小于 3 s；当电网频率变化超过机组一次调频死区时，机组有功功率调整应在 15 s 内达到理论计算的一次调频的最大负荷调整幅度的 90％；在电网频率变化超过机组一次调频死区时开始的 45 s 内，机组实际出力与机组响应目标偏差的平均值应在机组额定有功出力的±3％以内。

第六节　AGC 试验

根据《水电厂监控系统与省调中心 AGC 的接口功能规范》的要求，机组 AGC 试验一般应包括以下的主要内容。

一、调试条件

电厂监控系统软硬件安装完毕，监控系统运行正常，电厂参加调试的各机组运行正常，电厂参加调试的各机组调速系统运行正常，AGC 子系统软件模拟测试功能正确，调试前由电厂当班值长与省调值班员联系，获许可后方进行调试。

调试过程中，在中控室的一台操作员站上由专业人员进行 AGC 调试，在另外一台操作员站上由运行值班员进行监盘，并用一台非 AGC 控制机组预备处理紧急情况。如果遇到负荷及频率大范围波动，则立即退出 AGC 控制，进行检查处理，并由当班值长及时向省调汇报。

二、调试参数核查

调试水头	机组振动区
机组的有功最大/最小负荷限制设置	有功调节死区
开停机功率死区	跨振动区功率死区
跨振区最大功率缺额	频率调节死区
频率调节 DROOP 常数	电厂有功最大变幅
电厂频率最大改变量	省调有功最大改变量
出线最大功率限制	全厂最小功率限制

三、给定值方式测试

1. 测试机组投退 AGC 前后，机组负荷变化

单机投入、退出 AGC 时，观察各机组负荷是否有变化，并做记录。理论上讲，负荷不应重新分配。

2. 不跨越振动区，调度部门设定值功能测试

各机组振动区按实际情况设置。投入机组进入 AGC 模式控制。将调试控制模式切换至调度部门侧，模拟调度部门下机组总有功设定值，测试 AGC 软件是否能正确接收调度部门下发的有功设定值，并可按该设定值控制厂内机组，该方式下运行 30 min 进行多次调节，检查功能是否正确。

3. 非正常工况下的功能测试

（1）有功功率变送器故障测试

机组振动区按实际情况设置，投入机组进入 AGC 模式控制。模拟功率变送器故障，此时将退出机组 AGC，各机组负荷应保持不变。观察该工况下各机组的负荷情况。

（2）机组通信故障测试

各机组振动区按实际情况设置，投入机组进入 AGC 模式控制。断开其通信电缆，此时将退出机组 AGC，机组负荷应保持不变。观察该工况下机组的负荷情况。

（3）机组并网信号消失测试

机组振动区按实际情况设置，投入机组进入 AGC 模式控制。闭锁并模拟并网信号断开，以模拟该机组并网信号消失。此时若判断该机组状态不正确，将退出 AGC，机组负荷应保持不变。观察该工况下各机组的负荷情况。

（4）与省调通信故障测试

机组振动区按实际情况设置，机组低负荷运行，进入 AGC 模式控制。断开与省调通信的网络通信电缆，模拟通信故障，此时，机组退出 AGC 闭环模式，机组负荷保持不变。观察该工况下各机组的负荷变化情况。

（5）监控系统 AGC 子系统计算机故障测试

各机组振动区按实际情况设置，机组低负荷运行，进入 AGC 模式控制。模拟死机，此时所有 AGC 机组会退出 AGC 闭环模式，各机组负荷应保持不变。观察该工况下各机组的负荷情况。

（6）线路保护动作退出 AGC 功能测试

机组振动区按实际情况设置，机组低负荷运行，进入 AGC 模式控制。模拟保护动作信号，此时将退出全厂 AGC 及单机 AGC，各机组负荷保持不变。观察该工况下各机组的负荷变化情况。

4. 负荷曲线功能测试

AGC 计划曲线功能测试，事先操作员录入当日负荷曲线，投入机组进入 AGC 模式控制。测试 AGC 软件是否能根据操作员给定的负荷曲线运行，并测试由厂内 AGC 负荷曲线全厂给定值方式到厂内 AGC 操作员全厂给定值方式的切换，切换后应无扰动发生，该方式下运行 30 min（两个点）。

第七节　AVC 试验

一、调试条件

电厂监控系统软硬件安装完毕，监控系统投入运行正常，电厂参加调试的各机组运行正常，电厂参加调试的各机组励磁系统运行正常，AVC 子系统软件模拟测试功能正确，调试前由电厂当班值长与省调值班员联系，获许可后方进行调试。

调试过程中，在中控室的一台操作员站上由专业人员进行 AVC 调试，在另外一台操作员站上由运行值班员进行监盘，并用一台非 AVC 控制机组预备处理紧急情况。如果遇到负荷、频率或电压大范围波动，则立即退出 AVC 控制，进行检查处理，并由当班值长及时向省调汇报。

二、调试参数核查

（试验所需参数，根据设备情况定，此处只列出所需参数名称）

无功调节死区　电压调节死区

调度两次电压设定值最小时间间隔

调度设定电压值和实际值最大差值

系统电压容许设定的最大值

系统电压容许设定的最小值

电厂电压设值与实测值差限

正常调压系数　紧急调压系数

紧急调压上限　紧急调压下限

全厂 AVC 功能退出电压上限　全厂 AVC 功能退出电压下限

机组功率因数

机组无功功率最大值　机组无功功率最小值

视在功率　定子电流上限

定子电压上限　定子电压下限

发电机转子电流　发电机转子电压

机组 P/Q 曲线

三、给定值方式测试

1. 测试机组投退 AVC 前后，机组无功变化

单机投入、退出 AVC 时，观察各机组无功负荷是否有变化，并做记录。理论上讲，无功不应重新分配。

2. 调度部门设定值功能测试

投入机组进入 AVC 模式控制。将调试控制模式切换至调度部门侧，模拟调度部门下达的高压侧母线电压设定值，测试 AVC 软件是否能正确接收调度部门下发的设定值，并可按该设定值控制厂内机组。

3. 非正常工况下的功能测试

（1）有、无功功率变送器故障测试

投入机组进入 AVC 模式控制，模拟有、无功功率变送器故障，此时将退出机组 AVC，各机组负荷应保持不变。观察该工况下各机组的负荷情况。

（2）机组通讯故障测试

投入机组进入 AVC 模式控制，断开其通讯电缆，此时将退出机组 AVC，机组负荷应保持不变。观察该工况下机组的负荷情况。

（3）机组并网信号消失测试

投入机组进入 AVC 模式控制，闭锁并模拟并网信号断开，以模拟该机组并网信号消失，此时若判断该机组状态不正确，将退出 AVC，机组负荷应保持不变。观察该工况下各机组的负荷情况。

（4）与省调通信故障测试

机组低负荷运行，进入 AVC 模式控制。断开与省调通信的网络通信电缆，模拟通信故障，此时，机组退出 AVC 闭环模式，机组负荷应保持不变。观察该工况下各机组的负荷情况。

（5）监控系统 AVC 子系统计算机故障测试

各机组振动区按实际情况设置，机组低负荷运行，进入 AVC 模式控制，模拟死机，此时所有 AVC 机组会退出 AVC 闭环模式，各机组负荷应保持不变。观察该工况下各机组的负荷情况。

4. 线路保护动作退出 AVC 功能测试

机组振动区按实际情况设置，机组低负荷运行，进入 AVC 模式控制。模拟保护动作信号，此时将退出全厂 AVC 及单机 AVC，各机组负荷应保持不变。观察该工况下各机组的负荷情况。

第三章　电厂涉网设备调度运行管理

第一节　电厂调度运行管理相关规定

一、基本原则

调度机构调度管辖范围内的发电厂、梯级流域集控中心等运行值班单位，应服从该调度机构的调度。调度机构对调度管辖范围内设备的调度管理权限与设备的产权无关。

需要与调度机构进行调度业务联系的发电厂、梯级流域集控中心的运行值班人员，应参加由相应调度机构组织的有关调度规程及电力系统知识的考试，取得《调度系统运行值班合格证书》。

未接到调度机构值班调度员指令，任何人不得操作该调度机构调度管辖范围内的设备。电力系统运行出现危及人身、设备安全的情况时，有关运行值班单位的值班人员应按照现场管理规程自行处理，并立即汇报值班调度员。

二、系统的正常操作与调整

发电厂必须按照值班调度员下达的调度指令运行，根据调度指令开停机炉、调整出力、维持备用容量，不允许以任何借口不执行或者拖延执行调度指令。当发电厂因故不能使其出力与调度指令相符时，应立即向值班调度员汇报。

省调值班调度员可根据系统运行需要指定发电厂调整系统频率或联络线潮流。当发电厂出力或送出线路输送容量达规定限值时，应立即汇报值班调度员。

值班调度员有权根据系统运行情况调整本调度机构下达的日发电及供电调度计划，相关调度系统值班人员应按发布的调整指令执行。

各发电厂的运行值班人员，应按照调度机构下达的电压曲线要求监视和调整电压，将运行电压控制在允许的偏差范围之内。原则上应采用逆调压方法调整母线运行电压。

参与系统 AGC 运行调整的发电厂，其厂内 AGC 功能应正常投入。发电厂或机组远方 AGC 功能的投入或退出，应经值班调度员许可。

并网运行的机组应投入一次调频功能，未经值班调度员许可不应退出。机组的一次调频参数应符合调度机构的有关规定。

系统操作按调度管辖范围进行，各级调度机构值班调度员按规定进行操作、发布操作指令，并对其发布的操作指令的正确性负责。发电厂接受指令的值班人员必须执行操作指令，并对指令执行的正确性负责，不得无故不执行（包括不完全执行）或延迟执行上级值班调度员的指令。

属发电厂管辖设备的操作，如影响到调度机构调度管辖设备的运行，操作前应经调度机构值班调度员许可。

三、异常情况的处理

各级调度机构值班调度员是电力系统事故（含异常）处理的指挥者，按调度管辖范围划分事故处理权限和责任。

发电厂运行值班人员负责监控厂内设备在系统稳定限额和设备安全限额内运行，当发现超限额运行时，应立即向值班调度员汇报并做好记录。

当电力系统运行出现危及人身、设备安全的情况时，或为防止事故扩大，发电厂值班人员应按照现场规程紧急处理，并尽快向值班调度员汇报。其基本原则如下：

①将直接对人身和设备安全有威胁的设备停电。

②将故障、停运、已损坏的设备隔离。

③当厂用电部分或全部停电时，恢复其电源。

④电压互感器或电流互感器发生异常情况时，发电厂运行值班人员迅速按现场规程规定调整保护。

⑤系统事故造成频率严重偏差时，各发电厂调整机组出力和启停机组协助调频。

⑥其他在电厂现场规程中规定可以不待调度指令自行处理的情况。

异常情况处理包含的主要内容如下：

①发电机异常或跳闸后，发电厂运行值班人员应立即汇报值班调度员，并按现场规程进行处理。

②当发电机进相运行或功率因数较高引起失步时，应不待调度指令，立即减少发电机有功，增加励磁，使机组恢复同步运行。如果处理无效，应将机组与系统解列，检查无异常后尽快将机组再次并入系统。

③机组失去励磁时而失磁保护未动，发电厂运行值班人员应立即将机组解列。

④发电机对空载长线零起升压产生自励磁时，应立即降低发电机转速，并将该线路停电。

⑤当发电厂母线电压降低至额定电压的90%以下时，发电厂运行值班人员应不待调度指令，自行按现场规程利用机组的过负荷能力使电压恢复至额定值的90%以上，并立即向值班调度员汇报以采取措施，从而消除发电机的过负荷情况。

⑥当运行电压高于设备最高工作电压时，发电厂应立即采取减少无功出力、进相运行等措施，尽快恢复电压至正常范围，并向值班调度员汇报。

⑦系统异步振荡时，未经值班调度员许可，发电厂运行值班人员不应将发电机解列（现场规程有规定除外），但如发现机组失磁，应不待调度指令，立即将失磁机组解列。如振荡是因机组非同期合闸引起的，发电厂运行值班人员应立即解列该机组。在装有振荡解列装置的发电厂，应立即检查振荡解列装置的动作情况，当发现装置发出跳闸信号而未解列，且系统仍有振荡时，应立即拉开应解列的开关。

⑧发电厂运行值班人员在发现系统同步振荡时，可不待调度指令，退出机组AGC、AVC，适当增加机组无功出力，并立即向值班调度员汇报。应立即检查机组调速器、励磁调节器等设备，查找振荡源。若发电机调速系统故障或励磁调节器故障，应立即减少机组有功出力，并消除设备故障。如短时间内无法消除故障，可经值班调度员同意，解列该机组。

⑨发电厂运行值班人员在发现单机异步振荡后，应不待调度指令立即退出异步机组AGC、AVC，减少异步机组的有功出力，增加励磁电流，并汇报值班调度员。采取减少异步机组的有功出力、增加励磁电流等措施3 min后，机组仍然未进入同步状态，发电厂运行值班人员应立即汇报调度值班人员，根据调度指令将失步发电机与系统解列，并做好保厂用电措施。

按事故处理的要求，火电机组紧急停运时间需控制在2 min内，水电机组紧急开机并网时间需控制在3 min内。

当电力系统运行设备发生异常或者事故时，发电厂值班人员应立即向管辖该设备的调度机构值班调度员汇报。主要内容有：

①事件发生的时间、地点、背景情况。

②事件经过、保护及安全自动装置动作情况。

③重要设备损坏情况，对重要用户的影响。

④事故处理恢复情况等。

四、违反调度管理制度的处理原则

对于不按调度指令发电者，值班调度员应予以警告。经警告拒不改正的，值班调度员可以根据电力系统安全的需要，经请示调度机构负责人同意后，下令暂时停止其部分或全部机组并网运行。对于不满足并网条件的发电企业、地方电网，调度机构可以拒绝其并网运行。擅自并网的，可下令其解列。

当发生不执行调度指令、违反调度纪律的行为时，相关调度机构可组织调查，提交相关部门，依据相关法律、法规和规定处理。

第二节　设备检修、新设备投运及异动

电力系统发输变电设备是承受高电压、大电流、连续工作的机械设备，其正常磨损和性能退化不可避免。为此，必须根据设备状态进行维修、改造和更换等工作，确保设备状态正常，性能满足电网运行要求，延长设备使用周期，提高电网运行的安全性、可靠性、经济性。检修工作是保障电力系统发输变电设备安全、可靠、经济运行的重要手段，也是确保电力系统日常工作的主要组成部分。

一、检修计划安排的原则

根据四川省电力系统发电设备类型比例，发输变电设备各单位执行的检修管理制度、规定，结合实际运行情况，四川省电力系统发输变电设备的检修计划安排应遵循以下原则。

1. 发电设备

①遵循科学发展观思路，贯彻节能降耗的国家能源政策，充分保护投资者利益。

②执行枯水期安排径流式水电机组检修，丰水期来临前完成径流式机组计划检修的原则。

③对于具有调节能力的水库式电厂机组，按照水库蓄水阶段或水位消落末期逐步开展机组检修，同时避开电网尖峰负荷季节的原则安排。

④综合电网用电负荷水平、电力电量平衡情况和电厂自身煤炭情况，在避开迎峰度夏和迎峰度冬等用电负荷尖峰期的前提下，火电机组的检修计划原则上在春、秋季时段集中安排。

2. 输变电设备

各发电厂发输变电设备检修工作应统筹规划，统一开展。原则上同步安排电厂发电设备、输变电设备检修，减少电厂送出堵塞。

①贯彻执行华中公司和省公司关于输变电设备检修周期的规定，继续逐步解决电网一次设备与保护等二次设备的检修周期统一、同步的问题。

②继续大力推进变电设备的状态检修，并提倡和鼓励电厂等非电网企业参照实施。

③统筹电网设备大修、技改、常规检修项目和基建工程停电安排，减少电网设备的停电次数，提高电网设备可用率。

④优先安排自然灾害后存在隐患、缺陷的输变电设备停电消缺和隐患消除工作，优先安排对改善电网网架结构、提高电网稳定运行水平作用大的基建项目停电配合工作。

⑤对电网安全造成重大影响的停电项目，根据电网运行情况，经生技、基建、安监、调度、施工、检修等各单位联合进行专题研究后确定实施方案。

二、检修类型的分类

1. 计划检修管理

①计划检修严格按调度机构批准的检修计划执行。未列入检修计划的，调度机构有权推迟或不予安排。

②计划检修确定后，原则上不予改变工期，因特殊原因引起的变动，调度机构同意后将重新安排时间执行。

③对系统运行方式影响较大的设备检修，应制定特殊运行方式。

2. 非计划检修管理

①调度机构调度管辖设备的非计划检修，由设备运行单位提前一周向调度机构提出申请。调度机构将根据系统情况，决定是否同意安排，并告知申请单位。

②设备异常、事故等紧急情况下，设备运行单位可直接向调度机构值班调度员申请设备停运检修，并按规定补办相关手续。

3. 值班调度员有权批准下列非计划检修

①设备异常需紧急处理，以及设备故障停运后的紧急抢修。

②在当值时间内可以完工，且与已批准的计划检修相配合的检修。

③在当值时间内可以完工，且对系统运行不会造成较大影响的检修。

三、检修计划的报送

目前四川省电网的检修计划分为年度、季度、月度、周运行方式四类。

①年度检修计划：每年 10 月 25 日前，各发电厂根据确定的下一年度检修项目编制设备检修预安排计划报送四川省电力公司调度中心（以下简称调度机构），调度机构再根据国家能源政策、电网发供电平衡情况、电网安全约束等因素，综合考虑平衡后，行文下达。

②季度检修计划：每季度第二个月的月底前，各发电厂负责编制下季度的设备检修计划

报送调度机构，调度机构根据年度检修计划安排的检修项目和本季度执行情况，会同各单位统一平衡、协调后下达执行。

③月度检修计划：调度机构根据年度、季度检修计划安排的检修项目，结合电网实际运行情况，经协调、平衡后在月调度计划中下达执行。

④周运行方式：根据年度、季度、月度检修计划及执行情况，电网电力电量平衡情况，电网发输变电设备的运行状况及电网的运行方式，在每周星期五制定下一周调度机构调度管辖发输变电设备的检修安排，并在 OMS 系统中挂网公布。

检修计划确定后，除不可抗力影响外，不予改变工期，如因特殊原因引起的变动，调度机构应优先重新安排计划时间。

四、检修申请的办理及执行

①设备运行单位应根据检修设备的类型，填写设备停修申请书。其中机炉设备（含锅炉、发电机、汽轮机、水轮机等）应填写机炉设备停修申请书，其他电气设备（含母差失灵保护、安控装置等）应填写电气设备停修申请书。

②设备运行单位应在检修工作开工前至少一个工作日的 12 时前，通过 OMS 系统向调度机构申报设备停修申请书，调度机构应于开工时间前一个工作日的 18 时前批复。

③非计划停运或检修工作，如在开工后的第一个工作日内不能完工的，设备运行单位也应及时向调度机构补办设备停修申请书。

④设备运行单位填报停修申请书时，应同时填写设备停运后对其他运行设备、继电保护、厂用电、发电厂出力、潮流、安控等的影响，并注明送电时的要求等。

⑤设备停修申请书由检修、维护单位向设备运行单位申请，再由设备运行单位向调度机构申请，经调度机构批准后执行。

⑥检修工作内容必须同停修申请书申报内容一致。

⑦调度机构调度管辖设备的停修申请书应经调度机构相关专业部门会签，并经领导批准后批复申请单位。

⑧如在申请开工时间七日后仍未获批复，该停修申请书作废，调度机构应将未批准原因通知申报单位。仍需检修的，在系统允许的时间，重新办理设备停修申请书。

⑨已批准的设备停修申请书应按下列规定办理开工和完工手续：

（a）设备停修申请书应得到调度机构值班调度员调度指令后方可开工。

（b）设备停修申请书若因特殊原因无法按时开工的，应及时向调度机构汇报，在批准开工时间三日后仍未开工的，该停修申请书作废。

（c）设备停修申请书应在批准的工期内完工。如不能按期完工，应在批准的检修工期结束前 48 小时提出延期申请；检修工期不足 48 小时的，应在批准的检修工期结束前 6 小时提出延期申请。

（d）已开工的设备停修申请书，如需增加检修内容，在停电范围、检修工期、安全措施和送电要求不变，且在当值内能完成的情况下，征得调度机构值班调度员同意后方可进行。否则应重新申报。

（e）当系统出现紧急情况时，调度机构值班调度员有权终止已开工的检修工作。

⑩调度机构在安排检修工作时，同等情况下优先安排先提出申请的单位，逾期未报送检修申请的，调度机构有权推迟或不予安排。

⑪计划检修工作因故不能按批准时间执行时，应至少在预计检修时间前一周书面向调度机构提出报告，说明原因。计划检修在批准工期内不能完成者，应及时向调度机构申请办理延期手续，并说明延期原因。

五、检修统计与考核

根据华中电监局华中电监市场〔2009〕24号文《关于印发华中区域发电厂辅助服务及并网运行管理实施细则启动工作会议纪要的通知》（简称《通知》）的有关规定，检修考核分为两个部分：月度考核和年度考核。

1. 月度考核（参见《通知》二十八条）

并网发电厂检修工作由于电厂自身原因出现以下情况之一，每次按5万千瓦时记为考核电量。

①未按调度规程规定报送年、月、日检修计划。

②计划检修工作不能按期完工，但未办理延期手续。

③设备检修期间，办理延期申请超过一次。

④擅自增加（或减少）工作内容而未办理申请手续的。

⑤计划检修工作临时取消。

2. 年度考核（参见上述《通知》二十五条）

火电机组允许强迫停运次数、允许等效非计划停运时间见表2-3-1。

表2-3-1　火电机组非计划停运的允许次数、时间

额定容量	允许强迫停运次数（次/年）	允许等效非计划停运时间（小时/年）
200 MW以下	2	144
200 MW（含）～300 MW	2	168
300 MW（含）～600 MW	2	180
600 MW及以上	2	220

水电机组非计划停运次数和时间以全厂为单位进行统计和考核，允许强迫停运次数为0.5台次/年，允许等效非计划停运时间为30小时/台。

3. 电力调度机构对并网发电厂非计划停运实施的考核

①非电厂原因导致的非计划停运和经电力调度机构同意的并网发电厂消缺时段免于考核。但消缺工期超出计划时，超出计划时间仍计入非计划停运时间。

②机组发生非计划停运时，申请并经电力调度机构同意后，纳入非计划停运考核。

③机组未在调度规定的时间内完成并网的，导致偏离发电计划曲线，按照曲线偏差考核。机组无法开出需要申请停运，经电力调度机构同意之后，纳入非计划停运考核。

④非计划停运次数按年度考核，以允许强迫停运次数为基数，每超过允许次数1次，按机组（水电按全厂）容量×2小时记为考核电量。

⑤非计划停运时间按年度考核，非计划停运考核电量=机组（水电按全厂）额定容量×（等效非计划停运时间－允许等效非计划停运时间）（小时）×2。

六、新设备投运前期工作

①拟并网的发电厂、地方电网、220 kV 用户变电站应在并网调试 90 天前与调度机构签订《四川电网并网调度协议》。签订《四川电网并网调度协议》的条件如下：

(a) 发电厂（网）已经与省电力公司签订《购售电合同》。

(b) 220 kV 用户变电站已经与属地电业局（公司）签订《高压供用电合同》。

(c) 发电厂（网）以及 220 kV 用户变电站已于计划并网的 90 日前向调度机构提供电网调度运行潮流、稳定计算和继电保护整定计算所需的技术资料与图纸（包括水库部分）。

(d) 发电厂（网）以及 220 kV 用户变电站正常生产运行的条件均符合电力行业的有关规程和规定。

②拟并网的发电厂、地方电网、新建的输变电工程应在首次并网日的 6 个月前，向调度机构提交有关参数（设备实测参数应在首次并网日的 10 日前提供，并网调试过程中实测的参数应在并网后 30 日内提供）、图纸以及说明书等并网资料。

③调度机构在新设备启动调试 60 天前确定调度管辖范围和设备命名编号。划归地调调度管辖的 220 kV 新建变电站及 220 kV 线路的命名由调度机构负责。

④拟并网的发电厂、地方电网、新建的输变电工程应在首次并网日的 30 日前，向调度机构提交新设备投入申请书。

⑤新设备投运应具备下列条件：

(a) 设备验收工作已结束，质量符合安全运行要求，有关运行单位向调度机构已提出新设备投运申请并经批准。

(b) 申请并网发电机组经过并网安全性评价，影响电网稳定的发电机励磁调节器（包括 PSS 功能）、调速器、安全自动装置，以及涉及电网安全运行的继电保护等技术性能参数达到有关国家及行业标准要求，其技术规范满足所接入电网的要求。

(c) 所需资料已齐全，参数测量工作已结束，并报送有关单位（如需要在投运过程中测量参数者，应在投运申请中说明）。

(d) 投产设备已调试合格，按调度规定完成现场设备和调度图板命名编号，继电保护和安全自动装置已按给定的定值整定。

(e) 已与调度机构签订并网调度协议。

(f) 调度通信、自动化设备投产手续完备，安装调试完毕。

(g) 完成计划检修、水库调度、市场报价、经营结算等相关专业人员业务培训。

(h) 完成运行值班人员上岗资格培训及考试，运行值班人员取得《调度系统运行值班合格证书》。

(i) 生产准备工作已就绪（包括厂站规程和制度已完备、运行人员对设备和启动试验方案及相应调度方案的熟悉等）。

(j) 相关厂、站及设备具备启动带电条件。

(k) 启动试验方案和相应调度方案已获批准。

(l) 启动委员会同意投产。

七、新设备启动投运

①新设备启动前调度机构应制定调度启动方案。下级调度机构管辖范围内新设备加入系

统运行，可能对上级调度机构管辖系统安全产生较大影响时，调度机构应将相关资料报送上级调度机构，经上级调度机构许可后，方可进行启动投运操作。

②新设备在启动时应根据调试计划完成规定的所有试验，调度机构根据电网情况为并网调试安排所需的运行方式。

③新设备应按调度启动方案规定程序进行启动，如临时更改启动程序，应经启动委员会同意；若启动过程中发生电网事故或重大运行方式变化，值班调度员可中止新设备启动投运操作，待系统恢复正常后，再继续进行。

④新设备只有得到值班调度员的命令或征得其许可后方能投入系统运行。值班调度员必须得到启动委员会的许可后才能进行启动。

⑤新设备启动工作全部结束，由启动委员会同意新设备试运行。

⑥新设备试运行结束，设备运行正常具备正式运行条件，由启动委员会同意新设备正式进入商业运行。

⑦新建发电机组应完成一次调频、PSS、调峰、机组性能、进相、励磁系统、调速系统参数实测等系统试验，并将试验报告和相关参数报调度机构审核，有关功能正常投运后，才能进入商业运行。

⑧新设备并入电网正式运行后，需定期按要求向调度机构报送各开关月电量数据和母线电量平衡报表、日生产统计数据等各类报表。

八、设备异动管理

①凡涉及变更原接线方式、更换整体主设备、调度名称更改等情况时，设备运行单位应填写《系统设备异动执行报告》，将改变前、后的接线图及变更设备资料随同设备停修申请书一起报送调度机构。

②调度机构调度管辖范围内设备的继电保护、安全自动装置、故障录波器，以及通信、自动化等设备的停运、试验、检修或其他改进工作，应与一次设备同样按规定办理申请手续。

③凡设备异动后需在复电阶段进行核相、冲击合闸、带负荷测试检验和涉网试验的，应在异动报告中注明，必要时应向调度机构报送有关资料和试验方案等。

第三节　并网发电厂的无功电压管理及运行调整

一、无功电压管理的有关规程规定

①《电力系统电压和无功电力管理条例》。

②《电力系统电压和无功电力技术导则》。

③《电力系统电压质量和无功电力管理规定》。

④《电力系统无功补偿配置技术原则》。

⑤《电网运行准则》。

⑥《四川并网发电厂无功电压及进相运行管理规定》。

二、电压质量标准

1. 发电厂和变电站母线电压允许偏差

有关规程规定对发电厂和变电站的母线电压允许偏差值规定如下：

①500 kV 及以上母线正常运行方式时，最高运行电压不得超过系统额定电压的+10%，最低运行电压不应影响电力系统同步稳定、电压稳定、厂用电的正常使用及下一级电压的调节。

②发电厂 220 kV 母线和 500(330) kV 及以上变电站的中压侧母线正常运行方式时，电压允许偏差为系统额定电压的 0%～+10%，事故运行方式时为系统额定电压的－5%～+10%。

③发电厂和 220 kV 变电站的 110 kV～35 kV 母线正常运行方式时，电压允许偏差为系统额定电压的－3%～+7%，事故运行方式时为系统额定电压的±10%。

④带地区供电负荷的变电站和发电厂（直属）的 10(6) kV 母线正常运行方式下的电压允许偏差为系统额定电压的 0%～+7%。

2. 发电厂和变电站母线电压波动率允许值

电压波动率是指在一段时间内母线电压的变化限度。电压波动率按日进行计算，即每日母线电压变化幅度与系统标称电压值之比的百分数为日电压波动率。

规程规定各发电厂和变电站的母线电压在满足电压允许偏差的基础上，日电压波动率应满足以下要求：

①500(330) kV 高压母线：3%。

②发电厂 220 kV 母线和 500(330) kV 变电站中压侧母线电压：3.5%。

三、发电机组无功电压调整能力的有关要求

电压质量是电能质量的重要指标之一，发电厂的无功出力和电压调整，是保证电压质量的主要手段，所以，并网发电机组应满足如下无功电压调整能力的要求：

①发电机的无功出力及进相运行能力，应达到制造厂规定的额定值。并网运行的发电机组应具备满负荷时功率因数在 0.85（滞相）～0.97（进相）运行的能力，以保证系统具有足够的事故备用无功容量和调压能力。新建发电机组应满足满负荷时进相功率因数 0.95 运行的能力。发电机自带厂用电时，应达到满负荷时进相功率因数 0.97 运行的能力。

②发电机组的励磁系统应具有自动调差环节和合理的调差系数。强励倍数、低励限制等参数应满足电网安全运行的需要。

③大型发电厂或对地区电网电压调整有重大影响的中小型发电厂应根据调度机构的要求配置自动电压调节装置（AVC），并确保装置符合电网相关技术规范的要求。

④根据四川电网的实际情况，要求火电单机 100 MW 及以上、水电单机 40 MW 及以上或总容量 100 MW 及以上的并网电厂，必须开展机组进相运行试验。其余机组是否需要开展进相运行试验，由调度部门根据电压情况和电厂运行的安全性提出要求。

⑤新投运机组应在试运行结束时开展机组进相试验。若新投运水电机组在并网时来水量不满足进相试验的要求，可以推迟至来水量满足进相试验要求时进行，但是推迟时间不能超过 6 个月。

⑥现役发电机组未开展进相试验或进相能力不能达到要求的，应根据需要开展进相运行

试验及技术改造工作，并以此确定发电机组进相运行范围。

四、四川电网无功电压管理机构和相关职责

四川电网对并网电厂的无功电压管理，实行调度机构统一领导下的分级管理负责制，实行电压质量的全过程管理。

各级调度机构是并网发电厂电压质量和无功电压调整的归口管理机构。各级调度机构对并网发电厂的无功电压管理职责如下：

①根据电网结构、运行方式以及负荷特性，制定并网电厂电压控制曲线和主变分接头的运行档位（其中调度机构负责下达通过 220 kV 及以上电网并网电厂的电压曲线和主变压器分接头运行档位，地调负责下达辖区内通过 110 kV 及以下电网并网电厂的电压曲线和主变压器分接头运行档位），确定并要求并网电厂开展相关性能试验。

②对电厂无功出力进行合理调度，保证正常方式下电网电压合格率和电压波动率符合要求。事故方式下应尽快将电网电压合格率和电压波动率调整至合格范围。

③监督各并网运行的发电机组遵守并网调度协议中的有关发电机无功出力和升压站电压质量的要求，负责对并网电厂运行电压和调整情况的统计、分析、考核。

④参与规划、设计、基建及技改等阶段中涉及并网电厂发、变电设备和调压装置选型、参数的审核工作。

⑤定期召开专业工作会议，并组织相关技术培训。

五、并网发电厂的无功电压管理职责

并网发电厂具有根据电压质量和无功电力管理的有关规程规定的要求，重视和加强无功电压管理工作，向社会提供安全优质电能的义务和责任。

需设置无功电压管理专（兼）职人员，实行无功电压的全过程管理，使无功电压管理工作落到实处。并网发电厂无功电压管理的主要职责如下：

①认真学习和贯彻执行无功电压管理的有关规程规定。严格遵守并网调度协议中的有关发电机无功出力和升压站电压质量的要求。

②制定本厂无功电压管理和运行调整考核办法。

③根据调度机构的要求，组织开展发电机组的进相运行试验和励磁系统性能试验。

④制定发电机运行限额图，对已做了发电机进相运行试验的机组，应根据试验结果，修改发电机运行限额图和发电机运行规程的相关内容。

⑤按调度机构下达的电压（无功）曲线，编制实施计划，下达到运行值班控制室。督促电厂运行人员按照电压曲线的要求，及时进行无功出力和电压调整，保证正常运行方式下高压母线电压合格率达到 100％。

⑥认真安排执行调度机构下达的升压变压器电压分接头档位调整方案。根据电厂设备的实际情况和电网对发电机进相深度的要求，制定厂用变压器电压分接头档位调整方案。

⑦每天对电厂高压母线电压进行合格率统计考核，每月向电网调度机构报送月度电压合格率统计考核结果。

⑧组织实施厂内机组及调压装置的选型、参数审核、项目实施、工程质量验收及试运行工作，遵守有关规程规定中关于发电机无功出力和母线电压质量的要求。

⑨根据调度机构的要求定期核查设备运行情况，开展无功电压运行和调整的专项技术总

结，参加调度机构组织召开的专业工作会议。

⑩接受调度机构 AVC 主站系统控制的电厂，应制定 AVC 装置的现场运行规程，加强装置的运行维护，保证装置可靠运行。

六、并网发电厂的无功电压运行调整和控制

1. 无功电压调整的基本概念

①无功分层分区平衡原则：由于无功电力的远距离输送会增大线路的有功消耗，所以电压调整应遵循无功电力分层分区平衡的原则，即无功电力按电压等级分层平衡和按供电区域分区平衡。

②逆调压原则：由于运行电压会随着负荷的增长而降低，发电厂送出线路的电压降落也会随着线路输送负荷的增大而增大。为了向用户提供合格的电力，保证用户的电能质量，发电企业必须执行逆调压原则，即使发电厂高峰负荷时段的高压母线电压高于低谷负荷负荷时段的高压母线电压。

③电力系统的事故无功备用：为了保证电网的安全稳定运行，电力系统应有事故无功备用容量。无功电源中的事故备用容量，应主要储备于运行的发电机、调相机和动态无功补偿设备中。

2. 并网发电厂的无功电压运行调整和控制

①发电厂的运行值班人员应加强高压母线运行电压的监视，及时主动地调整机组的无功出力，保证高压母线电压运行在电压曲线规定的范围之内。

②必须按“逆调压”的原则进行无功电压调整，即在每天早、晚高峰负荷时段，增加机组无功出力，使高压母线电压在电压曲线的偏上限区域运行；在夜间低谷时段尽量少带无功直至进相运行，使高压母线电压在电压曲线的偏下限区域运行。

③运行中应充分发挥机组的无功电压调整能力，在高压母线电压偏高时应实施发电机进相运行方式。

④具有水库调节能力的水电厂（例如二滩、宝珠寺、大桥、天龙湖、冶勒等），在蓄水少发有功和不发有功时段，应视本厂高压母线运行电压的需要，开机调相（滞相或进相）运行，保证本厂高压母线电压运行在电压曲线规定的范围之内。

⑤远离负荷中心的各水电厂（例如二滩、石棉地区和阿坝州地区的水电厂等），在轻负荷时段，注意调整机组运行方式，保证将本厂高压母线电压控制在电压曲线规定的范围之内。

⑥位于电网负荷中心的各火电厂，在丰水期开机偏少的时期，出现高压母线电压偏低运行的情况时，应采取降低机组有功出力或一炉带两机的运行方式，使机组超发无功以保证电压质量。

⑦接受调度机构 AVC 主站系统控制的电厂，在 AVC 子站系统因故停运后，应及时汇报当值调度人员，并按照调度机构下达的电压曲线进行发电机无功出力调整以控制母线电压。

七、主网电压合格率统计考核和电压调整的主要手段

1. 220 kV 及以上主网电压合格率统计考核

根据国家电网的有关规定，四川电网所有厂、站的 500 kV 和 220 kV 母线电压都是电

压质量监测考核点。调度机构对所有厂、站的电压合格率根据EMS自动化数据（每天96个时间点）进行母线电压超绝对上、下限和超波动幅度的考核。

2. 电压调整的主要手段

电压调整的主要手段包括调整并网发电厂无功出力和投切变电站无功补偿设备，以及调整变电站主变电压分接头等。

在进行电压调整时，原则上应按调整变电站的无功补偿设备运行方式，调整发电厂的无功出力的顺序，满足母线电压要求。对电厂的无功出力调整包括调相和进相等方式。

丰水期负荷中心地区火电厂大量停运期间，若出现负荷中心无功补偿备用容量已全部调用后电压依然偏低，可能影响电网安全稳定运行的情况，则将采取水电厂机组开机调相、火电厂机组减有功超功率因数发无功的特殊手段，以提高送电端高压母线电压，满足电网用户对电压的需求。

在枯水期尤其是节日大假期间，由于水电厂远距离输送线路上潮流太轻，引起电网运行电压偏高，各电厂应采取机组少发无功甚至进相运行的方式，吸收线路上的充电无功功率。若出现运行电压超上限甚至威胁设备安全的情况，则将采取水电厂机组开机进相，甚至停运远距离输送线路等特殊手段，以减少线路充电无功功率，降低运行电压，保证电网和设备的安全。

第四节　涉网保护运行管理

一、继电保护技术监督方面的要求

①继电保护技术监督应贯穿电力生产的全过程。在发、输、配电工程系统规划、设计审查、设备选型、安装验收、工程调试、运行维护、技术改造等阶段实施继电保护技术监督，及时发现继电保护隐患，及时消除缺陷，防止继电保护事故发生，提高四川电网的安全运行水平。

②并网电厂应按有关规程规范要求，建立完善的继电保护技术监督机制，凡继电保护技术监督机制不健全的，不得并网运行。

③并网电厂的继电保护技术监督在管理上应严格执行《四川省电力公司技术监督工作实施细则》的要求，建立相应的管理体制和制度，规范技术监督工作。

④并网电厂的继电保护技术监督主要内容主要为入网管理、工程设计和基建阶段技术监督、运行监督、继电保护反事故措施监督等方面。

⑤各并网电厂均应成立技术监督工作组，配置专（兼）职人员，开展以下技术监督的各项具体工作：

(a) 负责本单位管辖范围内保护装置的运行、维护、管理和技术监督工作。

(b) 负责执行省调继电保护技术监督工作组所制定的有关规章制度、标准、规程等，并结合本单位实际情况制定具体的实施细则。

(c) 负责与本单位所委托的继电保护技术监督单位进行业务联系，并配合其开展技术监督工作。

(d) 对所辖电厂电力设备的继电保护从工程设计、安装、调试、验收到运行维护的全过程实行技术监督工作。

(e) 督促并参加因保护装置引起的电网事故调查，监督实施上级技术监督部门下达的反事故措施，并向上级技术监督部门反馈有关执行情况，提出相应意见和建议。

(f) 做好技术监督的各项管理工作，负责整理和收集辖区内保护装置运行维护信息和技术资料，建立本单位设备台账、图纸、试验记录、检验报告等监督档案。及时发现存在的问题，并提出整改方案和措施。

(g) 掌握本单位继电保护装置的运行情况、事故和缺陷情况，对存在的问题提出改进意见，检查并督促其实施。

(h) 督促、组织本单位专业人员进行业务学习，做好专业技能的培训工作。

(i) 依据有关规章制度，组织并参加基建投产工程的验收，监督本单位的保护装置进行定期检验工作。

(j) 按时完成专业的技术监督工作总结，提出下一阶段的工作计划与要求。

(k) 按时完成本单位保护装置的运行评价和动作统计分析，并及时上报上级专业主管部门。

(l) 不断完善和更新测试手段，研究和推广运用新技术，开展技术交流。

⑥各并网电厂所选用的继电保护设备必须经部级及以上有资质的质检中心确认其技术性能指标符合有关规定，经电网运行考核证实其性能及质量满足有关标准规定的要求，并坚持先行试点取得经验再逐步推广应用的方针。

⑦新产品第一次入网须通过由调度部门组织的入网动模试验，合格后方可入网运行。

⑧继电保护设备的选型应严格执行设备管理规范、反事故技术措施，以及四川电网继电保护配置及选型原则。

⑨新产品试运行应按电网调度管辖范围履行审批手续，并向上一级主管部门备案。新产品试运行未履行审批手续，不得擅自挂网试运行，因此而发生事故的，要追究事故责任并严肃处理。

⑩第一次采用的国外继电保护装置，必须经有资质的质检中心按相应的试验大纲进行动态模拟试验，确认其性能、指标等能够满足我国电网对继电保护装置的要求方可选用，否则不得入网运行。

二、工程设计、基建阶段的管理要求

①在电厂的工程规划设计、接入系统方案审查、保护设备配置选型、设备招投标等阶段，都必须征求电网调度部门意见或邀请调度部门专业人员参加。调度部门应针对电网电源分布、一次接线、主变中性点接地、一次设备的应用、相关技术标准、运行经验、反事故措施等提出继电保护专业的意见和要求。

②新建、扩建、技改工程继电保护设计中，必须从整个系统统筹考虑继电保护的配置。继电保护选型、配置方案应符合相关国家标准、行业标准和有关继电保护反事故技术措施要求，设计部门应听取调度部门继电保护专业的意见。

③各级调度部门继电保护管理人员应按照调度范围参加工程各阶段设计审查和招评标工作，继电保护设计、招投标等应充分尊重调度部门继电保护专业意见。

④各级调度部门继电保护技术监督部门应按照调度范围参加设计联络会，设计部门应在会前两周将设计图纸提供给参加设计联络会的有关单位。

⑤继电保护配置、选型一经确定，设计单位必须严格按设计审查意见进行施工图设计和提供订货清册；设备订货单位必须按设计单位提供订货清册和参数订货，不得擅自更改。

⑥加强继电保护装置的出厂验收工作。对首次进入系统的继电保护装置，继电保护管理部门要会同运行单位一同参加出厂试验和验收工作，了解其结构特点，掌握其技术性能和各种技术特性数据。

⑦加强继电保护装置投运的验收工作。在新建、扩建、技改工程中，继电保护技术监督单位应介入继电保护装置调试工作，了解装置的性能、结构和参数，参与对装置按规程和标准进行验收，并出具书面的技术监督合格报告，由拟并网方在投运前提供给相关电网调度机构、相应保护装置方可并网运行。

⑧新安装继电保护装置竣工后，设计单位应在竣工后 3 个月以内提供给调度机构、运行维护单位竣工蓝图和 CAD 电子版光盘。

三、运行管理要求

①继电保护专业实行运行管理报告制度。各级继电保护运行维护单位应建立、健全继电保护装置运行管理规章制度，建立继电保护（含图纸、资料、动作统计、运行维护、检验、事故、调试、发生缺陷及消除等）档案，各级继电保护管理部门对所辖继电保护动作状况及管理工作应定期进行分析、总结，及时提出改进措施，并报上级主管部门。

②各并网电厂应根据四川省电力公司调度四川管理系统（OMS）的管理规定，完善本单位继电保护及安控装置的设备录入及维护工作，当装置发生异动、软件升级、装置检验等工作完成后，应及时登录 OMS 系统对相关信息进行修改，确保 OMS 信息的完整正确。

③当运行中的保护及安控装置发生异常时，各并网电厂应及时登录 OMS 系统，填报装置缺陷信息及处理情况，以保证全网继电保护缺陷管理工作的完整正确。

④当运行中的保护及安控装置动作后，各并网电厂应及时登录 OMS 系统，填报装置动作情况，以保证全网继电保护及安控装置动作统计评价工作的完整正确。

⑤各级继电保护管理部门应保证继电保护整定计算方案、计算数据及设备参数保存完好情况；监督整定计算、定值单审核及各部门回执制度执行情况；不定期抽查装置的试验报告中定值及控制字整定和现场装置实际运行情况。

⑥各级继电保护管理部门应监督运行规程、装置检验规程等有关规程的执行情况及继电保护装置检验完成情况。

(a) 继电保护检验作为继电保护装置运行和维护工作中的一个重要环节，是保证设备安全运行的手段之一，是技术监督工作的重要依据。

(b) 运行维护单位应结合一次设备停电检修制定继电保护装置的年度检验计划。检验计划必须遵循《继电保护及安全自动装置检验规程》和《四川电网继电保护装置检验管理办法》等相关规程的规定，按照不同的检验性质安排检验内容，不得擅自延长检验周期、更改或削减检验项目。

(c) 各运行维护单位每月随继电保护月度动作统计分析报表，按调度管辖范围向调度机构报送继电保护装置检验完成情况。

⑦各并网电厂应监督继电保护的正确动作率及主保护的投运率，督促对存在的各种缺陷采取措施及时消除。

(a) 运行维护单位应建立完善的保护缺陷管理制度和缺陷处理流程，实行缺陷分级管理和缺陷闭环管理。对于重大缺陷如设备主保护缺陷做到及时消缺，重要缺陷及时消除，一般缺陷限时处理，确保继电保护装置零缺陷运行，不断提高继电保护装置的投运率。

(b) 各运行维护单位每月随继电保护月度动作统计分析报表，按调度管辖范围向调度机构报送继电保护装置主要缺陷及消除情况。

(c) 运行维护单位每年应根据继电保护装置运行状况、定级、评估情况，制定继电保护装置的技改计划，包括技改的性质、原因、依据、项目、改造目标等，并按设备管理权限报相应的上级主管部门批准。

⑧各并网电厂均应建立反事故措施管理档案，参加继电保护事故调查、分析和反事故措施的制定工作，并按照调度管辖范围向上一级监督部门上报本单位反事故措施计划及执行情况。

⑨各并网电厂应完善反事故措施执行情况的检查和考核，技术监督单位有权责令反事故措施执行不力的单位进行整改。

四、并网电厂继电保护专业工作的考核

①并网发电厂涉及电网安全稳定运行的继电保护和安全自动装置、通信设备、自动化设备、励磁系统及电力系统稳定器（PSS）装置、调速系统、高压侧或升压站电气设备等运行和检修安全管理制度、操作票和工作票制度等，应符合有关安全管理的规定，否则不允许机组并网运行。

②电力调度机构针对电力系统运行中存在的安全问题，应及时制定反事故措施，报电力监管机构审备；并网发电厂应落实电力调度机构制定的反事故措施，对并网发电厂一、二次设备中存在影响电力系统安全运行的问题，并网发电厂应与电力调度机构共同制定相应整改计划，并确保计划按期完成。对于未按期完成整改的并网发电厂，每逾期一天，按 2 万千瓦时记为考核电量，并由电力监管机构责令改正并给予通报批评。

③电力生产事故管理和调查工作应按照《电力生产事故调查暂行规定》（国家电监会 4 号主席令）的有关规定执行。并网发电厂发生事故后，由电力监管机构组织事故调查和分析，并网发电厂应积极配合，并提供所需的故障录波数据、事故发生时的运行状态和有关数据资料。并网发电厂拒绝配合的，由电力监管机构给予通报批评，拒不改正的或者提供虚假材料、隐瞒事实的，按全厂容量（机组之间通过母线和联变实现电气连接为一个电厂）×1 小时记为考核电量。

④并网发电厂应严格执行电力调度机构的励磁系统及电力系统稳定器（PSS）、调速系统、继电保护、安全自动装置、自动化设备和通信设备等的有关系统参数管理规定。并网发电厂应按电力调度机构的要求书面提供设备（装置）参数，并对所提供设备（装置）参数的完整性和正确性负责。设备（装置）参数整定值应按照电力调度机构下达的整定通知单执行或满足电力调度机构的要求。并网发电厂改变设备（装置）状态和参数，应经电力调度机构同意。

⑤并网发电厂涉网的继电保护及安全自动装置、自动化及通信等二次设备的检修管理应按照电力调度机构的调度规程和有关规定执行。电力调度机构对并网发电厂一次和二次设备的检修，在检修工期和停电范围等方面应统筹安排、统一考虑。电力调度机构管辖范围内的二次设备检修应与并网发电厂一次设备的检修相配合。

⑥并网发电厂涉及电网安全稳定运行的继电保护和安全自动装置、通信设备、自动化设

备、励磁系统及 PSS 装置、调速系统、直流系统、高压侧或升压站电气设备等应纳入电力系统统一规划、设计、建设和运行管理，其技术性能和参数应达到国家及行业有关规定和安全性评价要求，其技术规范应满足接入电网的要求。

⑦并网发电厂涉及电网安全稳定运行的继电保护和安全自动装置、通信设备、自动化设备、水电厂水库调度自动化系统设备、励磁系统及 PSS 装置、调速系统和一次调频系统、直流系统、高压侧或升压站电气设备，以及涉及机网协调的相关设备和参数的管理应按电力调度机构的有关规定执行。其选择、配置和涉网定值等应满足电网安全稳定运行的要求，并经电力调度机构审核。

⑧电力调度机构按其管辖范围对并网发电厂继电保护和安全自动装置，包括发电机组涉及机网协调的保护开展技术指导和管理工作。电力调度机构按其调度管辖范围对并网发电厂进行如下考核：

(a) 并网发电厂涉网继电保护和安全自动装置误动、拒动，每次按 5 万千瓦时记为考核电量；造成电网事故的，每次按全厂当时运行容量×0.5 小时记为考核电量。

(b) 并网发电厂涉网继电保护和安全自动装置未按规定投运（经调度同意退出期间除外），导致电网事故扩大或造成电网继电保护和安全自动装置越级动作，每次按全厂当时运行容量×1 小时记为考核电量。

(c) 并网发电厂继电保护和安全自动装置动作后，电厂不能在 2 小时内向电力调度机构报告并提供完整的保护动作报告和故障录波数据而影响电网事故处理的，每次按 2 万千瓦时记为考核电量。

(d) 并网发电厂在 24 小时内，未消除涉网继电保护和安全自动装置设备异常或缺陷，每次按 2 万千瓦时记为考核电量。

(e) 并网发电厂不能按规定时间要求报送电厂继电保护和安全自动装置运行分析月报，每次按 2 万千瓦时记为考核电量。

五、直接涉及电网安全运行的发电厂相关保护定值要求

凡并入四川电网的单机容量 20 MW 及以上发电机组的发电机静子过电压、静子过激磁、静子低电压、低频率、高频率、失步保护、失磁保护和调度部门认为有必要列入技术监督范围的机组其他保护，其定值须报电网调度部门备案。电厂同期装置的入网管理、装置管理、同期定值管理必须和继电保护装置一样纳入统一管理，各并网发电厂应核查同期装置回路是否正确接入并列操作开关回路中。依据《DL400－91 继电保护和安全自动装置技术规程》、《DL/T684—1999 大型发电机变压器继电保护整定计算导则》，发电机组相关保护定值应满足下列要求：

①原则上，在发电设备允许时，发电机组频率异常、低电压保护宜投入信号不解列机组。发电机组频率保护解列机组动作定值可按电机制造厂的规定进行整定，汽轮发电机低频率保护解列机组的动作定值不应高于 47.5 Hz、相应动作时限应不低于 20 s，或 47.0 Hz、动作时限不低于 5 s。

②发电机静子过电压保护中解列机组的动作定值，应根据电机制造厂提供的允许过电压能力确定，一般 20 万千瓦及以上汽轮发电机宜不低于 1.3 U_e（额定电压）、动作时限取 0.5 s；对于水轮发电机不低于 1.5 U_e、动作时限取 0.5 s；对于采用可控硅励磁的水轮发电机不低于 1.3 U_e、动作时限取 0.3 s。

③发电机过激磁保护依据厂家提供的发电机、升压变过激磁曲线，选择其中过激磁能力低者进行整定，原则上过激磁保护跳闸定值U/f不低于1.20倍、动作时限不低于3 s。

④发电机失步、失磁保护原则上应投入跳闸。发电机失步保护的失步次数定值一般为1次、失步保护范围不超出升压变。但电网调度管理部门要求与系统配置的失步保护相配合者除外。

⑤发电机失磁保护具备三相同时低电压判据者，可采用升压变高压侧电压信号，当引入500 kV系统电压信号时，其低电压判据一次值不低于490 kV，当引入220 kV系统电压信号时，其低电压判据一次值不低于209 kV；采用机端出口电压信号时，其低电压判据不低于85%U_e；发电机失磁各种保护方式亦应同时满足进相运行要求，动作时限Ⅱ段一般不大于1.0 s。各电厂对失磁保护定值整定必须保证发电机失磁时可靠跳闸。

⑥并网发电厂机组同期装置参数整定应满足：频率差在0.3 Hz以内，电压幅值差在1%以内，相角差在20°以内的要求。合闸时间（导前时间）按断路器动作时间（含操作回路时间）整定，电厂在进行频率差、电压差、相角差定值整定时除满足上述要求外，还应结合机组实际情况，充分考虑并网冲击下的发电设备安全运行需要。

六、继电保护运行总结格式

继电保护运行总结应包括以下主要内容：

①标准、规程、反事故措施执行情况。

②继电保护技术监督管理工作开展情况。

③主保护投运率、正确动作率、检验完成完好率等技术指标完成情况。

④继电保护设备的异常及缺陷消除情况。

⑤存在的问题及下阶段的工作重点。

第五节　发电机组励磁系统运行管理

励磁系统是同步发电机的重要组成部分，对电力系统安全稳定运行有极其重要的作用。为加强发电机励磁系统运行管理工作，确保发电机励磁系统满足有关技术标准和技术合同的规定，满足电厂和电网的运行要求，减少励磁系统故障，提高发电机和电力系统安全稳定性，应遵循下列要求和规定。

一、励磁系统前期设计要求

发电机励磁系统是保证电网安全稳定运行的重要设施，励磁系统工程项目设计必须符合国家规程、行业标准以及四川电网的有关规程规定和反事故技术措施。

由于励磁系统的设计参数与同步发电机、励磁电源的设计参数密切相关，相关单位应确保设计参数与其所处环境的温度、湿度、海拔高度等相匹配。

励磁系统基建或改造前的设计（方案）审查应通知调度部门参加。发电厂应提前将励磁系统工程项目的设计文件报送有关调度部门，并提前三天通知会议时间及地点。

四川电网远距离水电较多，动态稳定问题突出，因此，下列并网机组励磁系统设计时还应包括PSS功能：

①单机容量 40 MW 及以上水电机组，单机容量 100 MW 及以上火电机组。

②通过 220 kV 及以上电压等级线路并网的发电机组。

③水电长距离集中送出通道的并网发电机组。

④经调度机构计算，存在本机振荡模式或参与区域振荡模式的发电机组。

二、励磁系统招标选型

发电机励磁调节装置应通过国家质检部门的型式试验和四川电网组织的入网检测，并取得电网励磁主管部门颁发的入网许可证，方能并入四川电网。不符合专业技术要求及规定的励磁调节装置严禁入网。

前文已经阐述过 PSS 的功能及其原理，以及不同类型 PSS 对电网稳定性的影响。因此，为防止机组的无功反调，要求配置 PSS 功能的水电厂在设备选型时，应选择具有抑制无功反调功能的 PSS。

电厂计算机监控系统的无功电压控制模式对电网及电厂的安全稳定运行具有十分重要的作用，不恰当的控制模式，可能对电网以及电厂带来十分严重的威胁。因此，电厂在励磁系统的设备选型时，应注意计算机监控系统与励磁系统的调节关系，确保励磁系统的可靠运行，以及计算机监控系统合理的无功电压控制模式。

发电厂应通知调度及技术监督部门专业人员参加有关发电机励磁系统招标选型工作，具体内容包括确定技术标书、发标厂家、招（议）标、确定合同技术条件、技术谈判等。

三、励磁系统资料报送及管理

新建发电机组投产前，机组励磁系统资料作为投产前 90 天、15 天报送的资料之一报送调度机构（报送内容见《四川电网调度对象并网服务指南》）。报送资料需填报人、校核人、批准人签名并加盖发电公司公章。励磁系统改造后重新投运机组，励磁系统资料报送要求同新建机组。

机组投运后，励磁系统有关随机资料、试验调试报告等资料由发电公司负责报送调度部门。

四、励磁系统投产前管理

新建或改造的发电机励磁系统应严格按照国标及行标等规程规定，做好励磁系统的安装、调试及验收工作，应对各通道、各功能模块逐一调试。保质保量地完成励磁系统投运前的准备工作，不留安全隐患，为励磁系统的稳定可靠运行奠定基础。

新建或改造的发电机励磁系统的有关定值及参数设定、运行规定等均纳入电网调度管理的范畴，在投产前必须经过充分的技术论证，并报有关调度部门审核后方可实施。

新建或改造的发电机励磁系统，在机组并网前应进行必要的静态调试和动态模拟试验。其主要性能指标，如开环放大倍数、强励顶值倍数、励磁响应速度、电压超调量和调整时间等技术指标，必须符合国家有关技术标准，并满足电网安全稳定运行的需要。例如，火电机组强励倍数应不小于 1.8 倍，水电机组强励倍数应不小于 2.0 倍。对达不到要求的机组原则上不允许并网发电。

新建发电机的励磁系统数学模型和相应参数应在机组进入商业化运行前完成实际测量。改造机组的励磁系统数学模型和参数应在投入运行后一个月内完成实际测量。发电厂应将实测励磁系统及 PSS 的数学模型和参数上报有关管理部门核定并报调度部门。模型参数实际测量项目应列为电厂工程验收内容。

五、励磁及 PSS 功能投退管理

各发电厂机组自动励磁调节装置及 PSS 装置应遵循与发电机同步投退原则。如遇异常需退出运行，应得到当值调度员批准，机组同时退出运行。特殊情况下，因电网需要并经调度机构评估同意后，无 PSS 装置的机组可以继续运行，但机组发电出力应不超过额定出力的 80%，必要时还应降低并网电厂总出力。

六、励磁及 PSS 参数实测要求

励磁系统及 PSS 参数的实际运行值，对电网稳定计算、确定机组相关稳定限额具有十分重要的作用。发电机组励磁系统安装调试完毕后，电厂应按照相关国标及行标要求，完成励磁系统静态、动态性能及 PSS 参数的实测工作。同时完成励磁系统数学模型和相应参数的实测工作，并将实测的励磁系统、PSS 数学模型和参数及时上报有关管理部门审核，通过审核后报相关调度部门。

运行中如定值或设定参数发生变化，须经有关调度部门同意后方可执行。

同时，试验条件对参数实测影响较大，在不同工况下进行无 PSS 补偿下的励磁系统滞后角测量结果有所不同。因此，电厂应积极配合试验单位按照调度机构审核后的试验方案开展励磁及 PSS 系统的参数实测工作。

对多机并列同一母线的机组，发电厂应进行励磁系统参数优化，原则上要求各台同型号机组励磁系统的稳态增益、动态增益、调差率、低励限制定值等参数应基本一致，以防止运行中机组之间相互拉扯，不能安全稳定运行。在同一高压母线上有新投机组时，应适时进行调整。对于完全单元接线的电厂，机组调差率应设置为负调差，确保电厂高压侧母线电压为5%的调差。对于机端并列运行的机组，应采用正调差率。励磁系统提高系统暂态稳定性的根本在于可将机组机端电压保持恒定，设置机组负调差的目的在于部分补偿变压器漏抗，让机组励磁系统维持高压母线电压恒定，进而进一步提高系统的暂态稳定性。

对于已经运行的、但主要技术指标不符合国家有关技术标准和不满足电网安全稳定运行要求的发电机励磁系统，应按照调度机构要求，限期进行技术改造，并将改造计划报调度部门。

七、励磁系统电压控制方式要求

励磁系统通常具有恒机组电压、恒励磁电流、恒无功功率以及恒功率因数等控制模式。为确保电网及设备安全，并网发电机励磁系统应采用恒机组电压控制方式运行。如果拟采用其他控制方式，需要经过调度部门批准。

自动电压控制系统（AVC）是降低网损、提高电能质量、确保高压母线运行于限值范围内的有效手段，还可降低电厂运行人员劳动强度，受到了电网企业和电厂企业的广泛关注，目前正在四川电网逐步投运。值得注意的是，AVC 的运行不应改变机组励磁系统恒机组电压控制的运行模式。

各发电厂应将调度部门对励磁系统（含 PSS 装置）的要求列入现场运行规程，应设立机组励磁系统管理专责技术人员，报相应调度部门备案。

八、励磁系统及 PSS 的运行维护要求

各电厂要加强发电机励磁系统的运行维护与管理，确保励磁系统的稳定可靠运行。如出现励磁系统事故或异常，出现影响励磁系统调节特性的异常情况（如功率柜部分退出等），要及时报告调度部门，并尽快处理解决。

发电厂应对励磁系统（含 PSS 装置）进行定期检修和定值核查，结果报有关技术监督部门和调度部门。发电机组因励磁系统故障强迫停运纳入机组非计划停运考核。

九、励磁系统及 PSS 的定值要求

调度机构收到已审核的试验报告后，正式行文下发定值单至相关电厂。电厂收到该定值单，并得到省调当值调度员调度命令后，应按照定值单要求对 PSS 参数、调差系数以及低励限制等定值进行调整。并及时更新定值单，确保值班室定值单为最新定值单。

电厂应在厂家的指导下完成 PSS 参数、调差系数，以及低励限制定值的调整整定工作，对不确定的参数，不能盲目调整和整定。

定值单中的低励限制定值是省调在进相试验结果基础上确定的，已根据电厂所处地理位置等客观条件考虑了裕度。因此，电厂在整定低励限制定值时，不必再留裕度。

机组低励限制定值通常有两种整定方法：一种是整定为圆形，另一种是整定为直线。四川电网采用按直线整定机组低励限制定值。对于水电厂，定值单中通常给定了零有功和额定有功下所对应的机组最大进相能力；对于火电厂通常给出了 $30\%P_n$、$50\%P_n$ 及 $100\%P_n$ 三个有功方式下所对应的机组最大无功进相能力。因此，电厂应根据定值单中 2 或 3 个 PQ 点将低励限制定值按要求整定为一条直线，超过定值单部分则按照直线延长的原则整定装置。例如，由于定值单中最大有功为 P_n，因此，超过 P_n 部分的低励限制定值应将 P_n 以前的低励限制直线直接延长，不能更改斜率。

十、励磁系统及 PSS 的其他要求

各发电厂应具备完整的励磁系统的图纸和技术资料，保证励磁系统设备随机资料、试验调试报告和设备改造技术资料完整准确。

各电厂每年应对机组励磁系统（含 PSS 装置）的运行状况进行总结分析。要求次年一季度末完成，报送调度部门。对并网电厂励磁系统及 PSS 装置的装设情况及运行情况的考核按《关于印发实施华中区域发电厂辅助服务管理及并网运行管理实施细则的通知》（华中电监市场〔2009〕11 号）文件的要求执行。

第六节 发电机组调速系统及一次调频运行管理

发电机组的调速系统的选型是否合理，参数设置是否合理，运行维护是否良好，对于提高电力系统的频率稳定水平、保证机组安全具有非常重要的意义。为加强发电机调速系统运行管理工作，确保发电机调速系统满足有关技术标准的规定，满足电厂和电网的运行要求，应遵循下列要求和规定。

一、调速系统运行管理的一般性要求

原则上，大型机组调速系统新（改扩）建前，应就标书中对调速系统的主要技术指标，尤其是与电力系统稳定性和一次调频有关的性能指标（如速度变动率和迟缓率、参与一次调频的死区、响应时间、负荷变化幅度）与调度机构进行沟通，或邀请调度机构工作人员参加标书审查。在保证调速系统的各项性能指标满足有关规程规定要求的前提下，使调速系统的相关性能指标更加符合所并入电网的特点，从而更好地满足电网和机组安全运行的需要。中、小型机组调速系统一般由电厂自主选择，但也应当确保相关机组参数完全满足有关规程规定要求。

新建发电机组投产前，机组调速系统参数和资料作为投产前90天、15天报送的资料之一报送调度机构（报送内容见《四川电网调度对象并网服务指南》）。报送资料需填报人、校核人、批准人签名并加盖发电公司公章。调速系统改造后，应在投运前重新申报相关参数和资料。

为使电厂更加充分地了解机组调速系统的性能，同时便于调度机构更好地在仿真计算中模拟系统各种工况下机组调速系统的动作情况，提高电网安全稳定管理的水平，一般情况下，大、中型电厂机组（100 MW及以上火电、50 MW及以上水电新建发电机组）投产前，或老机组调速系统改造和大修完成后，发电公司（电厂）应委托有资质的电力试验单位完成新（改造）调速系统的参数实测和建模工作。参数实测和建模工作应遵循相关试验规范的要求，如华中地区的机组调速系统建模试验就应遵循《华中电网汽轮机及调节系统参数实测与建模导则》或《华中电网水轮机及调节系统参数实测与建模导则》（华中网调〔2008〕62号）。电厂应将机组调速系统的测试验报告及时上报调度部门，并严格按照调度机构根据试验报告下达的相关参数定值整定调速系统。

根据《电网运行准则》的要求，机组都必须具备一次调频功能，同时在设计上应保证一次调频功能始终处于投入状态。无论发电机组采取何种控制系统，都不能影响机组一次调频功能，并且保证一次调频功能的响应速度。

二、一次调频的指标

所谓机组的一次调频，就是指当电网频率超出规定的正常范围后，电网频率的变化将使电网中参与一次调频的各机组的调速系统根据电网频率的变化自动地增加或减小机组的功率（当电网频率升高时减少机组功率，当电网频率降低时增加机组功率），从而达到新的平衡，并且将电网频率的变化限制在一定范围内的功能。评价一次调频性能一般通过以下各级指标：

1. 机组一次调频人工死区

机组一次调频人工死区是为防止在电网频率小范围变化时原动机调速器不必要的频繁动作而设置的频差。当电网频率在死区范围内时，机组对频率的微小波动不产生调节作用，只有当频率变化超过死区范围时，才起调节作用。调频死区的设置主要是为了防止电网频率在小范围内波动时汽机调门（导叶）不必要的频繁动作，调节过于灵敏，不利于设备的安全运行。一般电液型汽轮机调节控制系统的火电机组一次调频的人工死区控制在±0.033 Hz（±2 r/min）内，机械、液压调节控制系统的火电机组一次调频的人工死区控制在±0.10 Hz（±6 r/min）内；而水电机组一次调频的人工死区控制在±0.05 Hz内。

2. 机组调速系统的速度变动率（或水电机组永态转差率）

机组空载对应的转速与满载对应的转速之差与额定转速之比称为速度变动率。其计算公式为

$$\delta_n = \frac{n_{\max} - n_{\min}}{n_0} \times 100\% \tag{2-3-1}$$

式中，$n_{\max}$与$n_{\min}$分别为机组在空载和满载时所对应的转速，n_0为额定转速。

速度变动率是反映机组调频能力的重要指标，既反映了机组一次调频能力的强弱，又表明了稳定性的好坏。其值越大，机组对电网的调频能力越小，机组运行越稳定；其值越小，机组对电网的调频能力越强，但机组运行的稳定性差。一般要求火电机组速度变动率为4%～5%，水电机组的永态转差率不大于4%。

3. 一次调频的最大调整负荷限幅

为了保持一次调频时机组的稳定、机组的实际调频能力及设备的安全，还需要对机组负荷进行最大调整负荷限幅，防止一次调频动作时机组出现过负荷的情况。一般要求水电机组一次调频的负荷变化限制幅度为额定负荷的±10%，而火电机组按照其额定容量的大小限制幅度为额定负荷的±6%～±10%，一般来说，额定容量越大，限制幅度越小。

4. 调速系统迟缓率（或水电调速器转速死区）

当机组在同一负荷点上下变动时，相应的转速会不同，其转速之差与额定转速之比为迟缓率，即

$$\varepsilon = \frac{n_{上} - n_{下}}{n_0} \times 100\% \tag{2-3-2}$$

$n_{上}$与$n_{下}$分别为机组在同一负荷点加负荷和减负荷时所对应的转速，n_0为额定转速。

迟缓率是由于各部件的摩擦、卡涩、不灵活，以及连杆、铰链等结合处的间隙、错油门的重叠度等因素造成的动作迟缓程度，实际上代表了整个调节系统对其控制的变量的敏感程度。对于调速系统而言，转速的迟缓率就是当机组的转速发生变化时，调节系统在转速偏差达到什么程度时才开始动作。按照这样的物理概念，迟缓率与系统的转速控制精度是互相对应的。迟缓率是调节系统的最重要指标之一，过大的迟缓率会使调节系统不能正常工作，如定值控制精度差、过渡过程恶劣，甚至无法维持转速的稳定。一般要求电液调节控制系统的火电机组，其调速系统的迟缓率小于0.06%，机械、液压调节型小于0.1%，水电机组调速器的转速死区小于0.04%。

5. 响应行为

机组一次调频的响应行为包括一次调频的负荷响应滞后时间、一次调频的最大负荷调整幅度。一次调频的负荷响应滞后时间指运行机组从电网频率越过该机组一次调频的死区开始，到该机组的负荷开始变化所需的时间。一次调频的最大负荷调整幅度指运行机组从电网频率越过该机组一次调频的死区开始计时的60 s以内，或者到电网频率恢复到该机组的一次调频的死区范围内为止，该机组的有功功率相应进行调整（频率越上限时减少有功，频率越下限时增加有功）的幅度。相关规程、规定对该指标做了具体要求。

三、一次调频和二次调频（AGC）的配合

当机组并网运行时，电网频率由电网中所有的发电机组来维持，频率下降时，参加一次

调频的机组按机组的不等率增加功率，以满足用户需要。一次调频是调节系统按原动机的静态特性自动控制的一种控制过程，其调频能力是有限的，只能按静特性去维持功率或频率，而不能保持频率为常数。为了使外界负荷增加时，能确保电网的频率为常数，保证供电质量，通常利用二次调频使频率恢复到原来的值。

二次调频是指调度中心将 AGC（自动发电控制）信号送到电网中受控机组的原动机控制系统，调整原动机调节系统的功率目标值，改变原动机功率。实际上，二次调频是一个外来附加作用，由调度中心进行调整。

一次调频和 AGC 同时投运后，一次调频是否影响 AGC 对负荷的调整，是目前在实际投运一次调频过程中大家比较关心的一个问题。下面对一次调频的动作情况进行分析。

当电网频率突然发生改变，突破一次调频动作死区后，一次调频动作，而 AGC 指令未发生任何改变。在这种情况下，AGC 信号首先确保一次调频的负荷基准，一次调频动作而引起负荷的调整是建立在 AGC 指令的基础上，在一次调频负荷限制幅度内，进行负荷摆动。当电网频率稳定后，机组负荷将会稳定在一个新的负荷目标值，该值可用下式表示，这一阶段的负荷调整就是一次调频。

$$MW = MW_{\mathrm{AGC}} + MW_{\Delta f} \quad (2-3-3)$$

式中，MW_{AGC}表示 AGC 指令，$MW_{\Delta f}$表示一次调频引发的功率变化值。

如果在电网频率稳定后，电网调度中心又给出新的 AGC 指令，机组负荷又将动作，电网频率又将发生改变，$MW_{\Delta f}$将会朝零的方向变化，当$MW_{\Delta f}=0$后，机组负荷就将跟随新的 AGC 指令变化。这一部分的负荷动作情况，就是二次调频。

四、一次调频的调度运行管理

为保证电网及并网发电机组安全稳定运行，根据《电力安全生产监管办法》、《关于印发发电厂并网调度管理意见的通知》等电监会有关文件规定，并参照《汽轮机调节控制系统试验导则》和《水轮机电液调节系统及装置调整试验导则》，国家电网公司调度中心制定了《关于一次调频管理的原则意见》，各网省电网公司也陆续制定了一次调频相关管理办法，如《华中电网发电机组一次调频调度管理规定（试行）》、《四川电网发电机组一次调频调度管理规定（试行）》等。这些规定的出台规范了并网机组一次调频功能的调度管理。

并网机组一次调频的试验、投运及监督、考核等管理工作，一般依据调度管辖范围，按照“统一调度、统一部署、分级管理”的原则进行。同时应注意以下几点：

①要求所有并网运行的机组都必须具备并投入一次调频功能，当机组的转速超过设定的一次调频死区时，机组在各种运行方式下都必须参与一次调频。

②机组一次调频的功能应先通过现场试验，确认达到相关规定的各项技术要求。达不到要求的，电厂必须进行相关的参数调整和技术改造，并重新组织试验。试验完毕后，电厂应将试验报告及时报送上级调度机构。调度机构在收到电厂一次调频的试验报告后，向电厂下达具体的一次调频定值和执行指令。

③电厂不得擅自退出机组一次调频功能，或改变机组一次调频有关参数。

④新投产机组在投产调试期间，必须完成一次调频试验，并及时投入一次调频功能，上报规定资料。

⑤各电厂应及时记录机组一次调频的投入及运行情况，保留一次调频的运行统计结果，做好技术分析。

第七节　电网自动发电控制系统（AGC）运行管理

一、概　述

四川电网自动发电控制（AGC）系统是四川电网调度自动化系统的一个重要组成部分，承担着调整电网频率和联络线功率、提高电能质量的重要任务。该系统由四川电网调度自动化主站系统相关软件（AGC 系统、SCADA 系统和计划管理系统）、各参与 AGC 电厂的子站系统（含远动终端 RTU 或电厂监控系统、AGC 机组远方/当地控制切换装置、机组有功出力调节装置）以及数据传输通道构成。

省调统调的单机容量 40 MW 及以上的水电机组、单机容量 200 MW 及以上的火电机组应具备 AGC 功能，相关电厂及机组应参与四川电网 AGC 系统闭环控制。

遵照分层分级控制的原则，电网 AGC 系统在接收到经各参加电网自动发电控制（AGC）系统调节的电厂（以下统称为 AGC 电厂）远动终端（RTU）或电厂监控系统传来的受控电厂（机组）的允许控制命令后，按照一定的控制目标（联络线功率、系统频率），发出相应的电厂（机组）控制调节命令。AGC 受控电厂（机组）接收到该命令后，进行机组的控制、调节操作。

二、电网 AGC 系统的调节模式

根据华中网调颁发的《华中电网省（市）间联络线电力电量管理考核办法》及《华中电网省（市）间联络线电力电量 CPS 考核实施细则》的规定，四川电网 AGC 系统采用联络线偏差控制方式，按照 CPS 标准控制川渝电网联络线有功潮流及频率。在特殊情况下，省调当值调度员可将 AGC 系统控制方式转为恒定频率或恒定联络线功率控制方式。

三、AGC 受控电厂（机组）运行控制方式

AGC 受控电厂（机组）的控制方式如下：

1. 梯级流域等值控制方式

在该控制方式下，电网 AGC 系统视梯级流域各相关电厂为一个控制对象，该控制对象的控制参数将随着梯级流域各相关电厂投入电网 AGC 控制机组的个数而变化。梯级流域集控中心监控系统应自动计算当前水头下流域各机组等值后的振动区限值，以及各单机的运行限值，并自动上送电网 AGC 系统。电网 AGC 系统下发的命令是梯级流域全部机组有功出力控制目标值。梯级流域集控中心监控系统接收到该命令后，应自动、快速、准确地将控制目标分配到投入 AGC 控制的各机组，确保梯级流域机组有功出力响应缺额在正常范围内。

2. 水电厂全厂等值控制方式

在该控制方式下，电网 AGC 系统视全厂为一个控制对象，该控制对象的控制参数将随着电厂投入电网 AGC 控制机组的个数而变化。电厂监控系统应自动计算当前水头下各机组等值后的振动区限值以及各单机的运行限值，并自动上送电网 AGC 系统。电网 AGC 系统下发的命令是全厂有功出力控制目标值。电厂监控系统接收到该命令后，应自动、快速、准确地将控制目标分配到投入 AGC 控制的各机组，确保全厂有功出力响应缺额在正常范围内。

3. 单机控制方式

在该控制方式下，电网 AGC 系统视水（火）电厂单机为一个控制对象。电网 AGC 系统下发的命令是控制脉冲增量或机组有功出力控制目标值。AGC 受控机组应快速、准确地响应该控制命令，确保机组有功出力响应缺额在正常范围内。

四、职责分工

1. 四川省电力公司调度中心（以下简称省调）的职责

①参加电网 AGC 主站系统的设计和建设。

②参加各 AGC 电厂当地 AGC 系统的设计审定。

③负责对各 AGC 电厂的投运进行统计考核。

④负责 AGC 电厂试验和联合调试方案的安全措施审查和方案批准。

⑤参加电网 AGC 主站系统的控制参数（包括系统频偏系数、控制区域门槛值等）的整定。

⑥负责修改各 AGC 电厂的运行参数（包括可调范围、振动区范围）。

⑦参加各 AGC 电厂的控制参数（包括一次控制允许的最大调节量、控制死区、控制命令步长、控制周期、响应速率等）的整定。

⑧负责提供联络线潮流计划及 AGC 电厂或机组上网计划。

⑨负责执行电网 AGC 主站系统的投运或停运。

⑩负责调令电厂 AGC 机组投入或退出电网 AGC 闭环控制。

⑪负责确定和调整电厂（机组）参加电网 AGC 系统的控制模式。

⑫负责监视 AGC 控制电厂及机组的运行工况。

⑬负责 AGC 系统投退、异常、事故等重大事项的调度记录（不包括机组投退 AGC 远方控制）。

⑭配合各 AGC 电厂（机组）接入四川电网 AGC 系统的联合调试。

⑮配合组织电网 AGC 系统的培训。

⑯督促、协调电厂 AGC 系统的异常、事故处理。

2. 四川省电力公司通信自动化中心（以下简称省通自中心）职责

①负责电网 AGC 主站系统的设计、建设和运行维护。

②参加各 AGC 电厂当地 AGC 系统的设计审定。

③负责对各 AGC 电厂的投运进行统计考核。

④负责 AGC 电厂试验的技术措施审查和方案批准。

⑤负责组织各 AGC 电厂接入电网 AGC 系统联合调试方案的编制和批准。

⑥负责整定和修改电网 AGC 主站系统的控制参数（包括系统频偏系数、控制区域门槛值等）。

⑦参加各 AGC 电厂的运行参数（包括可调范围、振动区范围）的整定。

⑧负责整定和修改各 AGC 电厂的控制参数（包括一次控制允许的最大调节量、控制死区、控制命令步长、控制周期、响应速率等）。

⑨负责组织各 AGC 电厂（机组）接入四川电网 AGC 系统的联合调试。

⑩负责组织电网 AGC 系统的培训。

⑪负责电网AGC主站系统的异常、事故处理；督促、协调电厂AGC系统的异常、事故处理。

3. AGC电厂职责

①负责本厂AGC系统的方案设计、项目实施。

②负责本厂AGC系统的调试。

③参加本厂接入电网AGC系统联合调试方案的论证和本厂AGC机组的联合调试。

④负责组织电厂运行值班员和自动化人员参加AGC系统培训。

⑤接受省调当值调度员的调度命令，执行AGC受控机组的AGC当地（远方）控制切换信号的切换操作，并与省调当值调度员核对切换结果。

⑥负责记录本厂AGC投入和退出时间及有关信息。

⑦负责监视本厂参与AGC机组的运行工况。

⑧负责对本厂AGC子站系统的运行进行日常巡视、维护和记录，保障本厂AGC子站系统运行的稳定可靠。

五、电网AGC系统的运行管理

①凡参与四川电网AGC系统控制的机组，必须经过四川省电力公司组织的系统联合调试。在系统联合调试前，电厂应提供现场机组AGC试验分析报告。省通自中心根据系统联合调试情况，核准调节能力，以AGC系统控制参数定值单的形式下达，由现场执行，见表2-3-2和表2-3-3。核准后的现场设备控制参数不得随意变动。当需要更改时，电厂必须以书面报告形式向省通自中心汇报原因及修改值，得到省通自中心允许后方可实施修改。②各AGC电厂须将所有与AGC控制相关设备参数报省通自中心备案。如需修改上述设备的相关参数，电厂必须以书面报告形式向省调汇报原因及修改值，得到省通自中心允许后方可实施修改。如现场工作影响了电厂AGC调节性能，该电厂须重新进行系统联合调试。省通自中心根据系统联合调试情况，重新核准其调节能力，以AGC系统控制参数定值表的形式下达，由现场执行。

③正常情况下，凡参加电网AGC系统控制的电厂都必须保证其设备的正常投入，所有具备条件的受控机组均应投入“远方控制”。电厂应确保电厂（机组）的AGC命令平均响应速率和平均响应精度等指标在经系统联合调试后核定的范围内。

④发电厂运行人员应熟悉AGC的基本原理，掌握自动发电控制相关运行规程，应根据本厂机组实际运行情况，及时向省调当值调度员上报机组当前运行参数（包括机组可调上、下限，机组振动区上、下限）。经省调当值调度员确认后实施修改。

⑤发电厂值班人员应加强监控系统、远动装置、控制装置、机组等与AGC控制相关设备的监视、检测。当出现异常需要将电厂（机组）退出“远方控制”时，应及时汇报省调值班调度员，经批准后，将机组切至“当地控制”。当出现严重威胁机组安全运行的情况时，现场值班人员可先将机组切至“当地控制”，然后向值班调度员汇报，并尽快组织相关技术人员进行处理。

表 2-3-2　水电厂控制参数定值单

序号	控制参数名称	控制参数定值
1	控制方式	
2	控制命令死区	MW
3	最大命令限值	MW
4	响应死区	MW
5	控制周期	s
6	机组对控制命令的最大允许响应缺额	MW
7	正常运行区向上/向下爬坡率	MW/min

表 2-3-3　火电厂控制参数定值单

序号	控制参数名称	控制参数定值
1	控制方式	
2	控制命令死区	MW
3	最大命令限值	MW
4	响应死区	MW
5	控制周期	s
6	反向控制延时	s
7	正常运行区向上/向下爬坡率	MW/min
8	机组向上/向下调节限值	MW

六、电网 AGC 系统异常及事故处理

①当电厂机组出力数据异常时，省调当值调度员应将 AGC 机组的运行方式设置为电厂当地控制，并及时通知电厂当值调度员处理，将机组控制切回电厂。同时通知省通自中心处理。

②当电网 AGC 主站系统将 AGC 电厂（机组）由电网 AGC 控制模式（包括自动调节模式、定功率模式、跟踪计划模式等）自动转为电厂控制时，省调当值调度员及时通知电厂当值调度员处理，将机组控制切回电厂，同时通知省通自中心处理。

③当 AGC 电厂 AGC 相关设备发生故障或紧急情况时，电厂当值值长可不经省调同意，按照现场规程的规定将相应机组退出远方控制，但应立即向省调当值调度员汇报。故障处理完毕后，应尽快向省调当值调度员汇报。

④省调当值调度员在接到故障处理汇报后，应尽快将相应机组 AGC 退出运行，并授权电厂进行现地控制。

七、检修管理

①凡涉及 AGC 控制的设备需要进行检修时，均应按照相应的调度自动化运行管理规程的要求提前 2 天向四川省电力公司通信自动化中心（简称省通自中心）办理工作申请，得到

批准后方能工作。

②所有批复的检修工作在开始工作前必须征得省调当值调度员同意后方可开工。

③电厂检修工作结束后，应向省通自中心办理完工申请。省通自中心在接到结束工作的汇报后，应检查 AGC 功能是否恢复正常。在 AGC 功能完全正常后才能许可检修工作结束。

第八节 电网自动电压控制系统（AVC）运行管理

一、概 述

电网自动电压控制（AVC）系统是保证电网安全、经济、优质运行，并作为电网安全稳定预防性控制措施的重要技术手段。四川电网 AVC 系统按照集中决策、分级协调、分区控制的协调控制模式，由省调 AVC 主站系统（以下简称 AVC 主站）、地区电网 AVC 子站系统、电厂侧 AVC 子站系统、500 kV 变电站 AVC 子站系统和相关通信通道组成，并实现省调主站与各子系统之间的分级协调控制。

四川电网 AVC 系统的主站和子站的相关技术标准均应满足《四川电力系统自动电压控制（AVC）系统功能规范（试行）》（川电调度〔2008〕102 号）相关规定的要求。原则上并入 500 kV 系统的所有并网电厂，并入 220 kV 系统的总装机容量大于 200 MW 的水电厂和单机容量大于 300 MW 的火电厂均应配置 AVC 子站，并接入省级调度机构的 AVC 主站系统。其他并入 220 kV 系统的小型电厂及并入 110 kV 系统的电厂，应视所在地区电网的具体情况，根据所在地区调度机构的要求，确定是否接入地区电网的 AVC 子站系统。也就是说，电厂 AVC 系统既可能是省调 AVC 主站的子站，也可能是地区电网 AVC 子站的子站。

二、管理职责

四川电网 AVC 系统的调度运行管理实行省调统一领导下的分级管理负责制，职责分工如下。

1. 省调是四川电网 AVC 系统的归口管理部门

其主要职责为：

①负责制定和修订四川电网 AVC 系统的技术标准，编制四川电网 AVC 系统发展规划。

②负责制定、校核四川电网 AVC 主站的相关运行控制策略，与通自中心配合确定和调整四川电网 AVC 主站系统计算控制参数、模型，审核 AVC 子站的相关运行控制策略及相关控制参数，提出评估改进意见。

③负责四川电网 AVC 系统的日常调度运行管理和 AVC 主站的异常、事故处理，根据电网运行状况及 AVC 子站运行状况确定 AVC 子站的运行方式，督促、指导 AVC 子站的异常、事故处理，保证电网安全运行。

④与通自中心配合，核查 AVC 子站的技术条件是否满足要求，编制和论证 AVC 子站接入 AVC 主站联合调试方案并组织实施，对各 AVC 子站的运行情况进行统计和考核。

⑤编制和修订四川电网自动电压控制（AVC）系统运行管理规定。

2. 通自中心是四川电网 AVC 系统建设和系统维护的归口管理部门

其主要职责为：

①参与制定和修订四川电网 AVC 系统的技术标准，参与编制四川电网 AVC 系统发展规划。

②负责四川电网 AVC 主站的建设、改造，及其软硬件系统的日常运行维护和事故异常处理。

③与省调配合确定和调整四川电网 AVC 主站系统计算控制参数、模型，审核 AVC 子站的相关运行控制策略及相关控制参数，督促、指导 AVC 子站的异常、事故处理。

④负责四川电网 AVC 主站与子站系统的通信通道的建设、改造及日常运行维护的专业管理工作。

⑤编制四川电网 AVC 主站运行报表并统计相关指标。

⑥与省调配合核查 AVC 子站的技术条件是否满足要求，编制和论证 AVC 子站接入 AVC 主站联合调试方案并组织实施，对各 AVC 子站的运行情况进行统计和考核。

⑦参与编制和修订四川电网自动电压控制（AVC）系统运行管理规定。

3. 各电业局（公司）是所属地区 AVC 子站系统建设、运行和维护的专业管理部门

其主要职责为：

①结合四川电网 AVC 系统发展规划，编制地区电网 AVC 系统发展规划。

②按照四川电力系统自动电压控制（AVC）系统功能规范的技术标准建设、运行和维护地区电网 AVC 子站软硬件系统（含通信通道），按照省调和通自中心的要求开展地区电网 AVC 子站系统的升级改造。

③负责地区电网 AVC 子站的调试方案编制和实施工作，参与编制 AVC 主站与地区电网 AVC 子站联合调试方案并开展联合调试工作。

④接受省调的调度命令，开展地区电网 AVC 子站系统的日常调度管理，负责监视地区电网 AVC 子站参与 AVC 控制设备的运行工况，负责地区电网 AVC 子站的事故、异常处理。

⑤编制并执行地区电网自动电压控制（AVC）系统运行管理规定，编制地区电网 AVC 子站受控变电站的现场运行规程。

⑥负责确定地区电网 AVC 子站相关控制参数，评价、改进地区电网 AVC 子站的控制策略。

⑦负责监视地区电网 AVC 子站受控厂站的电压和无功运行情况。

⑧编制地区电网 AVC 子站系统的运行报表，对接受地区电网 AVC 子站控制的下级 AVC 子站运行情况进行统计和考核。

4. 并网电厂是电厂 AVC 子站系统建设、运行和维护的管理部分

其主要职责为：

①根据四川电网 AVC 系统建设规划或所在地区 AVC 系统建设规划，按照省调或所在地调的要求确定电厂 AVC 子站系统接入四川电网 AVC 系统的方式（接入 AVC 主站系统或是所在地区电网 AVC 子站系统）。

②负责电厂 AVC 子站的调试方案编制和实施工作，参与编制 AVC 主站（或地区电网 AVC 子站）与电厂 AVC 子站联合调试方案并开展联合调试工作。

③按照四川电力系统自动电压控制（AVC）系统功能规范的技术标准建设、运行和维护电厂 AVC 子站软硬件系统，按照调度机构的要求开展电厂 AVC 子站软硬件系统的升级

改造。

④接受调度机构的调度命令，开展电厂 AVC 子站系统的日常运行调度管理，负责监视电厂 AVC 子站参与 AVC 控制设备的运行工况，负责电厂 AVC 子站的事故、异常处理。

⑤负责监视电厂的母线电压和机组无功出力情况。

⑥编制电厂 AVC 子站系统的现场运行规程。

⑦负责确定电厂 AVC 子站相关控制参数，评价、改进电厂 AVC 子站系统的控制策略。

⑧编制电厂 AVC 子站系统的运行报表。

三、AVC 主站及电厂 AVC 子站运行控制方式

1. AVC 主站系统的运行方式

当所有受控 AVC 子站均未投入远方控制时，AVC 主站仅监视当前电网电压变化情况，当母线电压越限时给出提示和报警。

当任一 AVC 子站投入远方开环控制时，AVC 主站根据控制逻辑给出控制目标，并下发到投入远方开环控制方式的 AVC 子站手动执行。

当任一 AVC 子站投入远方闭环控制时，AVC 主站根据控制逻辑给出控制目标，并下发到投入远方控制闭环方式的 AVC 子站自动执行。

2. 并网电厂 AVC 子站运行方式

AVC 子站受控于 AVC 主站控制的运行方式包括以下两种：

①AVC 子站远方开环，即 AVC 子站接受 AVC 主站的控制目标，并根据子站系统控制逻辑给出提示性控制策略，由电厂值班人员根据提示策略手动调压（本方式只用于 AVC 系统调试或试运行期间）。

②AVC 子站远方控制，即 AVC 子站接受 AVC 主站的控制目标，并根据子站系统控制逻辑给出控制策略，系统自动执行。

AVC 子站不受控于 AVC 主站控制的运行方式一般包括以下三种：

①AVC 子站功能退出，即 AVC 子站退出运行，电厂值班人员手动调压。

②AVC 子站现地开环，即 AVC 子站现地运行并按现地控制目标给出提示性控制策略，由电厂值班人员根据提示策略手动调压。

③AVC 子站现地控制，即 AVC 子站现地运行并按现地控制逻辑给出调整策略，系统自动执行。

四、电厂 AVC 子站系统的调度管理要求

①凡接受四川电网 AVC 主站控制的电厂 AVC 子站，必须经过省调和通自中心组织的系统联合调试，并经调试合格后，电厂 AVC 子站方能接入 AVC 主站系统。在系统联合调试前，电厂 AVC 子站运行管理部门（或地区电网调度机构）应向通自中心提供电厂 AVC 子站现场试验分析报告。

②通自中心根据系统联合调试情况，核准电厂 AVC 子站调节能力，确定现场设备控制参数，并以电厂 AVC 子站控制参数定值单的形式下达现场执行。核准后的现场设备控制参数不得随意变动。当现场设备控制参数需要更改时，电厂应以书面报告形式向通自中心汇报原因及修改建议值，得到允许后，通自中心以新的电厂 AVC 子站控制参数定值单方式下达后执行。

③因基建、技改等原因，电厂 AVC 子站新增或减少控制的机组应向通自中心提交申请。经通自中心审核，并经必要的试验合格后方能调整电厂 AVC 子站的受控设备。

④在 AVC 主站、通道及子站系统均正常工作的情况下，AVC 主站必须投入运行。电厂 AVC 子站需按调度命令投入受控于 AVC 主站的运行方式。正常情况下，凡受控于 AVC 主站运行的 AVC 子站都必须将所有具备条件的受控设备均投入 AVC 子站控制方式。若 AVC 主站因故需要退出运行，应先将受控 AVC 子站均退出受控于 AVC 主站控制的运行方式后方能执行。

⑤AVC 系统投入运行后，通自中心运行值班人员应加强对系统实时数据、通信通道及 AVC 主站运行情况的监视。电厂运行值班人员应加强本电厂监控系统、远动装置、控制装置、机组等相关设备运行情况的监视，随时掌握母线运行电压、容性及感性无功备用情况。

五、电厂 AVC 子站系统异常及事故处理

①电厂运行值班人员发现 AVC 子站及所控机组异常自动或需手动退出远方控制时，应立即向通自中心自动化值班人员汇报，经省通自中心值班人员确认后通知省调调度值班员，将该 AVC 子站退出远方控制。

②当出现母线运行电压越限或无容性（感性）无功备用时，电厂运行值班人员应立即向省调值班调度员汇报。当出现母线电压异常或其他紧急情况时，电厂值班人员应及时采取人工调压的措施，保证电网、设备安全运行，保证相关厂站电压控制在电压曲线范围内。

③电厂 AVC 子站退出远方控制后，电厂应尽快查明原因，恢复 AVC 子站受控于 AVC 主站方式运行。如 AVC 子站退出受控于 AVC 主站方式运行时间超过 24 小时，电厂应向通自中心补办申请。

④当出现严重威胁设备安全运行的情况时，电厂运行值班人员可不待省调值班调度员的调度命令，按现场规程自行将 AVC 子站退出受控于 AVC 主站控制的运行方式，然后向省调值班调度员汇报，并尽快组织处理。

⑤并网电厂 AVC 子站按受控于 AVC 主站方式运行时，部分受控机组因故需退出 AVC 子站控制方式时，电厂运行值班人员应向省调值班调度员汇报。机组具备受控于 AVC 子站控制方式运行条件时，电厂值班人员应主动将机组置于 AVC 子站控制方式运行，并向省调值班调度员汇报。如果全部机组都退出 AVC 子站控制方式，AVC 子站将自动退出远方控制方式，电厂运行值班人员应立即向通自中心值班人员汇报，由通自中心值班人员向省调值班调度员通报相关情况。

六、电厂 AVC 子站系统检修管理

①凡涉及 AVC 子站控制的一次设备需要进行检修时，电厂应按照相应的调度管理规程要求向省调办理检修申请，由省调确定设备检修期间 AVC 子站的运行方式，经相关专业人员会签、领导批准后方能执行。

②当 AVC 子站（含通信通道）需要检修时，相关运行管理单位（或地区电网调度机构）应按规定向通自中心提交检修申请，经相关专业会签、领导批准后方能执行。

③所有经批复的一次设备检修工作在开始工作前均必须征得省调值班调度员同意后方可开工；经批复的 AVC 子站（含通信通道）检修工作在开始工作前均必须征得通自中心运行值班人员同意后方可开工。AVC 子站检修工作开工前后，通自中心运行值班人员均应及时

通报省调值班调度员。

④涉及 AVC 子站控制的一次设备检修结束后，电厂应按照相应的调度管理规程要求向省调办理完工。完工手续办理完成后，省调值班调度员视电网运行情况将 AVC 子站纳入受控于 AVC 主站方式运行。

⑤AVC 子站（含通信通道）检修工作结束后，电厂应按照相应的调度管理规程要求向通自中心办理完工。通自中心值班人员应检查 AVC 子站状态是否恢复正常，在 AVC 子站状态完全正常后才能办理检修工作结束。AVC 子站检修工作结束后，通自中心值班人员向省调值班调度员通报，省调值班调度员应视电网运行情况将 AVC 子站纳入受控于 AVC 主站方式运行。

七、电厂 AVC 子站系统的考核与评价

1. AVC 子站投运率

AVC 子站投运率达到 99%为合格，否则为不合格。AVC 主站的投运率按如下公式计算：

$$\text{AVC 子站投运率}=\frac{\text{考核期 AVC 子站投运受控于 AVC 主站时间}}{\text{考核期总时间}}\times 100\%$$

2. AVC 子站受控设备投运率

AVC 子站受控设备投运率达到 95%为合格，否则为不合格。AVC 子站受控设备投运率按如下公式计算：

$$\text{AVC 子站单一受控设备投运率}=\frac{\text{考核期 AVC 子站单一受控设备受控于 AVC 子站时间}}{\text{考核期总时间}}\times 100\%$$

其中 AVC 子站单一受控设备指接受电厂 AVC 子站控制的一台发电机组。

$$\text{AVC 子站受控设备投运率}=\frac{\sum \text{AVC 子站单一受控设备投运率}}{\text{AVC 子站受控设备总量}}\times 100\%$$

3. 电厂 AVC 子站调节合格率

电厂 AVC 子站调节合格率高于 96%为合格。电厂 AVC 子站调节合格率按如下公式计算：

$$\text{电厂 AVC 子站调节合格率}=\frac{\text{考核期内 AVC 子站执行的合格点数}}{\text{统计期内 AVC 主站下发的调节命令次数}}\times 100\%$$

子站跟踪主站下发的电压调整指令，在 2 min 内到达规定死区范围内为合格点，反之为不合格点。

4. 高压母线电压合格率

高压母线电压合格率低于 100%为不合格。

上述指标按日计算，按月统计，由 AVC 主站自动完成。

第九节　通信设备运行管理要求

一、概　述

电力通信网是由各种传输、交换、终端等通信设备组成的电力系统专用通信网络，是电网调度自动化和管理现代化的基础，是确保电网安全、优质、经济运行的重要手段。电力通信网包括基础网、支撑网及业务网，基础网由光纤、数字微波、电力线载波、接入系统等设备组成，支撑网包括信令网、同步网、网管网等，业务网由数据通信网络、交换系统及电视电话会议系统等设备组成。

接入电力专用通信网运行设备需符合国际、国家及行业的相关技术标准，拟并网运行的通信设备与并入电力通信网所采用的技术体制需一致。

电力通信网络承载的业务信息分为实时、准实时调度信息及管理信息，主要包括调度电话和管理电话、远动和数据信号、继电保护和安全稳定控制信号、计算机通信、系统运行状态图像信息以及水电厂水库、水情、工况信息等内容。为了满足电力系统安全、稳定、经济运行的需要，电力通信网的运行管理必须执行统一调度、分级管理的原则。在电网企业、发电企业成立通信专业管理机构，依据国网、区域电网、省网、地区网自上而下的调度管理关系及业务电路调度管理原则，实现对区域设备或资产范围内设备的专业管理。各级通信管理机构根据管辖范围内电网实际情况，制定符合本区域内电力系统通信网特点的专业管理规程、制度及相关管理办法。目前，指导电力通信设备运行管理工作主要包括以下规程：

①《电网调度管理条例》。

②DL/T 1040—2007《电网运行准则》。

③DL/T 544《电力系统通信管理规程》。

④DL/T 545《电力系统微波通信运行管理规程》。

⑤DL/T 546《电力系统载波通信运行管理规程》。

⑥DL/T 547《电力系统光纤通信运行管理规程》。

⑦DL/T 548《电力系统通信站防雷运行管理规程》。

二、通信设备运行管理的一般原则

①电力通信网的调度管理遵循统一调度、分级管理的原则。下级电力通信管理部门应服从上级电力通信管理部门的管理。所有入网运行的通信设备及相应的辅助设备均应纳入相应的通信调度管辖范围。

②各级通信机构在电力通信的调度管理活动中是上、下级关系，下级通信机构应服从上级通信机构的调度管理。

③电力通信部门调度管辖范围内，通信设备的运行维护单位应服从该电力通信部门的调度管辖。

④各级电力通信部门应设置 24 小时有人值班。通信调度按通信调度管辖范围下达通信调度指令，履行电力通信网的运行、操作和指挥职能。

⑤主干通信网应形成以光纤或数字微波为主的环形网或网状网，并覆盖全部调度管辖

对象。

⑥电力通信网内任何站点的单一设备故障或线路上的单点设施故障，都不应造成系统内任一站点的某种电力调度业务的全部中断。

⑦发电厂及变电站应统一负责本厂（站）通信机房的日常管理及设备的日常巡视工作。通信机房的电源、环境、主设备告警等信息应引入 24 小时有人值班处，设备出现异常状况时应及时通知通信运行维护单位或部门。

⑧当通信电路出现故障时，负责指挥故障处理的通信部门应积极组织故障处理，减少其对电力系统安全运行的影响，并及时通知业务受影响相关专业及单位，各相关部门予以配合。

⑨电力通信管理部门应制定所辖通信线路的应急预案，并根据网络和业务的变化对应急预案及时进行修改和补充。

⑩编制通信运行方式单、工作通知单及检修工作申请票。

(a) 电力通信部门在安排下级电力通信部门、运行维护单位从事与电力通信网运行有关的工作时，应逐级下达工作通知单。

(b) 上级电力通信管理部门安排下级电力通信管理部门、运行维护单位新增或调整业务通道、设备运行状态时，应制定通信运行方式单并逐级下达。

(c) 上级电力通信管理部门安排下级电力通信管理部门、运行维护单位从事与电力通信网设备的巡视、检查及维护等有关工作时，应制定工作通知单并逐级下达。

(d) 电力通信设备的检验、检修工作应按调度管辖范围履行电力通信设备检修工作申请票手续。

(e) 通信机构为完成某项特定工作或解决某个问题需要相关部门或机构予以支持或配合时，可使用工作联络单进行协调与沟通。

(f) 通信检修工作申请票、通信运行方式单、工作通知单的开工应以电力通信管理部门值班人员下达的指令为准。

三、运行维护和管理职责界面

同一通信站的通信设备及设施宜由同一个运行维护单位负责运行维护。运行维护单位应配备必要的测试仪器、仪表及设备备品、备件。

1. 电力系统通信的运行维护和管理职责界面划分原则

①电网与电网之间以各自管辖的区域边界为责任分界点。

②电网与电厂之间一般以电厂侧的围墙（水电厂以最后一基杆塔）为责任分界点，特殊情况双方另行商定。

2. 通信专业与相关专业维护与职责界面

电力通信专业与一次线路、继电保护、自动化等相关专业的维护管理界面划分，因各单位在管理专业机构设置、部门职能划分上存在差异而不尽相同。一般遵循如下原则明确相关职责及界面。

(1) 电力特种光缆维护界面划分

光纤复合架空地线（OPGW）和全介质自承式光缆（ADSS）等（包括线路、预绞丝、耐张线夹、悬垂线夹、防震锤等线路金具，线路中的光缆接续箱）的巡视、维护、检修等工作，由相应送电线路运行维护机构负责。通信机构负责协助进行纤芯接续、检测等工作。

连接到发电厂、变电站内的 OPGW、ADSS 光缆，在发电厂、变电站内分界点为门型构架（水电厂的分界点一般为第一级杆塔，特殊情况另行商定）光缆线路终端接续箱，分界点向线路方向侧由送电线路机构负责，向通信机房方向侧由通信机构负责；进入中继站时，分界点为中继站光缆终端接续箱，分界点向线路方向侧由送电线路机构负责，线路终端接续箱及引入机房光缆等由通信机构负责。

（2）高频通道加工设备

线路或电气高压专业负责高频阻波器的吊装、拆除及阻波器电气特性测试，通信专业负责阻波器的频率特性测试。

（3）载波复用通道设备

调度自动化、继电保护、安全稳定控制装置、计算机在线监控等信息传输的载波复用通道设备的维护、调试由通信专业负责。

四、通信设备检修、维护管理

①通信检修工作实行通信检修工作票制度。各级通信调度应按照通信检修工作票要求填写，并由通信调度负责人审核、签字。各级通信机构和运行维护单位应严格按照检修工作票确定的时间和工作内容开展工作，严禁超范围、超时间检修。

②改变通信设备运行状态或影响其运行质量的检验、检修工作均应履行检修手续，未经通信机构许可，任何人均不应操作该通信机构调度管辖范围内的设备。通信网运行遇有危及人身、设备安全的情况时，现场人员应按现场运行规程进行紧急处理，随后立即向有关的值班通信调度人员报告。

③通信检修工作票实行一事一报。通信检修工作票的内容应包括申请单位、申请人、填报时间、检修类别、检修内容、停电范围、注意事项、检修起止时间，对有关一、二次设备的影响，以及针对检修工作对通信业务的影响制定的具体、完整的安全与技术方案等。

④ 下级通信机构调度管辖的电力通信设备的状态或方式的改变，如影响上级通信机构调度管辖的电力通信设备的运行方式或传输质量，操作前应得到上级通信机构的许可。上级通信机构调度管辖的电力通信设备的状态或方式的改变，如影响下级通信机构调度管辖的电力通信设备的运行方式或传输质量，操作前通知下级通信机构。

⑤通信电路的计划检修应与一次系统的计划检修同步进行，以减少输电线路的停电次数和非正常方式的发生，提高电网的安全运行水平和供电可靠性。当通信电路的检修影响到继电保护、安全自动装置等直接影响电网安全运行的调度通信业务时，负责检修的通信部门应履行电网运行管理的相关手续，以书面形式向所属电网调度机构提出申请，电网调度机构应以书面形式批复同意后，方可进行。

⑥当输电线路的检修、技改等工作影响到调度通信业务，或将影响通信网络正常运行方式时，应征得相关调度机构的通信部门同意后，方可进行。

⑦在影响一次设备及保护装置、调度自动化、调度电话等业务正常运行的通信设备检验、检修工作开工前，应得到相应值班通信调度人员及值班调度人员的许可，并通知相关业务部门。

⑧输电线路、OPGW 地线复合光缆更换的一次系统检修工作完成后，线路两端通信站的运行维护单位应重新测试高频通道及相应 OPGW 光缆的全部备用纤芯。测试结果应经调

度管辖的通信机构审核后方可申报竣工。

五、故障处理

①危及通信网络及人身安全的紧急情况下，运行维护单位可先处理，危险解除后立即向相应的值班通信调度人员汇报。

②在通信网事故处理过程中，值班通信调度人员有权根据电网运行要求调用网内所有通信资源。

③通信网发生重大事故时，值班通信调度人员可根据突发事件应急处置预案提出预案启动申请，在得到批准后按照预案组织抢修。

④当通信网发生事故时，值班通信调度人员或通信检修人员应遵循以下原则：

(a) 迅速限制事故的发展，消除事故根源，解除对人身和设备安全的威胁。

(b) 保持通信网其他方向设备和电路的正常运行，保持调度生产业务通道的畅通。

(c) 有业务中断时，尽可能采取临时应急措施，先恢复业务电路，再进行事故检修和分析。

(d) 应按先干线后支线、先重要业务电路后次要业务电路的顺序依次进行处理。

(e) 在通信电路事故抢修时采取的临时措施，故障消除后应及时恢复。

⑤ 通信网发生事故时，除按规定或要求组织抢修外，还应按以下要求汇报：

(a) 通信检修人员应立即向本级值班通信调度人员汇报。

(b) 厂站运行值班人员应立即向相关通信检修人员和值班通信调度人员通报。

(c) 事故影响上级所辖业务电路时，值班通信调度人员应按汇报制度向上一级值班通信调度人员汇报事故简况。

(d) 影响调度生产业务的通信事故，值班通信调度人员应及时向本级值班调度人员汇报以及向相关业务部门通报。

⑥事故处理结束后，运行维护单位及相关通信机构应核对运行方式、分析事故原因、总结经验教训，按上级通信机构的要求提交事故处理与分析报告，并采取必要措施防止类似事故的再次发生。

六、通信运行方式

为传输或交换信息而确定的通信设备（设施）的工作状态或信息传输途径，称为通信运行方式。通信运行方式分年度方式和日常方式两种。

1. 年度方式

各级通信机构应编制管辖范围内的通信网年度运行方式，并报本级调度机构和上级通信机构备案。年度运行方式的主要内容为上年度通信运行方式总结和本年度通信运行方式工作重点。主要内容包括：

①所辖电力通信网基本情况。

②新（改、扩）建通信项目投产情况。

③运行指标完成情况。

④通信网危险点分析及处理预案。

⑤通信系统网络图。

⑥各类业务通道配置表。

2. 日常方式

各级通信机构在其调度管辖范围内新增、退出或调整业务通道，确定或改变设备运行状态时，应编制通信运行方式单。方式单编制内容包括：

①光设备之间光缆纤芯运行方式，应包含缆路名称、缆路长度、缆路纤芯数量、纤芯类型、使用的纤芯序号、设备光接口板编号。

②业务电路运行方式应包含所承载的业务名称及用户设备型号、业务路由描述。

③注明工作时的注意事项及相关工作单位现场工作联系人、联系方式。

3. 方式临时变更

在通信运行方式发生临时变更时，通信运行人员应做好临时方式的记录。若电路在 48 小时内不能恢复原方式运行，通信方式人员应立即编制通信运行方式单并下达。

4. 重要生产业务电路运行方式编制

通信运行方式编制遵循“N－1”原则，即通信网内任何站点的单一设备故障或线路上的单点设施故障，都不应造成系统内任一站点的某种电力调度业务的全部中断。

在通信运行方式安排中对调度电话、继电保护、安全稳定装置，以及自动化信息等重要业务电路，按以下原则编制运行方式。

(1) 继电保护及安全稳定控制业务

①对有双重化配置要求的继电保护及安全稳定控制装置，应配置两条完全独立的通道，采用两套独立的通信设备，并由两套独立的通信电源供电。

②两套主保护通道中，应至少有一套继电保护通道采用直达路径。

③省间联络线的线路继电保护信号通道应采用站间直达路径。

④具有双端口的线路主保护装置，其通道应安排在不同的传输设备上，分别采用站间直达路径和迂回路径。

⑤对于传输继电保护及安全稳定控制业务的迂回光纤通道，其站点应在 500 kV、220 kV系统 OPGW 光纤通信骨干通道上。

⑥传输继电保护分相电流差动保护的光纤通道，其传输时间不超 5 ms，传输距离不超 1000 km。

⑦在同一套 SDH 光设备上开通多条线路继电保护或安全稳定控制业务通道时，其通道宜均衡分配在不同的 2 Mbps 接口盘上。

⑧同一套设备故障，不应造成多于 6 条线路的一套主保护信号同时中断；同一套设备承载的继电保护及安全稳定控制业务通道不宜超过 10 条。

⑨对于长度小于 30 km 的末端线路的主保护通道，宜采用专用纤芯方式。

⑩线路分相电流差动保护光纤通道，应避免使用入城光缆。

(2) 自动化业务

①厂站端调度自动化信息至调度主站，应具有两路独立的不同路由的通道。

②厂（站）直达调度主站的调度数据网 2 Mbps 电路与远动专线电路应采用不同路径。

③网、省调间调度数据网在条件允许的情况下应按“N－2”原则安排。

(3) 调度电话业务

①电力调度交换网实行统一组网，采用 2 Mbps 数字中继组网结构。任一交换站点出局的两条中继路由应按不同路径安排。

②直调厂站的调度交换机并网时，若仅有一条数字中继，应同步开通与数字中继不同路由的直通电话。

③调度室、发电厂集控室、变电站中控室均应配置独立的公网电话，该电话应独立于调度台。

④使用交换机用户电路的故障录波、电量计费等业务，按就近接入原则，由相关单位提供交换机用户电路，并由相应通信机构下达通信运行方式单。

七、通信站及设备运行条件

①通信站实施无人值班应履行审批手续，其运行条件应符合国家电网公司《电力通信网无人值班通信站管理规定》的要求。

②通信站及设备（含电源）的防雷和过电压能力应满足《电力系统通信站防雷运行管理规程》的要求。

③地区及以上调度机构应具备两条及以上独立路径的出楼和出城光缆。

④监控中心与所控厂站及调度机构间必须具备完善、可靠的通信系统，确保监控信息准确，调度通信畅通。原则上至少应有环网通道或两套独立通道，满足数据高速、可靠通信的各项要求。

⑤调度机构、通信枢纽站、变电站和大（中）型发电厂的通信光缆或电缆应全线穿管敷设，采用不同路由进入通信机房和主控室。通信电缆沟应与一次动力电缆沟相分离。如暂不具备条件，应采取电缆沟内部分隔离等措施进行有效隔离。

⑥通信机房的防火、防静电、防水、防雷、防盗、防小动物、防紫外线、防尘、防震等安全措施应完备。

⑦通信机房应安装满足设备运行要求的空调设备。

⑧通信设备应配置通信专用电源系统。通信专用电源系统应由两路输入电源、整流器和蓄电池组组成。

⑨通信机房应使用满足设备电流容量及安全运行要求的机房专用配电屏和电源插座。每台独立设备应分别设置分路开关。

⑩通信设备（含电源设备）的标志应准确、牢固、清晰和规范。复用保护设备应使用明显区别于其他设备的标志。

⑪通信机构应具备对调度端通信机房动力环境、通信设备运行状态以及所辖主干通信传输网运行状态进行监视的技术手段。

⑫发电厂集控室、变电站中控室应具备对运行状态监视的手段。通信机房动力环境、通信设备（含电源和其他辅助设备）的主要告警信息，应接入厂站计算机综合监控系统。通信机房宜单独配置计算机监控采集单元。其监控手段可采用下列方式之一：

(a) 通过厂站计算机综合监控系统转发相关监视信息。

(b) 对于已建有通信监控系统的运行维护单位，可通过设备智能告警接口或直采方式完成相关通信设备运行状况及告警信号采集，并将监视信息传送到运行维护单位。

⑬生产指挥系统通信调度台或电话机的配置和工况应满足安全生产的要求。调度录音系统应运行可靠、音质良好。

⑭调度机构调度室、发电厂集控室、变电站中控室均应配置独立的公网电话。

八、新设备投运

1. 新设备接入系统的条件

①通信网所用设备应符合国际标准、国家标准、电力行业标准及相应的技术运行管理规定，满足通信网组网技术与管理要求。

②接入系统的新设备应按经国家授权机构审定的设计方案和要求进行安装、调试，并经国家规定的程序验收合格。

③通信设备的接入方案和技术规范应通过相应通信机构的审查。

2. 新设备接入系统前的准备工作

工程建设单位应在并网通信设备投运 90 日前，将包括并网通信设计方案在内的资料及图纸提交相关通信机构。

（1）通信系统所需要的资料

①初步设计、施工图设计、竣工图。

②设备详细配置。

③线路、设备和系统测试记录和测试报告。

④验收报告。

⑤通道组织方案、业务承载的组织方案。

⑥系统和设备的技术资料（包括设备的原理、技术说明和操作维护手册）。

（2）接入系统的图纸资料

①一次系统接线图。

②通信网络图。

③光缆路径图。

④光缆长度、色谱、型号、纤芯类型、生产厂家。

⑤站内光纤配置图。

⑥通信设备面板图。

⑦2 Mbps 出线配置图。

⑧业务带宽分配图。

⑨继电保护及安全稳定控制装置型号、线路名称、通道条数、通道路径图。

⑩载波机型号、频率、编号、通道组织接线图。

九、频率管理

1. 无线电频率管理

①各级通信机构无线电管理工作应严格执行《中华人民共和国无线电管理条例》等国家有关无线电管理的要求，在所属无线电管理机构的指导下开展无线电管理和协调工作。

②各级通信机构应严格按照国家或地方无线电管理机构的有关规定申请使用频率，履行无线电台设台手续。

2. 电力线载波频率管理

电力线载波通信是利用电力系统各种电压等级的电力传输线作为传输媒介的一种通信方式，是电力通信网中特有的通信方式，电力线载波频率的分配与电网运行紧密相关。

电力线载波频率的分配必须根据各级电网规划及电力线载波频率规划统筹安排，合理使用。电网之间的电力线载波频率的使用必须协商一致，经双方审核批准后，方可实施。电厂与电网之间电力线载波频率分配由电网通信管理部门负责审核批准。

①各级通信机构应根据调度管辖范围内电力线载波通信的实际，制定相应的频率管理办法，合理使用电力线载波频率资源。

②电力线载波通道的频率安排应统筹兼顾，遵循先长通道、后短通道，先高频、后低频，先高压、后低压的分配原则，优先满足继电保护、安全稳定控制装置信号的传输。

③跨区域、跨省及跨地区的电力线载波通道的频率管理，应妥善协商，必要时，可提交上一级管理部门进行协调。

④凡需使用电力线载波频率，均应事先向相关通信机构的电力线载波频率管理部门提出使用申请，办理使用手续。

⑤已经批准使用的电力线载波终端等设备，如需更换运行地点、改变运行方式及设备参数，即与原使用申请不符时，须重新办理使用申请。

十、电厂并网运行条件

①并网发电企业通信设备一经接入电力通信网，即纳入所属通信机构的管理范围，必须服从通信机构的统一调度和管理。

②电厂通信设备按经国家授权机构审定的设计要求安装、调试完毕，经国家规定的基建程序验收合格，并已接入电力通信网。

③新建光缆线路已按图施工完成，并按要求对所有纤芯进行全程测试，测试资料已报电网调度机构备案。

④电厂至电网调度机构已具备两种不同路由的调度电话通道，并开通公网长途电话。

⑤传输同一输电线路的两套继电保护信号或安全自动装置信号的两组通信设备，应分别接入两套不同的电源系统。

⑥同一条线路的两套主保护，应采用两条完全独立的传输通道。

⑦已按电网要求开通到电网调度机构和所属地调的调度自动化信息、电力调度数据网等通道。

⑧电厂通信机房动力环境及通信设备运行状态应处于 24 小时有人监视状态。无 24 小时值班的通信站，各通信设备主告警信息应接入电厂综合监视系统，纳入电厂电气运行统一监视与管理。

⑨电厂已配备必要的通信专责人员，已将人员名单和联系方式报电网调度机构，并确保 24 小时联系畅通。

⑩ 电厂已向电网调度机构提供必要的图纸和技术资料。

十一、统计与分析

电力通信部门应依据 DL/T 544《电力系统通信管理规程》和国电调〔2001〕532 号《国家电网公司电力通信统计管理办法》，对本系统电力通信电路和设备运行情况进行综合统计分析，并对本电网企业所使用的电力通信电路和设备运行情况进行分析评价。各单位在统计报表编制中，应如实提供统计资料，确保统计数据的准确性、及时性、统一性及系统性。

通信统计和分析工作主要分为通信规划统计和分析、通信设备运行统计和分析、通信管理、运行统计和分析等。

①通信规划统计和分析工作分为季度和年度统计和分析。主要包括投资规模、资产规模、建设规模、机构和人员状况、管理工作、分析和评价等。

②通信设备运行统计和分析工作为年度统计和分析。主要包括网络规模、设备数量、技术现状、运行状况、典型案例、分析和评价等。

③通信管理、运行统计和分析工作为月度统计和分析。主要包括通信网运行情况（含故障、检修等）、运行统计指标、重要管理工作、情况通报、分析和评价等。

第十节　调度自动化系统运行管理

一、组织体系

四川省电力公司及其所属供电自动化管理组织体系由以下三部分构成：

①四川省电力公司调度中心、通信自动化中心是四川省电力公司授权自动化专业管理、系统运行维护及管理的机构，简称省自动化机构。

②各电业局（公司）自动化专业的职能管理部门，简称地区自动化部门。

③各供电局（公司）自动化专业的职能管理部门（专责），简称县自动化部门（专责）。

并入四川电网的各发电企业应指定本企业的自动化运行管理部门，简称厂自动化部门。

二、调度管辖和运行维护范围划分

四川电网自动化系统调度管辖范围划分应当遵守以下规定：

①主站系统除上级调度机构调度管辖自动化设备外，由本级自动化部门调度管辖。

②多级调度机构共用的自动化设备，由使用该设备的最高级别调度机构调度管辖。

③数据传输通道由相关通信机构调度管辖。

④220 kV 及以上变电站及省调直调发电厂的自动化系统由省自动化机构调度管辖。

⑤除①、②、③、④规定外，各级自动化部门在厂站端自动化设备的调度管辖范围与相应调度机构调度管辖的一次设备范围相同。

四川电网自动化系统实行属地化管理，设备由所在地的自动化部门组织运行维护。

三、运行管理基本规则

①四川电网自动化系统运行管理工作遵循统一领导、分级管理的原则。

②国调自动化部门、网自动化部门、省自动化机构、地区自动化部门、县自动化部门在自动化管理方面是上下级关系。上级自动化部门对下级自动化部门实行专业技术归口管理，下级自动化部门应服从上级自动化部门的调度和管理。

③厂自动化部门应服从对其自动化系统有调度管辖权的自动化部门的调度和专业技术归口管理。

④未经相关自动化部门许可，任何人均不应对自动化部门调度管辖的自动化设备进行维修、调试、试验、测试、消缺等工作。

⑤自动化系统所用电测量变送器、交流采样装置、断路器和隔离开关遥控信号，应按规

程实行定期检定及定期传动试验制度。

⑥省调自动化系统安装在地调和厂站端设备计划检修、非故障临时检修，实行自动化检修工作票申报批复制度。

四、一般运行管理

1. 运行管理应当加强制度建设，严格执行相关制度的规定

①各级自动化部门应遵守国家和电力行业的有关标准、制度。

②各级自动化部门应根据国家、电力行业、上级单位颁发的有关标准、制度，编制与自动化系统运行管理有关的标准、制度并贯彻实施。所编制的这些标准、制度至少应包括运行值班和交接班、机房管理、缺陷管理、设备检修管理、设备异动管理、安全管理、新设备移交运行管理等内容。

③各级自动化部门应根据国家、电力行业、上级单位颁发的标准、制度、反事故措施以及设备说明书，编制与自动化设备运行维护和操作有关的标准、制度并贯彻实施。所编制的这些标准、制度至少应包括设备常见故障处理方法、设备启停操作和其他重大操作的作业指导书、紧急情况处置预案等内容。

④各级自动化系统应定期进行系统和数据备份。

2. 自动化运行管理实行运行工作联系信息制度

①厂自动化部门应在每年 12 月 31 日前将以下信息通知对其有调度管辖权的调度机构自动化部门：

(a) 本单位主管领导及工作联系电话。

(b) 本部门负责人及工作联系电话。

(c) 主要运行维护专责人员及工作联系电话。

(d) 自动化机房电话。

(e) 自动化运行值班电话。

②省自动化机构应在每年 1 月 31 日前将运行工作联系信息下发地区自动化部门，通知省调调度管辖电厂的厂自动化部门。

③运行工作联系信息一旦发生变化，相关自动化部门应及时上报（通知）和下发（通知）。

3. 运行维护人员应具备的上岗条件

①自动化运行设备应明确维护专责人员，应建立完善的岗位责任制。

②自动化维护专责人员应具有中专及以上文化水平，经专业技能和相关标准、制度培训，熟悉所维护设备的功能、性能，具备常见故障处理技能，考核合格方可上岗。

4. 运行值班应当遵守的规定

①自动化部门应实行每天 24 小时值班制度，应设置每天 24 小时有人应答的自动化运行值班电话。

②自动化运行值班人员应按相应运行值班和交接班制度的要求进行设备巡视、设备常见故障处理、机房环境状况控制等工作，同时做好运行记录。

③自动化运行值班人员应按相应运行值班和交接班制度的要求交接班，在自动化设备故障处理时期不应交接班。

5. 设备巡视应当遵守的规定

安装在电厂的自动化设备应纳入运行值班巡视范围，由厂运行人员按相关制度要求每天定时巡视。

6. 电力系统参数管理应当遵守的规定

①在电厂新建、扩建、改造工程项目中，有关部门应将电力系统参数提交相关自动化管理部门。

②厂自动化部门应将以下参数及时提交给对其有调度管辖权的调度机构自动化部门：

(a) 发电机铭牌参数和三序参数。

(b) 励磁系统和调速器及原动机的模型和参数。

(c) 开关开断容量。

五、计划检修和非故障临时检修

1. 自动化系统计划检修、非故障临时检修应当遵守的规定

①自动化部门应根据一次设备的检修计划同步安排厂站端自动化设备的检定、校验及传动试验。

②检修人员应按相关反事故措施、设备说明书、作业指导书以及与自动化设备运行维护和操作有关的标准、制度进行操作。

③检修人员应根据检修现场和自动化设备的实际情况，制定相应的人身及设备安全保障方案。

④影响电网调度运行的检修操作应经相应调度机构值班调度员许可后方可执行。

⑤自动化设备检修完毕，检修人员应按相关标准、制度要求填写设备检修记录。

⑥检修完毕、设备投入运行后，检修人员应立即向检修前请示、通知的部门再次汇报、通知，并由对方确认相关自动化设备的状态或传送的数据是否正确。

2. 厂站端自动化设备检修应当遵守的规定

①厂站端自动化检修工作应遵守 DL 408《电业安全工作规程（发电厂和变电所电气部分）》、相关反事故措施和现场操作规程的规定，确保人身、设备安全。

②对省自动化机构管辖自动化设备执行计划检修、非故障临时检修，或对非省自动化机构调度管辖的自动化设备执行计划检修、非故障临时检修，但将影响省调自动化系统信息采集时，厂自动化部门或地区自动化部门应按《四川电网调度自动化系统运行管理办法》第十八条的规定向省自动化机构申报自动化检修工作票，经省自动化机构批准后方可执行。

③厂站端一次设备或保护装置计划检修、非故障临时检修，影响省调自动化系统信息采集时，相关一次设备或保护装置运行维护单位应通过厂自动化部门或地区自动化部门向省自动化机构申报自动化检修工作票，履行相应手续。

④厂站端自动化部门执行②、③所指工作，开工前应经省自动化机构运行值班人员许可后，方可执行；工作完毕、设备投入运行后，检修人员应立即向省自动化机构运行值班人员确认被检修设备和受检修影响设备的状态或传送的数据是否正常。

⑤厂站端自动化部门执行②、③所指工作，影响 AGC/AVC 功能正常运行，开工前检修人员除按②、③的规定履行相应手续外，还应经厂站端电力调度运行值班人员征得省调值班调度员许可。

⑥对自动化系统所使用电测量变送器的检定，应遵守 DL 410－91《电工测量变送器运行管理规程》和 JJG（电力）01－94《电测量变送器检定规程》的规定；对自动化系统所使用电测量交流采样装置的检定，应遵守 Q/GDW 140《交流采样测量装置运行检验管理规程》的规定。

⑦厂站端一次设备处于退出运行、备用、检修状态时，相应的自动化设备不应退出运行或停电。

3. 自动化检修实行工作票制度

①申报批复流程。地调、厂站端由省自动化机构管辖的自动化设备计划检修、非故障临时检修，由厂自动化部门或地区自动化部门向省自动化机构登录四川省电力公司调度生产管理系统（OMS）申报自动化检修工作票，由省自动化机构批复给厂自动化部门或地区自动化部门。

②申报时间规定。

(a)“五・一”、“十・一”、春节或重大保电期间，厂自动化部门或地区自动化部门对省自动化机构管辖自动化设备执行计划检修、非故障临时检修，相关自动化部门应于节假日或重大保电时期开始前 5 个工作日上午 8：30～11：30 向省自动化机构申报自动化工作票，省自动化机构于节假日或重大保电时期开始前 2 个工作日下午 18：00 前批复。

(b) 其他时段厂自动化部门或地区自动化部门对省自动化机构管辖自动化设备执行计划检修、非故障临时检修，相关自动化部门应于检修工作申报开工时间前 3 个工作日上午 8：30～11：30 向省自动化机构申报自动化检修工作票，省自动化机构于批准开工时间前 1 个工作日下午 18：00 前批复。

③省自动化机构应根据自动化检修工作票中“影响范围”栏目的申报内容，经省调相关专业处室审核会签后再作出批复。

④自动化检修工作票未获得批准或许可，省自动化机构应及时将未批准或许可的原因通知申报单位。仍需检修的，相关自动化部门应重新办理自动化检修工作票。

⑤自动化检修工作票如在申报开工时间 7 日后仍未批复，该工作票作废，省自动化机构应将未批复原因通知申报单位。仍需检修的，相关自动化部门应重新办理自动化检修工作票。

⑥已批准或许可的自动化检修工作票，应按规定办理开工和终结手续。

⑦已批准或许可的自动化检修工作票如遇特殊原因不能按时开工，申报单位应及时向省自动化机构汇报；如因省调自动化系统原因或电网运行方面的原因不能按时开工，省自动化机构应及时向申报单位说明原因。

⑧已批准或许可的自动化检修工作票在批准或许可的开工时间 3 日后仍无法开工，该检修工作票作废。仍需检修的，相关自动化部门应重新办理检修工作票。

⑨自动化检修工作票不能按期终结，申报单位应在批准或许可的检修工期结束前尽快申报延期。延期手续只能办理一次。如仍需检修的，相关自动化部门应重新办理自动化检修工作票。

⑩已开工的自动化检修工作，当电网出现紧急情况时，省调值班调度员或省自动化机构有权终止检修工作。仍需检修的，相关自动化部门应重新办理自动化检修工作票。

⑪自动化设备的检修时间从开工时得到省自动化机构许可到检修人员向省自动化机构汇报检修完工销票时为止。

⑫应登录省调调度生产管理系统（OMS）填写自动化检修工作票，应使用规范的设备名称、编号和规范的电网调度用语、自动化专业术语。

六、故障处理

①自动化系统故障处理应当遵守以下规定：

(a) 故障处理人员应防止出现危及人身、设备安全的情况。

(b) 故障处理人员应按相关反事故措施、紧急情况处置预案、设备说明书、作业指导书，以及与设备运行维护和操作有关的标准、制度进行操作。

(c) 故障如影响电网调度运行，自动化部门人员应尽快向本级电网值班调度员汇报。

(d) 故障处理人员应限制故障发展，宜尽量保持不受故障影响的自动化设备正常运行。

(e) 自动化设备故障处理完毕，故障处理人员应按相关标准、制度要求填写设备故障处理记录。

(f) 故障缺陷管理应实行闭环管理。

②发电厂自动化设备故障处理应当遵守以下规定：

(a) 发电厂自动化设备发生故障，影响省调自动化系统信息采集和 AGC/AVC 功能正常运行，故障处理人员应尽快向省自动化机构汇报设备故障情况和故障处理情况。

(b) 发电厂自动化设备发生故障，影响省自动化系统 AGC/AVC 功能正常运行，运行值班人员应尽快向省调值班调度员汇报。

(c) 发电厂自动化设备发生故障，影响地调自动化系统信息采集，故障处理人员应尽快向地区自动化部门汇报设备故障情况和故障处理情况。

(d) 故障处理完毕后，故障处理人员应立即向省、地区自动化运行值班人员确认相关自动化设备的状态或传送的数据是否正常。

③厂站自动化设备发生故障，所在地区自动化部门或厂自动化部门应派维护专责人员在 2 小时内（以接受故障处理通知时刻或发现故障时刻开始计算，除去路途时间）到达现场；如确有困难，应在省自动化机构许可的时间期限内到达现场。

④厂站自动化系统设备发生故障影响省调自动化系统信息采集时，应在事后 2 个工作日内向省自动化机构提交故障原因及分析的书面材料。

七、新设备投产

①各级自动化部门应参加调度管辖电力系统中与自动化有关的新建、扩建、改造项目的可行性研究审查、设计审查、标书审查。

②所有项目的自动化设备应符合国家标准、电力行业标准和相关自动化部门的技术要求，按经国家授权机构审定的设计要求安装、调试完毕，经国家规定的基建程序与一次设备同步验收合格。

③所有项目的自动化设备在投产前必须和相关调度机构自动化主站系统全面联机调试成功，并完成遥测精度、遥信动作准确性、实时性的传动试验。

④所有项目业主应在首次并网日的 15 日前向相关自动化部门提交所需的自动化资料。

⑤所有项目业主应在首次并网日的 7 日前登录四川省电力公司 OMS，填报本厂的相关自动化设备基础数据。

八、运行统计

省自动化机构应按 DL/T 516《电网调度自动化系统运行管理规程》对四川电网自动化系统运行情况进行统计和分析。厂自动化部门应每月、每季度向省自动化机构上报运行统计报表。

第十一节 水电厂水情、防汛等运行管理

一、职责及主要工作

①水电厂应建立水调管理专职机构，健全规章制度，配备专业技术人员，加强水情管理，提高水电厂综合利用效益。

②水电厂应具备齐全的水库设计资料，掌握水库上、下游流域内的自然地理、水文气象、社会经济及综合利用等基本情况，为水库调度工作提供可靠依据。并网发电前，水电厂应向调度机构提供水库运用主要参数指标及基本资料。

③水电厂应按相应规范要求建设水情自动测报系统，实现水库流域实时水雨情自动收集，为提高水电厂经济运行水平和保证水库上、下游防洪安全服务。

④水电厂应按要求向调度机构报送水库调度运行信息，主要包括水库流域和坝址实时水雨情信息，闸门的启、闭信息，日常水务计算结果，气象及水文预报成果，水库发电运用计划建议等。

⑤梯级水电厂应根据水库所处位置和特性，制定梯级水库群的调度规则和调度图。当水情发生重大变化时，上游水电厂应向调度机构及下游水电厂及时提供最新的水情信息。

⑥水电厂应结合旅游、生态保护、水库水工建筑物，及上、下游河道工程施工等其他要求，制订相应的水库调度方案及应急处置预案，明确具体控制要求、可能配合的条件及可靠的联系方式，控制好水库水位及出库流量。

二、水文气象管理

①水电厂应经常与气象部门、水文部门联系，全面、及时和准确地掌握水电厂所在流域水文气象实况及未来预报等水文气象信息，并按规定向调度机构及其他有关部门报汛，并充分利用各种通信设施，保证水文信息传递及时准确。

②水电厂应根据电厂运行的实际需要，按照日、周、旬、月、季、年等固定时段和汛期、汛末、枯水期等特定时段开展相应的水文气象预报工作，并对收集的水文气象预报成果进行汇总、分析，形成水文气象预报意见。

③流域梯级水电厂应在每年汛前、汛末等天气和水情变化较大的关键时期，以及其他可能对水电厂安全运行造成重大影响的天气过程到来前，适时组织有关单位和专家进行水文气象预报会商，形成会商意见。

④水电厂要对水文、气象部门提供信息和预报服务的及时性、规范性、准确性和预见性进行相应的评价和考核，并建立与服务质量挂钩的动态奖励机制。

⑤水电厂在接到暴雨、雷电、冰灾、高温和大雾等对安全运行可能造成不利影响的恶劣

天气预报时，应及时通知有关单位、部门和人员做好事故预想，采取相应措施，并密切跟踪，及时通报天气的发展变化情况。

⑥水电厂应做好水文、气象资料的整理和保存工作，并积极采取相应的技术手段，做好水文气象信息的共享工作。

三、水调自动化系统管理

①装机容量在100 MW及以上的水电厂、流域集控中心均应建设水调自动化系统，并与省调联网。装机容量在100 MW以下水电厂应配备相应设备，通过拨号报水情系统向省调报送水情信息。拨号报水情系统是水调自动化系统的一个补充系统，同属水调自动化系统，纳入水调自动化系统统一管理。

②水电厂水调自动化系统（含水情自动测报系统）建设、技术改造方案应经相应调度机构审查，各项功能应满足《电力系统水调自动化功能规范》的要求，主要功能应包括数据采集及处理、安全监视、数据库管理、人机联系、水库调度应用、数据通信等。

③水电厂应制定水调自动化系统运行维护管理规程，并设置专职人员维护管理，应保证水调自动化系统通信通道的畅通，按要求向上级水调自动化系统传送水情信息及水务计算结果，并保证传送或转发信息的完整性、准确度和可靠性。

④水调自动化系统及联网的水电厂水情自动测报系统出现故障时，应及时向省调通报，并组织人员尽快消除故障，补传未能及时上报的信息。故障期间，应按照有关规定以人工录入、电子邮件或传真等方式及时上报水电厂水情信息及运行情况。因水情自动测报系统检修、设备维护可能造成测报系统停运时，应经省调许可。

⑤水电厂应认真制订水调自动化系统故障应急预案，主要内容应包括系统的设备构成、主要功能、事故分类及可能产生的后果，预防事故的技术措施，事故处理的原则、技术要点、主要步骤、责任人职责分工及联系方式等。

⑥水电厂应按照国家有关部门颁发的电力二次系统安全防护相关规定和方案的要求，建立水调自动化安全防护体系，并对水调自动化系统关键数据做好备份和妥善存放，加强和规范各系统软件版本的管理。

四、水情自动测报系统运行管理

①为使系统可靠运行，水电厂应配有专职的水情自动测报系统的运行管理人员。一般情况下，基本系统可配备包含通信、计算机及水文方面的专业人员，负责完成系统的运行管理和维护。

②系统的承建单位应负责对建设使用单位的系统管理人员进行培训。建设使用单位应在系统建设阶段派送人员参加工作，以掌握系统的运行管理和维护技术。

③系统运行管理和维护工作的主要内容如下：

(a) 值班操作：系统运行应定人定岗，按照操作守则进行值班操作。遥测站、中继站应委托专人看管，防止遭受人为破坏。

(b) 日常维护：主要是保持中心站机房和环境的整洁，清理雨量器、承雨器中的杂物以及水位测井进水口的水草、淤泥，保持系统的工作环境，使系统始终处于正常状态。

(c) 定期检查：一般应在汛前、汛后对系统进行两次全面检查维护，在系统投入运行的前2～3年要适当增加检查次数。应对遥测站、中继站设备的运行状态进行全面检查和测试，发现和排除故障，更换存在问题的零部件。

(d) 不定期检查：不定期检查主要是专项检查和检修，但也可做全面检查，应根据具体情况而定。

(e) 调整和恢复运行：当发现测量误差超过允许值时，必须及时检查传感器并调整到规定数值，这项工作应由熟练的技术人员完成。

(f) 修理：水情自动测报系统是一个可维修系统，应储备必要的备品备件，以便尽快更换部件、排除故障。在完成修理任务后，应把故障部位和性质、更换部件和排除故障时间等记入技术档案。

五、水情信息上报

①水电厂应按要求向调度机构报送水库调度运行信息，主要包括水库流域和坝址实时水雨情信息、闸门启闭信息、日常水务计算结果、水库调度指令信息、气象及水文预报成果、水库发电运用计划建议等。

②水电厂制定的年度、季度、月度和供水期水库运用计划应分别在上一年 11 月底前、每季度结束的 6 日前、上一月 15 日和 11 月 10 日前报调度机构。次日来水预报及发电计划应在每日 10 时前提交。

③水电厂应在每月的第 1 个工作日前向调度机构报送上月水库调度月报，在每年 1 月底前报送上年度水库调度年报。

④水电厂每天 5:30 时前按规定向省调报送当天 0 时水库上下游水位及前一天平均入库、出库流量、弃水流量、流域平均降雨量等运行信息。直调水电装机容量大于 100 MW 的地调应在每天 6 时前向省调报送其调度管辖水电厂的上述信息。

六、防汛管理

防汛管理工作的主要内容包括汛前准备、防汛值班、洪水调度、防汛总结等。防汛管理工作的原则是：安全第一，预防为主，顾全大局，科学调度，充分利用洪水资源。

1. 汛前准备

(1) 建立健全各项防汛管理制度

水电厂应明确本单位防汛管理工作的职责和分工，应配合公司有关部门建立健全防汛管理制度，主要制度有：防汛领导小组及防汛办公室工作制度，汛前检查和消缺管理制度，汛期值班、巡查和汇报制度，汛后工作总结报告制度。

(2) 编制防洪应急预案

水电厂要认真组织本单位进行防洪应急预案的编制、审查和报批工作，应在每年 4 月 25 日前将已批准的年度洪水调度方案或度汛预案报调度机构备案。预案主要内容应包括：

①方案编制的指导思想及主要依据。

②枢纽工程概况及水库运用原则。

③防汛组织机构、洪水趋势分析、防汛重点及措施、度汛保障、防汛抢险应急措施。

④当年度枢纽工程和库区存在的缺陷和问题、上下游有关施工控制要求等特殊情况。

⑤按不同洪水特点规定的洪水调度控制条件及相应的调度措施。

(3) 汛前检查

每年汛前，水电厂应进行汛前检查，主要检查内容应包括：防汛组织体系与责任制，防汛规章制度，防洪度汛方案、预案及措施，水情测报系统，防汛通信设施，防汛物资。

2. 防汛值班

水电厂要做好防汛值班工作，及时分析、上报汛情。

①熟悉防汛基本资料、调洪方案、度汛措施，及时了解、分析天气的发展趋势、流域水雨情及水库运行状态。

②要与有管辖权的防汛部门积极协调沟通，提出洪水调度建议，为电网和水电厂安全度汛创造条件。遇有重大汛情，防汛值班人员应及时向调度部门及管辖权的防汛管理部门汇报，并按照应急防洪措施及时开展有关工作。

③防汛值班人员应认真履行交接班手续，做好值班的各项记录，记录应清晰、准确、完整，并妥善保存。

3. 洪水调度

①洪水调度的原则。

(a) 水库大坝安全第一。

(b) 在汛期，汛限水位以上的防洪库容以及洪水调度运用服从有管辖权的防汛指挥机构的统一调度指挥，汛限水位以下库容服从调度机构统一调度指挥。

(c) 在防洪时，水电厂应保证枢纽工程安全，按规定满足其他防护对象安全的要求。当枢纽工程安全与发电等兴利要求有矛盾时，应首先服从枢纽工程安全。

②水电厂应根据水库设计的防洪标准、洪水调度原则和防护对象的重要程度，结合枢纽工程实际情况，每年汛前制定年度水库洪水调度方案，经政府防汛主管部门审批后报相应调度机构备案；汛期结束前，水电厂应根据设计规定，参照历年水文气象规律及当年水情形势，制定汛末蓄水方案，报送相应调度机构。

③水电厂应及时向调度机构报送重要汛情和防洪调度情况、影响发电的枢纽施工要求和综合利用要求等信息。对于洪水频率小于等于10%或对电力系统及水电厂造成重大影响的洪水调度情况，应及时分析并按规定报送调度机构。

④要妥善处理好水电厂防汛、发电和蓄水的关系，在确保大坝安全的前提下，充分发挥水库的调蓄作用，尽力减少水库弃水。在有管辖权的防汛部门的统一领导下，应按照有关规定和程序积极开展公司所属大型水库汛限水位动态控制的研究及应用工作。

4. 防汛总结

水电厂应在每年汛期结束后，及时对当年度防汛工作进行分析总结，主要内容应包括：

①汛期水雨情及有关分析说明。

②主要洪水过程及特征分析。

③洪水期间水文气象预报成果误差分析，包括汛期洪水场次、洪水预报精度等。

④发电及减灾效益分析，包括最大一场洪水削峰率、平均削峰率，以及取得的经济效益和社会效益等。

⑤防汛管理工作经验、存在的问题及建议。

第四章　电厂安全稳定运行管理机制

第一节　电厂的安全管理

安全是电力生产永恒的主题，没有安全生产，就没有效益。电力生产的特点在于产、供、销三个环节同时发生，各个电厂、输电设施和变电设施组成了统一的电网，任何一个环节发生事故，都有可能带来连锁反应，导致大面积停电，甚至造成全网崩溃的灾难性事故。电力安全生产，不仅关系到一个电厂的安全和经济效益，还会影响到整个电网的安全，以及地区的工农业生产和人民群众生活。安全生产事关国家和人民利益，是国民经济稳定运行的重要保障，是社会文明与进步的重要标志，是落实科学发展观的必然要求，也是构建和谐社会的重要内容。电厂必须贯彻“安全第一，预防为主，综合治理”的方针，坚持保人身、保设备、保电网安全的原则，切实保证安全生产。

一、建立健全安全生产责任制

1. 什么是安全生产责任制

安全生产责任制是生产经营单位和企业岗位责任制的一个组成部分，是依据《安全生产法》和“安全第一，预防为主，综合治理”的安全生产方针，根据“管理生产必须管安全”的原则而制定的。安全生产责任制综合各种安全生产管理、安全操作制度，并按照责、权、利相结合的原则，对生产经营单位和企业各级领导、各职能部门、有关工程技术人员和生产工人在安全生产过程中各方面的职责、权限、义务和要求进行制度化规定。安全生产责任制可以充分调动各个主体的积极性，是最基本的一项安全制度，是企业安全生产、劳动保护管理制度的核心。

电厂安全生产责任制的主要内容是：厂长是全厂安全生产的第一责任人，对电厂安全生产负全面责任；电厂的各级领导和生产管理人员，在管理生产的同时，必须负责管理安全工作，在计划、布置、检查、总结、评比生产的时候，必须同时计划、布置、检查、总结、评比安全生产工作；有关的职能机构和人员，必须在自己的业务工作范围内，对实现安全生产负责；职工必须遵守以岗位现任制为主的安全生产制度，严格遵守安全生产法规、制度，不违章作业，并有权拒绝违章指挥，险情严重时有权停止作业，采取紧急防范措施。

2. 建立安全生产责任制的重要性

为了实现安全生产目标，电厂必须建立、健全安全生产责任制，并在实际生产活动中加以落实。安全生产责任制是经长期的安全生产、劳动保护管理实践证明的成功制度与措施。

实践证明，实行安全生产责任制有利于增加生产经营单位和企业职工的责任感和调动他们搞好安全生产的积极性。凡是建立、健全了安全生产责任制的企业，各级领导重视安全生产、劳动保护工作，切实贯彻执行党的安全生产、劳动保护方针、政策和国家的安全生产、劳动保护法规，在认真负责地组织生产的同时，积极采取措施，改善劳动条件，工伤事故和职业性疾病就会减少。反之，就会职责不清，相互推诿，使安全生产、劳动保护工作无人负责，无法进行，工伤事故与职业病就会不断发生。

3. 安全生产责任制的人员职责划分

电厂应建立健全安全组织机构，层层落实安全生产责任制。厂长是全厂安全第一责任人，各部门行政正职是本部门的安全第一责任者。设置专职的安全监察部门，监督各级人员安全生产责任制的落实，各部门监督本部门或班（值）人员安全生产责任制的落实。安全监察部门设置专职安全管理人员，其他各部、班（值）设兼职安全员，组成厂、部、班（值）三级安全监督网。各级行政正职是安全网的组织者，负责对下级的安全生产进行管理、监督与检查。安全监察部门负责安全网活动组织和日常管理工作。

4. 建立健全安全生产责任制的管理要求

电厂由各个部门、班组和个人组成，各自具有本职任务或生产任务。安全不是离开生产而独立存在的，是贯穿于生产整个过程之中体现出来的。只有从上到下建立起严格的安全生产责任制，责任分明，各司其职，各负其责，将法律法规赋予电厂的安全生产责任由大家来共同承担，安全工作才能形成一个整体，各类生产中的事故隐患才会无机可乘，从而避免或减少事故的发生。

因此，电厂应按照责、权、利相结合的原则，对安全工作采用目标管理的方法，并与奖惩制度紧密结合，使电厂安全工作得到加强。具体做法是事先制定全厂安全生产所要达到的目标，并层层分解，落实到各部门、各班组。在规定的时间内完成或达到这个目标，在奖金或其他方面给予奖励；若完不成目标，则扣、罚奖金或给予其他处罚。在实行时，应考虑责、权、利统一的原则，即权力大，所应承担的责任就重，因此在奖惩方面也要重奖、重罚，就像国务院领导所讲的那样做到有权就要负责，责权统一。

电厂应严格遵守国家有关电力安全的法律、法规及行业规程、标准，建立健全电力安全生产保证体系和电力安全生产监督体系，依法组织制定电力安全生产的规章、制度。电厂应制定的安全生产规章制度主要有：《安全生产监督制度》、《安全生产目标责任制》、《安全生产委员会工作条例》、《不安全事件调查与考核管理制度》、《员工安全教育培训管理制度》、《特种设备及作业安全管理制度》、《消防管理制度》、《危险化学品管理制度》、《设备接地接零管理制度》、《临时用电安全管理制度》、《防误装置管理制度》、《应急预案管理制度》、《重大危险源安全管理制度》、《防火责任制》、《事故隐患排查整改制度》、《劳动安全与作业环境管理制度》、《劳动安全与作业环境管理制度》、《劳动防护用品使用和管理制度》及《安全投入保障制度》等。

二、重视日常安全例行会议工作

1. 日常安全例行会议的重要性

俗话说："安全源于长期的警惕，事故源于一时的疏忽。"安全工作是一件常抓不懈的工作。电力企业是高风险行业，且不安全事件波及面广。

为认真贯彻执行"安全第一，预防为主，综合治理"的生产方针，更好地贯彻落实安全生产责任制和安全管理文件，应动员全员参与安全管理，提高全员安全意识，使广大职工真正认识到安全生产的重要性、必要性。牢固树立安全第一的思想，自觉地遵守各项安全生产法律、法规、规章制度和各项安全操作规程。正确协调处理安全工作与生产之间的矛盾，及时发现安全生产中的薄弱环节，以及存在的安全隐患。应将安全管理工作作为雷打不动的工作来抓，并落到实处，使得安全管理工作程序化、规范化和正规化，实现安全工作全员、全过程、全方位管理，真正实现安全生产。在日常的电力生产管理工作中，应抓好周安全生产协调会、月安全生产检查和考评会、季度安全生产工作会议。

2. 日常安全例行会议的内容要求

(1) 周会议内容

电厂每周应组织开展一次安全生产协调会，由主管生产厂领导、各部门负责人参加，会议中各部门应汇报上周的安全工作布置落实情况，汇报本周的安全生产情况，下周即将开展的安全生产工作和需协调的安全生产工作。让各级管理人员及时了解生产动态，及时发现问题，及时协调各方面的工作关系，确保电力安全生产。

各班（值）长每周应组织召开一次安全活动，班组员工参加，会议主要学习上级文件和重要指示精神，以及总结班（值）组管理中存在的主要问题。安全活动要求有记录、有签名，绝不能流于形式，走过场。

(2) 月会议内容

电厂每月应至少组织一次对全厂生产区域、工作场所的全面检查，对检查发现的问题进行通报，落实责任部门并限期整改。同时次月初组织召开上月绩效考核会，在月绩效考核会上，各部门汇报本部门在上月中的电力生产工作情况，并对自己做出考核，对考核不到位的，进行追加考核，确保安全生产责任制落实到位。

各部门每月应自行主持召开一次班（值）工程师及以上安全工作分析会，会议主要传达贯彻厂安全分析会的精神和要求，安排、布置、检查各班组该月的安全工作，分析解决生产、工作中的安全问题，贯彻落实上级安全生产的规程制度。

(3) 季度会议内容

电厂每季度应至少召开一次全厂安全工作会议，由全体职工参加。会议主要传达国家、行业、地方政府的重要文件和重要指示精神。总结一个阶段以来的安全生产工作经验，取得的效果，安全生产现状，管理上存在的薄弱环节及事故教训，确定切实可行的处理对策。根据存在的问题和下一阶段生产经营的实际情况，确定安全管理的具体工作任务和安全监控的重点。

三、加强不安全事件的管理

1. 加强不安全事件管理的重要性

电力系统不安全事件会危及电力系统的安全稳定运行。为了积极化解电力生产经营中的不利因素，不断强化安全生产管理，保持电力系统稳定运行，举一反三，严防类似事故再次发生，电厂对发生的不安全事件要全面剖析，用事故教训推动安全管理工作。

2. 加强不安全事件管理相关人员职责划分

电厂应确定运行值长为处理不安全事件的第一指挥人，全面指挥处理不安全事件的过程，有权停止任何有关作业，有权调动全厂相关人员、车辆、物资和相关资源。处理不安全事件时要做到稳重、准确、迅速、果断。首先保证厂用电正常运行，并迅速隔离事故设备，缩小事故范围，消除事故的根源并解除对人身和设备的危害，尽快恢复对停电设备供电。在处理不安全事件时，严密监视系统变化，及时调整设备运行方式，根据系统需要，调整机组运行状态或开启备用机组。

3. 不安全事件的处理流程

发生不安全事件时，电厂运行值长应准确、及时、扼要地向值班调度员汇报事故概况，主要内容包括：事故发生的时间及现象，开关变位情况（开关名称、编号、跳闸时间），保护和自动装置动作情况，频率、电压和潮流变化情况及设备状况等。有关事故具体情况，待检查清楚后，再详细汇报值班调度员。并按《生产安全事故报告和调查处理条例》的有关规定，在规定的时限内及时向上级有关部门汇报不安全事件，不得迟报、瞒报和漏报。并根据事件性质在规定时间内向省调及上级有关部门提交现场各种原始记录、文件、资料及不安全事件情况报告，负责抢修和处理不安全事件的部门在规定时间内提交现场检查、处理情况报告、录波图、计算机打印记录和采集数据等，及时整理出说明事件发生情况的图表和分析所必需的资料。

安全监察部门组织对不安全事件进行调查分析，调查分析事故时应实事求是，尊重科学，严肃认真，做到“四不放过”，即做到事故原因未查清不放过，责任人员未处理不放过，有关人员未受到教育不放过，整改措施未落实不放过。不安全事件调查结束后，安全监察部门编制不安全事件通报，按照制定的不安全事件考核标准，对发生的不安全事件按照相应的考核标准进行考核。

四、特种设备及特种作业的管理

1. 特种设备的管理

特种设备是指涉及生命安全、危险性较大的设备。按照国家法律规定，电厂的锅炉、压力容器（含气瓶）、压力管道、电梯、起重机械，以及厂内专用机动车辆等设备属于特种设备，应按照《特种设备安全监察条例》的规定进行管理，并接受特种设备安全监督管理部门依法进行的安全监督。管理内容主要包括：

①编规建制。电厂应建立健全特种设备安全、节能管理制度和岗位安全、节能责任制度。

②登记。电厂应当使用符合安全技术规范要求的特种设备，采购上述特种设备时，应当核对其是否附有安全技术规范要求的设计文件、产品质量合格证明、安装及使用维修说明、监督检验证明等文件。特种设备在投入使用前或者投入使用后30日内，电厂应当向当地特种设备安全监督管理部门登记。登记标志应当置于或者附着于该特种设备的显著位置。

③建档。电厂应当建立特种设备安全技术档案。安全技术档案应当包括以下内容：特种设备的设计文件、制造单位、产品质量合格证明、使用维护说明等文件，以及安装技术文件和资料；特种设备的定期检验和定期自行检查的记录；特种设备的日常使用状况记录；特种设备及其安全附件、安全保护装置、测量调控装置及有关附属仪器仪表的日常维护保养记录；特种设备运行故障和事故记录。

④日常维护。电厂应当对在用特种设备进行经常性日常维护保养，并定期自行检查。至少每月进行一次自行检查，并作出记录。在自行检查和日常维护保养时，如发现异常情况，应当及时处理。对在用特种设备的安全附件、安全保护装置、测量调控装置及有关附属仪器仪表进行定期校验、检修，并作出记录。按照安全技术规范的要求进行锅炉水（介）质处

理，并接受特种设备检验检测机构实施的水（介）质处理定期检验。按照安全技术规范的要求进行锅炉清洗，并接受特种设备检验检测机构实施的锅炉清洗过程监督检验。

⑤定检。电厂应当按照安全技术规范的定期检验要求，在安全检验合格有效期届满前1个月向特种设备检验检测机构提出定期检验要求。未经定期检验或者检验不合格的特种设备，不得继续使用。

⑥维修。特种设备进行安装、改造或重大维修时，应当由取得维修许可的单位进行。电梯的安装、改造、维修，必须由电梯制造单位或者其通过合同委托、同意的取得许可的单位进行施工。施工前施工单位应将拟进行的特种设备安装、改造、维修情况书面告知当地特种设备安全监督管理部门，告知后方可施工。维修结束后，施工单位应当在验收后30日内将有关技术资料移交电厂，电厂应当将其存入该特种设备的安全技术档案。

2. 特种作业人员的管理

特种作业是指直接从事容易发生人员伤亡事故，对操作者本人、他人及周围设施的安全可能造成重大危害的作业。

电厂常见的特种作业包括：电工作业；焊接与热切割作业；企业内机动车辆作业；高处作业；制冷与空调作业；锅炉作业；压力容器作业；起重机械作业及电梯作业。

特种作业人员必须经专门的培训，具备相应特种作业的安全技术知识，经安全技术理论考核和实际操作技能考核合格，取得当地安全生产监管部门颁发的特种作业操作资格证书，方可上岗作业。

特种作业操作资格证书按规定每两年复审一次，特种作业操作资格证书需复审的，应当于有效期届满30个工作日前，由特种作业人员本人或用人单位提出申请，并由当地的考核、发证机构负责复审。

电厂应当加强对特种作业人员的管理，建立特种作业人员管理档案，做好申报、培训、考核、复审的组织工作和日常管理工作。对离开特种作业岗位达1年以上的特种作业人员，从事原岗位特种作业，电厂应重新对其进行实际操作考核，经确认合格后方可上岗作业。

五、外委工程的安全管理

1. 外委工程安全管理的重要性

近年来电力规模增长迅速，而电厂通常按照“精干高效”的原则配备运行管理人员，因此必然出现越来越多的工程需要外委进行。但受客观限制，一方面外委施工单位的管理、人员、设备、技术等不能满足市场需求，施工单位安全管理人员缺乏，人员素质较低；另一方面，很多外委施工单位通过工程分包、大量招收农民工等方式履行合同，给安全施工和工程质量造成很多隐患。按照有关规定，电厂对外委工程负有全面管理的责任，并应依法落实企业主体责任。因此，电厂应加强对外委工程的安全管理，保证电厂合法经营，避免安全生产风险。

2. 外委工程安全管理的要求

电厂应落实企业主体责任，完善外委工程安全管理体系和制度，在安全监管上改变重合同管理、轻制度约束的做法，建立以电厂为主导的安全生产监管体系，建立适用于施工单位的安全管理制度，形成激励和约束机制。要求外委单位在其职责范围内，切实落实《四川省生产经营单位安全生产责任规定》等有关法律法规要求；强化自我制约和自我防范，强化安全生产管理体系和制度建设，强化安全教育和安全文化建设，做到制度建设和体系建设并重，制度和考核并重，从业人员职业技能和安全素质提高并重。电厂对外委工程安全管理的内容主要包括：

①分清电厂和外委单位双方的安全责任。在和外委单位之间签订合同的同时应附带签订安全生产管理协议，明确甲乙双方的安全生产管理职责和应当采取的安全措施，以及出现不安全事件后的惩罚规定，双方依法共同承担施工现场安全生产责任，确保施工现场的安全生产。

②把外委工程安全生产纳入电厂安全管理体系中统一管理。对施工条件差、危险性较大工程的重要环节重点加强监管，严密防范事故的发生。

③加强外委工程安全管理。电厂应加强外委单位安全管理，与电厂有合同的合同方工作人员，必须在进厂前由电厂专业人员对外委人员进行安全宣传活动，交代安全规定和安全注意事项，熟悉现场安全措施、技术措施及施工方案，并进行安全技术交底。然后参加电厂组织的安规教育及通过安规考试，才能在电厂专业人员的带领和监护下进厂工作。在外委工程施工过程中，电厂应对施工现场进行不定期安全检查，对现场违章现象，根据电厂的安全管理规定进行处罚，对现场存在的事故隐患，责令承包单位立即整改。指定专人负责外委工程的协调和管理工作，定期召开安全生产协调会，解决外委工程施工中存在的安全问题。要求施工单位参加电厂安全会议和安全活动，共同抓好安全生产工作。

④加强对施工单位日常安全管理的监督。既把重点放在现场，又不忽视对施工单位内部安全管理的监督，包括安全管理机构及人员配备情况、安全管理制度建立及执行情况、特殊工种及全员教育培训情况等。

六、应急管理

1. 应急管理的重要性

加强应急管理，是关系国家经济社会发展全局和人民群众生命财产安全的大事，是全面落实科学发展观、构建社会主义和谐社会的重要内容，是企业“以人为本”的重要体现。

2. 应急预案的编制

电厂应有针对性地建立和完善应急救援预案，切实加强应急管理，提高事故现场应急和处置突发事件的能力，一旦发生生产安全事故，确保迅速启动应急救援预案，在最短时间内做到组织领导到位、技术指导到位、物资资金到位、救援人员到位，充分利用应急资源，快速控制事故灾害发展，最大限度地减少人员伤亡和财产损失，降低社会危害。按照国家电力公司《防止电力生产重大事故的二十五项重点要求》和应对频发的各类自然灾害，结合电厂主要危险因素、可能发生的事故类型和自然灾害，电厂主要应编制以下各项应急预案：《厂房内火灾事故应急处置预案》、《水淹厂房事故应急处置预案》、《黑启动处置预案》、《全站失压和保厂用电应急处置预案》、《水电厂洪水漫坝事故应急处置预案》、《电站送出通道受阻应急处置预案》、《通信系统事故应急处置预案》、《地震灾害应急处置预案》及《特种设备事故应急处置预案》等。

3. 应急管理的保障措施

在突发事件预防与应急处理工作中，必须遵循“以人为本、先人后物”的方针，贯彻“统一领导、分级负责，依法规范、加强管理，快速反应、协同应对”的原则。

制定应急措施应进行危险点分析，以及可利用应急资源分析，包括人力资源、消防设施、医疗设施、治安保卫等。制定的应急措施应包括以下 8 种保障措施：

①应急队伍保障。

②应急装备保障。

③应急物资保障。

④交通运输保障。

⑤医疗卫生保障。

⑥治安保障。

⑦经费保障。

⑧技术储备与保障。

4. 应急组织机构和职责

公司成立突发事件应急领导小组，突发事件应急领导小组办公室设在安全监察部，确定全公司突发事件应急处置工作的重大决策和指导意见。

在发生突发事件时，根据事件现场人员及应急办公室的情况报告，应急领导小组决定是否启动本应急预案，并由领导小组组长或由组长委托的副组长下达启动命令。

应急领导小组决定成立现场应急指挥部并指派合适人选担任现场指挥员；根据事件性质和严重程度，决定公司应急力量的投入范围和程度，决定是否向地方应急机构和上级公司寻求应急支援；根据事件现场情况和应急指挥员的建议，决定应急结束时间；对应急情况的信息发布内容进行审定；审批预案需要的应急物资储备计划、应急恢复计划，保证应急资金的准确到位。

现场应急指挥部的组成及职责：由应急领导小组根据突发事件的性质和严重程度，明确由领导小组组长、副组长或分项预案应急办公室主任，或其他适宜人员等担任现场的应急指挥员（总指挥）。

应急分队的组成及职责：队长由分管副总经理担任，公司全体员工根据需要原则上都是突发事件应急分队成员。在发生突发事件时，迅速集结并形成战斗力投入事件现场；按指挥部命令，设立警戒线，对事故现场和事故危险区域实施有效控制，为应急现场提供治安保障；负责事件可能危及地区内的人员疏散和撤离，对已受伤人员实施现场救援和转移至安全地带；按指挥部命令，在确保安全的前提下，实施控制火灾、爆炸和危险人员等突发事件的应急行动，避免事态扩大。

发生突发事件时，事件发生地的现场最高负责人或部门负责人在应急领导小组未明确指派指挥员时，自然成为现场应急救援的临时指挥员，负责组织现场人员实施应急预案的临时处置，现场员工均为临时应急队员。在公司成立的现场应急指挥部及指派的指挥员短时间无法到达应急现场时，应急领导小组应指示现场临时指挥员成立现场临时应急指挥机构，协助临时指挥员协调和指挥现场的应急工作。

5. 应急措施的组织、宣传和贯彻

各电力企业要加强电力生产事故应急管理，加大应急预案宣传力度，建立精干有力的应急救援队伍，成立现场应急救援指挥部，厂长担任总指挥，负责指挥全厂的应急救援行动。按照职责，现场应急救援指挥部总指挥负责发出应急预案启动和预处置指令，及时向上级单位汇报现场处置情况，接受应急救援指令，在得到上级单位授权后，全权负责现场应急救援指挥与协调工作。在抢险救灾过程中，要始终把保证人身安全放在工作首位，重视现场资料的收集，及时分析危险因素，尊重科学规律，没有把握或者没有制定切实可行的措施时，不能强令冒险作业。要加强与有关部门的沟通与联系，密切配合，尽力把损失和危害降到最低，全力保障正常生产和供电秩序。

①物资与装备。物资与装备的准备是应急救援工作的重要保障，公司各部门必须根据潜在突发事件的性质和后果进行分析，合理配备应急救援中所需的各种救援机械和设备、监测仪器、交通工具、个体防护设备、医疗设备和药品及其他保障物资，并定期检查、维护与更新，保证始终处于完好状态。

②通信与信息。应急通信是有效开展应急响应的基本保证，其保障功能主要包括：指挥现场应急组织的应急响应行动，及时地把现场的应急状况向外部通报，接受外部的应急指示以及向外部应急组织求援等。在应急行动中，所有直接参与或者配合应急行动的部门都应当满足以下要求：在应急行动中，随时保持应急通信联络畅通。通信工具使用现有的资源，如调度电话、程控电话、手机、对讲机等通信设备；通信工具由电气分公司通讯班进行维护，应急通信的负责人为电气分公司通讯班班长。在预案启动后，由总经理工作部负责及时将所需要的最新版通讯录发至相关应急人员，并按应急预案要求确定有效的可能使用的通讯系统，以保证应急救援系统的各个机构之间的有效联系。

③应急人员培训。人力资源部利用已有的资源，建立突发事件应急救援的宣传、教育和培训体系，针对各类应急指挥人员、技术人员、监测人员和应急小组进行强化培训和训练。对参与到现场应急的各类人员开展专项的培训。

④预案演练。公司应急领导小组根据实际和上级部门的要求和决定，进行分预案的应急演习，原则上重大事（件）故的演习应有针对性地每年进行一次。

⑤员工教育。员工的应急安全意识和能力是减少事故损失不可忽视的一个重要方面。公司各部门开展的安全教育、培训中必须包含突发事件应急方面的内容，使全体员工具备必要的应急知识和技能。应注重对员工的日常教育，尤其是工作过程中接触或靠近危险源（危险点）的员工，使其了解潜在危险的性质和健康危害，掌握必要的自救知识，了解预先指定的主要及备用疏散路线。

⑥互助协议。公司根据需要与当地医院、消防部门、设备厂家等签订互助协议，寻求必要的外部应急支持。

6. 应急响应程序

①预警行动：预警预防，预警发布，预警行动。

②建立报警反应体系：报警程序，接警后的反应体系，报告程序。

③指挥与控制：应急评估，分级响应的级别，社会力量援助。

④报告与公告：各部门在突发事件发生后，事件突发部门应当按照相关规定逐级上报，不得迟报、谎报、瞒报和漏报。

⑤事态监测与评估：为防止次生、衍生、耦合事故（事件）发生，指挥部在对突发事件现场展开应急处置的同时，应安排专人负责，组织对事件现场及周边（建筑物、构筑物、环境等）进行监测、评估，并将异常情况及时报告指挥员及领导小组。根据突发事件的不同性质，在应急行动期间，由指挥部安排进行相应的现场监测。

⑥应急人员安全。

⑦抢险。

⑧警戒与治安。

⑨人群疏散与安置。

⑩医疗与卫生。

⑪现场恢复。

⑫应急结束。

七、安全投入保障管理

电厂应根据电力生产特点，按照国家有关规定，按照计划提取安全生产专项资金，建立稳定的安全投入和资金渠道，纳入本厂年度财务预算，并确保有效落实，实行专款专用。

电厂根据生产情况及时编制安全投入资金计划，计划中包括安全培训教育、人身防护用品、安全设施、隐患排查治理、安全检查、安全活动、应急演练、安全生产科学技术研究、安全生产先进技术推广应用、“两措”、设备检修、安全文明施工措施、从业人员工伤保险及其他等费用。

电厂根据国家有关规定监督安全资金投入的有效实施，并督促相关部门按制度贯彻执行。外委项目含有安全文明施工措施费用的，责任部门应对其安全费用的使用情况进行检查、监督，确保安全费用的使用符合国家有关规定。

八、隐患排查治理管理

电厂应制定隐患排查管理制度，建立隐患排查的长效机制。安全监察部门定期组织安全生产管理人员、工程技术人员和其他相关人员排查本单位的事故隐患。对排查出的事故隐患进行通报，按照职责分工实施监控、整改，并根据上级单位下发的事故隐患通报，监督、检查、考核责任部门隐患整改落实情况。各责任部门应经常对所辖设备、设施、区域开展隐患排查，每月底将排查结果上报安全监察部门。各责任部门对照安全监察部门下发的事故隐患排查通报，按照规定期限和整改要求进行整改。安全监察部门对全厂事故隐患排查治理实行归口管理部，对事故隐患统计结果按规定时间上报上级单位。

电厂要结合本企业电力生产任务和特点，制定和组织实施工作计划。要加大力度纠正现场各种违章行为，要及时发现和治理安全隐患，避免隐患扩大为事故；要加大从业人员培训力度，重点提高事故处置能力，强化自我保护意识，避免处置安全事故时发生次生灾难；要增强敏感性，从小处着手控制安全风险，着力解决制约安全生产的瓶颈，避免倾向性问题发生；要建立和完善切实可行的现场安全生产管理制度，并严格执行，避免重复发生类似事故。

九、重大危险源管理

重大危险源是指长期或临时地生产、加工、搬运、使用或储存危险物质，且危险物质的数量等于或超过临界量的单元。

电厂应以《重大危险源辨识》（GB 18218—200）为依据和方法对本厂重大危险源进行辨识，对辨识出的重大危险源进行登记、建档并报当地安全监管部门备案。电厂对重大危险源进行定期检测、监控，建立重大危险源评估、监控的日常管理台账，并制订重大危险源应急预案。对重大危险源要委托具备安全评价资格的评价机构定期进行评估，并出具安全评估报告，使重大危险源处于可控、在控状态。

第二节 电厂的运行管理

电厂应依据电网调度规程，结合电厂实际，制定运行值班管理制度。在交接班管理、操作票管理、工作票管理、调度联系等方面进行规定。

一、运行值班管理

1. 运行人员岗位职责

（1）值长的岗位职责

值长是设备停、复役工作的具体执行人，应严格执行本标准，根据设备停、复役工作的实际及时与省调联系，落实设备能及时地投入或退出系统，对设备的安全经济生产负责。

值长是当值机组安全生产、经济调度、事故处理的指挥者，对调度操作和事故处理负责。合理调整系统和设备的运行方式，使其处于安全、经济运行的最佳状态。根据调度命令完成有功和无功负荷的调整，使系统的供电质量（周波、电压等）符合规定标准。根据调度命令和设备情况，及时正确指挥机组启、停和设备的停送电操作，正确命令和认真监督机组主要辅助设备和主要系统的启停和切换工作。认真执行机组经济调度曲线，合理分配机组负荷，搞好经济调度，完成各项生产计划和技术指标竞赛任务。加强化学品监督管理，保证汽、水、油、氢等品质在规定范围内，掌握化学品除盐水及氢气的储存情况，合理平衡各专业用水，做好节水工作。掌握除灰、除渣情况，燃料（煤、油）的储存情况及煤种变化情况，监督燃料运行人员合理掺配煤种，改善锅炉燃烧条件。审批检修工作票及主要设备的操作票。参加厂、部门、班组反事故演习及有关事故调查分析会议。

（2）运行专工的岗位职责

运行专工每天深入现场审查、分析专业运行日志和各种记录，全面掌握设备运行情况，发现问题及时解决，并从技术管理上提出改进意见。

加强技术管理基础工作，根据现场实际情况，负责编制和修订现场规程制度及专业典型操作票、检查卡。负责本专业的技术培训工作，利用技术讲课、反事故演习、模拟操作、技术问答、现场考问等形式，不断提高本专业运行人员的技术业务水平。加强技术图纸资料的管理工作，绘制、核对和修订系统图及设备标志，并保证其正确性。参与讨论重要的运行操作、实验工作，审查操作顺序并到现场监督指导。参与主要设备的启、停，设备检修后的验收与评定工作，在设备验收和升、定级评价中必须坚持原则。负责建立健全本专业各种运行方面的技术档案、设备台账等资料，达到与现场实际相符，实现规范化、标准化管理，指导运行班组做好技术管理工作。坚持“四不放过”原则，对出现的不安全因素应组织调查分析，查明原因，分清责任并制定防范措施。

（3）单元长的岗位职责

单元长在运行部门主任、值长的领导下，全面负责全班的安全、经济运行工作。

单元长是所辖设备系统安全、经济运行的负责人，值班期间对值长下达的正确命令应坚决执行，负责本班组范围内设备的所有操作和事故处理。熟悉所辖的设备系统及现场运行规程制度，负责执行有关设备系统的操作，监护值班人员进行重要的操作。负责工作票、操作票的审批和检查，重大的设备检修和操作应亲自到位，严格执行“两票三制”。积极完成厂、部门下达的各项任务，贯彻执行上级的法令、法规，并进行落实、监督执行。搞好班组建设，做好全班人员的思想工作，确保机组安全、经济运行。认真执行各项规章制度，带领全班搞好技术培训、文明生产工作。

（4）操作员的岗位职责

操作员是运行直接责任人。负责机组日常运行维护工作，确保机组在最佳工况下运行，负责在单元长的指挥下监护本机组主要设备、系统的启停维护、调整切换、倒闸操作等工作，确保机组运行正常。负责配合单元长执行工作票的安全措施，以便及时消除缺陷。负责在发现设备缺陷时，及时汇报单元长。在设备检修处理后，在单元长指挥下试运、验收，确保设备缺陷早日彻底消除。负责协助单元长完成本机组设备发生异常及重大事故的处理，为机组设备恢复运行提供支持。负责本机组控制室内的所有操作并指挥专责范围内的运行人员进行设备操作，确保设备安全运转。负责根据设备运行状况，搞好设备事故预想，避免安全事故的发生。负责巡视检查机组文明生产情况、分析设备安全经济运行状况，做好有关记录，执行“两票三制”，确保安全生产。负责协助单元长召开本机组人员班前会，听取检查汇报，确保工作有序进行。负责协助单元长开展机组人员岗位技能培训和技术革新活动，提高机组成员业务素质及技能水平。负责协助单元长开展运行分析及节能降耗工作，降低生产成本。

2. 运行值班工作标准化流程

值长是值班期间全厂设备安全、经济运行的第一责任人，负责对外联系。全面掌握全厂生产情况，及时了解设备缺陷处理、工作票办理、检修作业交代和现场设备巡回检查等情况，并做好事故预想。值长负责接受和执行调度命令，确定全厂设备运行方式。在进行调度业务联系时，执行四川电力系统调度管理规程，必须使用规范的调度术语，并录音，还必须详细做好值班记录。负责全厂机电设备事故、故障时的指挥处理和对外联系。

3. 运行值班工作的基本要求

运行值班期间，要求值班人员坐姿端正、着装整洁，所用物品及资料摆放整齐，保持良好的精神状态。值班人员不得在禁烟区吸烟，不得做与工作无关的事，上班前两小时内不得饮酒。监盘人员在监盘时，必须保持精力集中，不得做与监盘无关的任何工作，做到勤监视、勤调整、勤汇报。监盘人员定期轮换，以保证监盘质量。

二、交接班制度

交接班制度是实行轮班制的生产单位上、下班之间交接情况，是保证安全生产的一项管理制度。

1. 交接班的一般规定

交接班时，交班值长向接班值长详细交代当时系统及设备运行方式、运行情况、操作变更部分及发现的缺陷和异常、设备作业情况、使用中的接地线位置及编号、上级指示及要求，以及当值未完成需要下值完成的工作等。接班值长及时向值班人员布置工作，交代有关注意事项，指定监盘人，必要时进行现场交接。在交接班过程中如发生事故，由交班值负责处理事故，接班值协助处理。

下列情况之一者，不得进行交接班：

①接班值长未到时或接班人数未达到规定。

②事故处理、设备的操作未告一段落。

③交接班记录不清楚、设备运行方式交代不清楚或存在其他疑问。

④在交接班过程中发生事故，由交班值负责事故处理。

2. 交接班的标准化流程

交接班前，交班值应将交接内容准备就绪：上级指令、运行方式、重要事件、工作票、消缺情况、检修交代、存在问题、注意事项、设备钥匙、工器具等。接班值到现场后，所有接班人员首先查看本专责交接内容，并一一核查清楚，有疑问时应向交班值相应专责询问清楚，必要时进行现场交接。然后召开交接班会：

①接班值长集合本值人员，交班值长检查接班人员是否足够，人员精神状态是否良好。

②接班人员听取交班值长口头交代。

③接班值各专责向值长汇报本专责情况。

④值长传达布置本班工作，交代有关事项等。

⑤接班值监盘人员接盘，交接班结束。

3. 交接班的责任划分

交接主要内容以记录为准，记录要求详细、准确，字迹清晰，凡记录与实际不符者，由交班值长负责。未召开交接班会，由接班值长负责。交接班发生矛盾时，停止交接，由部门主任解决后再行交接。

三、运行操作管理

属调度管辖范围的设备，未经值班调度员许可，值班长不得擅自进行操作或改变其运行方式。对危及人身、设备、电网安全的紧急情况，可以根据《运行规程》有关规定处理，但在改变设备状态后，应立即向值班调度员汇报。

进行调度业务联系时，必须准确、简明、严肃，正确使用设备双重名称和调度术语，互报单位、姓名。严格执行下令、复诵、监护、录音、记录、汇报等有关规定。值长在接受调度指令时，应主动复诵下令时间和内容，并与值班调度员核对无误后才能执行。指令执行完毕后，应立即向值班调度员汇报执行情况和执行完成时间，并做好记录。

调度管辖设备的检修、消缺工作，必须由值班长征得调度值班员的许可后方可进行。开工前应与调度值班员核对申请书编号、检修设备、工作内容、停电范围和特殊要求等。完工后，应根据具体检修申请，向值班调度员汇报设备检修完成、检修人员撤离、安全措施拆除和具备送电条件等情况，同时说明一、二次接线有无变更，送电时是否需要做相关测试等工作。

值长根据电网调度部门要求、需开工工作票的安全措施，及设备安全运行需要等发布操作命令，值班人员执行。在执行设备操作任务中，如遇设备异常时应立即停止操作，并将相应情况汇报值长。

设备计划检修时，电厂依据国家、行业相关检修规程，分析设备的检修状况后，提出年度检修计划，经批准后，上报电网调度部门。电厂在每年10月份将下一年度省调调度管辖设备的检修计划报送省调。在每季度第二个月月底前，电厂根据年度检修计划确定的项目，结合实际准备情况，将下一季度的设备检修计划汇总、协调后报送省调。经省调会同各相关单位综合协调、统一平衡后下文执行。省调根据调度管辖设备的年度、季度计划，结合实际执行情况和电力系统运行情况，制定次月月度检修计划并随月调度计划下文执行。检修计划需变更时，电厂提前向电网调度部门申请并说明原因，在电网调度部门统筹安排后执行变更。

下列设备检修不需要向调度方式处提交检修申请书，只需要当班值长向当班调度申请即可：

①设备异常需紧急处理，以及设备故障停运后的紧急抢修。

②在当值对间内可以完工，且与已批准的计划检修相配合的检修。

③在当值时间内可以完工，且对系统运行不会造成较大影响的检修。

四、工作票及操作票管理

据有关数据统计，在电力行业中，80％的事故都是因违反安全操作规程造成的，而工作票和操作票制度就是电力行业用惨痛的教训换来的安全保障制度。工作票和操作票制度是电力企业在生产过程中保障安全生产的行为体系和中枢系统，是企业安全生产最根本的保障。

1. 工作票的考核、统计和管理

设备检修时，电厂应严格执行工作票及操作票有关管理规定。正常情况下，任何人在电厂运行设备上进行的一切检修、试验或安装工作，都必须找运行值办理工作票。在办理工作票及做好安全隔离措施后方可开始工作，以保证设备检修期间的人员和设备安全。在紧急情况下经厂领导同意，工作人员可先处理缺陷，缺陷处理完毕后要补办工作票。工作过程中，需恢复部分安全措施或暂时停止作业的，由工作负责人向当班值长办理工作间断、转移手续。开工后，不能在工作票规定的时间内完成检修工作的，由工作负责人提出申请并征得同意后，向当班值申请办理工作票延期手续。工作过程中，工作负责人、工作许可人任何一方不得擅自变更安全措施。如有需要变更，应事先书面取得对方的同意后方可变更安全措施。

月工作票合格率遥计算办法如下：

$$月工作票合格率=\frac{当月使用的工作票份数-不合格份数}{当月使用的工作票份数}\times 100\%$$

操作票由运行部门统一发放、回收、监督，并做出合格率评价。

2. 操作票的考核、统计和管理

运行值班人员执行3项及以上的操作（每个定期实验工作的操作步骤达到5项）必须填写操作票进行操作；严禁无操作票操作和先操作后补操作票。值长安排操作任务，并指定操作人和监护人。操作时必须由两人以上进行，其中一人操作，一人监护。一张操作票只能填写一个操作任务，且操作票中每项操作内容只能填写一个元件（或设备），不得并项。操作任务及操作内容必须双重编号，即设备名称+设备编号，检查内容也应作为一个单独的项目填写。操作票应根据操作的先后顺序统一编号。操作票中的内容不得涂改，否则必须重新填写。到达现场后，操作人及监护人认真对照设备名称、编号及间隔，防止走错位置。操作时，严格执行操作监护制度和唱票复诵制度。每项操作完毕后，监护人和操作人应共同检查操作质量并确认无误，监护人在操作票上划“√”记号后，再进行下一项的操作。逐项操作，逐项检查，重要的操作项目如开停机、开关跳合闸、主要保护投退和接地刀闸或接地线挂拆等要记录时间。操作中若需要进行电话联系，通话时首先应互报姓名，受令人在履行操作复诵命令后，听到“对，执行!”的命令后方可进行操作。操作中有电话时应先接电话后操作。操作票执行完毕后保存在值班现场，至少保存 6 个月。

管理人员每月对操作票执行情况，尤其是动态执行情况进行检查，分析、解决存在的问题。对不合格操作票予以考核。

月操作票合格率的计算方法如下：

$$月操作票合格率=\frac{当月使用的操作票份数-不合格份数}{当月使用的操作票份数}\times 100\%$$

运行操作人员负责填写操作票。监护人、主值或值长依次对操作票进行审核、批准。操作人和监护人负责操作任务的实施和监护。各专业主管负责检查和监督本专业典型操作票的正确性和有效性。安全培训主管负责操作票执行程序的监督和统计，负责对本部门操作票的检查和修改，负责对相应岗位员工的培训，负责抽查和监督发电运行部门操作票的正确性，汇总当月发电运行部门操作票的正确情况，对月度操作票统计结果进行考核，对发电部的操作票修改进行指导和审核。运行各个值将本值每月操作票进行统计并报告部门专业主管。

运行专业主管每月对全部“已执行”操作票进行分析、汇总，经主管领导审批后，将操作票统计结果和总结报告交到安全监察部。安全监察部对当月发电部上报材料进行审核并据此进行考核。运行各专业主管每年或者在出现设备异动时，对本专业所涉及的热机操作票的有效性和正确性进行检查和评价，发现有不适合的情况应及时修改操作票有关条款的内容。

五、巡回检查制度

巡回检查制度是电厂生产管理的基本制度，是保障电厂安全生产的重要手段。

1. 巡回检查的重要性

巡回检查的目的是及时发现并消除设备缺陷和异常，使设备处于正常状态，进一步提高设备完好率。

不定期巡回检查是指在机组运行或停运过程中，根据设备或系统存在的问题，在原规定的时间外相应增加的对管辖设备和系统进行的检查。

交接班检查是指运行人员在相互交接班过程中，根据岗位分工对相关的设备和系统进行检查。

特殊情况检查是指在设备启动和停止，系统在投运和停运时，特别需要以及遇到特殊天气（如大风、大雪、雷雨、闪电、洪水、溃坝、高温、寒流）时，对所辖设备、系统及预防措施进行的细致检查。

2. 巡回检查的周期

主要设备至少应每天巡检一次，辅助设备至少应每周巡检一次。设备巡检周期应根据设备实际情况适当调整，对于故障率较高的设备或带病运行的设备应增加巡检频次。

3. 巡回检查的基本方法

巡回检查必须认真仔细，坚持“六到六应”原则：

①眼到：应看的地方要看到且看明。

②耳到：应听的声音要听到且听清。

③鼻到：应闻的气味要闻到且闻清。

④手到：应摸的温度要摸到且判准。

⑤脚到：应查的地方要走到且不漏。

⑥脑到：应分析的要分析到且准确。

4. 巡视检查的内容

①设备系统的运行、备用是否正常。

②运行设备系统的有关参数指标是否合格（如声音、振动、压力、温度、电压、电流、液位等）。

③设备系统有无7种泄漏现象（漏煤、漏水、漏气、漏灰、漏风、漏烟、漏油）。

④设备、系统附件是否齐全、完好。

⑤现场安全防护设施是否齐全、完好。

⑥建筑物、构筑物及其他现场设施的完好情况。

⑦生产现场和设备、系统的卫生状况。

⑧有关防暑度夏、防寒防冻设施的完好情况。

⑨常用工器具的数量和完好情况。

⑩有关记录、指示的情况及变化趋势。

5. 巡视检查的程序

巡查的程序包括三个阶段的内容，即准备阶段、执行阶段、终结阶段。

①准备阶段：全面掌握检查对象的状态；做好离岗前的交接或通知有关人员；佩戴好工具，如通讯工具、手电筒、听针、棉纱、电气静电测量笔等；开始巡视检查工作前应对巡视路线上的危险点进行分析，做好预防措施。

②执行阶段：按照规定的路线和项目，对生产现场和机器设备进行实地考察、分析判断。

③终结阶段：向有关人员汇报检查情况，填写检查记录，发现缺陷时办理缺陷登录。

6. 对巡视检查人员的要求

按照运行部门制定的管理制度，在当值期间按规定时间和巡回检查路线，对各自岗位所管辖的设备和系统进行全面细致的检查，不遗漏项目，并对检查的数据准确性负责。

巡查人员应熟悉设备的检查标准，掌握设备的运行情况，在发现问题后能够分析原因并做出及时处理与防患措施。正确掌握设备的紧停规定，避免事故扩大或设备损坏加剧。

遇有特殊情况，除按规定检查外，值班人员应按运行方式、设备缺陷、气候、新设备投入等情况，有针对性地增加检查次数。

7. 巡回检查的一般原则

备用的设备应视为运行设备，按规定进行巡回检查。正常巡检时，应严格遵守《电业安全工作规程》中有关规定，保持安全距离，不得移开或跨越安全遮栏，或者随意取下标示牌等，严禁对设备进行操作，但若发现设备有故障，且严重威胁人身、设备安全时，可以事先进行正确处理，但事后应立即汇报。巡回检查结束后应随手关闭屏柜门、通道门。巡回检查时应认真记录好有关巡检数据，并进行分析处理。

根据现场生产实际情况，运行、检修设备专责人应主动对设备不定期巡回检查和特殊巡查。不定期巡回检查和特殊巡查的开始和结束，由当班值长决定。巡回检查高压设备时，不得进行其他工作，不得移开或越过遮栏。检查中发现异常情况，检查人员应根据有关规程规定和具体情况予以处理，并及时汇报。在检查中如发生机组事故，应立即返回本岗位，进行事故处理。检查中对设备有疑问或遇到不明白的问题，不得随意乱动设备或将其退出运行。

因巡回检查不到位、不认真，应发现而未发现设备缺陷造成事故，要追究有关人员责任。进入现场危险区域或接近危险区域时，必须严格执行安规有关规定，不放过一切发现的异常现象和声音变化、异常气味、地面渗水、漏油痕迹等。对于不利检查的地方如声音杂乱，及其他不宜辨别的情况，检查时要更加仔细，不要被外界不利因素所干扰。对于可靠性差的设备或可能出现问题的设备应执行细致的检查。巡检过程中发现设备着火或危急人身安全时，应立即采取紧急措施，根据安规规定的灭火方法进行灭火或抢救，对于现场无法停电的设备，应及时汇报，联系停电。

第三节 电厂的技术管理

技术管理是支撑电厂并网设备运行、维护的基础，可以确保设备安全、可靠、经济和稳定运行，确保合理、科学、有序、安全地开展设备检修维护工作。电厂技术管理的主要内容包括设备台账管理、设备分析管理、技术改造管理、安全性评价管理、科学试验管理、技术监督管理、技术规程管理、定值管理及二次系统安全防护管理等。

一、设备台账管理

1. 设备台账管理作用

设备台账管理可以为分析设备的运行数据、掌握运行数据的变化规律，为设备运行、维护提供原始依据，同时也为机组效益评估、事故调查提供法律依据。通过完善的设备台账管理，全厂所有的生产人员都可以查阅设备台账，了解设备的数据、检修履历资料和参数等。

2. 设备台账管理内容

设备管理班组负责相关设备的设备台账的管理工作，班组统一按管辖的设备、设施、工器具、材料、仪器等的相关资料进行收集、编写、更新，形成设备台账。完整的设备台账包括设备铭牌参数、主要部件详细资料、维护计划、各类检修记录、改造履历及报废记录等内容。当设备状态发生变化时，设备管理班组应及时更新设备台账，使之与实际相符。

二、设备运行分析管理

设备运行分析是确保公司安全经济运行的一项重要工作。通过分析各种运行参数和运行记录，能够对设备运行情况作出全面分析，以便及时采取措施，消除缺陷，提出预防事故发生的对策，并为设备改进、运行操作改进和系统运行方式的改进提供依据，从而不断提高设备的安全、经济运行水平和人员的技术水平。

1. 运行分析的内容

内容包括岗位分析、专业分析、专题分析、事故及异常运行分析。

①岗位分析：运行人员在值班期间对表计状况、设备参数变化、设备异常和缺陷、操作异常等情况进行分析。

②专业分析：专业技术人员将运行记录整理、加工后，进行定期的系统性的分析。

③专题分析：根据总结经验的要求，进行某些专题分析。如机组启/停过程分析，大修前设备运行状况和改进的分析，大修后进行运行工况对比分析，以及设备改进后运行效果分

析等。

④事故及异常运行分析：发生事故后，对事故处理和有关操作认真进行分析评分，总结经验教训，不断提高运行水平。

2. 做好运行分析的要求

①监盘时思想集中，认真监视各参数及仪表指示的变化，按时准确抄表，及时进行分析，对偏离规定值的参数进行必要的调整和处理。

②各种值班记录、运行日志等原始资料应书写清楚，字迹端正，记录完整、准确，保管齐全。

③发现异常情况，应认真追查和分析原因，并将分析结果和处理情况详细记录在值班记录本内。

④发现重大的设备运行异常或一时难以分析和处理的异常运行情况，应逐级汇报，组织专题分析，提出对策，同时运行人员应做好事故预想。

⑤各种运行日志和抄表手册都要有主要参数的限额，以便于对照分析。

3. 运行分析周期及内容

①班分析内容主要由运行值班员、单元长（班长）、值长进行，即岗位分析。

②专题分析内容包括规程制度执行情况、操作调整水平、值班质量、巡检质量、经验教训。

③运行设备分析内容包括设备异常情况、重大缺陷分析，运行方式分析，运行管理分析，经济指标与节能分析。

4. 设备分析的流程

班（值）每月编写《班（值）设备运行分析》，部门综合班（值）的设备分析进行审核并提出意见，必要时召开会议进行分析，经汇总整理后上报上级部门。对发现的问题，电厂应及时分析原因，对能及时处理的一般缺陷，尽快组织消缺处理；对不能及时处理的重大缺陷，启动临时改造流程；对不需要紧急处理的重大缺陷，则安排到下年度技改、“两措”项目中执行。

三、技术改造管理

技术改造管理是指对现有设备和设施，以增加其生产能力，提高其安全性、可靠性、经济性、可调性，满足环保和职业安全卫生为目的而进行的完善、配套和改造。

为提高设备的可靠性、安全性、稳定性和自动化水平，电厂每年应有针对性地实施部分技术改造项目。电厂设备技术改造按改造项目立项、技术方案审查、施工方案审批、项目实施及竣工验收程序执行。设备管辖部门提交立项报告及技术方案，生产技术部门对提出的设备技术改造项目进行必要性审查，总工程师批准后上报上级单位进行审批。技改项目批准后，设备管辖部门根据批准下达的技改项目计划编制技改方案，生产技术部门审查、总工批准后，设备管辖部门实施。技术改造完毕后，设备管辖部门提交竣工报告，生产技术部门组织评估和验收。

所有的技术改进项目必须提出改进方案，没有方案的项目需等到方案酝酿出台后再提申请。预计投资 50 万元～100 万元（不含 100 万元）的项目，应有详细的改进方案；100 万元～500 万元（不含 500 万元）的项目，改进方案应有可行性报告或技术方案报告；超过

500 万元的项目，应有可行性论证和初步设计。项目实施前，技术改进方案、施工设计方案必须按程序得到有效的审批。

在对项目进行可行性研究时，必须对其进行经济分析。项目有多个可行方案时，应进行详细的方案比较。经济分析和方案比较的情况应作为可行性报告的内容。可行性研究需要外委时，由生产技术部提出可研费用申请并办理委托手续。费用超过 10 万元时，要通过招评标程序确定承包单位，否则需履行不招标审批手续。

技术改进一般要经过批准、设计与开发、实施、竣工验收、原设备报废、效益评定、总结。

四、安全性评价管理

1. 安全性评价的分类

电厂安全性评价分为自查、专家查评和复查三种评价方式，其中并网安全性评价需按照行业相关并网安全性评价要求进行，定期将自查评结果上报相关机构。专家查评和复查工作按照上级部门或公司的要求进行。

以危险源辨识评价为选择点，主要将下述评价因素作为重点考虑：

①生产设备是否符合安全条件。

②生产工器具是否符合安全条件。

③人员技术素质是否达到安全要求。

④劳动作业环境是否符合安全条件。

⑤规章制度建立、健全、执行情况。

⑥生产设备、工机具管理水平。

⑦反事故措施落实情况。

⑧重大自然灾害抗灾、减灾、预防、纠正措施落实情况。

2. 安全性评价的管理

安全性评价的自查工作每季度应开展一次，按照“评价、分析、评估、整改”的过程循环进行，对发电设备、并网设备、金属结构等设备设施的安全性进行自查评工作。对安全性评价结果组织分析研究，提交安全性评价报告。对安全性评价查评出的问题，制订整改工作计划，并对整改落实情况进行监督和考核。

公司的安全性评价工作，应做到以下五个突出：

①突出安全性评价客观性、全面性，分析和掌握安全生产中存在的问题。

②突出安全性评价动态性、闭环性，对评价过程循环推进、持续改进。

③突出安全性评价日常化、过程化，建立长效的安全生产管理机制。

④突出安全性评价人性化、基层化，将防范、控制措施落实到安全生产管理中。

⑤突出安全性评价标准化、制度化，逐步推行国际标准管理体系。

3. 安全性评价的方法

安全性评价严格按照查评标准、依据进行查评，各种查证方法配合使用，包括现场检查、查阅和分析资料、现场考问、实物检查、抽样检查、仪表指示观测和分析、调查和询问、现场试验、测试等，对评价项目做出全面、准确的评价。查证资料以评分年度为主，现场检查运行设备及系统的实际情况，进行必要的核对工作。

①查评程序：公司自评价 1 年为一个周期，专家评价 3～5 年为一个周期。

②安全性评价评分方法：《发电企业安全性评价》按安全管理、劳动安全与作业环境、生产设备三部分进行评分。评价计分按照集团公司下发的有关计分规定执行。查评项目中的扣分如无特别注明，则扣完为止。用相对得分率来衡量被评价系统的安全性，即

$$相对得分率=\frac{实得分}{应得分}\times 100\%$$

五、科学试验管理

1. 科学试验的意义

电厂科学试验管理是为了规范检测设备健康状况，保证设备安全、可靠、经济和稳定运行，确保合理、科学、有序、安全的开展各项试验工作。

2. 科学试验管理的流程

试验工作的管理流程：试验项目立项→试验方案审核→试验项目实施→试验项目验收和评估。

若试验工作涉及电网或电站安全，必要时应召开专家论证会。

试验项目立项，责任部门提出试验项目，包括试验的必要性、可行性、拟采用的试验方案。对不涉及电网或电站安全的试验方案由电厂内部确定。对涉及电网或电厂安全的试验方案，电厂组织召开专家论证会，经专家论证后确定试验方案。

试验项目实施，责任部门根据下达的试验实施计划，编制试验实施方案。内部试验由电厂责任部门组织实施。外委试验由电厂委托相关单位组织实施，并根据需要成立专项试验小组，指定项目负责人，全面负责专项试验实施过程中的工作协调、试验指导。如现场需要增、减试验项目或改变试验方案，试验工作负责人必须向试验项目负责人申请，经批准后方可实施。

试验中涉及电厂或电网安全运行的专项试验项目，开工前由电厂向调度部门提出申请，批准后方可开始实施。

六、技术监督管理

1. 技术监督管理的内容

为了保证电厂安全、经济运行和电能质量，维护电气设备的安全使用环境，保护发、供、用各方的合法权益，电厂应加强技术监督管理工作。技术监督项目应包括金属、化学、绝缘、电测、热工、自动化、通信及信息技术、继电保护、电能质量、节能、环境保护、坝工监督。

2. 技术监督管理的流程

为加强电厂的技术监督管理，在电力建设和生产过程中有效开展全过程、全方位的技术监督工作，电厂技术监督工作实行三级监督制，即厂、部门、班组。监督工作以质量为中心，以标准为依据，以计量为手段，建立质量、标准、计量三位一体的技术监督体系。

电厂技术监督工作是一项全过程、全方位的技术管理工作，贯穿于工程设计、设备造型、生产制造、运行、检修、停备用、技术改造等过程，实行全过程、闭环的监督管理方式，即在电厂设备的设计审查、招标采购、工厂监造、安装调试、运行维护、检修、技术改

造等所有环节都开展技术监督工作。同时，在设备调试、检修、技术改造等重点阶段，有针对性地开展专项技术监督工作，以便及时发现设备存在的问题。并在此基础上结合对设备的运行工况的分析和评估，针对技术监督工作过程中发现的具有趋势性、突发性的问题及时进行分析，并制定预防性措施。

在技术监督过程中若发现设备存在的严重缺陷、隐患，生产技术部门应全程跟踪设备消缺、检修、改造等整改过程，对整改全过程实施有效的监督，保证设备缺陷的及时消除和设备健康水平的恢复。同时进行分阶段、分专业、分设备、有重点地对技术监督工作的内容、标准和实施情况进行检查、分析、评估，及时发现技术监督工作存在的问题和不足，及时采取修改、完善、补充的提高措施。技术监督工作包含设计审查、设备选型、监造、验收、安装、调试、运行、检修、技术改造等全过程；在电能质量、绝缘、化学、电测、金属、热工、继电保护，以及自动化、信息与电力通信、节能与环境保护等对电厂及电网的安全、经济运行方面的重要参数、性能和指标进行监督、检查、调整及评价。

电厂开展技术监督工作应以专业技术监督工作为基础，通过加强技术监督专业建设，把握专业发展方向，依靠科技进步，提高和完善测试技术、方法、手段，提高设备诊断能力和水平。不断将专业技术监督的手段、方法应用到具体设备监督工作上，对具体设备实施全过程、全方位的监督。

3. 技术监督管理人员的职责划分

（1）技术监督网各级职责

①公司级技术监督领导小组职责：

（a）在总经理领导下，负责全公司技术监督工作，并贯彻执行电力工业技术管理法规、集团公司的《技术监督管理办法》和本公司公布的《技术监督控制程序》。

（b）制定全公司各项技术监督管理制度，并负责监督实施。

（c）组织全公司职工认真学习贯彻上级颁发的指示、规定、规程和制度，并结合具体情况制定本公司实施细则。

（d）定期召开全公司技术监督会，协调全公司技术监督工作。

②公司技术监督办公室（生产技术部）职责：

（a）负责审核和实施全公司技术监督规划和年度监督计划。

（b）贯彻执行公司技术监督领导小组安排的各项技术监督工作。

（c）定期编写各项技术监督的工作总结。

（d）在公司技术监督领导小组领导下，负责全公司各项技术监督的报表、归档和资料管理工作。

③技术监督小组职责：

（a）在生产技术部领导下，组织部门、班组有关人员，认真执行全公司各项技术监督措施、计划。

（b）建立健全各项技术监督、技术记录、试验记录及设备台账。

（c）制定技术监督项目，提出技术监督特殊项目的技术措施，推广技术监督工作的新技术。

（d）负责技术监督所有资料的整理、保管、建档和归档工作。

（2）技术监督网各级人员职责

①生产副总经理职责：负责批准全公司各项技术监督计划、措施和总结，并督促贯彻执

行，主持全公司各专业技术监督会。

②生产技术部主任职责：

(a) 负责组织编制和审定全公司各项技术监督工作计划和总结。

(b) 定期组织检查、研究技术监督工作中存在的问题，及时制定措施，上报生产副总经理批准。

(c) 负责组织召开全公司各专业技术监督的定期会议。

③技术监督小组组长职责：

(a) 制订全公司年度技术监督措施计划，并检查执行情况。

(b) 每半年召开一次技术监督网会，检查技术监督工作，并针对现场设备的运行、检修情况进行分析，制订相应的措施计划，报生产副总经理批准后，督促部门、班组贯彻执行。

(c) 编写年度技术监督报告及总结。

(d) 审核各生产部、车间、检修分公司技术监督报告、报表和总结。

(e) 负责技术监督资料的整理、保管和建档、归档工作。

④各生产部、车间、检修分公司技术监督负责人（检修专工）职责：

(a) 在主任（经理）领导下，负责组织有关技术监督规程、条例的贯彻。

(b) 修订、编制本部门年度技术监督计划。

(c) 建立本部门技术监督台账（报表、原始记录及技术监督分析），并做好建档、归档工作。

(d) 每季度召集一次本部门专业监督人员会，总结讨论监督工作，并写出书面小结交生产技术部。

(e) 每半年及年终向生产技术部报一次专业技术监督总结，并按规定填报技术监督报表。

⑤班组技术监督员职责：

(a) 负责组织全班人员贯彻执行公司、部门下达的监督试验措施计划。

(b) 在部门技术监督负责人指导下，制定监督和消除缺陷的措施，并做好原始记录。

(c) 做好各项试验分析报告和技术记录，建立好设备台账。

(3) 开展技术监督网活动和规定

①车间技术监督组，每月由主任（经理）组织，主持开展技术监督分析活动。

②每季度由技术监督小组组长主持，召开本专业技术监督及分析活动一次。

③全公司性的技术监督会，每年不少于两次，由生产技术部组织，生产副总经理主持召开，并提出分析总结报告。

七、技术规程管理

技术规程管理是规范电厂工作人员对设备、设施的运行操作、检修维护及事故处理的依据，是精细化、规范化管理的必要手段。发电厂的技术规程应包括《运行规程》、《检修规程》、《水工维护规程》等。相关责任部门负责对本部门的规程进行编制、修订，并组织相关的讨论，经批准后执行相关规程。

在设备投入运行前，电厂运行技术人员依据国家有关标准、规定，行业有关标准、规定，设备厂家运行、维护手册，设备图纸，设备定值单等制定相关设备运行规程。运行规程应涵盖设备和系统的组成及功能、运行方式、设备巡视、设备操作、设备异常处理等方面的内容。

1. 技术规程的修订

电厂针对在实际执行过程中出现的一些问题，设备的改造和新设备的投入，对正在实施的运行规程进行修编。对设备参数修改、接线方式变化后，影响规程内容正确性时，相关部门应以修订文件形式将修改内容及时报生产技术部门审查。

现场运行规程每年应进行一次复查、修订，修订部分应填明修订人姓名并经本单位生产副总经理批准，印刷成册按照受控范围下发到相关岗位的运行人员。现场运行规程每年进行复查后如不需修订，应出具经复查人、批准人签名的“可以继续执行”的书面文件，并在已受控的每一本运行操作规程上注明，通知相关岗位的运行人员。现场运行规程应每 3 年进行一次全面修订、审定并重新印发。

出现下列情况之一，应及时对运行规程进行补充和修订，并书面通知有关人员。

①颁发新的规程和反事故技术措施。

②设备系统变动。

③本企业事故防范措施需要时。

新设备投运前一周，相关部门编写出新设备的相关技术规程，经批准后下发执行，有关部门组织相关人员学习。随着设备的改造和升级，以及在使用中发现的问题，电厂应注重平时勘误的收集，应 3~4 年对修编的规程进行一次重编。

2. 运行规程中应包括的项目

①设备情况介绍，主要包括特点、参数、性能、设计的有关数据等（作为规程附件）。

②设备的操作程序，以及正常参数范围和异常参数范围、极限参数。

③设备异常情况的判断，事故处理的规定、程序和注意事项。

④设备和系统在运行中检查、维护、调整的规定。

⑤有关启动前、运行中和检修后的各种验收、试验的规定。

⑥机组在各种启动状况不同启动方式下的启动曲线。

⑦机组主保护、辅机保护（报警值、保护动作值）的一览表。

⑧饱和水与饱和蒸汽对应表。

3. 编制和修改运行操作规程时应考虑的因素

①规程的编写、修订应根据上级颁发的规程、制度、反事故技术措施和设备厂商的说明书进行。厂家说明书中有关运行操作的强制性条文，运行规程中必须采用。

②规程的有效性和可操作性。

③明确、详细的操作步骤。

④内容的一致性，单位的标准化。

4. 审核与执行

运行规程编制、修订草案需由发电部经理、运行副总经理进行必要的审查。审查提出的异议汇总反馈至运行规程起草、修改的专职小组，再做修改、修订，直至出具成形复稿。运行规程复稿再次提交部门经理、运行副总经理重新进行必要的审查。运行规程经运行部门经理、运行副总经理审查签字后，再送交公司生产副总经理核准。把批准的规程进行成批印刷，然后按照文件控制规定，发给发电公司生产经营管理者及所有相关运行员工。经公司生产副总经理批准的运行规程于颁发之日起执行，原规程或修改的原文即行作废。

运行岗位的工作人员严格按照规程进行操作，认真学习新下发的规程，向发电营运部专业主管、经理、运行副总经理报告执行运行规程中出现的问题。制度监督实施及完善执行人负责检查本制度的执行和有效性情况，提出实施和完善本制度的建议，经授权修订本制度。制度监督实施及完善负责人负责本制度的全面管理，及监察本公司执行本制度的有效性。

八、定值管理

设备定值管理是保证电厂保护和自动装置正确动作，保障系统和电厂设备运行安全的重要环节。

电厂设备定值按设计要求进行设定，任何人员不得随意更改设备定值。发现定值不合适时应及时提出，经批准后按下发的《定值修改通知单》修改。

新投运设备定值必须经管辖部门整定计算。对电厂内部整定计算有困难的设备，应委托有资质的单位进行整定计算。与电网安全稳定运行相关的 500 kV 系统保护装置、一次调频、AGC/AVC 和励磁系统 PSS 等定值，由电网调度相关部门整定计算，下发书面定值单，电厂经过整理后以定值单或定值修改通知单形式下发，并安排执行。

继电保护定值必须有编制人、校核人、审核人和签发人及保护执行人方为有效。

继电保护定值单至少应有三份，一份由继电保护专业人员持有，一份由运行人员持有，一份由运行部留存。

运行中随运行方式变更的定值，必须有调度的正式命令。定值更改后，应做好书面记录。具体要求为：220 kV 线路保护改值前，先检查需更改定值线路的两套微机保护，确保其均运行正常。然后退出该线路两套保护中的一套微机保护的所有跳闸出口压板，由继电保护人员依次将定值改至所需区号并打印新定值，运行与继保人员按保护定值单核对定值正确后双方签字；最后再投入跳闸出口压板，正常后进行另外一套保护定值修改。线路保护定值的更改必须按顺序改完一套后，再修改另一套。

定值修改或复核完毕后，执行部门应提交定值修改、复核回执单。对需要报送省调的及时进行报送。

九、二次系统安全防护管理

为了防范黑客及恶意代码等对电力二次系统的攻击侵害及由此引发电力系统事故，电厂应根据国家电监会《电力二次系统安全防护总体方案》要求，按照“谁主管谁负责，谁运营谁负责”的原则，建立健全电力二次系统安全管理制度，将电力二次系统安全防护工作及其信息报送纳入日常安全生产管理体系，落实分级负责的责任制，成立二次系统安全防护工作组。二次系统安全防护工作要坚持安全分区、网络专用、横向隔离、纵向认证的原则，坚持以“安全第一、预防为主，管理和技术并重、综合防范”为方针，保障电力监控系统和电力调度数据网络的安全。

电厂二次系统安全防护工作组应每年对二次安全防护实施一次自检查，并配合电监会安监局，会同区域电监局、有关城市电监办及有关专家组成的检查组进行专项检查工作。对检查中发现的突出问题、重大隐患提出整改意见并形成书面报告，并将整改结果及时报上级主管部门。

电厂二次系统各专业应严格执行安全管理制度，按应用需求对人员进行安全等级划分，指定专人负责网络安全。各二次系统不与管理信息系统（MIS）直接网络连接通信，以防止病毒的侵蚀和破坏。如果需要网络通信，则必须按照《电力二次系统安全防护规定》（国家电监会5号令）的要求，选用单向物理隔离装置进行安全隔离，并按照《计算机病毒防治管理办法》（公安部第51号令）进行病毒检测与防护管理，定期对防病毒软件进行升级。严格禁止非专用便携计算机，非专用移动存储介质（软盘、移动硬盘、光盘、U盘等）接入二次系统。离线修改程序时，使用专用工具进行。具有远程访问功能的二次系统，使用远程登录进行系统诊断和维护必须处于受控状态，对于远程登录诊断和维护必须由系统管理员履行工作票许可手续后予以开放，一旦工作结束应及时关闭远程登录访问功能。

电厂应建立健全电力二次系统安全的联合防护和应急机制，制订应急预案。当电力生产控制大区出现安全事件，尤其是遭受黑客或恶意代码的攻击时，应当立即向电力调度机构报告，并联合采取紧急防护措施，防止事件扩大，同时注意保护现场，以便进行调查取证。

第四节　电厂安全稳定运行考核管理

一、电厂安全稳定运行考核概述

1. 电厂安全稳定运行考核定义

电厂安全稳定运行考核是指电厂发生安全生产事故、障碍及人身伤亡事故后，对相关责任人进行考核的一项制度。

为贯彻"安全第一，预防为主"的方针，贯彻《国务院关于特大安全事故行政追究的规定》，落实各级安全责任制，杜绝各种人员伤亡事故及造成重大损失和社会影响的事故发生，在电力安全生产中实行重奖、重罚制度，做到奖惩分明。

2. 电厂安全稳定运行评价的作用和意义

电厂应加强安全稳定运行考核管理，通过对不安全事件的调查、分析和认定，可以总结经验教训，研究事故规律，采取预防措施，减少生产事故的发生，化解电力生产经营中的不利因素，保持电力系统稳定运行。

二、电厂安全稳定运行考核的方法及流程

1. 考核方法

根据"责任重于泰山"，安全生产奖惩贯彻"以责论处"、"管生产必须管安全"的原则，对认真履行安全生产职责并在安全生产中取得优异成绩的部门、集体和有关人员予以表彰和奖励，对发生事故的部门和有关责任人员给予批评教育和处罚，对失职、渎职或严重违反规程制度未造成严重后果的，给予批评教育和处罚。

电力安全生产实行重奖、重罚制度。对在安全生产中作出显著成绩和特殊贡献的集体和个人，应给予重奖，有特别突出成绩的报上级主管部门进行表彰和奖励。对在工作中严重失职，违章指挥，违章作业，违反劳动纪律造成事故的应给予重罚，情节严重触犯刑律的，由司法部门追究刑事责任。

实行奖惩制度，要把思想工作同行政、经济手段结合起来。在奖励上，要坚持精神鼓励和物质奖励相结合，在处罚上，要坚持教育为主、惩教结合的原则。

电厂应制定安全稳定运行考核制度，详细规定安全生产各类事故、障碍以及人身伤亡的定义及考核标准。事件发生后按照制度确定事件的性质并追究相关责任人的责任，按照相对应的考核标准进行考核。

2. 考核管理人员的职责划分

为了保证电厂安全稳定运行，考核管理工作的客观、公正，使事故责任人受到教育，考核管理应由独立的安全监察部门进行。考核时应从管理的角度改进工作，要充分利用事故换来的教训推动安全管理工作，从根本上避免类似不安全事件重演。

3. 考核管理的流程

不安全事件发生后，电厂安全监察部门组织事件的调查，调查时应本着客观公正、实事求是、尊重科学、严肃认真的原则，及时、准确地查清事故经过、事故原因和事故损失，查明事故性质，认定事故责任，总结事故教训，提出整改措施，并对事故责任者追究责任，按照对应的考核标准进行考核。

事故定义和事故责任的划分按国务院、劳动人事部、集团公司事故调查规程规定执行。由安全监察部门根据厂安全生产奖惩办法提出奖惩建议，由厂相关部门进行相应奖惩。以上奖惩应给予行政处分的，由公司安全监察部门在事故调查报告中提出处理意见，送组织、人事、公司工会部门经行政领导批准执行。应给予党纪处分的，由安监部将事故报告送公司纪委，由纪委报公司党委审批执行。事故责任者触犯国家刑律的，由公司报司法部门追究其刑事责任。

4. 考核管理的一般要求

考核管理应做到客观、公正、尊重科学，使相关责任人员的责任得到追究，应受教育者受到教育，从根本上避免类似事件重演。对重复发生的事故，要严格追究有关人员的责任。凡发现以虚报或隐瞒事故情节，骗取上述奖励或逃避处罚者，一经查出，除撤销奖励并加倍处罚外，同时对有关领导人员通报批评或给予党纪、政纪处分及经济处罚。

第五章　电厂涉网设备运行管理和运行维护

电厂涉网设备主要包括继电保护和安全自动装置、并网电厂高压侧或升压站电气设备、调度通信和自动化设备、无功负荷调整设备（励磁系统及 PSS、AVC）、有功负荷调整设备（调速系统和 AGC）、并列机组发生异常处理程序和设备检修申请等多个方面。

本章主要介绍电厂涉网设备的运行管理和运行维护经验，以及涉网设备常见故障及处理原则。

第一节　继电保护装置

一、保护装置的巡视检查

1. 巡视检查的周期

①对继电保护室内的线路保护、母差保护、发变组保护、启/备变保护装置，除交接班时做必要的一般检查外，每班要进行一次详细的检查，发现问题及时汇报、处理，并监视运行。

②在继电保护或自动装置投入的前后。

③每次电气事故、电气参数突变或有报警信号发出后。

④每天由巡检员对线路高频保护通道进行测试，以检查通道是否正常。

2. 巡视检查的内容

①检查各继电保护装置运行正常，指示灯、液晶显示屏显示正确。

②检查各保护压板投、切正常，与调度命令一致，且接触良好，无松动。

③检查各小开关，运行方式转换开关投、切正确。

④各继电保护装置无过热，无异味，孔洞封堵完好。

⑤检查各继电保护装置前、后门关闭良好，室内照明充足。

⑥检查发变组、线路、母差等保护装置指示灯正常，各保护装置插件无异常信号。

⑦检查继电器内部无异常声响，接点无抖动，线圈无过热现象。

⑧二次回路接线端子牢固，无松动发热现象。

二、运行管理

1. 一般运行原则

任何电气设备不允许无保护运行。保护装置在一次设备投入运行前投入，一次设备停用后才能停用。

属省调调度管辖，涉及主设备本身保护为现场管理的，由省调许可方能投入运行。投入、停用运行设备的继电保护、自动装置或调整继电保护定值，应有调度（省调调度设备）或值长（值长调度设备）的命令。当明确判断继电保护有误动危险时，值班人员有权先解除该保护装置的跳闸功能，然后逐级汇报。

保护装置启用前，运行值班人员应检查下列各项：

①继电器及装置完整。

②各开关位置正确。

③电源及信号灯指示正常。

④装置内部、外部无异味。

⑤保护无异常报警信号。

在下列情况下应停用整套微机继电保护装置：

①微机继电保护装置使用的交流电压、交流电流、开关量输入、开关量输出回路作业。

②装置内部作业。

③继电保护人员输入定值影响装置运行。

继电保护启用时，应先将其电源投上，再加用功能压板，检查装置无异常后加用起动出口压板。停用时顺序相反。

现场运行人员应定期核对微机继电保护装置的各相交流电流、各相交流电压、零序电流（电压）、差电流、外部开关量变位和时钟，并做好记录，核对周期不应超过一个月。

对时钟的管理应当遵守以下规定：

①微机继电保护装置和继电保护信息管理系统应经 GPS 对时，同一电厂的微机继电保护装置和继电保护信息管理系统采用同一时钟源。

②继电保护人员和运行值班人员巡视检查微机继电保护装置和继电保护信息管理系统时，应核对时钟。

③运行中的微机继电保护装置和继电保护信息管理系统电源恢复后，若不能保证时钟准确，应校对时钟。

对于微机继电保护装置投入运行后发生的第一次区内、外故障，继电保护人员应通过分析微机继电保护装置的实际测量值来确认交流电压、交流电流回路和相关动作逻辑是否正常。既要分析相位，也要分析幅值。

对系统中已运行的保护设备或即将投运的新设备，要组织有关部门技术人员依据《四川电网继电保护及安全自动装置现场运行规程标准模板》，结合实际情况编制现场运行规程。

对继电保护与通信设备接口的管理应当遵守以下规定：

①各级继电保护部门和通信部门应明确继电保护复用通信通道的管辖范围和维护界面，防止因通信专业与保护专业职责不清造成继电保护装置不能正常运行或不正确动作。

②继电保护部门和通信部门应按《继电保护与通信设备接口规范》统一规定，对管辖范围内继电保护与通信专业复用通道的名称进行规范。

③继电保护复用的载波机有计数器时，现场运行人员要每天检查一次计数器，发现计数器变化时，应立即向上级调度汇报，并通知继电保护专业人员。

操作保护压板时，应注意不得与相邻压板或盘面相碰，以防保护误动或直流接地。

运行值班人员应保证继电保护装置打印报告的连续性，妥善保管打印报告并及时移交继电保护人员。无打印操作时，应将打印机防尘盖盖好，推入盘内，并负责加装打印纸及更换打印机色带。

2. 各种保护的运行要求

（1）线路保护运行要求

①线路保护设备的操作和影响设备运行与备用的检修维护工作，必须得到调度值班员的许可后进行。

②带纵联保护的微机线路保护装置如需停用直流电源，应在两侧纵联保护停用后，才允许停直流电源。

③线路在运行中，必须要有纵联保护投运，如无纵联保护，该线路也应同时停运。

④线路两套主保护运行时，如果其中一套保护有故障，可短时停用。当保护用载波通道故障时，应视为该套主保护退出运行。线路两套故障启动装置或两个远跳通道同时停运时，该线路也应同时停运。

⑤线路检修时，应将该线路保护停用。当保护或其回路检修时，应断开跳对侧或相关开关端子（或停用压板）。

⑥线路停电检修，且两个线路开关需继续运行时，在合上地刀前，应由检修人员在相应线路开关保护屏上封 T 区差动保护的出线 CT，以防 T 区差动保护误动，T 区差动保护仍投入运行。当拉开地刀后，应及时将其恢复。

（2）母线保护运行要求

①母线保护设备的操作和影响设备运行与备用的检修维护工作，必须得到值班调度员的许可后方可进行。

②正常情况下母线保护均应投入运行，母线不得无主保护运行。当其中一套主保护有故障时，经电厂总工程师批准可短时将其停用。

③母线停电检修时，应将其保护停用。

（3）发电机、变压器保护运行要求

①发电机、变压器保护的操作和影响设备运行与备用的检修维护工作，必须得到值班调度员的许可后方可进行。

②发电机保护在发电机运行和备用状态时应全部投入，严禁发电机无主保护运行。

③在发电机中性点处进行任何工作之前，要保证定子接地保护注入电压已切断。

④运行中的变压器瓦斯保护，当进行下列工作时，重瓦斯保护应由“跳闸”位置切换为“信号”位置。

（a）变压器在运行中滤油、补油、换潜油泵或更换净油器的吸附剂。

（b）变压器除采油样和瓦斯继电器上部放气阀门放气外，在其他所有地方打开放气和放油阀门。

（c）开、闭瓦斯继电器连接管上的阀门。

⑤变压器加油、滤油、更换油再生装置的硅胶等作业完成后，运行 48 小时后检查无气体，才允许将重瓦斯保护投入跳闸。

⑥变压器重瓦斯或差动保护之一动作跳闸后，检查变压器外部无明显故障，检查瓦斯气体和故障录波器动作情况，证明变压器内部无明显故障者，经调度值班员批准，可对变压器试送一次，试送前投入重瓦斯保护，有条件时应进行零起升压。

⑦变压器后备保护动作跳闸，在确定本体及引线无故障后，可试送一次。

⑧变压器轻瓦斯保护动作发出信号后，应进行检查并适当降低变压器输送功率。

⑨新投产、长期备用状态和检修后的变压器充电时，须将重瓦斯保护投入跳闸位置，充电良好后，切换到信号位置，经 48 小时后检查无气体，再将重瓦斯保护投入跳闸。

⑩变压器的重瓦斯保护作用于跳闸，轻瓦斯保护作用于信号。定值按《大型发电机变压器继电保护整定计算导则》（DL/T684—1999）5.4 条规定执行。

⑪如无特殊要求，变压器的压力释放、绕组温度、油温等非电量保护一般宜投信号。

⑫变压器差动保护动作跳闸后，应检查变压器其他保护的动作情况，如另一套差动保护、变压器瓦斯保护。同时还应检查变压器有无异常。根据录波图进一步判断，是变压器故障还是差动保护误动。如属差动保护误动作，可先退出误动作的差动保护，进行检查，再将变压器恢复运行。

⑬新安装的变压器保护或变压器保护二次回路有改变时，应进行带负荷检查，相位、极性正确和差流、差压合格后方可投入运行。变压器充电时，为保证瞬时切除故障，差动保护应投入跳闸。

(4) 500 kV 电缆保护运行要求

①500 kV 电缆保护设备的操作和影响设备运行与备用的检修维护工作，必须得到值班调度员的许可后方可进行。

②正常情况下 500 kV 电缆保护均应投入运行，500 kV 电缆不得无主保护运行。当其中一套主保护有故障时，经电厂总工程师批准可短时将其停用。

③当 500 kV 电缆停电而 500 kV 开关合环运行时，该电缆必须有主保护投入运行。

3. 定值计算及运行管理

①继电保护定值的整定计算应符合《220 kV～500 kV 电网保护装置运行整定规程》、《大型发电机变压器组继电保护整定计算导则》、《3 kV～110 kV 电网保护装置运行整定规程》的规定。220 kV 以上线路保护定值，由调度相关部门整定计算，下发书面定值单后执行。除出线保护定值外的其他继电保护定值，由电厂自行整定计算，对整定计算有困难的可外委有资质的单位进行整定计算，计算结果签字盖章并经电厂总工程师批准后报调度相关部门审查后执行。

②整定计算原始底稿需整理成册，妥善保管，以便日常运行或事故处理时查对。

③保护装置应依据定值通知单并按照高度指令启用。定值通知单的启用、更换、作废应按高度指令执行。

④保护装置执行新定值通知单前，运行值班人员应与调度值班人员核对保护定值通知单编号。

⑤因临时或特殊运行方式需要更改保护装置定值，可由定值整定单位下达临时或特殊方式定值。紧急情况下，值班人员有权先改变运行方式，后联系定值整定部门进行定值更改。

⑥因新建、扩建工程使局部系统较多保护装置需更改定值时，电厂继保人员应在规定期限内，按要求的顺序更改完毕，以保证各级保护装置的相互配合。有特殊困难时，须经总工程师或主管生产的厂长批准，防止保护不配合而引起严重后果。

⑦定值整定中遇定值偏差或其他问题无法执行定值通知单时，应与定值整定部门核实。

⑧每年必须进行一次继电保护定值全面核对工作，并及时将核对情况反馈到调度相关部门或电厂相关部门。

⑨运行中随运行方式变更的定值，必须有调度的正式命令，并做好书面记录。

4. 保护的检验管理

对运行中的保护装置，应按《继电保护和电网安全自动装置检验规程》（DL/T 995—2006）及省公司《四川电网继电保护及安全自动装置检验工作规定》，结合本地区环境情况和设备情况制定具体的年度检验周期和计划，并保质保量完成。

继电保护装置原则上随同一次设备停电进行检验，不再另行单独安排停电时间。正常情况下每年进行一次设备传动及端子检查，2～3 年一次部分检验，4～6 年一次全部检验。

一年一次检查项目主要有：外观检查；装置清扫；端子紧固；时钟检查；采样检查；定值复核、备份；信号核对；开关传动试验。

部分检验项目除一年一次检查项目外，还应包括：回路检查；绝缘测试；通道检查；开入、开出检查；保护联动试验。

全部检验项目除部分检验项目外，还应包括：定值校验；继电器校验；功能检查。

新安装保护设备全部和部分检验的重点应放在微机继电保护装置的外部接线和二次回路。

对微机继电保护装置进行计划性检验前，应编制继电保护标准化作业书。检验期间认真执行继电保护标准化作业书，不应为赶工期减少检验项目和简化安全措施。

微机继电保护装置检验应做好记录，检验完毕后应向运行人员交代有关事项，及时整理检验报告，保留好原始记录。

检验所用仪器、仪表应由检验人员专人管理，特别应注意防潮、防震。仪器、仪表应保证误差在规定范围内。使用前应熟悉其性能和操作方法，使用高级精密仪器一般应有人监护。

三、运行维护

微机继电保护装置插件出现异常时，继电保护人员应用备用插件更换异常插件，更换备用插件后应对整套保护装置进行必要的检验。

对于微机继电保护装置投入运行后发生的第一次区内、外故障，继电保护人员应通过分析微机继电保护装置的实际测量值来确认交流电压、交流电流回路和相关动作逻辑是否正常。既要分析相位，也要分析幅值。

对所辖范围内发生的事故，应会同安监部门制订方案，及时进行事故检验工作。对事故中暴露的问题，应制定反事故措施，审批后实施。

若通信人员在通道设备上工作影响继电保护装置的正常运行，作业前通信人员应填写作业工单，经调度部门批准后，通信人员方可进行工作。

通信人员应定期对与微机继电保护装置正常运行密切相关的电转换接口、接插部件、2M（或 PCM）板、光端机、通信电源的通信设备的运行状况进行检查，可结合微机继电保护装置的定期检验同时进行，确保微机继电保护装置通信通道正常。光纤通道要有监视运行通道的手段，并能判定出现的异常是由保护还是由通信设备引起的。

继电保护装置维护的技术要求。

（1）保护装置插件及各元器件检查

①断开保护装置的电源后才允许插、拔插件，且必须有防止因静电损坏插件的措施。

②用具有交流电源的电子仪器测量电路参数时，电子仪器测量端子与电源侧绝缘必须良好，仪器外壳应与保护装置在同一点接地。

③屏柜上的标志应正确、完整、清晰，并与图纸和运行规程相符。

④检查装置内、外部是否清洁无积尘，清扫电路板及屏柜内端子排上的灰尘。

⑤检查装置的小开关及按钮是否良好，显示屏是否清晰、文字清楚。

⑥检查各元器件是否有损伤或变形，连线是否连接好。

⑦检查端子排螺钉是否拧紧，回路接线是否正确可靠。

⑧根据实际需要，检查、设定并记录装置插件内的选择跳线和拨动开关的位置。

（2）二次回路检查维护

①在被保护设备的断路器、电流互感器，以及电压回路与其他单元设备的回路完全断开后方可进行。

②电流互感器二次回路检查。

（a）检查电流互感器二次绕组所有二次接线的正确性及端子排引线螺钉压接的可靠性。

（b）检查电流二次回路的接地点与接地状况，电流互感器的二次回路必须分别且只能有一点接地。

（c）由几组电流互感器二次组合的电流回路，应在有直接电气连接处一点接地。

③电压互感器二次回路检查。

（a）检查电压互感器二次、三次绕组的所有二次回路接线的正确性及端子排引线螺钉压接的可靠性。

（b）检查电压互感器二次中性点在开关站的金属氧化物避雷器的安装是否符合规定。

（c）检查电压互感器二次回路中所有熔断器（自动开关）的装设地点，熔断（脱扣）电流是否合适（自动开关的脱扣电流需通过试验确定），质量是否良好，能否保证选择性。

（d）检查串联在电压回路中的熔断器（自动开关）、隔离开关及切换设备触点接触的可靠性。

（e）用1000 V兆欧表测量二次回路对地及回路间的绝缘电阻，其绝缘电阻应大于1 MΩ。

（f）如果不可能出现被保护的所有设备都同时停电的机会，则其绝缘电阻的检查只能分段进行。

（g）对采用金属氧化物避雷器接地的电压互感器的二次回路，需检查其接线的正确性及金属氧化物避雷器的放电电压。一般当用1000 V兆欧表时，金属氧化物避雷器不应击穿；而用2500 V兆欧表时，则应可靠击穿。

④对回路的所有部件进行观察、清扫与必要的检修及调整。检查屏柜上的设备及端子排上内部、外部连线的接线是否正确，接触是否牢靠，标号是否完整准确，且应与图纸和运行规程相符合。检查电缆终端和沿电缆敷设路线上的电缆标牌是否正确完整，并应与设计相符。

⑤检查直流回路确实没有寄生回路存在。

⑥检查自保护屏柜引至断路器、隔离开关二次回路端子排处有关电缆的正确性及螺钉压接的可靠性。

（3）开入量输入回路检查

①在保护屏柜端子排处，按照装置技术说明书规定的试验方法，对已投入使用的开关量输入回路一次加入激励量，观察装置的行为。

②分别接通、断开连接片及转动把手，观察装置的行为。

（4）输出接点及输出信号检查

在保护屏柜端子排处，按照装置技术说明书规定的试验方法，依次观察装置已投入使用的输出接点及输出信号的通断状态。

（5）上电检查

①合上装置电源，装置应能正常工作。

②按照装置技术说明书描述的方法，检查并记录装置的硬件和软件的版本号、校验码等信息。

③模数变换系统检查（采样校验）。

（a）检验零点漂移。进行本项目检验时，要求装置不输入交流电流、电压。观察装置在一段时间内的零漂值是否满足装置技术条件的规定。

（b）各电流、电压输入的复制和相位精度检验。按照装置技术说明书规定的试验方法，分别输入不同幅值和相位的电流、电压量，观察装置的采样值是否满足装置技术条件的规定。

④定值的整定及校验。定值的整定及校验是指将装置各有关元件的动作值及动作时间按照定值通知单进行整定后的试验，该项试验在屏柜上的每一个元件检修完毕之后才进行。具体的试验项目、方法、要求视构成原理而异，一般须遵守如下原则：

（a）每一套保护应单独进行整定试验，试验接线回路中的交、直流电源及时间测量连线均应直接接到被检查保护屏柜的端子排上。交流电压、电流试验接线的相对极性关系应与实际运行接线中的电压、电流互感器接到屏柜上的相对相位关系（折算到一次侧的相位关系）完全一致。

（b）在整定校验时，除所通入的交流电流、电压为模拟故障值并断开断路器的跳、合闸回路外，整套装置应处于与实际运行情况完全一致的条件下，而不允许在试验过程中人为地改变。

（c）对于不同原理构成的保护元件只需任选一种进行检查。对主保护的整定项目进行检查，后备保护如相间Ⅰ、Ⅱ、Ⅲ段阻抗保护，只需选取任一整定项目进行检查。

⑤纵联保护通道检查。

（a）投入结合设备的接地刀闸，将结合设备的一次侧断开，并将接地点拆除之后，用1000V 兆欧表分别测量结合滤波器二次侧（包括高频电缆）及一次侧对地的绝缘电阻，以及一、二次间的绝缘电阻。

（b）测定载波通道传输衰耗，可以简单地以测量接受电平的方法代替（对侧发信机发满功率的连续高频信号），将接受电平与最近一次通道传输衰耗试验中所测量到的接收电平比较，其差若大于 3 dB 时，则需进一步检查通道传输衰耗值变化的原因。

（c）对于光纤通道，可以采用自环的方式检查光纤通道是否完好。

（d）对于光纤通道相连的保护用附属接口设备，应对其继电器输出触点、电源和接口设备的接地情况进行检查。

（e）通信专业，应对光纤通道的误码率和传输时间进行检查，指标应满足 GB/T 14285 的要求。

（f）对于利用专用光纤通道传输保护信息的远方传输设备，应对其发信电平、收信灵敏电平进行测试，并保证通道的裕度满足运行要求。

（g）传输远方跳闸信号的通道，采用允许式信号的纵联保护，除了测试通道传输时间，还应测试“允许跳闸”信号的返回时间。

(h) 继电保护利用通信设备传送保护信息的通道，还应检查各端子排接线的正确性、可靠性。继电保护装置于通信设备之间的连接应有电气隔离，并检查各端子排接线的正确性和可靠性。

⑥整组联动试验。

(a) 装置在完成定值校验及相应的工作后，需要将同一被保护设备的所有保护装置连同断路器等一次设备进行整组的检查试验，以校验各装置在故障及重合闸过程中的动作情况和保护回路设计正确性及调试质量。

(b) 整组试验时，应检查各保护之间的配合、装置动作行为、断路器动作行为、保护启动故障录波信号、监控信号等是否正确无误。

(c) 借助于传输通道实现的纵联保护、远方跳闸等的整组试验，应与传输通道的检查一同进行。

四、保护装置的常见异常现象和故障处理

1. 常见异常和故障类型

保护装置的常见异常现象和故障类型有：

①保护用电压互感器二次回路异常。

②保护用电流互感器异常。

③保护装置异常。

④保护通道异常。

⑤直流接地。

⑥保护装置直流电源消失。

2. 常见异常和故障的处理

(1) 保护用电压互感器二次回路异常的处理

应立即退出电压互感器二次回路异常的距离、方向保护及相应高频保护，防止保护误动；立即通知继电保护人员处理；必要时向相关部门申请一次设备停电检查。继电保护人员检查电压互感器二次回路，应考虑其他保护及二次设备共用一组电压互感器二次绕组的问题，避免造成相关设备的误动。

(2) 保护用电流互感器异常的处理

应立即通知继电保护人员处理；对于负荷电流较大情况下发生的电流互感器异常，应设法降低负荷电流，并向相关部门申请一次设备停电检查。继电保护人员检查电流互感器二次回路，应考虑是否存在其他保护及二次设备共用一组电流互感器二次绕组的问题，避免造成相关设备的误动。同时还要有严格防止电流二次绕组开路的措施。

(3) 保护装置异常的处理

保护装置故障告警，其信号能复归时，可暂时继续运行，但应加强监视。保护装置故障告警，其信号不能复归时，应将本保护装置退出，防止保护误动，并立即通知继电保护人员处理。

(4) 保护通道异常的处理

首先退出闭锁式保护，然后退出相应保护通道。对允许式保护，只需退出相应保护通道，后备保护仍可投入。必要时向相关部门申请一次设备停电检查。

(5) 直流接地的处理

查找保护直流接地时，首先将被查保护装置退出。采取相应措施防止直流系统再次发生故障。对于线路保护应保证线路两侧有一套纵联保护投入，同时退出对侧保护装置。

（6）保护装置直流电源消失的处理

若直流电源消失告警，应由值班员立即检查直流电源开关是否脱扣。在未查明原因前，不可强行恢复上电。如果直流电源开关良好，直流电源消失，告警仍不能复归，应将该直流电源消失的全部保护装置退出，同时退出对侧保护装置。

3. 常见异常和故障的处理原则

当系统或本厂发生事故或异常情况时，值班人员应迅速查明以下情况并汇报值长：有哪些开关动作（跳闸、自动合闸等）及动作先后时间；哪些保护动作使开关跳闸；监控有哪些故障信号发出。值长应及时向调度汇报上述现象。

微机继电保护装置出现异常时，当值运行人员应根据该装置的现场运行规程进行处理。

继电保护装置发生动作后，应尽可能将一切保持原状，并立即通知继电保护人员到现场处理。如情况特殊，来不及等继电保护人员到场，此时应详细记录当时的情况，同时还应收集整理装置动作报告、故障录波图及行波测距装置结果等。

对事故中暴露的问题，应制定反事故措施，审批后实施。

第二节　调速系统和有功负荷调整

一、调速系统的巡视检查

1. 巡视检查的周期

运行、检修人员应坚持对设备的定期巡视。运行人员巡视每班不少于 1 次。巡视人员应做好巡视记录，发现问题应及时通知检修人员处理。

2. 巡视检查的内容

①检查和观察机组调速器控制系统的运行情况。

②检查元器件有无松动、脱落、烧焦、损坏等。

③检查 PLC 的 CPU 模块各指示灯是否正常，有无报警信号。

④检查触摸屏是否显示正常，有无故障报警信息。

⑤转速继电器工作是否正常。

二、运行管理

1. 调速器运行的一般要求

在机组试运行之前或者调速系统改造和大修后，发电厂应委托有资质的电力试验单位完成新（改造）调速系统参数实测、建模和一次调频试验工作，测试试验报告必须及时上报调度部门。发电厂试验前必须制定试验方案和相应安全措施，并报调度部门备案，调速系统的各项技术性能参数应达到国家和行业有关标准要求，技术规范满足接入电网安全稳定运行的要求。

并入电网运行的机组都必须具备一次调频功能。在设计上应保证一次调频功能始终处于投入状态。无论发电机组采取何种控制系统，都不能影响机组一次调频功能，并且保证一次调频功能的响应速度。发电机组一次调频功能投退和定值的更改，必须经上级调度部门批准。

电厂按调度机构下达的一次调频定值和调度命令执行。未经调度机构批准，不得擅自改变其状态和参数整定值。

2. 发电机组合闸并网原则

所谓并网运行是指发电机组在正常运行状态下，与外部常规配电网在主回路上存在电气连接。发电机组合闸并网的四个条件如下：

①发电机的频率与系统频率相同。

②发电机电压相位与系统电压相位一致。

③发电机出口电压与系统电压相同，其最大误差应在5%以内。

④发电机相序与系统相序相同。

当满足以上四个条件时，可以合上并网开关，使发电机组并入系统运行。但前3个条件是允许稍有出入的，第4个条件必须绝对满足，因为发电机并网时，客观上同相之间的电压差和相位差是不可避免的。发电机没并网前自己是一个电网系统，外部常规配电网算一个，两个电网并列运行前需要投同期，同期考虑三个问题：电压差、相位差、频率差，理论上三者差为零，即为最佳同期点，实际上这是几乎不存在的，所以只需要电压差、相位差和频率差在一个允许的范围内即可发并网信号，使发电机组安全、可靠并网。差值越小，冲击电流越小，需要系统无功功率也最小，对外部常规配电网的影响亦越小。

3. 发电机组有功功率调整的一般要求

发电机组并网后，调速器接收并完成电网调度下达的机组给定功率的指令，调节机组的有功出力。调速器有功功率调整的反馈方式有两种，即开度反馈和功率反馈。机组并网后在现地模式可以通过操作把手选择模式，在远方时当计算机监控系统发出“激活开度反馈”命令时选择开度模式。没有发出“激活开度反馈”命令时，默认为功率反馈。机组并网后，频率变化超过0.5 Hz时进入孤网运行模式，同时将调节模式自动切换到开度反馈模式。不论在哪种模式下，调速器偏差通过不同的积分速度进行调节。当给定值和实际值偏差较大时，快速积分，使出力尽快逼近给定值；当功率的偏差值进入一定区间（区间Ⅰ）后，减慢积分速度；在更小的区间（区间Ⅱ）中，使积分速度逐渐减至零。总之，有功调整应该快速而稳定，避免过调节，见图2-5-1。

4. 一次调频运行要求

一次调频是在电力系统偏离了额定频率（50 Hz）的频率差时，按永态转差系数ep对机组进行负荷控制，由调速器完成功率调节，在较快的时间内（8 s～15 s）弥补系统的部分功率差值。一次调频对于提高电力系统的稳定性和电能质量有重要的作用。

一次调频的工作原理是，采用变化的系统频率作为输入，根据调速器的调差系数计算出相应的机组功率调整量，然后在调速器外部功率给定的基础上，相应地改变调速器内部的功率给定，然后采用前述的功率调节规律对机组实施控制，达到功率响应的目的。

电网一次调频的要求：并网发电机组均应参与电网的一次调频；永态转差系数ep为4%～5%；频率死区在0.05 Hz以内。

响应特性：电网频率变化超过一次调频频率死区时，机组应在15 s内响应机组目标功率，在45 s内，机组的实际功率与目标功率的功率偏差的平均值应在其额定功率的3%以内，稳定时间应小于 1 min。

负荷变化幅度限制：参与一次调频的负荷变化幅度限制应参照各发电厂规范。

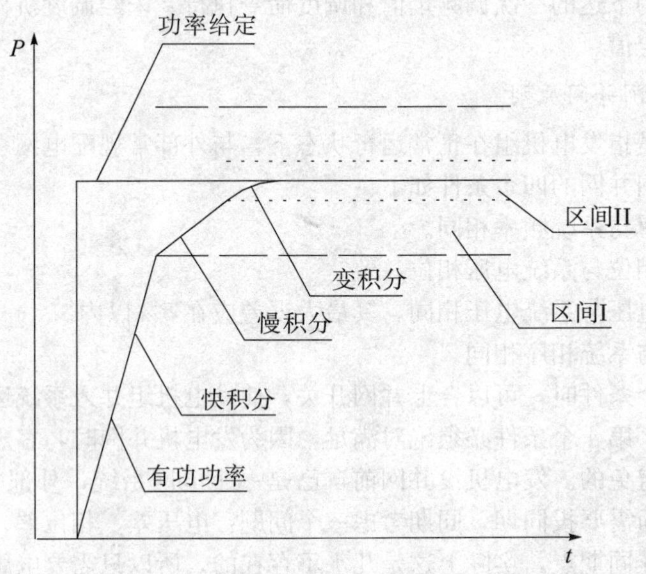

图 2-5-1　发电机组有功功率调整

三、运行维护

调速器控制系统的维护检修工作一般分为日常维护、部分检验、全部检验三个等级。

1. 日常维护

日常维护是指调速器控制系统总体运行状况良好，而对其进行的常规巡回检查和简单缺陷的消除工作。日常维护的项目有：

①检查和观察机组调速器控制系统的运行情况。

②检查元器件有无松动、脱落、烧焦、损坏。

③检查 PLC 的 CPU 模块各指示灯是否正常，有无报警信号。

④检查触摸屏显示是否正常，有无故障报警信息。

⑤检查转速继电器工作是否正常。

2. 部分检验和全部检验

部分检验是指针对调速器控制系统某些元件存在的问题，对调速器控制系统进行某几方面的部分功能检查和检验，以保持和恢复调速器控制系统性能。部分检验可根据调速器控制系统状态评估结果，有针对性地实施部分全部检验项目或定期滚动检修项目。

全部检验是指对调速器控制系统进行全面、系统的功能检查和检验，以及针对大的缺陷进行处理，以保持、恢复或提高设备性能。

部分检验和全部检验的内容有：

①外观检查：元件外观无破损，无烧焦痕迹，仪表显示正常，接线牢固，指示灯完好，指示正确。

②盘柜清扫：各元器件及盘柜表面清洁无灰尘，内无遗留物。

③端子紧固：线头应与端子接触牢固，无松动脱落现象，线号标志清晰正确。

④盘柜内、外元件编号检查：盘柜内、外元件编号应正确、清晰，与图纸一致。

⑤排风扇及滤网清扫：表面无灰尘，回装后接线正确。

⑥表计校验：符合标定精度，有检验合格标志。

⑦功率变送器校验：符合标定精度，有检验合格标志。

⑧压力开关、压差变送器校验：满足要求，有检验合格标志。

⑨重要继电器校验：室温下，继电器的直流阻值偏差应不超过额定值的±10%；动静接点应清洁，接点间有一定距离，其触点断开距离不小于3 mm；继电器线圈为冷态时，其动作电压应为额定电压的50%～70%，继电器的返回值不小于额定电压的10%。

⑩PT/CT回路检查：接线正确，PT不应短路，CT不应开路。

⑪电源回路绝缘检查：交流、直流电源进线回路绝缘电阻阻值均应大于10 MΩ。

⑫盘柜送电检查：逐一合上到调速器控制盘柜内的电源开关，此时盘柜内的元器件应无打火、冒烟、异味、发热等异常现象；各元件工作正常，指示灯及表计指示正确，调速器系统工作正常。

⑬电源电压检查：220±10% V_{DC}、220±10% V_{AC}电压满足要求。

⑭开关电源检查：开关电源内风扇运转正常，输出电压值应为额定电压的±10%以内。

⑮PLC程序及通信检查：两套调速器的PLC与人机界面通信连接正常；转速继电器PLC程序工作正常；各系统程序运行正常，CPU无报警信号。

⑯PLC电池检查更换：PLC的后备电池应按照厂家说明定期更换。

⑰齿盘测频开关检查：霍尔开关应安装、接线牢固，表面无裂痕，绝缘合格；探头引出线及电缆绝缘皮无老化、破损等现象；其探头面应与齿盘外切面平行，并与齿盘切面间隔不超过规定值，同时保证机组在整个运行过程中探头面不超过齿盘的上、下端面；波形应正确。

⑱＃1、＃2调速器头机频残压测频校验：测量准确，精度满足要求。45 Hz～55 Hz时精度应满足万分之一要求。

⑲＃1、＃2调速器头网频校验：测量准确，50 Hz时精度满足要求。

⑳转速继电器残压测频校验：继电器动作正确，模拟量通道满足要求。

㉑转速继电器开出继电器动作值检查：转速继电器动作正确，各输出继电器动作正确，开出信号正确。

㉒电转信号检查：输出到电转信号的幅值应为规定值，且波形正确。

㉓重要的模拟量通道校验：模拟量通道应校验准确。

㉔信号核对：信号描述正确，接线牢固。

㉕控制方式检查：检查方式逻辑是否正确。

㉖导叶位置传感器线性度检查：接线正确，屏蔽良好，端子牢固；线性度应满足要求，各导叶位置传感器的值偏差不大于1%个开度。

㉗静特性试验：检查调速器整机的最大非线性度，转速死区的大小和永态转差系数的Bp偏差，借以鉴别和改善调速器的工作性能。

㉘导叶三段关闭时间检查：导叶三段关闭时间应满足设计要求（调保计算的设计要求）。

㉙机械零位检查：断开电转信号，接力器应有缓慢回关的趋势。

㉚调速器方式切换试验：切换过程中接力器应无波动，导叶开度应无明显变化。

㉛故障切换试验：动作结果、故障信号应正确。

㉜程序、定值复核：保证程序、定值正确。

㉝程序备份：备份在专用的计算机里，备份后检查程序能正常在线连接。

四、频率异常处理

1. 频率异常时的现象

调速器采用 PLC 双可编程的冗余热备份方式，每套 PLC 测频回路由一路齿盘转速信号和一路由残压 PT 测得的转速信号，实现互为备用，可自动切换。当任意一路出现故障，远方监控报“小故障”信号时，均应及时检查处理。

2. 频率异常的原因及危险点分析

①齿盘测速开关故障的原因及危险点分析：元件老化，绝缘老化，工作电源超范围，安装距离超范围，接线松动。

②残压测频隔离变故障的原因及危险点分析：谐波干扰，线圈烧坏。

③波形整形板故障的原因及危险点分析：工作电源超范围，板件中晶振等器件损坏。

④高速计数模块故障的原因及危险点分析：工作电源超范围，PLC 失电后程序丢失。

⑤残压测频 PT 故障的原因及危险点分析：谐波干扰，PT 保险脱落、烧坏等故障。

3. 频率异常的处理原则

①退出一次调频功能。

②限制导叶开度。

③调速器控制方式设置为手动。

④汇报调度部门，手动将机组解列停机。

第三节　励磁系统和无功负荷调整

一、励磁系统的巡视检查

1. 巡视检查的周期

运行、检修人员应坚持对励磁设备的定期巡视。

有人值班的电厂运行人员巡视每班不少于 1 次；无人值班（少人值守）的电厂值守人员每周至少巡视 3 次。巡视人员应做好巡视记录，发现问题应及时通知检修人员处理。

有人值班的电厂检修人员巡视每周不少于 1 次；无人值班（少人值守）的电厂检修人员每周至少巡视 1 次。巡视人员应做好巡视记录，发现问题应及时处理。

2. 巡视检查的内容

励磁系统巡视检查的内容有：

①检查励磁系统各表计指示，信号显示与实际工况相符。

②检查冷却系统温度应在设计范围内。

③检查整流功率柜运行状态及均流应无报警，各整流桥电流基本一致。

④检查调节器运行状态及稳压电源工作状态的电源指示应正常，调节器无报警。

⑤检查调节器各运行参数应正常。

二、运行管理

1. 励磁系统运行的一般原则

在机组试运行之前或者励磁系统改造和大修后，发电厂应委托有资质的电力试验单位完成新（改造）励磁系统参数实测、建模和PSS试验工作，测试试验报告必须及时上报调度部门。发电厂试验前必须制定试验方案和相应安全措施，并报调度部门备案，励磁系统和PSS装置强励水平、放大倍数、时间常数等技术性能参数应达到国家和行业有关标准要求，技术规范满足接入电网安全稳定运行的要求。

涉及电网安全的有关发电机组励磁系统定值包括PSS定值、低励限制定值、调差系数等，发电公司（电厂）未经调度许可，不得擅自设定或更改其定值。机组PSS功能必须按调度命令投入运行，未经调度许可，不得擅自退出运行机组的PSS功能。

2. 励磁系统运行的要求

①自动励磁调节器及手动励磁调节器的运行、检修已按规程规定执行，电厂应有国家及行业相关标准、“反措”文件、运行和检修规程、试验措施、试验报告（包括录波图）、竣工图纸、设备规范、使用说明书、用户手册及参数整定书等，设备台账齐全。

②励磁系统有符合实际的完整图纸、使用说明及有关的技术资料；励磁系统传递函数及各环节参数经试验验证后书面报电网企业（有关参数发生改变时，及时书面报电网企业）。设备改造、更换后有相关的记录和经修订后的图纸资料。

③新投入或大修后的励磁系统，按国家及行业标准做过甩负荷、阶跃、零起升压和灭磁等扰动性试验，调节器的动态特性须符合标准的要求。励磁参数的整定符合电厂具体情况和系统运行要求。

④调节器在正常运行时运行稳定、调整精确可靠。在手动—自动、自动—自动切换过程中无扰动，不存在长期手动运行的情况。无因励磁调节器异常引起无功摆动甚至跳闸等问题。励磁装置在一路工作电源失去和恢复时可保持发电机工作状态不变，且不误发信号；励磁系统设备能经受发电机任何故障和非正常运行冲击而不致损坏。

⑤励磁系统的强励能力满足标准的要求。在一个整流柜退出运行时能满足发电机强励运行要求。

⑥调节器中的过励磁限制、低励磁限制、V/F限制、无功电流补偿等功能单元按设计及定值要求投入运行。低励磁限制的整定满足进相运行的要求，过励磁限制的整定满足强励的要求，励磁系统的稳态增益满足调压精度要求。

⑦调节器调差功能能满足相关标准要求；多台机组并列运行时，无功分配或调差系数合适。

⑧励磁系统的所有保护（包括转子接地、励磁变过流、失磁保护等）能按设计及定值要求正确投入，失磁保护与低励磁限制的整定关系正确。二次回路、监视回路、信号回路正确、完整、可靠。

⑨功率整流柜的均流、均压满足规程要求，无异常、过热、报警等现象。

⑩转子过电压及交、直流侧保护配置完备（包括直流侧短路、整流元件换相过电压、功率整流装置交流侧过电压、励磁变压器保护等），相关保护设备、灭磁装置、转子滑环等无异常现象，检修时按规程要求项目和周期进行检查。灭磁装置能在发电机各种工况下可靠

灭磁。

⑪发电机组励磁调节器主通道取自不同的电流、电压互感器和开关辅助接点，通道之间可以可靠切换。机组主要控制系统的输入、输出回路相互独立。

⑫发电厂计算机监控系统中励磁调节器正常情况下应运行在电压闭环控制方式，不允许采取无功闭环控制等其他控制方式。

3. *电压与无功功率调整*

①各发电厂应按调度部门下达的电压（无功）曲线，编制实施计划，下达到运行值班控制室，运行值班人员应根据电压（无功）曲线要求，及时、主动地调整机组的无功出力，保证高压母线电压运行在电压曲线规定的范围之内。

②各发电厂必须按“逆调压”的原则进行无功电压调整，即在每天早、晚高峰负荷时段，增加机组无功出力，使高压母线电压靠近电压曲线规定的“上限值”运行；在夜间低谷时段尽量少带无功直至进相运行，使高压母线电压靠近电压曲线规定的“下限值”运行。

③远离负荷中心的各水电厂，在轻负荷时段，必须实施发电机进相运行方式，保证将本厂高压母线电压控制在电压曲线规定的范围之内。

④位于电网负荷中心的各火电厂，在丰水期开机偏少的时候，出现高压母线电压偏低运行的情况时，应采取降低机组有功出力或一炉带两机的运行方式，使机组超发无功，以保证电压质量。

4. *PSS的运行要求*

配置的电力系统稳定器（PSS装置）应进行静态检查及动态投入试验。在机组负载试验时应计算机组有功功率振荡的阻力比，并出具相关的频率特性数据报告，当PSS装置具备投入条件时应报电网企业。在机组并网后相关参数发生改变时也应及时进行PSS参数调整，并应再报上级调度部门。

5. *AVC的运行要求*

接受主站端（省调或地调AVC主站）的高压母线电压目标值调整量，优化分配各机组实时无功出力，或根据预置的高压侧母线的电压曲线，就地完成厂站端无功电压的优化控制。设有计算机AVC系统的发电厂应尽量投用计算机AVC装置。

三、运行维护

励磁控制系统的维护检修工作一般分为全部检验、部分检验、日常维护三个等级。

全部检验是指对励磁控制系统进行全面、系统的功能检查和检验，以及针对大的缺陷进行处理，以保持、恢复或提高设备性能。

部分检验是指针对励磁控制系统某些元件存在的问题，对控制系统进行某几方面的部分功能检查和检验，以保持和恢复控制系统性能。部分检验可根据控制系统状态评估结果，有针对性地实施部分全部检验项目或定期滚动检修项目。

日常维护是指励磁控制系统总体运行状况良好，而对其进行的常规巡回检查和简单缺陷的消除工作。

1. *励磁系统维护检修中的注意事项*

①对励磁系统巡回检查时，必须开工作票，不得乱动设备。如发现缺陷，做好记录。若需及时处理，应先办理工作票后，再进行处理。

②每天查看运行缺陷记录，并将当天内不能处理的缺陷记录到设备记录本上。

③缺陷处理前开工作票，由运行人员做好检修措施，工作结束后，向运行人员交代检修工作内容，然后由运行人员恢复设备运行。

④凡参加检修的工作人员必须熟悉励磁系统的图纸和状况，了解设备的功能和作用。

⑤在检修前，必须确认所检修设备已与系统脱开，四源断开（电源、风源、水源、油源）。

⑥在拆卸检修设备前，应做好或找到回装标记。

⑦在拆卸较重的零部件时，应考虑到个人能力，做好防止人员坠落和设备脱落的措施，注意防止人员砸伤、割伤，以及设备撞伤的事故。

⑧在拆卸复杂的设备时，应记录拆卸顺序，回装时应按“先拆后装，后拆先装”的原则进行。

⑨在部件的拆卸、分解过程中应随时进行检查，发现异常和缺陷应做好记录并对其处理。

⑩在拆卸过程中，因时间不够或其他事情干扰而中断工作，以及拆卸完毕后，应对有可能掉进异物的管口等用白布或石棉板、铁板封堵。

2. *励磁系统全部检验、部分检验一般项目及质量标准*

项目及质量标准见表2－5－1。

表2－5－1 励磁系统全部检验、部分检验一般项目及质量标准

<table>
<tr><th colspan="3">检修项目</th><th>质量标准</th></tr>
<tr><td rowspan="10">静态检查</td><td rowspan="4">绝缘检查</td><td>电源回路绝缘检查</td><td rowspan="4">检查回路应无短路、接地现象，符合相关标准，测得的绝缘电阻值应不低于1 MΩ</td></tr>
<tr><td>励磁主回路绝缘检查</td></tr>
<tr><td>脉冲变压器绝缘检查</td></tr>
<tr><td>变压器T05、T15绝缘检查</td></tr>
<tr><td rowspan="5">元器件校验和检查</td><td>各回路电阻检查</td><td>核对电阻阻值，电阻无损坏</td></tr>
<tr><td>熔断器检查</td><td>熔断器无损坏</td></tr>
<tr><td>控制板件检查</td><td>控制板件无烧损，无明显异常</td></tr>
<tr><td>仪表、变送器校验</td><td rowspan="2">符合标定精度，记录相关实测值，有检验合格标志</td></tr>
<tr><td>继电器、接触器校验</td></tr>
<tr><td>灭磁开关静态检查</td><td>灭磁开关检查</td><td>灭弧室、灭磁开关触头无明显异常，机械结构螺丝无松动</td></tr>
<tr><td rowspan="6">静态试验</td><td>耐压检查</td><td>主回路耐压试验</td><td>主回路绝缘无破坏</td></tr>
<tr><td rowspan="2">上电检查</td><td>直流电源系统检查</td><td rowspan="2">上电前后，交流、直流回路均无异常</td></tr>
<tr><td>交流电源系统检查</td></tr>
<tr><td rowspan="3">风机检查</td><td>风机工作测试</td><td rowspan="3">风机回路工作正常，无异常声音，切换逻辑正常</td></tr>
<tr><td>风机运行时间检查</td></tr>
<tr><td>风机切换试验</td></tr>
</table>

续表2-5-1

<table>
<tr><th colspan="3">检修项目</th><th>质量标准</th></tr>
<tr><td rowspan="15">静态试验</td><td rowspan="4">灭磁开关分合检查</td><td>灭磁开关回路检查</td><td rowspan="4">灭磁开关分合逻辑正常，辅助接点与图纸一致，灭磁开关直流电阻及灭磁开关分合时间符合相关标准</td></tr>
<tr><td>辅助接点检查</td></tr>
<tr><td>灭磁开关直流电阻测量</td></tr>
<tr><td>灭磁开关分合时间测量</td></tr>
<tr><td>起励回路检查</td><td>辅助起励回路逻辑检查</td><td>起励逻辑检查正常</td></tr>
<tr><td rowspan="4">跨接器检查</td><td>转折电压测试</td><td rowspan="4">触发动作正常</td></tr>
<tr><td>转子正向过电压触发回路测试</td></tr>
<tr><td>转子反向过电压触发回路测试</td></tr>
<tr><td>非线性电阻 R02 特性测试</td></tr>
<tr><td rowspan="3">核对信号</td><td>与监控核对信号</td><td rowspan="3">信号描述正确，接线牢固</td></tr>
<tr><td>与保护核对信号</td></tr>
<tr><td>PT、CT 回路信号核对</td></tr>
<tr><td rowspan="2">模拟报警</td><td>开关断电模拟报警</td><td rowspan="2">模拟报警，检查报警正确，无其他报警</td></tr>
<tr><td>功率柜模拟报警</td></tr>
<tr><td>开环调节特性检查</td><td>小电流试验</td><td>整流桥工作正常，调节器调节正常，输出波形正常</td></tr>
<tr><td colspan="2">参数备份</td><td>CH1、CH2 通道参数备份</td><td>备份在专用的计算机中</td></tr>
<tr><td rowspan="8">空载试验</td><td rowspan="3">零起升压试验</td><td>起励、逆变逻辑检查</td><td>起励、逆变过程无异常、无报警，升压过程正常</td></tr>
<tr><td>通道检查</td><td>通道运行、切换检查正常</td></tr>
<tr><td>手、自动切换逻辑检查</td><td>手、自动通道运行正常，手、自动切换逻辑正常，跟踪速度符合相关标准</td></tr>
<tr><td rowspan="2">远方操作</td><td>起励、逆变检查</td><td rowspan="2">远方操作正常，无报警</td></tr>
<tr><td>增、减磁检查</td></tr>
<tr><td>限制器试验</td><td>V/Hz 限制器试验</td><td>限制器正常动作，机组运行稳定，限制器动作时间正常</td></tr>
<tr><td rowspan="2">10%阶跃响应试验</td><td>自动 10%阶跃响应试验</td><td>空载±10%阶跃响应。电压超调量不大于额定电压的 10%，振荡次数不超过 3 次，调节时间不大于 5 s</td></tr>
<tr><td>PT 断线故障模拟</td><td>PT 断线通道切换正常，无异常报警</td></tr>
<tr><td>负载试验</td><td>PSS 试验</td><td>PSS 投退检查</td><td>检查并网时，PSS 能正常投入和退出</td></tr>
</table>

3. 检修工序工艺

检修项目可分为励磁系统静态检查、静态试验、空载试验、负荷试验（并网试验）。励磁系统进行全部检验、部分检验项目时，可依据下面相关部分进行。

（1）检修前的准备工作

①检修前，应进行励磁系统的安全、技术交底。

②准备好励磁系统检修所需的工器具、材料及备品备件。

③做好人员的组织安排工作。

④检修前办理好检修工作票。

（2）静态检查

①盘柜清扫：首先用吹风机将盘柜内外进行吹扫，各元件外周用毛刷清扫，再用白布擦拭，灰尘渣滓较多时用吸尘器清理，清扫完后，元器件表面无明显的灰尘，柜内无遗留物。

②端子紧固检查：逐一检查盘柜内端子线号标志是否正确清晰，对模糊的标志，重新更换号头。检查端子接线压接牢靠、无松动脱落、导电部分无外露搭接现象。

③绝缘检查。

（a）绝缘检测就是检查和测量励磁装置中不同导电回路之间以及各导电回路与金属构架（即大地）之间的绝缘电阻。

（b）$U_e \leqslant 60$ V 用兆欧表 250 V 档，60 V$<U_e \leqslant 380$ V 用兆欧表 500 V 档，测其绝缘不小于 10 MΩ。

（c）开关电源交直流 220 V 电源输入回路的绝缘，用 500 V 兆欧表，在温度 15℃～35℃及相对湿度为 45％～75％环境下测量，应不小于 1 MΩ。

（d）额定电压 500 V～1000 V 的电气设备或回路使用 1000 V 兆欧表，绝缘不小于 10 MΩ。

（e）可控硅阳极回路及脉冲变压器绝缘电阻检测使用 2500 V 兆欧表，绝缘不小于 10 MΩ。

（f）在测试绝缘时，对不能承受绝缘检查电压的弱电设备进行短接，以防止造成弱电设备的损坏。

④元器件校验和检查。

（a）检查励磁盘柜内电阻、电容、熔断器无破损，核对电阻值无误，检查熔断器接触良好。

（b）将需要校验的变送器、电流表、电压表回路接线解开，用绝缘胶布包好，并做好标记，经校验合格回装后按标记恢复原有接线。

（c）检查继电器、接触器外观完好，并用万用表电阻档测量其阻值，测定值与标称值相比误差应不超过±10％，并对继电器、接触器进行校验。

⑤灭磁开关静态检查。

（a）静态情况下打开灭弧罩，检查触头是否正常，灭弧室、灭磁开关触头有无明显烧损现象，灭磁开关机械结构螺丝有无松动。

（b）检查灭磁开关跳、合闸线圈电阻，检查灭磁开关的辅助接点是否正确。

⑥主回路耐压试验。

（a）交流试验电压应为正弦波，频率为 45 Hz～50 Hz，在规定的试验电压值下持续时间为 1 min，应不产生绝缘损坏或闪络现象。闪络击穿试验装置，击穿电流整定在 20 mA。

（b）与发电机励磁绕组回路直接连接的所有回路及设备：试验电压为 10 倍额定励磁电压，且不低于 1500 V。

（c）将交直流母排短接一起，摇表 2500 V 对地测其绝缘。

（d）绝缘测试应分别在耐压试验前和耐压试验后各进行一次。

（e）主回路耐压试验前应做好安全措施，防止发生设备损坏和人员触电。

⑦上电检查。

（a）交流、直流电源上电前，用万用表检测交、直流回路，交、直流输入电源是否符合上电要求。

（b）一般情况下，直流允许变化范围为 DC220 V+10%～−15%；交流允许变化范围为 AC220 V+10%～−15%。

（c）开关电源在单电源输入及双路电源切换时均应满足以下要求：直流 24 V 电源输出变化范围为 DC24 V±10%。

（d）交流直流电源上电后，用万用表检测交直流输入电源回路是否正常。

⑧风机检查。

⑨灭磁开关分合检查。

⑩起励回路逻辑检查。

⑪跨接器检查。

⑫信号核对。

（a）检查所有的输入/输出开关量信号，检查所有的模拟量输入/输出信号，对应输入/输出板或继电器接口板指示灯变化，PT、CT 回路连接是否正确。

（b）首次投运的设备应逐一检查其输入输出回路，内部连接是否与图纸一致，外部连接是否与端子图一致。

（c）外送到监控保护的信号描述是否与实际一致。

⑬小电流试验。

（3）空载试验

①自动起励、逆变。

试验要求：发电机空载运行，转速在 0.95～1.05 额定转速范围内，突然投入励磁系统，使发电机机端电压从零上升至额定值时，电压超调量不大于额定电压的 10%，振荡次数不超过 3 次，调节时间不大于 5 s。

试验方法：自动方式下，LCP 上起励到 100%，检查是否满足试验要求，保存波形。切换通道，自动方式下，现地起励到 100%，保存波形。

②切换试验。

试验要求：保证非运行通道的控制信号、给定与运行通道的控制信号、给定匹配；通过改变通道给定及运行方式给定的办法，检验跟踪效果；跟踪的速度比较缓慢（秒级），保证在紧急情况下无扰切换，运行通道控制信号发生突变不影响备用通道。

通道切换：自动起励至 100%，检查跟踪效果，保存波形。

③V/Hz 限制。

试验条件：模拟保证频率不变，发电机电压变化和保证发电机电压不变，频率在 47 Hz～52 Hz 间变化。

试验要求：模拟保证频率不变，发电机电压变化，达到 V/Hz 限制器动作值时，V/Hz 限制器应及时动作；模拟保证发电机电压不变，频率减少，达到 V/Hz 限制器动作值时，V/Hz 限制器应及时动作；V/Hz 限制器动作，自动减小 AVR 的电压给定值，限制发电机励磁，降低机端电压，使 V/Hz 比值在给定值以下，保证设备安全运行。

④空载阶跃。

试验条件：自动方式空载阶跃下，现地起励升至额定，减磁至 90%。

试验要求：空载±10%阶跃响应，电压超调量不大于额定电压的 10%，振荡次数不超过 3 次，调节时间不大于 5 s。

⑤PT 故障。

试验要求：模拟 PT 断线时，逻辑控制器切换正常，现地无异常报警。

(4) 负载试验

PSS 投/退检查。检查 PSS 在上述设定值到达时，能正常工作。

四、励磁系统的常见故障及处理原则

1. 常见异常和故障类型

励磁系统的常见异常现象和故障类型有：

①转子一点接地故障。

②励磁变压器温升过高。

③励磁整流功率柜故障。

④励磁冷却系统故障。

⑤励磁电流及无功负荷异常。

⑥起励失败。

⑦励磁系统误强励。

⑧自动励磁调节器测量信号断线（电压互感器断线）。

⑨失磁保护动作或灭磁开关（磁场断路器）跳闸。

⑩励磁变压器过流保护动作。

⑪转子过电流保护动作。

⑫发电机转子回路两点接地。

⑬转子回路断线。

2. 常见异常和故障的危险点分析

①转子一点接地故障的危险点分析：转子绝缘能力降低或装置误发信号。一点接地不处理易造成转子两点接地。

②励磁变压器温升过高的危险点分析：易造成励磁变绝缘损坏。

③励磁整流功率柜故障的危险点分析：造成励磁系统不能正常运行。

④励磁冷却系统故障的危险点分析：会导致功率柜整流桥发热。

⑤励磁电流及无功负荷异常的危险点分析：可能因系统无功波动原因造成，也可能因本机励磁系统故障造成。

⑥起励失败的危险点分析：造成励磁系统无法投入运行。

⑦励磁系统误强励的危险点分析：造成发电机组绝缘损坏、系统无功波动。

⑧自动励磁调节器测量信号断线（电压互感器断线）的危险点分析：励磁系统 PT 断线的通道无法运行在 AVR（自动）模式。

⑨失磁保护动作或灭磁开关（磁场断路器）跳闸的危险点分析：易造成发电机因失磁而异步运行。

⑩励磁变压器过流保护动作的危险点分析：易造成励磁变绝缘损坏及励磁系统无法

运行。

⑪转子过电流保护动作的危险点分析：造成发电机定子端部发热，损坏绝缘。

⑫发电机转子回路两点接地的危险点分析：造成发电机失磁运行，励磁系统直流侧电缆、元器件烧毁。

⑬转子回路断线的危险点分析：易造成发电机因失磁而异步运行。

3. 常见异常和故障的处理原则

（1）转子一点接地故障的处理原则

立即停止在转子回路上的工作；检查转子回路，如有接地点应设法排除；测量转子对地电压并换算成绝缘电阻值，确定保护装置是否正确发讯；如确认转子内部接地，一时无法排除，应立即报告值班调度，申请停机处理。

（2）励磁变压器温升过高的处理原则

检查励磁系统是否过负荷运行；检查整流功率柜是否掉相运行；检查励磁变压器冷却系统是否正常工作；若在运行中不能恢复正常，应向调度申请倒备励或停机处理。

（3）励磁整流功率柜故障的处理原则

可以分柜运行的整流功率柜发生单柜故障，可以减负荷运行，退出故障的整流功率柜进行处理。不能分柜运行的整流功率柜发生故障时，有备励系统者倒备励运行；无备励系统者可向调度申请停机处理。整流功率柜发生多桥臂故障时，可作如下处理：

①若励磁电流可以调节，立即倒换至备励运行；无备励系统者可向调度申请机组解列，灭磁后处理。

②若励磁电流无法调节，经调度同意可将机组解列，灭磁后处理。

③多桥臂故障引起机组失步，应立即将机组解列灭磁。

（4）励磁冷却系统故障的处理原则

采用单柜独立冷却装置的整流功率柜发生冷却故障时，可退出故障的整流功率柜检修冷却装置；采用集中冷却方式的功率整流系统发生冷却装置故障时，应立即减少发电机的无功负荷，并自动切换至备用冷却装置或倒换至备励运行，否则应将机组解列灭磁。

（5）励磁电流及无功负荷异常的处理原则

若机组进相过深但尚未失步，立即降有功负荷至空载，同时增加励磁电流。若励磁电流调节无效，应倒备励运行或将机组解列。

（6）起励失败的处理原则

检查励磁系统的阳极开关（刀闸）、直流输出开关（刀闸）是否合上，灭磁开关合闸是否到位；检查起励电源、脉冲电源、稳压电源等是否投入，熔断器是否完好；检查励磁操作控制回路是否正常；检查自动励磁调节器的各种反馈调节信号是否接入；检查微机励磁调节器是否进入监控状态。原因不明时通知检修人员处理。未查明原因之前不得再次起励。

（7）励磁系统误强励的处理原则

发生励磁系统误强励时，应立即减少励磁电流；若能减到正常运行电流值，可倒换至备励运行；若无备励或减磁无效，应立即灭磁或停机。

（8）自动励磁调节器测量信号断线（电压互感器断线）的处理原则

只有一个自动调节通道或以手动控制作为备用调节通道的自动励磁调节器，应切至手动运行；多调节通道自动励磁调节器，应自动或手动切换至备用调节通道运行；运行中处理断线的电压互感器二次回路故障时，应采取防止短路的措施；无法在运行中处理的，应提出停机申请。

(9) 失磁保护动作或灭磁开关（磁场断路器）跳闸的处理原则

检查是否励磁装置故障引起失磁。检查转子回路及整流功率柜功率电源回路是否存在短路故障点；灭磁开关（磁场断路器）跳闸应查明原因，消除故障原因后方可升压并网。如果是误碰、误动引起失磁保护动作，可立即升压并网。

(10) 励磁变压器过流保护动作的处理原则

检查励磁装置，确认是否整流功率柜失控或转子回路有短路点；检查励磁变压器及电缆，确认是否有短路点；故障消除或未发现明显故障点，在检查励磁变压器绝缘电阻正常情况下，可用手动方式对机组带励磁变压器零起递升加压，无异常后再正式投运。

(11) 转子过电流保护动作的处理原则

检查励磁装置，确认调节器或整流功率柜是否失控；检查转子回路，确认是否有短路点；若调节器或整流功率柜失控，可退出主励用备励升压并网。

(12) 发电机转子回路两点接地的处理原则

立即解列、停机。

(13) 转子回路断线的处理原则

立即解列、停机。

第四节　安全自动装置

一、安全自动装置的巡视检查

1. 巡视检查的周期

运行值班人员每天至少巡视检查一次。

检修维护人员每周至少巡视检查一次。

在安全自动装置投入的前后，或设备出现异常时，可适当增加巡视检查次数。

2. 巡视检查的内容

①交直流电源投入正常，电源指示正常。

②现地各插件的“运行”指示灯亮，各插件无异常、动作、启动、出口、电压互感器二次回路断线等信号，CCS无安全自动装置报警信号。

③屏上压板、把手位置正确，与调度命令一致，且接触良好，无松动。

④装置无过热、冒烟、放电等异常现象，孔洞封堵完好。

二、运行管理

1. 安全自动装置的一般运行原则

①安全自动装置的运行管理归口调度运行方式部门。

②功能要求由调度运行方式部门提出，并负责回路、装置的实施，继电保护部门协助完成。现场继电保护专业人员负责维护、运行。

③调度值班员根据规定下令现场值班人员进行安全自动装置的投退。

④安全自动装置的定值由调度运行方式部门整定下发。

⑤水电站进入汛期大发电前，有关调度部门应组织、协调，完成系统安全自动装置年检、远切通道联动试验。

2. 安全自动装置的运行要求

①电站安全自动装置功能投退、特殊运行方式投退、通道投退按调度指令进行。

②省调未下达指令时，不得擅自加用。

③无特殊情况，安全自动装置不允许停用。

④安全自动装置监视终端和打印机在正常情况下均应投入运行。

⑤严禁带电插、拔安全自动装置插件。

⑥安全自动装置启用前，应先检查相应压板在停用位置，装置投电，检查装置无异常后将通道把手放置正确的位置，再加用相应功能压板，最后加用出口压板。停用时，应先停用出口压板，再停用功能压板，切换有关的通道把手，最后拉开工作电源开关。

⑦安全自动装置动作切机、切线路后，未经调度值班员许可，不得自行将负荷转移到其他机组。运行人员应检查所切机组，无异常后做好并网准备。未经调度值班员许可不得将机组自行并网。

⑧安全自动装置误动作，应立即汇报调度值班员，并根据调度值班员指令将误动作装置停用，恢复机组或线路正常运行。当通道异常或故障误动作时，应根据值班调度员指令将该通道切除，恢复机组或线路正常运行。

3. 安全自动装置的检验管理

①对运行中的安全自动装置，应按《继电保护和电网安全自动装置检验规程》（DL/T 995—2006）及省公司《四川电网继电保护及安全自动装置检验工作规定》，结合本地区环境情况和设备情况，制定具体的年度检验周期和计划，并保质保量完成。

②安全自动装置原则上随同一次设备停电进行检验，不再另行单独安排停电时间。正常情况下每年进行一次设备传动及端子检查，2～3 年一次部分检验，4～6 年一次全部检验。

③新安装安全自动装置全部和部分检验的重点应放在装置的外部接线和二次回路。

④对安全自动装置进行计划性检验前，应编制安全自动装置标准化作业书，检验期间认真执行安全自动装置标准化作业书，不应为赶工期减少检验项目和简化安全措施。

⑤安全自动装置检验应做好记录，检验完毕后，应向运行人员交代有关事项，及时整理检验报告，保留好原始记录。

⑥检验所用仪器、仪表应由检验人员专人管理，特别应注意防潮、防震。仪器、仪表应保证误差在规定范围内。使用前应熟悉其性能和操作方法，使用高级精密仪器一般应有人监护。

三、运行维护

现场运行人员应定期核对安全自动装置电压、电流、功率、相位角及频率测量和时钟，并做好记录，核对周期不应超过 1 个月。如果时间误差较大，应按照说明书的方法重新设定时间。如果测量误差较大，应查明原因，进行排除。

发现安全自动装置异常，应立即处理，如处理不了，及时与生产厂家联系，尽快解决。同时及时上报主管部门，确定是否退出安全自动装置。如果是 PT 回路断线引起的异常，应尽快查清断线原因，使 PT 回路恢复正常。如果装置指示灯紊乱或显示不正常，在一时无法查清原因时，应先将装置出口压板退出，断开与装置所有的通道。

当发现装置判出的运行方式与实际运行方式不一致时，应立即向调度值班人员汇报，查明原因。

当发现装置判出的运行方式为应急方式时，应立即向调度部门汇报，查明原因。

四、常见异常和故障处理

1. 常见异常和故障类型

①电流、电压回路异常。

②通道异常。

2. 原因及危险点分析

(1) 电流、电压回路异常

主要原因有二次回路故障、端子松动、电位器损坏等。应立即退出安全自动装置出口压板，防止误动，并立即通知继电保护人员处理。

(2) 通道异常

主要原因有通信处理模件故障，通信传输介质故障，通信的载波机、光端机等故障。应立即退出安全自动装置出口压板，防止误动，并立即通知继电保护人员处理。

3. 常见异常和故障的处理原则

当安全自动装置动作后，应根据该装置的现场运行规程进行处理。迅速查明原因，并及时向调度汇报。

安全自动装置动作后，应尽可能将一切保持原状，并立即通知继电保护人员到现场处理。如情况特殊，来不及等继电保护人员到场，此时应详细记录当时的情况，同时还应收集整理装置动作报告、故障录波图及行波测距装置结果等。

对事故中暴露的问题，应制定反事故措施，审批后实施。

第五节　并网电厂高压侧或升压站电气设备

一、各种设备巡视检查的要求

1. 巡视检查的周期

运行值班人员每班应至少检查监控系统上是否有异常报警或各设备状态是否正确；对于无人值班的升压站或开关站，每周至少巡视一次；对于有人值班的升压站或开关站，每天至少巡视一次。

2. 巡视检查内容

①检查通风设备运行是否正常，环境温度、湿度是否正常。

②检查断路器、隔离开关、接地开关位置是否指示正确。

③检查各设备 SF_6 气体压力是否在合格范围内（对于油断路器，则检查其油位是否正常）。

④检查各设备 SF_6 气体是否泄漏（对于油断路器，则检查其是否有漏油）。

⑤检查各开关及附属设备控制电源是否正常，有无报警信号。

⑥检查开关操作气压（或液压）是否在正常范围内，有无漏气（或油）现象。

⑦检查出线设备运行是否正常，有无异常放电现象。

⑧检查二次设备上各装置指示灯指示是否正常，各压板、切换把手位置是否正确。

⑨检查各控制柜门关闭是否完好，电缆孔封堵是否严密。

⑩检查设备内部或外部有无异味、异音。

二、运行管理

1. 倒闸操作的一般原则

①正常运行中凡改变电气设备状态的操作，必须有书面或口头命令。属于各级调度管辖的设备，必须在得到所属调度值班员的同意并得到操作命令后，才能进行操作。操作命令传达时，应录音以备事后核实。

②设备送电前，应根据调度指令、保护定值单或现场有关规定投入有关保护装置，设备禁止无保护运行。运行中调度管辖设备的保护停用必须取得调度值班员的指令或同意，本厂管辖设备的主保护停投必须根据现场运行规程的要求并有当班值长的指令。

③在操作时，必须遵守闭锁逻辑条件，严禁擅自解锁操作。若确需解除倒闸操作闭锁逻辑条件进行操作，必须得到生产副厂长（或总工程师）批准，当班值长同意方可进行。

④系统中的正常倒闸操作，应避免在下列时间进行：

(a) 值班人员交接班时。

(b) 系统接线及不正常时。

(c) 系统高峰负荷时。

(d) 雷雨、大风等恶劣天气。

(e) 联络线输送功率超过稳定限额时。

(f) 电网发生故障时。

(g) 有特殊要求时。

⑤调度值班员发布的调度命令，本厂值长必须立即执行。如受令人在接到调度值班员发布的指令或执行调度指令过程中，认为调度指令不正确，应立即向调度值班员报告，由调度值班员决定该调度指令的执行或撤销。当调度值班员决定重复其指令时，受令人原则上必须执行。但当执行该指令确实将威胁人身、设备或电网安全时，值班运行人员应当拒绝执行，同时将拒绝执行的理由及改正指令内容的建议报告省调度值班员和本单位的直接领导。

⑥凡属省调管辖的设备，未经调度值班员的指令，各有关单位不得擅自进行操作或改变其运行方式（对人身或设备安全有严重威胁的除外，但应及时向省调度值班员报告）。凡属省调许可范围内的设备，各有关单位必须得到省调值班员的许可后，才能进行改变运行状态的操作。

⑦调度员发布操作指令时，必须包括“发令时间”。现场运行值班人员接受操作命令后必须复诵一遍，调度员应复核无误。“发令时间”是值班调度员正式发布操作指令的依据，现场运行值班人员没有接到“发令时间”不得进行操作。现场运行值班员汇报操作结束时，应报“结束时间”，并将执行项目报告一遍，调度员复诵一遍，现场运行值班人员应复核无误。“结束时间”是现场操作执行完毕的依据，值班调度员只有在接到操作“结束时间”后，该项操作才算结束。

⑧调度值班调度员发布的操作指令（或操作任务）一律由当班值长接令，非上述人员不得接受省调度值班员发布的操作指令（或预发操作任务）。

2. 断路器的运行要求

断路器也叫“开关”，正常情况下用于接通和断开高压电路中的空载及负荷电流。在系统发生故障时能与保护和自动装置相配合，迅速切断故障电流，防止事故扩大，从而保证系统安全运行。其运行要求如下：

①能迅速安全地切断短路电流、空载长线路电容电流和空载变压器的电感电流。

②有较高的热稳定性和动稳定性。

③在频繁的操作中，机械动作灵活可靠。

④运行中有较高的绝缘强度，并能抵抗外界恶劣条件影响。

⑤整体紧固件应无松动、脱落。

⑥储能电机及断路器内部应无异常声响。

⑦断路器的分、合闸线圈应无焦味、冒烟及烧伤现象。

⑧一切断路器均应在其轴上装有分、合闸机械指示器，以便运行人员在操作或检查时用它来校对断路器断开或合闸的实际位置。断路器的分、合闸指示器应易于观察，指示正确。

⑨断路器外壳或操动机构箱应完整、无锈蚀。

⑩断路器的运行电压不应经常超过其额定电压的110％。

⑪正常运行时断路器的工作电流不得超过额定值，在事故情况下，断路器的过负荷不得超过10％，时间不超过4 h，断路器的断流容量必须满足要求。

⑫明确断路器允许切断故障电流的次数，当断路器切断故障电流的次数小于规定值一次时，应将其自动重合闸退出；当开断故障电流次数达到规定值后，应将断路器退出运行，进行检修。

⑬断路器在事故跳闸后，应进行全面、详细的检查，确认是否有损坏的部件。

⑭新投入或检修后的断路器，投入运行前，应作全面检查并进行继电保护和自动装置的整组传动试验，以保证分、合良好，信号正确。

⑮多油断路器的外壳应有可靠的接地。

⑯有些断路器其外壳是带电的，值班人员不得任意打开正在运行的断路器室的门或网状遮栏。

⑰断路器安装地点的系统短路容量不应大于其额定开断容量。

⑱严禁将拒绝分闸或有严重缺油、漏油、漏气等缺陷的断路器投入运行。

⑲禁止用杠杆或千斤顶将电磁机构的断路器进行带电合闸。

⑳严禁对运行中的断路器进行慢分或慢合试验。

㉑断路器无论是什么样的机构均应保持足够的操作能源。

㉒液（气）压机构的SF6断路器，如因操作机构压力或SF6压力异常而分、合闸闭锁时，不准擅自解除闭锁进行操作，在机构储压过程中不宜进行分、合闸操作。

3. 母线的运行要求

在发电厂和变电站的各级电压配电装置中，将发电机、变压器等大型电气设备与各种电器装置连接的导体即为母线。母线的作用为汇集、分配和传送电能；母线包括：一次设备部分的主母线和设备连接线、站用电部分的交流母线、直流系统的直流母线等。其运行要求如下：

①母线应具有足够的机械强度。母线在运行时要承受风、雪、覆冰的作用力，要承受母线作业时工具和人体的作用力，还要承受短路电流的冲击力。在这些力的作用下母线不应发生断线和变形。

②母线在长期负荷电流流过时，发热不应超过允许值。

③当通过短路电流时，要具有足够的热稳定性。

④各相带电部分之间、带电部分对地均应保持足够的距离。

⑤导线连接处应保持良好的接触，并应有防腐蚀、防震动、防伸缩损坏的措施。

⑥母线要排列整齐、美观，便于监视和维护。

⑦离相封闭母线应有防结露、防闪络措施。

⑧母线运行电压应在规定范围内。

⑨母线运行方式应灵活、可靠。

4. 隔离开关的运行要求

隔离开关又称隔离刀闸，简称刀闸，是高压开关电器的一种。没有专门的灭弧装置，应与开关配合使用。隔离开关能使停电工作的设备与带电部分可靠隔离，即具有明显的断开点，确保工作人员的安全，还可以接通或断开小电流的特定电路。其运行要求如下：

①所用隔离开关的电压等级及容量应符合使用条件。

②在开断状态时，隔离开关动、静触头之间开距应符合要求，保证在任何情况下，不致造成电击穿，易于观察其明显的分断状态。

③隔离开关应具备闭锁装置，该装置动作灵活，正确可靠，带有接地刀闸的隔离开关，接地刀闸与主触头的机械闭锁应正确可靠。分闸时先断开主触头，后合接地刀闸，合闸时先分接地刀闸，后合主开关。

④三级联动隔离开关，三相同期误差不得大于 5 mm。

⑤隔离开关合闸时，接触应良好，一般以 0.05 mm×10 mm 的塞尺检查：对于线接触，应塞不进去；对于面接触，在接触面宽度为 50 mm 及以下时，不应超过 4 mm，在接触面宽度超过 60 mm 及以上时，不应超过 6 mm。

⑥正常运行时，隔离开关的工作电流不得超过额定值，温度不超过允许值 70℃，在运行中隔离开关的触头和接头不应有过热现象，可采用示温片或变色漆进行监视。如有过热，应立即设法减少隔离开关的负荷，并尽可能将其停电，若由于需要不允许停电，则应采取降温措施（如吹风冷却），并加强监视。

⑦隔离开关的绝缘应完整无裂纹，无电晕和放电现象。

⑧操作连杆及机械部分，应无损伤、无锈蚀，各机件应紧固，位置应正确，无歪斜、松动、脱落等不正常现象。

⑨闭锁装置应良好，在隔离开关拉开后，应检查电磁闭锁或机械闭锁的销子确已锁牢，隔离开关的辅助接点位置应正确。

⑩刀片和刀嘴应无脏污，无烧伤痕迹，弹簧片、弹簧及铜瓣子应无断股、折断现象。

⑪隔离开关的底座应良好，接地应可靠。

⑫连接隔离开关和母线、断路器的引线应牢固，软连接部件应无折损、断股等现象。

⑬传动部分与带电部分的距离应符合要求；定位器和制动装置应牢固，动作应正确。

5. 互感器的运行要求

互感器是一次系统和二次系统间的联络元件，属于特种变压器，包括电流互感器和电压互感器。电流互感器将大电流变为小电流，电压互感器将高电压变成低电压，供给测量仪表和保护装置，运行要求如下：

①互感器应有标明基本技术参数的铭牌标志，互感器技术参数必须满足装设地点运行工况的要求。

②电压互感器的各个二次绕组（包括备用）均必须有可靠的保护接地，且只允许有一个接地点。电流互感器备有的二次绕组应短路接地。接地点的布置应满足有关二次回路设计的规定。

③互感器应有明显的接地符号标志，接地端子应与设备底座可靠连接，并从底座接地螺栓用两根接地引下线与地网不同点可靠连接。引下线截面应满足安装地点短路电流的要求。

④互感器二次绕组所接负荷应在准确等级所规定的负荷范围内。

⑤互感器的引线安装，应保证运行中一次端子承受的机械负载不超过制造厂规定的允许值。

⑥互感器安装位置应在变电站（所）直击雷保护范围之内。

⑦停运半年及以上的互感器，应按有关规定试验检查，合格后方可投运。

⑧电压互感器二次侧严禁短路。

⑨电压互感器允许在1.2倍额定电压下连续运行，中性点有效接地系统中的互感器，允许在1.5倍额定电压下运行30 s，中性点非有效接地系统中的电压互感器，在系统无自动切除对地故障保护时，允许在1.9倍额定电压下运行8 h。

⑩电磁式电压互感器一次绕组N(X)端必须可靠接地，电容式电压互感器的电容分压器低压端子（N、J）必须通过载波回路线圈接地或直接接地。

⑪中性点非有效接地系统中，作单相接地监视用的电压互感器，一次中性点应接地，为防止谐振过电压，应在一次中性点或二次回路装设消谐装置。

⑫电压互感器二次回路，除剩余电压绕组和另有专门规定外，应装设快速开关或熔断器；主回路熔断电流一般为最大负荷电流的1.5倍，各级熔断器熔断电流应逐级配合，自动开关应经整定试验合格方可投入运行。

⑬电容式电压互感器的电容分压器单元、电磁装置、阻尼器等在出厂时，均经过调整误差后配套使用，安装时不得互换。运行中如发生电容分压器单元损坏，更换时应注意重新调整互感器误差。互感器的外接阻尼器必须接入，否则不得投入运行。

⑭电流互感器二次侧严禁开路，备用的二次绕组也应短接接地。

⑮电流互感器允许在设备最高电流下和额定连续热电流下长期运行。

⑯电容型电流互感器一次绕组的末（地）屏必须可靠接地。

⑰倒立式电流互感器二次绕组屏蔽罩的接地端子必须可靠接地。

⑱三相电流互感器一相在运行中损坏，更换时要选用电流等级、电流比、二次绕组、二次额定输出、准确级、准确限值系数等技术参数相同，保护绕组伏安特性无明显差别的互感器，并试验合格，以满足运行要求。

⑲66 kV及以上电磁式油浸互感器应装设膨胀器或隔膜密封，应有便于观察的油位或油温压力指示器，并有最低和最高限值标志。运行中全密封互感器应保持微正压，充氮密封互感器的压力应正常。互感器应标明绝缘油牌号。

⑳运行中SF6互感器应巡视检查气体密度表工况，产品年漏气率应小于1%。若压力表偏出绿色正常压力区，应引起注意，并及时按制造厂要求补充合格的SF6新气，控制补气

速度约为0.1 MPa/h。一般应停电补气，个别特殊情况需带电补气时，应在厂家指导下进行。

㉑SF6互感器要特别注意充气管路的除潮干燥，以防充气24小时后检测到的气体含水量超标。

㉒如SF6互感器气体压力接近闭锁压力，则应停止运行，着重检查防爆片有否微裂泄漏，并通知制造厂及时处理。

㉓SF6互感器补气较多时，应进行工频耐压试验（试验电压为出厂试验值的80%～90%）。

㉔运行中应监测SF6气体含水量不超过300 μL/L，若超标，应尽快退出，并通知厂家处理。充分发挥SF6气体质量监督管理中心的作用，应做好新气管理、运行及设备的气体监测和异常情况分析，监测应包括SF6压力表和密度继电器的定期校验。

㉕互感器应在铭牌规定技术参数范围内运行，互感器二次绕组所接负荷应在准确等级所规定的负荷范围内，即保持负荷为额定输出的范围。

㉖互感器的各个二次绕组（包括备用）均必须有可靠的保护接地。应为一点接地，接地点位置由二次专业管理单位决定。

㉗互感器的所有接地端子应与设备底座可靠连接，设备底座应通过专用端子用两根接地引下线与接地网不同点可靠连接。引下线截面应满足安装地点短路电流的要求，并应明敷，方便检测。

㉘运行中全密封油浸式互感器应有油位指示。充氮密封互感器的压力指示应正常。气体绝缘互感器运行中气体压力指示应保持在制造厂规定范围内。

㉙互感器的引线安装应保证运行中一次端子在任何季节和检修时所承受的机械负载不超过制造厂规定的允许值，防止损坏造成渗漏油。

㉚互感器外绝缘爬电距离及伞裙结构应满足安装地点污秽等级及防雨、闪要求。户内树脂浇注互感器运行环境应符合产品规定的污秽等级和通过凝露试验的条件，防止爬电闪络。

㉛互感器安装位置应在变电所、发电厂过电压保护范围之内，防止直击雷或侵入波造成损坏。

㉜电容屏型电流互感器一次绕组末（地）屏必须可靠接地，禁止出现接地开路。倒立式电流互感器二次绕组屏蔽罩必须可靠接地，禁止出现接地开路。电流互感器二次侧严禁开路，备用的二次绕组也应短路接地，电压互感器二次侧严禁短路。

㉝电压互感器接地运行的时间不作规定，电压互感器在制造时做到承受1.9倍额定电压而无损伤，即已考虑到电网一相接地时，未接地两相的电压升高对电压互感器的影响。此外，在正常运行时，铁心磁通密度取0.7 T～0.8 T，当电网一相接地，未接地相电压升高达1.9倍的额定电压时，其铁心磁通密度在1.4 T～1.6 T，还未达到铁心饱和程度。因此，电压互感器在电网单相接地时不致过载运行，所以，目前6 kV～10 kV的电压互感器接地运行时间不作具体的规定。

㉞电压互感器运行电压应不超过额定电压的110%（宜不超过105%）。

㉟启用电压互感器时，应检查绝缘是否良好，定相是否正确，外观、油位是否正常，接头是否清洁。停用电压互感器时，应先退出相关保护和自动装置，断开二次侧自动空气开关，或取下二次侧熔断器，再拉开一次侧隔离开关，防止反充电。记录有关回路停止电能计量时间。

6. 避雷器的运行要求

避雷器的作用是限制过电压以保护电气设备。它能释放雷电并兼能释放电力系统操作时的电压能量，保护电工设备免受瞬时过电压危害，还能截断续流，不致引起系统接地短路的电器装置。避雷器运行要求如下：

①当过电压超过一定值时，避雷器应动作（放电），使导线与地直接或经电阻相连接，以限制过电压。在过电压作用之后，能够迅速截断工频续流（即避雷器放电时形成的放电通道在工频电压下所通过的工频电流）所产生的电弧，使电力系统恢复正常运行。

②避雷器灭弧电压不得低于安装地点可能出现的最大对地工频电压。

③仅用于保护大气过电压的普通阀型避雷器的工频放电电压下限，应高于安装地点预期操作过电压；既保护大气过电压，又保护操作电压的磁吹避雷器的工频放电电压上限，在适当增加裕度后，不得大于电网内过电压水平。

④避雷器冲击过电压和残压在增加适当裕度后，应低于电网冲击电压水平。

⑤保护操作过电压的避雷器的额定通断容量，不得小于系统操作时通过的冲击电流。

⑥避雷器外部应完整无缺损，封口处密封应良好，硅橡胶复合绝缘外套憎水性应良好，伞裙不应破损或变形。

⑦避雷器安装应牢固，各连接部位应牢固可靠，其垂直度应符合要求。

⑧避雷器安装位置距被保护物的距离应适中，均压环应水平，安装深度应满足设计要求。

⑨避雷器拉紧绝缘子应紧固可靠，受力应均匀，引流线的截面及弧垂应满足要求。

⑩放电动作计数器密封应良好，动作应正常。

⑪绝缘基座及接地应良好、牢靠，接地引下线的截面应满足热稳定要求；接地装置连通应良好。

⑫带有泄漏电流在线监测装置的避雷器的在线监测装置指示应正常，带串联间隙避雷器的间隙应符合设计要求。

⑬低栏式布置的避雷器遮拦防误锁应正常，应悬挂警示牌，栏内应无杂物。

⑭避雷器投入运行时间，应根据当地雷电活动情况确定，一般在每年 3 月初到 10 月投入运行。

⑮避雷器每年投入运行前，应进行检查试验，试验项目为：

(a) 用 1000 V～2500 V 兆欧表测量绝缘电阻，测量结果与前一次或同型号避雷器的试验值相比较，绝缘电阻值不应有显著变化。

(b) 测量工频放电电压，对于 FS 型避雷器，额定电压为 3 kV、6 kV、10 kV 时，其工频放电电压分别为 8 kV～12 kV、15 kV～21 kV、23 kV～33 kV。

7. 接地网及中性点的运行要求

发电厂、变电所接地网对保证电力系统的正常运行和人身安全都起着非常重要的作用。接地网的主要电气参数是接地电阻、接触电势和跨步电势。电力系统中性点指发电机、变压器星形接线中性点。电力系统中性点的运行方式共三种：中性点不接地运行方式、中性点经消弧线圈（或高阻抗）接地运行方式和中性点直接接地运行方式。运行要求如下：

①接地网的设计、施工符合有关规定。人工接地体的布置应使接地体附近的电位分布尽可能均匀。

②接地网接地电阻符合有关要求。对于流经接地装置的入地短路电流，采用在接地装置范围内、外短路时，经接地装置流入地中的最大短路电流周期分量起始值，并考虑系统中各接地中性点间的短路电流分配，以及避雷线分走的接地短路电流。

③接地网接触电势和跨步电压不超过规定值，在条件特别恶劣的场所，接触电势和跨步电势的允许值宜适当降低。发生接触电势、跨步电势过大时，除降低接地电阻外，可考虑对接地装置进行局部补强均压，局部增大地表面的土壤电阻率。

④接地装置对电力设备接地引下线和主接地体截面的选择符合要求，且应考虑热稳定校验的结果，并计及腐蚀截面。

⑤接地引下线与主接地体的连接应十分可靠。当不能确定避雷器及构架避雷针的隐蔽接地引下线其内部连接是否良好时，应再明敷一根接地引下线。

⑥中性点不接地的系统中发生一相接地时，可以短时继续运行，不允许长时间运行，防止非故障相电压升高，绝缘薄弱点击穿，引起两相接地短路而严重地损坏电气设备。

⑦中性点经消弧线圈接地的系统，一相接地和中性点不接地系统一样，允许暂时运行，但不得超过 2 h。消弧线圈的作用对瞬时性接地系统故障尤为重要，因为它使接地处的电流大大减小，电弧可能自动熄灭。

⑧中性点直接接地系统中性点的电位在任何工作状态下均保持为零。当发生一相接地时，此相直接经过接地点和接地的中性点短路，一相接地短路电流的数值最大，因而应立即使继电保护动作，将故障部分切除。

⑨根据地区短路容量的变化，应校核接地装置（包括设备接地引下线）的热稳定容量，并根据短路容量的变化及接地装置的腐蚀程序对接地装置进行改造。对于变电所中的不接地、经消弧线圈接地、经低阻或高阻接地系统，必须按异点两相接地校核接地装置的热稳定容量。

⑩人工接地体的布置应使接地体附近的电位分布尽可能均匀。如可布置成环形等，以减少接触电压和跨步电压。

⑪接地装置的接地线要求具有良好的电气连接，必须有足够截面保证连接可靠及有一定的机械强度。

⑫接地线与接地体之间的连接应采用焊接或压接，连接应牢固可靠。

⑬接地线应涂漆以示明显标志。其颜色的一般规定是：黑色为保护接地，紫色底黑色为接地中性线（每隔 15 cm 涂一黑色条，条宽 1 cm～1.5 cm）。接地线应该装设在明显处，以便于检查。

⑭对日常中容易碰触到的部分，要采取措施妥善防护。

⑮对于 6 kV～10 kV 系统，由于设备绝缘水平按线电压考虑，对于设备造价影响不大，为了提高供电可靠性，一般均采用中性点不接地或经消弧线圈接地的方式。对于 110 kV 及以上的系统，主要考虑降低设备绝缘水平，简化继电保护装置，一般均采用中性点直接接地的方式。并采用送电线路全线架设避雷线和装设自动重合闸装置等措施，以提高供电可靠性。

⑯20 kV～60 kV 的系统，设备绝缘水平的提高或降低对于造价影响不很显著，所以一般均采用中性点经消弧线圈接地方式。

⑰在运行过程中，接地线由于有时遭受外力破坏或化学腐蚀等影响，往往会有损失或断裂的现象发生。接地体周围的土壤也会由于干旱、冰冻的影响，而使接地电阻发生变化。因此，必须对接地装置进行定期的检查和试验。

⑱接地装置外露部分的检查，必须与设备的小修及大修同时进行。这样，如遇有接地线有损伤或断裂现象，可立即修复。而对那些不会马上形成的缺陷，如消除铁锈、涂漆以及调换截面不符合要求的接地线等，可以按预定的检修计划进行管理。

⑲接地装置试验期限的长短，视接地装置的不同作用而定。一般来说，防雷接地装置接地电阻的试验周期较长，工作接地和保护接地的试验期限较短。

⑳消弧线圈、阻尼电阻箱、接地变压器等均应有标明基本技术参数的铭牌标志，消弧线圈技术参数必须满足装设地点运行工况的要求。

㉑消弧线圈、阻尼电阻箱、接地变压器等均应有明显的接地符号标志，接地端子应与设备底座可靠连接。接地螺栓直径应不小于 12 mm，引下线截面应满足安装地点短路电流的要求。

㉒消弧线圈装置本体及附件的安装位置应在变电站（所）直击雷保护范围之内。

㉓中性点经消弧线圈接地系统，应运行于过补偿状态。中性点位移电压小于 15％相电压时，允许长期运行。

㉔接地变压器二次绕组所接负荷应在规定的范围内。

㉕运行人员每半年进行一次消弧线圈装置运行工况的分析。分析的内容包括系统接地的次数、起止时间、故障原因、整套装置是否正常等，并上报相关部门。

三、运行维护

电气设备维护项目有：巡视检查、定期检查、临时性检查、分解检修。

1. 巡视检查

每天至少 1 次。巡视检查是对运行中的电气设备进行外观检查，主要检查设备有无异常情况，并做好记录，如有异常情况，应按规定上报并处理。内容主要有：

①断路器、隔离开关、接地开关及快速接地开关的位置指示正确，并与当时实际运行工况相符。

②检查断路器和隔离开关的动作指示是否正常，记录其累积动作次数。

③各种指示灯、信号灯和带电监测装置的指示是否正常，控制开关的位置是否正确，控制柜内加热器的工作状态是否按规定投入或切除。

④各种压力表和油位计的指示值是否正常。

⑤避雷器的动作计数器指示值是否正常，在线检测泄漏电流指示值是否正常。

⑥裸露在外的接线端子有无过热情况，控制柜内有无异常现象。

⑦可见的绝缘件有无老化、剥落，有无裂纹。

⑧有无异常声音、异味。

⑨设备的操动机构和控制箱等的防护门、盖是否关严。

⑩外壳、支架等有无锈蚀、损坏，瓷套有无开裂、破损或污秽情况。外壳漆膜是否有局部颜色加深或烧焦、起皮现象。

⑪各类管道及阀门有无损伤、锈蚀，阀门的开闭位置是否正确，管道的绝缘法兰与绝缘支架是否良好。

⑫设备有无漏气（SF6 气体、压缩空气）、漏油（液压油、电缆油）。

⑬接地端子有无发热现象，接触应完好。金属外壳的温度是否超过规定值。

⑭压力释放装置有无异常，其释放出口有无障碍物。

⑮GIS 室内的照明、通风和防火系统及各种监测装置是否正常、完好。

⑯所有设备是否清洁，标志是否清晰、完善。

⑰定期对压缩空气系统进行排水（或排污）。

2. 定期检查

定期检查是指电气处于全部或部分停电状态下，专门组织的维修检查。每 4 年进行 1 次，或按实际情况而定。内容主要有：

①对操动机构进行维修检查，处理漏油、漏气或缺陷，更换损坏的零部件。

②维修检查辅助开关。

③校验压力表、压力开关、密度继电器或密度压力表和动作压力值。

④检查传动部位及齿轮等的磨损情况，对转动部件添加润滑剂。

⑤断路器的机械特性及动作电压试验。

⑥检查各种外露连杆的连接情况。

⑦检查接地装置。

⑧必要时进行绝缘电阻、回路电阻测量。

⑨油漆或补漆工作。

3. 临时性检查

根据 GIS 设备的运行状态或操作累计动作次数值，依据制造厂的运行维护检查项目和要求，对 GIS 进行必要的临时性检查。内容主要有：

①若气体湿度有明显增加，应及时检查其原因。

②当 GIS 设备发生异常情况时，应对有怀疑的元件进行检查和处理。

临时性检查的内容应根据发生的异常情况或制造厂的要求确定。

4. 分解检修

电气设备在运行中发现异常或缺陷时，应进行有关的电气性能、SF6 气体湿度、气室密封性能、机构动作机械特性等试验，根据相应的试验结果，进行必要的分解检修。对断路器或其他设备的分解检修，其内容与范围应根据运行中所发生的问题而定，这类分解检修宜由制造厂负责或在制造厂指导下协同进行。

断路器本体一般不用检修，在达到制造厂规定的操作次数应进行分解检修。断路器分解检修时，应有制造厂技术人员在场指导下进行。检修时将主回路元件解体进行检查，根据需要更换不能继续使用的零部件。

四、典型事故处理

1. 母线故障的处理

(1) 故障原因

①母线绝缘子和断路器套管因表面污秽而导致的闪络。

②装设在母线上的电压互感器及母线与断路器之间的电流互感器发生故障。

③倒闸操作时引起断路器或隔离开关的支持绝缘子损坏。

④由于运行人员的误操作，如带负荷拉刀闸造成弧光短路。

⑤母线设备（包括压变、避雷器、刀闸、支持瓷瓶、引线、开关母线侧套管等）本身故障或母线保护误动作。

⑥出线线路故障（包括主变）开关拒动，失灵保护动作引起越级跳闸；单电源变电所的受电线路或电源故障。

⑦发电厂内部事故，使联络线跳闸，引起全厂停电。或者由于系统联络线故障，引起全厂停电。

（2）故障现象

①监控系统上有报相关保护动作及母线相连的所有开关跳闸报警。

②相应机组或线路停运，造成甩负荷或者停机。

③故障录波器有故障事件记录及录波。

④该母线的电压表指示为零。

⑤该母线的相关线路或变压器电流指示降为零（单母或双目接线方式）。

⑥该母线所供厂用电或所用电消失（无备投）。

⑦伴有明显的短路象征（如系统冲击、火光、爆炸声、冒烟等情况）。

（3）故障的处理

①当母线发生故障停电后，现场值班运行人员应立即报告省值班调度员（不得自行恢复母线运行），同时检查失压母线开关是否已全部跳开，若未跳开，则应立即拉开失压母线上所有开关，同时对停电母线进行外部检查，详细检查表计、开关状态、报警信号及保护自动装置动作情况，判断故障范围，并把检查结果报告值班调度员。

②厂站运行值班人员应根据仪表指示、保护动作、开关信号及事故现象，判明事故情况，切不可只凭厂站用电全停或照明全停而误认为变电站全站失压。值班调度员也应与厂站值班人员核对现状，切不可只凭母线失电而误认为变电站全站失压。

③线路无压时，厂站运行值班人员应认为线路随时有来电的可能，未经值班调度员许可，严禁在设备上工作。

④查明故障原因，严禁将故障母线转入运行。

⑤若有明显的故障点且可以隔离，应迅速将故障点隔离，恢复母线的运行。

⑥有明显的故障点但无法迅速隔离的：

(a) 若为单母线运行发生故障，需切换到非故障母线，一定要注意非故障母线在备用状态且无任何工作，才可进行切换。若此母线在检修中，应视情况令其停止检修工作迅速转运行。

(b) 若为运行双母中的一条母线发生故障，应确认故障母线上的其他元件无故障后，将它们转冷备后倒至运行母线上恢复运行。

(c) 经判明并非由于本厂母线故障或线路故障开关拒动造成，应立即联系调度用系统电源向一组母线充电，恢复正常运行方式。

(d) 运行人员应检查开关失灵保护或出线、主变保护的动作情况，若查明系本厂开关或保护拒动，则应将失电母线上所有电源开关拉开，将拒动开关设法隔离，然后利用出线开关或母联开关恢复对母线充电。充电前至少应投入一套速动或限时速动的充电保护（或临时修改定值）。

⑦经过检查不能找到故障点时，可对失压母线试送电一次。对失压母线进行试送宜采用外来电源，试送开关应完好，并启用完备的继电保护。有条件时，用本厂机组对母线进行零起升压试验。在冲击及零升试验时，应保证母线电压互感器与避雷器随母线一起进行试验。

⑧若母线充电试验确定有故障，则按⑤、⑥步处理。

⑨若母线充电试验良好，则查明保护动作原因，处理正常后按调度要求恢复母线运行。

⑩双母接线的母线发生故障，在处理故障过程中要注意母线保护的运行方式，必要时应短时停运母线保护。

⑪母线故障电压消失后，该母线上所带用户如有其他备用电源，值班员应在值班调度员的同意后立即进行用户倒负荷的有关操作。

⑫如母线电压消失系下列原因造成，可不经母线检查，立即试送母线，恢复供电：

（a）人员误碰使开关跳闸。

（b）保护装置误动使开关跳闸。

（c）其他非故障性跳闸。

⑬处理母线失压事故时，还应注意以下几点：

（a）双母并列运行，因故障被切除一条母线时，装有相比式母差保护应立即合上非选择性刀闸。

（b）当母线及中性点接地的变压器断路器被切除后，应立即合上另一台不接地变压器的中性点接地隔离开关，同时应监视运行主变不得长时间过负荷运行。

（c）当 35 kV 母线或 10 kV 母线发生故障时，应尽快恢复站用变运行。

（d）在恢复各分路断路器送电时，应防止两个独立电源系统非同期并列。

⑭母差保护动作后：

（a）检查母线和连接在该母线上的所有设备是否有短路、接地或闪络等故障痕迹。

（b）检查故障母线上的各出线断路器母差电流互感器二次是否有开路现象，检查电流互感器本体有无异常。

（c）检查直流系统和二次线的绝缘情况。

（d）检查母差保护所属继电器有无损坏。

2. 变压器故障跳闸的处理

（1）故障原因

①主变内部故障（绕组的相间短路、接地短路、匝间短路以及铁心的烧损等）。

②主变外部故障（高低压套管和引出线上发生相间短路或接地短路）。

③主变相邻开关失灵。

（2）故障现象

①机组跳闸、灭磁、停机，主变高压侧、厂高变低压侧开关跳闸。

②系统电压有相应变化，系统频率降低。

③监控系统有相关保护动作报警及开关跳闸等信号。

④厂用电备自投动作，由备用电源供电。

⑤全厂 AGC 退出。

（3）故障处理

①主变故障跳闸后，立即调整其他机组的出力，恢复系统频率、电压，如有备用机组，则不待调令立即将备用机组开机并网。

②现场值班运行人员应立即报告省调值班调度员，同时对故障主变外部进行检查，并详细检查表计、开关状态、报警信号及保护自动装置动作情况，判断故障原因和范围，做好隔离措施，对保护范围内的一次设备全面检查，并把检查结果报告值班调度员。

③发现明显故障点，立即进行相应处理；处理正常后，对主变进行零起升压检查，无异常后申请值班调度员重新将主变投入运行。

④经检查证明变压器内部无明显故障，经生产厂领导批准，对主变进行零起升压检查，无异常后申请值班调度员将主变重新投入运行。

⑤变压器的主保护（重瓦斯保护或差动保护或分接头瓦斯保护）动作跳闸，应对变压器及保护进行全面检查，未查明原因并消除故障前，不得对变压器强送电。

⑥变压器后备保护动作跳闸，但未发现明显的故障现象，应检查继电保护装置，如无异常，可对变压器试送电一次；如有故障，在找到故障并有效隔离后，也可试送一次。

⑦变压器后备保护动作跳闸的同时，伴有明显的故障现象（如电压电流突变，系统有冲击、弧光、声响等），应对变压器进行全面检查，必要时应对变压器进行绝缘测定检查。如未发现异常，可试送一次。

⑧如为保护装置误动，则查明保护误动原因，处理正常后申请省调值班调度员将主变恢复运行。

⑨如为主变相邻开关失灵保护动作造成主变跳闸，则将失灵开关两侧隔离开关拉开后，恢复相应主变及相关设备的运行。

⑩并列运行的变压器事故跳闸后，应立即采取措施消除运行变压器的过载情况，并按调度要求调整变压器中性点接地方式。

3. 发电机故障跳闸处理

（1）故障原因

①发电机内部故障（定子绕组的相间短路、接地短路、匝间短路，转子绕组短路失磁）跳闸。

②原动机故障跳闸。

③误操作造成机组跳闸。

（2）故障现象

①机组跳闸、灭磁、停机，事故停机流程动作。

②监控系统上有发电机相关保护动作报警信号。

③发变组保护屏上有发电机相关保护动作报警信号。

（3）故障处理

①运行值班人员立即调整其他机组出力，恢复系统频率、电压、川渝联络线潮流，如有备用机组，立即将备用机组开机并网，并汇报省调值班调度员。

②监视机组停机过程，必要时手动帮助。

③检查保护装置和故障录波装置动作情况，检查保护范围内的一次设备和二次设备有无明显故障。

④如系保护误动作引起，检查处理正常后申请值班调度员重新将机组并网。

⑤如系误操作引起，检查设备无异常后申请值班调度员将机组升压并网。

⑥如系发电机消防动作导致发电机跳闸，则按发电机消防动作处理规程处理。

⑦检查发现明显故障点，通知检修人员处理；处理正常后，对发电机进行零起升压检查，无异常后申请值班调度员重新将机组并网。

⑧经检查发电机内部无明显故障，经生产厂领导批准，对发电机进行零起升压检查，无异常后申请值班调度员重新将机组并网。

⑨如属其他原因引起，处理正常后对发电机进行零起升压检查，无异常后申请值班调度员重新将机组并网。

4．全厂（站）失压的处理

全厂（站）失压是指在电力系统中因故障而导致变电站各电压等级母线电压（不包括站用电）为零。它的危害主要有：①影响对用户的正常供电，电网的频率、电网电压都将受到影响，使电能质量受影响；②影响电网的安全稳定运行，破坏电网结构，有可能引发系统稳定破坏的大事故，影响电力市场的正常运营，引起电力系统振荡，造成电网大面积停电、限电，给国家、社会、企业带来巨大的经济损失。因此，为确保在电网事故情况下发电机组安全稳定运行，电网中的枢纽和大型电站都制定有《全厂失压及黑启动预案》。

（1）故障原因

①自然灾害。

②继电保护的误动、拒动，设备故障，人为误操作等原因引起电网大面积停电。

（2）故障现象

①电站出线全部跳闸，厂站与主网连接断开。

②机组全部跳闸停机。

③全厂厂用电源丢失。

④电网大面积停电。

（3）处理原则

①全站失压事故发生后，应立即拉开系统相连的所有开关。

②对于已完全停运的机组，在辅助设备无电情况下，不允许开机。

③在全站失压后的恢复过程中，应首先恢复对直流系统的供电，保证继电保护装置和安全自动装置的正常运行，然后按设备的重要程度依次送电，对安全没有影响的设备，可待系统恢复后再考虑送电。

④事故因系统电压稳定破坏引起，在系统电压崩溃前，联系调度从系统侧解列一台运行机变，单独带厂用电运行，以保证全厂机组的安全和厂用电安全，为在系统崩溃后，迅速地恢复系统运行做好准备。

⑤全站失压后因故无法恢复时，例如柴油发电机或其相关系统发生故障无法恢复厂用电时，为保障排水系统能够恢复供电，避免发生水淹厂房、廊道等，应及时联系调度，尽快从系统得到供电，厂内应做好接收系统送电的准备工作，同时调动相关力量做好抢险准备。

（4）处理过程

①全厂（站）全部失压后，值班人员立即汇报省调当值调度员，同时对全厂（站）的设备进行全面检查，掌握设备状况，为恢复送电做好准备。

②如有保护、自动装置动作，立即检查动作原因，有机组停机的厂，应加强监视，避免因操作不当、发现异常不及时等原因造成设备损坏。

③调度员根据所了解及反馈的信息准确判断故障面积和造成的影响，并根据应急处置预案确定恢复步骤。

④具备黑启动能力的各厂站，无论省调是否下令，均可自行启动事故备用电源（柴油机或蓄电池），确保主机、主设备安全，确保直流操作电源及通信、监控系统电源；为保证系统迅速地恢复，各厂站按规定执行本厂站初始可控态，做好向系统送电的准备。

⑤在省调未下达向系统送电指令或与省调通信中断时，各厂（站）不得自行向系统送电。

⑥省调值班调度员按确定的步骤，下达指令至具备黑启动能力的各电源点，在厂内恢复

正常供电后向系统逐级送电，建立各小网；各小网建立后再扩大与合并，逐步完成网络重建。恢复送电期间，应着重考虑可能出现的变压器励磁涌流问题、空载设备（线路或变压器）的过电压问题（操作过电压、工频过电压及谐振过电压等）、事故恢复过程中的有功平衡及无功平衡问题，以及事故恢复中并列或合环点的选择问题等。

⑦在主网恢复正常后，按负荷等级，逐级恢复供电。此时着重考虑系统初步恢复后的潮流及稳定校验问题，继电保护的校核问题。

⑧在恢复过程中应保证系统频率和电压稳定，建立相应子系统，实现电力设备正常运行；尽量快速恢复大面积、重要负荷供电，尽量减少大面积停电带来的损失。

第六节　计算机监控系统

一、计算机监控系统的巡视检查

1. 巡视检查的周期

运行值班人员每天至少巡视检查一次。检修维护人员每周至少巡视检查一次。在设备出现异常或水电厂进入汛期时，应适当增加巡视检查次数。

2. 巡视检查的内容

(1) 外观检查

①检查计算机房空调设备运行情况，温度、湿度是否在规定的范围内。

②检查监控系统操作员站上是否各设备监视信号正常，各种流程执行正常，画面显示正常，事件报警正常。

③检查由监控系统驱动的模拟显示屏显示正常。

④检查监控系统设备应无焦煳味，设备运行环境温度无明显发热现象。

⑤检查各现地控制器运行方式在规定位置，CPU 工作正常，各信号指示灯指示正常。

⑥检查监控系统 UPS 电源无异常指示，散热风扇工作正常，无异音、异味。

⑦检查监控系统网络设备指示正常，无异常报警。

(2) 性能检查

①检查监控系统网络设备，工作站、PLC、控制器等设备的日志信息，应无报警或错误记录。

②检查监控系统的系统状态，应无异常报警。

③检查监控系统设备 CPU 的平均负荷率。

④检查监控系统工作站进程、内存占用空间、硬盘占用空间。

⑤检查监控系统冗余设备的主/备状态。

⑥检查监控系统时钟同步。

二、运行管理

1. 计算机监控系统运行的一般原则

①监控系统必须通过出厂验收、现场试验及验收、试运行及验收合格，并具备运行、维护规程和管理制度后才能投入正式运行。

②监控系统的可靠性、安全性直接影响电厂的安全可靠运行，因此监控系统应作为电厂自动控制的主要设备进行管理。系统运行时，运行和维护人员应分别进行定期巡回检查和维护，发生故障应立即处理，发现异常应增加巡检次数。

③监控系统的定期检修和技术改造项目应列入电厂年度计划安排。

④严禁在未经设计或论证的基础上，对计算机监控系统网络的拓扑结构进行改变，以防止控制系统发生大面积崩溃事故。在充分论证的基础上修改网络的拓扑结构时，应严格遵循《电力二次系统安全防护规定》要求，做好安全防护。

⑤计算机监控系统的运行和维护应进行授权管理，明确各级人员的权限和范围，被授权人员应由技术主管部门进行考试合格后持证上岗，允许一人持多证上岗。

⑥监控系统对发电设备的操作，可在现地控制单元、厂站层操作员工作站、远方调度中心分别发命令。事故处理时，应该按现地优先于厂站、厂站优先于远方的原则进行处理。

2. 计算机监控系统运行的要求

①计算机监控系统所控设备的控制方式正常情况下应均切至“远方”。

②在操作员站上进行操作时必须有人监护，且一个操作任务应只在一个操作员站上进行（调频除外）。

③对于计算机监控系统的重要报警信号，如设备掉电、CPU 故障、存储器故障、通信中断等，应及时通知检修人员进行处理。

④检修维护人员不得从事影响计算机监控系统正常运行的操作，如确需进行调试、安装程序等对计算机监控系统有影响的工作，需开工作票并与运行人员一起做好安全措施后方可开始工作。

⑤在计算机监控系统上进行参数的设置、修改，画面及程序的修改，设备增减均应有正式的方案。

3. 计算机监控系统的检验管理

①计算机监控系统每年开展一次设备部分检验，每 3～6 年开展一次设备全部检验。部分检验项目主要有：

（a）工作站（服务器）清扫检查。

（b）对外通信装置清扫检查。

（c）现地控制单元清扫检查。

（d）不间断电源清扫检查试验，蓄电池充放电试验。

（e）系统同步时钟（GPS）检查。

（f）系统负荷率检查。

（g）自动化测量元件检查、测试。

（h）接线端子和计算机连接检查。

（i）重要 I/O 回路、接点及元件动作特性检测，信号核对。

（j）程序、数据库备份。

（k）画面更新、完善。

（l）定值复核、备份。

②全部检验项目除部分检验项目外，新增以下检验项目：

（a）光纤测试、网线清扫检查。

(b) 网络设备清扫检查。

(c) 网络检测并进行主备网切换试验。

(d) 全部I/O回路、接点及元件动作特性检测。

(e) 数据库整理。

(f) 接地情况检查测试。

(g) 综合模拟、试验控制、保护功能。

③对计算机监控系统进行计划性检验前，应编制标准化作业书，检验期间认真执行标准化作业书，不应为赶工期减少检验项目和简化安全措施。

④计算机监控系统检验应做好记录，检验完毕后应向运行人员交代有关事项，及时整理检验报告，保留好原始记录。

⑤检验所用仪器、仪表应由检验人员专人管理，特别应注意防潮、防震。仪器、仪表应保证误差在规定范围内。使用前应熟悉其性能和操作方法。使用高级精密仪器一般应有人监护。

三、运行维护

监控系统的维护采取授权方式进行，权限分为系统管理员、一般维护人员。

系统管理员负责监控系统的账户、密码管理，网络、数据库、系统安全防护的管理。其他维护工作由一般维护人员完成。

监控系统的参数设置、限值整定、保护定值修改等工作，必须有定值修改通知单，并办理工作票后进行。应做好工作记录，对运行值班人员详细交代，并填写定值修改回执单，审批后归档。

监控系统中调度通信系统、AGC/AVC系统设备属涉网设备，影响其运行或备用的检修维护工作必须得到值班调度员的许可后方可进行。工作中发现任何异常，均应及时汇报调度值班人员和自动化人员。

监控系统中软件、画面的修改，重大缺陷处理，设备增减均应有正式的经总工程师批准的方案，并经模拟测试和现场试验，合格后方可投入使用。

监控系统中更换硬件设备应采取防设备误动、防静电措施。

监控系统投入运行后，维护人员对监控系统做任何工作必须办理工作票，厂家技术人员在监控系统工作时也应由电厂维护人员办理工作票。

检修维护作业中防止在进行通道校对或联动试验时，将错误的信号送至调度自动化系统中。

定期进行监控系统备份，并配备适量的备品、备件。

加强二次系统安全防护工作，严禁将U盘、软盘及移动硬盘等外接存储设备与计算机监控系统相连，接入计算机监控系统的笔记本电脑必须专用。

四、常见异常和故障处理

1. 常见异常和故障类型

①与现地控制单元数据通信故障。

②模拟量或开关量测点异常。

③遥信、遥测点异常。

④与调度数据通信中断。
⑤控制操作命令无响应。
⑥控制命令发出后现场设备拒动。
⑦控制流程退出。
⑧机组有功、无功调节异常。
⑨工作站响应慢或死机。

2. 故障及事故处理

（1）与现地控制单元数据通信故障
①退出与该现地控制单元相关的控制与调节功能。
②检查厂站与现地控制单元通信进程，必要时重启通信进程。
③检查现地控制单元工作状态。
④检查现地控制单元网络接口模件及相关网络设备。
⑤检查通信连接介质。

（2）模拟量或开关量测点异常
①退出与该测点相关的控制与调节功能。
②检查变送器、I/O 板、通道光隔等硬件设备。
③必要时，在现地控制单元侧重启通信进程。

（3）遥信、遥测点异常
①调度值班人员应立即通知厂站运行值班人员，并分别联系维护人员处理。
②退出异常测点相关的控制与调节功能。
③检查对应现地控制单元数据采集通道。
④检查相关数据通信进程及数据配置表。
⑤必要时，重启厂站侧通信进程。

（4）与调度数据通信中断
①调度值班人员应立即通知厂站运行值班人员，并分别联系维护人员处理。
②在调度侧退出与该厂站数据通信相关的控制与调节功能。
③检查数据通信链路，包括通信规约转换机、网关机、路由器、通信线路等。
④检查规约转换机通信进程、通信协议工作状态和日志。
⑤必要时，重启两侧通信进程。

（5）控制操作命令无响应
①检查操作员站 CPU 资源占用情况。
②检查监控系统网络通信是否正常。
③检查相关控制流程是否出错。
④检查联动设备动作条件是否满足。
⑤检查相关对象是否定义了不正确的约束条件。

（6）控制命令发出后现场设备拒动
①检查开关量输出模件是否故障。
②检查开关量输出继电器是否故障。
③检查开关量输出工作电源是否投入或故障。
④检查控制回路是否正常。

⑤检查被控设备本身是否故障。

(7) 控制流程退出

①检查相应判据条件是否出现测值错误。

②检查相应判据条件设备状态是否不满足控制流程要求。

③检查判据条件是否错误。

④检查是否有优先级更高的流程启动。

(8) 机组有功、无功调节异常

①退出机组自动发电控制、自动电压控制。

②检查自动发电控制、自动电压控制程序保护功能是否动作。

③检查现地控制单元有功、无功控制输出通道是否正常。

④检查调速器和励磁调节器是否工作正常。

(9) 工作站响应慢或死机

①检查工作站散热情况及插件是否松动。

②检查工作站日志信息。

③检查工作站进程、内存占用空间、硬盘占用空间。

④重启工作站，释放长期运行产生的临时文件。

3. 故障原因及危险点分析

(1) 与现地控制单元数据通信故障

通信故障将导致监视控制设备故障。主要原因有通信进程软件缺陷导致的现地控制单元死机，通信适配器损坏，通信介质损坏等。

(2) 模拟量或开关量测点异常

测点异常将影响运行值班人员正常判断。主要原因有变送器、I/O模件、通道光隔等硬件设备损坏，接线松动，电源消失，接点黏连等。

(3) 遥信、遥测点异常

遥信、遥测点异常将影响调度值班人员正常判断。主要原因有厂站侧对应的现地控制单元数据采集通道故障，相关数据通信进程出错，数据配置表错误等。

(4) 与调度数据通信中断

与调度数据通信中断将导致远控功能失效，影响调度值班人员正常判断。主要原因有厂站规约转换机死机，通信线路中断，调度通信处理机死机等。

(5) 控制操作命令无响应

控制操作命令无响应将影响运行值班人员正常远方操作。主要原因有操作员站死机，通信故障，控制条件不满足，现场设备拒动等。

(6) 控制命令发出后现场设备拒动

控制命令发出后现场设备拒动将影响运行值班人员正常远方操作。主要原因有开关量输出模件故障，输出继电器故障，控制回路故障，现场设备故障等。

(7) 控制流程退出

控制流程退出将影响正常流程控制。主要原因有判据条件出现测值错误，设备状态不满足控制流程要求超时退出，优先级更高的流程启动等。

(8) 机组有功、无功调节异常

机组有功、无功调节异常将导致出现不合格频率和电压点，甚至导致电网异常。主要原因有现地控制单元有功、无功控制输出通道故障，调速器异常，励磁调节器异常等。

（9）工作站响应慢或死机

工作站响应慢或死机会影响运行值班人员的正常操作，甚至导致控制调节超调或失败。主要原因有软件设计缺陷，CPU 过热，插件松动，硬件损坏，电源掉电等。

4. 常见异常和故障的处理原则

出现网络类大面积故障时，应将网络的逻辑分段断开，首先恢复厂内控制系统正常运行，再恢复其他系统。在恢复系统运行时，不应全部将设备复位，应当保留 1 到 2 套设备，进行后期的故障分析。

对于工作站掉电，运行值班人员可重新上电恢复运行。对工作站死机、现地控制单元死机、通信中断等故障，应由维护人员处理，以便记录故障代码，获取故障信息，为分析故障原因提供条件。

发现测点数据值异常突变、频繁跳变等情况，应立即退出该测点或立即退出相应的调节控制功能，防止设备误动或监控系统资源被占用。

现地控制单元死机、通信中断、设备掉电等引起设备缺乏远方监视手段时，应采取现场监视方式或将设备转换到安全工况。

机组发生严重危及人身、设备安全的重大事故，又遇保护拒动时，运行值班人员有权启动监控系统紧急停机流程。

事故处理完后，应及时打印事件顺序记录，记录相关工况，为事故分析提供依据。

第七节　防止机网事故措施

一、防止大型变压器损坏事故

1. 防止变压器绝缘损坏事故

①运行中的变压器应检查各部位渗油现象，变压器本体无积水，以防止水分和空气进入变压器引起变压器绝缘损坏。

②变压器呼吸器的油封应保持一定油位并保持畅通，干燥剂保持干燥，保证吸湿效果良好。

③定期检查保证变压器的防爆膜、安全释压阀完好，防止与空气直接连通，造成变压器的油中水分含量增大，使油的绝缘性能变坏。

④在给变压器补油时，应注意储油柜中的油质合格，防止补油而引起油质恶化，并且禁止由变压器的底部给油箱补油，防止空气和油箱底部杂质进入变压器中，特别是防止金属杂质进入变压器内部。

⑤当轻瓦斯保护动作后发出信号时，要及时取气进行检验，以判明成分，并取油样进行色谱分析，查明原因，及时排除。

⑥运行中的变压器轻瓦斯保护，应当可靠地投入，不允许将无保护的变压器投入运行。如工作需要将保护短时停用，则应有措施，事后应立即恢复。

⑦要对变压器绕组温度、上层油温进行重点监视，当接近报警温度时，要及时对负荷、冷却器及环境温度等进行对比性综合分析，并进行有效控制，争取做到及时发现变压器内部

的潜在故障。

⑧对油流指示器指示位置要仔细检查，一旦发现潜油泵停运要及时开启，否则油温会很快升高，威胁变压器的安全运行。

⑨经常检查变压器的避雷器动作记录器，并做好动作次数记录，发现避雷器动作后，应设法停运变压器并进行检查。

⑩对变压器本体油样孔螺栓要重点检查，防止检修人员取样后未紧固造成漏油。

⑪变压器内部故障跳闸后，应尽快切除油泵，停止油泵运行，避免故障中产生游离、金属微粒等杂质进入变压器的非故障部分。

⑫防止变压器的线圈温度过高、绝缘恶化和烧坏。合理控制运行中的顶层油温温升，特别是对强迫油循环冷却的变压器，当上层油温温升上升超过允许值时，应迅速控制负荷，将油温温升保持在规定范围内，否则变压器降负荷运行。在变压器过负荷运行期间，必须严密监视其油温温升，确保在规定值以内，并尽量压缩负荷，减少过负荷运行的时间，防止长期高温运行引起绝缘的加速老化。

⑬加强变压器运行巡视，其中应特别注意变压器冷却器潜油泵负压区出现的渗漏油。

⑭新安装和大修后的变压器应严格按照有关标准或厂家规定真空注油和热油循环，真空度、抽真空时间、注油速度及热油循环时间、温度均应达到要求。对有载分接开关的油箱，应同时按照相同要求抽真空。

⑮装有密封胶囊或隔膜的大容量变压器，必须严格按照制造厂说明书规定的工艺要求进行注油，防止空气进入，并结合大修或停电对胶囊和隔膜的完好性进行检查。

⑯对薄绝缘、铝线圈及运行超过20年的变压器，应加强技术监督工作。如发现严重缺陷，变压器本体不宜再进行改造性大修，对更换下来的变压器也不应再迁移安装。

⑰对新的变压器油要加强质量控制，用户可根据运行经验选用合适的油种。油运抵现场后，在取样试验合格后，方能注入设备。加强油质管理，对运行中的油应严格执行有关标准，对不同油种的混油应按照GB/T7595—2000的规定执行。

⑱防止变压器在正常工作电压下的绝缘事故。一是要限制自由水和准自由水的含量，二是限止自由水的局部集积。从制造、安装、检修和运行4个环节都应采取相应措施。

⑲变压器在安装过程中，不可能不接触大气，因此绝缘体和金属表面都会吸附大气中的水分，为了使变压器内部的水分恢复到出厂时的水平，变压器安装后必须严格进行真空干燥和真空注油。

⑳运行中的变压器（包括电容型油纸绝缘套管）应保持严密的封闭，避免大气中的水分和气体渗透入内。不论是油—气渗漏或气—气渗漏，都有一个互相渗透的过程。应把渗漏问题看做是影响绝缘安全性的重要因素。

㉑当发现变压器内的水分比刚投运时有明显增多时，应看做特别重要的状态指标，必须作为状态检修的主要目的。检修时，用真空干燥和真空注油的办法来清除水分，其要点与安装时相同。

2. 防止变压器损坏事故

①防止分接开关事故。

(a) 无励磁分接开关在改变分接位置后，必须测量使用分接的直流电阻和变比，合格后方可投运。

(b) 加强有载分接开关的运行维护管理。当开关动作次数达到制造厂规定值时，应进行检修，并对开关的切换时间进行测试。

②定期对变压器引线接头进行测温，防止接触不良造成过热。

③采取措施保证冷却系统可靠运行。

(a) 潜油泵的轴承应采用E级或D级，禁止使用无铭牌、无级别的轴承。对强油导向的变压器油泵应选用转速不大于1500 r/min的低速油泵。对已运行的变压器，其高速泵应及时进行更换。对于盘式电机油泵，应注意定子和转子的间隙调整，防止铁心的平面摩擦。运行中如出现过热、振动、杂音及严重漏油等异常，应安排停运检修。

(b) 为保证冷却效果，变压器冷却器每1～2年应进行一次冲洗，并宜安排在大负荷来临前进行。

(c) 强油循环的冷却系统必须配置两个相互独立的电源，并采用自动切换装置，应定期进行切换试验，有关信号装置应齐全可靠。

(d) 新建或扩建变压器一般不采用水冷方式。对特殊场合必须采用水冷却系统的，应采用双层铜管冷却系统。对目前正在使用的单铜管水冷却变压器，应始终保持油压大于水压，并加强运行维护工作，同时应采取有效的运行监视方法，及时发现冷却系统泄漏故障。

(e) 定期对变压器冷却风扇进行检查，定期对变压器的绝缘油进行色谱分析和化学监督，保证变压器的油质良好。

④加强变压器保护管理。

(a) 变压器的保护装置必须完善可靠，严禁将无保护的变压器投入运行。如因工作需要将保护短时间停用，应有相应的措施，事后立即恢复。

(b) 变压器本体、有载分接开关的重瓦斯保护应投跳闸。若需退出重瓦斯保护，应预先制定安全措施，并经总工程师批准，限期恢复。

(c) 新安装的瓦斯继电器必须经校验合格后方可使用。瓦斯保护投运前必须对信号跳闸回路进行保护试验。

(d) 瓦斯继电器应定期校验。当气体继电器发出轻瓦斯动作信号时，应立即检查气体继电器，及时取气样检验，以判明气体成分，同时取油样进行色谱分析，查明原因，及时排除。

(e) 变压器本体保护应加强防雨、防震措施。

(f) 变压器本体保护宜采用就地跳闸方式，即将变压器本体保护通过较大启动功率中间继电器的两副接点分别直接接入断路器的两个跳闸回路，减少电缆迂回带来的直流接地、对微机保护引入干扰和二次回路断线等不可靠因素。

⑤防止变压器出口短路。

(a) 应在技术和管理上采取有效措施，改善变压器运行条件，最大限度地防止或减少变压器的出口短路。为减少变压器低压侧出口短路几率，可根据需要在母线桥上装设绝缘热缩保护材料。

(b) 110 kV及以上电压等级变压器在遭受出口短路、近区多次短路后，应做低电压短路阻抗测试或用频响法测试绕组变形，并与原始记录进行比较，同时应结合短路事故冲击后的其他电气试验项目进行综合分析。正常运行的变压器应至少每6年测一次绕组变形。

(c) 发生过出口或近区短路的变压器，必须进行必要的电气试验和检查，以判明变压器中各部件无变形和损坏。

⑥防止套管事故。

(a) 经常检查变压器的套管，确保清洁干净、无裂纹，防止变压器的套管闪络。

(b) 套管安装就位后，带电前必须进行静放，其中 500 kV 套管静放时间应大于 36 h，110 kV～220 kV 套管静放时间应大于 24 h。

(c) 定期对套管进行清扫。

(d) 如套管的伞裙间距低于规定标准，应采取加硅橡胶伞裙套等措施，防止污秽闪络和大雨时闪络。在严重污秽地区运行的变压器，可考虑在瓷套涂防污闪涂料等措施。

(e) 定期采用红外热成像技术检查运行中套管引出线联板的发热情况及油位，防止因接触不良导致引线过热开焊或缺油引起的套管故障。

(f) 作为备品的 110 kV 及以上套管，应竖直放置。如水平存放，其抬高角度应符合制造厂要求，以防止电容芯子露出油面受潮。对水平放置保存期超过一年的 110 kV 及以上套管，当不能确保电容芯子全部浸没在油面以下时，安装前应进行局部放电试验、额定电压下的介损试验和油色谱分析。

(g) 运行人员正常巡视应检查记录套管油位情况，注意保持套管油位正常。套管渗漏油时，应及时处理，防止内部受潮损坏。

⑦预防变压器火灾事故。

(a) 加强变压器的防火工作，完善变压器的消防设施。

(b) 按照有关规定完善变压器的消防设施，并加强维护管理，重点防止变压器着火时的事故扩大。

(c) 现场进行变压器干燥时，应做好防火措施，防止加热系统故障或线圈过热烧损。

(d) 经常检查变压器的中性点接地情况，防止变压器过电压击穿事故的发生。

二、防止发电机损坏事故

1. 日常管理

①加强对发电机的绝缘监督工作。

②加强对发电机的运行、维护管理工作。尤其是汽轮发电机氢系统、冷却水系统和密封油系统的运行调整；水轮发电机组发电机空气冷却系统、水轮机主轴密封系统运行情况的监视，监视发电机铁芯和绕组温度。

③发电机励磁系统可靠运行。

④发电机保护装置应正常投运，按规定定期试验和检修。

2. 运行方面

①防止发电机的定子和转子绝缘损坏事故。

②发电机的额定氢压为 0.4 MPa，在额定氢压下运行时的漏氢量不得大于 11 m^3/day。

③发电机正常运行期间的氢气纯度必须大于 98%，含氧量小于 1.2%。当氢气纯度小于 98%时，必须补排氢使氢气纯度大于 98%；当氢气纯度下降至 95%时，应立即减负荷并进行补排氢；当氢气纯度继续下降至 90%时，应立即停机排氢进行检查。当氢侧密封油泵停用时，应注意氢气纯度在 90%以上。

④严格控制发电机壳内的氢气湿度，把氢气的含水量降至最小。额定压力下绝对湿度应小于等于 2 g/m^3，防止氢气湿度过大而导致发电机绝缘水平的下降。

⑤当氢压变化时，发电机的允许出力由绕组最热点的温度决定，即该点温度不得超过发电机在额定工况时的温度。不同氢压、不同功率因数时发电机的出力应按容量曲线带负荷。

当氢压太低或在 CO_2 及空气冷却方式下不准带负荷。

⑥合理调整密封瓦的密封油压，防止因密封油压力不合理造成氢气外泄和密封油向机壳内大量泄漏，从而引起发电机的绝缘老化。运行中氢油压差应为 84 KPa，空氢侧油压差为 49 KPa。

⑦合理控制内冷水的温度，一般在 45℃～50℃，氢气进风温度控制在 45±1℃，防止因内冷水温度过低而使定子线圈温度下降，在发电机壳内结露，当长期运行时，会造成发电机的绝缘水平降低，严重时会腐蚀发电机的绝缘。

⑧定子冷却水系统补水的进口压力为 0.36 MPa，其允许的最高进水温度为 50℃。

⑨发电机氢压与定子冷却水的压差必须在 0.035 MPa 以上。当压差低至 0.035 MPa 时报警。

⑩离子交换器出口电导率正常运行期间为 0.1 μs/cm～0.4 μs/cm，当测量水电导率大于 1.5 μs/cm，时控制室发出报警光字牌。

⑪当定子冷却水电导率大于 2 μs/cm 时，应采取更换冷却水等措施，设法降低电导率至正常。

⑫当定子冷却水电导率升至 9.5 μs/cm 时发出电导率过高报警，汇报领导，做好停机准备。

⑬应及时排放发电机壳底部的液体，监测发电机内部的积水情况，并根据积水情况分析发电机的绝缘情况。

⑭交流励磁机和整流环的最高冷风温度不应超过 50℃，当励磁机在运行期间，较低的冷风温度是有利的，但在停机期间必须防止无刷励磁机部件上结露。

3. 防止发电机损坏事故

(1) 防止发电机定子绝缘击穿

①机组交接验收时及检修中，应仔细检查定子槽楔是否打紧，定子端部绑环及各种垫块是否与线圈绑牢垫紧，机械紧固件是否拧紧锁住，有无松动磨损现象，特别是黄绝缘的机组更应注意。如发现问题，应及时加以处理。

新机投运 5000 h～8000 h 后，应抽出转子，对机组进行全面检查。

已经检查和加固处理的机组，应继续加强监视，机组大修后应详细进行复查，防止再发生绝缘磨损现象。

②对于定子绝缘老朽、多次发生绝缘击穿事故的发电机，应缩短试验周期，加强监视，并对绝缘情况进行科学鉴定。对电气和机械强度普遍降低，确实不能继续使用的，应提出鉴定报告，报主管省局（或网局）审批后有计划地进行恢复性大修。其中 50 MW 及以上机组还应报水电部备案。

③对定子线圈绝缘内游离现象突出、电晕腐蚀严重的发电机，可以采用中性点倒位（即将引出线换至中性点，中性点换至引出线）的方法，以延长定子绝缘寿命。

为了防止电腐蚀，对定子电压为 10.5 kV 及以上，每槽上下层线圈间装有测温元件的机组，运行中应定期用真空管电压表测量元件对地电位，正常情况下一般仅数伏，如个别元件电位特别高，则说明线圈松动，可能产生电腐蚀，应加强监视，并及时检查处理。

大修中，对元件电位高、槽楔松动等有疑问的线圈，应在线圈上通上相电压，然后测量线圈防晕层对地电位。一般电位超过 5 V～10 V 时就应处理。测量电位时应注意人身安全。

严格防止向发电机内漏油，以免线圈绝缘和半导体漆由于受到油的侵蚀、溶解而降低绝缘强度和防晕性能。

④运行中采取措施，严防因误操作、自动装置误动，非同期并列，以及小动物、金属物体、漏水等在发电机出口处引起突然短路事故。

⑤对运行中的双水内冷发电机，应经常通过窥视孔加强对机组内部的监视，检查定子端部有无渗水、漏水、流胶、焦枯黄粉、零部件松动、塑料引水管磨损、压圈过热发红以及其他异常情况。若发现隐患，应及时消除。

⑥加强绝缘预防性试验工作。应按部颁《电气设备交接和预防性试验标准》规定的试验周期和电压值，对发电机绝缘进行交直流耐压试验。

(2) 防止定子线圈接头开焊、断股

①运行中值班人员应加强对机组的监视。对于空冷机组，一旦闻到焦味，应立即查明原因，及时处理。

②检修中，应仔细检查接头附近有无过热变色、焦枯、流胶、流锡等现象，并应认真测量定子线圈各相（或分支）直流电阻。近几年来，有些发电机定子线圈出现断股、开焊缺陷，而直流电阻值相间比较和历年比较差均为1%左右，有的不超过1%。因此，必须仔细分析比较，如发现问题，应及时处理，以免事故扩大。

③在 TQN－100－2 型（QFN－100－2）发电机的鼻部云母盒内，曾发现无填料或填充不满，造成股线磨损断股。该型发电机在大修时，应进行仔细检查，如有发空现象，应剥开检查处理。

(3) 防止烧坏定子铁芯

①检修中应采取措施防止碰坏铁芯并保持发电机内部清洁，特别要防止将焊渣、工具及其他金属物遗留在发电机内，短路铁芯，损坏绝缘，引起接地故障。

②发电机系统中有一点接地时，应立即查明接地点。如接地点在发电机内部，则应立刻采取措施，迅速将其切断，以免扩大事故，烧坏铁芯。

③对绝缘已老化或严重磨损的发电机，其定子接地保护，经主管省局批准，原作用于信号的也可作用于跳闸。

④新机投产和旧机大修中，都应注意检查定子铁芯压紧以及齿压指有无压偏情况，特别是两端齿部，如发现有松弛现象，应进行处理后，方能投入进行。交接或对铁芯绝缘有怀疑时，均应进行铁损试验。

⑤运行中的发电机，如铁芯温度有显著升高，应及时查明原因，并抓紧进行处理，防止铁芯损坏。

⑥100 MW 及以上的发电机应尽可能装设100%的接地保护。

(4) 防止发电机转子、套箍及零部件断裂飞逸

①对因转子的套箍、心环结构设计不合理，自投入运行以来，已不断出现裂纹、变形、小齿掉块等故障的发电机，应该结合大修，在可能条件下进行改进处理。

②在检修中应检查转子、套箍与心环的嵌装处是否有裂纹、位移、接触腐蚀等异常情况，如发现问题，应解体检查处理。

③新机投产和旧机大修中，应对平衡螺丝、平衡块、风扇固定螺丝、引线固定螺丝等逐个进行细致检查，如发现有松动或未锁紧，应予以止动锁紧；应对风扇叶片进行探伤检查，如发现有伤痕和裂纹，应根据情况进行处理或更换。

④为防止发电机因超速而损坏，必须保证汽轮机和水轮机的调速系统动作良好，保证危

急保安器和过速保护动作可靠。对供热式机组，还应防止因抽气逆止门不严密而引起超速的危险。

⑤在发电机转动部件上增设部件或改造部件时，必须经过细致的强度验算和试验，材质和工艺质量必须符合要求，并经主管省局审批后，才可施行。

⑥应加强大机组电刷和滑环的运行、维护和检修工作。

⑦对制造厂原监督使用的关键锻件（如大轴、套箍）应做好定期监督检查工作。

（5）防止水内冷发电机漏水、断水、堵塞、过热

①为了防止转子线圈拐角断裂漏水，应结合大修至少将QFS－50－2型及QFS2－100－2型机的＃6线圈和QFS－125－乙型的＃5～＃7线圈的出水拐角改为不锈钢。

②定期对水内冷发电机的线圈进行反冲洗，并进行水压试验。

③装配定子线圈绝缘引水管时，应尽量使水管不交叉接触，并与端罩保持一定距离，以防由于相互磨损或对地放电而引起漏水。如有交叉接触者，必须用绝缘带绑扎牢固，以防磨损。

④经常对定子线圈温度进行监视和分析（最好定期做温升试验）。对温升有明显上升的线圈，应结合检修拆开引水管接头，分路测量流量并进行冲洗，如仍无效，则应拆开线圈的焊接头，进行逐根或逐股的冲洗，直至流量恢复正常，必要时再用柠檬酸加以酸洗。

⑤为了防止定子压圈冷却铜管严重氧化阻塞，引起过热，应定期测量每根铜管进出水温差，以便及时进行冲洗或酸洗。

⑥检修中应注意检查定子铁芯压圈有无局部过热发蓝以至鼓泡裂纹等情况。

⑦在水冷系统上进行操作时，应采取严格的安全措施，防止由于换水操作中疏忽，发生误操作和水冷却器检修后未排除空气，造成断水、跳闸事故。

⑧检修中应该加强施工管理，注意工艺、质量，并严格执行质量检查及验收制度，防止杂物遗留在水路内引起阻塞烧坏线圈。

（6）防止大容量内冷发电机组磁化

①当隐极式发电机的转子线圈发生一点接地时，应立即查明故障的地点与性质。如系稳定性的金属接地，对于容量在100 MW及以上的转子内发电机，应尽快安排停机处理。

②运行中，发电机与汽轮机之间的大轴接地炭刷一定要投入运行。

③发电机在运行和大修中，应经常检查励磁机侧轴承绝缘和油管路绝缘，保持良好状态。

（7）防止发电机转子线圈过热变形及损坏

①如发现转子线圈有严重匝间短路（有明显振动或无功出力降低），应设法消除。

②氢冷发电机氢压达不到额定值时，必须根据温升试验或厂家的规定带相应负荷运行。

③修好密封瓦，消除漏点，加强密封。氢外冷发电机最好保持高氢压（如0.5～1.0表压）运行，氢内冷发电机应能达到额定氢压连续运行。

④为防止转子线圈过热变形，对于转子线圈铜导线与转子铁芯温差较大的汽轮发电机，应根据制造厂的规定或根据计算结果在启动时对转子进行预热。

⑤转子为氢内冷的发电机，安装前应用风速法、流量法或压差法对所有通风孔进行通风试验，并做好记录，大修时亦应抽出转子进行试验。由于国内尚无统一的试验标准，目前可根据每台机所测得的数值，与原始记录或与对应的通风孔相比较来确定畅通与否。

⑥转子槽为两侧铣槽的氢内冷发电机转子应认真做好运行维护和检修工作，并加强监视

是否有匝间短路、局部过热，定期做温升试验等工作。

⑦对脱离式套箍的发电机应定期拆套箍，检查套箍下铜导线是否有断裂情况。

(8) 防止发电机氢气系统爆炸和着火事故

①运行中氢冷发电机及其氢系统范围内严禁烟火，如需进行明火作业或检修试验等工作，事先必须检测漏氢情况，对气体取样分析，确认气体混合比在安全范围内，方可办理动火工作票，经审查批准后，由专人监护下方可工作，上述工作如需超过 4 h，应重新进行上述检测化验工作。

②运行中的发电机附近严禁放置易燃易爆物品，并且禁止在充氢管道上搭接电焊机地线。

③发电机运行中应检查排烟风机可靠运行，并且定期从排烟机出口和主油箱取样，监视其中含氢量是否超过规定值（2%），如超过，应查明原因，并停止密封油泵工作，备用切换应正常，并做好定期试验记录。

④如果运行人员发现补氢异常增大，则应迅速联系有关人员查清漏点，及时消除，使机内氢气纯度保持在 98%以上，含氧量小于 1.2%。超过这些限度时应排补氢，然后再充入纯净的氢气，直到氢气纯度合格。

⑤为了应对发电机着火事故的发生，提高电厂各级人员对发电机着火事故的应急处理能力，消除事故隐患或最大限度地减少事故造成的危害，保障人民生命及设备财产安全，电厂应编制火灾应急处置预案，并每年修订；每年做好火灾事故演习，确定逃生路线，做好记录。

⑥氢气取样的位置和化验必须正确，在置换过程中，不允许进行耐压试验和卸螺丝、拆端盖等检修工作。

⑦氢管路上的过滤网、电磁阀门、氢表和表管等部件必须定期检查，定期吹扫，保证表计准确，管路阀门畅通，不漏氢，电磁阀门不卡涩。

⑧氢设备附近的电气接点压力表，最好采取防爆表，若系非防爆表，则仅适于装在空气流通的地方。

⑨加强对氢气系统运行维护的管理，氢站应设专人管理。

⑩排污管处应经常检查，顶部应有防雨罩，附近不应有明火和焊渣掉下情况。

三、防止发电机非全相运行和非同期并网措施

1. 防止发电机断路器非全相运行

(1) 发电机断路器非全相运行现象

①“三相位置不一致”和“不对称过负荷”光字牌亮，主开关绿灯闪光。

②发电机三相电流不对称，有一相或两相为 0。一相开关跳闸时，有一相电流增大，另两相电流减小且相等。两相开关掉闸时，若主变中性点接地刀闸在合上位置，则一相电流为零，另两相电流大小相等；若主变中性点接地刀闸在断开位置，则发电机定子电流及有无功均为零。

③电气光字牌显示主变非全相保护动作报警。

④机组可能产生 100 周/秒的振动和噪音。

(2) 发电机断路器非全相运行处理

①如果断路器非全相保护动作跳闸，应立即检查，如果保护未动或保护动作断路器未跳

闸，应立即手动切除发电机断路器，切不掉则用发电机同一母线断路器切除发电机，隔离故障断路器。一般情况下，这么长的时间，断路器失灵保护可能已经启动。

②若非全相发生时发电机开关拒绝跳闸：

(a) 若主变 220 kV 开关启动失灵保护动作，跳开主变 220 kV 开关所在母线上所有开关及 220 kV 母联开关，则按相关的主变 220 kV 开关跳闸及 220 kV 母线失电处理。

(b) 若主变 220 kV 开关启动失灵保护未动作或 220 kV 母联开关未跳闸，则立即手动拉开 220 kV 母联开关及主变 220 kV 开关所在母线上的所有线路开关。

③若发电机正常解、并列操作时发生非全相运行：

(a) 立即拉开该开关，查明原因后再进行并列。

(b) 若发电机开关不能手动拉开，则立即手动断开 220 kV 母联开关及主变 220 kV 开关所在母线上的所有线路开关。

(c) 在发电机非全相运行处理过程中应保持发电机转速在额定值，严密监视发电机定子电流，并根据电流指示相应调节发电机有功负荷和励磁电流，使三相定子电流接近于零，并严密监视发电机各部温度不得超过规定值。

(3) 防止发电机非全相运行措施

①原因：发电机的非全相运行主要是由于断路器一相未断开或未合上而造成不对称负荷，这时在定子绕组中有负序电流，它产生的磁场对于转子是以 2 倍频率旋转，这种旋转磁场在转子本体、槽楔和护环感应出 2 倍频率的负序电流，该电流在这些部件上和各部件的接触处产生很大的附加损耗和温升，产生局部过热。负序电流过大将烧坏发电机转子齿部、槽楔和护环嵌装面烧熔并产生裂纹。

②预防措施。

(a) 提高开关的性能。开关非全相运行，主要是因开关的质量问题所引起的，特别是开关的机械部分故障，一定要选用机械性能（特别是机械传动部分）良好、结构合理的开关。

(b) 加强设备的维护。对开关定期进行检修，主要部件要重点检查，如主轴连接板、销钉等。二次回路要检查转换接点压力是否足够，接线端子是否松动，储能弹簧是否生锈、变形，开合行程是否足够等；若开关较长时间未开合闸过，应在开关投入系统运行前做投切试验，认为良好时再正式投入系统运行。储能操作的机构，其压力要适当，以防止开关投入时由于压力低投不上，使合闸时间过长；压力过高会造成机构撞击，挂钩挂不上。

(c) 在操作方式上加以防止。

(d) 开关操作时，应在空载时进行，避免带负荷操作。

(e) 经消弧线圈接地系统，开关并、解列操作时，要考虑两个系统的补偿度，避免系统解列时发生谐振。

(f) 开关操作时，尽量进行环状并、解列操作。

(g) 提高运行值班人员事故处理水平，在开关操前做好事故处理预想。

(h) 认真配合试验人员做好开关预防性试验工作，使开关行程、阻值、同期度在规程范围内。

③事故处理步骤。

(a) 发电机并列时，发生非全相合闸，应立即调整发电机有功、无功负荷到零，将发电机与系统解列；如解列不掉，则应立即断开发电机所在母线上的所有开关（包括分段开关、母联开关及旁路开关）。

（b）发电机解列时，发生非全相分闸，应立即减发电机有功、无功负荷到零，立即断开发电机所在母线上的所有开关（包括分段开关、母联开关及旁路开关），当某线路开关也断不开时，通知省调，令线路对侧断开其开关。

（c）当发生非全相运行时，灭磁开关已跳闸，若汽机主气门已关闭，应立即断开发电机所在 220 kV 母线上的所有开关（包括分段开关、母联开关及旁路开关）；若汽机主气门未关闭，则应立即合上灭磁开关，再立即断开发电机所在 220 kV 母线上的所有开关（包括分段开关、母联开关及旁路开关）。

（d）做好发电机定子电流和负序电流变化、非全相运行时间、保护动作情况、有关操作等项目的记录，以备事后对发电机的状况进行分析。

（e）通知检修人员对开关及时检修。

2. 防止发电机非同期并网

（1）发电机非同期并网现象

发电机参数发生大幅度变化及振荡，自动励磁调节器强励可能动作；机组发生强烈摆动，并伴有轰鸣声。

（2）发电机非同期并网处理

立即解列发电机；汇报值长、总工，通知检修人员测试，详细检查发电机系统，并查明非同期并列的原因；经过上级领导批准后，发电机重新并网。

（3）防止发电机发生非同期并网事故措施

为认真贯彻执行国家电力《防止电力生产重大事故的二十五项重点要求》，确保电力安全生产，避免发生发电机非同期并网恶性事故，特制定以下安全、技术措施：

①发电机必须达到以下同期条件，方可进行并列操作：

（a）待并发电机的频率与系统频率相同。

（b）待并发电机端电压与系统电压相同。

（c）待并发电机的相位与系统相位一致。

（d）待并发电机的相序与系统相序一致。

②下列情况下，不允许将发电机并列：

（a）同步表旋转过快、跳跃或停在零位不动时。

（b）发电机转速不稳定。

（c）合闸时开关拒动。

（d）同步表与同期检查继电器动作不一致。

（e）同期回路有工作，但未核对过相位。

（f）发电机三相电压严重不平衡。

③发电机同期并列正常采用自动准同期并列方式，并列操作由单元长担任监护，主值进行操作（或并列操作由值长担任监护，单元长进行操作）。如需要采用手动准同期并列时，应汇报值长、分场，经总工批准后方可进行。

④准同期并列前必须检查自动准同期装置各部良好。

⑤准同期并列时应遵守以下事项：

（a）同期闭锁解除压板必须在断开位置。

（b）同步表运行时间不得超过 15 min。

（c）同步表指针在均匀旋转一周后，投入自动准同期装置。

⑥电机准同期并列时，禁止检修人员在同期回路进行工作。

⑦发电机准同期并列后，应立即将自动准同期装置复位。

⑧对于新投产机组、大修机组及同期回路（包括电压电流回路、控制直流回路、同步表、自动准同期装置等）进行过改动或设备更换的机组，在第一次并网前应做好以下工作：

（a）对同期回路、设备进行全面、细致的检查。

（b）必须进行假同期试验。

（c）核实发电机电压相序与系统相序一致。

⑨自动准同期装置、同步表、同期继电器应由检修人员定期进行校验。

⑩发电机断路器操作控制二次回路电缆绝缘应保持合格状态。

⑪发电机解列后，应按规定断开断路器操作控制电源，拉开发电机出线刀闸，防止断路器误合，造成发电机非同期并网事故。

⑫发电机准同期并列前，如断路器操作控制二次回路发生直流接地，必须消除缺陷后，方可将发电机准同期并列，以避免二次回路两点接地造成发电机非同期并网事故。

3. 防止开关爆炸损坏事故

①操作前应检查开关及所带设备的地刀、接地线是否全部拆除，防误装置是否正常。

②设备或开关在检查和检修后，送电之前要对开关、电缆及设备进行摇绝缘，正常后方可送电。

③开关操作前要检查控制回路、辅导回路、控制电源或液压回路均正常，储能机构已储能，具备运行条件。

④为防止开关灭弧室烧损及爆炸，应合理调整系统运行方式，对开关开容量不足的开关必须限制、调整、改造、更换。

⑤合理改变系统运行方式，限制和减少系统短路电流。

⑥从继电保护上采取相应措施，辅助一次设备、控制开关的跳闸顺序，对有过流闭锁的回路，必须做到良好、可靠的实现闭锁。

⑦经常注意监视开关灭弧室灭弧介质的运行状况，如油位、油压、气压等，发现开关的灭弧介质渗漏时应及时通知检修处理，严禁在开关严重缺乏灭弧介质的情况下运行。在发现开关漏油、漏气且不能维持正常运行时，应立即通知检修进行加装机械锁，防止开关分闸。对于一些允许的开关控制回路，必要时可断开开关的控制电源，固定开关状态。

⑧定期检查套管、支持瓷瓶及绝缘子的污秽程度，防止因绝缘瓷瓶脏污而导致发生闪络。

⑨在开关检修后投运前，应进行开关的合、跳闸试验，做到合跳闸铁芯动作灵活，无卡涩现象，防止拒分或拒合。

⑩合理维护直流操作电源，防止因直流电源故障而造成开关拒动及烧损事故。保护直流电源供电的可靠性和直流电压的正常规范。

⑪防止空气开关漏气及受潮。

⑫压缩空气系统的储气罐、母管应定期排污、排水，防止开关进水及潮湿的空气。

⑬对于各密封部位的密封应无老化、变形和损伤，如有漏气现象，应及时处理。

⑭必须严格监视开关的绝缘电阻，对绝缘电阻不合格的开关严禁投运。

主要参考文献

[1] 程时杰，李兴源，曹一家，等. 电气工程大典电力系统卷第13篇-电力系统稳定和控制 [M]. 北京：中国电力出版社，2009.

[2] 史世文. 大机组继电保护 [M]. 北京：水利电力出版社，1987.

[3] 王维俭. 电气主设备继电保护原理与应用 [M]. 北京：中国电力出版社，2002.

[4] 中华人民共和国电力行业标准 DL/T 684—1999. 大型发电机变压器继电保护整定计算导则. 中国财经出版社，2000.

[5] 贺家李. 电力系统继电保护原理 [M]. 北京：中国电力出版社，2001.

[6] 张保会，项尹根. 电力系统继电保护 [M]. 北京：中国电力出版社，2005.

[7] 陈珩. 同步电机运行基本理论和计算机算法 [M]. 北京：中国水利水电出版社，1990.

[8] 何维. 同步电机自励磁浅述 [J]. 电机技术，2004（2）：33-36.

[9] 李顺江. 同步发电机自励磁产生条件的研究 [J]. 广西师范大学学报，2000（2）：143-148.

[10] 蒲利春. 同步发电机自励磁产生条件的研究 [J]. 四川师范大学学报（自然科学版），1999，22（6）：695-700.

[11] 许有方. 发电机自励磁实用判据及现场实例分析 [J]. 电网技术，1991（1）：1-6.

[12] 唐志平. 同步电机自励磁状态空间分析 [J]. 大电机技术，1999（5）：34-41.

[13] 沈祖诒. 水轮机调节 [M]. 北京：中国水利水电出版社，1998.

[14] 唐戢群，毛成. 水电机组孤网运行问题的研究与探讨 [A]. 抗冰保电优秀论文集 [C]，2008.

[15] 王芳，王宏华，王成亮. 发电机进相运行研究现状 [J]. 河海大学学报，2009（6）：6-9.

[16] 苏永春，程时杰，文劲宇. 用于提高电压稳定裕度的发电机无功出力管理 [J]. 电力自动化设备，2007（6）：39-42.

[17] 周光厚. 600MW 水轮发电机稳定性及进相运行能力研究 [J]. 东方电机，2007（4）：20-26.

[18] Prabha Kundur. Power system stability and control [M]. New York：McGraw-Hill，1993.

[19] 包黎昕，段献忠，何仰赞，等. 凸极式同步发电机无功运行极限分析 [J]. 电力系统自动化，1998（8）：38-51.

[20] GECC 北京四方吉思电气有限公司. GEC-300 励磁控制系统技术说明书（V1.2）. 北京，2008.

[21] 蔡维由. 水轮机调速器 [M]. 武汉：武汉水利电力大学出版社，2000.

[22] 魏守平. 水轮机调节系统一次调频及孤立电网运行特性分析及仿真 [J]. 水电自动化与大坝监测，2009，33（6）：27-33.